Fundamentos da Moderna Manufatura

O GEN | Grupo Editorial Nacional – maior plataforma editorial brasileira no segmento científico, técnico e profissional – publica conteúdos nas áreas de ciências exatas, humanas, jurídicas, da saúde e sociais aplicadas, além de prover serviços direcionados à educação continuada e à preparação para concursos.

As editoras que integram o GEN, das mais respeitadas no mercado editorial, construíram catálogos inigualáveis, com obras decisivas para a formação acadêmica e o aperfeiçoamento de várias gerações de profissionais e estudantes, tendo se tornado sinônimo de qualidade e seriedade.

A missão do GEN e dos núcleos de conteúdo que o compõem é prover a melhor informação científica e distribuí-la de maneira flexível e conveniente, a preços justos, gerando benefícios e servindo a autores, docentes, livreiros, funcionários, colaboradores e acionistas.

Nosso comportamento ético incondicional e nossa responsabilidade social e ambiental são reforçados pela natureza educacional de nossa atividade e dão sustentabilidade ao crescimento contínuo e à rentabilidade do grupo.

Fundamentos da Moderna Manufatura

Versão SI

Volume 1
Quinta Edição

Mikell P. Groover

Professor Emérito de Engenharia Industrial e de Sistemas, da Lehigh University

Tradução e Revisão Técnica
Givanildo Alves dos Santos

Doutor em Engenharia Aeronáutica e Mecânica, Professor do Instituto Federal de São Paulo (IFSP)

O autor e a editora agradecem as contribuições do Dr. Gregory L. Tonkay, Professor-Associado de Engenharia Industrial e de Sistemas e Decano Associado do College of Engineering and Applied Science, Lehigh University.

O autor e a editora empenharam-se para citar adequadamente e dar o devido crédito a todos os detentores dos direitos autorais de qualquer material utilizado neste livro, dispondo-se a possíveis acertos caso, inadvertidamente, a identificação de algum deles tenha sido omitida.

Não é responsabilidade da editora nem do autor a ocorrência de eventuais perdas ou danos a pessoas ou bens que tenham origem no uso desta publicação.

Apesar dos melhores esforços do autor, do tradutor, do editor e dos revisores, é inevitável que surjam erros no texto. Assim, são bem-vindas as comunicações de usuários sobre correções ou sugestões referentes ao conteúdo ou ao nível pedagógico que auxiliem o aprimoramento de edições futuras. Os comentários dos leitores podem ser encaminhados à **LTC — Livros Técnicos e Científicos Editora** pelo e-mail ltc@grupogen.com.br.

Traduzido de
PRINCIPLES OF MODERN MANUFACTURING SI VERSION, FIFTH EDITION

Copyright © 2013, 2011 John Wiley & Sons Singapore Pte. Ltd.
All rights reserved. This translation published under license with the original publisher John Wiley & Sons, Inc.
ISBN: 978-1-118-47420-4

Direitos exclusivos para a língua portuguesa
Copyright © 2017 by
LTC — Livros Técnicos e Científicos Editora Ltda.
Uma editora integrante do GEN | Grupo Editorial Nacional

Reservados todos os direitos. É proibida a duplicação ou reprodução deste volume, no todo ou em parte, sob quaisquer formas ou por quaisquer meios (eletrônico, mecânico, gravação, fotocópia, distribuição na internet ou outros), sem permissão expressa da editora.

Travessa do Ouvidor, 11
Rio de Janeiro, RJ – CEP 20040-040
Tels.: 21-3543-0770 / 11-5080-0770
Fax: 21-3543-0896
ltc@grupogen.com.br
www.ltceditora.com.br

Capa: Kenji Ngieng
Imagem: © hywit dimyadi/iStockphoto
Editoração Eletrônica: Arte & Ideia

CIP-BRASIL. CATALOGAÇÃO NA PUBLICAÇÃO
SINDICATO NACIONAL DOS EDITORES DE LIVROS, RJ

G914f
5. ed.
v. 1

Groover, Mikell P.
Fundamentos da moderna manufatura : versão SI / Mikell P. Groover ; tradução Givanildo Alves dos Santos.
– 5. ed. – Rio de Janeiro : LTC, 2017.

: il. ; 28 cm.

Tradução de: Principles of modern manufacturing SI version
Inclui bibliografia e índice
ISBN: 978-85-216-3388-4

1. Engenharia mecânica. 2. Engenharia industrial. 3. Engenharia de produção. 4. Processos de fabricação.
I. Santos, Givanildo Alves dos. II. Título.

17-41300	CDD: 658.5	
	CDU: 658.5	

PREFÁCIO

Os volumes 1 e 2 de *Fundamentos da Moderna Manufatura* foram escritos para um curso introdutório ou para dois cursos sequenciais sobre manufatura voltados para a graduação em Engenharia Mecânica, Industrial, de Produção e de Manufatura. Pode ser apropriado também para cursos de tecnologia relacionados a essas disciplinas de engenharia. A maior parte do conteúdo dos volumes está focada nos processos de fabricação (manufatura), mas também cobre materiais de engenharia e sistemas de produção. Materiais, processos e sistemas são a base para a manufatura moderna e as três grandes áreas temáticas abrangidas nos volumes da obra.

ABORDAGEM

O objetivo do autor nesta e em edições anteriores é fornecer um tratamento moderno e quantitativo da manufatura. A pretensão de ser "moderno" baseia-se no seguinte: (1) abordagem equilibrada sobre os principais materiais de engenharia (metais, cerâmicas, polímeros e materiais compósitos), (2) inclusão de processos de manufatura desenvolvidos recentemente, além dos processos tradicionais que têm sido utilizados e refinados ao longo de muitos anos, (3) cobertura abrangente sobre tecnologia de manufatura de produtos eletrônicos. Os livros-texto concorrentes tendem a enfatizar os metais e seu processamento em detrimento dos outros materiais de engenharia, cujas aplicações e métodos de processamento têm crescido significativamente nas últimas décadas. Além disso, a maioria dos livros concorrentes fornece cobertura mínima sobre fabricação de eletrônicos. No entanto, a importância comercial dos produtos eletrônicos e de suas indústrias associadas tem crescido substancialmente nas últimas décadas.

A pretensão da obra em ser mais "quantitativa" está baseada em sua ênfase sobre ciência da manufatura e na maior utilização de modelos matemáticos e problemas quantitativos (final de capítulo) do que outros livros de manufatura. No caso de alguns processos, trata-se da primeira obra sobre processos de manufatura a fornecer uma cobertura de engenharia quantitativa do tópico.

ORGANIZAÇÃO DO LIVRO

Os dois volumes de *Fundamentos da Moderna Manufatura* contêm 37 capítulos. O primeiro volume vai do Capítulo 1 ao 16, e o segundo do 17 ao 37. O Capítulo 1 apresenta uma introdução e visão geral sobre manufatura. A manufatura é definida, e os materiais, processos e sistemas de manufatura são brevemente descritos. Uma seção sobre custos de produção é novidade nesta edição. O capítulo é concluído com uma lista de desenvolvimentos que têm afetado a manufatura nos últimos 50 anos ou mais.

Os 36 capítulos remanescentes estão organizados em 10 partes. A Parte I, intitulada Propriedades dos Materiais e Atributos do Produto, consiste em cinco capítulos, do 2 ao 6, que descrevem as importantes características dos materiais de engenharia e suas aplicações, conforme os atributos dos produtos que são fabricados com eles.

A Parte II inicia a cobertura dos processos de mudança de forma, os quais estão organizados em quatro categorias: (1) processos de solidificação, (2) processamento de partículas, (3) processos de conformação mecânica e (4) processos de remoção de material. Essa Parte II consiste em cinco capítulos sobre processos de solidificação que incluem fundição de metais, processamento de vidros e processos de conformação para plásticos. Na Parte III, o processamento de pós de metais e cerâmicas é coberto em dois capítulos. A Parte IV trata dos processos de conformação mecânica dos metais, tais como laminação, forjamento, extrusão e conformação de chapas metálicas. Finalmente, a Parte V, no segundo volume, discute os processos de remoção de material. Quatro capítulos são dedicados à usinagem, e dois capítulos cobrem retificação (e processos abrasivos correlatos) e tecnologias não convencionais de remoção de material.

A Parte VI consiste em dois capítulos sobre outros tipos de operações de processamento: processos de melhoria de propriedades e de tratamento de superfícies. Melhoria de propriedades é realizada por tratamento térmico, e tratamento de superfícies inclui operações como limpeza, eletrodeposição, processos de deposição em fase vapor e revestimento (pintura).

Os processos de união e montagem são considerados na Parte VII, que está organizada em quatro capítulos sobre soldagem, brasagem, solda branda, união por adesivos, e montagem mecânica.

Diversos processos específicos que não se enquadram no esquema de classificação anterior são cobertos na Parte VIII, intitulada Processos Especiais e Tecnologias de Montagem. Trata-se de cinco capítulos que abrangem prototipagem rápida e manufatura aditiva, processamento de circuitos integrados, montagem de produtos eletrônicos, microfabricação e nanofabricação.

A Parte IX começa a cobertura dos sistemas de manufatura. Seus dois capítulos tratam dos tipos de tecnologias de automação em uma fábrica, tais como controle numérico e robótica industrial, e como essas tecnologias são integradas ao sistema, tais como linhas de produção, células de manufatura e sistemas flexíveis de manufatura. Finalmente, a Parte X trata dos sistemas de apoio à manufatura: planejamento do processo, produção enxuta e controle de qualidade e inspeção.

Para auxiliar no processo de aprendizagem dos estudantes, os seguintes materiais são fornecidos no texto:

➢ Mais de 360 problemas distribuídos no final dos capítulos. As respostas para os problemas selecionados são encontradas no Apêndice, na parte final do livro (antes do índice).

➢ Muitos exemplos de problemas numéricos ao longo do texto. Esses exemplos de problemas são similares a alguns dos exercícios-problemas no final dos capítulos.

➢ Mais de 700 Questões de Revisão distribuídas no final dos capítulos. Essas questões são descritivas considerando que quase todos os problemas no final dos capítulos são quantitativos.

➢ Notas Históricas descrevendo a origem de muitos tópicos de manufatura discutidos no texto.

NOVIDADES DESTA EDIÇÃO

Esta quinta edição baseia-se na quarta edição. As adições e alterações na quinta edição incluem o seguinte:

➢ A quantidade de capítulos foi reduzida de 39 para 37 por meio da consolidação de vários capítulos. Os três capítulos da quarta edição sobre materiais de engenharia (Capítulos 6, 7 e 8) foram combinados em um único capítulo, e os dois capítulos, também da quarta edição, sobre engenharia de manufatura (Capítulo 37) e planejamento e controle da produção (Capítulo 38) foram reunidos em um capítulo. O Capítulo 34 sobre microfabricação e nanofabricação da quarta edição foi expandido para dois capítulos, considerando o crescimento da importância desses tópicos em manufatura.

➢ No Capítulo 1, duas novas seções foram adicionadas sobre custos da produção (análise de tempo de ciclo e de custos) e desenvolvimentos recentes que afetam a manufatura.

➢ Diretrizes de resolução de problemas foram adicionadas aos capítulos sobre usinagem.

- O capítulo sobre prototipagem rápida foi revisado de forma ampla, e uma nova seção sobre análise de tempo de ciclo e de custos foi adicionada. O título do capítulo foi modificado para Prototipagem Rápida e Manufatura Aditiva, para refletir a evolução das tecnologias PR.

- O capítulo sobre processamento de circuitos integrados foi atualizado. A cobertura da regra de Rent foi expandida para incluir como a mesma pode ser aplicada a diversos tipos diferentes de circuitos integrados.

- O capítulo sobre encapsulamento de produtos eletrônicos foi reorganizado, com maior ênfase à tecnologia de montagem em superfície.

- Uma nova seção sobre a classificação dos produtos de nanotecnologia foi acrescentada à cobertura sobre nanofabricação.

- Uma seção sobre customização em massa foi adicionada ao capítulo sobre sistemas integrados de manufatura.

- Uma seção sobre produção enxuta e sistema Toyota de produção foi adicionada ao capítulo sobre planejamento de processo e controle de produção.

- Notas históricas novas foram adicionadas sobre metrologia, prototipagem rápida e produção enxuta.

- O número de exemplos de problemas incorporados ao texto foi incrementado, de 45 na quarta edição, para 63 na quinta. Estão incluídos novos exemplos de problemas de custos da produção, ensaio de tração, tempo de corte (usinagem), custos de prototipagem rápida e processamento de circuitos integrados.

- Muitos dos problemas de final de capítulo são novos ou revisados. As respostas para os problemas selecionados de final de capítulo são disponibilizadas em um apêndice no final da obra.

AGRADECIMENTOS

Gostaria de expressar meu apreço aos seguintes profissionais que participaram como revisores técnicos de conjuntos individuais de capítulos para a quinta edição: Iftikhar Ahmad (George Mason University), J. T. Black (Auburn University), David Bourell (University of Texas at Austin), Paul Cotnoir (Worcester Polytechnic Institute), Robert E. Eppich (American Foundryman's Society), Osama Eyeda (Virginia Polytechnic Institute and State University), Wolter Fabricky (Virginia Polytechnic Institute and State University), Keith Gardiner (Lehigh University), R. Heikes (Georgia Institute of Technology), Jay R. Geddes (San Jose State University), Ralph Jaccodine (Lehigh University), Steven Liang (Georgia Institute of Technology), Harlan MacDowell (Michigan State University), Joe Mize (Oklahoma State University), Colin Moodie (Purdue University), Michael Philpott (University of Illinois at Urbana-Champaign), Corrado Poli (University of Massachusetts at Amherst), Chell Roberts (Arizona State University), Anil Saigal (Tufts University), G. Sathyanarayanan (Lehigh University), Malur Srinivasan (Texas A&M University), A. Brent Strong (Brigham Young University), Yonglai Tian (George Mason University), Gregory L. Tonkay (Lehigh University), Chester VanTyne (Colorado School of Mines), Robert Voigt (Pennsylvania State University) e Charles White (GMI Engineering and Management Institute).

Pela revisão de determinados capítulos na segunda edição, gostaria de agradecer a John T. Berry (Mississippi State University), Rajiv Shivpuri (The Ohio State University), James B. Taylor (North Carolina State University), Joel Troxler (Montana State University) e Ampere A. Tseng (Arizona State University).

Por recomendações e encorajamentos na terceira edição, gostaria de agradecer a vários colegas da Lehigh, incluindo John Coulter, Keith Gardiner, Andrew Herzing, Wojciech Misiolek, Nicholas Odrey, Gregory Tonkay, e Marvin White. Sou especialmente grato a Andrew Herzing, do Materials Science and Engineering Department da Lehigh, pela revisão do novo capítulo de nanofabricação, e a Greg Tonkay de meu próprio departamento, por desenvolver muitos dos novos e revisados problemas e questões nesta nova edição. Dos muitos e importantes problemas de final de capítulo com que ele contribuiu, eu destacaria o Problema 30.15 (desta quinta edição) como verdadeiramente um problema de lição de casa (*homework*) de classe mundial.

Por suas recomendações na quarta edição, gostaria de agradecer aos seguintes profissionais: Barbara Mizdail (The Pennsylvania State University – Berks campus) e Jack Feng (anteriormente de Bradley University e atualmente em Caterpillar, Inc.) pelas questões sobre transporte e retorno de seus estudantes, Larry Smith (St. Clair College, Windsor, Ontario) por sua recomendação de utilização da norma ASME para furação, Richard Budihas (Voltaic LLC) por sua contribuição para a pesquisa sobre nanotecnologia e processamento de circuitos integrados, e ao colega Marvin White, da Lehigh, por suas percepções sobre tecnologia de circuitos integrados.

Pelas revisões da quarta edição que foram incorporadas à quinta edição, gostaria de agradecer aos seguintes profissionais: Gayle Ermer (Calvin College), Shivan Haran (Arkansas State University), Yong Huang (Clemson University), Marian Kennedy (Clemson University), Aram Khachatourians (California State University, Northridge), Amy Moll (Boise State University), Victor Okhuysen (California State Polytechnic University, Pomona), Ampere Tseng (Arizona State University), Daniel Waldorf (California State Polytechnic University, San Luis Obispo) e Parviz Yavari (California State University, Long Beach).

Além disso, quero agradecer a meus colegas da Wiley: Editora Executiva Linda Ratts, Editora de Projeto Gladys Soto, e Editor de Produção Sênior Sinchee Tham por suas recomendações e empenhos em benefício do livro. E, finalmente, gostaria de agradecer a muitos de meus colegas da Lehigh por suas contribuições para a quinta edição: David Angstadt, do Lehigh's Department of Mechanical Engineering and Mechanics; Ed Force II, Laboratório Técnico em nosso George E. Kane Manufacturing Technology Laboratoy; e Marcia Groover, minha esposa e colega de universidade. Algumas vezes escrevo livros sobre como os computadores são utilizados em manufatura, mas, quando meu computador precisa de conserto, é a ela que eu chamo.

SOBRE O AUTOR

Mikell P. Groover é professor emérito de Engenharia Industrial e de Sistemas da Lehigh University. Ele concluiu sua formação em Artes e Ciência, em 1961; graduação em Engenharia Mecânica, em 1962; mestrado (M.Sc.) em Engenharia Industrial, em 1966; e Ph.D., em 1969, todos pela Lehigh University, nos Estados Unidos. Groover possui registro profissional de engenharia no estado da Pensilvânia. Sua experiência industrial inclui vários anos como engenheiro de produção na Eastman Kodak Company. Desde que ingressou na Lehigh University, ele se envolve em atividades de consultoria, pesquisa e projetos para diversas indústrias.

Sua área de ensino e pesquisa inclui processos de fabricação, sistemas de produção, automação, movimentação de materiais, planejamento de instalações industriais e sistemas de trabalho. Groover recebeu vários prêmios pela excelência no ensino na Lehigh University, bem como os prêmios *Albert G. Holzman Outstanding Educator Award*, do Institute of Industrial Engineers (1995), e *SME Education Award*, da Society of Manufacturing Engineers SME (2001). Suas publicações incluem mais de 75 artigos técnicos e 13 livros (listados a seguir). Seus livros são utilizados em todo o mundo, traduzidos para o francês, alemão, espanhol, português, russo, japonês, coreano e chinês. A primeira edição do presente livro, *Fundamentals of Modern Manufacturing*, recebeu o *IIE Joint Publishers Award* (1996) e o *M. Eugene Merchant Manufacturing Textbook Award*, da Society of Manufacturing Engineers (1996). Dr. Groover é membro do Institute of Industrial Engineers (1987) e da Society of Manufacturing Engineers (1996).

LIVROS DO AUTOR

Automation, Production Systems, and Computer-Aided Manufacturing, Prentice Hall, 1980.

CAD/CAM: Computer-Aided Design and Manufacturing, Prentice Hall, 1984 (em coautoria com E. W. Zimmers, Jr.).

Industrial Robotics: Technology, Programming, and Applications, McGraw-Hill Book Company, 1986 (em coautoria com M. Weiss, R. Nagel e N. Odrey).

Automation, Production Systems, and Computer Integrated Manufacturing, Prentice Hall, 1987.

Fundamentals of Modern Manufacturing: Materials, Processes, and Systems, originalmente publicado pela Prentice Hall em 1996, e posteriormente publicado pela John Wiley & Sons, Inc., 1999.

Automation, Production Systems, and Computer Integrated Manufacturing, 2. ed., Prentice Hall, 2001.

Fundamentals of Modern Manufacturing: Materials, Processes, and Systems, 2. ed., John Wiley & Sons, Inc., 2002.

Work Systems and the Methods, Measurement, and Management of Work, Pearson Prentice Hall, 2007.

Fundamentals of Modern Manufacturing: Materials, Processes, and Systems, 3. ed., John Wiley & Sons, Inc., 2007.

Automation, Production Systems, and Computer Integrated Manufacturing, 3. ed., Pearson Prentice Hall, 2008.

Fundamentals of Modern Manufacturing: Materials, Processes, and Systems, 4. ed., John Wiley & Sons, Inc., 2010. *Fundamentos da moderna manufatura* é a versão internacional e modificada deste livro, publicada em 2011.

Introduction to Manufacturing Processes, John Wiley & Sons, Inc., 2012. [Ed. bras. *Introdução aos processos de fabricação*, LTC, 2014.]

Fundamentals of Modern Manufacturing: Materials, Processes, and Systems, 5. ed., John Wiley & Sons, Inc., 2013.

SUMÁRIO GERAL

Volume 1

1   INTRODUÇÃO E VISÃO GERAL DE MANUFATURA

Parte I   Propriedades dos Materiais e Atributos do Produto

2   A NATUREZA DOS MATERIAIS
3   PROPRIEDADES MECÂNICAS DOS MATERIAIS
4   PROPRIEDADES FÍSICAS DOS MATERIAIS
5   MATERIAIS DE ENGENHARIA
6   DIMENSÕES, SUPERFÍCIES E SUAS MEDIDAS

Parte II   Processos de Solidificação

7   FUNDAMENTOS DA FUNDIÇÃO DE METAIS
8   PROCESSOS DE FUNDIÇÃO DE METAIS
9   PROCESSAMENTO DOS VIDROS
10   PROCESSOS DE CONFORMAÇÃO PARA PLÁSTICOS
11   PROCESSAMENTO DE COMPÓSITOS DE MATRIZ POLIMÉRICA E BORRACHA

Parte III   Processos Particulados de Metais e Cerâmicas

12   METALURGIA DO PÓ
13   PROCESSAMENTO DE MATERIAIS CERÂMICOS E CERMETOS

Parte IV   Processos de Conformação Mecânica dos Metais

14   FUNDAMENTOS DA CONFORMAÇÃO DOS METAIS
15   PROCESSOS DE CONFORMAÇÃO VOLUMÉTRICA DE METAIS
16   CONFORMAÇÃO DE CHAPAS METÁLICAS

Apêndice
Índice

Volume 2

Parte V   Processos de Remoção de Materiais

17   TEORIA DA USINAGEM DE METAIS
18   OPERAÇÕES DE USINAGEM E MÁQUINAS-FERRAMENTA

19   TECNOLOGIA DE FERRAMENTAS DE CORTE
20   CONSIDERAÇÕES ECONÔMICAS E SOBRE O PROJETO DE PRODUTO EM USINAGEM
21   RETIFICAÇÃO E OUTROS PROCESSOS ABRASIVOS
22   PROCESSOS NÃO CONVENCIONAIS DE USINAGEM

Parte VI   Processos de Melhoria de Propriedades e de Tratamento de Superfícies

23   TRATAMENTO TÉRMICO DE METAIS
24   OPERAÇÕES DE TRATAMENTO DE SUPERFÍCIE

Parte VII   Processos de União e Montagem

25   FUNDAMENTOS DE SOLDAGEM
26   PROCESSOS DE SOLDAGEM
27   BRASAGEM, SOLDA BRANDA E UNIÃO POR ADESIVOS
28   MONTAGEM MECÂNICA

Parte VIII   Processos Especiais e Tecnologias de Montagem

29   PROTOTIPAGEM RÁPIDA E MANUFATURA ADITIVA
30   PROCESSAMENTO DE CIRCUITOS INTEGRADOS
31   MONTAGEM E ENCAPSULAMENTO DE PRODUTOS ELETRÔNICOS
32   TECNOLOGIAS DE MICROFABRICAÇÃO
33   TECNOLOGIAS DE NANOFABRICAÇÃO

Parte IX   Sistemas de Manufatura

34   TECNOLOGIAS DE AUTOMAÇÃO PARA SISTEMAS DE MANUFATURA
35   SISTEMAS INTEGRADOS DE MANUFATURA

Parte X   Sistemas de Apoio à Manufatura

36   PLANEJAMENTO DE PROCESSO E CONTROLE DE PRODUÇÃO
37   CONTROLE DE QUALIDADE E INSPEÇÃO

Apêndice
Índice

SUMÁRIO

1 INTRODUÇÃO E VISÃO GERAL DE MANUFATURA 1

1.1 O que É Manufatura? 2

1.2 Materiais de Engenharia Utilizados em Fabricação 8

1.3 Processos de Fabricação 11

1.4 Sistemas de Produção 18

1.5 Custos da Produção 21

1.6 Desenvolvimentos Recentes em Manufatura 26

Parte I   Propriedades dos Materiais e Atributos do Produto 34

2 A NATUREZA DOS MATERIAIS 34

2.1 Estrutura Atômica e os Elementos 35

2.2 Ligações entre Átomos e Moléculas 37

2.3 Estruturas Cristalinas 39

2.4 Estruturas Não Cristalinas (Amorfas) 44

2.5 Materiais de Engenharia 46

3 PROPRIEDADES MECÂNICAS DOS MATERIAIS 48

3.1 Relações Tensão-Deformação 48

3.2 Dureza 63

3.3 Efeito da Temperatura nas Propriedades 67

3.4 Propriedades dos Fluidos 68

3.5 Comportamento Viscoelástico dos Polímeros 71

4 PROPRIEDADES FÍSICAS DOS MATERIAIS 77

4.1 Propriedades Volumétricas e de Fusão 77

4.2 Propriedades Térmicas 80

4.3 Difusão de Massa 82

4.4 Propriedades Elétricas 83

4.5 Processos Eletroquímicos 85

5 MATERIAIS DE ENGENHARIA 88

5.1 Metais e Suas Ligas 88

5.2 Cerâmicas 102

5.3 Polímeros 108

5.4 Compósitos 116

6 DIMENSÕES, SUPERFÍCIES E SUAS MEDIDAS 123

6.1 Dimensões e Tolerâncias 123

6.2 Instrumentos de Medição e Calibres 124

6.3 Superfícies 133

6.4 Metrologia de Superfície 137

6.5 Efeitos dos Processos de Fabricação 140

Parte II   Processos de Solidificação 144

7   FUNDAMENTOS DA FUNDIÇÃO DE METAIS 144

7.1 Resumo da Tecnologia de Fundição 146

7.2 Aquecimento e Vazamento 149

7.3 Solidificação e Resfriamento 152

8   PROCESSOS DE FUNDIÇÃO DE METAIS 163

8.1 Fundição em Areia 163

8.2 Outros Processos de Fundição com Moldes Perecíveis 169

8.3 Processos de Fundição em Molde Permanente 175

8.4 Técnica de Fundição 184

8.5 Qualidade do Fundido 188

8.6 Materiais Metálicos para Fundição 190

8.7 Considerações sobre o Projeto do Produto 192

9   PROCESSAMENTO DOS VIDROS 196

9.1 Preparação das Matérias-Primas e Fusão 196

9.2 Processos de Conformação na Fabricação de Vidros 197

9.3 Tratamento Térmico e Acabamento 202

9.4 Considerações sobre o Projeto de Produto 204

10   PROCESSOS DE CONFORMAÇÃO PARA PLÁSTICOS 206

10.1 Propriedades dos Polímeros Fundidos 208

10.2 Extrusão de Polímeros 210

10.3 Produção de Chapas (ou Placas) e Filmes 219

10.4 Produção de Fibras e Filamentos (Fiação) 222

10.5 Processos de Revestimento 223

10.6 Moldagem por Injeção 224

10.7 Moldagem por Compressão e por Transferência 233

10.8 Moldagem por Sopro e Moldagem por Rotação 235

10.9 Termoformagem 241

10.10 Fundição 245

10.11 Conformação e Processamento de Espumas Poliméricas 245

10.12 Considerações sobre o Projeto de Produtos 247

11   PROCESSAMENTO DE COMPÓSITOS DE MATRIZ POLIMÉRICA E BORRACHA 252

11.1 Visão Geral do Processamento de Compósitos de Matriz Polimérica 253

11.2 Processos de Molde Aberto 256

11.3 Processos de Molde Fechado 260

Sumário xv

11.4	Outros Processos de Conformação para Compósitos de Matriz Polimérica 263
11.5	Processamento e Conformação de Borrachas 268
11.6	Fabricação de Pneus e de Outros Produtos de Borracha 273

Parte III Processos Particulados de Metais e Cerâmicas 279

12 METALURGIA DO PÓ 279

12.1 Caracterização dos Pós de Engenharia 281

12.2 Produção dos Pós Metálicos 285

12.3 Prensagem e Sinterização Convencionais 287

12.4 Técnicas Alternativas de Prensagem e Sinterização 293

12.5 Materiais e Produtos para a Metalurgia do Pó 296

12.6 Considerações de Projeto na Metalurgia do Pó 297

13 PROCESSAMENTO DE MATERIAIS CERÂMICOS E CERMETOS 302

13.1 Processamento dos Materiais Cerâmicos Tradicionais 303

13.2 Processamento dos Materiais Cerâmicos Avançados 310

13.3 Processamento de Cermetos 313

13.4 Considerações sobre o Projeto de Produtos 315

Parte IV Processos de Conformação Mecânica dos Metais 317

14 FUNDAMENTOS DA CONFORMAÇÃO DOS METAIS 317

14.1 Visão Geral da Conformação dos Metais 318

14.2 Comportamento do Material na Conformação dos Metais 320

14.3 Temperatura na Conformação dos Metais 322

14.4 Sensibilidade à Taxa de Deformação 324

14.5 Atrito e Lubrificação na Conformação dos Metais 326

15 PROCESSOS DE CONFORMAÇÃO VOLUMÉTRICA DE METAIS 329

15.1 Laminação 330

15.2 Outros Processos Relacionados com a Laminação 337

15.3 Forjamento 339

15.4 Outros Processos Relacionados com o Forjamento 350

15.5 Extrusão 354

15.6 Trefilação 365

16 CONFORMAÇÃO DE CHAPAS METÁLICAS 376

16.1 Operações de Corte 377

16.2 Operações de Dobramento 383

16.3 Estampagem 388

16.4 Outras Operações de Conformação de Chapas Metálicas 394

16.5 Matrizes e Prensas para Processos de Conformação de Chapas 397

16.6 Operações de Conformação de Chapas Metálicas Não Realizadas em Prensas 404

16.7 Curvamento de Tubos 409

APÊNDICE 414

ÍNDICE 415

Material Suplementar

Este livro conta com os seguintes materiais suplementares:

- Ilustrações da obra em formato de apresentação em (.pdf) (restrito a docentes);
- PowerPoint Slides: arquivos em (.ppt), em inglês, contendo apresentações para uso em sala de aula (restrito a docentes);
- Solutions Manual: arquivos em (.pdf), em inglês, contendo manual de soluções dos exercícios e problemas (restrito a docentes);
- Teste de Múltipla Escolha: arquivo em (.pdf) (acesso livre);
- Teste de Múltipla Escolha com Respostas: arquivo em (.pdf) (restrito a docentes).

O acesso aos materiais suplementares é gratuito. Basta que o leitor se cadastre em nosso site (www.grupogen.com.br), faça seu login e clique em GEN-IO, no menu superior do lado direito.

É rápido e fácil. Caso haja alguma mudança no sistema ou dificuldade de acesso, entre em contato conosco (sac@grupogen.com.br).

GEN-IO (GEN | Informação Online) é o repositório de materiais
suplementares e de serviços relacionados com livros publicados pelo
GEN | Grupo Editorial Nacional, maior conglomerado brasileiro de editoras do ramo
científico-técnico-profissional, composto por Guanabara Koogan, Santos, Roca,
AC Farmacêutica, Forense, Método, Atlas, LTC, E.P.U. e Forense Universitária.
Os materiais suplementares ficam disponíveis para acesso durante a vigência
das edições atuais dos livros a que eles correspondem.

1 Introdução e Visão Geral de Manufatura

Sumário

1.1 O que É Manufatura?
1.1.1 Definição de Manufatura
1.1.2 Produtos e a Indústria de Fabricação
1.1.3 Capabilidade na Indústria de Fabricação

1.2 Materiais de Engenharia Utilizados em Fabricação
1.2.1 Metais
1.2.2 Cerâmicas
1.2.3 Polímeros
1.2.4 Compósitos

1.3 Processos de Fabricação
1.3.1 Operações de Processamento
1.3.2 Operações de Montagem
1.3.3 Máquinas e Ferramentas de Fabricação

1.4 Sistemas de Produção
1.4.1 Instalações de Produção
1.4.2 Sistemas de Apoio à Manufatura

1.5 Custos da Produção
1.5.1 Análise de Tempo de Ciclo da Produção
1.5.2 Modelos de Custo da Produção

1.6 Desenvolvimentos Recentes em Manufatura

A construção de objetos é uma atividade essencial à civilização humana desde a pré-história. Hoje, o termo *fabricação* é usado para descrever esta atividade. Por questões tecnológicas e econômicas, a fabricação (ou manufatura) é importante para a prosperidade da maioria das nações desenvolvidas, como os Estados Unidos da América, e também para aquelas em desenvolvimento. O termo *tecnologia* pode ser definido como a utilização da ciência para prover à sociedade os elementos necessários à sua sobrevivência e aos seus anseios. A tecnologia afeta nosso cotidiano de diversas formas. Observe, por exemplo, a lista de produtos apresentados na Tabela 1.1. Ela apresenta várias tecnologias que ajudam a sociedade e os seres humanos a viver melhor. O que todos esses produtos têm em comum? Todos eles são fabricados e não estariam disponíveis à sociedade se não houvesse tecnologia para sua manufatura. Assim, o processo de fabricação representa um fator crítico na viabilidade de uma dada tecnologia.

Economicamente, a fabricação é um importante recurso a partir do qual os países produzem riqueza material. Nos Estados Unidos da América, a indústria da fabricação é responsável por aproximadamente 12 % do produto interno bruto (PIB). A exploração econômica dos recursos naturais de um país, como suas terras férteis, jazidas minerais e reservas petrolíferas, também gera riqueza. Na economia americana, a agricultura, a mineração e outros setores semelhantes somam menos de 5 % do PIB (a agricultura, sozinha, responde por apenas 1 % aproximadamente). A construção civil e o serviço público somam quase 5 %. A maior parcela do PIB está em setores como comércio varejista, transportes, finanças, comunicação, educação e administração pública. O setor de serviços é responsável por mais de 75 % do PIB da economia americana.* O governo, sozinho, contribui na mesma proporção do PIB que o setor de fabricação,

---

*De acordo com dados do IBGE, de 2010, o setor de serviços, no Brasil, representa 58 % do PIB, enquanto a indústria soma 22 %, e a agricultura, aproximadamente 5 %. Em 2011, dados divulgados na mídia já apontavam aumento do setor de serviços para 68 %. (N.T.)

Capítulo 1

TABELA • 1.1 Produtos representando diferentes tecnologias e que afetam o cotidiano de todos.

Aparelho de fax	Disco compacto (CD)	Máquina de lavar louça
Automóvel híbrido	Disco de vídeo digital (DVD)	Máquina fotocopiadora
Avião supersônico	Equipamento de imagem por ressonância magnética (MRI)	Medicamentos
Bicicleta		Pneu
Cadeira de plástico em peça única	Forno de micro-ondas	Raquete de tênis de materiais compósitos
Caixa eletrônico	Impressora a jato de tinta colorida	Relógio de pulso
Calculadora de bolso	Lâmpada fluorescente	Robô industrial
Câmera de vídeo	Lata de refrigerante	Sistema de segurança para residência
Câmera digital	Leitor de CD	Tablet
Caneta esferográfica	Leitor de DVD	Telefone celular
Computador pessoal (PC)	Leitor de livro eletrônico	Televisores LCD e Plasma
Cortador de grama	Lentes de contato	Tênis
Digitalizador óptico	Máquina de lavar e secar roupa	Videogame

porém não produz riqueza. Na atual economia global, uma nação deve ter uma base fabril robusta (ou ter recursos naturais expressivos) que fortaleça sua economia e proporcione alto padrão de vida ao seu povo.

Neste capítulo inicial, apresentamos tópicos gerais sobre fabricação. O que é fabricação? Como ela está organizada na indústria? Quais são os materiais, os processos e os sistemas pelos quais a fabricação é realizada?

1.1 O que É Manufatura?

A palavra **manufatura** é derivada de duas palavras latinas, **manus** (mão) e **factus** (fazer), uma combinação que etimologicamente significa feito à mão. Em português, a palavra *manufatura* é bastante antiga, de quando o significado "feito à mão" descrevia com precisão os métodos de fabricação da época.[1] Hoje em dia, a maioria dos processos de fabricação modernos é realizada por automação, cujo controle é processado computacionalmente (Nota Histórica 1.1).

Nota Histórica 1.1 *História da manufatura*

A história da manufatura pode ser dividida em dois tópicos: (1) a descoberta e a invenção de materiais e processos para fabricar coisas, e (2) o desenvolvimento dos sistemas de produção. Os materiais e processos de fabricação são anteriores aos sistemas em muitos milênios. Alguns dos processos – fundição, martelamento (forjamento) e retificação – datam de 6000 anos atrás ou mais. A fabricação precoce de implementos e armas foi realizada mais como artesanato e ofícios do que como manufatura conforme é conhecida atualmente. Os antigos romanos tinham o que pode ser chamado de fábricas para produzir armas, pergaminhos, cerâmicas e vidros, e outros produtos da época, mas utilizando métodos com base artesanal.

Os aspectos dos sistemas de manufatura são examinados aqui, e os materiais e processos são discutidos na Nota Histórica 1.2. **Sistemas de manufatura** referem-se aos meios de organização de pessoas e equipamentos de modo que a produção possa ser realizada de forma mais eficiente. Vários eventos históricos e descobertas destacam-se por ter gerado um grande impacto sobre o desenvolvimento dos sistemas de manufatura modernos.

Certamente, uma significante descoberta foi o princípio da **divisão do trabalho** – dividindo o trabalho total em tarefas e contendo trabalhadores individuais, em que cada trabalhador torna-se especialista em realizar apenas uma tarefa. Esse princípio tinha sido praticado há

---

[1]Acredita-se que a palavra **manufacture**, na língua inglesa, tenha surgido pela primeira vez em 1567 como substantivo e, em 1683, como verbo.

séculos, mas o economista Adam Smith (1723-1790) é creditado com a primeira explicação de sua importância econômica em *A Riqueza das Nações*.

A *Revolução Industrial* (em torno de 1760-1830) teve um grande impacto sobre a produção, de várias maneiras. Ela marcou a mudança de uma economia baseada em agricultura e artesanato para uma baseada em indústria e manufatura. A mudança começou na Inglaterra, onde uma série de máquinas foi inventada, e a força do vapor substituiu a água, o vento e a força de animais. Esses avanços deram à Indústria Britânica importantes vantagens sobre as demais nações, e a Inglaterra tentou restringir a exportação das novas tecnologias. Contudo, a revolução eventualmente espalhou-se para outros países europeus e os Estados Unidos. Diversas invenções da Revolução Industrial contribuíram muito para o desenvolvimento da manufatura: (1) a *máquina a vapor de Watt* – uma nova tecnologia de geração de energia para a indústria; (2) as *máquinas-ferramenta*, iniciando com a mandriladora de John Wilkinson por volta de 1775 (Nota Histórica 18.1); (3) a *máquina de fiar, o tear mecânico*, e outras máquinas para a indústria têxtil que permitiram aumentos significativos de produtividade; e (4) o *sistema de produção* – uma nova forma de organizar grandes quantidades de trabalhadores de produção com base na divisão de trabalho.

Enquanto a Inglaterra liderava a Revolução Industrial, um importante conceito foi introduzido nos Estados Unidos: a fabricação de *peças intercambiáveis*. O crédito por essa invenção é atribuído a Eli Whitney (1765-1825), embora o reconhecimento de sua importância tenha sido feito por outros [10]. Em 1797, Whitney negociou um contrato para a produção de 10.000 mosquetes para o governo dos Estados Unidos. Na época, o método tradicional de fabricar armas envolvia a fabricação sob medida de cada peça para uma arma específica e depois o agrupamento manual das peças por meio de limagem. Cada mosquete era único, e o tempo de fabricação era considerável. Whitney acreditava que os componentes poderiam ser feitos com precisão suficiente para permitir a montagem de peças sem ajuste. Após vários anos de desenvolvimento em sua fábrica em Connecticut, ele viajou para Washington em 1801 para demonstrar seu princípio. Whitney dispôs componentes de 10 mosquetes diante de oficiais governamentais, incluindo Thomas Jefferson, e procedeu à seleção de peças aleatoriamente para a montagem das armas. Nenhum polimento ou ajuste especial foi necessário, e todas as armas funcionaram perfeitamente. O segredo por trás dessa realização foi a coleção de máquinas, acessórios e medidores especiais desenvolvidos em sua fábrica. A fabricação de peças intercambiáveis precisou de muitos anos de desenvolvimento antes de se tornar uma realidade prática; no entanto, ela revolucionou os métodos de fabricação. Tornou-se um pré-requisito para a produção em massa. Por causa de sua origem nos Estados Unidos, a produção de peças intercambiáveis veio a ser conhecida como o *sistema americano* de produção.

Testemunhou-se, em meados e final de 1800, a expansão das ferrovias, dos navios movidos a vapor, e de outras máquinas que criaram a necessidade crescente por ferro e aço. Novos métodos de produção de aço foram desenvolvidos para atender essa demanda (Nota Histórica 6.1). Durante esse período, vários produtos de consumo também foram desenvolvidos, incluindo a máquina de costura, a bicicleta e os automóveis. Métodos de produção mais eficientes foram necessários para atender a demanda, em massa, desses produtos. Alguns historiadores identificam os desenvolvimentos durante esse período como a *Segunda Revolução Industrial*, caracterizada, em termos de seus efeitos sobre os sistemas de manufatura (1) pela produção em massa, (2) pelo movimento da administração científica, (3) pelas linhas de montagem, e (4) pela eletrificação das fábricas.

No final dos anos 1800, o movimento da *administração científica* foi desenvolvido nos Estados Unidos em resposta à necessidade de planejar e controlar as atividades do crescente número de trabalhadores na produção. Frederick W. Taylor (1856-1915), Frank Gilbreth (1868-1924) e sua esposa Lillian (1878-1972) são considerados como líderes do movimento. A administração científica inclui vários recursos [3]: (1) *estudo do movimento*, destinado ao melhor método para executar determinada tarefa; (2) *estudo do tempo*, para estabelecer padrões de trabalho para uma tarefa; (3) extensivo uso de *padrões* na indústria; (4) *sistema de pagamento por peça* e planos similares de incentivo ao trabalho; e (5) uso de coleta de dados, manutenção de registros e contabilidade dos custos nas operações de fábrica.

Henry Ford (1863-1947) introduziu a *linha de montagem* em 1913 em sua fábrica de Highland Park, no Michigan. A linha de montagem tornou possível a produção em massa de produtos de consumo complexos. O uso dos métodos de linha de montagem permitiu que Ford comercializasse um automóvel Modelo T por apenas $500 (moeda americana), tornando viável a aquisição de veículos para uma grande parte da população dos Estados Unidos.

Em 1881, a primeira estação de geração de energia elétrica foi construída na cidade de Nova York, e logo os motores elétricos foram sendo usados como fonte de energia para o funcionamento do maquinário das fábricas. Esse era um sistema de fornecimento de energia muito mais conveniente do que máquinas a vapor, as quais requeriam instalação de polias deslizantes para a distribuição mecânica de energia entre as máquinas. Em 1920, a eletricidade já tinha ultrapassado o vapor como principal fonte de energia nas fábricas dos Estados Unidos. O século XX foi o período de mais avanços tecnológicos do que todos os outros séculos juntos, e muitos desses desenvolvimentos resultaram na *automação* da manufatura.

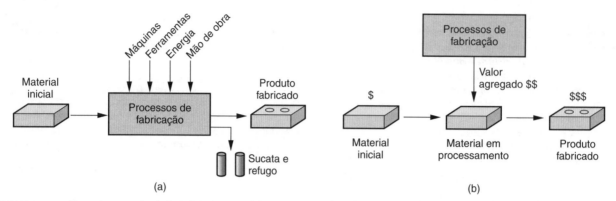

FIGURA 1.1 Duas formas de definir fabricação: (a) como um processo tecnológico, (b) como um processo econômico.

1.1.1 DEFINIÇÃO DE MANUFATURA

No contexto moderno, como área de estudo, a manufatura pode ser definida com conotações tecnológica e econômica. Tecnologicamente, **manufatura** é a aplicação de processos físicos e químicos para modificar a geometria, as propriedades e/ou a aparência de um material, a fim de produzir peças ou produtos. Manufatura também inclui a montagem de múltiplos objetos para formar um produto final único. Os processos de fabricação envolvem a combinação de máquinas, ferramentas, energia e mão de obra, e estão representados na Figura 1.1(a). Dessa forma, a fabricação é quase sempre referenciada como uma sequência de operações. Cada operação conduz o material a um estado mais próximo do produto final.

No âmbito econômico, a **manufatura** é a transformação de matérias-primas em itens de maior valor agregado por meio de uma ou mais etapas de processamento e/ou montagem, como mostra a Figura 1.1(b). O conceito-chave é que a fabricação **agrega valor** ao material a partir da mudança de sua forma ou de suas propriedades, ou pela combinação com outros materiais que também tenham sido alterados. Desse modo, o material (produto) torna-se mais valioso devido aos processos de fabricação que nele foram realizados. Agrega-se valor quando o minério de ferro é convertido em aço, quando a areia é transformada em vidro, quando o petróleo é refinado em plástico; e, quando o plástico toma a forma de uma cadeira com geometria complexa, o material torna-se ainda mais valioso.

A Figura 1.2 apresenta um produto (à esquerda) e a peça de trabalho inicial (à direita), da qual origina a peça circular. A peça de trabalho inicial é um tarugo de titânio, e o produto consiste em um *wafer* ("bolacha") de carbono montado para o gancho, o qual se sobressai a partir da direita da estrutura. O produto é uma válvula de coração artificial que custa milhares de dólares, e ainda mais valiosa para os pacientes que precisam de uma. (De qualquer forma, o cirurgião que a instala no paciente incrementa a despesa em outros milhares de dólares.) O tarugo de titânio custa uma pequena fração do preço do produto. Ele possui aproximadamente 25 mm de diâmetro. A peça foi usinada [um

FIGURA 1.2 Uma válvula de coração mecânica (à esquerda) e a peça a ser trabalhada, de titânio (à direita), da qual a peça é obtida por usinagem. (Cortesia de George E. Kane Manufacturing Technology Laboratory, Lehigh University.)

Introdução e Visão Geral de Manufatura **5**

processo de remoção de material (Subseção 1.3.1)] a partir do tarugo. O tempo de usinagem foi cerca de uma hora. Nesse caso, há valor agregado fornecido por essa operação. Há também a geração de refugo na operação unitária, como mostrado na Figura 1.1(a); a peça acabada tem apenas 5 % da massa da peça de trabalho inicial (embora os cavacos de titânio possam ser reciclados).

As palavras *fabricação* e *produção* são com frequência usadas indistintamente. Sob o ponto de vista deste autor, produção tem sentido mais amplo que fabricação. Para ilustrar, pode-se dizer "produção de petróleo bruto" mas não "fabricação de petróleo bruto", que parece estranho, pois não há ainda a etapa de transformação. Contudo, quando usadas no contexto de produtos como elementos metálicos ou automóveis, ambas parecem bem aplicadas.

1.1.2 PRODUTOS E A INDÚSTRIA DE FABRICAÇÃO

Fabricação é uma atividade econômica importante das empresas que produzem e vendem seus produtos aos clientes. O tipo de fabricação realizada por uma dada empresa depende do tipo de produto que ela fabrica. Vamos explorar essa conexão avaliando os tipos de indústrias de fabricação e identificando os produtos que elas produzem.

Indústrias de Fabricação   A atividade econômica é formada por empresas e organizações que produzem ou fornecem serviços e bens. Os setores da economia podem ser divididos em primário, secundário e terciário; e as indústrias relacionadas a um setor utilizam a mesma classificação. As **indústrias primárias** exploram recursos naturais, como agricultura e mineração. As **indústrias secundárias** utilizam os produtos da indústria primária e os transformam em bens de consumo e de capital. A fabricação é a principal atividade desse grupo que inclui, por exemplo, construção civil e indústrias de geração de energia. O **setor terciário** é formado pelo setor de serviços da economia. Uma lista com indústrias específicas de cada uma dessas categorias é apresentada na Tabela 1.2.

Neste livro, estamos interessados nas indústrias secundárias da Tabela 1.2, que são as empresas envolvidas com fabricação. Contudo, a Classificação Internacional de Normas Industriais (ISIC, do inglês *International Standard Industrial Classification*), utilizada para compor a Tabela 1.2, engloba diversas indústrias cujos processos de fabricação não são cobertos nesta obra, como a indústria química, alimentícia e de bebidas. Neste livro, fabricação significa produção de **peças** e **equipamentos** que incluem desde porcas e parafusos até computadores e armas militares. Produtos plásticos e cerâmicos estão incluídos, porém peças de vestuário, papel, medicamentos, impressos, e produtos de madeira foram excluídos.

TABELA • 1.2   Indústrias primárias, secundárias e o setor terciário.

Indústria Primária	Indústria Secundária		Setor Terciário (serviços)	
Agricultura	Aeroespacial	Materiais de construção	Bancos	Restaurantes
Silvicultura	Automotiva	Papel	Comércio atacadista	Saúde
Pesca	Bebidas	Plásticos (moldagem)	Comércio varejista	Seguros
Pecuária	Computadores	Pneus e borrachas	Educação	Serviços jurídicos
Pedreira	Construção civil	Processamento de alimentos	Entretenimento	Tecnologia da informação
Mineração	Eletrodomésticos	Produtos metalúrgicos	Governo	
Petróleo	Eletrônicos	Química	Hotelaria	Telecomunicações
	Equipamentos	Refino de petróleo	Imobiliárias	Transportes
	Farmacêutica	Siderurgia	Mercado financeiro	Turismo
	Gráficas	Têxtil	Reparo e manutenção	
	Indústrias de energia	Vestuário		
	Madeira e móveis	Vidro, cerâmica		
	Maquinário pesado			

Produtos Manufaturados   Os produtos acabados das indústrias de manufatura podem ser divididos em dois grupos: bens de consumo e bens de capital. ***Bens de consumo*** são comprados diretamente pelos consumidores, como, por exemplo, carros, computadores pessoais, televisores, pneus, e raquetes de tênis. ***Bens de capital*** são aqueles que serão adquiridos por empresas que produzirão bens ou fornecerão serviços. Exemplos de bens de capital são aeronaves, computadores, equipamentos de comunicação, instrumentos médicos, ônibus, caminhões, trens, ferramentas e equipamentos para edificações. A maior parte dos bens de capital é utilizada pelo setor de serviços. Como relatado na introdução, a fabricação contribui com aproximadamente 12 % do produto interno bruto, e o setor de serviços com mais de 75 % do PIB dos Estados Unidos. Porém, estes setores estão relacionados, os bens de capital industrializados e os adquiridos pelo setor de serviços capacitam esse setor, ou seja, sem os bens de capital, o setor de serviços não poderia funcionar.

Além dos produtos finais, os ***materiais,*** os ***componentes*** e os ***acessórios*** utilizados pelas empresas na fabricação dos produtos finais são também considerados itens manufaturados. Exemplos desses itens são: chapas de aço, barras metálicas, estampados metálicos, moldagens em plásticos, produtos extrudados, ferramentas de corte, matrizes, moldes e lubrificantes. Assim, a indústria de fabricação é composta de uma infraestrutura complexa, com diversas categorias e camadas intermediárias de fornecedores, com os quais o consumidor final nunca tem contato.

Este livro, de forma geral, trata da fabricação de ***itens discretos*** – peças separadas e conjuntos montados – e não itens produzidos por ***processos contínuos***. Uma operação de estampagem metálica produz um item discreto, porém a bobina de folha metálica onde a estampagem é realizada foi fabricada de forma intermitente. Vários itens discretos partem de um produto contínuo ou descontínuo, como os extrudados e os fios elétricos. Elementos, como barras longas com seções transversais constantes, quase contínuas, fornecem o material para retirar peças no comprimento desejado. Por outro lado, uma refinaria de petróleo é o melhor exemplo de processo contínuo.

Variedade do Produto e Volume de Produção   A quantidade de produtos manufaturados por uma fábrica tem importante influência no modo como os operários, as instalações e os procedimentos estão organizados. O volume de produção anual de uma indústria pode ser classificado por três faixas: (1) ***baixa*** produção, com quantidades de 1 a 100 unidades por ano; (2) ***média*** produção, de 100 a 10.000 unidades por ano; e (3) ***alta*** produção, de 10.000 a milhões de unidades por ano. As fronteiras entre as três faixas foram arbitradas de acordo com a avaliação deste autor. Assim, dependendo do tipo de produto, essas fronteiras podem ser deslocadas em uma grandeza.

O volume de produção se refere ao número de unidades, por ano, de um tipo de produto em particular. Algumas fábricas produzem uma variedade de tipos de produtos, cada tipo sendo produzido em baixa ou média quantidade. Outras indústrias se especializam em produções de grandes volumes de produção e com apenas um tipo de produto. É importante identificar que a variedade dos produtos é um parâmetro diferente do volume de produção. A variedade do produto se refere a diferentes formas, projetos ou tipos de produtos que são produzidos na fábrica. Produtos diferentes têm formas e tamanhos diversos e podem desempenhar funções específicas para atender mercados diferenciados, podendo, inclusive, ter números diferentes de componentes na montagem. A quantidade de tipos de produtos diferentes pode ser contabilizada a cada ano. A variedade é intensa quando há um número elevado de tipos de produtos na fábrica.

É apresentada, em geral, uma relação inversa entre a variedade de produtos e o volume de produção. Se uma fábrica tiver intensa variedade de produtos, seu volume de produção será naturalmente mais baixo, e vice-versa. Assim, se o volume de produção for alto, a variedade dos produtos tenderá a ser leve, como mostra a Figura 1.3. Indústrias de fabricação tendem a se especializar na combinação de quantidade e variedade de produtos. Essa combinação, em geral, se situa na faixa diagonal apresentada na Figura 1.3.

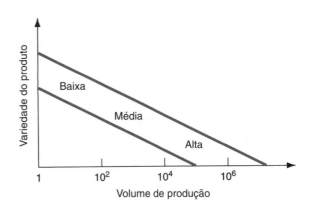

FIGURA 1.3 Relação entre a variedade do produto e o volume de produção das indústrias.

Embora a variedade de produtos seja identificada como um parâmetro quantitativo (número de tipos por empresa), esse parâmetro é bem menos preciso que o volume de produção, pois não contabiliza a diferença qualitativa existente entre os produtos. Por exemplo, a diferença qualitativa que existe entre os produtos automóvel e ar-condicionado é bem maior que a existente entre um ar-condicionado e um aquecedor.

A diversidade de produtos pode ser restrita ou ampla. Na indústria automotiva, por exemplo, cada empresa dos Estados Unidos produz carros com dois ou três diferentes modelos na mesma montadora, embora tenham estilo e características muito semelhantes. É usual qualificar a diferença entre "leve" e "intensa" como forma de descrever essa variedade. Nesta linha de raciocínio, uma montadora de automóveis pode fabricar, além de veículos de passeio, caminhões. *A **variedade leve do produto*** ocorre quando existem diferenças sutis entre os diferentes produtos de uma mesma linha de produção. Em um produto montado, por exemplo, uma leve variedade é caracterizada pelo grande número de peças iguais entre os modelos. A ***variedade intensa do produto*** ocorre quando os produtos são substancialmente diferentes, com poucas peças ou nenhuma peça em comum. A diferença entre um automóvel e um caminhão exemplifica a variedade intensa.

1.1.3 CAPABILIDADE NA INDÚSTRIA DE FABRICAÇÃO

Uma indústria de fabricação se constitui na disponibilidade de ***processos*** e ***sistemas*** (e pessoas, é claro), com o intuito de transformar uma determinada quantidade de ***materiais*** em produtos com valor agregado. Estes três elementos – materiais, processos e sistemas – constituem o sujeito da indústria de fabricação moderna, e há uma forte interdependência entre esses fatores. Uma empresa de fabricação não é capaz de realizar todos os processos e produtos. Ela deve produzir alguns itens e deve fazê-los bem, a fim de manter competitividade na indústria. A ***capabilidade de fabricação*** se refere às capacidades e limitações físicas e técnicas de uma empresa de fabricação. Três dimensões desta capabilidade podem ser identificadas: (1) capabilidade tecnológica de processamento, (2) dimensões físicas e peso do produto, e (3) capacidade de produção.

Capabilidade Tecnológica de Processamento A capabilidade tecnológica de uma fábrica (ou empresa) é seu conjunto de processos de fabricação disponíveis. Certas fábricas executam operações de usinagem, outras laminam lingotes de aço conformando-os em chapas, e outras produzem automóveis. Assim, uma oficina de usinagem não pode laminar, e uma laminação não pode fabricar carros. A característica fundamental que distingue essas fábricas são os processos que elas podem executar. Além disso, a capabilidade tecnológica está muito relacionada ao tipo de material a ser processado. Em geral, um dado processo de fabricação é aplicável a apenas um determinado material. Consequentemente, uma fábrica que se especializa em certo processo, ou grupos de processos, se especializa também no tipo de material que pode processar. Isto não inclui somente aspectos físicos dos processos, mas também o *expertise* adquirido pelos funcionários da empresa nesses processos tecnológicos. Assim sendo, as empresas devem se concentrar no projeto e nos processos de fabricação que sejam compatíveis com sua capabilidade tecnológica.

Limitações Físicas dos Produtos Outro aspecto da capabilidade de fabricação é imposto pela geometria do produto. Uma fábrica com um conjunto de processos está limitada em termos de tamanho e peso dos produtos que ela pode manipular. Por exemplo, produtos longos e pesados são difíceis de serem movimentados, e a fábrica deve estar equipada com gruas e pontes com a capacidade de carga requerida, para movimentá-los. Produtos e componentes menores, fabricados em grande escala, podem ser transportados por correias transportadoras ou outros meios mais simples. A limitação de manipulação de produtos em função do tamanho e peso é também dependente da capacidade de processamento dos equipamentos. Os equipamentos de fabricação têm diferentes portes, nem sempre proporcionais ao tamanho da peça fabricada, de modo que máquinas pesadas podem ser usadas para fabricar pequenas peças. Os equipamentos para fabricação e transporte devem ser projetados para processar e transportar produtos que tenham peso e tamanho compatíveis.

Capacidade de Produção Um terceiro limitante na capacidade de uma fábrica é a quantidade de peças que podem ser produzidas em dado período (por exemplo, em um mês ou um ano). Este índice é normalmente chamado de *capacidade fabril* ou *capacidade de produção*, e é definido como a maior taxa de produção que uma fábrica pode alcançar em suas condições operacionais. As condições operacionais se referem a fatores como: número de turnos por semana, horas por turno, quantidade máxima de operários ligados de forma direta a cada etapa de fabricação etc. Esses fatores definem a capacidade de uma fábrica de manufatura. A partir desses dados, qual pode ser a produção da fábrica?

A capacidade de uma fábrica é normalmente medida em termos da saída, em unidades fabris, como, por exemplo, toneladas de aço produzidas por uma laminação, ou pela quantidade de carros produzidos por uma montadora. Nestes casos, a saída é homogênea. Há casos em que os valores de saída não são homogêneos, e outros índices podem ser mais apropriados, como as horas disponíveis da mão de obra em uma oficina de usinagem capaz de produzir peças diferentes.

Materiais, processos e sistemas são os elementos básicos da fabricação, e essas três áreas são amplamente abordadas neste livro (Volumes I e II). Neste capítulo introdutório, apresentamos uma visão geral desses três elementos antes da abordagem detalhada que é feita nos capítulos seguintes.

1.2 Materiais de Engenharia Utilizados em Fabricação

Os materiais de engenharia, em sua maioria, podem ser classificados em uma das três categorias básicas: (1) metais, (2) cerâmicas e (3) polímeros. As respectivas composições químicas, propriedades físicas e mecânicas são diferentes, o que afeta diretamente o processo de fabricação que produz produtos a partir desses materiais. Além dessas três categorias, existem também (4) os materiais *compósitos* – que são misturas não homogêneas de materiais pertencentes às categorias básicas, e não uma categoria de materiais exclusivos a ela. A classificação dos quatro grupos é mostrada na Figura 1.4. Neste capítulo, faremos uma breve descrição dessas quatro categorias, enquanto o Capítulo 5 cobrirá o tema com mais profundidade.

1.2.1 METAIS

Os metais utilizados na fabricação são normalmente *ligas*, compostas de dois ou mais elementos, sendo pelo menos um dos elementos químicos de natureza metálica. Metais e ligas podem ser divididos em dois grupos básicos: (1) ferrosos e (2) não ferrosos.

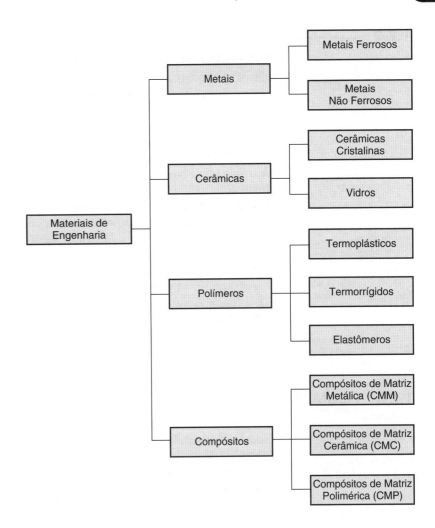

FIGURA 1.4 Classificação dos quatro grupos de materiais de engenharia.

Metais Ferrosos Os metais ferrosos contêm como elemento de base o ferro; o grupo das ligas ferrosas inclui o aço e o ferro fundido. Esses metais constituem o grupo comercial mais importante, mais de três quartos do peso de todo o metal empregado no mundo. O ferro puro tem uso comercial limitado, mas, se o carbono for adicionado à liga, ganhará utilidade e grande importância comercial, maior que qualquer outro metal.

O *aço* pode ser definido como a liga de ferro e carbono que contém de 0,02 % a 2,11 % de carbono. É a categoria mais importante de metais do grupo dos ferrosos. Sua composição usualmente inclui outros elementos de ligas, como manganês, cromo, níquel e molibdênio, utilizados para aprimorar as propriedades do metal. O aço é empregado na construção civil (pontes, vigas em I, rebites etc.), transporte (caminhões, trilhos, sistema de agulhas de bifurcação de trens etc.), entre outras inúmeras aplicações, como automóveis e muitos outros equipamentos e dispositivos.

O *ferro fundido* é uma liga de ferro e carbono (com 2 % a 4 % de carbono) fabricada a partir dos processos de fundição (como em fundição em areia). O silício está presente na liga (em proporções de 0,5 % a 3 %), e outros elementos são em geral adicionados para promover as características desejadas à peça fundida. O ferro fundido se apresenta em diversas formas microestruturais, em que a mais comum é o ferro fundido cinzento, que é utilizado para produzir, por exemplo, blocos e cabeçotes de motores de combustão interna.

Metais Não Ferrosos Os metais não ferrosos incluem os outros elementos metálicos e suas ligas. Na maioria dos casos, as ligas têm maior importância comercial que os metais puros. Os metais não ferrosos incluem os metais puros e ligas de alumínio, cobre, ouro, magnésio, níquel, prata, estanho, titânio, zinco e outros metais.

1.2.2 CERÂMICAS

As cerâmicas são definidas como materiais compostos de elementos metálicos (ou semimetálicos) e não metálicos. Tipicamente, os elementos químicos não metálicos das cerâmicas são oxigênio, nitrogênio e carbono. As cerâmicas são classificadas em tradicionais e avançadas. Como exemplos de cerâmicas tradicionais, já usadas há milhares de anos, temos a *argila* (disponível em abundância na natureza, consistindo em finas partículas de silicatos de alumínio hidratados e outros minerais; é usada para fazer tijolos, telhas e objetos de decoração); a *sílica* (substância base de quase todos os vidros); e a *alumina* e o *carboneto de silício* (abrasivos usados em retificação). As cerâmicas avançadas podem incluir alguns dos materiais tradicionais com propriedades aprimoradas por diversas técnicas e requerem métodos de processamento modernos. Alguns exemplos de cerâmicas avançadas podem ser elencados: o *metal duro* – formado por carbonetos metálicos, tais como carboneto de tungstênio e carboneto de titânio, que são amplamente utilizados como materiais de ferramenta de corte; e os *nitretos* – nitretos metálicos e semimetálicos, tais como o nitreto de titânio e o nitreto de boro, utilizados como abrasivos e ferramentas de usinagem.

As cerâmicas podem ser classificadas, por seu processo de fabricação, em cerâmicas cristalinas e vidros. As cerâmicas cristalinas são fabricadas a partir de pós e aquecidas a uma temperatura abaixo do ponto de fusão, promovendo coalescimento e ligação entre os particulados dos pós. Os vidros são fundidos e moldados por processos, como o tradicional sopro.

1.2.3 POLÍMEROS

Um polímero é composto da repetição de unidades estruturais chamadas *meros,* cujos átomos compartilham elétrons para formar moléculas bem longas. Os polímeros são formados basicamente por átomos de carbono com um ou mais elementos, como o hidrogênio, o nitrogênio, o oxigênio e o cloro. São divididos em três classes: (1) polímeros termoplásticos; (2) polímeros termorrígidos; e (3) elastômeros.

Polímeros termoplásticos podem ser submetidos a múltiplos ciclos de aquecimento e resfriamento sem alteração molecular substancial do polímero. Alguns exemplos: polietileno, poliestireno, cloreto de polivinila e náilon. *Polímeros termorrígidos* se transformam quimicamente (curam-se) em uma estrutura rígida no resfriamento, pois têm plasticidade na condição aquecida e por isso podem também ser chamados de termofixos ou termoendurecidos. Resinas, compostos fenólicos e epóxis compõem este grupo. Embora se utilize a denominação "termorrígidos", outros mecanismos podem provocar o endurecimento, não apenas o aquecimento. *Elastômeros* são assim denominados, pois são polímeros que apresentam um comportamento bastante elástico. A borracha natural, o neoprene, o silicone e o poliuretano são alguns exemplos de elastômeros.

1.2.4 COMPÓSITOS

Os compósitos não constituem com exatidão uma categoria de material, mas sim uma união dos outros três tipos de materiais. Um *compósito* é um material formado por duas ou mais fases que foram processadas separadamente e depois unidas para alcançar propriedades superiores à de seus constituintes isolados. O termo *fase* se refere a uma massa de material homogêneo, de modo análogo a um agregado de grãos com microestrutura e célula unitária idêntica em um metal sólido. A estrutura usual de um compósito tem partículas ou fibras de uma fase unidas a uma fase chamada de *matriz*.

Compósitos são encontrados na natureza, como a madeira, mas também podem ser o resultado de um processo de fabricação. Os compósitos sintéticos têm grande importância tecnológica e incluem, por exemplo, fibras de vidro em matriz polimérica, como os plásticos reforçados com fibras; fibras de polímeros em matriz polimérica, como o compósito epóxi-Kevlar; cerâmica em matriz metálica, como o carboneto de tungstênio em matriz de cobalto usado em ferramenta de metal duro.

As propriedades de um compósito dependem de seus componentes, da geometria e da forma como são combinados para compor o produto final. Alguns compósitos combinam alta resistência mecânica com baixo peso para serem aplicados em componentes de aviões, carros, cascos de embarcações, raquetes de tênis e varas de pescar. Outros compósitos são resistentes, duros e capazes de manter essas propriedades a elevadas temperaturas, como, por exemplo, os carbonetos cementados das ferramentas de corte.

1.3 Processos de Fabricação

Processo de fabricação é um procedimento realizado a fim de efetuar transformações físicas e/ou químicas no material inicial com o objetivo de agregar valor a esse material. O processo de fabricação é normalmente considerado uma ***operação unitária***, isto é, um passo único da sequência de passos necessários para a transformação do material inicial no produto final. As operações de fabricação podem ser divididas em dois tipos principais: (1) operações de processamento e (2) operações de montagem. Uma ***operação de processamento*** transforma o material de um estado de execução em um estado mais avançado e sempre mais próximo do produto final desejado. Esta operação eleva o valor do produto por meio de mudança na geometria, nas propriedades e no aspecto do material. Em geral, as operações de processamento são realizadas em componentes distintos, mas algumas podem ser realizadas em conjuntos já montados (por exemplo, a pintura de uma estrutura metálica soldada de um automóvel). Uma ***operação de montagem*** une dois ou mais componentes objetivando criar uma nova unidade, que pode ser chamada de conjunto, subconjunto, ou pode ter outra denominação, mas sempre se referindo ao processo de união (por exemplo, na solda é um ***conjunto soldado***). Uma classificação dos processos de fabricação é apresentada na Figura 1.5. Alguns dos processos básicos usados na fabricação moderna datam da Antiguidade (Nota Histórica 1.2).

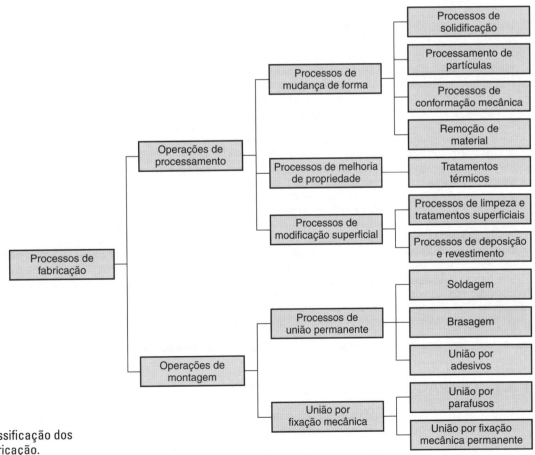

FIGURA 1.5 Classificação dos processos de fabricação.

Nota Histórica 1.2 *Materiais e processos de fabricação*

Embora a maior parte dos progressos históricos que formam a prática moderna de manufatura tenha ocorrido apenas nos últimos séculos (Nota Histórica 1.1), muitos dos processos básicos de fabricação remontam ao período neolítico (entre 8000-3000 a.C.). Durante esse período, foram desenvolvidos processos como: carpintaria e outros **trabalhos da madeira**, moldagem manual e **queima** de argila, **moagem** e **polimento** de pedras, **fiação** de fibras e **tecelagem** e **tingimento** de tecidos.

A metalurgia também começou durante o período neolítico, na Mesopotâmia e outras áreas ao redor do Mediterrâneo. Espalhou-se em regiões da Europa e da Ásia, ou se desenvolveu de forma independente nessas regiões. O ouro foi encontrado pelos primeiros humanos, na natureza, em forma relativamente pura, na qual poderia ser moldado com um **martelo**. O cobre foi provavelmente o primeiro metal a ser extraído dos minérios, necessitando assim de **fundição** (**fusão redutora de minérios**) como uma técnica de processamento. O cobre não era facilmente conformado com martelo por causa de seu encruamento; em vez disso, ele era moldado por **fundição** (Nota Histórica 7.1). A prata e o estanho foram outros metais usados nesse período. Descobriu-se que o cobre combinado com o estanho produzia um metal mais maleável do que o cobre puro (os processos de fundição e de martelamento puderam ser usados). Isso marcou a importância do período conhecido como a **Idade do Bronze** (entre 3500-1500 a.C.).

O ferro também foi fundido inicialmente durante a Idade do Bronze. Meteoritos podem ter sido uma fonte do metal, mas o minério de ferro também era extraído. As temperaturas exigidas para a redução do minério de ferro em metal são significativamente maiores do que para o cobre, o que tornou as operações de forno mais difíceis. Pelo mesmo motivo, outros métodos de processamento também eram mais difíceis. Os primeiros ferreiros aprenderam que, quando certos ferros (aqueles que contêm pequenas quantidades de carbono) eram suficientemente **aquecidos** e então **temperados**, eles se tornavam muito duros. Isso permitia amolar arestas de corte muito afiadas e transformá-las em facas e armas, mas também tornava frágil o material. A tenacidade poderia ser aumentada por meio de reaquecimento a uma temperatura menor, um processo conhecido como **revenimento**. O que foi descrito aqui é, certamente, o **tratamento térmico** do aço. As propriedades superiores do aço fizeram com que ele substituísse o bronze em muitas aplicações (armamentos, agricultura, e dispositivos mecânicos). O período de seu uso foi posteriormente chamado de **Idade do Ferro** (iniciada por volta de 1000 a.C.). Não tardou para que a demanda por aços

crescesse de forma significativa, já no século XIX, e que novas técnicas de produção e tratamento de aços fossem desenvolvidas.

Os primórdios da tecnologia das máquinas-ferramenta ocorreram durante a Revolução Industrial. Durante o período de 1770-1850, as máquinas-ferramenta foram desenvolvidas para a maior parte dos **processos convencionais de remoção de material (usinagem)**, tais como **mandrilamento**, **torneamento**, **furação**, **fresamento** e **aplainamento** (Nota Histórica 18.1). Muitos dos processos individuais são anteriores às máquinas-ferramenta, por séculos; por exemplo, a furação e o serramento (de madeira) datam da Antiguidade, e o torneamento (de madeira) de aproximadamente a época de Cristo.

Métodos de montagem foram usados em culturas antigas na fabricação de navios, armas, ferramentas, utensílios de fazenda, maquinários, carroças e carrinhos, móveis e roupas. Os primeiros processos incluíam **união com fio e corda**, **rebitagem** e **pregagem**, e **solda branda**. Por volta de 2000 anos atrás, foram inventadas a **soldagem por forjamento** e a **união por adesivos**. O uso amplo de parafusos e porcas como elementos de fixação – tão comuns nas montagens atuais – necessitou de desenvolvimento de máquinas-ferramenta capazes de cortar de forma precisa os perfis de roscas requisitados (por exemplo, o torno para corte de roscas de Maudsley, em 1800). Foi somente por volta de 1900 que os processos de **soldagem por fusão** começaram a ser desenvolvidos como técnicas de montagem (Nota Histórica 25.1).

A borracha natural foi o primeiro polímero a ser usado em manufatura (desconsiderando a madeira, que é um compósito de polímeros). O processo de **vulcanização**, descoberto por Charles Goodyear em 1839, fabricou a borracha que é um importante material de engenharia. Os desenvolvimentos subsequentes incluíram plásticos, como nitrato de celulose em 1870, baquelite em 1900, cloreto de polivinila em 1927, polietileno em 1932, e náilon no final dos anos 1930. Os requisitos de processamento de plásticos levaram ao desenvolvimento da **moldagem por injeção** (baseada na fundição sob pressão, um dos processos de fundição de metais) e outras técnicas de moldagem de polímeros.

Os produtos eletrônicos impuseram demandas incomuns na manufatura em termos de miniaturização. A evolução da tecnologia baseia-se no encapsulamento de cada vez mais dispositivos em uma pequena área – em alguns casos, milhões de transistores em uma peça plana de material semicondutor que é de apenas 12 mm em um lado. A história do processamento e encapsulamento de eletrônicos data de cerca de 1960. (Notas Históricas 30.1, 31.1 e 31.2.)

1.3.1 OPERAÇÕES DE PROCESSAMENTO

Qualquer operação de processamento utiliza energia para modificar a forma de um material, para mudar suas propriedades físicas, ou seu aspecto, visando valorizar o produto transformado. As fontes de energia deste processamento podem ser mecânicas, térmicas, elétricas e/ou químicas. A energia é utilizada, de forma controlada, no maquinário e no ferramental. Pode-se também lançar mão da energia do operário, mas, geralmente, os trabalhadores são empregados para controlar as máquinas, supervisionar as operações e, ainda, alimentar e retirar peças de um ciclo da operação. Um modelo geral das operações de processamento é apresentado na Figura 1.1(a). O material é alimentado ao processo, e a energia é aplicada pelo maquinário e pelo ferramental para transformá-lo no produto acabado. Grande parte das operações de processamento gera refugo ou sucata, seja como parte natural do processamento (como o cavaco retirado na usinagem), seja pela produção ocasional de peças defeituosas. A redução do descarte é um dos objetivos importantes na fabricação, pois significa menor quantidade de perda.

Geralmente, mais de um processo de fabricação é necessário para realizar a transformação completa do produto. As operações são efetuadas em uma sequência específica para alcançar a geometria e as características definidas pela especificidade de projeto.

Três grupos de operações de processamento podem ser destacados: (1) processos de mudança de forma, (2) processos de melhoria das propriedades, e (3) processos de modificação da superfície. Os *processos de mudança de forma* alteram a geometria do elemento inicial por diversos métodos, como, por exemplo: a fundição, o forjamento e a usinagem. Os *processos de melhoria das propriedades* agregam valor ao material pela melhoria das propriedades físicas sem modificar sua geometria. O tratamento térmico é o exemplo mais popular. *Processos de modificação da superfície* são realizados para limpar, modificar, revestir e depositar material na superfície externa da peça. Exemplos comuns de revestimentos são a pintura e a galvanização. Os processos de mudança de forma são abordados nas Partes II a V, correspondendo às quatro principais categorias desses processos, conforme mostrado na Figura 1.5. Os processos de melhoria de propriedades e os processos de modificação da superfície são descritos na Parte VI.

Processos de Mudança de Forma   A maioria dos processos de fabricação deste grupo aplica calor ou força mecânica, ou uma combinação de força e calor, para conformar a geometria do material. A classificação utilizada neste livro é baseada no estado inicial do material e apresenta quatro categorias: (1) *processos de solidificação*, cujo material inicialmente está no estado *líquido*, ou *semissólido*, e é resfriado até que se solidifique na geometria final; (2) *processamento de partículas*, quando o material a ser processado é um *pó* que será moldado e aquecido para alcançar a geometria desejada; (3) *processos de conformação*, quando o material inicial é um *sólido dúctil* (em geral metálico) que se deforma plasticamente para alcançar a geometria final; e (4) *processos de remoção de material*, quando o material é inicialmente *sólido* (dúctil ou frágil) e parte dele é removida para obter a geometria final da peça.

Na primeira categoria, o material, no início, é aquecido a uma temperatura suficiente para transformá-lo em líquido ou em estado extremamente plástico (semissólido, pastoso). Praticamente, todos os materiais podem ser processados desta forma. Metais, cerâmicas e plásticos podem ser aquecidos a temperaturas nas quais são transformados em líquidos.* Neste estado, o material pode ser vertido, ou forçado a fluir, em uma cavidade na qual será solidificado, tomando a forma sólida desse molde. A maioria dos processos que se realizam desta forma é chamada de fundição ou moldagem. *Fundição* é o nome utilizado para os metais, enquanto *moldagem*** é utilizado geralmente para os polímeros. Esta categoria é apresentada na Figura 1.6. A Figura 8.1 mostra o processo de fundição de um ferro fundido; a Figura 10.20, uma coleção de peças plásticas moldadas.

Nos *processos com particulados,* o material empregado está inicialmente sob a forma de pó metálico ou cerâmico. Apesar de os materiais serem bem diferentes, a transformação do metal e da cerâmica a partir de particulados é similar. A técnica usual envolve a compactação e a sinterização, como ilustra a Figura 1.7, em que os pós são, no

---

*Os polímeros e os vidros são aquecidos acima da temperatura vítrea para então serem processados. De fato, os plásticos não são processados na fase líquida. (N.T.)

**O termo moldagem é utilizado também para a operação de fabricação do molde, que é uma etapa da fundição de metais. (N.T.)

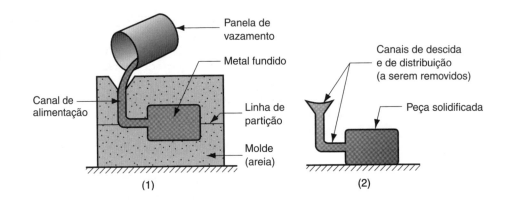

FIGURA 1.6 Processos de fundição e de moldagem começam com um material aquecido a um estado líquido ou semissólido. O processo consiste em (1) verter o fluido em uma cavidade de um molde e (2) permitir que o fluido se solidifique e, em seguida, retira-se a peça do molde.

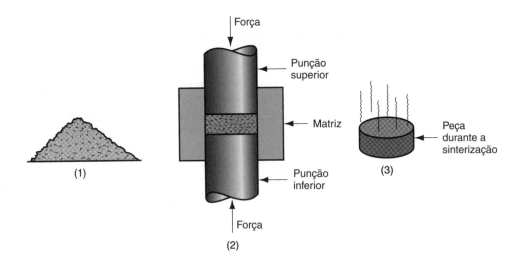

FIGURA 1.7 Processamento de partículas: (1) o pó é a forma do material inicial; e o processo usual é composto de (2) compactação e (3) sinterização.

início, depositados em uma cavidade de uma matriz sob alta pressão e, a seguir, aquecidos para que as partículas se unam e formem um material contínuo. Exemplos de peças produzidas por metalurgia do pó são mostrados na Figura 12.1.

Nos **processos de conformação mecânica**, o material muda de forma pela aplicação de forças que causam tensões superiores a seu limite de escoamento. Para que se deforme desta maneira, o elemento deve ser bastante dúctil para suportar a deformação plástica e evitar a fratura. De forma a aumentar a ductilidade (ou ainda por outras razões), o material é usualmente aquecido a uma temperatura abaixo de sua temperatura de fusão antes de ser submetido à conformação. Os processos de conformação têm uma relação estreita com as transformações metalúrgicas concomitantes. Esses processos incluem operações como o **forjamento** e a **extrusão**, conforme apresentados na Figura 1.8. A Figura 15.19 mostra uma operação de forjamento realizada por martelo.

Na categoria de processos de conformação mecânica também está incluída a **conformação de chapas metálicas**, a qual envolve operações de dobramento, de conformação e de corte realizadas a partir de *blanks* e tiras de chapas metálicas. Várias peças de chapas metálicas, chamadas peças estampadas porque são feitas em uma prensa de estampagem, como ilustrado na Figura 16.35.

Os **processos com remoção de material** são operações que removem o excesso de material da peça inicial para que atinja a geometria desejada. Os processos mais importantes desta categoria são os processos de **usinagem** como **torneamento**, **furação** e **fresamento**, apresentados na Figura 1.9. Essas operações de corte são geralmente aplicadas a materiais sólidos pela ação de ferramentas de corte, que são mais robustas e duras que o material usinado. Na capa deste livro é mostrada uma operação de furação.

A **retificação** é outro processo comum com remoção de material. Outros processos nesta categoria são conhecidos por **processos de usinagem não convencionais** porque utilizam lasers, feixe de elétrons, erosão química, descargas elétricas e energia eletroquí-

Introdução e Visão Geral de Manufatura

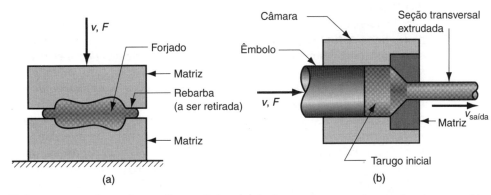

FIGURA 1.8 Dois processos de conformação mecânica: (a) *forjamento*, no qual as partes de um molde comprimem o corpo, fazendo com que ele alcance a forma da cavidade da matriz; e (b) *extrusão*, em que o tarugo é comprimido contra uma matriz contendo um furo na seção transversal, adquirindo a forma dessa seção ao escoar através do furo.

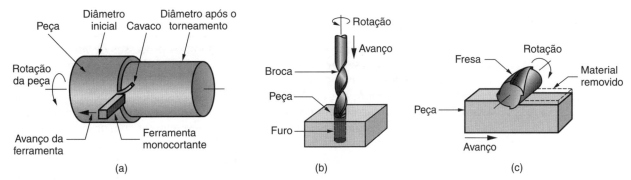

FIGURA 1.9 Operações de usinagem mais comuns: (a) *torneamento*, em que uma ferramenta monocortante remove metal da peça rotativa para reduzir seu diâmetro; (b) *furação*, na qual uma broca rotativa avança em direção à peça para produzir um furo; e (c) *fresamento*, quando a peça avança ao encontro de uma ferramenta rotativa com múltiplas arestas de corte.

mica para remover material, em vez de ferramentas de corte ou abrasivos usados nos processos convencionais de remoção.

É desejável minimizar o refugo e a sucata que surgem ao transformar a peça inicial até sua nova geometria. Determinados processos de mudança de forma são mais eficientes no aproveitamento de material. Alguns processos de retirada de material (por exemplo, usinagem) tendem a desperdiçar mais material devido apenas à natureza do processo. O material removido a partir da geometria inicial é eliminado, mas pode, eventualmente, ser utilizado em outra operação unitária. Outros processos, como operações de fundição e moldagem, com frequência transformam quase 100 % do material inicial, no final. Processos de fabricação que transformam quase todo o material inicial na forma final e não necessitam de usinagem subsequente para o acabamento são chamados de ***processos net shape***. Aqueles que requerem a retirada de uma quantidade reduzida de cavaco para produzir a peça acabada são chamados de ***processos near net shape***.

Processos de Melhoria das Propriedades O segundo maior grupo de processamento de peças é executado para melhorar as propriedades mecânicas ou físicas do material. Esses processos não alteram a forma da peça, exceto em alguns casos não intencionais. O processo mais importante desse grupo envolve ***tratamentos térmicos***, que incluem diversos processos de recozimento e de endurecimento empregados em metais e vidros. A ***sinterização*** de pós metálicos e cerâmicos também é considerada um processo de tratamento térmico, que endurece a peça formada de partículas compactadas, e este processo é com frequência chamado de ***queima*** nos materiais cerâmicos.

Processos de Modificação da Superfície Os processos que alteram a superfície da peça incluem (1) limpeza, (2) tratamento de superfície, e (3) revestimento e deposição de filmes finos. A *limpeza* inclui processos mecânicos e químicos para remover impurezas, óleo e outros contaminantes da superfície. Os *tratamentos de superfície* incluem processos mecânicos, como o jateamento com esferas ou areia (*shot peening* e *sand blasting*), e processos físicos, como difusão e implantação iônica. A *aplicação de revestimento* e a *deposição de filmes finos* são processos que criam uma camada na superfície do material. Os processos de revestimento usuais são a *galvanização*, a *anodização* do alumínio, o *revestimento* orgânico (chamado de *pintura)* e o esmalte de porcelana. A deposição de filmes finos inclui a *deposição física de vapor* (PVD) e a *deposição química de vapor* (CVD) para criar revestimentos extremamente finos de várias substâncias.

Várias operações de processos de modificação da superfície têm sido adaptadas para fabricar materiais semicondutores para circuitos integrados em microeletrônica. Esses processos incluem deposição química de vapor, deposição física de vapor e oxidação. São aplicados em áreas bem específicas sobre a superfície de uma fina pastilha (*wafer*) de silício (ou outro material semicondutor) para criar o circuito microscópico.

1.3.2 OPERAÇÕES DE MONTAGEM

O segundo grupo de operações de fabricação contém os processos de *montagem*, em que duas ou mais peças se unem para formar uma nova unidade. Os componentes desta nova unidade estão conectados de forma permanente ou semipermanente. A *soldagem*, *brasagem*, *solda branda* e a *união por adesivos* são exemplos de união permanente. Essas operações produzem um novo conjunto que não pode ser facilmente desconectado. Determinados *conjuntos montados* unem os componentes com uniões que podem ser com facilidade desconectadas. A utilização de parafusos, porcas e outros tipos de *conexões mecânicas rosqueadas* é um dos importantes métodos tradicionais desta categoria. As montagens que empregam *rebites*, *montagem por interferência* e *ajuste por expansão* resultam em conexões mecânicas permanentes. Métodos especiais de união e fixação são utilizados na montagem de produtos eletrônicos. Alguns dos métodos são idênticos ou adaptações de processos anteriores; por exemplo, a solda branda. No que diz respeito à montagem de produtos eletrônicos, a primeira preocupação está na montagem de componentes como o encapsulamento de circuitos integrados para placas de circuitos impressos, para produzir os complexos circuitos de produtos utilizados atualmente. Os processos de união e montagem são discutidos na Parte VII, e as técnicas especiais de montagem em eletrônica são descritas no Capítulo 31.

1.3.3 MÁQUINAS E FERRAMENTAS DE FABRICAÇÃO

As operações de fabricação são realizadas por meio de equipamentos e ferramental (e operadores). A extensiva utilização de máquinas e ferramentas para fabricação iniciou-se com a Revolução Industrial. Naquela época, as máquinas de usinagem se desenvolveram e foram muito usadas, sendo chamadas de *máquinas-ferramenta* – máquinas acionadas por motores para movimentar ferramentas de corte que utilizavam, antes, acionamento manual. Máquinas-ferramenta modernas têm basicamente a mesma definição, exceto que a energia de acionamento é elétrica, em vez de água ou vapor, e a precisão e a automação hoje em dia são bem maiores. As máquinas-ferramenta estão entre as máquinas mais versáveis entre os equipamentos de produção. Elas não são utilizadas apenas para fabricar bens de consumo; também fabricam componentes de outros equipamentos. Tanto no sentido histórico, quanto em relação à fabricação, a máquina-ferramenta é considerada a mãe de todos os equipamentos.

Outros equipamentos podem ser elencados: *prensas* para operações de estampagem, *martelos* para o forjamento, *rolos laminadores* para a laminação de chapas, *máquinas de soldagem* para soldagem, e *máquinas de inserção* automática para inserir componentes eletrônicos em placas de circuito impresso. Em geral, o nome do equipamento segue a nomenclatura do processo.

Os equipamentos de produção podem ser projetados para um propósito geral ou específico. **Máquinas universais** são mais flexíveis e adaptáveis a diferentes tarefas. Estão disponíveis comercialmente, e qualquer empresa de fabricação pode investir nesse tipo de equipamento. Já os **equipamentos de uso específico** são geralmente projetados para produzir uma peça ou produto específico em grande escala. A economia de escala justifica grandes investimentos em equipamentos específicos para alcançar alta eficiência e ciclos de fabricação mais curtos. Estas não são as únicas razões para a existência das máquinas, mas são as mais preponderantes. Outra razão que pode ser citada é a existência de processos incomuns que não estão disponíveis no mercado. Assim, algumas empresas desenvolvem seus próprios equipamentos para realizar operações que só elas poderão executar.

Equipamentos produtivos necessitam normalmente de **ferramental** que personaliza o equipamento para produzir uma peça ou um produto em particular. Em diversos casos, o ferramental deve ser projetado de forma específica para uma dada configuração ou uma peça. Quando o ferramental é utilizado em uma máquina universal, ele é projetado para ser intercambiável. Para cada tipo de peça, os acessórios são montados à máquina, e a fabricação é realizada. Ao final da produção, esses acessórios são retirados e substituídos para a fabricação da próxima peça. Em máquinas específicas, o ferramental usualmente é projetado como um elemento integrado à máquina. Por ser projetada para fabricar peças com produção em massa, a máquina mais específica não utiliza a troca de ferramental, exceto quando esta deve ser retirada por estar com a superfície desgastada ou danificada, devendo ser substituída ou reparada.

O tipo de ferramental depende do tipo de processo de fabricação. Na Tabela 1.3 são mostrados exemplos de ferramentas e acessórios especiais utilizados em várias operações. Nos capítulos deste livro em que cada operação é detalhada, o ferramental específico também é apresentado.

1.4 Sistemas de Produção

Para operar de forma efetiva, uma fábrica deve dispor de sistemas que permitam a realização, de forma eficiente, de seu tipo de produção. Sistemas de produção são constituídos de pessoas, equipamentos e procedimentos projetados para combinar materiais e processos nas operações de fabricação. Os sistemas de produção podem ser divididos em duas categorias: (1) instalações de produção e (2) sistemas de apoio à manufatura, como mostrado na Figura 1.10.[2] As **instalações de produção** se referem aos equipamentos e

TABELA • 1.3 Equipamentos de produção e ferramentas utilizados em diferentes processos de fabricação.

Processo	Equipamento	Ferramental especial (função)
Fundição	[a]	Molde (cavidade para o metal fundido)
Moldagem	Injetora de plásticos	Molde (cavidade para o polímero aquecido)
Laminação	Laminador	Cilindro de laminação (redução da espessura da peça)
Forjamento	Prensa ou martelo de forja	Matriz (compressão para a forma desejada)
Extrusão	Extrusora	Matriz de extrusão (redução da seção transversal)
Estampagem	Prensa de estampagem	Matriz (cisalhamento ou deformação plástica da chapa)
Usinagem	Máquina-ferramenta	Ferramenta de corte (remoção do material)
		Dispositivos de fixação (fixação da peça na posição de usinagem)
		Gabarito (guia para fixação ou fabricação)
Retificação	Retífica	Rebolo (remoção de material)
Soldagem	Máquina de soldagem	Eletrodo (fusão do metal)
		Dispositivo de fixação (fixação da peça durante a soldagem)

[a]Vários tipos de equipamentos de fundição e acessórios (Capítulo 8).

[2]Este diagrama também indica os principais assuntos contemplados neste livro.

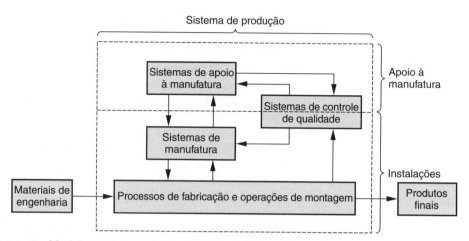

FIGURA 1.10 Modelo do sistema de produção e visão geral dos principais tópicos cobertos no livro.

ao arranjo físico desses equipamentos na fábrica. *Sistemas de apoio* à manufatura são os procedimentos adotados pela empresa para gerenciar a produção e solucionar os problemas técnicos e logísticos das ordens de compra de materiais, movimentação das ordens de serviços pela fábrica, assegurando assim os padrões de qualidade. Ambas as categorias incluem pessoas. São elas que fazem os sistemas funcionar. De modo geral, as pessoas diretamente ligadas ao trabalho são responsáveis por operar os equipamentos de produção; e as pessoas da equipe profissional são responsáveis pelo apoio à manufatura.

1.4.1 INSTALAÇÕES DE PRODUÇÃO

As instalações de produção consistem nas fábricas e nos equipamentos da fábrica, incluindo as máquinas, os equipamentos de movimentação de materiais e os ferramentais. Os equipamentos entram em contato direto com produtos e peças componentes enquanto estão sendo fabricados. Os equipamentos "tocam" os produtos. As instalações incluem o arranjo dos equipamentos no chão de fábrica – o *layout de fábrica*. Esses equipamentos são normalmente dispostos em um agrupamento lógico, referido neste texto como *sistemas de manufatura*, tais como uma linha de produção automatizada, ou uma célula de trabalho consistindo em um robô industrial e duas máquinas-ferramenta.

Uma empresa de manufatura tenta atingir os objetivos de cada unidade de produção buscando projetar seus sistemas de manufatura e organizando de maneira mais eficiente suas unidades fabris. Ao longo do tempo, certos tipos de instalações têm sido reconhecidos como a melhor forma de organizar uma combinação diversificada de variedade de produtos e quantidades a serem produzidas (Subseção 1.1.2). Diferentes tipos de instalações são mais adequados para cada um dos diferentes níveis de produção anual: baixa, média e alta (larga escala de produção).

Produção Baixa   Na escala de produção baixa (1 a 100 unidades por ano), o termo *oficina* (*job shop*) é frequentemente utilizado para descrever esse tipo de instalação de produção. A oficina produz pequenas quantidades de produtos, com características especializadas e customizadas. São usualmente produtos bastante sofisticados e complexos, tais como cápsulas espaciais, protótipos aeronáuticos e maquinaria especial. Os equipamentos e o ferramental de uma oficina são de uso geral, e a força de trabalho é muito qualificada.

A oficina deve ser projetada para ter a máxima flexibilidade a fim de poder lidar com ampla variedade de produtos com que venha a se deparar (alta variedade de produtos). Se o produto é grande e pesado, e consequentemente de difícil movimentação, em geral permanece em um único local durante a fabricação ou na montagem. Os operários e os equipamentos de fabricação são trazidos ao produto, em lugar de movimentar o

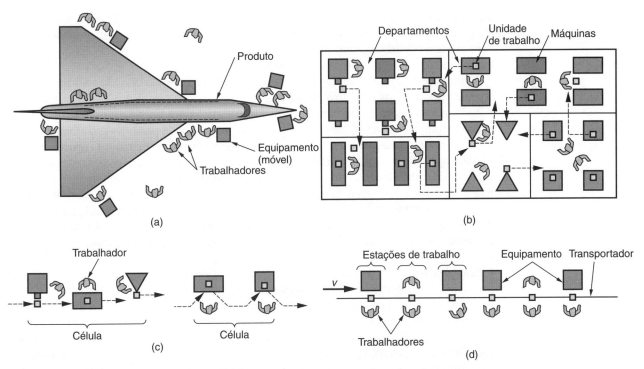

FIGURA 1.11 Vários tipos de *layout* de fábrica: (a) *layout* de posição fixa, (b) *layout* por processo, (c) *layout* celular e (d) *layout* por produto.

produto para os equipamentos. Esse tipo de *layout* é referenciado como **layout de posição fixa**, como mostrado na Figura 1.11(a). Nessas circunstâncias, o produto se mantém estacionário durante toda a fabricação e montagem. Exemplos de tais produtos incluem navios, aeronaves, locomotivas e máquinas pesadas. Na prática do processo industrial, esses itens são geralmente construídos a partir de grandes módulos montados em locais separados, e, em seguida, estes módulos são movimentados por guindastes de grande capacidade e unidos em um local de montagem final.

Os componentes individuais de tais produtos de grande dimensão são muitas vezes executados em unidades industriais em que os equipamentos são dispostos fisicamente de acordo com a função ou tipo. Esse arranjo é chamado de **layout por processo** ou **layout funcional**. Os tornos ficam em um departamento, as fresadoras ficam em outro, e assim por diante, como na Figura 11.1(b). Diferentes peças exigem uma sequência de operação distinta e movimentam-se pelos departamentos de forma específica à sua produção, em geral em lotes. O *layout* por processo é conhecido por sua grande flexibilidade, que permite grande variedade de sequências de operação para execução de diferentes configurações de peças. Contudo, tem por desvantagem o fato de que as máquinas e os métodos de produção de peças não atingem grande eficiência produtiva.

Produção Média Na escala de produção média (100 a 10.000 unidades anualmente), dois tipos diferentes de instalação são usuais, dependendo do grau de variedade dos produtos a serem fabricados. Quando há mudança nas especificações de produtos a serem produzidos, a abordagem usual é a **produção em lote** ou **produção por batelada**, em que, após a produção de determinado produto, o equipamento de fabricação é readaptado para produzir o lote do produto seguinte, e assim por diante. A taxa nominal de produção do equipamento é maior do que a taxa da demanda por qualquer tipo individual de produto, fazendo com que o mesmo equipamento possa ser compartilhado entre múltiplos produtos. A transição na fabricação entre um tipo de produto e o seguinte exige tempo, que é destinado à troca de ferramentas e à configuração ou reprogramação das máquinas. Esse tempo de *setup* (tempo de preparo) vem a ser perda de tempo de produção, o que representa uma desvantagem da produção em lote. A produção em lote é comumente adotada em situações de produção para estoque (produção planejada e antecipada contra a previsão da demanda), em que os itens são fabricados para repor os estoques que venham a ser gradualmente esgotados pela demanda. O equipamento é em geral disposto em um *layout* por processo, como na Figura 1.11(b).

Uma abordagem alternativa na produção média é possível quando não há variação significativa entre os produtos. Neste caso, tempos menos significativos são exigidos nas paradas para as trocas entre um tipo de produto e o próximo. Ou seja, muitas vezes é possível configurar o sistema de fabricação de modo que grupos de produtos semelhantes sejam feitos no mesmo equipamento, sem perda significativa de tempo de *setup*. O processamento ou montagem de diferentes peças ou produtos é realizado em células constituídas de várias estações de trabalho e máquinas. O termo **manufatura celular** é frequentemente associado a esse tipo de organização da produção em que cada célula é destinada a produzir uma variedade limitada de configurações de peças, isto é, a célula é especializada na produção de determinado conjunto de peças semelhantes, de acordo com os princípios de **tecnologia de grupo** (Seção 35.5). Na Figura 1.11(c), é representado o **layout celular**.

Produção Alta A produção alta (10.000 a milhões de unidades por ano) é muitas vezes designada como **produção em massa**, especialmente quando os volumes anuais de produção ultrapassam 100.000 unidades. As circunstâncias características de sua adoção ocorrem quando há uma demanda elevada pelo produto, e o sistema produtivo é dedicado à fabricação de um único item. Duas categorias de produção em massa podem ser identificadas: a produção em quantidade e a linha de fluxo de produção. A **produção em quantidade** envolve a produção em massa de peças únicas em equipamentos isolados. Geralmente são utilizadas máquinas padrão (por exemplo, prensas de estampagem) equipadas com implementos e ferramentas específicas (como, matrizes e dispositivos de manuseio de material), permitindo a dedicação do equipamento para a produção de um único tipo de peça. Um *layout* por processo é típico na produção em quantidade.

A **linha de fluxo de produção** envolve múltiplas estações de trabalho dispostas em sequência, com movimentação física de peças ou montagens através da sequência para concluir o produto. As estações de trabalho e equipamentos são projetados especificamente para o produto de modo a maximizar a eficiência. A organização da produção se dá em uma disposição chamada de **layout por produto**, na qual as estações de trabalho são organizadas em uma longa linha, tal como na Figura 1.11(d), ou em uma série de segmentos de linha conectados. As peças, à medida que são trabalhadas, são movimentadas entre as estações por transporte mecanizado. Em cada estação de trabalho, cada unidade de produção completa uma parte do trabalho total.

O exemplo mais conhecido de linha de fluxo de produção é a linha de montagem, associada a produtos como carros e eletrodomésticos. O caso mais comum da linha de fluxo de produção ocorre quando não há nenhuma variação nos produtos feitos na linha. Os produtos são idênticos, e a linha é designada como **linha de produção de um modelo**. O sucesso comercial de um produto muitas vezes é determinado pela presença de funcionalidades e variações de modelo para que os clientes possam ter opções de escolha de produtos que mais lhes agradam particularmente. Do ponto de vista da produção, as variações nas funcionalidades dos produtos requerem leves variações na linha de montagem. O termo **linha de produção mista** aplica-se a situações em que existe uma leve variedade nos produtos feitos na linha. A montagem do automóvel moderno é um exemplo. Os carros que saem da linha de montagem têm leves variações que, em muitos casos, são oferecidos ao mercado como modelos e nomes distintos, mesmo sendo fabricados a partir do mesmo projeto básico.

1.4.2 SISTEMAS DE APOIO À MANUFATURA

Para operar suas instalações de forma eficiente, a empresa deve projetar processos e equipamentos, planejar e controlar ordens de produção e satisfazer os requisitos de qualidade do produto. Essas funções são realizadas por sistemas de apoio à manufa-

Introdução e Visão Geral de Manufatura **21**

tura – pessoas e procedimentos pelos quais uma empresa gerencia suas operações de produção. A maior parte desses sistemas de apoio não entra em contato diretamente com o produto, mas eles apoiam o planejamento e controle do seu avanço ao longo da fábrica. As funções de apoio à manufatura são frequentemente executadas na empresa por pessoas organizadas em departamentos, tais como:

> ➤ *Engenharia de fabricação*. O departamento de engenharia de fabricação é responsável pelo processo de planejamento – decidindo qual processo produtivo deve ser usado para fabricar as peças e montar os produtos. Este departamento também está envolvido no projeto e ordenação de máquinas-ferramenta e outros equipamentos utilizados pelos departamentos de operação para realizar processamento e montagem.

> ➤ *Planejamento e controle da produção*. Este departamento é responsável por resolver o problema de logística na fabricação – gerenciando ordens de fabricação e compras de materiais, programando a produção e certificando-se de que os departamentos têm capacidade necessária para atender aos programas de produção.

> ➤ *Controle de qualidade*. Produzir produtos de alta qualidade deve ser prioridade de qualquer empresa de manufatura competitiva hoje. Isso significa projetar e fabricar produtos que estejam em conformidade com as especificações, e satisfazer ou exceder as expectativas dos clientes. Grande parte desse esforço é a responsabilidade do departamento de controle de qualidade.

1.5 Custos da Produção

Na Subseção 1.1.1, a manufatura foi definida como processo de transformação que agrega valor à matéria-prima. Na Subseção 1.1.2, observou-se que manufatura é uma atividade econômica realizada por empresas que vendem seus produtos aos clientes. É apropriado considerar alguns aspectos econômicos de manufatura, sendo este o propósito desta subseção. A cobertura consiste em (1) análise de tempo de ciclo da produção e (2) modelos de custo da produção.

1.5.1 ANÁLISE DE TEMPO DE CICLO DA PRODUÇÃO

Como dizem, "tempo é dinheiro". O tempo total para fabricar um produto é um dos componentes para a determinação de seu custo total e preço de venda. O tempo total consiste na soma de todos os tempos de ciclo individuais das operações unitárias que são necessárias para a fabricação do produto. Conforme definido na Seção 1.3, uma operação unitária é um passo único da sequência de passos necessários para fabricar o produto final. O *tempo de ciclo* de uma operação unitária é definido como o tempo que uma unidade de trabalho leva para ser processada ou montada. É o intervalo de tempo entre o início do processamento (ou montagem) de uma unidade e o início da próxima. O tempo de ciclo da produção típico consiste no tempo efetivo do processamento mais o tempo de manuseio (manipulação) por peça; por exemplo, carga e descarga da peça na máquina. Em alguns processos, como a usinagem, também é necessário tempo para trocar periodicamente a ferramenta utilizada na operação quando ela se encontra desgastada. Em forma de equação,

$$T_c = T_o + T_h + T_t \tag{1.1}$$

em que T_c é o tempo de ciclo da operação unitária, min/peça; T_o é o tempo efetivo do processamento na operação, min/peça; T_h é o tempo de manuseio, min/peça; e T_t é o tempo de manuseio de ferramenta quando este se aplica ao ciclo de operação, min/peça. Como indicado, o tempo de manuseio de ferramenta ocorre periodicamente, mas não em todos os ciclos; dessa forma, o tempo por peça deve ser determinado dividindo o tempo efetivo associado com troca de ferramenta pelo número de peças entre as trocas. Pode ser mencionado que muitas operações de produção não incluem troca de ferramenta; logo, esse termo é omitido na Equação (1.1) para esses casos.

Produção em lote e por encomenda são tipos comuns de manufatura. O tempo para produzir um lote de peças em uma operação unitária consiste na soma do tempo de preparo (*setup*) e do tempo de processamento. Isso pode ser sumarizado da seguinte forma:

$$T_b = T_{su} + QT_c \qquad (1.2)$$

em que T_b é o tempo total para processar o lote, min/lote; T_{su} é o tempo de preparo, min/lote; Q é a quantidade do lote, número de peças; e T_c é o tempo de ciclo definido na Equação (1.1), min/peça. Para obter um valor realístico do tempo médio de produção por peça (ou unidade de trabalho), o tempo de lote é dividido pela quantidade do lote, como se segue:

$$T_p = \frac{T_{su}}{Q} + T_c = \frac{T_{su} + QT_c}{Q} = \frac{T_b}{Q} \qquad (1.3)$$

em que T_p é o tempo médio de produção por peça, min/peça; os outros termos foram definidos anteriormente.

Se a quantidade do lote for uma peça (produção por encomenda), então as Equações (1.2) e (1.3) ainda são aplicáveis, e $Q = 1$. Na alta produção (produção em massa), essas equações também podem ser utilizadas, porém o valor de Q é tão grande que o tempo de preparação perde significância: como $Q \to \infty$, $T_{su}/Q \to 0$.

O tempo médio de produção por peça na Equação (1.3) pode ser utilizado para determinar a taxa média de produção na operação:

$$R_p = \frac{60}{T_p} \qquad (1.4)$$

em que R_p é a taxa horária média de produção, peças/h. Essa taxa de produção inclui o efeito do tempo de preparação. Durante a corrida de produção (depois da preparação da máquina), a taxa de produção é o inverso do tempo de ciclo:

$$R_c = \frac{60}{T_c} \qquad (1.5)$$

em que R_c é a taxa horária do ciclo, ciclos/h ou peças/h. Essas equações indicam que a taxa do ciclo sempre será maior do que a taxa de produção efetiva, a não ser que o tempo de preparação seja zero ($R_c \geq R_p$).

1.5.2 MODELOS DE CUSTO DA PRODUÇÃO

Nesta subseção, a análise do tempo de ciclo é utilizada para estimar os custos de produção, os quais incluem não apenas o custo de tempo, mas também material e gastos gerais. O custo de tempo consiste em custos de mão de obra e equipamentos, os quais são aplicados ao tempo médio de produção por peça como taxas de custos (por exemplo, \$/h). Portanto, nosso modelo de custo para custo de produção por peça pode ser representado da seguinte forma:

$$C_{pc} = C_m + (C_L + C_{eq})T_p + C_t \qquad (1.6)$$

em que C_{pc} é o custo por peça, \$/peça; C_m é o custo de matéria-prima, \$/peça; C_L é a taxa de custo de mão de obra direta, \$/min; C_{eq} é a taxa de custo de equipamento, \$/min; C_t é o custo de ferramenta que é utilizada na operação unitária, \$/peça; T_p é o tempo médio de produção por peça, min/peça. Se for o caso, o custo de ferramenta C_t deve ser determinado dividindo o custo efetivo da ferramenta pelo número de peças entre as trocas de ferramentas.

Gastos Gerais   As duas taxas de custos, C_L e C_{eq}, incluem gastos gerais, os quais consistem em todas as despesas de operação da empresa que não sejam matéria-prima, mão de obra e equipamento. Os gastos gerais podem ser divididos em duas categorias: (1) gastos gerais da fábrica e (2) gastos gerais corporativos. Os gastos gerais da fábrica consistem nos custos operacionais da fábrica que não sejam matéria-prima, mão de obra direta e equipamento. Esta categoria de gastos gerais inclui supervisão da fábrica, manutenção, segurança, aquecimento e refrigeração, iluminação etc. Por exemplo, um trabalhador que opera um equipamento de produção deve representar um custo de $15/h, mas, quando são adicionados benefícios e outros gastos gerais, o trabalhador custa para a empresa $30/h. Os gastos gerais corporativos consistem nos custos não relacionados às atividades de produção da empresa, tais como vendas, *marketing*, contabilidade, jurídico, engenharia, pesquisa e desenvolvimento (P e D), espaços de escritórios, serviços e planos de saúde.[3] Essas funções são necessárias na companhia, mas não estão relacionadas de forma direta ao custo de produção. Por outro lado, elas devem ser adicionadas à determinação do preço do produto; caso contrário, a companhia perderá dinheiro na venda de seus produtos.

J. Black [1] fornece algumas estimativas dos custos típicos associados à fabricação de um produto, como mostrado na Figura 1.12. Aqui, é possível fazer várias observações. Primeiro, o custo total de produção constitui apenas 40 % do preço de venda do produto. Os gastos gerais corporativos (Engenharia; Pesquisa e desenvolvimento; Administração, vendas, *marketing* etc.) somam quase tanto quanto o custo de produção. Segundo, a matéria-prima (considerando peças e materiais) representa 50 % do custo total de produção, de modo que é cerca de 20 % do preço de venda. Terceiro, a mão de obra direta representa aproximadamente apenas 12 % do custo de produção, o que é inferior a 5 % do preço de venda. Os gastos gerais da fábrica, os quais incluem as categorias de instalação e máquinas, depreciação, energia com 26 % e mão de obra indireta com 12 %, adiciona-se a mais de três vezes o custo de mão de obra direta.

O problema dos gastos gerais pode se tornar bastante complicado. Um tratamento mais abrangente pode ser encontrado em [7] e nos principais livros introdutórios de contabilidade. Nossa abordagem neste livro consiste simplesmente em incluir um valor apropriado de gastos gerais nas taxas de custos de trabalho e equipamentos. Por exemplo, a taxa de custo de mão de obra direta é

$$C_L = \frac{R_H}{60}(1 + R_{LOH}) \tag{1.7}$$

em que C_L é a taxa de custo de mão de obra direta, $/min; R_H é a taxa horária de salário do trabalhador, $/h; e R_{LOH} é a taxa de gastos gerais para o trabalho, %.

Taxa de Custo de Equipamento O custo do equipamento de produção utilizado na fábrica é um *custo fixo*; isso significa que ele se mantém constante para qualquer nível de resultado da produção. É um investimento de capital que é feito com a expectativa de que se pagará ao produzir um fluxo de receitas que finalmente excede seu custo. A com-

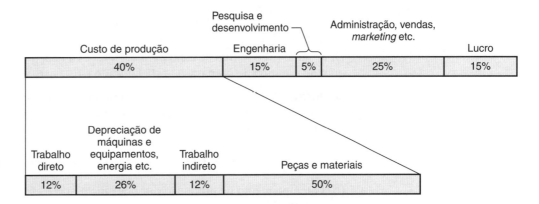

FIGURA 1.12 Discriminação típica dos custos de um produto fabricado.

---

[3]Planos de saúde, se disponibilizados pela companhia, são benefícios adicionais fornecidos a todos os colaboradores regulares, e dessa forma podem ser incluídos como gasto geral da fábrica com mão de obra direta, bem como os escritórios corporativos.

panhia disponibiliza o dinheiro para compra do equipamento como um custo inicial, e depois o equipamento fornece o pagamento ao longo de certo número de anos, até que seja substituído ou descartado. Isso é diferente de custos de mão de obra direta e de matéria-prima, os quais são *custos variáveis*, significando que eles são pagos conforme sua utilização. O custo da mão de obra direta é um custo por unidade de tempo ($/min), e o custo da matéria-prima é um custo por peça ($/peça).

A fim de determinar a taxa de custo de equipamento, o valor resultante da soma do custo inicial e do custo de instalação do equipamento deve ser amortizado sobre a quantidade de minutos que o equipamento é utilizado durante sua vida útil. A taxa de custo do equipamento é definida da seguinte forma:

$$C_{eq} = \frac{IC}{60NH}(1 + R_{OH}) \tag{1.8}$$

em que C_{eq} é a taxa de custo do equipamento, $/min; IC é o custo inicial do equipamento, $; N é a quantidade prevista de anos de serviço; H é a quantidade anual de horas de operação H/ano; e R_{OH} é a taxa de gastos gerais aplicada ao equipamento, %.

Exemplo 1.1
Taxa de custo de equipamento

Uma máquina de produção é adquirida por um custo inicial mais instalação de $500.000. Sua vida prevista é de sete anos. A máquina é planejada para operação em dois turnos, sendo oito horas por turno, e cinco dias por semana. Considere 50 semanas por ano. A taxa de gastos gerais aplicável sobre esse tipo de equipamento é de 35 %. Determine a taxa de custo do equipamento.

Solução: A quantidade de horas de operação por ano $H = 50(2)(5)(8) =$ 4000 horas/ano. Por meio da Equação (1.8),

$$C_{eq} = \frac{500.000}{60(7)(4000)}(1 + 0,35) = \textbf{\$0,402/min} = \textbf{\$24,11/h}$$

Exemplo 1.2
Duração do ciclo e custo por peça

A máquina de produção, no Exemplo 1.1, é utilizada para produzir um lote de peças, em que cada uma tem um custo de matéria-prima de $2,35. A quantidade do lote é 100. O tempo de processamento efetivo na operação é 3,72 min. O tempo de carga e descarga de cada peça é 1,60 min. O custo da ferramenta é $4,40, e cada ferramenta pode ser utilizada para 20 peças antes de sua troca, a qual leva 2,0 min. Antes do início da produção, a máquina deve ser preparada, o que leva 2,5 h. A taxa horária de salário do operador é $16,50/h, e a taxa de gastos gerais para o trabalho aplicável é de 40 %. Determine (a) o tempo de ciclo para a peça, (b) a taxa média de produção quando o tempo de preparação está figurado e (c) custo por peça.

Solução: (a) Para a Equação (1.1), o tempo de processamento $T_o = 3,72$ min, o tempo de manuseio da peça $T_h = 1,50$ min, e o tempo de manuseio de ferramenta $T_t = 2,00$ min/20 = 0,10 min.

$$T_c = 3,72 + 1,60 + 0,10 = \textbf{5,42 min/peça}$$

(b) O tempo médio de produção por peça incluindo o efeito do tempo de preparação é

$$T_p = \frac{2,5(60)}{100} + 5,42 = 6,92 \text{ min / peça}$$

A taxa horária de produção é o inverso de T_p, corrigindo para unidades de tempo:

$$R_p = \frac{60}{6,92} = \textbf{8,67 peças/h}$$

(c) A taxa de custo de equipamento do Exemplo 1.1 é C_{eq} = \$0,402/min (\$24,11/h). A taxa de trabalho é calculada da seguinte forma:

$$C_L = \frac{16,5}{60}(1+0,40) = \$0,385/\text{min } (\$23,10/\text{h})$$

O custo de ferramenta C_t = 4,40/20 = \$0,22/peça

Finalmente, o custo por peça é calculado como

$$C_{pc} = 2,35 + (0,385 + 0,402)(6,92) + 0,22 = \textbf{\$8,02/peça}$$

A confiabilidade do equipamento e a taxa de refugo são, às vezes, problemas na produção. A confiabilidade do equipamento é representada pelo termo ***disponibilidade*** (denotado pelo símbolo A), que é simplesmente a proporção de tempo de funcionamento do equipamento. Por exemplo, se A = 97 %, então para cada 100 horas de operação da máquina é de se esperar, em média, que a máquina esteja pronta para funcionar por 97 horas e parada para manutenção e reparos por 3 horas. A taxa de refugo se refere à proporção de peças produzidas que são defeituosas. Considere que q denota a taxa de refugo. Na produção em lote, geralmente se fabrica mais do que a quantidade do lote especificada para compensar as perdas devido ao descarte. Considere Q = a quantidade necessária de peças a ser entregue e Q_o = a quantidade inicial. A seguinte equação pode ser utilizada para determinar quantas peças de início são necessárias em média para atender uma ordem de Q peças acabadas:

$$Q_o = \frac{Q}{1-q} \tag{1.9}$$

Exemplo 1.3
Taxa de refugo

Um cliente encomendou um lote de 1000 peças a ser produzido utilizando uma máquina de oficina. Dados históricos indicam que a taxa de refugo para esse tipo de peça é de 4 %. Quantas peças devem ser fabricadas, conforme planejamento da oficina, considerando essa taxa de refugo?

Solução: Dado Q = 1000 peças e q = 4 % = 0,04, então a quantidade inicial é determinada da seguinte forma:

$$Q_o = \frac{1000}{1-0,04} = \frac{1000}{0,96} = 1041,7 \text{ arredondado para } \textbf{1042 peças iniciais}$$

É claro que, em práticas da manufatura moderna, todo esforço é feito para minimizar a taxa de refugo, com o objetivo de zero defeito. A disponibilidade e a taxa de refugo também figuram nos cálculos de taxa de produção e custo de peça, como demonstrado no Exemplo 1.4.

Capítulo 1

Exemplo 1.4
Duração do ciclo e custo por peça

Uma operação de alta produção fabrica uma peça para a indústria automotiva. O custo da matéria-prima = \$1,75, e o tempo de ciclo = 2,20 min. A taxa de custo de equipamento = \$42,00/h, e a taxa de custo de mão de obra direta = \$24,00/h, incluindo os custos com gastos gerais nos dois casos. A disponibilidade da máquina de produção para este serviço = 97%, e a taxa de refugo de peças produzidas = 5%. O tempo de preparo é ignorado, pois se trata de um trabalho de longa execução, e não existe custo de ferramenta a ser considerado. (a) Determine a taxa de produção e o custo de peça acabada nesta operação. (b) Caso a disponibilidade pudesse ser aumentada para 100% e a taxa de refugo reduzida a zero, qual seria a taxa de produção e o custo de peça acabada?

Solução: (a) Taxa de produção, incluindo o efeito da disponibilidade

$$R_p = \frac{60}{2,20}(0,97) = 26,45 \text{ peças/hora}$$

Entretanto, por causa da taxa de refugo de 5 %, a taxa de produção de peças aceitáveis é

$$R_p = 26,45(1 - 0,05) = \textbf{25,13 peças/hora}$$

Por causa da disponibilidade e da taxa de refugo, o custo da peça é

$$C_{pc} = \frac{1,75}{(1-0,05)} + \frac{(24+42)}{(0,97)}\left(\frac{2,20}{60(1-0,05)}\right) = \textbf{\$4,47/peça}$$

(b) Se A = 100 % e q = 0,

$$R_p = \frac{60}{2,20} = \textbf{27,27 peças/hora}$$

Custo por peça

$$C_{pc} = 1,75 + (42 + 24)(2,20/60) = \textbf{\$4,17/peça}$$

Isso representa um aumento de 8,5 % na taxa de produção e uma redução de 6,7 % no custo.

1.6 Desenvolvimentos Recentes em Manufatura

Materiais, processos e sistemas de manufatura têm sido objeto de desenvolvimento de milhares de anos (Notas Históricas 1.1 e 1.2). Nesta seção, queremos focar nos desenvolvimentos mais recentes, considerando os últimos 25 a 50 anos. A discussão está organizada em torno das seguintes áreas temáticas: (1) microeletrônica, (2) informatização da manufatura, (3) manufatura flexível, (4) microfabricação e nanotecnologia, (5) produção enxuta e *Seis Sigma*, (6) globalização e (7) consciência ambiental em manufatura.

Microeletrônica A microeletrônica envolve dispositivos eletrônicos que são fabricados em escala microscópica. Os exemplos incluem ***circuitos integrados***, os quais consistem em componentes, tais como transistores, diodos e resistores, fabricados e conectados eletricamente em um pequeno *chip*, usualmente feito de silício. A característica marcante dos dispositivos microeletrônicos atuais é o enorme número de componentes que podem estar contidos no *chip*. A capacidade de produção de circuitos integrados data do início da década de 1960 e avançou até o ponto em que a tecnologia atual é denominada ***integração em escala giga*** (***giga-scale integration***); isso significa que os *chips* que estão sendo produzidos consistem em bilhões de componentes. A microeletrônica se tornou tão disseminada que grande parte dos itens comuns utilizados atualmente se baseia nessa tecnologia. Dois terços dos produtos listados na Tabela 1.1 são chamados de produtos eletrônicos ou suas funções e operações dependem de eletrônica. Neste livro, a fabricação de circuitos integrados é coberta no Capítulo 30, e a montagem eletrônica no Capítulo 31.

Informatização da Manufatura Os primeiros computadores digitais datam de meados da década de 1940, mas suas aplicações em manufatura surgiram alguns anos depois. O *controle numérico direto* foi desenvolvido em meados da década de 1960, em que computadores *mainframe* foram empregados para controlar remotamente máquinas-ferramenta em fábricas. Conforme a tecnologia dos computadores evolui, viabilizada pelos avanços na microeletrônica, o custo de computadores e do processamento de dados foi reduzido, levando ao uso muito difundido dos computadores pessoais (PCs), não apenas em escritórios, mas também nas fábricas em tarefas que vão desde o controle de equipamento individual no chão de fábrica até o controle das informações necessárias para gerenciar toda a empresa. A Internet possibilitou às empresas de fabricação a comunicação entre suas unidades e escritórios distribuídos geograficamente e, além disso, propiciou acesso aos clientes e fornecedores ao redor do mundo. Neste livro, diversos aspectos de informatização da manufatura estão incluídos nas Partes IX e X sobre sistemas de manufatura (Capítulos 34 e 35) e sistemas de apoio à manufatura (Capítulos 36 e 37).

Manufatura Flexível Durante a maior parte do século XX, a ênfase nas indústrias de fabricação dos Estados Unidos foi sobre produção em massa para satisfazer as exigências dos consumidores de uma população em rápido crescimento. A produção em massa ainda é amplamente utilizada nos Estados Unidos e em todo mundo, mas a informatização permitiu às empresas de manufatura o desenvolvimento de sistemas capazes de lidar com as variações de produtos. O leitor encontrou vários casos desta flexibilidade na manufatura, na Subseção 1.4.1, em que se discutiu sobre instalações de produção. A manufatura celular e a linha de produção mista são dois exemplos de sistemas de manufatura operados manualmente que são capazes de produzir uma variedade de peças ou produtos, sem tempo de inatividade para realização de alteração. A indústria automotiva, em particular, está projetando suas linhas de montagem final de modo que grandes variações de modelo possam ser acomodadas em uma única linha, atendendo às mudanças e padrões de demanda imprevisíveis. A informatização também possibilitou projetos de flexibilidade em sistemas automatizados, dos quais são exemplos os sistemas flexíveis de manufatura, discutidos na Seção 35.6.

A *customização em massa* envolve um sistema de produção que é capaz de fabricar produtos individualizados para cada cliente, e está intimamente relacionada à manufatura flexível. O cliente especifica o modelo e opcionais, e o produto é fabricado com essas especificações. A customização em massa é discutida na Subseção 35.6.3.

Microfabricação e Nanotecnologia Outro desenvolvimento recente em manufatura, intimamente relacionado à microeletrônica, é a introdução de materiais e produtos cujas dimensões são, às vezes, tão pequenas que eles não podem ser vistos a olho nu. Em casos extremos, os itens não podem ser vistos nem com o auxílio de microscópio óptico. Os produtos que são tão miniaturizados requerem tecnologias de fabricação especiais. A *microfabricação* se refere aos processos necessários para fabricar peças e produtos cujas características dimensionais estão em escala micrométrica (1 μm = 10^{-3} mm = 10^{-6} m). Exemplos incluem cabeças de impressão de jato de tinta, discos compactos (CDs e DVDs), e microssensores utilizados em aplicações automotivas (por exemplo, sensores desenvolvidos para *air-bag*). A *nanotecnologia* se refere aos materiais e produtos cujas características dimensionais estão em escala nanométrica (1 nm = 10^{-3} μm = 10^{-6} mm = 10^{-9} m), uma escala que se aproxima do tamanho dos átomos e moléculas. Revestimentos ultrafinos para conversores catalíticos, monitores de TV com tela plana, e remédios para câncer são exemplos de produtos baseados na nanotecnologia. Espera-se que a importância tecnológica e econômica dos materiais e produtos microscópicos e nanoscópicos aumente no futuro, e serão necessários processos para produzi-los industrialmente. Os Capítulos 32 e 33 são dedicados a essa tecnologia.

Produção Enxuta e Seis Sigma   Estes são dois programas destinados a melhorar eficiência e qualidade em manufatura. Eles abordam demandas de clientes por produtos de baixo custo e de alta qualidade. Produção enxuta e Seis Sigma estão sendo amplamente adotados por companhias, especialmente nos Estados Unidos.

A produção enxuta baseia-se no Sistema Toyota de Produção, desenvolvido por Toyota Motors no Japão. Suas origens datam das décadas de 1950 e 1960 quando a Toyota começou a utilizar abordagens não convencionais para melhorar a qualidade, reduzir os estoques e aumentar a flexibilidade nas operações. ***Produção enxuta*** pode ser definida de forma simples como "fazer mais trabalho com menos recursos".[4] Isso significa que menos trabalhadores e equipamentos são utilizados para realizar mais produção em menos tempo, e ainda obter alta qualidade no produto final. O objetivo estrutural da produção enxuta é a eliminação de várias formas de desperdícios, tais como produção de peças defeituosas, estoques excessivos e trabalhadores em condição de espera. A produção enxuta é descrita nas Seções 36.4 e 36.5 no capítulo sobre planejamento de processos e controle da produção.

Seis Sigma iniciou-se na década de 1980 na Motorola Corporation nos Estados Unidos. O objetivo era reduzir a variabilidade nos processos e produtos da companhia para aumentar a satisfação dos clientes. Atualmente, ***Seis Sigma*** pode ser definido como "um programa de qualidade orientado que utiliza grupos de trabalhadores para realizar projetos destinados a melhorar o desempenho operacional de uma organização".[5] Seis Sigma é discutido, em mais detalhes, na Subseção 37.4.2.

Globalização e Terceirização   O mundo se torna cada vez mais integrado, criando uma economia internacional na qual as barreiras, uma vez estabelecidas por fronteiras nacionais, têm sido reduzidas ou eliminadas. Isso possibilitou um fluxo mais livre de bens e serviços, capital, tecnologia e pessoas entre regiões e países. Globalização é o termo que descreve essa tendência que foi reconhecida no final da década de 1980 e que agora é uma realidade econômica dominante. De interesse aqui é que nações subdesenvolvidas, como China, Índia e México, desenvolveram suas tecnologias e infraestruturas de manufatura em um nível que as tornaram importantes produtoras na economia global atual. Esses países possuem grandes populações e, portanto, grandes forças de trabalho e baixos custos com mão de obra. Os salários por hora são significativamente maiores nos Estados Unidos do que nesses países, o que torna difícil a competição das empresas nacionais (internas) dos Estados Unidos em muitos produtos que necessitam de alto conteúdo de trabalho. Os exemplos incluem roupas, móveis, brinquedos e produtos eletrônicos. O resultado foi uma perda de empregos em manufatura nos Estados Unidos e um ganho de trabalhos relacionados aos países citados.

A terceirização está intimamente relacionada à globalização. Em manufatura, ***terceirização*** se refere ao uso de fornecedores externos para realizar trabalho que era tradicionalmente de execução interna. A terceirização pode ser feita de várias formas, incluindo o uso de fornecedores locais. Neste caso, os serviços permanecem nos Estados Unidos. Alternativamente, empresas norte-americanas podem terceirizar a outros países, de modo que peças e produtos que eram fabricados nos Estados Unidos agora sejam produzidos fora do país. Neste caso, ocorre um deslocamento dos empregos norte-americanos. Duas possibilidades de terceirização internacional podem ser distinguidas: (1) ***offshore outsourcing***, a qual se refere à produção na China ou outros locais além-mar e ao transporte de itens por navio cargueiro para os Estados Unidos, e (2) ***near-shore***

---

[4]M. P. Groover, ***Work Systems and the Methods, Measurement, and Management of Work*** [8], p. 514. O termo produção enxuta (*lean production*) foi inventado por pesquisadores do Instituto de Tecnologia de Massachusetts que estudavam as operações de produção da Toyota e de outras companhias automotivas na década de 1980.
[5]*Ibid.*, p. 541.

outsourcing, que significa que os itens são produzidos no Canadá, México ou América Central e transportados por trens ou caminhões para os Estados Unidos.

A terceirização resultou no crescimento dos ***fabricantes contratados***, empresas especializadas na fabricação de peças, subconjuntos e/ou produtos para outras empresas. Os fabricantes contratados desenvolveram *expertise* e eficiências em determinadas operações de produção, o que significa que eles podem, provavelmente, produzir os itens contratados a preços menores do que os custos de produção da empresa consumidora, caso ela fosse a produtora. Os fabricantes contratados incluem ambas as empresas: as nacionais norte-americanas e empresas internacionais.[6] As razões pelas quais a empresa pode preferir utilizar os serviços de um fabricante contratado incluem: (1) os benefícios para a empresa de reduzir custos porque não terá que pagar os gastos da fábrica associados com produção, (2) a empresa pode focar seus recursos em projeto e *marketing* de produtos em vez de fabricação, e (3) a empresa pode beneficiar-se das habilidades portadas pelo fabricante contratado, as quais ela não possui. Por outro lado, há riscos associados com contrato de fabricação para a empresa cliente. Ela perde o controle sobre a propriedade intelectual ao entregar seu projeto de produto, o que poderá resultar em que o fabricante contratado se torne um competidor. A distinção entre fabricante contratado e fornecedor seja talvez sutil. Um ***fornecedor*** é geralmente considerado como a empresa que fornece materiais e componentes para um consumidor que é engajado na fabricação de um produto, enquanto um fabricante contratado realiza toda a produção do produto, e deverá usar seus próprios fornecedores.

A China é de interesse particular nessa discussão sobre globalização e terceirização, pelas seguintes razões: (1) seu rápido crescimento econômico (no momento, a China possui o segundo maior produto interno bruto do mundo), (2) a importância da manufatura em sua economia, e (3) a extensão com que as empresas norte-americanas terceirizaram trabalho para China. Para obter vantagem sobre os menores custos do trabalho, muitas empresas dos Estados Unidos transferiram muito de sua produção para a China (e outros países do Leste Asiático). Apesar dos problemas de logística e custos de transporte dos bens de volta aos Estados Unidos, o resultado trouxe custos menores e maiores lucros para as empresas terceirizadas, assim como menores preços e maior variedade de produtos disponíveis para os consumidores americanos. A desvantagem foi a perda de empregos de manufatura bem remunerados nos Estados Unidos. Outra consequência da terceirização norte-americana para a China foi a redução na contribuição relativa do setor de manufatura no PIB. Na década de 1990, as indústrias de manufatura representavam cerca de 20 % do PIB nos Estados Unidos. Atualmente, essa contribuição é de apenas 12 %, aproximadamente. Ao mesmo tempo, o setor de manufatura na China cresceu (junto com o resto de sua economia), e agora representa em torno de 35 % do PIB chinês.

Recentemente, houve sinais de que diminuiu a terceirização da produção para a China por empresas americanas, e de que os empregos de manufatura estão voltando para os Estados Unidos. Existem diversas razões para essa tendência, que é chamada ***reshoring***. Primeiro, as taxas horárias de salários na China estão aumentando, à medida que o governo tenta evoluir, de uma economia orientada para a exportação, para uma economia orientada para o consumidor, similar à dos Estados Unidos. As taxas horárias de salários maiores significam menor vantagem para as empresas norte-americanas terceirizarem seus serviços para a China. Segundo, os custos de logística e atrasos envolvidos no transporte de produtos da China para a América do Norte são significativos, especialmente o aumento dos preços do combustível. Assim, algumas empresas, em sua análise de custos e benefícios, decidiram produzir nos Estados Unidos, reabrindo fábricas antigas ou construindo novas. Por outro lado, as empresas norte-americanas produzem bens para o mercado chinês e ainda têm boas razões para manter suas operações na China, assim como os fabricantes de automóveis japoneses e alemães estabeleceram unidades de produção nos Estados Unidos.

---

[6] O maior fabricante contratado no momento desta redação do livro era Hon Hai Precision Industries (também conhecido como Foxconn, com sede em Taiwan, mas com muitas de suas fábricas localizadas na China). Classificado como 60º em Fortune Global 500 com vendas de $95 bilhões em 2010 (***Fortune***, 25 de julho de 2011).

Consciência Ambiental em Manufatura   Uma característica virtualmente inerente a todos os processos de manufatura é o desperdício (Subseção 1.3.1). Os exemplos mais óbvios são os processos de remoção de material, nos quais cavacos são retirados da peça para criar a geometria desejada. Isso é uma forma de resíduo ou de subproduto em quase todas as operações de produção. Outro aspecto inevitável na manufatura é a necessidade de energia para realização do processo considerado. A geração de energia requer combustíveis fósseis (pelo menos nos Estados Unidos e na China), a queima dos quais resulta em poluição ambiental. No final da sequência de fabricação, um produto é criado e vendido para um consumidor. Em última análise, o produto se desgasta e é descartado, provavelmente em algum aterro, com a associada degradação ambiental. Cada vez mais atenção é despendida pela sociedade em relação aos impactos ambientais causados pelas atividades humanas em todo o mundo e como a civilização moderna utiliza os recursos naturais em um ritmo insustentável. O aquecimento global é atualmente a principal preocupação. As indústrias de fabricação contribuem com esses problemas.

A *consciência ambiental em manufatura* refere-se aos programas que procuram determinar o uso mais eficiente dos materiais e recursos naturais na produção e minimizar as consequências negativas ao meio ambiente. Outros termos para esses programas incluem *manufatura verde* (*green manufacturing*) e *manufatura sustentável* (*sustainable manufacturing*). Todos eles se resumem a duas abordagens básicas: (1) projetos de produtos que minimizem seus impactos ambientais e (2) projetos de processos que sejam ecologicamente corretos.

O projeto do produto é o ponto de partida lógico em consciência ambiental em manufatura. O termo *projeto para o meio ambiente* [*design for environment* (DFE)] é usado para as técnicas que tentam considerar impacto ambiental durante o projeto do produto antes de sua produção. As considerações no DFE incluem (1) selecionar materiais que necessitem do mínimo de energia para produção, (2) selecionar processos que minimizem os desperdícios de materiais e energia, (3) projetar peças que possam ser recicladas ou reutilizadas, (4) projetar produtos que sejam facilmente desmontáveis para a recuperação de peças, (5) projetar produtos que minimizem o uso de materiais tóxicos e perigosos, e (6) dar atenção à forma como o produto será descartado ao final de sua vida útil.

A um grau elevado, as decisões tomadas durante o projeto ditam os materiais e processos utilizados para fabricar o produto. Essas decisões limitam as opções disponíveis para os departamentos de fabricação para alcançar sustentabilidade. Contudo, várias abordagens podem ser aplicadas para tornar as operações da fábrica mais ecologicamente corretas, as quais incluem (1) adoção de boas práticas de serviços de limpeza – mantendo a fábrica limpa, (2) prevenção de emissão de poluentes ao meio ambiente (rios e atmosfera), (3) minimização de resíduos de materiais nas operações unitárias, (4) reciclagem em vez de descarte de resíduos materiais, (5) utilização de processos *net shape*, (6) utilização de fontes de energia renováveis quando for factível, (7) manutenção dos equipamentos de produção para que funcionem com o máximo de eficiência, e (8) investimento em equipamentos que minimizem requisitos de energia.

Referências

[1] Black, J T. The Design of the Factory with Future, McGraw-Hill, New York, 1991.

[2] Black, J T., and Kohser, R. *DeGarmo's Materials and Processes in Manufacturing*, 11th ed., John Wiley & Sons, Hoboken, New Jersey, 2012.

[3] Emerson, H. P., and Naehring, D. C. E. *Origins of Industrial Engineering*. Industrial Engineering & Management Press, Institute of Industrial Engineers, Norcross, Georgia., 1988.

[4] Flinn, R. A., and Trojan, P. K. *Engineering Materials and Their Applications*. 5th ed. John Wiley & Sons, New York, 1995.

[5] Garrison, E. *A History of Engineering and Technology*. CRC Taylor & Francis, Boca Raton, Florida, 1991.

[6] Gray, A. "Global Automotive Metal Casting," *Advanced Materials & Processes*, April 2009, pp 33–35.

Introdução e Visão Geral de Manufatura **31**

[7] Groover, M. P. *Automation, Production Systems, and Computer Integrated Manufacturing*, 3rd ed. Pearson Prentice-Hall, Upper Saddle River, New Jersey, 2008.

[8] Groover, M. P. *Work Systems and the Methods, Measurement, and Management of Work*, Pearson Prentice-Hall, Upper Saddle River, New Jersey, 2007.

[9] Hornyak, G. L., Moore, J. J., Tibbals, H. F., and Dutta, J. *Fundamentals of Nanotechnology*, CRC Taylor & Francis, Boca Raton, Florida, 2009.

[10] Hounshell, D. A. *From the American System to Mass Production, 1800–1932*. The Johns Hopkins University Press, Baltimore, Maryland, 1984.

[11] Kalpakjian, S., and Schmid S. R. *Manufacturing Processes for Engineering Materials*, 6th ed. Pearson Prentice-Hall, Upper Saddle River, New Jersey, 2010.

[12] website: en.wikipedia.org/wiki/globalization.

[13] website: en.wikipedia.org/wiki/Contract_manufacturer.

[14] website: bsdglobal.com/tools.

Questões de Revisão

1.1 Qual é o percentual aproximado do produto interno bruto (PIB) dos Estados Unidos proveniente das indústrias de fabricação?

1.2 Defina fabricação.

1.3 Quais são as diferenças entre as indústrias do setor primário, secundário e terciário? Dê um exemplo de cada categoria.

1.4 Qual é a diferença entre um bem de consumo e um bem de capital? Dê alguns exemplos de cada uma das categorias.

1.5 Qual é a diferença entre uma variedade de produtos leve ou intensa, de acordo com o que foi definido no texto?

1.6 Como a variedade de produto e o volume de produção estão relacionados quando comparamos fábricas típicas?

1.7 Um dos dimensionamentos da capabilidade de fabricação é a capabilidade tecnológica de processamento. Defina capabilidade tecnológica de processamento.

1.8 Quais são as quatro categorias de materiais de engenharia usadas em fabricação?

1.9 Qual é a definição de aço?

1.10 Mencione algumas das aplicações típicas dos aços.

1.11 Quais são as diferenças entre um polímero termoplástico e um polímero termorrígido?

1.12 Processos de fabricação são usualmente efetuados como operações unitárias. Defina as operações unitárias.

1.13 Nos processos de fabricação, qual é a diferença entre uma operação de processamento e uma operação de montagem?

1.14 Um dos três tipos de operações de processamento é a mudança de forma, que altera ou cria a geometria da peça. Quais são as quatro categorias desse tipo de operação?

1.15 Quais são as diferenças entre os processos *net shape* e *near net shape*?

1.16 Identifique os quatro tipos de processos de união permanentes usados na montagem.

1.17 O que é uma máquina-ferramenta?

1.18 Qual é a diferença entre um equipamento de uso específico e uma máquina universal?

1.19 Defina produção em lote e descreva por que ela é frequentemente usada em média produção de produtos.

1.20 Qual é a diferença entre *layout* por processo e *layout* por produto em uma instalação de produção?

1.21 Nomeie dois departamentos que são tipicamente classificados como departamentos de apoio à manufatura.

1.22 Quais são os gastos gerais em uma empresa de manufatura?

1.23 Nomeie e defina as duas categorias de gastos gerais em uma empresa de manufatura.

1.24 Qual é o significado do termo *disponibilidade*?

Problemas

As respostas para os Problemas indicados com **(A)** são apresentadas no Apêndice, no final do livro.

Custos da Produção

1.1**(A)** Uma empresa investe $750.000 em um equipamento de produção. O custo para instalar o equipamento na fábrica = $25.000. A vida útil da máquina prevista = 12 anos. A máquina será usada oito horas por turno, cinco turnos por semana, e 50 semanas por ano. A taxa de gastos gerais aplicada é de 18 %. Considere disponibilidade = 100 %. Determine a taxa de custo do equipamento se (a) a fábrica opera um turno por dia e (b) se a fábrica opera três turnos por dia.

1.2 Uma máquina de produção foi adquirida seis anos atrás por um preço de $530.000 (instalada). Na época, foi previsto que a máquina teria uma vida útil de 10 anos e que seria usada 4000 horas por ano. Contudo, ela precisa atualmente dos principais reparos que custarão $125.000. Se esses reparos forem feitos, a vida útil da máquina é de mais quatro anos, operando 4000 horas por ano. A taxa de gastos gerais aplicável é 30 %. Considere disponibilidade = 100 %. Determine a taxa de custo de equipamento para essa máquina.

1.3 Em vez de reparar a máquina considerada no Problema 1.2, foi feita uma proposta de adquirir uma nova máquina e se desfazer do equipamento atual a um custo zero de reparo. A nova máquina terá uma taxa de produção que é 20 % maior do que o equipamento atual, cuja taxa de produção é de 12 peças por hora. Cada peça tem um custo de matéria-prima de $1,33 e um preço de venda de $6,40. Todas as peças produzidas nos próximos quatro anos em ambas as máquinas podem ser vendidas por esse preço. Ao término dos quatro anos, a máquina atual será descartada, mas a nova máquina ainda poderá ser produtiva para outros seis anos. A nova máquina, instalada, custa $700.000, tem uma previsão de vida útil de dez anos, e uma taxa de custo aplicável de 30 %. Ela será usada 4000 horas por ano, o mesmo que a máquina atual. A taxa de custo de trabalho para ambas as alternativas = $24,00/h, incluindo os gastos gerais aplicáveis. Assuma disponibilidade = 100 % e taxa de refugo = 0. Qual alternativa é mais econômica usando como critério o lucro total sobre quatro anos: (a) o reparo da máquina atual ou (b) a aquisição da nova máquina?

1.4(A) Uma máquina-ferramenta é usada para usinar peças em lotes. Em um lote de interesse, a peça bruta é um fundido que custa $5,00 cada. A quantidade do lote = 40. O tempo efetivo de usinagem na operação = 6,86 min. O tempo de carga e descarga para cada peça = 2,0 min. O custo da ferramenta de corte = $3,00, e cada ferramenta deve ser trocada a cada dez peças. O tempo de troca de ferramenta = 1,5 min. O tempo de preparo para o lote = 1,75 h. A taxa horária de salário do operador = $16,00/h, e a taxa de gastos gerais aplicável para o trabalho = 50 %. A taxa horária de custo do equipamento = $22,00/h, a qual inclui gastos gerais. Considere que a disponibilidade seja de 100 % e a taxa de refugo seja 0. Determine (a) o tempo de ciclo para a peça, (b) a taxa média de produção quando o tempo de preparo está figurado, e (c) o custo por peça.

1.5 Uma máquina de moldagem de plásticos produz um produto cuja demanda anual é de milhões. A máquina é automatizada e usada em tempo integral apenas para a fabricação desse produto. O tempo de ciclo de moldagem = 45 s. Nenhuma outra ferramenta é necessária além do molde, que custa $100.000. Está prevista a fabricação de 1.000.000 de produtos moldados. O composto de plástico de moldagem custa $1,20/kg. Cada moldado pesa 0,88 kg. O único trabalho necessário é que um trabalhador retire os moldados periodicamente. A taxa de trabalho do operador = $18,00/h incluindo os gastos gerais. Contudo, o trabalhador também cuida de outras máquinas e gasta apenas 20 % de seu tempo com essa máquina. O *setup* (preparo) pode ser ignorado porque se trata de produção por longo período. A máquina de moldagem instalada foi adquirida por $500.000, sua vida útil prevista = 10 anos, e ela vai operar 6000 horas por ano. A taxa de gastos gerais do equipamento = 30 %. Assuma disponibilidade = 100 % e taxa de refugo = 0. Determine (a) a taxa horária de produção da máquina, (b) o volume anual de produtos moldados, e (c) o custo por peça.

1.6 Uma prensa de estampagem produz peças metálicas estampadas em lotes. A prensa é operada por um trabalhador cujo custo de trabalho = $15,00/h e a taxa de gastos gerais aplicada = 42 %. A taxa de custo da prensa = $22,50/h e a taxa de gastos gerais do equipamento aplicada = 20 %. Em um serviço de interesse, o tamanho do lote = 400 peças estampadas, e o tempo para preparar a matriz na prensa leva 75 min. A matriz custa $40.000 e é prevista uma duração para produção de 200.000 peças estampadas. Em cada ciclo de operação, os *blanks* de chapas metálicas são manualmente colocados na prensa, o que leva 42 s. O curso efetivo da prensa leva apenas 8 s. O custo dos *blanks* = $0,43/peça. A prensa opera 250 dias por ano, 7,5 horas por dia, mas o operador é pago por oito horas por dia. Assuma disponibilidade = 100 % e taxa de refugo = 0. Determine (a) a duração do ciclo, (b) a taxa média de produção com e sem o tempo de preparação incluído, e (c) o custo por peça estampada produzida.

1.7 Uma máquina de produção opera em um ciclo semiautomático, mas um operador deve cuidar da máquina 100 % do tempo para carga de peças. A descarga é realizada automaticamente. A taxa de custo do trabalhador = $27/h, incluindo os gastos gerais do trabalho. A taxa de custo do equipamento = $18,00/h incluindo os gastos gerais aplicáveis. O custo da matéria-prima = $0,15/peça. A corrida de produção dura muitos meses; assim, o efeito da preparação pode ser ignorado. Cada ciclo, o tempo efetivo de processo = 24 s, e o tempo para carga de peça = 6 s. A descarga automática leva 3 s. Uma proposta foi feita para instalar um dispositivo de carregamento automático de peças na máquina. O dispositivo custaria $36.000 e poderia reduzir o tempo de carga de peças para 3 s por ciclo. A vida útil prevista = 4 anos. O dispositivo também poderia liberar o trabalhador do cuidado da máquina em tempo integral. Em vez disso, o trabalhador poderia cuidar de quatro máquinas, reduzindo de forma efetiva o custo do trabalho para 25 % de seu tempo atual para cada máquina. A operação ocorre 250 dias por ano, 8 horas por dia. Assuma disponibilidade = 100 % e taxa de refugo = 0. Determine o custo por peça produzida (a) sem o dispositivo de carga de peças e (b) com o dispositivo de carga de peças instalado. (c) Quantos dias de produção são necessários para pagar o dispositivo de carregamento automático? Em outras palavras, encontre o ponto de equilíbrio (*breakeven point*).

1.8 **(A)** Em uma operação de alta produção, por um longo período, o custo de matéria-prima da peça = $0,95 (cada), e o tempo de ciclo = 1,25 min. A taxa de custo de equipamento = $28,00/h, e a taxa de custo de mão de obra direta = $21,00/h. Ambas as taxas incluem os custos dos gastos gerais. O custo de ferramenta = $0,05/peça. A disponibilidade do equipamento de produção = 96 %, e a taxa de refugo = 7 %. Determine (a) a taxa de produção e (b) o custo por peça acabada.

1.9 O custo de matéria-prima da peça é de $2,25 em uma operação de produção em lote. A quantidade do lote = 100 peças. Em cada ciclo, o tempo de manuseio da peça = 0,50 min, e o tempo de operação = 1,67 min. O tempo de preparação = 50 min. A taxa de custo do equipamento = $35,00/h, e a taxa de custo de mão de obra direta = $18,00/h, incluindo os custos de gastos gerais. Não há troca de ferramenta ou custo de ferramenta na operação. A máquina-ferramenta é 100 % confiável, e a taxa de refugo = 5 %. Determine (a) a taxa de produção, (b) o custo da peça acabada, e (c) a quantidade de horas necessárias para concluir o lote.

1.10 Em uma operação de usinagem de produção em lote, a matéria-prima é um fundido que custa $3,50 cada. A quantidade do lote = 65 peças. O tempo de manuseio de peça para cada ciclo = 2,5 min, e o tempo de usinagem por peça = 3,44 min. São necessários 75 minutos para preparar a máquina para a produção. A taxa de custo do equipamento = $25,00/h, e a taxa de custo de mão de obra direta = $20,00/h. Ambas as taxas incluem os custos de gastos gerais. A ferramenta de corte na operação custa $5,75/peça, e ela deve ser trocada a cada 18 peças. O tempo de troca de ferramenta = 3,0 min. A disponibilidade da máquina-ferramenta = 98 %, e a taxa de refugo = 4 %. Determine (a) a taxa de produção e (b) o custo por peça acabada. (c) Quantas horas são necessárias para concluir o lote?

1.11 **(A)** Durante uma semana específica de 40 horas de uma operação de produção automatizada, 366 peças aceitáveis (não defeituosas) e 22 defeituosas foram produzidas. O ciclo de operação consiste em um tempo de processamento de 5,73 min e um tempo de manuseio de peça de 0,38 min. Para cada 60 peças, uma troca de ferramenta é realizada, e isso leva 7,2 min. A máquina experimentou várias falhas durante a semana. Determine (a) a taxa horária de produção de peças aceitáveis, (b) a taxa de refugo, e (c) a disponibilidade (proporção de tempo produtivo) da máquina durante essa semana.

1.12 Uma operação de alta produção foi estudada durante um período de 80 horas. Nesse período, ocorreram um total de sete falhas de equipamento para um total de tempo perdido de produção de 3,8 h, e a operação fabricou 38 produtos defeituosos. Nenhuma preparação foi realizada durante o período. O ciclo de operação consiste em um tempo de processamento de 2,14 min, um tempo de manuseio de peça de 0,65 min, e uma troca de ferramenta é necessária a cada 25 peças, o que leva 1,50 min. Determine (a) a taxa horária de produção de peças aceitáveis e (b) a taxa de refugo durante o período.

Parte I Propriedades dos Materiais e Atributos do Produto

2 A Natureza dos Materiais

Sumário

2.1 Estrutura Atômica e os Elementos

2.2 Ligações entre Átomos e Moléculas

2.3 Estruturas Cristalinas
2.3.1 Tipos de Estruturas Cristalinas
2.3.2 Imperfeições em Cristais
2.3.3 Deformação em Cristais Metálicos
2.3.4 Grãos e Contornos de Grão em Metais

2.4 Estruturas Não Cristalinas (Amorfas)

2.5 Materiais de Engenharia

O conhecimento dos materiais é fundamental no estudo de processos de fabricação. No Capítulo 1, a manufatura foi definida como um processo de transformação de material. É fator determinante para o sucesso da operação o comportamento do material em condições de esforços, temperaturas e outros parâmetros físicos específicos de um dado processo. Determinados materiais oferecem boas respostas a determinados tipos de processos de fabricação e podem responder deficientemente ou inviabilizar outros processos. Quais são as características e propriedades dos materiais que determinam a capacidade de serem transformados por diferentes processos?

A Parte I deste livro apresenta cinco capítulos que tratam dessa questão. No presente capítulo são discutidas a estrutura atômica do material e as ligações entre átomos e moléculas, destacando que os átomos e as moléculas se organizam nos materiais de engenharia em duas formas: cristalina e não cristalina (amorfa). O capítulo concentra-se nos materiais de engenharia básicos – metais, cerâmicas e polímeros – que podem existir em qualquer forma, embora preferencialmente uma forma particular seja exibida para um dado material. Por exemplo, os metais geralmente são cristalinos no estado sólido. O vidro (por exemplo, vidro de janela) é uma cerâmica não cristalina. Alguns polímeros são misturas de estruturas cristalinas e amorfas.

Os Capítulos 3 e 4 apresentam as propriedades mecânicas e físicas que são relevantes em processos de fabricação (manufatura); obviamente, essas propriedades são também importantes em projeto de produto. O Capítulo 5 fornece uma pesquisa sobre quatro categorias de materiais de engenharia. O Capítulo 6 apresenta vários atributos de peças e produtos que são especificados durante o projeto de produto e que devem ser obtidos na manufatura: dimensões, tolerâncias e acabamento superficial. Além disso, o capítulo descreve como esses atributos são medidos.

2.1 Estrutura Atômica e os Elementos

A unidade estrutural básica da matéria é o átomo. Cada átomo é composto de um núcleo com carga positiva, envolto por um número suficiente de elétrons carregados negativamente para que as cargas sejam equilibradas. O número de elétrons identifica o número atômico e o elemento do átomo. Existem mais de 100 elementos (sem contar os elementos extras que têm sido sintetizados), que são elementos da construção química de toda a matéria.

Há diferenças e similaridades entre os elementos, os quais podem ser agrupados em famílias (colunas) e períodos (linhas) na Tabela Periódica, conforme a Figura 2.1. Na direção horizontal, há certa repetição, ou periodicidade, no arranjo dos elementos. Os elementos metálicos ocupam as partes da esquerda e central da tabela, e os não metais (ametais) estão localizados à direita. Entre eles, na diagonal, está a zona de transição (intermediária) contendo elementos denominados *metaloides* ou *semimetais*. Em princípio, cada elemento pode existir como sólido, líquido ou gás, dependendo da temperatura e pressão. Em temperatura ambiente e pressão atmosférica os elementos apresentam a fase natural; por exemplo, o ferro (Fe) é sólido, o mercúrio (Hg) é líquido e o nitrogênio (N) é gás.

Na tabela, os elementos estão arranjados em colunas e linhas de tal forma que elementos similares ficam nas mesmas colunas. Por exemplo, na coluna situada na extrema direita estão os *gases nobres* (hélio, neônio, argônio, criptônio, xenônio e radônio), que exibem grande estabilidade química e baixas taxas de reação. Os *halogênios* (flúor, cloro, bromo, iodo e astatínio) na coluna VIIA apresentam propriedades similares (o hidrogênio não está incluído entre os halogênios). Os *metais nobres* (cobre, prata e ouro) na coluna IB têm propriedades similares. Geralmente, há correlações nas propriedades de elementos de uma mesma coluna, e diferenças entre elementos de colunas diferentes.

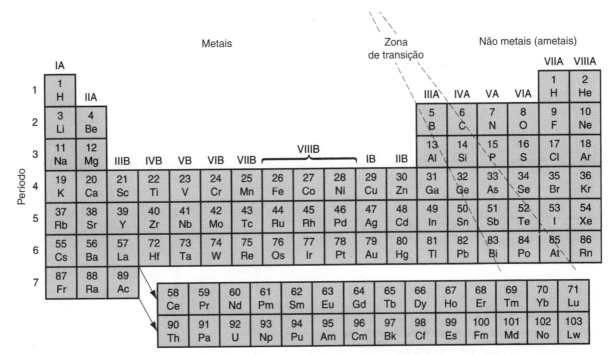

FIGURA 2.1   Elementos da Tabela Periódica. O número atômico e o símbolo são listados para 103 elementos.

Muitas dessas similaridades e diferenças podem ser explicadas por suas respectivas estruturas atômicas. O modelo mais simples de estrutura atômica, modelo planetário ou orbital, apresenta os elétrons do átomo orbitando em torno do núcleo a distâncias fixas, denominadas órbitas ou camadas eletrônicas, conforme mostrado na Figura 2.2. O átomo de hidrogênio (número atômico 1) apresenta um elétron na órbita próxima ao núcleo, e o hélio (número atômico 2) apresenta dois. A figura também mostra as estruturas do flúor (número atômico 9), neônio (número atômico 10), e sódio (número atômico 11). Nota-se, no modelo planetário, que há um número máximo de elétrons que podem ser contidos em uma dada órbita, e esse valor é definido por

Número máximo de elétrons em uma órbita ou camada eletrônica = $2n^2$

em que n representa a órbita (camada eletrônica), com $n = 1$ para a órbita mais próxima do núcleo.

O número máximo permitido de elétrons na camada mais distante (última camada) de um átomo determina a magnitude de sua afinidade química com outros átomos. Os elétrons da última camada são chamados **elétrons de valência**. Por exemplo, o átomo de hidrogênio tem apenas um elétron em sua única camada e por isso combina-se facilmente com outro átomo de hidrogênio para formar a molécula H_2. Pela mesma razão, o hidrogênio também reage facilmente com vários outros elementos (outro exemplo é a formação de H_2O). No átomo de hélio, os dois elétrons em sua única camada são o máximo permitido ($2n^2 = 2(1)^2 = 2$); logo, o hélio é muito estável. O neônio é estável pelo mesmo motivo: em sua última camada ($n = 2$) apresenta oito elétrons que é o máximo permitido; portanto, o neônio é um gás inerte.

Ao contrário do neônio, o flúor apresenta menos elétrons em sua última camada ($n = 2$) do que o máximo permitido e é prontamente atraído por outros elementos que precisem compartilhar um elétron para adquirir mais estabilidade na configuração eletrônica. O átomo de sódio parece divinamente feito para essa situação, com apenas um elétron em sua última camada. Ele reage fortemente com o flúor para formar o composto fluoreto de sódio, conforme mostrado na Figura 2.3.

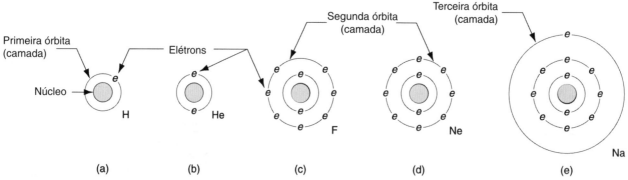

FIGURA 2.2 Modelo simples de estrutura atômica para vários elementos: (a) hidrogênio, (b) hélio, (c) flúor, (d) neônio e (e) sódio.

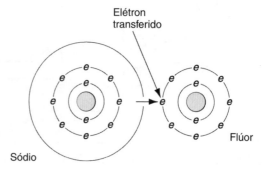

FIGURA 2.3 A molécula de fluoreto de sódio formada por transferência de elétron "extra" do átomo de sódio para completar a última camada do átomo de flúor.

Para os números atômicos pequenos apresentados até aqui, a predição do número de elétrons na última camada é simples; porém, com o aumento do número atômico, a alocação de elétrons para camadas diferentes torna-se algo mais complicado. Há regras e orientações, baseadas na mecânica quântica, que podem ser utilizadas para predizer as posições dos elétrons entre as várias camadas e explicar suas respectivas características. Uma discussão sobre essas regras vai além do escopo deste estudo sobre materiais para manufatura.

2.2 Ligações entre Átomos e Moléculas

Átomos se juntam formando moléculas por vários tipos de ligações que dependem dos elétrons de valência. Para comparação, as moléculas são atraídas para outras moléculas por ligações fracas, que geralmente resultam da configuração eletrônica apresentada nas moléculas individuais. Então, temos dois tipos de ligações: (1) ligações primárias, geralmente associadas à formação de moléculas; e (2) ligações secundárias, geralmente associadas com a atração entre moléculas. Ligações primárias são mais fortes do que ligações secundárias.

Ligações Primárias são caracterizadas por fortes atrações átomo a átomo que envolvem a troca de elétrons de valência. Elas incluem as seguintes formas: (a) iônica, (b) covalente e (c) metálica, conforme ilustração apresentada na Figura 2.4. As ligações iônicas e covalentes são chamadas de ligações *intra*moleculares porque elas envolvem forças atrativas entre átomos dentro da molécula.

Na *ligação iônica*, os átomos de um elemento cedem elétrons da última camada, os quais são atraídos por átomos de outros elementos para aumentar o número de elétrons na última camada para oito. Em geral, oito elétrons na última camada representam a configuração atômica mais estável (exceto para átomos muito leves), e esse tipo de configuração propicia uma ligação muito forte entre os átomos. O exemplo anterior da reação do sódio e flúor para formar fluoreto de sódio (Figura 2.3) ilustra essa forma de ligação atômica, e o cloreto de sódio (um tipo de sal) é o exemplo mais comum. Em função da transferência de elétrons entre os átomos, *íons* de sódio e flúor (ou sódio e cloro) são formados, o que explica o nome desse tipo de ligação primária. Propriedades de materiais sólidos que apresentam ligação iônica incluem baixa condutividade elétrica e pouca ductilidade.

A *ligação covalente* consiste no compartilhamento de elétrons (situação oposta à transferência) entre átomos em suas últimas camadas eletrônicas para obter uma configuração estável de oito. Flúor e diamante são dois exemplos de ligações covalentes. No flúor, um elétron de cada um dos átomos é compartilhado para formar gás F_2, como apresentado na Figura 2.5(a). No caso do diamante, substância de carbono (número atômico 6), cada átomo tem quatro vizinhos que compartilham elétrons entre si, o que produz uma estrutura tridimensional muito rígida, conforme a Figura 2.5(b), e explica o extremo de alta dureza desse material. Outras formas de carbono (grafite, por exemplo) não exibem essa estrutura atômica rígida. Sólidos com ligação covalente geralmente possuem alta dureza e baixa condutividade elétrica.

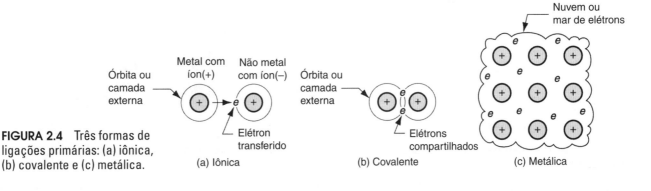

FIGURA 2.4 Três formas de ligações primárias: (a) iônica, (b) covalente e (c) metálica.

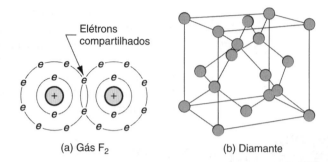

FIGURA 2.5 Dois exemplos da ligação covalente: (a) gás flúor F_2, e (b) diamante.

A ligação metálica é, obviamente, o mecanismo de ligação atômica presente em metais puros e ligas metálicas. Os átomos dos elementos metálicos geralmente possuem poucos elétrons na órbita ou camada externa para completar as últimas camadas de todos os átomos de um determinado bloco de metal. Por conseguinte, em vez de um compartilhamento baseado em átomo a átomo, a *ligação metálica* envolve o compartilhamento dos elétrons da última camada por todos os átomos formando uma nuvem de elétrons que permeiam o bloco inteiro. Essa nuvem fornece as forças atrativas para manter os átomos unidos e forma, na maioria das vezes, uma estrutura resistente, rígida. Por causa do compartilhamento geral de elétrons e da liberdade de movimentação deles no metal, a ligação metálica propicia boa condutividade elétrica. Outras propriedades típicas de materiais caracterizados por ligações metálicas são boa condução térmica e boa ductilidade. (Embora alguns desses termos ainda não tenham sido definidos, considera-se um entendimento geral do leitor sobre propriedades de materiais.)

Ligações Secundárias Enquanto as ligações primárias envolvem forças atrativas entre os átomos, as ligações secundárias envolvem forças de atração entre moléculas, ou forças *inter*moleculares. Não há transferência ou compartilhamento de elétrons na ligação secundária, e essas ligações são, portanto, mais fracas do que as ligações primárias. Existem três formas de ligações secundárias: (a) forças dipolares, (b) forças de London e (c) ligação ou ponte de hidrogênio, ilustradas na Figura 2.6. Os tipos (a) e (b) são geralmente referenciados como forças de *van der Waals*, que foi o primeiro cientista que estudou e quantificou essas forças.

Forças dipolares surgem em uma molécula composta por dois átomos com cargas elétricas iguais e opostas. Desse modo, cada molécula forma um dipolo, conforme a Figura 2.6(a) para o cloreto de hidrogênio. Embora o material esteja eletricamente neutro na forma agregada, em escala molecular os dipolos individuais se atraem, dando a orientação adequada de positivo e negativo no final das moléculas. Essas forças dipolo fornecem ligação intermolecular no material.

Forças de London envolvem forças atrativas entre moléculas não polares, ou seja, os átomos nas moléculas não formam dipolos da forma descrita no parágrafo anterior. Entretanto, devido à rápida movimentação dos elétrons na órbita em torno da molécula, dipolos temporários são formados quando há mais elétrons de um lado da molécula do que do outro, como sugerido na Figura 2.6(b). Esses dipolos instantâneos fornecem uma força de atração entre as moléculas do material.

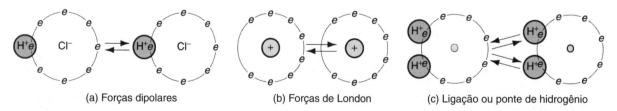

FIGURA 2.6 Três tipos de ligações secundárias: (a) forças dipolares, (b) forças de London e (c) ligação ou ponte de hidrogênio.

Finalmente, a ***ligação ou ponte de hidrogênio*** ocorre em moléculas que contêm átomos de hidrogênio ligados covalentemente a outro átomo (oxigênio em H_2O, por exemplo). Uma vez que os elétrons necessários para completar a camada do átomo de hidrogênio estão alinhados em um lado do seu núcleo, o lado oposto tem uma carga positiva que atrai os elétrons de átomos em moléculas adjacentes. Essa ligação está ilustrada na Figura 2.6(c) para a água, e é geralmente um mecanismo de ligação intermolecular mais forte que o das outras duas formas de ligação secundária. Ela é importante na formação de muitos polímeros.

2.3 Estruturas Cristalinas

Átomos e moléculas são usados como blocos de construção de estruturas de materiais consideradas nesta e na seção seguinte. Quando os materiais se solidificam, eles tendem ao agrupamento e empacotamento; em muitos casos se arranjam em uma estrutura muito ordenada e, em outros casos, não tão ordenada. Duas estruturas de materiais fundamentalmente diferentes podem ser identificadas: (1) cristalina e (2) não cristalina. Estruturas cristalinas são examinadas nesta seção, e não cristalinas na próxima.

Muitos materiais formam cristais durante a solidificação do fundido ou estado líquido. Isso é característica de praticamente todos os metais, assim como muitas cerâmicas e polímeros. Uma ***estrutura cristalina*** é aquela em que os átomos estão localizados em posições regulares e periódicas (repetitivas) nas três dimensões. O padrão pode ser replicado milhões de vezes no cristal considerado. A estrutura pode ser visualizada na forma de uma ***célula unitária***, que é o agrupamento geométrico básico de átomos que é repetido. Para ilustrar, considere a célula unitária para estrutura cristalina cúbica de corpo centrado (CCC) apresentada na Figura 2.7, uma das estruturas comuns encontradas em metais. O modelo mais simples da célula unitária CCC está ilustrado na Figura 2.7(a). Embora esse modelo claramente descreva as posições dos átomos na célula, não indica o empacotamento dos átomos que ocorre no cristal real, como na Figura 2.7(b). A Figura 2.7(c) mostra a essência repetitiva da célula unitária no cristal.

2.3.1 TIPOS DE ESTRUTURAS CRISTALINAS

Em metais, três estruturas cristalinas são comuns: (1) cúbica de corpo centrado (CCC), (2) cúbica de faces centradas (CFC) e (3) hexagonal compacta (HC), conforme ilustrado na Figura 2.8. Estruturas cristalinas para os metais comuns são apresentadas na Tabela 2.1. Nota-se que alguns metais são submetidos à mudança de estrutura em temperaturas diferentes. O ferro, por exemplo, é CCC em temperatura ambiente, muda para CFC acima de 912° C, e volta a ser CCC em temperaturas acima de 1400° C. Quando um metal (ou outro material) muda de estrutura dessa forma, é referido como ***alotrópico***.

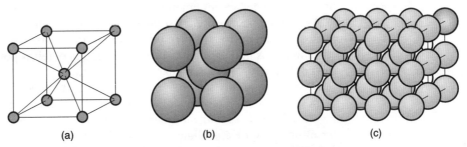

FIGURA 2.7 Estrutura cristalina cúbica de corpo centrado (CCC): (a) célula unitária com átomos indicados como localizações de pontos em um sistema de eixos tridimensional; (b) modelo de célula unitária mostrando o empacotamento de átomos (algumas vezes chamado de modelo de esferas rígidas); e (c) padrão repetitivo da estrutura CCC.

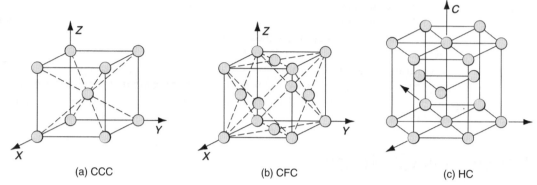

FIGURA 2.8 Três tipos de estruturas cristalinas em metais: (a) cúbica de corpo centrado, (b) cúbica de faces centradas e (c) hexagonal compacta.

TABELA • 2.1 Estruturas cristalinas para metais comuns (em temperatura ambiente).

Cúbica de Corpo Centrado (CCC)	Cúbica de Faces Centradas (CFC)	Hexagonal Compacta (HC)
Cromo (Cr)	Alumínio (Al)	Magnésio (Mg)
Ferro (Fe)	Cobre (Cu)	Titânio (Ti)
Molibdênio (Mo)	Ouro (Au)	Zinco (Zn)
Tântalo (Ta)	Chumbo (Pb)	
Tungstênio (W)	Prata (Ag)	
	Níquel (Ni)	

2.3.2 IMPERFEIÇÕES EM CRISTAIS

Até agora, as estruturas cristalinas têm sido discutidas como se elas fossem perfeitas – a célula unitária repete periodicamente no material em todas as direções. Às vezes, um cristal perfeito é desejável para satisfazer o propósito estético ou outros propósitos de engenharia. Por exemplo, um diamante perfeito (sem falhas) é mais valioso do que um diamante que contenha imperfeições. Na produção de chips para circuitos integrados, um grande monocristal de silício possui características de processamento desejáveis para a formação de detalhes microscópicos do padrão do circuito.

Entretanto, há várias razões para o fato de uma rede cristalina não ser perfeita. As imperfeições geralmente surgem naturalmente por causa da incapacidade do material de se solidificar, replicando a célula unitária indefinidamente, sem interrupção. Os contornos de grão em metais são um exemplo. Em outros casos, as imperfeições são introduzidas propositadamente durante o processo de fabricação; por exemplo, a adição de um elemento de liga em um metal para incrementar sua resistência mecânica.

As várias imperfeições em sólidos cristalinos são também denominadas defeitos cristalinos. Um ou outro termo, *imperfeição* ou *defeito*, refere-se a irregularidades na rede cristalina. Eles podem ser classificados como (1) defeitos pontuais, (2) defeitos lineares, e (3) defeitos superficiais, planares ou interfaciais.

Defeitos pontuais são imperfeições na estrutura cristalina envolvendo um átomo ou poucos átomos. Os defeitos podem assumir diversas formas, conforme mostrado na Figura 2.9: (a) *vacância* ou *lacuna*, o defeito mais simples, envolvendo a ausência de um átomo na rede cristalina; (b) *vacância par de íons*, também chamada de *defeito de Schottky*, que envolve a ausência de um par de íons de cargas opostas em um material para manter a neutralidade elétrica; (c) *intersticial*, uma distorção no reticulado produzida pela presença de um átomo extra na estrutura; e (d) íon deslocado, conhecido como um *defeito de Frenkel*, que ocorre quando um íon é removido de uma posição regular

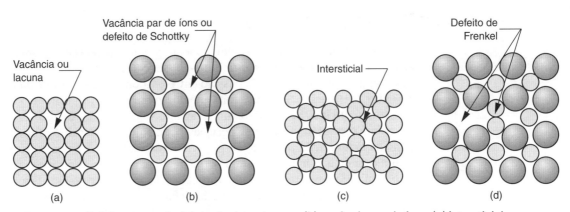

FIGURA 2.9 Defeitos pontuais: (a) vacância ou lacuna, (b) vacância par de íons, (c) intersticial, e (d) íon deslocado.

(normal) na estrutura cristalina e inserido em uma posição intersticial que normalmente não seria ocupada por ele.

Um *defeito linear* é um grupo de defeitos pontuais conectados, que formam uma linha na rede cristalina. O mais importante defeito linear é a *discordância*, que pode apresentar duas formas: (a) discordância aresta ou cunha e (b) discordância espiral ou hélice. Uma *discordância aresta* é a aresta de um plano extra de átomos que existe no reticulado, como ilustrado na Figura 2.10(a). Uma *discordância espiral*, Figura 2.10(b), é uma espiral na estrutura cristalina formada ao redor de uma linha de imperfeição, como uma espiral é formada em torno de seu próprio eixo. Os dois tipos de discordâncias podem surgir na estrutura cristalina durante a solidificação (por exemplo, fundição), ou durante um processo de conformação mecânica por deformação plástica do material (por exemplo, forjamento de metal). A compreensão sobre discordâncias auxilia na explicação de certos aspectos do comportamento mecânico em metais.

Defeitos superficiais, planares ou interfaciais são imperfeições que se estendem em duas direções para formar uma fronteira ou contorno. Um exemplo simples é a superfície externa, que define a forma de um objeto cristalino. A superfície é uma interrupção na estrutura cristalina. Contornos ou fronteiras superficiais também podem estar dentro do material. Os contornos de grão são o melhor exemplo dessas interrupções superficiais internas. Grãos metálicos serão discutidos em um momento, mas antes deve-se considerar como a deformação ocorre na rede cristalina, e como esse processo é auxiliado pela presença de discordâncias.

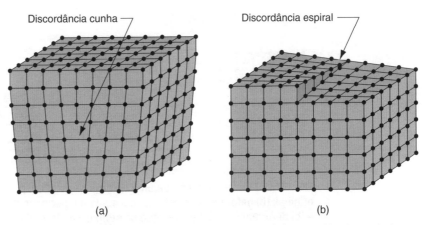

FIGURA 2.10 Defeitos lineares: (a) discordância cunha e (b) discordância espiral.

2.3.3 DEFORMAÇÃO EM CRISTAIS METÁLICOS

Quando um metal é submetido a um aumento gradual de tensão mecânica, sua resposta inicial é deformar-se *elasticamente*. Isso pode ser comparado a uma inclinação do reticulado sem qualquer mudança de posição entre os átomos na estrutura, na forma descrita na Figura 2.11(a) e (b). Se a força for removida, o reticulado (e, portanto o cristal) retorna a sua forma original. Se a tensão atinge um alto valor em relação às forças eletrostáticas que mantêm os átomos em suas posições, ocorre uma mudança de forma permanente, chamada *deformação plástica*. O que aconteceu é que os átomos no reticulado da estrutura cristalina se movimentaram permanentemente de suas posições anteriores, e um novo equilíbrio desse reticulado foi formado, tal como sugerido pela Figura 2.11(c).

A deformação do reticulado mostrada na Figura 2.11(c) é um possível mecanismo, chamado escorregamento, pelo qual a deformação plástica pode ocorrer em uma estrutura cristalina. A outra possibilidade é chamada maclação, que será discutida posteriormente.

Escorregamento envolve o movimento relativo de átomos em lados opostos de um plano no reticulado, chamado *plano de escorregamento*. Esse plano deve, de alguma maneira, estar alinhado com o reticulado [conforme esquema apresentado na Figura 2.11(c)], e então existem certas direções preferenciais que são mais prováveis para a ocorrência do escorregamento. O número dessas *direções de escorregamento* depende do tipo de estrutura cristalina. As três estruturas cristalinas mais comuns em metais são um pouco mais complexas do que os reticulados apresentados na Figura 2.11, especialmente por se tratar de três dimensões. Destaca-se que a hexagonal compacta (HC) tem poucas direções de escorregamento, a cúbica de corpo centrado (CCC) tem mais, e a cúbica de faces centradas (CFC) fica entre as duas. Metais com estrutura HC apresentam pouca ductilidade e são geralmente difíceis de deformar em temperatura ambiente. Se considerássemos somente o número de direções de escorregamento como critério para determinar a capacidade de deformação dos materiais metálicos, os metais com estrutura CCC seriam os de maior ductilidade. Entretanto, isso não é assim tão simples, pois os metais com estrutura CCC são geralmente mais resistentes que os outros, requerendo tensões maiores para causar escorregamento, o que restringe a adoção desse conceito. De fato, alguns dos metais CCC exibem pouca ductilidade. Aço com baixo carbono é uma notável exceção; embora relativamente resistente, ele é largamente usado, com grande sucesso comercial, em operações de conformação para obtenção de chapas metálicas, pois exibe boa ductilidade. Os metais com estrutura CFC são geralmente os mais dúcteis das três estruturas cristalinas, combinando um bom número de direções de escorregamento com (frequentemente) baixa a moderada resistência mecânica. Todas as três dessas estruturas de metais tornam-se mais dúcteis em elevadas temperaturas, e esse fato é muitas vezes explorado na conformação desses materiais.

Discordâncias desempenham um papel importante na melhoria do escorregamento de planos de metais. Quando o reticulado contém uma discordância cunha está submetido a uma tensão cisalhante, e o material se deforma mais facilmente do que em uma

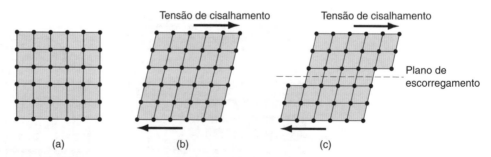

FIGURA 2.11 Deformação de uma estrutura cristalina: (a) retículo cristalino ou reticulado original; (b) deformação elástica, sem mudança permanente nas posições dos átomos; e (c) deformação plástica, em que os átomos são forçados a se mover para novas "casas" no reticulado.

estrutura perfeita. Isso é explicado pelo fato de a discordância ser colocada em movimento no retículo cristalino ou reticulado na presença de tensão, como mostrado nas séries esquemáticas da Figura 2.12. Por que é mais fácil movimentar uma discordância através do reticulado do que ocorrer a própria deformação do reticulado? A resposta é que os átomos na discordância cunha requerem menor deslocamento dentro do reticulado distorcido para obter uma nova posição de equilíbrio. Então, um menor nível de energia é necessário para realinhar os átomos nas novas posições do que seria com a ausência de discordância no reticulado. Portanto, um menor nível de tensão é requerido para que ocorra a deformação. A nova posição apresenta um reticulado distorcido similar, e o movimento de átomos nas discordâncias continua com níveis menores de tensão.

O fenômeno do escorregamento e a influência das discordâncias foram explicados até aqui em uma base muito microscópica. Em escala maior, o escorregamento ocorre muitas vezes em todo o metal quando submetido a uma carga deformável, causando um comportamento macroscópico de tração, compressão ou flexão. As discordâncias representam uma situação de vantagem e desvantagem, pois em função das discordâncias, o metal é mais dúctil e escoa mais facilmente para deformação plástica (conformação) durante a fabricação. Porém, do ponto de vista de um projeto de produto, o metal não é tão resistente como seria com a ausência de discordâncias.

Maclação é a segunda forma na qual os cristais metálicos se deformam plasticamente. ***Maclação*** pode ser definida como um mecanismo de deformação plástica no qual os átomos de um lado do plano (chamado plano de macla) ficam localizados em posições de imagem em espelho em relação aos átomos do outro lado do plano, conforme ilustrado na Figura 2.13. Esse mecanismo é importante em metais com estrutura hexagonal

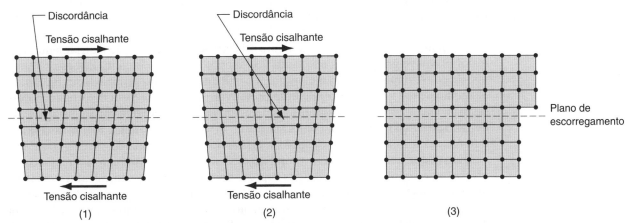

FIGURA 2.12 Efeito das discordâncias no reticulado sob tensão. Na série de diagramas, o movimento de discordâncias permite que a deformação ocorra com uma tensão menor do que em um reticulado perfeito.

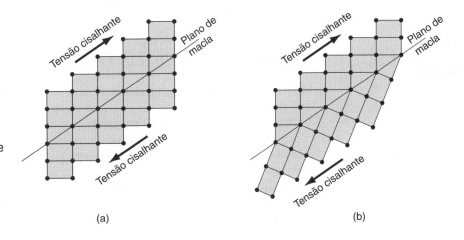

FIGURA 2.13 Maclação envolve a formação de uma imagem em espelho atômica em relação ao lado oposto do plano de macla: (a) antes e (b) depois da maclação.

Capítulo 2

compacta (HC), por exemplo, magnésio e zinco, pois eles não escorregam prontamente. Além da estrutura, outro fator importante na maclação é a taxa de deformação. O mecanismo de escorregamento requer mais tempo que a maclação, a qual pode ocorrer também instantaneamente. Então, quando a taxa de deformação é muito alta, os metais formam maclas que em condição contrária ocorreria o escorregamento. Aço com baixo teor de carbono é um exemplo que ilustra essa predisposição à taxa; quando submetido a altas taxas de deformação, desenvolve maclas, enquanto em condições de taxas moderadas esse material se deforma por escorregamento.

2.3.4 GRÃOS E CONTORNOS DE GRÃO EM METAIS

Uma peça de metal pode conter milhões de cristais individuais, chamados *grãos*. Cada grão possui sua própria orientação cristalográfica; mas, coletivamente, os grãos são aleatoriamente orientados na peça. Tais estruturas são conhecidas como *policristalinas*, e é fácil compreender como uma estrutura é o estado natural do material. Quando um metal líquido é resfriado e começa o processo de solidificação, ocorre a nucleação de cristais individuais em posições e orientações aleatórias ao longo do líquido. Os cristais interferem uns com os outros conforme crescem, formando na interface um defeito interfacial ou planar: um **contorno de grão**. O contorno de grão consiste em uma zona de transição, possivelmente com poucos átomos de espessura, em que os átomos não estão alinhados com qualquer grão.

O tamanho dos grãos na peça de metal é determinado pelo número de sítios de nucleação no material líquido e pela taxa de resfriamento da massa, entre outros fatores. No processo de fundição, os sítios de nucleação são frequentemente criados pelo relativo resfriamento gerado pelas paredes do molde, que motiva um pouco a orientação preferencial do grão nessas paredes.

O tamanho de grão está inversamente relacionado com a taxa de resfriamento: Taxa maior promove grão menor, enquanto taxa menor apresenta o efeito inverso. O tamanho de grão é importante em metais porque influencia em suas propriedades mecânicas. Tamanho de grão menor é geralmente preferível, do ponto de vista de projeto, porque significa maior resistência e dureza, e é também desejável em determinadas operações de fabricação (por exemplo, conformação de metal), pois significa maior ductilidade durante a deformação e uma melhor superfície no produto acabado.

Outro fator que influencia as propriedades mecânicas de um material metálico é a presença de contornos de grão. Eles representam imperfeições na estrutura cristalina que interrompem a continuação do movimento de discordâncias. Isso ajuda a explicar por que um metal com tamanho de grão menor, portanto com mais grãos e mais contornos de grão, tem aumento de sua resistência. Por meio da interferência no movimento de discordância, o contorno de grão também contribui com a propriedade característica de um metal de se tornar mais resistente quando deformado. Essa propriedade é denominada *encruamento* e será analisada mais detalhadamente no Capítulo 3 sobre propriedades mecânicas.

2.4 Estruturas Não Cristalinas (Amorfas)

Muitos materiais importantes são não cristalinos – líquidos e gases, por exemplo. Água e ar têm estruturas não cristalinas. Um metal perde sua estrutura cristalina quando ele é fundido, ou seja, derretido. O mercúrio é um metal líquido em temperatura ambiente, com ponto de fusão de $-38°$ C. Classes importantes de materiais de engenharia são não cristalinas no estado sólido; o termo *amorfo* é frequentemente utilizado para descrever esses materiais. O vidro, muitos plásticos e a borracha se enquadram nessa categoria. Muitos plásticos importantes são misturas de estruturas cristalinas e não cristalinas. Até mesmo os metais podem ser amorfos em vez de cristalinos, em função da taxa de resfriamento durante a solidificação ser tão alta que inibe o arranjo dos átomos em modelos simétricos preferenciais. Isso pode acontecer, por exemplo, se o metal derretido for vazado entre rolos ou cilindros rotativos refrigerados e muito próximos.

Duas características que distinguem os materiais não cristalinos dos materiais cristalinos são: (1) ausência de ordem de longo alcance na estrutura molecular, e (2) diferenças na fusão e características de expansão térmica.

A diferença na estrutura molecular pode ser visualizada na Figura 2.14. O modelo ou padrão compacto e repetitivo da estrutura cristalina é mostrado à esquerda, e o de menor massa específica e arranjo aleatório dos átomos na estrutura não cristalina, à direita. A diferença é notada em um metal quando derretido (fundido). A menor compactação dos átomos no metal derretido gera um aumento no volume e redução na massa específica em relação ao estado sólido cristalino desse material. Esse efeito é característico para mais materiais quando no estado líquido (o gelo é uma notável exceção; água líquida apresenta maior massa específica do que gelo sólido). A ausência de ordem de longo alcance é uma característica geral de materiais amorfos líquidos e sólidos, e está representada na Figura 2.14(b).

O fenômeno da fusão, que é outra diferença importante entre estruturas cristalinas e não cristalinas, será mais detalhado agora. Como citado anteriormente, um metal experimenta um aumento de volume quando passa do estado sólido para o estado líquido. Para um metal puro, essa mudança volumétrica ocorre abruptamente em uma temperatura constante (temperatura de fusão T_f), conforme indicado na Figura 2.15. A mudança representa uma descontinuidade das inclinações de cada lado do gráfico. As inclinações graduais caracterizam a **expansão térmica** do metal – a mudança do volume é uma função da temperatura, que geralmente é diferente nos estados sólido e líquido. Ao repentino aumento de volume quando o metal se transforma de sólido para líquido no ponto de fusão está associada a adição de uma certa quantidade de calor, chamada **calor de fusão**, que causa a diminuição de massa específica e a perda do arranjo ordenado da estrutura cristalina. O processo é reversível, ocorrendo em ambos os sentidos. Se o metal líquido for resfriado passando por sua temperatura de solidificação, a mesma mudança abrupta no volume ocorrerá só que neste caso se trata de contração, diminuição de volume, e a mesma quantidade de calor é cedida pelo metal.

FIGURA 2.14 Ilustração da diferença de estrutura entre: (a) materiais cristalinos e (b) não cristalinos. A estrutura cristalina é simétrica, repetitiva, e mais compacta, enquanto a estrutura não cristalina é aleatória e menos compacta.

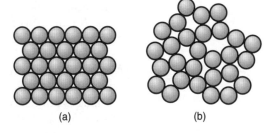

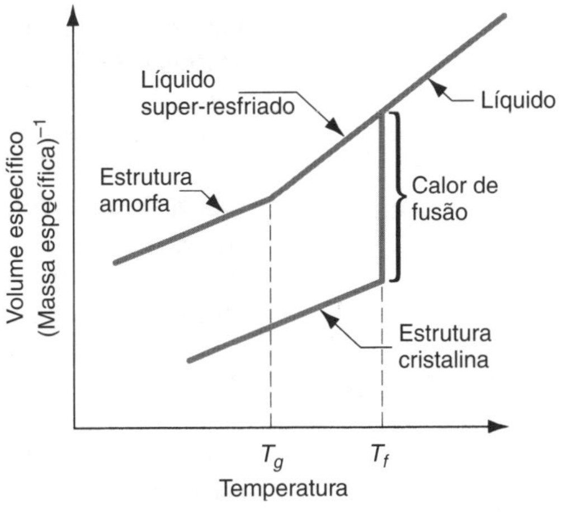

FIGURA 2.15 Mudança característica no volume específico de um metal puro (estrutura cristalina), comparado à mesma mudança volumétrica no vidro (estrutura amorfa).

Um material amorfo exibe um comportamento bastante diferente de um metal puro quando se transforma de sólido para líquido, conforme mostrado na Figura 2.15. O processo também é reversível, mas considere o comportamento do material amorfo durante o resfriamento do líquido, em vez da fusão do sólido, como foi considerado anteriormente. O vidro (sílica, SiO_2) é usado para ilustrar esse comportamento. Em altas temperaturas, o vidro é um líquido de fato, com moléculas livres para movimentação, se enquadrando na definição usual de líquido. Assim que o vidro resfria, gradualmente se solidifica, ocorrendo uma mudança, sendo chamado de *líquido super-resfriado*, e posteriormente torna-se rígido. Não apresenta a repentina mudança volumétrica como a que é característica em materiais cristalinos; em vez disso, ele passa por sua temperatura de fusão T_f sem mudança em sua inclinação de expansão térmica. Nessa região de líquido super-resfriado, o material torna-se cada vez mais viscoso conforme a temperatura diminui. Conforme ele resfria mais, um ponto finalmente é atingido, no qual o líquido super-resfriado é transformado em um sólido, que é a chamada *temperatura de transição vítrea, T_g* (do inglês *glass-transition temperature*). Nesse ponto, há uma mudança na inclinação da expansão térmica. (De forma mais precisa, trata-se da inclinação da contração térmica; entretanto, a inclinação é a mesma para expansão e contração.) A taxa de expansão térmica é menor para um material sólido do que para um líquido super-resfriado.

A diferença no comportamento entre materiais cristalinos e amorfos pode ser traçada pela forma como suas respectivas estruturas atômicas respondem às mudanças de temperatura. Quando um metal puro se solidifica, os átomos se arranjam em uma estrutura ordenada e repetitiva, e essa estrutura cristalina é muito mais compacta do que a estrutura aleatória do líquido do qual é formado. Então, o processo de solidificação produz uma abrupta contração volumétrica no material cristalino, conforme observado na Figura 2.15. Em contrapartida, em temperaturas menores os materiais amorfos não adquirem essa estrutura repetitiva e mais compacta. A estrutura atômica apresenta o mesmo arranjo aleatório do estado líquido; logo, não ocorre variação volumétrica abrupta nesses materiais na mudança da fase líquida para a sólida.

2.5 Materiais de Engenharia

Esta seção sumariza como a estrutura atômica, as ligações atômicas e a estrutura cristalina (ou amorfa) estão relacionadas com os tipos de materiais de engenharia: metais, cerâmicas e polímeros.

Metais Têm estruturas cristalinas no estado sólido, quase sem exceção. As células unitárias típicas dessas estruturas cristalinas são CCC, CFC ou HC. Os átomos dos metais são unidos por ligações metálicas; isso significa que seus elétrons de valência podem se mover com uma relativa liberdade (em comparação com os outros tipos de ligações atômicas e moleculares). Essas estruturas e ligações geralmente fazem com que os metais sejam resistentes e duros. Muitos metais são bastante dúcteis (capazes de serem deformados, o que é útil em vários processos de fabricação), especialmente os metais CFC. Outras propriedades gerais dos metais relacionadas à estrutura e ligação incluem boa condutividade elétrica e térmica, opacidade (impenetráveis aos raios de luz), e refletividade (capacidade de refletir os raios de luz).

Cerâmicas Moléculas cerâmicas são caracterizadas por ligações iônicas e covalentes, ou ambas. Os átomos metálicos liberam ou compartilham seus elétrons de suas últimas camadas com átomos não metálicos, e propiciam uma força atrativa forte entre as moléculas. As propriedades gerais que resultam desses mecanismos de ligação incluem dureza e rigidez (também em temperaturas elevadas) e fragilidade (sem ductilidade). A ligação também implica que as cerâmicas são materiais isolantes (sem condutividade elétrica), refratários (resistentes termicamente), e inertes quimicamente.

Cerâmicas podem apresentar estrutura cristalina ou amorfa. Muitas cerâmicas têm estrutura cristalina, enquanto os vidros à base de sílica (SiO_2) são amorfos. Em determinados casos, qualquer tipo de estrutura pode existir no mesmo material. Por exemplo, a sílica ocorre na natureza como quartzo cristalino. Quando o mineral é derretido e então resfriado, solidifica-se formando sílica fundida, que tem estrutura amorfa.

Polímeros   Uma molécula de polímero consiste na união de muitos *meros* repetidos por ligações covalentes, formando grandes estruturas moleculares. Os elementos nos polímeros são geralmente carbono mais um ou mais elementos, como hidrogênio, nitrogênio, oxigênio e cloro. Ligações secundárias (van der Waals) unem as moléculas com o material agregado (ligações intermoleculares). Polímeros apresentam tanto uma estrutura vítrea (amorfa) ou mistura de vítrea e cristalina (semicristalina). Há três tipos de polímeros: termoplásticos, termorrígidos e elastômeros, com diferenças entre eles. Nos *polímeros termoplásticos*, as moléculas consistem em longas cadeias de meros em uma estrutura linear. Esses materiais podem ser aquecidos e resfriados, sem alteração substancial nessa estrutura linear. Nos *polímeros termorrígidos*, as moléculas se transformam em uma estrutura tridimensional rígida durante o processo de cura de um plástico aquecido. Se os polímeros termorrígidos forem reaquecidos, eles degradam quimicamente em vez de amolecerem. *Elastômeros* apresentam grandes estruturas moleculares emaranhadas, enroladas. O comportamento elástico dos elastômeros pode ser caracterizado pelo alinhamento e retorno à forma emaranhada das moléculas em condições de tensões cíclicas (alternadas).

As estruturas moleculares e as ligações químicas dos polímeros propiciam as seguintes propriedades típicas: baixa massa específica, alta resistividade elétrica (alguns polímeros são utilizados como materiais isolantes), e baixa condutividade térmica. Resistência e rigidez variam muito em polímeros, sendo alguns resistentes e rígidos (embora não atinjam valores de metais e cerâmicas), enquanto outros exibem elevado comportamento elástico.

Referências

[1] Callister, W. D., Jr. *Materials Science and Engineering: An Introduction*, 7th ed., John Wiley & Sons, Hoboken, New Jersey, 2007.

[2] Dieter, G. E. *Mechanical Metallurgy*, 3rd ed. McGraw-Hill, New York, 1986.

[3] Flinn, R. A., and Trojan, P. K. *Engineering Materials and Their Applications*, 5th ed. John Wiley & Sons, New York, 1995.

[4] Guy, A. G., and Hren, J. J. *Elements of Physical Metallurgy*, 3rd ed. Addison-Wesley, Reading, Massachusetts, 1974.

[5] Van Vlack, L. H. *Elements of Materials Science and Engineering*, 6th ed. Addison-Wesley, Reading, Massachusetts, 1989.

Questões de Revisão

2.1 Os elementos listados na tabela periódica podem ser divididos em três categorias. Indique quais são essas categorias e cite um exemplo de cada.

2.2 Quais elementos são os metais nobres?

2.3 Qual é a diferença entre ligação primária e secundária na estrutura dos materiais?

2.4 Descreva o funcionamento da ligação iônica.

2.5 Qual é a diferença entre materiais de estrutura cristalina e não cristalina (amorfa)?

2.6 Quais são os defeitos pontuais comuns em uma estrutura cristalina?

2.7 Defina a diferença entre deformação elástica e plástica em termos de efeito na estrutura cristalina.

2.8 Como os contornos de grão contribuem com o fenômeno de encruamento em metais?

2.9 Identifique alguns materiais que têm estrutura cristalina.

2.10 Identifique alguns materiais que possuem estrutura não cristalina (amorfa).

2.11 Qual é a diferença básica no processo de solidificação (ou fusão) entre estruturas cristalinas e amorfas?

3 Propriedades Mecânicas dos Materiais

Sumário

3.1 Relações Tensão-Deformação
3.1.1 Propriedades de Tração
3.1.2 Propriedades de Compressão
3.1.3 Flexão e Ensaios de Materiais Frágeis
3.1.4 Propriedades de Cisalhamento

3.2 Dureza
3.2.1 Ensaios de Dureza
3.2.2 Dureza de Diversos Materiais

3.3 Efeito da Temperatura nas Propriedades

3.4 Propriedades dos Fluidos

3.5 Comportamento Viscoelástico dos Polímeros

As propriedades mecânicas de um material determinam o seu comportamento quando submetido a tensões mecânicas. Essas propriedades incluem rigidez, ductilidade, dureza e diversas medidas de resistência. As propriedades mecânicas são importantes para o projeto mecânico, uma vez que a função e o desempenho de um produto dependem de sua capacidade de resistir a deformações sob os efeitos das tensões presentes em serviço. O objetivo usual do projeto mecânico é garantir que o produto e seus componentes resistam a essas tensões sem sofrer alterações significativas em sua geometria. Esta capacidade depende de propriedades como o módulo de elasticidade e a tensão de escoamento. Na fabricação, o objetivo é exatamente o oposto. Aqui, o desejável é aplicar tensões que excedam a tensão de escoamento do material para alterar sua forma. Processos mecânicos, como conformação por deformação plástica e usinagem, promovem forças que ultrapassam a resistência do material à deformação. Assim, chega-se no seguinte dilema: As propriedades mecânicas que são desejáveis para o projetista mecânico, tais como elevada resistência mecânica, usualmente tornam mais difícil a fabricação do produto. Tecnologicamente, é importante, para o engenheiro de manufatura, conhecer o ponto de vista de projeto mecânico; para o projetista, o ponto de vista de fabricação.

Neste capítulo, discutem-se as propriedades mecânicas dos materiais de engenharia que são mais relevantes para os processos de fabricação.

3.1 Relações Tensão-Deformação

Existem três tipos de tensões mecânicas estáticas, às quais os materiais podem ser submetidos: tração, compressão e cisalhamento. As tensões de tração tendem a alongar o material, as tensões de compressão tendem a comprimi-lo, e o cisalhamento envolve tensões que tendem a fazer com que partes adjacentes do material deslizem entre si. A curva tensão-deformação representa a relação básica que descreve as propriedades mecânicas dos materiais para todos esses três tipos de tensões.

Propriedades Mecânicas dos Materiais

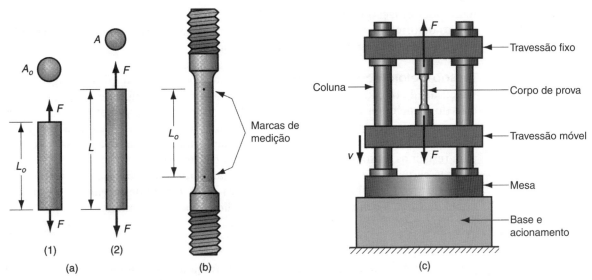

FIGURA 3.1 Ensaio de tração: (a) força de tração aplicada em (1) e (2), o alongamento resultante do material; (b) corpo de prova típico; e (c) configuração do ensaio de tração.

3.1.1 PROPRIEDADES DE TRAÇÃO

O ensaio de tração é o procedimento mais comum para estudar a relação tensão-deformação, particularmente para metais. No ensaio, é aplicada uma força que traciona o material, tendendo a alongá-lo e a reduzir seu diâmetro, conforme mostrado na Figura 3.1(a). As normas da Sociedade Americana para Testes e Materiais (ASTM – American Society for Testing and Materials) especificam a preparação do corpo de prova e a condução do próprio ensaio. O corpo de prova e a configuração, que são típicos para um ensaio de tração, estão ilustrados nas Figuras 3.1(b) e (c), respectivamente.

Antes de começar o ensaio, o corpo de prova tem comprimento de referência inicial L_o e área inicial A_o. O comprimento de referência é medido como a distância entre duas marcas, e a área é medida como a seção transversal do corpo de prova (normalmente circular). Durante o ensaio de um metal dúctil, o corpo de prova se alonga até experimentar, em seguida, uma estricção (empescoçamento) e, ao final, se rompe, conforme mostrado na Figura 3.2. A carga e a variação do comprimento do corpo de prova são registrados, à medida que o ensaio se desenvolve, de modo a fornecer os dados necessários para determinar a relação tensão-deformação. Dois tipos diferentes de curvas

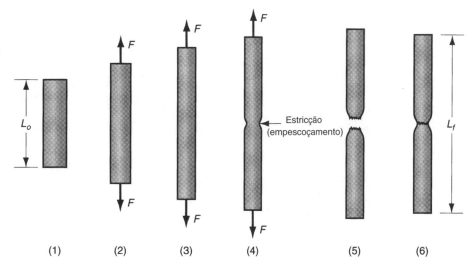

FIGURA 3.2 Desenvolvimento típico de um ensaio de tração: (1) início do ensaio, sem carga; (2) alongamento uniforme e redução da área da seção transversal; (3) o alongamento prossegue e a carga máxima é atingida; (4) início da estricção (empescoçamento), a carga começa a cair; e (5) rompimento do corpo de prova. Se os pedaços forem colocados juntos como em (6), o comprimento final pode ser medido.

tensão-deformação podem ser definidos: (1) tensão-deformação de engenharia e (2) tensão-deformação verdadeira. A primeira é mais importante para projeto mecânico, e a segunda é mais importante para a fabricação.

Tensão-Deformação de Engenharia As tensões e deformações de engenharia em um ensaio de tração são definidas em relação à área e ao comprimento originais ou iniciais do corpo de prova. Esses valores são importantes para o projeto mecânico porque o projetista espera que as deformações que se desenvolvem em qualquer componente do produto não alterem significativamente sua forma. Os componentes são projetados para resistir às tensões previstas que ocorrem em serviço.

Uma curva tensão-deformação de engenharia típica de um ensaio de tração de um corpo de prova metálico é ilustrada na Figura 3.3. A *tensão de engenharia* em qualquer ponto da curva é definida como a força dividida pela área original:

$$s = \frac{F}{A_o} \quad (3.1)$$

em que s = tensão de engenharia, MPa; F = força aplicada no ensaio, N; e A_o = área original ou inicial do corpo de prova, mm². A *deformação de engenharia* em qualquer ponto da curva durante o ensaio é dada por

$$e = \frac{L - L_o}{L_o} \quad (3.2)$$

em que e = deformação de engenharia, mm/mm (adimensional); L = comprimento para qualquer instante durante o alongamento, mm; e L_o = comprimento original ou inicial de medida, mm. As unidades de deformação de engenharia são dadas em mm/mm, mas pode-se imaginar que ela representa o alongamento por unidade de comprimento, sem unidades (adimensional).

A relação tensão-deformação apresentada na Figura 3.3 tem duas regiões, indicando duas formas distintas de comportamento: (1) elástico e (2) plástico. Na região elástica da figura, a relação entre tensão e deformação é linear, e o material exibe comportamento elástico, retornando ao seu comprimento inicial quando a carga (tensão) é removida. A relação é definida pela *Lei de Hooke*:

$$s = Ee \quad (3.3)$$

em que E = *módulo de elasticidade* (também conhecido como *módulo de Young*), MPa, uma medida da rigidez própria de um material, uma constante de proporcionalidade, cujo valor é diferente para diferentes materiais. A Tabela 3.1 apresenta valores típicos do módulo de elasticidade para vários materiais, metais e não metais.

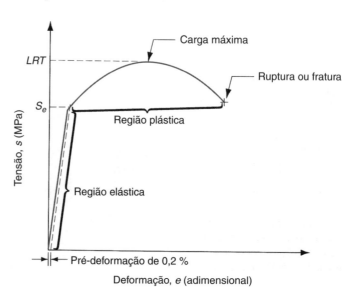

FIGURA 3.3 Curva tensão-deformação de engenharia típica de um ensaio de tração de um metal dúctil.

TABELA • 3.1 Módulo de elasticidade para alguns materiais selecionados.

Metais	Módulo de Elasticidade (MPa)	Cerâmicas e Polímeros	Módulo de Elasticidade (MPa)
Aço	209×10^3	Alumina	345×10^3
Alumínio e ligas	69×10^3	Diamante[a]	1035×10^3
Chumbo	21×10^3	Silício[a]	185×10^3
Cobre e ligas	110×10^3	Placa de vidro	69×10^3
Ferro	209×10^3	Carbeto de silício	448×10^3
Ferro fundido	138×10^3	Carbeto de tungstênio	552×10^3
Magnésio	48×10^3	Náilon	$3,0 \times 10^3$
Níquel	209×10^3	Fenol-formaldeído	$7,0 \times 10^3$
Titânio	117×10^3	Polietileno de baixa densidade	$0,2 \times 10^3$
Tungstênio	407×10^3	Polietileno de alta densidade	$0,7 \times 10^3$
Zinco	108×10^3	Poliestireno	$3,0 \times 10^3$

[a]Compilado de [8], [10], [11], [15], [16] e outras referências.
Embora o diamante e o silício não sejam materiais cerâmicos, frequentemente são comparados com eles.

À medida que a tensão aumenta, atinge-se um ponto na relação linear para o qual o material começa a escoar. Esse **ponto de escoamento** (s_e ou **LE**) do material pode ser identificado na figura por meio da mudança de inclinação no final da região linear. Uma vez que o início do escoamento é normalmente difícil de ser observado em representação gráfica dos dados do ensaio (em geral não ocorre como uma mudança brusca da inclinação), s_e é normalmente definido como a tensão para a qual acontece um desvio de deformação de 0,2 % da linha retilínea; trata-se, portanto, do método da pré-deformação de 0,2 %. De forma mais específica, é o ponto em que a curva tensão-deformação do material intercepta uma linha paralela à parte retilínea da curva, a qual apresenta um desvio, em relação a ela, de 0,2 % de deformação. O ponto de escoamento é uma característica de resistência do material; é, portanto, com frequência, referenciado como a **tensão de escoamento** (outra denominação é **limite de escoamento**).

O ponto de escoamento marca a transição para a região plástica e o início da deformação plástica do material. A relação entre tensão e deformação não obedece mais à Lei de Hooke. O alongamento do corpo de prova se desenvolve além do ponto de escoamento, à medida que a carga é aumentada, mas com taxa muito superior à anterior, fazendo com que a inclinação mude dramaticamente, conforme mostrado na Figura 3.3. O alongamento é acompanhado por redução uniforme na área da seção transversal, consistente com a manutenção do volume constante. Por fim, a carga aplicada F atinge seu valor máximo, e a tensão de engenharia calculada neste ponto é chamada de **limite de resistência à tração** ou **tensão máxima** do material. É denotada por **LRT** e calculada como $LRT = F_{máx}/A_o$. *LRT* e s_e são importantes propriedades de resistência mecânica nos cálculos de projeto (também são utilizadas em cálculos de fabricação). Alguns valores típicos da tensão de escoamento e do limite de resistência à tração são listados na Tabela 3.2 para alguns materiais selecionados. É difícil realizar ensaios de tração convencionais em materiais cerâmicos, e um ensaio alternativo é usado para medir a resistência desses materiais frágeis (Subseção 3.1.3). Os polímeros diferem, em suas propriedades, dos metais e cerâmicas devido à viscoelasticidade (Seção 3.5).

À direita do limite de resistência à tração, na curva tensão-deformação, a carga começa a decair e o corpo de prova tipicamente inicia um processo de alongamento localizado, conhecido como **estricção (pescoço)**. Em vez de continuar a se deformar de maneira uniforme ao longo de seu comprimento, a deformação começa a se concentrar em uma pequena seção do corpo de prova. A área dessa seção torna-se significativamente mais estreita (forma-se um pescoço) até ocorrer a falha. A tensão calculada de imediato antes da falha é conhecida como **tensão de ruptura**.

Capítulo 3

TABELA • 3.2 Tensão de escoamento e limite de resistência à tração para metais selecionados.

Metal	Tensão de escoamento (MPa)	Limite de resistência à tração (MPa)	Metal	Tensão de escoamento (MPa)	Limite de resistência à tração (MPa)
Aço com alto teor de C[a]	400	600	Ferro fundido[a]	275	275
Aço com baixo teor de C[a]	175	300	Liga de titânio	800	900
Aço, inoxidável[a]	275	650	Ligas de alumínio[a]	175	350
Aço, liga[a]	500	700	Ligas de cobre[a]	205	410
Alumínio, recozido	28	69	Ligas de magnésio[a]	175	275
Alumínio, trabalhado a frio[a]	105	125	Níquel, recozido	150	450
Cobre, recozido	70	205	Titânio, puro	350	515

Compilado de [8], [10], [11], [16] e outras referências.
[a]Os valores dados são típicos. Para as ligas, existe ampla faixa de valores de resistência dependendo da composição e do tratamento (por exemplo, tratamento térmico, trabalho mecânico).

A quantidade de deformação que o material é capaz de experimentar antes de falhar também é uma propriedade mecânica de interesse em muitos processos de fabricação. A medida mais comum para essa propriedade é a ***ductilidade***, a capacidade de o material desenvolver deformação plástica sem fratura. Esta medida pode ser tomada como um alongamento ou uma redução de área. O alongamento na ruptura é definido como

$$AL = \frac{L_f - L_o}{L_o} \tag{3.4}$$

em que AL = alongamento, frequentemente expresso em termos percentuais; L_f = comprimento do corpo de prova na ruptura, mm, medido como a distância entre as marcas de medição após as duas partes do corpo de prova terem sido colocadas de volta, juntas; e L_o = comprimento original ou inicial do corpo de prova, mm. A redução de área na ruptura é definida como

$$RA = \frac{A_o - A_f}{A_o} \tag{3.5}$$

em que RA = redução de área, frequentemente expressa em termos percentuais; A_f = área da seção transversal do corpo de prova no instante da ruptura, mm^2; e A_o = área original ou inicial, mm^2. Em função da estricção ("empescoçamento") que ocorre em corpos de prova metálicos dúcteis e do efeito não uniforme associado ao alongamento e à redução de área, ocorrem alguns problemas com essas duas medidas de ductilidade. Apesar dessas dificuldades, o alongamento percentual e a redução de área percentual são as medidas de ductilidade mais comuns na prática da engenharia. Alguns valores típicos do alongamento percentual para diversos materiais estão listados na Tabela 3.3.

Tensão-Deformação Verdadeira Alunos mais atentos podem se questionar sobre o uso da área original ou inicial do corpo de prova para calcular as tensões de engenharia, em vez da área real (instantânea), que se torna incrementalmente pequena, à medida que o ensaio progride. Se a área real fosse utilizada, o valor das tensões calculadas seria mais elevado. A tensão obtida dividindo a carga aplicada pelo valor instantâneo da área é definida como a ***tensão verdadeira***:

$$\sigma = \frac{F}{A} \tag{3.6}$$

em que σ = tensão verdadeira (MPa); F = força (N); e A = área real (instantânea) resistente à carga (mm^2).

Propriedades Mecânicas dos Materiais   **53**

TABELA • 3.3   Ductilidade como valor % do alongamento (valores típicos) para vários materiais selecionados.

Material	Alongamento	Material	Alongamento
Metais		*Metais, continuação*	
Aço com alto teor de C[a]	10 %	Ligas de alumínio, fundidas[a]	4 %
Aço com baixo teor de C[a]	30 %	Ligas de alumínio, recozidas[a]	20 %
Aço inoxidável austenítico[a]	55 %	Ligas de alumínio, tratadas termicamente[a]	8 %
Aço, liga[a]	20 %	Ligas de magnésio[a]	10 %
Alumínio, recozido	40 %	Níquel, recozido	45 %
Alumínio, trabalhado a frio	8 %	Titânio, praticamente puro	20 %
Cobre, recozido	45 %	*Cerâmicos*	0[b]
Cobre, trabalhado a frio	10 %	*Polímeros*	
Ferro fundido cinzento[a]	0,6 %	Polímeros termoplásticos	100 %
Liga de cobre: latão, recozida	60 %	Polímeros termorrígidos	1 %
Liga de zinco	10 %	Elastômeros (por exemplo, borracha)	1 %[c]

Compilado de [8], [10], [11], [16] e outras referências.
[a]Os valores dados são típicos. Para as ligas, existe ampla faixa de valores de ductilidade que dependem da composição e do tratamento (por exemplo, tratamento térmico, grau do trabalho mecânico).
[b]Os materiais cerâmicos são frágeis; eles suportam deformação elástica, mas teoricamente nenhuma deformação plástica.
[c]Os elastômeros suportam bastante deformação elástica, mas sua deformação plástica é muito limitada, sendo típicos valores somente em torno de 1 %.

Exemplo 3.1 Tensão e deformação de engenharia

Considere um ensaio de tração de um corpo de prova com comprimento original = 50 mm e área original = 200 mm². Durante o ensaio, o corpo de prova escoa sob a ação de uma carga de 32.000 N (correspondente à pré-deformação de 0,2 %) e apresenta um comprimento de 50,2 mm nesta condição de carga. A carga máxima obtida é de 65.000 N e gera um comprimento de 57,7 mm pouco antes do início da formação do pescoço, e a ruptura ocorre com o comprimento de 63,5 mm. Determine (a) a tensão de escoamento, (b) o módulo de elasticidade, (c) o limite de resistência à tração, (d) a deformação de engenharia correspondente à carga máxima, e (e) o alongamento percentual.

Solução: (a) Tensão de escoamento $s_e = \dfrac{32.000}{200} = \mathbf{160\,MPa}$.

(b) Subtraindo a pré-deformação de 0,2 %, a deformação de engenharia

$$e = \frac{(50,2 - 50)}{50} - 0,002 = 0,002$$

Rearranjando na Equação (3.3), o módulo de elasticidade

$$E = \frac{S_e}{e} = \frac{160}{0,002} = \mathbf{80.000\,MPa = 80\,GPa}.$$

(c) Limite de resistência à tração = carga máxima dividida por área original:

$$LRT = \frac{65.000}{200} = \mathbf{325\,MPa}.$$

(d) Por meio da Equação (3.2), a deformação de engenharia correspondente à

carga máxima $e = \dfrac{(57,7 - 50)}{50} = \mathbf{0,154}$

(e) Definido na Equação (3.4), o alongamento percentual

$$AL = \frac{59,5 - 50}{50} = \mathbf{0,19 = 19}\ \%.$$

De maneira similar, a ***deformação verdadeira*** fornece uma forma realista de previsão do alongamento "instantâneo" por unidade de comprimento do material. O valor da deformação verdadeira em um ensaio de tração pode ser estimado dividindo o alongamento total em pequenos incrementos, calculando a deformação de engenharia para cada incremento tomando como base seus comprimentos iniciais e, então, somando os valores de deformação. No limite, a deformação verdadeira é definida como

$$\epsilon = \int_{L_o}^{L} \frac{dL}{L} = ln\frac{L}{L_o} \tag{3.7}$$

em que L = comprimento instantâneo em um determinado momento durante o alongamento. No final do ensaio (ou para outra deformação-limite), o valor da deformação verdadeira final pode ser calculado utilizando $L = L_f$.

Quando os dados de tensão-deformação de engenharia da Figura 3.3 são colocados em um gráfico utilizando os valores de tensão verdadeira e de deformação verdadeira, a curva resultante apresenta uma forma como a mostrada na Figura 3.4. Na região elástica, a curva é praticamente idêntica à anterior. Os valores de deformação são pequenos, e a deformação verdadeira é quase igual à deformação de engenharia para a maioria dos metais de interesse. Os valores respectivos de tensão são também muito próximos entre si. O motivo para esse comportamento quase igual é que a área da seção transversal do corpo de prova não apresenta uma redução significativa na região elástica. Assim, a Lei de Hooke pode ser utilizada para relacionar a tensão verdadeira com a deformação verdadeira: $\sigma = E\epsilon$.

A diferença entre a curva tensão-deformação verdadeira e sua correspondente de engenharia ocorre na região plástica. Os valores de tensão são mais elevados na região plástica, uma vez que a área transversal instantânea do corpo de prova, a qual sofre uma redução contínua durante o alongamento, é agora utilizada no cálculo. Assim como na curva anterior, uma inversão da inclinação da curva ocorre como resultado da estricção (formação do pescoço). Uma linha tracejada é utilizada na figura para indicar a continuação projetada da curva tensão-deformação verdadeira que se desenvolveria se a estricção localizada não ocorresse.

À medida que a deformação torna-se significativa na região plástica, os valores de deformação verdadeira e deformação de engenharia passam a divergir. Pode-se estabelecer uma relação entre a deformação verdadeira e a deformação de engenharia por meio de

$$\epsilon = \ln(1 + e) \tag{3.8}$$

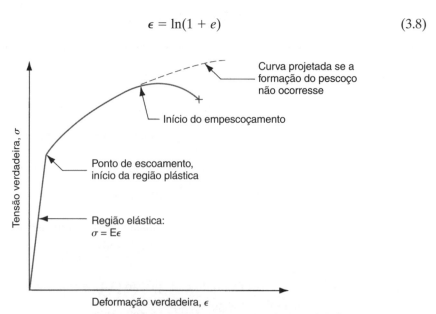

FIGURA 3.4 Curva tensão-deformação verdadeira para o gráfico de tensão-deformação de engenharia mostrado previamente na Figura 3.3.

Analogamente, pode-se estabelecer uma relação entre a tensão verdadeira e a tensão de engenharia

$$\sigma = s(1 + e) \tag{3.9}$$

Note, na Figura 3.4, que a tensão aumenta de forma contínua na região plástica até o início da estricção (empescoçamento). Quando isto ocorre na curva tensão-deformação de engenharia, ela perde o sentido, porque um valor de área reconhecidamente errado é utilizado para calcular a tensão. Já quando a tensão verdadeira também aumenta, isso não pode ser desconsiderado de uma forma tão simples, o que significa que o metal está se tornando mais resistente à medida que a deformação aumenta. Esta é uma propriedade conhecida como *encruamento*, que a maioria dos metais exibe com maior ou menor grau.

Exemplo 3.2
Tensão e deformação verdadeira

Por meio dos dados fornecidos no Exemplo 3.1, determine (a) a tensão verdadeira e (b) a deformação verdadeira relacionadas à carga máxima de 65.000 N.

Solução: (a) A tensão verdadeira é definida como a carga dividida pela área instantânea. Para obter a área instantânea, consideramos um alongamento homogêneo antes do "empescoçamento". Assim, $AL = A_o L_o$,

e $A = \dfrac{A_o L_o}{L} = \dfrac{200(50)}{57,7} = 173,3\,\text{mm}^2$.

$$\sigma = \frac{F}{A} = \frac{65.000}{173,3} = \textbf{375MPa}.$$

(b) Por meio da Equação (3.7), a tensão verdadeira $\epsilon = \ln\left(\dfrac{L}{L_o}\right) = \ln\left(\dfrac{57,7}{50}\right) =$

$\ln(1,154) = \textbf{0,143}$.

Verificação: Use as Equações (3.8) e (3.9) para verificar estes valores:

Utilizando a Equação (3.8) e o valor de deformação de engenharia (e) obtido no Exemplo 3.1, $\epsilon = \ln(1 + 0,154) = 0,143$.

Usando a Equação (3.9) e o valor do limite de resistência à tração (LRT) obtido no Exemplo 3.1, $\sigma = 325(1 + 0,154) = 375$ MPa.

Observação: Note que a tensão verdadeira é sempre maior que a tensão de engenharia, e a deformação verdadeira é sempre menor que a deformação de engenharia.

O encruamento, ou *endurecimento por trabalho mecânico* como muitas vezes é chamado, tem importante influência em determinados processos de fabricação, particularmente na conformação de metais. Considere o comportamento de um metal à medida que é afetado pelo encruamento. Se a parte da curva tensão-deformação verdadeira representando a região plástica fosse representada em um gráfico com escala log-log, o resultado seria uma relação linear, conforme apresentado na Figura 3.5. Uma vez que se obtém uma linha reta com essa transformação, a relação entre tensão verdadeira e deformação verdadeira na deformação plástica pode ser expressa como

$$\sigma = K\epsilon^n \tag{3.10}$$

Essa equação é chamada de *curva de escoamento*, e ela fornece uma boa aproximação do comportamento dos metais na região plástica, incluindo sua capacidade para encruamento. A constante K é chamada de *coeficiente de resistência*, MPa, e é igual

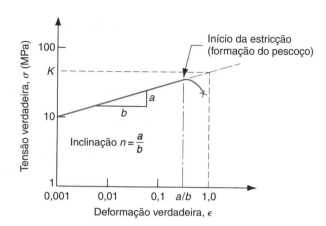

FIGURA 3.5 Curva tensão-deformação verdadeira traçada em escala logarítmica.

TABELA • 3.4 Valores típicos do coeficiente de resistência K e do expoente de encruamento n para materiais metálicos selecionados.

Material	Coeficiente de Resistência, K Mpa	Expoente de Encruamento, n	Material	Coeficiente de Resistência, K Mpa	Expoente de Encruamento, n
Aço com alto teor de C, recozido[a]	850	0,15	Cobre, puro, recozido	300	0,50
Aço com baixo teor de C, recozido[a]	500	0,25	Liga de alumínio, recozida[a]	240	0,15
Aço inoxidável austenítico, recozido	1200	0,40	Liga de alumínio, tratada termicamente	400	0,10
Aço, liga, recozido[a]	700	0,15	Liga de cobre: latão[a]	700	0,35
Alumínio, puro, recozido	175	0,20			

Compilado de [9], [10], [11] e outras referências.
[a]Os valores de K e n variam de acordo com a composição, tratamento térmico e endurecimento por trabalho mecânico.

ao valor da tensão verdadeira para uma deformação verdadeira de valor unitário. O parâmetro n é chamado **expoente de encruamento** e representa a inclinação da linha da Figura 3.5. Seu valor está diretamente ligado à tendência do material a encruar. Valores típicos de K e n de materiais metálicos selecionados são mostrados na Tabela 3.4.

Exemplo 3.3 Parâmetros da curva de escoamento

Considerando os dados fornecidos no Exemplo 3.1, determine o coeficiente de resistência e o expoente de encruamento na equação da curva de escoamento: $\sigma = K\epsilon^n$.

Solução: Temos dois pontos na curva de escoamento que possibilitam a determinação dos parâmetros dessa curva: (1) o ponto de escoamento e (2) o ponto de carga máxima.

(1) No ponto de escoamento, a tensão de engenharia apresenta valor muito próximo da engenharia verdadeira. Desse modo, do Exemplo 3.1, $\sigma = LE = 160$ Mpa. A deformação verdadeira é calculada usando o comprimento no ponto de escoamento e ajustando para a pré-deformação de 0,2 %:

$\epsilon = \ln\left(\dfrac{50,2}{50} - 0,002\right) = 0,001998$. A correspondente equação de curva de escoamento é $160 = K(0,001998)^n$.

(2) No ponto de carga máxima, os valores de tensão verdadeira e de deformação verdadeira são obtidos mediante a solução do Exemplo 3.2: $\epsilon = 0{,}143$ e $\sigma = 375$ Mpa. A correspondente equação de curva de escoamento é $375 = K(0{,}143)^n$.

Resolvendo para n e K,

(1) $K = 160 / (0{,}001998)^n$ e (2)$K = 375 / (0{,}143)^n$

$$\frac{160}{(0{,}001998)^n} = \frac{375}{(0{,}143)^n}$$

$$\ln(160) - n\ln(0{,}001998) = \ln(375) - n\ln(0{,}143)$$

$$5{,}0572 - (6{,}2156)n = 5{,}9269 - (1{,}9449)n$$

$$5{,}0572 + 6{,}2156n = 5{,}9269 + 1{,}9449n$$

$$(6{,}2156 - 1{,}9449)n = 5{,}9269 - 5{,}0572$$

$$4{,}2707n = 0{,}8517$$

$$n = 0{,}1994$$

Substituindo n em (1): $K = \dfrac{160}{(0{,}001998)^{0{,}1994}} = 552{,}7$ MPa.

Verificação: Usando (2): $K = \dfrac{375}{(0{,}143)^{0{,}1994}} = 552{,}7$ MPa.

A equação da curva de escoamento é $\sigma = \mathbf{552{,}7\epsilon^{0{,}1994}}$

O pescoço ou estricção em um ensaio de tração e em operações de conformação de metais que tracionam o material (por exemplo, trefilação) está diretamente relacionado ao encruamento. Como o corpo de prova é alongado durante a parte inicial do ensaio (antes do começo do "empescoçamento"), uma deformação uniforme ocorre ao longo do comprimento, pois, se qualquer parte no corpo de prova for mais deformada no metal, sua resistência aumenta em função do encruamento, do trabalho mecânico, então uma deformação adicional possibilita mais resistência, ainda que o metal tenha sido tensionado igualmente. Finalmente, a deformação torna-se tão grande que a deformação uniforme não se mantém. Um ponto de menor resistência se desenvolve no comprimento (do acúmulo de discordâncias nos contornos de grão, impurezas no metal, ou outros fatores), e inicia-se o empescoçamento, levando à falha. Evidências empíricas revelam que o empescoçamento inicia para um metal quando a deformação verdadeira atinge um valor igual ao expoente de encruamento n. Desta forma, um valor maior de n significa que o metal ainda pode ser deformado antes do início do empescoçamento durante o carregamento de tração.

Tipos de Relações Tensão-Deformação Grande parte da informação sobre o comportamento elastoplástico é fornecida pela curva tensão-deformação. Conforme indicado, a Lei de Hooke ($\sigma = E\epsilon$) governa o comportamento na região elástica, e a curva de escoamento ($\sigma = Ke^n$) determina o comportamento na região plástica. Três formas básicas de relação tensão-deformação descrevem o comportamento de praticamente todos os tipos de materiais sólidos, mostrados na Figura 3.6:

a) ***Perfeitamente elástico.*** O comportamento deste material é completamente definido por sua rigidez, indicada pelo módulo de elasticidade E. Ele desenvolve ruptura em vez de escoar, como na plasticidade. Materiais frágeis, como os cerâmicos, muitos ferros fundidos e polímeros termorrígidos possuem curvas tensão-deformação

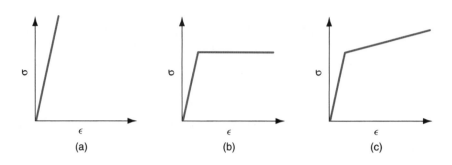

FIGURA 3.6 Três categorias de relação tensão-deformação: (a) perfeitamente elástico, (b) elástico e perfeitamente plástico, e (c) elástico e encruamento.

que caem nesta categoria. Esses materiais não são bons candidatos para operações de conformação.

(b) **Elástico e perfeitamente plástico.** Este material tem uma rigidez definida por E. Uma vez que a tensão de escoamento LE é atingida, o material deforma-se plasticamente em um mesmo nível de tensão. A curva de escoamento é dada por $K = LE$ e $n = 0$. Os metais se comportam desta forma quando são aquecidos a temperaturas bastante altas que permitem que os grãos se recristalizem em vez de encruar durante a deformação. O chumbo apresenta este comportamento na temperatura ambiente, pois a temperatura ambiente está acima do ponto de recristalização do chumbo.

(c) **Elástico e encruamento.** Este material obedece à Lei de Hooke na região elástica. Ele começa a escoar em sua tensão de escoamento LE. O aumento da deformação requer permanente aumento de tensão, dado por uma curva de escoamento cujo coeficiente de resistência K é maior que LE e cujo expoente de encruamento n é maior que zero. A curva de escoamento de fluxo é geralmente representada como uma função linear em um gráfico com escala de logaritmo natural. A maioria dos metais dúcteis se comporta desta forma quando trabalhados a frio.

Processos de fabricação que deformam materiais pela aplicação de tensões trativas incluem trefilação de fios e barras (Seção 15.6), bem como estiramento (Subseção 16.6.1).

3.1.2 PROPRIEDADES DE COMPRESSÃO

Um ensaio de compressão aplica uma carga que esmaga um corpo de prova cilíndrico entre duas placas, conforme ilustrado na Figura 3.7. À medida que o corpo de prova é comprimido, sua altura é reduzida e sua seção transversal aumenta. A tensão de engenharia é definida como

$$s = \frac{F}{A_o} \quad (3.11)$$

em que A_o = área original ou inicial do corpo de prova. Essa é a mesma definição da tensão de engenharia utilizada no ensaio de tração. A deformação de engenharia é definida como

$$e = \frac{h - h_o}{h_o} \quad (3.12)$$

em que h = altura do corpo de prova em um determinado instante do ensaio, mm; e h_o = altura inicial, mm. Uma vez que o comprimento decresce durante a compressão, o valor de e será negativo. O sinal negativo é normalmente ignorado quando se expressam os valores de deformação de compressão.

Ao representar a tensão de engenharia em função da deformação de engenharia de um ensaio de compressão em um gráfico, obtém-se a aparência mostrada na Figura 3.8. Assim como apresentado anteriormente, a curva é dividida nas regiões elástica e plástica, mas a forma da curva na parte plástica é diferente da observada no ensaio de

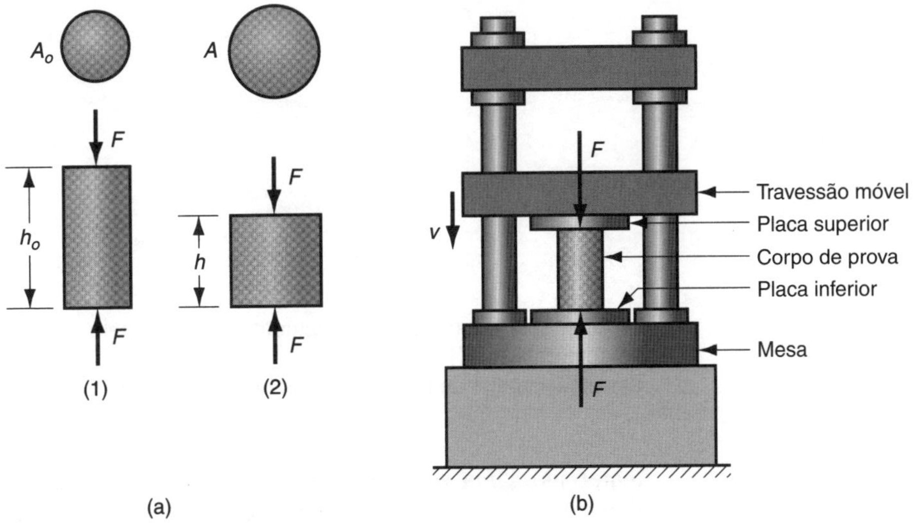

Propriedades Mecânicas dos Materiais

FIGURA 3.7 Ensaio de compressão: (a) força de compressão aplicada para testar uma peça em (1) e (2), a alteração resultante na altura; e (b) a montagem para o ensaio, com tamanho exagerado para o corpo de prova.

tração. Uma vez que a compressão faz com que a seção transversal aumente (em vez de diminuir, como no ensaio de tração), a carga aumenta mais rápido do que para o caso de tração. Isto resulta em maior valor calculado de tensão de engenharia.

Outro efeito ocorre no ensaio de compressão que contribui para o aumento da tensão. À medida que o corpo de prova cilíndrico é esmagado, o atrito das superfícies de contato com as placas tende a restringir a expansão das extremidades do cilindro. Durante o ensaio, energia adicional é consumida por esse atrito, resultando em uma força maior aplicada. Isso também se mostra como um aumento na tensão de engenharia calculada. Consequentemente, devido ao aumento na área da seção transversal e ao atrito entre o corpo de prova e as placas, obtém-se a curva tensão-deformação de engenharia, característica de um ensaio de compressão, conforme mostrado na Figura 3.8.

Outra consequência do atrito entre as superfícies é que o material próximo à parte central do corpo de prova está muito mais livre para aumentar sua área do que o material nas extremidades. Isto resulta no **embarrilamento** característico do corpo de prova, como pode ser observado na Figura 3.9.

Embora existam diferenças entre as curvas tensão-deformação de engenharia em tração e compressão, quando os dados correspondentes são representados na curva tensão-deformação verdadeira, a relação é praticamente idêntica (para a maioria dos

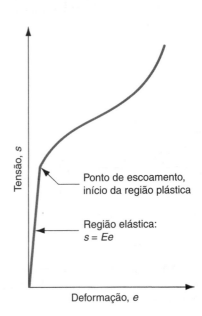

FIGURA 3.8 Curva tensão-deformação de engenharia típica para um ensaio de compressão.

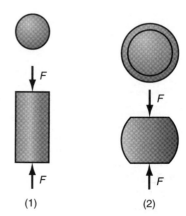

FIGURA 3.9 Efeito de embarrilamento em um ensaio de compressão: (1) início do ensaio; e (2) após o desenvolvimento de uma compressão considerável.

materiais). Uma vez que os resultados de ensaios de tração são mais abundantes na literatura, os valores dos parâmetros da curva de escoamento (K e n) podem ser derivados de dados de ensaios de tração e aplicados com a mesma validade a uma operação de compressão. O que precisa ser feito ao utilizar os resultados de um ensaio de tração para uma operação de compressão é ignorar o efeito da estricção (empescoçamento), um fenômeno que é peculiar à deformação induzida por tensão de tração. Em compressão, não existe um colapso correspondente. Nas representações gráficas apresentadas para curvas tensão-deformação de tração, os dados foram extrapolados, além do ponto de estricção, por meio de linhas tracejadas. Essas linhas tracejadas representam melhor o comportamento do material em compressão do que dados reais de ensaio de tração.

Operações de compressão em conformação de metais são muito mais comuns do que operações envolvendo a tração do material. Processos de compressão importantes incluem laminação, forjamento e extrusão (Capítulo 15).

3.1.3 FLEXÃO E ENSAIOS DE MATERIAIS FRÁGEIS

Operações de dobramento são utilizadas na conformação mecânica de chapas e placas metálicas. Conforme mostrado na Figura 3.10, o processo de dobramento de uma seção transversal retangular submete o material a tensões trativas (e deformações) na metade externa da seção curvada, e tensões compressivas (e deformações) na metade interna. Se o material não desenvolve uma fratura, ele se torna curvado de forma permanente (plasticamente), como mostrado em (3) da Figura 3.10.

Materiais duros e frágeis (por exemplo, cerâmicas), que possuem elasticidade mas pouca ou nenhuma plasticidade, são frequentemente testados por um método que submete o corpo de prova a um carregamento de flexão. Esses materiais não respondem

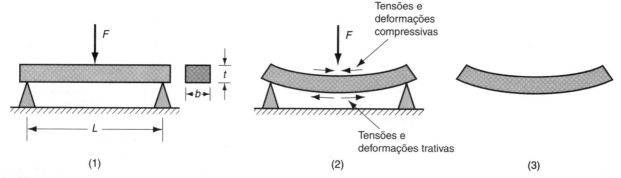

FIGURA 3.10 O dobramento de uma viga com seção transversal retangular resulta na presença de tensões de tração e compressão no material: (1) carregamento inicial; (2) corpo de prova com tensões e deformações elevadas; e (3) peça curvada, dobrada.

bem a um ensaio de tração tradicional, em função de problemas na preparação dos corpos de prova e possíveis desalinhamentos das garras que seguram o corpo de prova. O **ensaio de flexão** é utilizado para testar a resistência desses materiais utilizando uma configuração ilustrada em (1) da Figura 3.10. Neste procedimento, um corpo de prova de seção transversal retangular é posicionado entre dois suportes, e uma carga é aplicada em seu centro. Nesta configuração, o ensaio é chamado de ensaio de flexão em três pontos. Esses materiais frágeis não apresentam o nível exagerado de curvamento mostrado na Figura 3.10; em vez disso, eles se deformam elasticamente até a iminência da fratura. A falha usualmente ocorre porque o limite de resistência à tração das fibras externas do corpo de prova é ultrapassado. Isso resulta em **clivagem**, um modo de falha associada a cerâmicas e metais aplicados em baixas temperaturas de trabalho, em que ocorre a separação ao longo de determinados planos cristalográficos em vez de escorregamento. O valor de resistência derivado deste ensaio é chamado de **resistência à ruptura transversal** ou **resistência à flexão**, e calculado pela equação

$$s_{rf} = \frac{1{,}5FL}{bt^2} \tag{3.13}$$

em que s_{rf} = resistência à flexão, MPa; F = carga aplicada no momento da fratura, N; L = comprimento do corpo de prova entre os apoios, mm; e b e t são as dimensões da seção transversal do corpo de prova na figura, mm.

O ensaio de flexão também é utilizado para determinados materiais não frágeis, como os polímeros termoplásticos. Neste caso, devido ao material ser susceptível a se deformar em vez de se romper ou fraturar, a resistência à flexão não é determinada com base na falha do corpo de prova. Em vez disso, qualquer uma das duas medidas é usada: (1) a carga registrada em um determinado nível de deflexão, ou (2) a deflexão observada em uma determinada carga.

3.1.4 PROPRIEDADES DE CISALHAMENTO

O cisalhamento envolve a aplicação de tensões em direções opostas em cada lado de um elemento fino que se deforma, conforme mostrado na Figura 3.11. A tensão de cisalhamento é definida como

$$\tau = \frac{F}{A} \tag{3.14}$$

em que τ = tensão de cisalhamento, MPa; F = carga aplicada, N; e A = área ao longo da qual a força é aplicada, mm². A deformação de cisalhamento é definida como

$$\gamma = \frac{\delta}{b} \tag{3.15}$$

em que γ = deformação de cisalhamento, mm/mm (adimensional); δ = deflexão do elemento, mm; e b = distância ortogonal ao longo da qual a deflexão ocorre, mm.

A tensão e a deformação de cisalhamento são geralmente testadas em um **ensaio de torção**, no qual um corpo de prova tubular de paredes finas é submetido a um torque, conforme mostrado na Figura 3.12. À medida que o torque aumenta, o tubo se deforma torcendo, o que para esta geometria representa a deformação de cisalhamento.

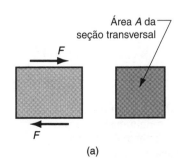
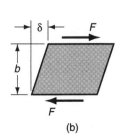

FIGURA 3.11 (a) Tensão e (b) deformação de cisalhamento.

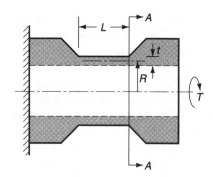 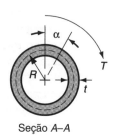

FIGURA 3.12 Configuração para o ensaio de torção.

A tensão de cisalhamento pode ser determinada no ensaio de torção por

$$\tau = \frac{T}{2\pi R^2 t} \quad (3.16)$$

em que T = torque aplicado, N-mm; R = raio do tubo medido até o eixo neutro da parede, mm; e t = espessura da parede, mm. A deformação de cisalhamento pode ser determinada medindo a quantidade de deflexão angular do tubo, convertendo este valor em uma distância defletida, e dividindo pelo comprimento de medida L. Reduzindo isso a uma expressão simples

$$\gamma = \frac{R\alpha}{L} \quad (3.17)$$

em que α = deflexão angular (radianos).

A Figura 3.13 mostra uma curva tensão-deformação de cisalhamento típica. Na região elástica, a relação é definida por

$$\tau = G\gamma \quad (3.18)$$

em que G = **módulo de cisalhamento** ou **módulo de elasticidade transversal**, MPa. Para a maioria dos materiais, o módulo de cisalhamento pode ser aproximado por $G = 0{,}4E$, em que E é o módulo de elasticidade longitudinal, o convencional.

Na região plástica da curva tensão-deformação de cisalhamento, o material apresenta encruamento, de modo que o torque aplicado continua a aumentar até que a fratura finalmente ocorre. A relação nesta região é similar à curva de escoamento. A tensão de cisalhamento na fratura pode ser calculada e é utilizada como a **tensão de cisalhamento máxima** $\tau_{máx}$ do material. A tensão de cisalhamento máxima (ou resistência ao cisalhamento) pode ser estimada de dados do limite de resistência à tração pela aproximação $\tau_{máx} = 0{,}7(LRT)$.

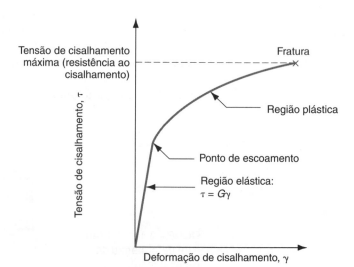

FIGURA 3.13 Curva tensão-deformação de cisalhamento típica para um ensaio de torção.

Propriedades Mecânicas dos Materiais **63**

Uma vez que a área da seção transversal do corpo de prova no ensaio de torção não se altera, de forma diferente do que ocorre nos ensaios de tração e de compressão, a curva de tensão-deformação de engenharia para o cisalhamento derivada do ensaio de torção é teoricamente a mesma que a curva tensão-deformação verdadeira.

Processos envolvendo o cisalhamento são comuns na indústria. A ação de cisalhamento é utilizada para cortar folhas de metal em prensas, puncionamento e outras operações de corte (Seção 16.1). Em usinagem, o material é removido pelo mecanismo de deformação de cisalhamento (Seção 17.2).

3.2 Dureza

A dureza de um material é definida como sua resistência à indentação (impressão) permanente. Boa dureza geralmente significa que o material é resistente ao riscamento e ao desgaste. Para muitas aplicações em engenharia, incluindo a maioria das ferramentas utilizadas em fabricação, a resistência a riscos e ao desgaste é uma característica importante. Conforme o leitor verá adiante nesta seção, existe forte correlação entre dureza e resistência mecânica.

3.2.1 ENSAIOS DE DUREZA

Ensaios de dureza são geralmente utilizados para avaliar as propriedades do material, uma vez que são rápidos e convenientes. Entretanto, existe uma variedade de métodos de ensaio de dureza devido à diferença de valores encontrados em diferentes materiais, cada qual mais apropriado para uma determinada faixa de dureza. Os ensaios de dureza mais conhecidos são os de Brinell e Rockwell.

Ensaio de Dureza de Brinell O ensaio de dureza de Brinell é amplamente utilizado para testar metais e não metais de baixa ou média dureza. Recebeu o nome do engenheiro sueco que o desenvolveu por volta de 1900. No ensaio, uma esfera de aço endurecido (ou de metal duro) de 10 mm de diâmetro é pressionada contra a superfície de um corpo de prova utilizando uma carga de 500, 1500 ou 3000 kg. A carga é, então, dividida pela área da impressão para obter o Número de Dureza Brinell (BHN, do inglês *Brinell Hardness Number*). Na forma de equação,

$$HB = \frac{2F}{\pi D_e \left(D_e - \sqrt{D_e^2 - D_i^2} \right)} \qquad (3.19)$$

em que HB = Número de Dureza Brinell (BHN); F = carga de penetração, kg; D_e = diâmetro da esfera, mm; e D_i = diâmetro da impressão sobre a superfície, mm.

Essas dimensões estão indicadas na Figura 3.14(a). BHN tem unidades de kg/mm², mas em geral as unidades são normalmente omitidas ao expressar o número. Para materiais com uma dureza maior (acima de 500 BHN), utiliza-se a esfera de metal duro, uma vez que a esfera de aço experimenta deformação elástica que compromete a precisão da medida. Também são utilizadas cargas mais elevadas (1500 e 3000 kg) para materiais com alta dureza. Em função de diferenças nos resultados para cargas diferentes, considera-se uma boa prática indicar a carga utilizada no ensaio quando se mencionam as leituras *HB*.

Ensaio de Dureza Rockwell Este é outro ensaio amplamente utilizado, que recebeu o nome do metalurgista que o desenvolveu no início da década de 1920. É de uso conveniente, e muitas melhorias ao longo dos anos tornaram o ensaio adaptável a uma variedade de materiais.

No Ensaio de Dureza Rockwell, um penetrador ou indentador de formato cônico ou uma esfera de pequeno diâmetro, com diâmetro = 1,6 ou 3,2 mm, é pressionado contra o corpo de prova utilizando uma pré-carga de 10 kg, assentando assim o penetrador no

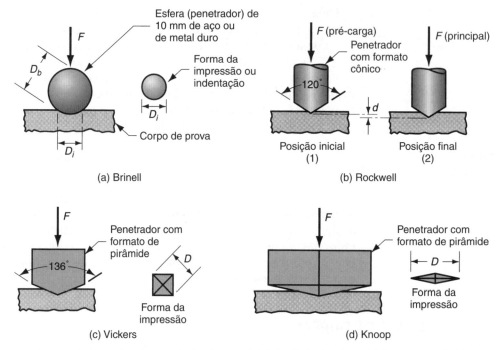

FIGURA 3.14 Métodos de ensaio de dureza: (a) Brinell; (b) Rockwell: (1) pré-carga inicial e (2) carga principal; (c) Vickers; (d) Knoop.

material. Em seguida, uma carga principal de 150 kg (ou outro valor) é aplicada, fazendo com que o indentador penetre no corpo de prova de uma determinada distância além de sua posição inicial. Esta distância de penetração adicional d é convertida em uma leitura de dureza Rockwell pela máquina de ensaio. A sequência é apresentada na Figura 3.14(b). Diferenças no carregamento e na geometria do penetrador fornecem várias escalas Rockwell para materiais diferentes. As escalas mais comuns estão indicadas na Tabela 3.5.

Ensaio de Dureza Vickers Este ensaio, também desenvolvido no início da década de 1920, utiliza um penetrador de forma piramidal feito de diamante. Baseia-se no princípio de que as impressões feitas pelo penetrador são geometricamente similares de maneira independente da carga. Dessa forma, cargas de diferentes valores são aplicadas, dependendo da dureza do material a ser medido. O valor da dureza Vickers (HV) é então determinado pela equação

$$HV = \frac{1{,}854F}{D^2} \tag{3.20}$$

em que F = carga aplicada, kg, e D = diagonal da impressão feita pelo penetrador, mm, conforme indicado na Figura 3.14(c). O ensaio Vickers pode ser utilizado para todos os metais e possui uma das mais amplas escalas entre os ensaios de dureza.

TABELA • 3.5 Escalas comuns de dureza Rockwell.

Escala Rockwell	Símbolo de Dureza	Penetrador	Carga (kg)	Típicos Materiais Testados
A	HRA	Cone	60	Carbetos, materiais cerâmicos
B	HRB	Esfera de 1,6 mm	100	Metais não ferrosos
C	HRC	Cone	150	Metais ferrosos, aços-ferramenta

Ensaio de Dureza Knoop O ensaio Knoop, desenvolvido em 1939, utiliza um penetrador de forma piramidal, e a pirâmide apresenta uma razão comprimento-largura de aproximadamente 7:1, conforme indicado na Figura 3.14(d), e as cargas aplicadas são em geral menores que as utilizadas no ensaio Vickers. Este é um ensaio de microdureza, o que significa que é adequado para medir corpos de prova pequenos e finos ou materiais com dureza elevada que possam fraturar, se neles forem aplicadas cargas elevadas. A forma do penetrador facilita a leitura da impressão resultante das cargas mais leves utilizadas neste ensaio. O valor de dureza Knoop (HK) é determinado de acordo com a equação

$$HK = 14,2\frac{F}{D^2}$$ (3.21)

em que F = carga, kg; e D = maior diagonal do penetrador, mm. Uma vez que a impressão feita neste ensaio é normalmente muito pequena, um cuidado considerável deve ser tomado ao preparar a superfície a ser medida.

Escleroscópio A medição de dureza dos ensaios anteriores baseia-se na carga aplicada dividida pela área da impressão resultante (Brinell, Vickers e Knoop), ou na profundidade da impressão (Rockwell). O Escleroscópio é um instrumento que mede a altura do percurso de retorno (ou rebote) de um "martelo" que cai de uma determinada distância sobre a superfície do material testado. Esse método de ensaio é conhecido como dureza por rebote. O martelo consiste em um êmbolo com um indentador de diamante. O Escleroscópio mede então a energia mecânica absorvida pelo material quando o penetrador atinge a superfície. A energia absorvida fornece uma indicação de resistência à penetração, que é consistente com a definição de dureza. Se mais energia for absorvida, o retorno será menor, significando um material mais macio. Se menos energia for absorvida, o retorno será maior — logo, um material mais duro. O uso primário do Escleroscópio parece estar na medição de dureza de grandes peças de aços e outros metais ferrosos.

Durômetro Os ensaios anteriores são todos baseados na resistência à deformação (penetração) permanente ou plástica. O durômetro é um equipamento que possibilita a medição desta resistência; além disso, no caso de uma borracha e materiais flexíveis similares, esta medição ocorre em relação à deformação elástica, por meio de um penetrador pressionado sobre a superfície do objeto. A resistência à penetração é uma indicação de dureza, que é o termo aplicado a esses tipos de materiais.

3.2.2 DUREZA DE DIVERSOS MATERIAIS

Esta seção compara os valores de dureza de alguns dos materiais mais comuns nas três classes de materiais de engenharia: metais, cerâmicos e polímeros.

Metais Os ensaios de dureza Brinell e Rockwell foram desenvolvidos em uma época em que os metais eram os principais materiais de engenharia. Uma quantidade significativa de dados tem sido coletada utilizando esses testes em metais. A Tabela 3.6 lista valores de dureza para metais selecionados.

Para a maioria dos metais, a dureza está fortemente ligada à resistência. Uma vez que os métodos de ensaio para obter a dureza são, usualmente, baseados na resistência à impressão, que é uma forma de compressão, pode-se esperar boa correlação entre dureza e propriedades de resistência determinadas em um ensaio de compressão. No entanto, as propriedades de resistência em um ensaio de compressão são aproximadamente as mesmas obtidas de um ensaio de tração, após considerar compensações referentes a alterações na seção transversal dos respectivos corpos de prova; assim a correlação com propriedades de tração também deverá ser boa.

O valor de dureza Brinell (HB) exibe uma correlação próxima ao limite de resistência à tração LRT dos aços, levando à relação [9], [15]:

$$LRT = K_h(HB)$$ (3.22)

em que K_h é uma constante de proporcionalidade. Se LRT é expresso em MPa, então $K_h = 3{,}45$.

Capítulo 3

TABELA • 3.6 Dureza típica de metais selecionados.

Metal	Dureza Brinell, HB	Dureza Rockwell, HR[a]	Metal	Dureza Brinell, HB	Dureza Rockwell, HR[a]
Aço, alto teor de carbono, laminado a quente[b]	200	95B, 15C	Ferro fundido, cinzento, bruto de fundição[b]	175	10C
Aço, baixo teor de carbono, laminado a quente[b]	100	60B	Liga de cobre: bronze, recozido	100	60B
Aço, inoxidável, austenítico[b]	150	85B	Ligas de alumínio, endurecidas[b]	90	52B
Aço-liga recozido[b]	175	90B, 10C	Ligas de alumínio, fundidas[b]	80	44B
Aço-liga, tratado termicamente[b]	300	33C	Ligas de alumínio, recozidas[b]	40	
Alumínio, recozido	20		Ligas de magnésio, endurecidas[b]	70	35B
Alumínio, trabalhado a frio	35		Níquel, recozido	75	40B
Chumbo	4		Titânio, comercialmente puro	200	95B
Cobre, recozido	45		Zinco	30	

Compilado de [10], [11], [16] e outras referências.

[a]Os valores HR fornecidos na escala B ou C conforme indicado pela designação da letra. A ausência de valores indica que a dureza é muito baixa para as escalas Rockwell.

[b]Os valores HB dados são típicos. Os valores de dureza variam de acordo com a composição, tratamento térmico e grau de encruamento.

TABELA • 3.7 Dureza de materiais cerâmicos selecionados e outros materiais duros, organizados em ordem crescente de dureza.

Material	Dureza Vickers, HV	Dureza Knoop, HK	Material	Dureza Vickers, HV	Dureza Knoop, HK
Aço ferramenta endurecido[a]	800	850	Nitreto de titânio, TiN	3000	2300
Metal duro (WC — Co)[a]	2000	1400	Carbeto de titânio, TiC	3200	2500
Alumina, Al_2O_3	2200	1500	Nitreto cúbico de boro, cBN	6000	4000
Carbeto de tungstênio, WC	2600	1900	Diamante sintético policristalino	7000	5000
Carbeto de silício, SiC	2600	1900	Diamante natural	10.000	8000

Compilado de [14], [16] e outras referências.

[a]Aço ferramenta endurecido e metal duro são dois materiais normalmente utilizados no ensaio de dureza Brinell.

TABELA • 3.8 Dureza de polímeros selecionados.

Polímero	Dureza Brinell, HB	Polímero	Dureza Brinell, HB
Cloreto de polivinila	10	Polietileno de alta densidade	4
Fenol-formaldeído	50	Polietileno de baixa densidade	2
Náilon	12	Polipropileno	7
Poliestireno	20		

Compilado de [5], [8] e outras referências.

Cerâmicos O ensaio de dureza Brinell não é apropriado para materiais cerâmicos porque o material sendo ensaiado apresenta frequentemente dureza superior à esfera do penetrador. Os ensaios de dureza Vickers e Knoop são utilizados para ensaiar esses materiais de alta dureza. A Tabela 3.7 lista valores de dureza para várias cerâmicas e materiais com dureza elevada. Para comparação, a dureza Rockwell C para aço ferramenta temperado é de 65 HRC. A escala HRC não se estende de maneira suficiente para que possa ser utilizada para os materiais de maior dureza.

Polímeros Os polímeros têm a dureza mais baixa entre os três tipos de materiais de engenharia. A Tabela 3.8 lista vários tipos de polímeros utilizando a escala de dureza Brinell. Embora não seja normalmente utilizado para esses materiais, este método de ensaio permite uma comparação com os materiais de dureza mais elevada.

3.3 Efeito da Temperatura nas Propriedades

A temperatura tem efeitos significativos sobre praticamente todas as propriedades de um material. É importante para o projetista conhecer as propriedades do material nas temperaturas de operação do produto quando em serviço, assim como é importante conhecer como a temperatura afeta as propriedades mecânicas na fabricação. Em temperaturas elevadas, os materiais apresentam valores mais baixos de resistência e mais altos de ductilidade. A relação geral para metais é mostrada na Figura 3.15. Assim, em temperaturas elevadas, a maioria dos metais pode ser conformada com forças menores e menor potência do que quando estão frios.

Dureza a Quente Uma propriedade bastante utilizada para caracterizar a resistência e a dureza em temperaturas elevadas é a dureza a quente. *Dureza a quente* é simplesmente a capacidade que o material tem de manter dureza em temperaturas elevadas; é normalmente apresentada como uma lista de valores de dureza para diferentes temperaturas, ou por meio de um gráfico de dureza *versus* temperatura, como na Figura 3.16. Os aços com elementos de liga podem apresentar melhorias significativas na dureza a quente, como mostrado na figura. Os materiais cerâmicos exibem propriedades superiores em temperaturas elevadas; portanto, com frequência esses materiais são escolhidos para aplicações em alta temperatura, como componentes de turbinas, ferramentas de corte, e aplicações com refratários.

Boa dureza a quente é também desejável em materiais para ferramentas utilizadas em muitas operações de fabricação. Significantes quantidades de energia (calor) são geradas na maioria dos processos de conformação de metais, e as ferramentas devem ser capazes de resistir às altas temperaturas envolvidas.

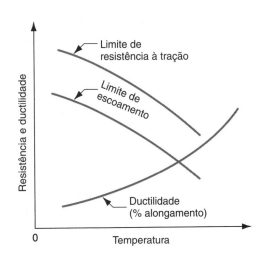

FIGURA 3.15 Efeito geral da temperatura na resistência e na ductilidade.

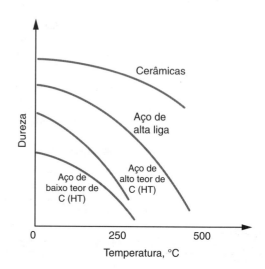

FIGURA 3.16 Dureza a quente — dureza típica em função da temperatura para diversos materiais.

Temperatura de Recristalização A maioria dos metais se comporta de acordo com a curva de escoamento para a região plástica na temperatura ambiente. À medida que o material é deformado, ele aumenta sua resistência devido ao encruamento (expoente de encruamento $n > 0$). No entanto, se o metal for aquecido a uma temperatura bastante elevada e então deformado, o encruamento não ocorrerá. Em vez disso, novos grãos livres de deformação se formam, e o metal se comporta como um material perfeitamente plástico; isto é, com um expoente de encruamento $n = 0$. A formação de novos grãos livres de deformação é um processo chamado de ***recristalização***, e a temperatura na qual esse processo se realiza é quase igual à metade do ponto de fusão ($0,5\ T_f$), medida em uma escala absoluta (R ou K). Essa temperatura é chamada de ***temperatura de recristalização***. A recristalização necessita de tempo. A temperatura de recristalização para um determinado metal é usualmente especificada como a temperatura necessária para que a formação completa de novos grãos ocorra em 1 hora.

Recristalização é uma característica dos metais, dependente da temperatura que pode ser utilizada na fabricação. Sendo aquecido o metal até a temperatura de recristalização antes da deformação, pode-se aumentar substancialmente a quantidade de deformação que o metal é capaz de desenvolver, e as forças e a potência necessárias para o desenvolvimento do processo são significativamente reduzidas. A conformação de metais em temperaturas acima da temperatura de recristalização é chamada de ***trabalho a quente*** (Seção 14.3).

3.4 Propriedades dos Fluidos

Os fluidos se comportam de forma bastante diferente dos sólidos. Um fluido escoa; toma a forma do recipiente que o contém. Um sólido não escoa; possui a forma geométrica definida. Os fluidos incluem líquidos e gases; o primeiro é o foco desta seção. Muitos processos de fabricação são realizados com materiais que foram convertidos do estado sólido para o estado líquido por meio de aquecimento. Os metais são solidificados a partir de seu estado fundido; o vidro é formado em um estado aquecido e altamente fluido; e os polímeros quase sempre atingem sua forma como fluidos espessos.

Viscosidade Embora o escoamento seja uma característica que define um fluido, a tendência para escoar varia para diferentes fluidos. A viscosidade é a propriedade que determina o escoamento do fluido. De forma simplista, a ***viscosidade*** pode ser definida como a resistência ao escoamento, o que é uma característica de um fluido. É uma medida do atrito interno que se desenvolve quando gradientes de velocidade estão presentes no fluido — quanto mais viscoso o fluido é, mais alto é o atrito interno e maior a resistência ao escoamento. O inverso da viscosidade é ***fluidez*** — a facilidade com a qual um fluido escoa.

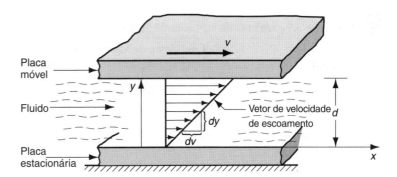

FIGURA 3.17 Escoamento de um fluido entre duas placas paralelas, uma estacionária e a outra se movendo com uma velocidade *v*.

Viscosidade é definida mais precisamente na configuração apresentada na Figura 3.17, na qual duas placas paralelas estão separadas por uma distância d. Uma das placas está parada, enquanto a outra se move com uma velocidade v, e o espaço entre as placas é ocupado por um fluido. Orientando esses parâmetros em relação a um sistema de eixos, d está na direção do eixo y e v está na direção do eixo x. O movimento da placa superior sofre a resistência de uma força F que resulta da ação viscosa de cisalhamento do fluido. Essa força pode ser reduzida a uma tensão de cisalhamento dividindo-se F pela área da placa A:

$$\tau = \frac{F}{A} \qquad (3.23)$$

em que τ = tensão de cisalhamento, N/m² ou Pa. Essa tensão de cisalhamento está relacionada com a taxa de cisalhamento, a qual é definida como a variação na velocidade dv em relação a dy. Isto é,

$$\dot{\gamma} = \frac{dv}{dy} \qquad (3.24)$$

em que $\dot{\gamma}$ = taxa de cisalhamento, 1/s; dv = variação incremental na velocidade, m/s; e dy = variação incremental na distância y, m. A viscosidade de cisalhamento é a propriedade do fluido que define a relação entre F/A e dv/dy; isto é,

$$\frac{F}{A} = \eta \frac{dv}{dy} \text{ ou } \tau = \eta \dot{\gamma} \qquad (3.25)$$

em que η = uma constante de proporcionalidade chamada de coeficiente de viscosidade, Pa-s. Rearranjando a Equação (3.25), o coeficiente de viscosidade pode ser expresso por:

$$\eta = \frac{\tau}{\dot{\gamma}} \qquad (3.26)$$

Assim, a viscosidade de um fluido pode ser definida como a razão entre a tensão de cisalhamento e a taxa de cisalhamento durante o escoamento, em que a tensão de cisalhamento é a força de atrito exercida pelo fluido por unidade de área, e a taxa de deformação é o gradiente de velocidade perpendicular à direção do escoamento. As características viscosas dos fluidos definidas pela Equação (3.26) foram primeiramente estabelecidas por Newton. Este observou que a viscosidade era uma propriedade constante de um determinado fluido, e um fluido desse tipo é chamado de um ***fluido newtoniano***.

As unidades de coeficiente de viscosidade requerem explicação. No Sistema Internacional de unidades (SI), devido à tensão de cisalhamento ser expressa em N/m² ou Pa, e taxa de cisalhamento em 1/s, η tem unidades de N-s/m² ou pascal-segundos, de forma abreviada Pa-s. Outra unidade utilizada para viscosidade é poise, dina-s/cm² (10 poise = 1 Pa-s). Alguns valores típicos de coeficientes de viscosidade para vários fluidos são dados na Tabela 3.9. Pode-se observar, em diversos desses materiais listados, que a viscosidade varia com a temperatura.

TABELA • 3.9 Valores de viscosidade para fluidos selecionados.

Material	Coeficiente de Viscosidade Pa-s	Material	Coeficiente de Viscosidade Pa-s
Água, 20 °C	0,001	Polímero[a], 205 °C	55
Água, 100 °C	0,0003	Polímero[a], 260 °C	28
Caldo de panqueca (temperatura ambiente)	50	Vidro[b], 540 °C	10^{12}
Mercúrio, 20 °C	0,0016	Vidro[b], 815 °C	10^5
Óleo de máquina (temperatura ambiente)	0,1	Vidro[b], 1095 °C	10^3
Polímero[a], 151 °C	115	Vidro[b], 1370 °C	15

Compilado de diversas referências.
[a] O polietileno de baixa densidade é utilizado aqui como exemplo de polímero; a maioria dos outros polímeros tem viscosidades ligeiramente mais elevadas.
[b] A composição do vidro é, na sua maior parte, SiO_2; a composição e a viscosidade variam; os valores dados são representativos.

A Viscosidade nos Processos de Fabricação Para muitos metais, a viscosidade no estado fundido é comparável à viscosidade da água na temperatura ambiente. Alguns processos de fabricação, em especial fundição e soldagem, são desenvolvidos em metais em seu estado fundido, e o sucesso nessas operações requer baixa viscosidade, de modo que o metal fundido preencha a cavidade do molde, ou a junta de soldagem, antes de se solidificar. Em outras operações, como conformação e usinagem de metais, lubrificantes e fluidos de refrigeração são utilizados no processo, e, mais uma vez, o sucesso na utilização desses fluidos depende, de alguma forma, de sua viscosidade.

Vidros cerâmicos exibem uma transição gradual do estado sólido para o líquido, à medida que a temperatura é aumentada; eles não se fundem repentinamente da mesma forma que os metais puros. O efeito é ilustrado, por meio dos valores de viscosidade do vidro para diversas temperaturas, na Tabela 3.9. Na temperatura ambiente, o vidro é sólido e frágil, não exibindo nenhuma tendência para fluir; para todos os propósitos práticos, sua viscosidade é infinita. À medida que é aquecido, o vidro gradualmente amolece, tornando-se cada vez menos viscoso (cada vez mais fluido), até poder, finalmente, ser conformado, por meio de processos de sopro ou moldagem, por volta de 1100° C.

Muitos processos para conformar polímeros são realizados em temperaturas elevadas, nas quais o material está no estado líquido ou em uma condição de elevada plasticidade. Polímeros termoplásticos representam o caso mais expressivo, e também são os polímeros mais comuns. Em baixas temperaturas, os polímeros termoplásticos são sólidos; à medida que a temperatura é aumentada, eles tipicamente se transformam em um material mole, similar à borracha, e, então, em um fluido espesso. À medida que a temperatura continua a aumentar, a viscosidade decresce gradualmente, como na Tabela 3.9 para o polietileno, o polímero termoplástico mais utilizado. Entretanto, para os polímeros, a relação não é simples, em função de diversos outros fatores. Por exemplo, a viscosidade é afetada pela taxa de escoamento. A viscosidade de um polímero termoplástico não é constante. Um polímero fundido não se comporta de forma newtoniana. Sua relação entre tensão de cisalhamento e taxa de deformação pode ser observada na Figura 3.18. Um fluido que exibe esta viscosidade decrescente com o aumento da taxa de deformação é chamado de ***pseudoplástico***. Esse comportamento torna mais complexa a análise para conformação de polímeros.

Propriedades Mecânicas dos Materiais 71

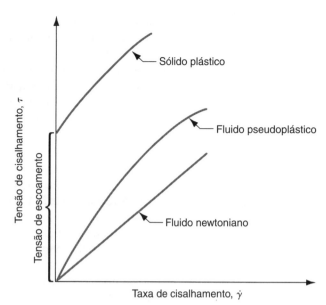

FIGURA 3.18 Comportamentos viscosos de fluidos newtonianos e pseudoplásticos. Polímeros fundidos exibem comportamento pseudoplástico. Para comparação, o comportamento de um material sólido plástico é mostrado.

3.5 Comportamento Viscoelástico dos Polímeros

Outra propriedade que é característica dos polímeros é a viscoelasticidade. *Viscoelasticidade* é a propriedade de um material que determina a deformação que ele experimenta quando submetido a combinações de tensão e temperatura ao longo do tempo. Conforme o nome sugere, é uma combinação de viscosidade e elasticidade. A viscoelasticidade pode ser explicada com referência à Figura 3.19. As duas partes da figura mostram a resposta típica de dois materiais à aplicação de uma tensão abaixo da tensão de escoamento durante determinado período. O material em (a) exibe elasticidade perfeita; quando a tensão é removida, o material retorna à sua forma original. Em contraste, o material em (b) mostra comportamento viscoelástico. A quantidade de deformação aumenta gradualmente ao longo do tempo sob a aplicação da tensão. Quando a tensão é removida, o material não volta de imediato à sua forma original; em vez disso, a deformação decresce gradualmente. Se a tensão tivesse sido aplicada e de imediato removida,

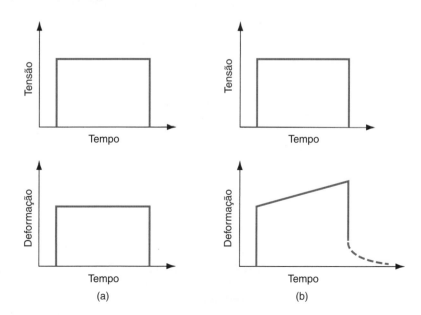

FIGURA 3.19 Comparação das propriedades elásticas e viscoelásticas: (a) resposta perfeitamente elástica do material à aplicação de tensão ao longo do tempo; e (b) resposta de um material viscoelástico sob as mesmas condições. O material em (b) experimenta uma deformação que é função do tempo e da temperatura.

o material retornaria de imediato à sua forma inicial. No entanto, o tempo entra na figura e tem a função de afetar o comportamento do material.

Um modelo simples de viscoelasticidade pode ser desenvolvido utilizando a definição de elasticidade como ponto de partida. A elasticidade é concisamente expressa pela Lei de Hooke, $\sigma = E\epsilon$, a qual apenas relaciona tensão com deformação por meio de uma constante de proporcionalidade. Em um sólido viscoelástico, a relação entre tensão e deformação é dependente do tempo e pode ser expressa como

$$\sigma(t) = f(t)\epsilon \tag{3.27}$$

A função do tempo $f(t)$ pode ser conceituada como um módulo de elasticidade que depende do tempo. Ela pode ser escrita como $E(t)$ e definida como um módulo viscoelástico. A forma desta função do tempo pode ser complexa, algumas vezes incluindo a deformação como um fator. Sem entrar nas expressões matemáticas para ela, é possível explorar o efeito da dependência do tempo. Um efeito comum pode ser visto na Figura 3.20, o qual mostra o comportamento tensão-deformação de um polímero termoplástico sob diferentes taxas de deformação. Em taxas de deformação baixas, o material exibe escoamento viscoso significativo. Em taxas de deformação altas, ele se comporta de forma muito próxima a um material frágil.

A temperatura é um fator presente na viscoelasticidade. À medida que a temperatura aumenta, o comportamento viscoso torna-se cada vez mais proeminente em relação ao comportamento elástico, e o material torna-se mais semelhante a um fluido. A Figura 3.21 ilustra essa dependência da temperatura para um polímero termoplástico. Em temperaturas baixas, o polímero apresenta um comportamento elástico. À medida que T aumenta acima da temperatura de transição vítrea T_g, o polímero torna-se viscoelástico. À medida que a temperatura aumenta, ele se torna mole e semelhante à borracha. Para

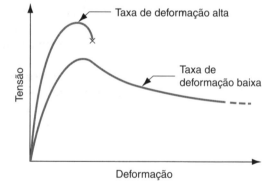

FIGURA 3.20 Curva tensão-deformação para um material viscoelástico (polímero termoplástico) para taxas de deformação alta e baixa.

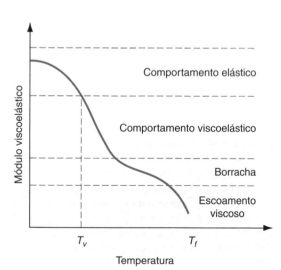

FIGURA 3.21 Módulo viscoelástico em função da temperatura para um polímero termoplástico.

temperaturas ainda mais elevadas, ele exibe características viscosas. A temperatura para a qual esses modos de comportamento são observados varia, dependendo do plástico. As formas das curvas do módulo *versus* temperatura também diferem de acordo com as proporções das estruturas cristalinas e amorfas no termoplástico. Polímeros termorrígidos e elastômeros apresentam comportamentos diferentes do mostrado na figura; após a cura, esses polímeros não amolecem como os termoplásticos o fazem para temperaturas elevadas. Em vez disso, eles degradam (queimam) em altas temperaturas.

O comportamento viscoelástico manifesta-se em polímeros fundidos em um efeito de memória de forma. Quando, durante seu processamento, um polímero fundido espesso tem sua forma alterada, ele "lembra" sua forma anterior e tenta voltar para esta geometria. Por exemplo, um problema comum em extrusão de polímeros é o inchamento do extrudado, no qual o contorno do material extrudado aumenta em tamanho, refletindo sua tendência em voltar para sua maior seção transversal de quando está no cilindro da extrusora, imediatamente antes de ser comprimido pela abertura menor da matriz. As propriedades de viscosidade e viscoelasticidade são analisadas em mais detalhe na discussão de processos de conformação para plásticos (Capítulo 10).

Referências

[1] Avallone, E. A., and Baumeister III, T. (eds.). *Mark's Standard Handbook for Mechanical Engineers*, 11th ed. McGraw-Hill, New York, 2006.

[2] Beer, F. P., Russell, J. E., Eisenberg, E., and Mazurek, D. *Vector Mechanics for Engineers*: *Statics*, 9th ed. McGraw-Hill, New York, 2009.

[3] Black, J. T., and Kohser, R. A. *DeGarmo's Materials and Processes in Manufacturing*, 11th ed. John Wiley & Sons, Hoboken, New Jersey, 2012.

[4] Budynas, R. G. *Advanced Strength and Applied Stress Analysis*, 2nd ed. McGraw-Hill, New York, 1998.

[5] Chandra, M., and Roy, S. K. *Plastics Technology Handbook*, 4th ed. CRC Press, Inc., Boca Raton, Florida, 2006.

[6] Dieter, G. E. *Mechanical Metallurgy*, 3rd ed. McGraw-Hill Book Company, New York, 1986.

[7] *Engineering Plastics*. Engineered Materials Handbook, Vol. 2. ASM International, Metals Park, Ohio, 1987.

[8] Flinn, R. A., and Trojan, P. K. *Engineering Materials and Their Applications*, 5th ed. John Wiley & Sons, Inc., Hoboken, New Jersey, 1995.

[9] Kalpakjian, S., and Schmid S. R. *Manufacturing Processes for Engineering Materials*, 6th ed. Pearson Prentice Hall, Upper Saddle River, New Jersey, 2010.

[10] *Metals Handbook*, Vol. 1, Properties and Selection: Iron, Steels, and High Performance Alloys. ASM International, Metals Park, Ohio, 1990.

[11] *Metals Handbook*, Vol. 2, Properties and Selection: Nonferrous Alloys and Special Purpose Materials, ASM International, Metals Park, Ohio, 1991.

[12] *Metals Handbook*, Vol. 8, Mechanical Testing and Evaluation, ASM International, Metals Park, Ohio, 2000.

[13] Morton-Jones, D. H. *Polymer Processing*. Chapman and Hall, London, 2008.

[14] Schey, J. A. *Introduction to Manufacturing Processes*, 3rd ed. McGraw-Hill, New York, 2000.

[15] Van Vlack, L. H. *Elements of Materials Science and Engineering*, 6th ed. Addison-Wesley, Reading, Massachusetts, 1991.

[16] Wick, C., and Veilleux, R. F. (eds.). *Tool and Manufacturing Engineers Handbook*, 4th ed. Vol. 3, Materials, Finishing, and Coating. Society of Manufacturing Engineers, Dearborn, Michigan, 1985.

Questões de Revisão

3.1 Qual é o dilema entre projeto mecânico e fabricação, em termos das propriedades mecânicas?

3.2 Quais são os três tipos de tensões estáticas aos quais os materiais estão submetidos?

3.3 Formule a Lei de Hooke.

3.4 Qual é a diferença entre tensão de engenharia e tensão verdadeira em um ensaio de tração?

3.5 Defina o limite de resistência à tração de um material.

3.6 Defina a tensão de escoamento de um material.

Capítulo 3

3.7 Por que não pode ser feita uma conversão direta entre as medidas de ductilidade de alongamento e de redução de área utilizando a hipótese de volume constante?

3.8 O que é encruamento?

3.9 Sob que circunstâncias o coeficiente de resistência tem o mesmo valor da tensão de escoamento?

3.10 Como a variação da área da seção transversal de um corpo de prova em um ensaio de compressão difere do seu correspondente corpo de prova em um ensaio de tração?

3.11 Qual é o complicador que ocorre no ensaio de compressão que pode ser considerado análogo à estricção (empescoçamento) em um ensaio de tração?

3.12 Ensaios de tração não são apropriados para materiais frágeis com dureza elevada como os materiais cerâmicos. Qual é o ensaio utilizado para determinar as propriedades de resistência desses materiais?

3.13 Como o módulo de elasticidade ao cisalhamento G está relacionado com o módulo de elasticidade em tração E, na média?

3.14 Como a tensão de cisalhamento máxima $\tau_{máx}$ está relacionada com o limite de resistência à tração LRT, na média?

3.15 O que é dureza e como ela é geralmente ensaiada?

3.16 Por que são necessários diferentes ensaios de dureza e escalas?

3.17 Defina a temperatura de recristalização para um metal.

3.18 Defina a viscosidade de um fluido.

3.19 Qual é a característica que define um fluido newtoniano?

3.20 O que é viscoelasticidade, como propriedade de um material?

PROBLEMAS

As respostas dos Problemas com indicação (**A**) estão listadas no Apêndice, na parte final do livro.

Resistência e Ductilidade em Tensão

3.1(**A**) Um ensaio de tração utiliza um corpo de prova que tem seu comprimento de medida de 50 mm e uma área = 100 mm². Durante um ensaio, o corpo de prova escoa com uma carga de 48.000 N, e o correspondente comprimento de medida = 50,23 mm. Este é o ponto de escoamento de 0,2 %. A carga máxima de 87.000 N é atingida para o comprimento de medida = 64,2 mm. Determine (a) a tensão de escoamento, (b) o módulo de elasticidade e (c) o limite de resistência à tração. (d) Se a ruptura ocorrer para um comprimento de medida de 67,3 mm, determine o alongamento percentual. (e) Se o corpo de prova desenvolver uma estricção (pescoço) que resulta em uma área = 53 mm², determine o percentual de redução de área.

3.2 Um corpo de prova em um ensaio de tração tem comprimento de medida inicial de 100 mm e área de seção transversal = 150 mm². Durante o ensaio coletam-se os seguintes dados de carga e comprimento: (1) 17.790 N em 100,2 mm, (2) 23.040 N em 103,5 mm, (3) 27.370 N em 110,5 mm, (4) 28.910 N em 122,0 mm, (5) 27.480 N em 130,0 mm, (6) 20.460 N em 135,1 mm. Os dados do ponto final (6) ocorreram imediatamente antes da falha, ruptura. O escoamento ocorreu com a carga de 19.390 N (valor correspondente a pré-deformação de 0,2 %), e a carga máxima (4) foi de 28.960 N. (a) Trace a curva tensão-deformação de engenharia. Determine (b) a tensão de escoamento, (c) o módulo de elasticidade, (d) o limite de resistência à tração e (e) o alongamento percentual.

Curva de Escoamento

3.3(**A**) No Problema 3.2, determine o coeficiente de resistência e o expoente de encruamento na equação da curva de escoamento.

3.4 Em um ensaio de tração com um corpo de prova de aço, a deformação verdadeira = 0,11 para uma tensão = 245 MPa. Quando a tensão verdadeira = 340 MPa, a deformação verdadeira = 0,31. Determine o coeficiente de resistência e o expoente de encruamento na equação da curva de escoamento.

3.5 Um corpo de prova de ensaio de tração inicia a estricção (o empescoçamento), com uma deformação verdadeira = 0,22 para uma tensão = 257 MPa. Sem qualquer outra informação sobre o ensaio, determine o coeficiente de resistência e o expoente de encruamento na equação da curva de escoamento.

3.6 Um ensaio de tração para um determinado metal fornece os seguintes parâmetros da curva de escoamento: o expoente de encruamento é 0,25 e o coeficiente de resistência é 500 MPa. Determine (a) a tensão de fluxo para uma deformação verdadeira = 1,0 e (b) a deformação verdadeira para uma tensão de fluxo = 500 MPa.

3.7 Um corpo de prova de ensaio de tração tinha um comprimento inicial = 75,0 mm. Ele é alongado durante o teste para um comprimento = 110,0 mm, pouco antes do início do empescoçamento. Determine (a) a deformação de engenharia e (b) a deformação verdadeira. (c) Calcule e some as deformações de engenharia considerando que o corpo de prova se alonga de: (1) 75,0 a 80,0 mm, (2) 80,0 a 85,0 mm, (3) 85,0 a 90,0 mm, (4) 90,0 a 95,0 mm, (5) 95,0 a 100,0 mm. (d) O resultado está mais próximo da resposta obtida em (a) ou em (b)? Isso ajuda a mostrar o significado do termo deformação verdadeira?

3.8 Um corpo de prova de tração é alongado até o dobro de seu comprimento inicial. Determine a deformação de engenharia e a deformação verdadeira para este ensaio. Supondo que o metal tivesse sido deformado em compressão, determine o comprimento final do corpo de prova considerando (a) que a deformação de engenharia é igual ao mesmo valor em módulo (ela será negativa por causa da compressão) e (b) que a deformação verdadeira tem o mesmo valor em módulo (mais uma vez ela será negativa por causa da compressão). Observe que a resposta para o item (a) é um resultado impossível. A deformação verdadeira é, assim, a melhor medida de deformação durante a deformação plástica.

3.9 Dado que a equação da curva de escoamento de um metal apresenta expoente de encruamento = 0,30 e coeficiente de resistência = 500 MPa, determine o limite de resistência à tração. Observe que o limite de resistência à tração é uma tensão de engenharia.

3.10 Um fio de cobre, de diâmetro de 0,80 mm, falha para uma tensão de engenharia = 248,2 MPa. Sua ductilidade é medida como 75 % de redução de área. Determine a tensão verdadeira e a deformação verdadeira na falha.

3.11 Derive uma expressão para deformação verdadeira como uma função de D e D_o para um corpo de prova de tração cilíndrico, em que D = diâmetro instantâneo do corpo de prova e D_o é o seu diâmetro inicial.

3.12 Mostre que a deformação verdadeira $\epsilon = \ln(1 + e)$, em que e = deformação de engenharia.

3.13 Mostre que a tensão verdadeira $\sigma = s(1 + e)$, em que s = tensão de engenharia, e e = deformação de engenharia.

Compressão

3.14 Os parâmetros da curva de escoamento para um aço inoxidável austenítico são coeficiente de resistência = 1200 MPa e expoente de encruamento = 0,40. Um corpo de prova cilíndrico, com área de seção transversal inicial = 1000 mm² e uma altura = 75 mm, é comprimido até uma altura de 60 mm. Determine a força necessária para obter esta compressão, supondo que a seção transversal aumenta uniformemente.

3.15**(A)** Uma liga metálica foi testada em um ensaio de tração e apresentou os seguintes resultados para os parâmetros da curva de escoamento: coeficiente de resistência = 550 MPa e expoente de encruamento = 0,25. O mesmo metal é agora testado em um ensaio de compressão no qual a altura inicial do corpo de prova = 50 mm e seu diâmetro = 30 mm. Considerando que a seção transversal aumenta uniformemente, determine a carga necessária para comprimir o corpo de prova até uma altura de (a) 45 mm e (b) 35 mm.

Flexão e Cisalhamento

3.16**(A)** Um ensaio de flexão é utilizado para determinado material de dureza elevada (metal duro). Com base em testes anteriores do material, sabe-se que sua resistência à flexão = 1000 MPa. Qual será a previsão para a carga na qual o corpo de prova deverá falhar, supondo que sua largura = 15 mm, sua espessura = 7,5 mm, e seu comprimento = 50 mm?

3.17 Um corpo de prova para ensaio de torção tem raio = 25 mm, espessura de parede = 3 mm e comprimento de medida = 50 mm. Durante o ensaio, um torque de 900 N-m resulta em uma deflexão angular = 0,3°. Determine (a) a tensão de cisalhamento, (b) a deformação de cisalhamento e (c) o módulo de cisalhamento, considerando que o corpo de prova não apresentou escoamento. (d) Se a falha do corpo de prova ocorrer para um torque = 1200 N-m e uma deflexão angular correspondente = 10°, qual será a tensão de cisalhamento máxima do metal?

Dureza

3.18 Em um ensaio de dureza Brinell, uma carga de 1500 kg é aplicada a um corpo de prova utilizando uma esfera de aço endurecido de 10 mm de diâmetro. A impressão resultante tem um diâmetro = 3,2 mm. (a) Determine o número de dureza Brinell para o metal. (b) Se o corpo de prova for de aço, apresente uma estimativa para o limite de resistência à tração do aço.

3.19 Um dos inspetores do departamento de controle de qualidade tem frequentemente utilizado os ensaios de dureza Brinell e Rockwell, para os quais existem equipamentos disponíveis na empresa. O inspetor afirma que o ensaio Rockwell é baseado no mesmo princípio utilizado para o ensaio Brinell, que estabelece que a dureza é sempre medida como a carga aplicada dividida pela área das impressões feitas por um penetrador. Ele está correto? Se não, o que diferencia o ensaio Rockwell?

Viscosidade dos Fluidos

3.20(**A**) Duas placas planas, separadas por uma distância de 4 mm, movem-se uma em relação à outra com velocidade de 5 m/s. O espaço entre elas é preenchido por um fluido, de viscosidade desconhecida. O movimento das placas gera uma tensão de cisalhamento de 10 Pa, devido à viscosidade do fluido. Supondo que o gradiente de velocidade do fluido seja constante, determine o coeficiente de viscosidade do fluido.

3.21 Um eixo de diâmetro = 125,0 mm gira dentro de uma bucha estacionária cujo diâmetro interno = 125,6 mm e comprimento = 50,0 mm. Na folga entre o eixo e a bucha está um óleo lubrificante cuja viscosidade = 0,14 Pa-s. O eixo gira a uma velocidade de 400 rev/min; esta velocidade e a ação do óleo são suficientes para manter o eixo centralizado dentro da bucha. Determine a magnitude do torque devido à viscosidade que oferece resistência à rotação do eixo.

4 Propriedades Físicas dos Materiais

Sumário

4.1 Propriedades Volumétricas e de Fusão
4.1.1 Massa Específica
4.1.2 Expansão Térmica
4.1.3 Características de Fusão

4.2 Propriedades Térmicas
4.2.1 Calor Específico e Condutividade Térmica
4.2.2 Propriedades Térmicas em Manufatura (Processos de Fabricação)

4.3 Difusão de Massa

4.4 Propriedades Elétricas
4.4.1 Resistividade e Condutividade
4.4.2 Classes de Materiais por Propriedades Elétricas

4.5 Processos Eletroquímicos

As propriedades físicas, como o termo é usado aqui, definem o comportamento do material em relação a fenômenos físicos. Elas incluem as propriedades volumétricas, térmicas, elétricas e eletroquímicas. Os componentes de um produto devem oferecer mais características do que simplesmente resistir a tensões mecânicas. Esses componentes devem conduzir eletricidade (ou ser isolantes), permitir a transferência (ou saída) de calor, transmitir luz (ou bloquear a transmissão de luz), e satisfazer diversas outras funções.

As propriedades físicas são importantes na fabricação, pois geralmente influenciam o desempenho do processo. Por exemplo, em processos de usinagem, como o torneamento, as propriedades térmicas determinam a temperatura de corte durante o trabalho, a qual influencia na vida útil da ferramenta de corte. Em microeletrônica, as propriedades elétricas do silício e a forma como podem ser alteradas por meio de diversos processos químico e físicos compreendem a base da fabricação de semicondutores.

Neste capítulo, discutem-se as propriedades físicas que são mais relevantes para os processos de fabricação e que serão abordadas em capítulos subsequentes do livro. São divididas em categorias principais como volumétricas, térmicas, elétricas, e outras. A relevância dessas propriedades é discutida, assim como as propriedades mecânicas foram discutidas no capítulo anterior.

4.1 Propriedades Volumétricas e de Fusão

Essas propriedades estão relacionadas com o volume dos sólidos e como estes são afetados pela temperatura. Nelas se incluem massa específica, expansão térmica e ponto de fusão, e são detalhadas a seguir. Uma lista de valores típicos dessas propriedades para materiais de engenharia selecionados é apresentada na Tabela 4.1.

Capítulo 4

TABELA • 4.1 Propriedades volumétricas para materiais de engenharia selecionados.

Material	Massa Específica, ρ g/cm³	Coeficiente de Expansão Térmica, α °C^{-1} × 10^{-6}	Ponto de Fusão, T_f °C
Metais			
Aço	7,87	12	[a]
Alumínio	2,70	24	660
Chumbo	11,35	29	327
Cobre	8,97	17	1083
Estanho	7,31	23	232
Ferro	7,87	12,1	1539
Magnésio	1,74	26	650
Níquel	8,92	13,3	1455
Titânio	4,51	8,6	1668
Tungstênio	19,30	4,0	3410
Zinco	7,15	40	420
Cerâmicas e Silício			
Vidro	2,5	1,8–9,0	[b]
Alumina	3,8	9,0	ND
Sílica	2,66	ND	[b]
Silício	2,33	2,6	1414
Polímeros			
Resina fenol	1,3	60	[c]
Náilon	1,16	100	[b]
Teflon	2,2	100	[b]
Borracha natural	1,2	80	[b]
Polietileno de baixa densidade	0,92	180	[b]
Poliestireno	1,05	60	[b]

Compilado de [2], [3], [4] e outras referências.
[a]As características de fusão dos aços dependem da composição.
[b]Amolece em temperaturas elevadas e não possui ponto de fusão bem definido.
[c]Degrada quimicamente em temperaturas elevadas. ND = não disponível; valor da propriedade para este material não pôde ser obtido.

4.1.1 MASSA ESPECÍFICA

Em engenharia, **massa específica** de um material é sua massa por unidade de volume. Seu símbolo é ρ e sua unidade típica é g/cm³. A massa específica de um elemento é determinada por seu número atômico e outros fatores, como seu raio atômico e seu empacotamento atômico. O termo ***densidade*** expressa a massa específica do material em relação à massa específica da água; dessa forma, é uma razão sem unidades.

A massa específica é uma importante consideração na seleção de um material para uma dada aplicação, mas geralmente não é a única propriedade de interesse. A resistência mecânica também é importante, e as duas propriedades são com frequência relacionadas em uma ***razão resistência-massa***, a qual é a razão entre o limite de resistência à tração do material dividido por sua massa específica. Esta razão é útil para comparar materiais a serem utilizados em aplicações estruturais envolvendo aviões, automóveis e outros produtos para os quais o peso e a energia são fatores importantes a serem considerados.

4.1.2 EXPANSÃO TÉRMICA

A massa específica de um material é uma função da temperatura. De forma geral, a massa específica decresce com o aumento da temperatura. Colocando de outra forma, o volume por unidade de massa aumenta com a temperatura. A expansão térmica é o nome dado a esse efeito que a temperatura tem sobre a massa específica. É usualmente expressa como **coeficiente de expansão térmica** ou **coeficiente de dilatação linear**, que mede a variação no comprimento por grau de temperatura, como mm/mm/°C. O coeficiente de expansão térmica representa uma razão de comprimentos em vez de uma razão de volumes, por ser mais fácil de ser medido e aplicado. É consistente com a situação usual de projeto, na qual as mudanças dimensionais são mais importantes que as mudanças volumétricas. A mudança no comprimento correspondente a uma determinada variação de temperatura é dada por:

$$L_2 - L_1 = \alpha L_1 (T_2 - T_1) \tag{4.1}$$

em que α = coeficiente de expansão térmica, $°C^{-1}$; e L_1 e L_2 são comprimentos, mm, correspondendo, respectivamente, às temperaturas T_1 e T_2, °C.

Os valores de coeficientes de expansão térmica mostrados na Tabela 4.1 sugerem que há uma relação linear com a temperatura. Isso é apenas uma aproximação. Não somente o comprimento é afetado pela temperatura, mas também o próprio coeficiente linear de expansão térmica é afetado. Para alguns materiais, ele aumenta com a temperatura; para outros materiais ele diminui. Essas mudanças, em geral, não são suficientemente significativas para levantar alguma preocupação, e valores como os listados na tabela são bastante úteis em cálculos de projeto mecânico para as faixas de temperatura encontradas em operação. Variações nos coeficientes são mais substanciais quando o metal experimenta transformação de fase, como transformação de sólido para líquido, ou de uma estrutura cristalina para outra.

Nas operações de fabricação, a expansão térmica é colocada para trabalhar a favor em ajustes por interferência (Seção 28.3), nos quais uma peça é aquecida para aumentar seu tamanho, ou é resfriada para reduzir seu tamanho, com o objetivo de permitir a inserção de uma peça na outra. Quando a peça retorna à temperatura ambiente, uma montagem apertada e firme é obtida. A expansão térmica pode ser um problema em tratamentos térmicos (Capítulo 23) e em soldagem (Seção 26.6) devido a tensões térmicas que se desenvolvem no material durante esses processos.

4.1.3 CARACTERÍSTICAS DE FUSÃO

Para um elemento puro, o **ponto de fusão T_f** é a temperatura na qual o material se transforma do estado sólido para o líquido. A transformação reversa, de líquido para sólido, ocorre na mesma temperatura e é chamada de **ponto de solidificação**. Para elementos cristalinos, como os metais, as temperaturas de fusão e de solidificação são as mesmas. Uma determinada quantidade de energia de calor, chamada de **calor de fusão**, é necessária nesta temperatura para completar a transformação de sólido para líquido.

A fusão de um elemento de metal a uma temperatura específica, conforme descrito aqui, considera condições de equilíbrio. Exceções ocorrem na natureza; por exemplo, quando um metal fundido é resfriado, ele pode permanecer no estado líquido além de seu ponto de solidificação, se a nucleação dos cristais não se iniciar imediatamente. Quando isto ocorre, diz-se que o líquido está **super-resfriado**.

Existem outras variações no processo de fusão – diferenças na forma como a fusão ocorre em diferentes materiais. Por exemplo, diferentemente dos metais puros, a maioria das ligas metálicas não tem um único ponto de fusão. Em vez disso, a fusão ocorre em uma determinada temperatura, chamada **solidus**, e continua, à medida que a temperatura aumenta, até finalmente ocorrer a conversão completa para o estado líquido a uma temperatura chamada **liquidus**. Entre essas duas temperaturas, a liga é composta de uma mistura de metal sólido e fundido, e a quantidade de cada um é inversamente proporcional a suas distâncias relativas da *liquidus* e *solidus*. Embora a maioria das ligas se comporte desta forma, as ligas eutéticas que se fundem (e se solidificam) em uma única temperatura são exceções. Essas questões são examinadas na discussão de diagramas de fase no Capítulo 5.

FIGURA 4.1 Variações no volume por unidade de massa (1/massa específica) como uma função da temperatura para materiais hipotéticos: um metal puro, uma liga e vidro; todos exibindo características similares referentes à expansão térmica e à fusão.

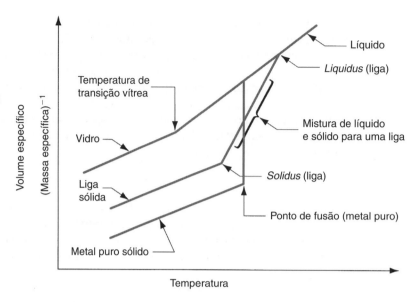

Outra diferença em relação à fusão ocorre em materiais não cristalinos (vidros). Nesses materiais, existe uma transição gradual entre os estados sólido e líquido. O material sólido amolece gradualmente, à medida que a temperatura aumenta, e, por fim, torna-se líquido no ponto de fusão. Durante o amolecimento, o material apresenta um aumento de plasticidade (cada vez mais se comportando como um fluido), à medida que se aproxima do ponto de fusão.

Essas diferenças nas características de fusão entre os metais puros e o vidro estão ilustradas na Figura 4.1. A figura mostra alterações em sua massa específica como uma função da temperatura e para três materiais hipotéticos: um metal puro, uma liga, e vidro. Na figura, é mostrada a variação volumétrica, que é o inverso da massa específica.

A importância da fusão nos processos de fabricação é evidente. Na fundição de metais (Capítulos 7 e 8), o material é fundido e, então, vazado em uma cavidade do molde. Metais com baixos pontos de fusão são geralmente mais simples de se fundir, mas, se a temperatura de fusão for muito baixa, o metal perderá a aplicabilidade como material de engenharia. As características de fusão dos polímeros são importantes na fabricação de plásticos e em outros processos de conformação de polímeros (Capítulo 10). A sinterização de metais e cerâmicos requer o conhecimento dos pontos de fusão, pois, apesar de a sinterização não envolver a fusão dos materiais, as temperaturas utilizadas no processo precisam estar próximas do ponto de fusão para se obter a adesão das partículas (Capítulos 12 e 13).

4.2 Propriedades Térmicas

A seção anterior trata dos efeitos da temperatura sobre as propriedades volumétricas dos materiais. Certamente, expansão térmica, fusão e calor de fusão são propriedades térmicas, uma vez que a temperatura determina o nível de energia térmica dos átomos, o que conduz a variações nos materiais. Esta seção examina várias propriedades térmicas adicionais – aquelas que estão relacionadas com o armazenamento e o fluxo de calor no interior da substância. As propriedades usuais de interesse são o calor específico e a condutividade térmica, valores que estão compilados para alguns materiais na Tabela 4.2.

4.2.1 CALOR ESPECÍFICO E CONDUTIVIDADE TÉRMICA

O calor específico C de um material é definido com a quantidade de energia térmica necessária para aumentar a temperatura de uma massa unitária do material em um grau.

TABELA • 4.2 Valores de propriedades térmicas comuns para materiais selecionados. Valores estão à temperatura ambiente e podem variar para temperaturas diferentes.

Material	Calor Específico Cal/g °C[a]	Condutividade Térmica J/s mm °C[a]	Material	Calor Específico Cal/g °C[a]	Condutividade Térmica J/s mm °C[a]
Metais			*Cerâmicas*		
Aço	0,11	0,046	Alumina	0,18	0,029
Aço inoxidável[b]	0,11	0,014	Concreto	0,2	0,012
Alumínio	0,21	0,22	*Polímeros*		
Chumbo	0,031	0,033	Fenólicos	0,4	0,00016
Cobre	0,092	0,40	Polietileno	0,5	0,00034
Estanho	0,054	0,062	Teflon	0,25	0,00020
Ferro	0,11	0,072	Borracha natural	0,48	0,00012
Ferro fundido	0,11	0,06	*Outros*		
Magnésio	0,25	0,16	Silício	0,17	0,149
Níquel	0,105	0,070	Água (líquida)	1,00	0,0006
Zinco	0,091	0,112	Gelo	0,46	0,0023

Compilado de [2], [3], [6] e outras fontes.
[a]1,0 caloria = 4,186 Joule.
[b]Aço inoxidável austenítico (18-8).

Alguns valores típicos estão listados na Tabela 4.2. Para determinar a quantidade de energia necessária para aquecer certa massa de um metal em um forno à temperatura elevada, a seguinte equação pode ser utilizada:

$$H = Cm(T_2 - T_1) \tag{4.2}$$

em que H = quantidade de energia térmica, J; C = calor específico do material, J/kg °C; m = sua massa, kg; e $(T_2 - T_1)$ = variação de temperatura, °C.

A capacidade volumétrica de armazenamento de calor de um material é frequentemente de interesse. Ela é, simplesmente, a massa específica multiplicada pelo calor específico ρC. Desse modo, o **calor específico volumétrico** é a energia térmica necessária para elevar a temperatura de um volume unitário do material em um grau, J/mm³ °C.

A condução é um processo de transferência de calor fundamental. Ela envolve a transferência de energia térmica no interior de um material, de molécula para molécula, somente por meio de movimentos térmicos; nenhuma transferência de massa ocorre. A condutividade térmica de uma substância é, portanto, sua capacidade de transferir calor por meio dela, mesmo por esse mecanismo físico. É medida por meio do **coeficiente de condutividade térmica k**, o qual tem unidades típicas de J/s mm °C. O coeficiente de condutividade térmica geralmente é alto nos metais, e baixo nas cerâmicas e nos plásticos.

A razão entre a condutividade térmica e o calor específico volumétrico é frequentemente encontrada na análise de transferência de calor. É chamada de **difusividade térmica K** e determinada como

$$K = \frac{k}{\rho C} \tag{4.3}$$

A difusividade térmica é utilizada para calcular temperaturas de corte em usinagem (Subseção 17.5.1).

4.2.2 PROPRIEDADES TÉRMICAS EM MANUFATURA (PROCESSOS DE FABRICAÇÃO)

As propriedades térmicas têm um importante papel na fabricação, porque a geração de calor é comum em muitos processos. Em algumas operações, o calor é a energia que realiza o processo; em outras, o calor é gerado como consequência do processo.

Capítulo 4

O calor específico é de interesse por diversas razões. Em processos que requerem o aquecimento do material (por exemplo, fundição, tratamento térmico e conformação mecânica a quente de ligas ferrosas), o calor específico determina a quantidade de energia necessária para aumentar a temperatura até o nível desejado, de acordo com a Eq. (4.2).

Em muitos processos realizados à temperatura ambiente, a energia mecânica necessária para a operação é convertida em calor, o qual aumenta a temperatura da peça. Isso é comum em usinagem e conformação a frio de metais. O aumento de temperatura é função do calor específico do metal. Fluidos de refrigeração são frequentemente utilizados em usinagem para reduzir essas temperaturas, e aqui o calor específico do fluido é um elemento crítico. A água é quase sempre utilizada como base desses fluidos por causa de sua capacidade de reter o calor.

Para dissipar o calor em processos de fabricação, a condutividade térmica às vezes é benéfica e às vezes não. Em processos mecânicos, como conformação e usinagem de metais, grande parte da potência necessária para operar o processo é convertida em calor. A habilidade do material trabalhado e das ferramentas para conduzir o calor para fora de sua fonte é altamente desejada nesses processos.

Por outro lado, uma condutividade térmica elevada do metal trabalhado é indesejável em processos de soldagem por fusão, como soldagem a arco. Nessas operações, a entrada de calor deve ser concentrada no local da junta, de modo que seja possível fundir o metal. Por exemplo, geralmente é difícil soldar o cobre porque sua elevada condutividade térmica faz com que o calor seja conduzido da fonte de calor para a peça, de uma forma muito rápida, inibindo o acúmulo localizado do calor para fundir o material na junta.

4.3 Difusão de Massa

Além da transferência de calor em um material, há também a transferência de massa. A *difusão de massa* envolve movimento atômico ou de moléculas no material ou através de uma fronteira entre dois materiais em contato. Ela talvez seja mais associada à intuição de um fenômeno que ocorre em líquidos e gases, mas também ocorre em sólidos. Ocorre em metais puros, em ligas e em materiais que compartilham uma interface comum; uma membrana, por exemplo. Em função de agitação térmica dos átomos em um material (sólido, líquido ou gás), os átomos movem-se continuamente. Em líquidos e gases, em que o nível de agitação térmica é alto, ocorre a facilitação de um movimento livre de átomos. Em sólidos (metais especificamente), o movimento atômico é facilitado por vacâncias e outras imperfeições na estrutura cristalina.

A difusão pode ser ilustrada por meio da série esquemática na Figura 4.2 para o caso de dois metais subitamente colocados em condição de contato um com o outro. No início, cada um apresenta sua própria estrutura atômica; porém, com o tempo, ocorre uma troca atômica, não apenas na fronteira, mas dentro de cada peça. Após um tempo suficiente, a mistura (montagem) das duas peças finalmente alcança uma composição uniforme em sua totalidade.

Temperatura é um fator importante em difusão. Em temperaturas elevadas, a agitação térmica é maior, e a movimentação dos átomos é facilitada. Outro fator é o gradiente de concentração dc/dx, que indica a concentração de dois tipos de átomos em uma direção de interesse definida por x. O gradiente de concentração é mostrado na Figura 4.2(b) e corresponde à distribuição instantânea de átomos na montagem. A relação geralmente utilizada para descrever difusão de massa é a *primeira lei de Fick*:

$$dm = -D \left(\frac{dc}{dx} \right) A \, dt \tag{4.4}$$

em que dm = pequena quantidade de material transferido; D = coeficiente de difusão do metal, que aumenta rapidamente com a temperatura; dc/dx = gradiente de concentração; A = área da fronteira; e dt representa um pequeno incremento de tempo. Uma expressão alternativa para a Equação (4.4) fornece a taxa de difusão de massa:

$$\frac{dm}{dt} = -D \left(\frac{dc}{dx} \right) A \tag{4.5}$$

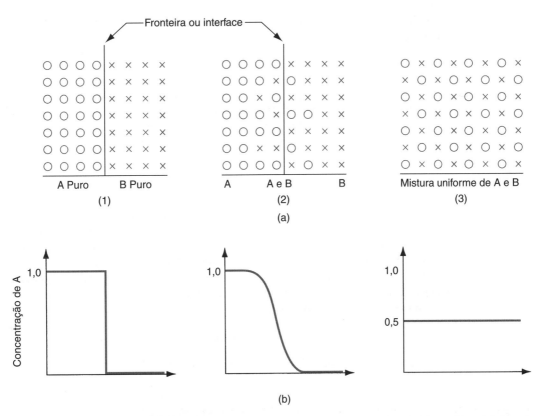

FIGURA 4.2 Difusão de massa: (a) modelo atômico em duas peças sólidas em contato: (1) condição inicial em que as duas peças são unidas, cada uma com sua respectiva composição; (2) após algum tempo, ocorreu uma troca de átomos; e (3) eventualmente, uma condição de concentração uniforme ocorre. O gradiente de concentração *dc/dx* para o metal A é mostrado em (b) da figura.

Embora essas equações sejam difíceis de utilizar nos cálculos, devido ao problema de avaliação de D, elas são úteis na compreensão da difusão e das variáveis que influenciam D.

Difusão de massa é utilizada em vários processos. Um número de tratamentos termoquímicos baseia-se na difusão (Seção 23.4), incluindo cementação e nitretação. Entre os processos de soldagem, a solda por difusão (Subseção 26.5.2) é utilizada para unir dois componentes, pressionando-os juntos, e a difusão ligante ocorre através da fronteira criando uma junção permanente. A difusão também é utilizada na fabricação de eletrônicos para alterar quimicamente a superfície de um chip semicondutor em regiões microscópicas para criar particularidades do circuito (Subseção 30.4.3).

4.4 Propriedades Elétricas

Os materiais de engenharia exibem uma grande variação na capacidade de conduzir eletricidade. Esta seção define as propriedades físicas pelas quais essa capacidade é medida.

4.4.1 RESISTIVIDADE E CONDUTIVIDADE

O fluxo de corrente elétrica envolve movimento de partículas infinitamente pequenas que possuem uma carga elétrica – ***portadoras de carga***. Em sólidos, os portadores de carga são os elétrons. Em uma solução líquida, eles são íons positivos e negativos. O movimento de portadores de carga é impulsionado pela presença de uma diferença de potencial elétrico e resistido por características inerentes do material, como estrutura

Capítulo 4

atômica e ligações entre átomos e moléculas. Esta é a relação familiar definida pela Lei de Ohm:

$$I = \frac{V}{R} \qquad (4.6)$$

em que I = corrente elétrica, A (ampère); V = diferença de potencial ou tensão elétrica, V (volt); e R = resistência elétrica, Ω (ohm). A resistência em uma seção uniforme de material (por exemplo, um fio metálico) depende de seu comprimento L, da área da seção transversal A, e da resistividade do material r; então,

$$R = r\frac{L}{A} \qquad \text{ou} \qquad r = R\frac{A}{L} \qquad (4.7)$$

em que a resistividade tem unidades de $\Omega\text{-m}^2/\text{m}$ ou $\Omega\text{-m}$. **Resistividade** é a propriedade básica que define a capacidade de um material em resistir ao fluxo de corrente elétrica. A Tabela 4.3 lista valores de resistividade para materiais selecionados. A resistividade não é uma constante; ela varia, como muitas outras propriedades, em função da temperatura. Para metais, a resistividade aumenta com a temperatura.

Às vezes, é mais conveniente considerar um material pela condutividade elétrica do que pela resistência ao fluxo de corrente elétrica. A **condutividade** de um material é simplesmente o inverso da resistividade:

$$\text{Condutividade elétrica} = \frac{1}{r} \qquad (4.8)$$

em que condutividade elétrica tem unidades de $(\Omega\text{-m})^{-1}$.

4.4.2 CLASSES DE MATERIAIS POR PROPRIEDADES ELÉTRICAS

Os metais são os melhores **condutores** de eletricidade, devido a suas ligações metálicas, e apresentam os menores valores de resistividade (Tabela 4.3). A maior parte dos materiais cerâmicos e poliméricos, cujos elétrons são unidos por ligações covalentes e/ou iônicas, apresenta baixa condutividade elétrica. Muitos desses materiais são utilizados como **isolantes**, uma vez que possuem altas resistividades.

Às vezes um isolante é referido como um dielétrico, pois o termo **dielétrico** significa não condutor de corrente contínua. Trata-se de um material que pode ser posicionado entre dois eletrodos sem conduzir corrente elétrica entre eles. Entretanto, se a diferença de potencial for alta o suficiente, a corrente subitamente passará pelo material, por exemplo, na forma de um arco elétrico. A **rigidez dielétrica** de um material isolante é

TABELA • 4.3 Resistividade de materiais selecionados.

Material	Resistividade $\Omega-m$	Material	Resistividade $\Omega-m$
Condutores	$10^{-6} - 10^{-8}$	***Condutores, continuação***	
Alumínio	$2,8 \times 10^{-8}$	Aço com baixo teor de carbono	$17,0 \times 10^{-8}$
Chumbo	$20,6 \times 10^{-8}$	Aço inoxidável	$70,0 \times 10^{-8a}$
Cobre	$1,7 \times 10^{-8}$	Estanho	$11,5 \times 10^{-8}$
Ferro	$9,5 \times 10^{-8}$	Zinco	$6,0 \times 10^{-8}$
Ferro fundido	$65,0 \times 10^{-8a}$	Carbono	5000×10^{-8b}
Ligas de alumínio	$4,0 \times 10^{-8a}$	***Semicondutores***	$10^1 - 10^5$
Magnésio	$4,5 \times 10^{-8}$	Silício	$1,0 \times 10^3$
Níquel	$6,8 \times 10^{-8}$	***Isolantes***	$10^{12} - 10^{15}$
Ouro	$2,4 \times 10^{-8}$	Borracha natural	$1,0 \times 10^{12b}$
Prata	$1,6 \times 10^{-8}$	Polietileno	100×10^{12b}

Compilado de diversas fontes normalizadas.

[a] Valores variam com a composição da liga.

[b] Valores aproximados.

Propriedades Físicas dos Materiais **85**

determinada pelo campo elétrico requerido para que esse material se torne condutor por unidade de espessura. As unidades de medida apropriadas são volts/m.

Além dos condutores e isolantes (ou dielétricos), há também os supercondutores e os semicondutores. Um *supercondutor* é um material que exibe resistividade nula, um fenômeno observado em determinados materiais em temperaturas baixas, próximas do zero absoluto. Poderíamos atribuir a existência desse fenômeno ao significante efeito da temperatura sobre a resistividade. A existência dos materiais supercondutores é de grande interesse científico, pois o desenvolvimento de materiais com essas propriedades em temperaturas mais típicas seria crucial para aplicações que implicassem transmissão de energia, velocidades de comutações eletrônicas e campos magnéticos.

Os semicondutores já provaram seu valor tecnológico, porque são aplicados em computadores, cartões de memória, controladores de motores automotivos etc. Um *semicondutor* é um material com resistividade intermediária, com valor dessa propriedade entre os isolantes e condutores. Os valores típicos são mostrados na Tabela 4.3. O silício é o material semicondutor mais utilizado atualmente, devido a fatores como a abundância na natureza, o custo relativamente baixo, e fácil processamento. O que torna o semicondutor um material único é sua capacidade de alterar significativamente sua condutividade por meio de controle de concentração de impurezas em regiões superficiais microscópicas, o que é importante na fabricação de circuitos integrados (Capítulo 30).

As propriedades elétricas desempenham um papel importante em diversos processos de fabricação. Alguns processos não convencionais utilizam energia elétrica para remover material. A usinagem por eletroerosão (Subseção 22.3.1) utiliza o calor gerado pela energia elétrica na forma de discretas descargas elétricas (faíscas) para remover material de metais. A maioria dos processos de soldagem utiliza energia elétrica para fundir a junta metálica. Finalmente, a capacidade de alterar propriedades elétricas de materiais semicondutores é a base da fabricação de microeletrônicos.

4.5 Processos Eletroquímicos

Eletroquímica é um campo da ciência que estuda a relação entre transformações elétricas e químicas, e com a conversão de energia elétrica e química.

Em uma solução aquosa, as moléculas de um ácido, base, ou sal são dissociadas em íons carregados positivamente ou negativamente. Esses íons são os portadores de carga na solução – permitem que a corrente elétrica seja conduzida, desempenhando a mesma função que os elétrons desempenham na condução metálica. A solução ionizada é chamada de *eletrólito*, e a condução eletrolítica requer que a corrente entre e deixe a solução nos *eletrodos*. O eletrodo positivo é chamado de *anodo*, e o eletrodo negativo é o *catodo*. O arranjo completo é chamado de *célula eletrolítica*. Em cada eletrodo ocorrem algumas reações químicas, como a deposição ou dissolução de material, ou a decomposição de gás da solução. *Eletrólise* é o nome dado a essas transformações químicas que ocorrem na solução.

Considerando um caso específico de eletrólise: decomposição de água, ilustrado na Figura 4.3. Para acelerar o processo, ácido sulfúrico (H_2SO_4) diluído é utilizado como eletrólito, e platina e carbono (ambos quimicamente inertes) são utilizados como eletrodos. O eletrólito dissocia-se em íons H^+ e SO_4^{2-}. Os íons H^+ são atraídos pelo catodo (negativamente carregado); uma vez atingido o catodo, eles sofrem redução (adquirindo um elétron cada íon) gerando moléculas de gás hidrogênio:

$$2H^+ + 2e \rightarrow H_2 \text{ (gás)} \tag{4.9a}$$

Os íons SO_4^{2-} são atraídos pelo anodo, transferindo elétrons para ele (oxidação), formando ácido sulfúrico adicional e liberando oxigênio:

$$2SO_4^{2-} - 4e + 2H_2O \rightarrow 2H_2SO_4 + O_2 \text{ (gás)} \tag{4.9b}$$

O produto H_2SO_4 é dissociado em íons H^+ e SO_4^{2-} novamente e, então, o processo continua.

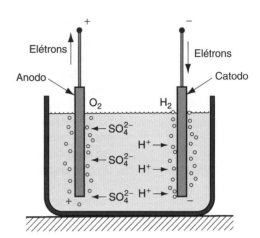

FIGURA 4.3 Exemplo de eletrólise: decomposição de água.

Além da produção dos gases hidrogênio e oxigênio, conforme ilustrado no exemplo, a eletrólise também é utilizada em diversos outros processos industriais. Dois exemplos são (1) *eletrodeposição* ou *galvanoplastia* (Subseção 24.3.1), um processo que consiste em adicionar um revestimento fino de um metal (por exemplo, cromo) na superfície de outro metal (por exemplo, aço) para propósitos estéticos ou outros; e (2) *usinagem eletroquímica* (Seção 22.2), um processo no qual o material é removido da superfície de uma peça metálica; praticamente, trata-se de uma desgalvanização. Ambos os processos dependem da eletrólise para adicionar ou remover material da superfície de uma peça metálica. Na eletrodeposição, a peça é posicionada em um circuito eletrolítico como o catodo, então os cátions do metal de revestimento são atraídos pela peça negativamente carregada. Na usinagem eletroquímica, a peça é o anodo, e a ferramenta com perfil inverso ao formato da peça final desejada é o catodo. A ação da eletrólise neste arranjo é remover metal da superfície da peça em regiões determinadas pelo formato da ferramenta, conforme ela avança lentamente sobre a peça.

As duas leis físicas que determinam a quantidade de material depositado ou removido de uma superfície metálica foram descritas pela primeira vez pelo cientista britânico Michael Faraday:

1. A massa de uma substância liberada em uma célula eletrolítica é proporcional à quantidade de eletricidade que passa através da célula.
2. Quando a mesma quantidade de eletricidade passa através de diferentes células eletrolíticas, as massas das substâncias liberadas são proporcionais a seus equivalentes químicos.

Referências

[1] Guy, A. G., and Hren, J. J. *Elements of Physical Metallurgy*, 3rd ed. Addison-Wesley, Reading, Massachusetts, 1974.
[2] Flinn, R. A., and Trojan, P. K. *Engineering Materials and Their Applications*, 5th ed. John Wiley & Sons, New York, 1995.
[3] Kreith, F., and Bohn, M. S. *Principles of Heat Transfer*, 6th ed. CL-Engineering, New York, 2000.
[4] *Metals Handbook*, 10th ed., Vol. **1**, Properties and Selection: Iron, Steel, and High Performance Alloys. ASM International, Metals Park, Ohio, 1990.
[5] *Metals Handbook*, 10th ed., Vol. **2**, Properties and Selection: Nonferrous Alloys and Special Purpose Materials. ASM International, Metals Park, Ohio, 1990.
[6] Van Vlack, L. H. *Elements of Materials Science and Engineering*, 6th ed. Addison-Wesley, Reading, Massachusetts, 1989.

Questões de Revisão

4.1 Defina massa específica como uma propriedade de material.

4.2 Qual é a diferença nas características de fusão entre um metal puro e uma liga metálica?

4.3 Descreva as características de fusão de um material amorfo como um vidro.

4.4 Defina calor específico como uma propriedade de material.

4.5 O que é condutividade térmica como uma propriedade de material?

4.6 Defina difusividade térmica.

4.7 Quais são as variáveis importantes que afetam a difusão de massa?

4.8 Defina resistividade como uma propriedade de material.

4.9 Por que os metais são melhores condutores elétricos do que as cerâmicas e os polímeros?

4.10 O que é rigidez dielétrica como uma propriedade de material?

4.11 O que é um eletrólito?

Problemas

As respostas dos Problemas com indicação **(A)** estão listadas no Apêndice, na parte final do livro.

4.1 Determine o comprimento e a largura de uma chapa retangular de níquel, que em temperatura ambiente ($20\,°C$) possui as dimensões $750 \times 400 \times 5$ (mm), se ela for aquecida a $250\ °C$. Utilize a Tabela 4.1 como referência.

4.2 **(A)** Um eixo de aço tem um diâmetro inicial $= 15$ mm. Ele será inserido em um furo durante uma operação de montagem com ajuste por dilatação. Para facilitar a montagem, o eixo deverá ter redução do diâmetro (contração) por meio de resfriamento. Determine a temperatura necessária para que ocorra essa contração no eixo reduzindo seu diâmetro para 14,98 mm, partindo da temperatura ambiente ($20\ °C$). Utilize a Tabela 4.1 como referência.

4.3 Uma ponte que será fabricada com vigas de aço é projetada para ter 500 m de comprimento e 12 m de largura em temperatura ambiente (considerando $20\ °C$). Juntas de dilatação serão necessárias para compensar as alterações no comprimento das vigas em função da variação da temperatura. Cada junta de dilatação pode compensar, no máximo, 20 mm de alteração no comprimento. A partir de registros históricos, estima-se que a temperatura mínima será de $-35\ °C$ e a máxima será de $40\ °C$. Determine (a) o número mínimo de juntas de dilatação necessárias e (b) o comprimento de cada seção da ponte

que deve ser fabricada. Utilize a Tabela 4.1 como referência.

4.4 Alumínio tem massa específica de $2,7\ g/cm^3$ em temperatura ambiente ($20\ °C$). Determine sua massa específica a $650\ °C$, utilizando dados da Tabela 4.1 como referência.

4.5 Determine a quantidade de calor necessária para aumentar a temperatura de uma peça de alumínio cujas dimensões são $10 \times 10 \times 10$ (cm) em temperatura ambiente ($21\ °C$) para $300\ °C$. Utilize a Tabela 4.2 como referência.

4.6 Qual é a resistência elétrica R de um fio de cobre cujo comprimento $= 10$ m e o diâmetro $= 0,3$ mm? Utilize a Tabela 4.3 como referência.

4.7 Fiações elétricas de alumínio foram utilizadas por muitas residências nos anos 1960 devido ao alto custo do cobre naquele período. O fio de alumínio que tinha bitola 12 (uma medida da área da seção transversal) foi classificado para uma corrente de 15 A. Se o fio de cobre de mesma bitola fosse utilizado para substituir o fio de alumínio, qual a corrente elétrica que ele poderia conduzir, se todos os fatores fossem considerados iguais, exceto a resistividade? Considere que a resistência elétrica do fio é o fator primário que determina a corrente elétrica que ele pode conduzir, e a área da seção transversal e o comprimento são os mesmos para os fios de cobre e de alumínio.

5 Materiais de Engenharia

Sumário

5.1 Metais e Suas Ligas
5.1.1 Aços
5.1.2 Ferros Fundidos
5.1.3 Metais Não Ferrosos
5.1.4 Superligas

5.2 Cerâmicas
5.2.1 Cerâmicas Tradicionais
5.2.2 Cerâmicas Avançadas
5.2.3 Vidros

5.3 Polímeros
5.3.1 Polímeros Termoplásticos
5.3.2 Polímeros Termorrígidos
5.3.3 Elastômeros

5.4 Compósitos
5.4.1 Tecnologia e Classificação dos Materiais Compósitos
5.4.2 Materiais Compósitos

No presente capítulo, são discutidos os quatro tipos de materiais de engenharia, que são geralmente empregados nos processos de fabricação apresentados no livro. Os quatro tipos de materiais são: (1) metais, (2) cerâmicas, (3) polímeros e (4) compósitos.

5.1 Metais e Suas Ligas

Os metais são os mais importantes materiais de engenharia. *Metal* é a categoria de materiais geralmente caracterizada pelas propriedades de ductilidade, maleabilidade, brilho e boa condutividade elétrica e térmica. Essa categoria inclui os metais puros e suas ligas. Os metais têm propriedades que satisfazem ampla variedade de requisitos de projeto. Os processos de fabricação pelos quais eles são conformados em produtos vêm sendo desenvolvidos e aprimorados há muito tempo.

A importância tecnológica e comercial dos metais se deve às seguintes propriedades, que estão em geral presentes em todos os metais comuns:

➤ *Alta rigidez e resistência mecânica.* Aos metais podem ser adicionados elementos de liga para obter alta rigidez, resistência e dureza; assim, eles são usados como componentes estruturais na maioria dos produtos de engenharia.

➤ *Tenacidade.* Os metais possuem a capacidade de absorver energia melhor que as outras classes de materiais.

➤ *Boa condutividade elétrica.* Os metais são condutores, em virtude de suas ligações metálicas, que permitem a livre movimentação dos elétrons como portadores de carga.

➤ *Boa condutividade térmica.* A ligação metálica também explica por que os metais são geralmente melhores condutores térmicos do que as cerâmicas ou os polímeros.

Além dessas características, alguns metais possuem propriedades específicas que os tornam atrativos para aplicações especiais. Muitos metais comuns estão disponíveis a um custo relativamente baixo por unidade de peso, e com frequência são escolhidos simplesmente devido a seus baixos preços.

Embora alguns metais sejam importantes como metais puros (por exemplo, ouro, prata e cobre), grande parte das aplicações em engenharia requer melhoria das propriedades, que é obtida pela adição de elementos de liga. Uma *liga* é um metal composto de dois ou mais elementos, em que pelo menos um é de natureza metálica. Com a adição de elementos de liga, é possível melhorar a resistência, a dureza e outras propriedades em relação ao metal puro.

As propriedades mecânicas dos metais podem ser alteradas por *tratamento térmico*, que se refere a vários tipos de ciclos de aquecimento e resfriamento realizados em um metal para modificar beneficamente suas propriedades. Esses tratamentos alteram a microestrutura básica do metal, a qual, por sua vez, determina as propriedades mecânicas. Algumas operações de tratamento térmico são aplicáveis apenas a certos tipos de metais, como, por exemplo, o tratamento térmico para formar martensita nos aços, a têmpera. Os tratamentos térmicos dos metais serão discutidos no Capítulo 23.

Os metais são transformados em peças e produtos por meio de vários processos de fabricação. O estado inicial do metal é diferente, dependendo do tipo do processamento. As principais categorias são (1) *metal fundido*, no qual a forma inicial é um metal em estado líquido; (2) *metal trabalhado mecanicamente*, no qual o metal foi trabalhado ou pode ser trabalhado (por exemplo, laminado ou outro processo de conformação) após a solidificação. Melhores propriedades mecânicas são geralmente associadas aos metais trabalhados quando comparadas com as dos metais fundidos; (3) *metal sinterizado*, no qual o metal inicialmente está na forma de pós finos e posteriormente são transformados em peças por meio de técnicas de metalurgia do pó. A maioria dos metais está disponível nessas três formas. Neste capítulo, a discussão englobará as categorias (1) e (2), que têm maior interesse comercial e de engenharia. As técnicas de metalurgia do pó serão analisadas no Capítulo 12.

Os metais são geralmente classificados em dois grupos principais: (1) *ferrosos* – aqueles nos quais o ferro é o constituinte principal; e (2) *não ferrosos* – os demais metais. Os metais ferrosos podem ainda ser subdivididos em aços e ferros fundidos; trata-se de ligas ferrosas. Na presente seção, a discussão desses metais está organizada em quatro tópicos: (1) aços, (2) ferros fundidos, (3) metais não ferrosos, (4) superligas. As superligas incluem os metais de alto desempenho e podem ser ferrosas ou não ferrosas.

5.1.1 AÇOS

O aço é uma das duas categorias das ligas ferrosas, nas quais o ferro (Fe) é o constituinte principal. A outra categoria é o ferro fundido (Subseção 5.1.2). Juntas, essas duas categorias representam aproximadamente 85 % da massa de metais utilizada nos Estados Unidos [10]. A discussão acerca das ligas ferrosas será iniciada pela análise do diagrama de fases ferro-carbono, mostrado na Figura 5.1. O ferro puro se funde a 1539 °C. Durante a elevação da temperatura a partir da ambiente, o ferro puro sofre diversas transformações de fase no estado sólido, como indicado no diagrama. Começando na temperatura ambiente, a fase presente é o ferro alfa (α), também chamada *ferrita*. A 912 °C, a ferrita se transforma em ferro gama (γ), denominado *austenita*. Esta fase, por sua vez, se transforma em ferro delta (δ) a 1394 °C, que se mantém até ocorrer a fusão.

Os limites de solubilidade do carbono no ferro são baixos na fase ferrita – apenas cerca de 0,022 % a 723 °C. A austenita pode dissolver até cerca de 2,1 % de carbono na temperatura de 1130 °C. Essa diferença de solubilidade entre as fases alfa e gama cria oportunidades de endurecimento por tratamento térmico, como será visto no Capítulo 23. Mesmo sem tratamento térmico, a resistência do ferro aumenta bastante quando se eleva o teor de carbono, e a liga passa a ser chamada de aço. De forma precisa, *aço* é definido como uma liga ferro-carbono contendo de 0,02 % a 2,11 % de carbono.[1] A maioria dos aços tem teor de carbono entre 0,05 % a 1,1 % C.

---

[1] Essa é a definição convencional de aço, mas existem exceções. Um aço recentemente desenvolvido para operações de estampagem, denominado *aço livre de intersticiais* (IF – do inglês, *interstitial-free steel)*, tem teor de carbono de apenas 0,005 %.

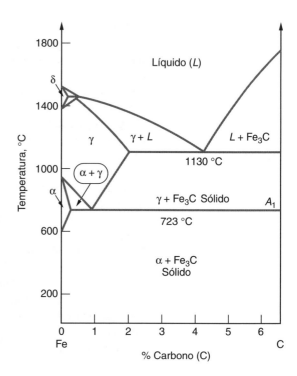

FIGURA 5.1 Diagrama de fases do sistema ferro-carbono, com até próximo de 6 % de carbono (em massa).

Além das fases mencionadas, há outra fase importante no sistema ferro-carbono. É a Fe₃C, também conhecida como **cementita**, um composto metálico de ferro e carbono. A cementita é dura e frágil. À temperatura ambiente, sob condições de equilíbrio, as ligas ferro-carbono formam um sistema bifásico para teores de carbono um pouco superiores a zero. O teor de carbono em aços varia desde valores bem baixos a aproximadamente 2,1 % C. Acima de 2,1 %, até próximo de 4 % ou 5 %, a liga é definida como *ferro fundido*.

Muitas vezes, os aços incluem outros elementos de liga, tais como manganês, cromo, níquel e/ou molibdênio, mas é o teor de carbono que transforma o ferro em aço. Existem centenas de composições de aços disponíveis comercialmente. Para fins de organização neste capítulo, a maioria dos aços comercialmente importantes pode ser agrupada nas seguintes categorias: (1) aços-carbono comuns, (2) aços de baixa liga, (3) aços inoxidáveis, e (4) aços ferramenta.

Aços-Carbono Comuns Esses aços contêm carbono como o principal elemento de liga, e apenas pequenas quantidades de outros elementos (cerca de 0,4 % de manganês e ainda menores quantidades de silício, fósforo e enxofre). A resistência mecânica dos aços-carbono comuns aumenta com o teor de carbono. Um comportamento típico dessa correlação está mostrado na Figura 5.2. Como observado na Figura 5.1, o aço à temperatura ambiente é uma mistura de ferrita (α) e cementita (Fe₃C). As partículas de cementita estão distribuídas pela ferrita e atuam como barreiras à deformação. Assim, quanto mais carbono, mais barreiras; consequentemente, mais resistente e duro é o aço.

De acordo com a nomenclatura desenvolvida pelo Instituto Americano de Ferro e Aço (AISI – *American Iron and Steel Institute*) e pela Sociedade de Engenheiros Automotivos (SAE – *Society of Automotive Engineers*), os aços-carbono comuns são especificados por um sistema de quatro dígitos: 10XX, no qual 10 indica que o aço é um aço-carbono comum e o XX indica cem vezes o percentual de carbono. Por exemplo, o aço 1020 contém 0,20 % de carbono. Em função do teor de carbono, os aços-carbono comuns são tipicamente classificados em três classes:

1. *Aços com baixo teor de carbono* contêm menos de 0,20 % C e são, de longe, os aços mais usados. As aplicações típicas incluem chapas metálicas de automóveis, chapas de aço para fabricação, e trilhos de trens. Esses aços são relativamente fáceis

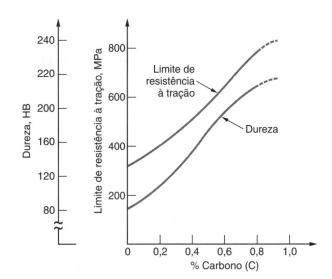

FIGURA 5.2 Limite de resistência à tração e dureza em função do teor de carbono em aços-carbono comuns (aços laminados a quente, sem tratamento térmico).

de conformar, o que influi para torná-los populares em aplicações nas quais a alta resistência mecânica não é necessária. Os fundidos de aço também têm usualmente esses teores de carbono.

2. *Aços com médio teor de carbono* possuem teor de carbono entre 0,20 % e 0,50 % e são especificados para aplicações que requerem maior resistência mecânica que os aços de baixo teor de carbono. As aplicações desses aços incluem componentes de máquinas e partes de motores, tais como virabrequim e biela.

3. *Aços com alto teor de carbono* contêm quantidade de carbono acima de 0,50 %. São especificados para aplicações que requerem resistência mecânica ainda mais alta e nas quais são necessárias rigidez e dureza. Molas, ferramentas de corte, lâminas e peças resistentes ao desgaste são exemplos do emprego desses aços.

A elevação do teor de carbono nos aços aumenta a resistência mecânica e a dureza; entretanto, a ductilidade é reduzida. Além disso, os aços de alto teor de carbono podem ser tratados termicamente para formar martensita, tornando o aço bastante duro e resistente (Seção 23.2).

Aços de Baixa Liga Os aços de baixa liga são ligas ferro-carbono que contêm outros elementos de liga em teores inferiores a aproximadamente 5 % em massa. Devido a essas adições, esses aços têm melhores propriedades mecânicas do que os aços-carbono comuns e, portanto, são usados em diversas aplicações. Melhores propriedades em geral significam aumento do limite de resistência, dureza, dureza a quente, resistência ao desgaste, tenacidade e também melhor combinação dessas propriedades. Um tratamento térmico é frequentemente necessário para atingir essa melhoria de propriedades.

Os elementos de liga mais comuns adicionados a esses aços são cromo, manganês, molibdênio, níquel e vanádio. Algumas vezes, esses elementos são adicionados isoladamente, mas quase sempre são usadas combinações de vários elementos. Em geral, esses elementos formam soluções sólidas com o ferro, e compostos metálicos com o carbono (carbetos), caso haja carbono suficiente para reagir. Os efeitos dos principais elementos de liga podem ser resumidos como:

➢ *Cromo* (Cr) melhora a resistência mecânica, a dureza, a resistência ao desgaste e a dureza a quente. É um dos elementos de liga mais efetivos no aumento da temperabilidade (Subseção 23.2.3). Em quantidade elevada, o cromo aumenta a resistência à corrosão.

➢ *Manganês* (Mn) aumenta a resistência mecânica e a dureza dos aços. Quando o aço é tratado termicamente, a temperabilidade é melhorada com o aumento do teor de manganês. Por causa desses efeitos benéficos, o manganês é amplamente usado como elemento de liga dos aços.

> *Molibdênio* (Mo) aumenta a tenacidade e a dureza a quente. Também aumenta a temperabilidade e forma carbetos, que resistem ao desgaste.

> *Níquel* (Ni) aumenta a resistência mecânica e a tenacidade. Eleva a temperabilidade dos aços, mas não tanto quanto outros elementos de liga. Em quantidade suficiente, aumenta a resistência à corrosão, sendo um dos principais elementos de liga (além do cromo) em certos aços inoxidáveis.

> *Vanádio* (V) inibe o crescimento de grãos durante o processamento em temperaturas elevadas e durante tratamento térmico, o que melhora a resistência mecânica e a tenacidade do aço. O vanádio também forma carbetos que aumentam a resistência ao desgaste.

A especificação AISI-SAE de alguns aços de baixa liga está apresentada na Tabela 5.1, que indica a análise química nominal. Como já mencionado, o teor de carbono é especificado por XX em centésimos do percentual de carbono. Para ser mais abrangente, também foram incluídos aços-carbono comuns (10XX). As propriedades de vários aços e de outros metais são definidas e tabeladas nos Capítulos 3 e 4.

Os aços de baixa liga não são facilmente soldados, em especial os de médio e alto carbono. Para superar essa limitação, desde os anos 1960 foram realizadas pesquisas para desenvolver aços de baixa liga com baixo teor de carbono que possuam melhor razão resistência mecânica-peso que os aços-carbono comuns, e que sejam mais facilmente soldáveis do que os aços de baixa liga anteriores. Os aços desenvolvidos são chamados de aços de **alta resistência e baixa liga** (ARBL ou *high-strength low-alloy* – HSLA). Eles em geral têm baixo teor de carbono (na faixa de 0,10-0,30 % C) e quantidades relativamente menores de elementos de liga (normalmente, apenas em torno de 3 % no total). Uma composição química típica expressa em porcentagem em massa é 0,12 C; 0,60 Mn; 1,1 Ni; 1,1 Cr; 0,35 Mo; e 0,4 Si. Os aços ARBL são laminados a quente sob condições controladas, projetadas para fornecer melhor resistência em relação aos aços-carbono comuns, mas sem perda da conformabilidade e da soldabilidade. O endurecimento é obtido pela adição dos elementos de liga. Não é possível realizar o tratamento térmico dos aços ARBL devido ao baixo teor de carbono.

Aços Inoxidáveis Os aços inoxidáveis são um grupo de aços de alta liga projetados para terem alta resistência à corrosão. O principal elemento de liga nos aços inoxidáveis é o cromo, em geral acima de 15 %. O cromo presente na liga forma uma camada fina de óxido impermeável em atmosferas oxidantes, que protege a superfície contra a corrosão. O níquel é outro elemento de liga utilizado em alguns aços inoxidáveis para elevar a proteção contra a corrosão. O carbono é empregado para aumentar a resistência mecânica e a dureza; entretanto, o aumento do teor de carbono tem o efeito de reduzir a proteção anticorrosiva, pois forma-se carbeto de cromo, que reduz a disponibilidade do cromo livre na liga.

Além da resistência à corrosão, os aços inoxidáveis são conhecidos pela combinação de resistência mecânica e ductilidade. Embora sejam desejáveis em muitas aplicações, em geral essas propriedades tornam difícil o processamento dessas ligas durante a fabricação. Além disso, os aços inoxidáveis são significativamente mais caros que os aços-carbono comuns ou os de baixa liga.

Os aços inoxidáveis são, por tradição, classificados em três grupos, denominados em função da fase predominante na liga à temperatura ambiente:

1. *Aços inoxidáveis austeníticos* possuem uma composição típica de aproximadamente 18 % Cr e 8 % Ni, e são os mais resistentes dos três grupos. Devido à sua composição, são algumas vezes identificados como aço inoxidável 18-8. Eles não são magnéticos e são muito dúcteis; porém apresentam encruamento significativo. O níquel tem o efeito de aumentar a região da austenita do diagrama de fases ferro-carbono, tornando-a estável à temperatura ambiente. Os aços inoxidáveis austeníticos são usados para fabricar equipamentos das indústrias químicas e de processamento de alimentos, assim como componentes de equipamentos que requeiram alta resistência à corrosão.

TABELA • 5.1 Designação AISI-SAE de aços.

Código	Nome do Aço	Análise Química Nominal, %							
		Cr	Mn	Mo	Ni	V	P	S	Si
10XX	Carbono comum		0,4				0,04	0,05	
11XX	Ressulfurado		0,9				0,01	0,12	0,01
12XX	Ressulfurado, refosforizado		0,9				0,10	0,22	0,01
13XX	Manganês		1,7				0,04	0,04	0,3
20XX	Aço ao níquel		0,5		0,6		0,04	0,04	0,2
31XX	Níquel cromo	0,6			1,2		0,04	0,04	0,3
40XX	Molibdênio		0,8	0,25			0,04	0,04	0,2
41XX	Cromo molibdênio	1,0	0,8	0,2			0,04	0,04	0,3
43XX	Ni-Cr-Mo	0,8	0,7	0,25	1,8		0,04	0,04	0,2
46XX	Níquel molibdênio		0,6	0,25	1,8		0,04	0,04	0,3
47XX	Ni-Cr-Mo	0,4	0,6	0,2	1,0		0,04	0,04	0,3
48XX	Níquel molibdênio		0,6	0,25	3,5		0,04	0,04	0,3
50XX	Cromo	0,5	0,4				0,04	0,04	0,3
52XX	Cromo	1,4	0,4				0,02	0,02	0,3
61XX	Cr-Vanádio	0,8	0,8			0,1	0,04	0,04	0,3
81XX	Ni-Cr-Mo	0,4	0,8	0,1	0,3		0,04	0,04	0,3
86XX	Ni-Cr-Mo	0,5	0,8	0,2	0,5		0,04	0,04	0,3
88XX	Ni-Cr-Mo	0,5	0,8	0,35	0,5		0,04	0,04	0,3
92XX	Silício manganês		0,8				0,04	0,04	2,0
93XX	Ni-Cr-Mo	1,2	0,6	0,1	3,2		0,02	0,02	0,3
98XX	Ni-Cr-Mo	0,8	0,8	0,25	1,0		0,04	0,04	0,3

Referência: [16].

2. *Aços inoxidáveis ferríticos* têm de 15 % a 20 % de cromo, baixo carbono, e não possuem níquel. Essa composição os torna ferríticos à temperatura ambiente. Os aços inoxidáveis ferríticos são magnéticos e são menos dúcteis e menos resistentes à corrosão do que os austeníticos. Utensílios de cozinha a componentes de motores a jato são feitos de aço inoxidável ferrítico.

3. Os *aços inoxidáveis martensíticos* possuem teor de carbono mais elevado do que os ferríticos, permitindo que sejam endurecidos por tratamento térmico (Seção 23.2). Eles têm teores elevados de cromo, tais como 18 %, mas não têm níquel. São resistentes, duros, e têm boa resistência à fadiga; porém, geralmente, não são tão resistentes à corrosão quanto os outros dois grupos. Produtos típicos incluem instrumentos cirúrgicos e de cutelaria.

A maioria dos aços inoxidáveis é especificada por um sistema de três dígitos na classificação AISI. O primeiro dígito indica o tipo geral de aço inoxidável, e os dois últimos dígitos, a especificação dentro da classe. A Tabela 5.2 lista alguns dos aços inoxidáveis mais comuns, com suas respectivas composições químicas.

Aços Ferramenta Os aços ferramenta são uma classe de aços, por definição, com alto teor de liga, projetados para uso como ferramentas de corte industrial, matrizes e moldes. Nessas aplicações, eles devem ter alta resistência mecânica, dureza, dureza a

TABELA • 5.2 Composições de aços inoxidáveis selecionados.

Tipo	Análise Química, %					
	Fe	Cr	Ni	C	Mn	Outros[a]
Austenítico						
301	73	17	7	0,15	2	
302	71	18	8	0,15	2	
304	69	19	9	0,08	2	
309	61	23	13	0,20	2	
316	65	17	12	0,08	2	2,5 Mo
Ferrítico						
405	85	13	–	0,08	1	
430	81	17	–	0,12	1	
Martensítico						
416	85	13	–	0,15	1	
440	81	17	–	0,65	1	

Compilado de [16].
[a]Todos os aços nesta tabela têm aproximadamente 1 % (ou menos) de Si, além de pequenas quantidades (bem menos de 1 %) de fósforo e enxofre e de outros elementos, tal como o alumínio.

quente, resistência ao desgaste e tenacidade ao impacto. Para obter essas propriedades, os aços ferramenta são tratados termicamente. As principais razões para os altos níveis de elementos de liga são (1) melhorar a temperabilidade, (2) reduzir a distorção durante o tratamento térmico, (3) ter dureza a quente, (4) formar carbetos metálicos duros para resistir à abrasão, e (5) aumentar a tenacidade.

Os aços ferramenta são classificados de acordo com a aplicação e a composição. Para identificar o tipo de aço ferramenta, a AISI usa um esquema de classificação baseado em um prefixo com uma letra, definido na lista a seguir:

T, M   ***Aços rápidos*** são usados em ferramentas de corte nos processos de usinagem (Subseção 19.2.1). São projetados para ter alta resistência ao desgaste e dureza a quente. Os aços rápidos originais foram desenvolvidos por volta de 1900. Esses aços permitiram aumento drástico na velocidade de corte quando comparados com as ferramentas usadas anteriormente; daí sua nomenclatura. As duas designações AISI indicam os principais elementos de liga: T para tungstênio e M para molibdênio.

H   ***Aços ferramenta para trabalho a quente*** são destinados para matrizes de forjas, de extrusoras e de fundição.

D   ***Aços ferramenta para trabalho a frio*** são aços forjados usados nas operações de trabalho a frio, tais como estampagem de chapas, extrusão a frio, e algumas operações de forjamento. A letra D significa matriz (em inglês, *die*). Outras classificações AISI relacionadas com esses aços são indicadas com as letras A e O, respectivamente, para os aços temperáveis ao ar e ao óleo. Esses aços possuem boa resistência ao desgaste.

W   ***Aços ferramenta endurecíveis em água*** têm alto teor de carbono e baixo teor, ou mesmo nenhum, de outros elementos de liga. Eles podem ser endurecidos somente por resfriamento rápido em água. São muito usados, devido ao baixo custo, mas têm aplicação apenas em baixas temperaturas. Ferramentas para produzir cabeças de prego e parafusos são aplicações típicas.

S   ***Aços ferramenta resistentes ao choque*** são projetados para as aplicações em que a alta tenacidade é necessária, como em muitas operações de corte de chapas, de furação e de dobramento.

P   ***Aços para moldes*** são usados para fabricar moldes para fabricação de plásticos e de borrachas.

L   ***Aços ferramenta de baixa liga*** são, geralmente, reservados para aplicações especiais.

Os aços ferramenta não são os únicos materiais para fabricação de ferramentas. No conteúdo deste livro, no que se refere aos processos de fabricação, diversas ferramentas serão descritas, bem como os materiais a partir dos quais elas são fabricadas. Esses materiais incluem aço-carbono comum, aços de baixa liga, ferros fundidos e cerâmicas.

5.1.2   FERROS FUNDIDOS

O ferro fundido é uma liga ferrosa contendo, usualmente, entre 2,1 % e 4 % de carbono e entre 1 % e 3 % de silício. Essa composição torna a liga bastante adequada ao uso em fundição. De fato, a quantidade de fundidos de ferro fundido é várias vezes superior à de todas as peças fundidas de todos os outros metais combinados (excluindo os lingotes fundidos de aço produzidos durante a fabricação do aço e que são subsequentemente laminados para produzir barras, chapas e produtos semelhantes). Entre os metais, a quantidade total de ferro fundido produzido é superada apenas pelo aço.

Existem vários tipos de ferro fundido, e o mais importante é o ferro fundido cinzento. Os outros tipos de ferro fundido incluem o nodular, o branco e o maleável. Os ferros fundidos nodular e maleável possuem composição química semelhante à dos ferros cinzento e branco, respectivamente, mas são obtidos por tratamentos especiais, que serão descritos a seguir. A Tabela 5.3 apresenta a composição química dos principais tipos de ferros fundidos.

Ferro Fundido Cinzento   O ferro fundido cinzento responde pela maior quantidade de ferro fundido produzido. Sua composição varia de 2,5 % a 4 % de carbono e 1 % a 3 % de silício. Esta composição favorece a formação de veios de grafita (carbono) distribuídos por todo o fundido após a solidificação. Essa estrutura faz com que a super-

TABELA • 5.3   Composições de ferros fundidos selecionados.

Tipo	Composição Típica, %				
	Fe	C	Si	Mn	Outros[a]
Ferros fundidos cinzentos					
ASTM Classe 20	93,0	3,5	2,5	0,65	
ASTM Classe 30	93,6	3,2	2,1	0,75	
ASTM Classe 40	93,8	3,1	1,9	0,85	
ASTM Classe 50	93,5	3,0	1,6	1,0	0,67 Mo
Ferros fundidos nodulares					
ASTM A395	94,4	3,0	2,5		
ASTM A476	93,8	3,0	3,0		
Ferro fundido branco					
Baixo carbono	92,5	2,5	1,3	0,4	1,5Ni, 1Cr, 0,5Mo
Ferros fundidos maleáveis					
Ferrítico	95,3	2,6	1,4	0,4	
Perlítico	95,1	2,4	1,4	0,8	

Compilado de [16].
[a]Os ferros fundidos também contêm fósforo e enxofre, totalizando normalmente menos de 0,3 %.

fície do metal tenha uma coloração acinzentada na fratura; daí o nome ferro fundido cinzento. A dispersão dos veios de grafita é responsável por duas propriedades interessantes: (1) bom amortecimento de vibrações, o que é desejável em motores e em outras máquinas; e (2) lubrificação interna, o que torna o metal fundido bastante usinável.

A Sociedade Americana para Testes e Materiais (ASTM: *American Society for Testing and Materials*) usa uma classificação para o ferro fundido cinzento que tem por objetivo fornecer a especificação do valor mínimo do limite de resistência à tração (*LRT*) para as diversas classes: Classe 20, para ferros fundidos cinzentos com valor mínimo de 138 MPa, Classe 30 com limite de resistência à tração de 207 MPa, e assim por diante. A resistência à compressão dos ferros fundidos cinzentos é muito maior que a resistência à tração. As propriedades dos fundidos podem ser controladas, dentro de certos limites, por tratamentos térmicos. A ductilidade dos ferros fundidos cinzentos é muito baixa; sendo assim, é um material frágil. Os produtos fabricados de ferro fundido cinzento incluem blocos de motores e cabeçotes de automóveis, carcaças de motor e bases de máquinas-ferramenta.

Ferro Fundido Nodular   Esse ferro fundido tem a composição do ferro fundido cinzento, mas o metal fundido é tratado quimicamente antes do vazamento, para produzir nódulos de grafita em vez de veios. Isso resulta em um ferro fundido mais resistente e mais dúctil. Suas aplicações incluem componentes de máquinas que requeiram alta resistência e boa resistência ao desgaste.

Ferro Fundido Branco   Esse ferro fundido tem menos carbono e silício do que o ferro fundido cinzento. É formado por resfriamento rápido do metal fundido após o vazamento, fazendo com que o carbono permaneça quimicamente combinado com o ferro na forma de cementita (Fe_3C), em vez de se precipitar da solução, formando veios de grafita. Quando fraturado, sua superfície tem aparência cristalina, clara, que está associada ao nome desse ferro fundido. Devido à presença da cementita, o ferro fundido branco é duro e frágil, e sua resistência ao desgaste é excelente. Essas propriedades tornam o ferro fundido branco adequado para as aplicações em que a resistência ao desgaste é necessária. Sapatas de freios de trens são um exemplo.

Ferro Fundido Maleável   Quando os fundidos de ferro fundido branco são tratados termicamente para remover o carbono da solução e formar grafita, o metal resultante é chamado de ferro fundido maleável. Essa nova microestrutura pode possuir ductilidade substancial quando comparada à do ferro fundido branco. Produtos típicos fabricados com ferro fundido maleável incluem conexões de tubos e flanges, certos componentes de máquinas, e peças de equipamentos de estradas de ferro.

5.1.3 METAIS NÃO FERROSOS

Os metais não ferrosos incluem os elementos metálicos e as ligas que não têm como elemento principal o ferro. Os metais de engenharia mais importantes do grupo dos não ferrosos são alumínio, magnésio, cobre, níquel, titânio e zinco, e suas ligas. Embora os metais não ferrosos, como um todo, não possam se igualar à resistência dos aços, certas ligas não ferrosas possuem resistência à corrosão e/ou razões resistência/peso que as tornam competitivas com os aços em aplicações com solicitação de tensões com intensidade de moderada a elevada. Além disso, muitos dos metais não ferrosos têm outras propriedades, que não as mecânicas, que os tornam ideais para aplicações nas quais o aço seria bastante inadequado. Por exemplo, o cobre tem uma das menores resistividades elétricas entre os metais e é, por isso, muito usado em fios elétricos. O alumínio é um excelente condutor térmico, e suas aplicações incluem trocadores de calor e panelas. É também um dos metais mais facilmente conformáveis, e por isso é valorizado. O zinco tem um ponto de fusão relativamente baixo, de modo que é muito utilizado em operações de fundição. Os metais não ferrosos comuns possuem suas próprias combinações de propriedades, que os tornam atrativos em diversas aplicações. Nos parágrafos seguintes, são discutidos os metais não ferrosos que são mais importantes nos aspectos comercial e tecnológico.

Alumínio e Suas Ligas   O alumínio e o magnésio são metais leves e, com frequência, especificados para aplicações de engenharia devido a essa característica. Ambos os elementos são abundantes na Terra. O alumínio está presente no solo (cujo principal minério é a *bauxita*), e o magnésio no mar, embora nenhum deles seja facilmente extraído de suas fontes naturais.

O alumínio tem alta condutividade térmica e elétrica, e sua resistência à corrosão é excelente, devido à formação de um filme de óxido, duro e fino, na superfície. É um metal muito dúctil, sendo conhecido por sua conformabilidade. O alumínio puro é relativamente pouco resistente; mas na forma de liga tratada quimicamente compete com alguns aços, em especial quando o peso é um fator importante.

O sistema de classificação ou designação das ligas de alumínio usa um código numérico com quatro dígitos. Possui duas partes, uma para as peças trabalhadas mecanicamente e outra para as peças fundidas. A diferença está no ponto decimal que é utilizado após o terceiro dígito para as ligas fundidas. As especificações se encontram na Tabela 5.4(a).

Devido às propriedades das ligas de alumínio serem tão influenciadas pelo trabalho a frio e pelo tratamento térmico, o tratamento de endurecimento, caso haja, deve ser especificado além da codificação da composição. As principais especificações de tratamentos, mecânicos e térmicos, estão apresentadas na Tabela 5.4(b). Essa especificação é colocada após os quatro dígitos precedentes, separada deles por um hífen, para indicar o tratamento ou ausência dele; por exemplo, 2024-T3. Os tratamentos que especificam trabalho a frio não se aplicam às ligas fundidas. As composições de algumas ligas de alumínio são apresentadas na Tabela 5.5.

Magnésio e Suas Ligas   O magnésio (Mg) é o mais leve dos metais estruturais; sua densidade específica vale 1,74. O magnésio e suas ligas estão disponíveis tanto na forma trabalhada mecanicamente quanto na forma fundida. É relativamente fácil de usinar. Entretanto, em todos os processamentos do magnésio, as pequenas partículas do metal (tais como os pequenos cavacos) oxidam rapidamente, e cuidados devem ser tomados para evitar incêndios.

Como metal puro, o magnésio é relativamente macio e apresenta resistência mecânica insuficiente para a maioria das aplicações em engenharia. Entretanto, com o emprego de elementos de ligas e tratamentos térmicos atinge resistência mecânica comparável à

TABELA • 5.4(a)   Sistema de classificação das ligas de alumínio.

Grupo de Liga	Código (Trabalhada Mecanicamente)	Código (Fundida)
Alumínio, 99,0 % ou mais de pureza	1XXX	1XX.X
Ligas de alumínio, em função do principal (ou dos principais) elemento(s):		
Cobre	2XXX	2XX.X
Manganês	3XXX	
Silício + cobre e/ou magnésio		3XX.X
Silício	4XXX	4XX.X
Magnésio	5XXX	5XX.X
Magnésio e silício	6XXX	
Zinco	7XXX	7XX.X
Estanho		8XX.X
Outros	8XXX	9XX.X

Capítulo 5

TABELA • 5.4(b) Designações de têmperas para ligas de alumínio.

Têmpera	Descrição
F	Como fabricado – sem nenhum tratamento especial.
H	Encruado (alumínios trabalhados). A letra H é seguida por dois dígitos; o primeiro indica o tratamento térmico, caso haja, e o segundo indica o grau de trabalho a frio remanescente; por exemplo: H1X significa sem tratamento térmico após o encruamento, e X = 1 a 9, indica o grau de trabalho a frio.
O	Recozido para aliviar o encruamento e aumentar a ductilidade; reduz a resistência a seu nível mais baixo.
T	Tratamento térmico para produzir estruturas estáveis diferentes das obtidas nos tratamentos F, H, ou O. É seguido de um dígito para indicar o tratamento específico, como, por exemplo: T1 = resfriado a partir de temperatura elevada, envelhecido naturalmente. T2 = resfriado a partir de temperatura elevada, deformado a frio, envelhecido naturalmente. T3 = solubilizado, deformado a frio, envelhecido naturalmente; e assim por diante.
W	Tratamento térmico de solubilização, aplicado a ligas que endurecem em serviço; é um temperamento instável.

Referência. [17].

TABELA • 5.5 Composições de ligas de alumínio selecionadas.

Código	Composição Típica, %[a]					
	Al	Cu	Fe	Mg	Mn	Si
1050	99,5		0,4			0,3
1100	99,0		0,6			0,3
2024	93,5	4,4	0,5	1,5	0,6	0,5
3004	96,5	0,3	0,7	1,0	1,2	0,3
4043	93,5	0,3	0,8			5,2
5050	96,9	0,2	0,7	1,4	0,1	0,4

Compilado de [17].
[a]Além dos elementos listados, em que a tabela não apresenta um valor, as ligas podem conter traços de outros elementos, como cobre, magnésio, manganês, vanádio e zinco.

das ligas de alumínio. Em especial, sua razão resistência-peso é uma vantagem em componentes de mísseis e de aeronaves.

O sistema de especificação para as ligas de magnésio utiliza um código alfanumérico com três a cinco caracteres. Os dois primeiros caracteres são letras que identificam os principais elementos de liga (até dois elementos podem ser especificados nesse sistema, em ordem decrescente de porcentagem, ou em ordem alfabética em caso de composições iguais). Por exemplo, A = alumínio (Al), K = zircônio (Zr), M = manganês (Mn), e Z = zinco (Zn). As letras são seguidas de dois dígitos numéricos que indicam, respectivamente, o teor dos dois principais elementos de liga, para a porcentagem inteira mais próxima. Por fim, o último símbolo é uma letra que indica alguma variação da composição, ou simplesmente a ordem cronológica na qual a liga foi padronizada para fins comerciais. As ligas de magnésio também requerem a especificação dos tratamentos térmicos, e a mesma designação básica mostrada na Tabela 5.4(b) para o alumínio também é usada para o magnésio. A fim de exemplificar o sistema de especificação, alguns exemplos de ligas de magnésio são mostrados na Tabela 5.6.

Cobre e Suas Ligas O cobre puro (Cu) tem uma coloração particular vermelho-rosada, mas sua mais notável propriedade de interesse em engenharia é a baixa resistividade elétrica – uma das mais baixas entre todos os elementos. Em função dessa

TABELA • 5.6 Composições de ligas de magnésio selecionadas.

Código	Composição Típica, %					
	Mg	Al	Mn	Si	Zn	Outros
AZ10A	98,0	1,3	0,2	0,1	0,4	
AZ80A	91,0	8,5			0,5	
ZK21A	97,1				2,3	6 Zr
AM60	92,8	6,0	0,1	0,5	0,2	0,3 Cu
AZ63A	91,0	6,0			3,0	

Compilado de [17].

propriedade e de sua relativa abundância na natureza, o cobre comercialmente puro é muito usado em condutor elétrico (deve-se ressaltar aqui que a condutividade do cobre decresce de modo significativo quando são adicionados elementos de liga). O cobre é também um excelente condutor térmico. Por ser um dos metais nobres (ouro e prata também são metais nobres), é resistente à corrosão. Todas essas características combinadas tornam o cobre um dos metais mais importantes.

Como desvantagem, a resistência mecânica e a dureza do cobre são relativamente baixas, em especial quando o peso é levado em consideração. Dessa forma, para melhorar a resistência (assim como por outras razões), com frequência são adicionados elementos de liga ao cobre. O *bronze* é uma liga de cobre e estanho (tipicamente com cerca de 90 % de Cu e 10 % de Sn) que ainda é bastante usada, apesar de sua origem muito antiga (ou seja, desde a Idade do Bronze, na Pré-História). Outras ligas de bronze têm sido desenvolvidas, compostas com outros elementos, além do estanho, como o alumínio ou o silício. O *latão* é outra liga comum feita de cobre, composta de cobre e zinco (por exemplo, 65 % de Cu e 35 % de Zn). A liga de cobre mais resistente mecanicamente é a liga cobre-berílio (com apenas cerca de 2 % de Be) tratada termicamente, que é usada em molas.

A especificação das ligas de cobre é baseada no Sistema Unificado de Numeração para Metais e Ligas (UNS: *Unified Numbering System*), que usa um número de cinco dígitos precedidos pela letra C (C para indicar cobre). As ligas são processadas como trabalhados mecanicamente ou fundidos, e a especificação UNS inclui ambas. Algumas ligas de cobre e suas composições são mostradas na Tabela 5.7.

Níquel e Suas Ligas O níquel (Ni) é similar ao ferro em muitos aspectos. Ele é magnético, e sua rigidez é praticamente a mesma do ferro e do aço. Por outro lado, o níquel é muito mais resistente à corrosão, e as propriedades a alta temperatura de suas ligas são

TABELA • 5.7 Composições de ligas de cobre selecionadas.

Código	Composição Típica, %				
	Cu	Be	Ni	Sn	Zn
C10100	99,99				
C11000	99,95				
C17000	98,0	1,7			
C24000	80,0				20,0
C26000	70,0				30,0
C52100	92,0			8,0	
C71500	70,0		30,0		

Compilado de [17].
[a]Pequenas quantidades de Ni e Fe + 0,3 Co.

TABELA • 5.8 Composições de ligas de níquel selecionadas.

Código	Composição Típica, %						
	Ni	**Cr**	**Cu**	**Fe**	**Mn**	**Si**	**Outros**
270	99,9		[a]	[a]			
200	99,0		0,2	0,3	0,2	0,2	C, S
400	66,8		30,0	2,5	0,2	0,5	C
600	74,0	16,0	0,5	8,0	1,0	0,5	
230	52,8	22,0		3,0	0,4	0,4	[b]

Compilado de [17].
[a]Traços.
[b]Outros elementos na composição da liga 230 são 5 % Co, 2 % Mo, 14 % W, 0,3 % Al e 0,1 % C.

em geral superiores. Por causa de suas características de resistência à corrosão, o níquel é bastante usado como elemento de liga nos aços, tais como nos aços inoxidáveis, e como revestimento metálico de outros metais, como no aço-carbono comum.

As ligas de níquel, além de importantes comercialmente, são notáveis pela resistência à corrosão e pelo desempenho em altas temperaturas. A composição de algumas ligas de níquel é exibida na Tabela 5.8. Diversas superligas são baseadas no níquel (Subseção 5.1.4).

Titânio e Suas Ligas O titânio (Ti) é abundante na natureza e constitui cerca de 1 % da crosta terrestre (o alumínio é o mais abundante, com cerca de 8 %). A densidade específica do Ti é 4,7, estando entre a do alumínio e a do ferro. Sua importância tem crescido nas últimas décadas devido às aplicações aeroespaciais, em que sua baixa densidade e boa razão resistência-peso são exploradas.

A expansão térmica do titânio é relativamente baixa entre os metais. O titânio é mais rígido e mais resistente que o alumínio, e mantém boa resistência em temperaturas elevadas. O titânio puro é reativo, o que causa problemas durante o processamento, em especial no estado fundido. À temperatura ambiente, por outro lado, ele forma uma camada de óxido (TiO_2), fina e aderente, que fornece excelente resistência à corrosão. Essas propriedades favorecem as duas principais áreas de aplicação do titânio: (1) no estado comercialmente puro, o titânio é empregado em componentes que são resistentes à corrosão, tais como componentes para uso em ambientes marinhos e em próteses; e (2) ligas de titânio são usadas em componentes de alta resistência em temperaturas variando desde ambiente até acima de 550 °C, especialmente quando sua excelente razão resistência-peso é importante. Essa última aplicação inclui componentes de aeronaves e de mísseis. Os elementos de liga usados no titânio contêm alumínio, manganês, estanho e vanádio. Algumas composições de ligas de titânio são mostradas na Tabela 5.9.

TABELA • 5.9 Composições de ligas de titânio selecionadas.

Código[a]	Composição Típica, %					
	Ti	**Al**	**Cu**	**Fe**	**V**	**Outros**
R50250	99,8			0,2		
R56400	89,6	6,0		0,3	4,0	[b]
R54810	90,0	8,0			1,0	1 Mo,[b]
R56620	84,3	6,0	0,8	0,8	6,0	2 Sn,[b]

Compilado de [1] e [12].
[a]Sistema Unificado de Numeração de Metais e Ligas (UNS).
[b]Traços de C, H, O.

Materiais de Engenharia **101**

TABELA • 5.10 Composições de ligas de zinco selecionadas.

| | Composição Típica, % | | | | | |
Código[a]	Zn	Al	Cu	Mg	Fe	Aplicação
Z33520	95,6	4,0	0,25	0,04	0,1	Fundida em matriz
Z35540	93,4	4,0	2,5	0,04	0,1	Fundida em matriz
Z35635	91,0	8,0	1,0	0,02	0,06	Liga de fundição
Z35840	70,9	27,0	2,0	0,02	0,07	Liga de fundição
Z45330	98,9		1,0	0,01		Liga para laminação

Compilado de [17].
[a]Sistema Unificado de Numeração de Metais e Ligas (UNS).

Zinco e Suas Ligas O baixo ponto de fusão do zinco (Zn) o torna atrativo como um metal para fundição. Esse metal também fornece proteção contra a corrosão quando é depositado na superfície do aço ou do ferro; desse modo, o *aço galvanizado* é aquele que foi revestido com zinco.

Diversas ligas de zinco estão listadas na Tabela 5.10, com suas composições e aplicações. As ligas de zinco são muito usadas na fundição em matrizes para produção em massa de componentes para as indústrias automotivas e de equipamentos. Outra aplicação importante do zinco é nos aços galvanizados, na qual o aço é revestido com zinco para aumentar a resistência à corrosão. Um terceiro emprego importante do zinco é como elemento de liga nos latões. Conforme foi apresentado na discussão sobre o cobre, essa liga consiste em cobre e zinco, na proporção de 2/3 de Cu e 1/3 de Zn.

5.1.4 SUPERLIGAS

As superligas constituem um grupo de ligas que englobam ligas ferrosas e não ferrosas. Algumas delas são baseadas no ferro, enquanto outras são baseadas no níquel e no cobalto. De fato, muitas das superligas contêm quantidades elevadas de três ou mais metais, em vez de ter um metal-base com adição de elementos de liga. Embora a quantidade total produzida dessas ligas não seja significativa, em comparação com a maioria dos outros metais apresentados neste livro, elas são comercialmente importantes, por serem muito caras; e são tecnologicamente importantes devido a seu desempenho.

As *superligas* são um grupo de ligas de alto desempenho projetadas para atender a requisitos muito rigorosos de resistência mecânica e resistência à degradação superficial (corrosão e oxidação) em temperaturas de serviço elevadas. A resistência mecânica à temperatura ambiente não é, em geral, o critério mais importante para essas ligas, e a maioria delas possui boas resistências mecânicas à temperatura ambiente, mas não são excepcionais. O desempenho em altas temperaturas é o que as distingue; resistência à tração, dureza a quente, resistência à fluência, e resistência à corrosão em temperaturas muito altas são as propriedades mecânicas de interesse. As temperaturas de operação alcançam com frequência cerca de 1100 °C. Essas ligas são amplamente usadas em turbinas a gás – motores de jatos e de foguetes, turbinas a vapor, e indústrias de energia nuclear – sistemas cuja eficiência aumenta com o aumento da temperatura.

As superligas são usualmente divididas em três grupos, de acordo com seu principal elemento: ferro, níquel, ou cobalto:

➤ *Ligas à base de ferro* possuem ferro como o elemento principal, embora em alguns casos o teor de ferro seja inferior a 50 % da composição total. Os elementos de liga típicos incluem o níquel, o cobalto e o cromo.

➤ *Ligas à base de níquel* geralmente têm melhor resistência a altas temperaturas que os aços-liga. O principal elemento é o níquel. Os principais elementos de liga são o

Capítulo 5

cromo e o cobalto; os elementos em menor quantidade incluem alumínio, titânio, molibdênio, nióbio (Nb) e ferro.

➢ **Ligas à base de cobalto** contêm cobalto (40 % a 50 %) e cromo (20 % a 30 %) como principais componentes. Outros elementos de liga incluem níquel, molibdênio e tungstênio.

Em praticamente todas as superligas, incluindo as baseadas em ferro, o endurecimento é obtido por tratamento térmico de precipitação (Seção 23.3). As superligas à base de ferro não usam a transformação martensítica como mecanismo de endurecimento.

5.2 Cerâmicas

A importância das cerâmicas como materiais de engenharia deriva de sua abundância na natureza e de suas propriedades mecânicas e físicas, que são bem diferentes das propriedades dos metais. Uma **cerâmica** é um composto inorgânico constituído de um metal (ou de um semimetal) e de um ou mais não metal. Exemplos importantes de materiais cerâmicos são a **sílica**, ou dióxido de silício (SiO_2), que é o principal constituinte da maioria dos produtos de vidro; a **alumina**, ou óxido de alumínio (Al_2O_3), utilizada em aplicações que variam desde abrasivos a ossos artificiais; e compostos mais complexos, como o silicato de alumínio hidratado $[Al_2Si_2O_5(OH)_4]$, conhecido como **caulinita**, que é o componente principal da maioria dos produtos de argila (por exemplo, tijolos e produtos cerâmicos de uso doméstico). Os elementos nesses compostos são os mais comuns na crosta terrestre. As cerâmicas incluem muitos outros compostos, alguns dos quais existem naturalmente, enquanto outros são manufaturados.

As propriedades gerais que tornam as cerâmicas úteis em produtos de engenharia são a alta dureza, as boas características de isolamento elétrico e térmico, a estabilidade química e os altos pontos de fusão. Algumas cerâmicas são translúcidas – o vidro de janelas é o exemplo mais óbvio. São também frágeis e praticamente não têm ductilidade, o que pode causar problemas tanto no processamento quanto no desempenho dos produtos cerâmicos.

Para fins de organização, os materiais cerâmicos são classificados em três tipos básicos: (1) **cerâmicas tradicionais** – silicatos utilizados para produtos à base de argila, como peças cerâmicas de uso doméstico, e tijolos, abrasivos comuns e cimento; (2) **cerâmicas avançadas** – cerâmicas de desenvolvimento mais recente, não baseadas em silicatos, mas sim em óxidos e carbetos, e que em geral possuem propriedades mecânicas e físicas superiores, ou diferentes, quando comparadas com as cerâmicas tradicionais; e (3) **vidros** – baseados principalmente na sílica e que se distinguem das demais cerâmicas por sua estrutura não cristalina. Em adição a essas três classes básicas, existem as **vitrocerâmicas** – vidros que foram, em grande parte, transformados em estruturas cristalinas por tratamento térmico. Os processos de fabricação desses materiais estão apresentados nos Capítulos 9 (Processamento dos Vidros) e 13 (Processamento de Materiais Cerâmicos e Cermetos).

5.2.1 CERÂMICAS TRADICIONAIS

Essas cerâmicas são baseadas em silicatos, na sílica e em óxidos. Os produtos principais são as argilas queimadas (produtos domésticos à base de argila, louças, tijolos e telhas), o cimento e abrasivos naturais, como a alumina. Esses produtos e os processos usados para obtê-los são empregados há milhares de anos. O vidro também é um material cerâmico – um silicato – e é comumente incluído no grupo das cerâmicas tradicionais [12], [13]. Entretanto, o vidro é apresentado separadamente no texto, pois tem estrutura amorfa ou vítrea (o termo **vítreo** significa que possui características semelhantes às do vidro), o que o difere das demais cerâmicas cristalinas já citadas.

Matérias-Primas Os silicatos, tais como as argilas de várias composições, e a sílica, tal como o quartzo, estão entre as substâncias mais abundantes na natureza, e são as principais matérias-primas das cerâmicas tradicionais. As argilas são as matérias-primas mais usadas nas cerâmicas. São constituídas por finas partículas de silicato de alumínio hidratado, que se tornam plásticas com adição de água, ficando moldáveis e conformáveis. As argilas mais comuns são do mineral **caulinita** ($Al_2Si_2O_5(OH)_4$). Outros minerais argilosos têm diversas composições, seja em termos de proporção dos constituintes básicos, seja pela adição de outros elementos, tais como magnésio, sódio e potássio.

Além de sua plasticidade quando misturada com água, outra característica da argila, que a torna tão útil, é que ela se funde quando aquecida a uma temperatura suficientemente alta, produzindo um material denso e rígido. Esse tratamento térmico é conhecido como **queima**. As temperaturas adequadas de queima dependem da composição da argila. Assim, a argila pode ser moldada enquanto está úmida e macia e, então, ser queimada para obter o produto cerâmico final, duro e rígido.

A **sílica** (SiO_2) é outra matéria-prima importante na produção de cerâmicas tradicionais. É o principal componente dos vidros, e um componente de outros produtos cerâmicos, como louças sanitárias, refratários e abrasivos. A sílica está disponível na natureza sob várias formas, e a mais importante é o **quartzo**. A principal fonte de quartzo é a **areia**. A abundância de areia e sua relativa facilidade de processamento implicam o baixo custo da sílica, que ainda é dura e quimicamente estável. Essas características favorecem seu amplo uso nos produtos cerâmicos. A areia é misturada em várias proporções com argila e outros minerais para obter as características apropriadas do produto final. O feldspato é um dos outros minerais com frequência utilizados. O termo **feldspato** se refere a qualquer dos diversos minerais cristalinos que contenham silicato de alumínio combinado com potássio, sódio, cálcio ou bário. Misturas de argila, sílica e feldspato são usadas para produzir potes, vasos, porcelana e outros utensílios domésticos.

Outra matéria-prima importante para as cerâmicas tradicionais é a **alumina**. A maior parte da alumina é processada a partir do mineral **bauxita**, que é uma mistura impura de óxido de alumínio hidratado e hidróxido de alumínio, além de compostos semelhantes de ferro ou de manganês. A bauxita é também o principal minério para a produção de alumínio metálico. Uma forma mais pura, porém menos comum, de Al_2O_3 é o mineral **coríndon**, que contém grande quantidade de alumina em sua composição. Cristais de coríndon com pequenos teores de impurezas são as pedras preciosas coloridas safira e rubi. A cerâmica de alumina é aplicada como um abrasivo em rebolos de esmeril e como tijolos refratários em fornos.

O **carbeto de silício** também é usado como abrasivo, mas não é encontrado na natureza. É produzido por aquecimento de misturas de areia (fonte de silício) e de coque (fonte de carbono) a temperaturas da ordem de 2200 °C, de modo que a reação química resultante forma SiC e monóxido de carbono.

Produtos de Cerâmica Tradicional   Os minerais apresentados são matérias-primas para inúmeros produtos cerâmicos. Os exemplos apresentados aqui abrangem as principais classes de produtos de cerâmicas tradicionais. Esses exemplos estão limitados apenas aos produtos comumente manufaturados, omitindo-se, assim, algumas cerâmicas importantes, como o cimento.

➤ **Vasos e Utensílios Domésticos** Essa categoria é uma das mais antigas, remontando milhares de anos; no entanto, ainda é uma das mais importantes. Inclui utensílios domésticos que todos nós utilizamos: louças e porcelanas. A matéria-prima para esses produtos é a argila, em geral combinada com outros minerais, como sílica e feldspato. A mistura úmida é moldada e subsequentemente queimada para produzir a peça acabada.

➤ **Tijolos e Telhas** Tijolos de construção, tubos de argila, telhas e manilhas d'água são produzidos com vários insumos à base de argila, de baixo custo. Contêm sílica e areias, disponíveis em grande quantidade nos depósitos naturais. Esses produtos são moldados por prensagem e queimados em temperaturas relativamente baixas.

➤ **Refratários** Cerâmicas refratárias, geralmente na forma de tijolos, são importantes em muitos processos industriais que empregam fornos e cadinhos para aquecer e/ou fundir materiais. As propriedades adequadas desses materiais refratários são resistência a altas temperaturas, isolamento térmico e resistência a reações químicas com os materiais (normalmente, metais fundidos) quando aquecidos. Como mencionado anteriormente, a alumina é usada com frequência como uma cerâmica refratária. Outros materiais refratários incluem o óxido de magnésio (MgO) e o óxido de cálcio (CaO).

➢ ***Abrasivos*** As cerâmicas tradicionais empregadas como abrasivos em rebolos de esmeril e lixas de papel são a ***alumina*** e o ***carbeto de silício***. Embora o SiC seja mais duro, a maioria dos rebolos usa Al_2O_3, pois são obtidos melhores resultados quando do esmerilhamento de aços, o mais usado dos metais. As partículas abrasivas (os grãos da cerâmica) são distribuídas por todo o rebolo utilizando um material aglomerante como goma-laca, resinas poliméricas, ou borracha. A tecnologia de rebolos de esmeril é apresentada no Capítulo 21.

5.2.2 CERÂMICAS AVANÇADAS

A expressão *cerâmica avançada* refere-se aos materiais cerâmicos que foram sintetizados nas últimas décadas e a melhorias nas técnicas de processamento, que geraram maior controle sobre as estruturas e as propriedades dos materiais cerâmicos. Em geral, as cerâmicas avançadas são baseadas em compostos diferentes dos silicatos de alumínio (que formam o grosso dos materiais cerâmicos tradicionais). Essas cerâmicas têm, geralmente, composição química mais simples que a das tradicionais; por exemplo, óxidos, carbetos, nitretos e boretos. A linha divisória entre cerâmicas tradicionais e avançadas é algumas vezes nebulosa, pois o óxido de alumínio e o carbeto de silício podem ser classificados também entre as cerâmicas tradicionais. Nesses casos, a distinção se baseia mais nos métodos de processamento do que na composição química.

As cerâmicas avançadas estão organizadas em função do tipo de composição química: óxidos, carbetos e nitretos. Uma cobertura mais abrangente das cerâmicas avançadas está apresentada nas Referências [9], [12] e [18].

Óxidos Cerâmicos A cerâmica avançada à base de óxido mais importante é a ***alumina***. Embora tenha sido discutida no contexto das cerâmicas tradicionais, a alumina é, hoje em dia, produzida sinteticamente a partir da bauxita, usando fornos elétricos. Por meio do controle do tamanho das partículas e das impurezas, de maior aperfeiçoamento nos métodos de processamento, e pela mistura com quantidades pequenas de outras cerâmicas, a resistência e a tenacidade da alumina são substancialmente melhoradas quando comparadas com a alumina natural. A alumina também tem boa dureza a quente, baixa condutividade térmica e boa resistência à corrosão. Essa é uma combinação de propriedades que permite vasta variedade de aplicações, incluindo [20]: abrasivos (rebolos de esmeris), biocerâmicas (ossos artificiais e dentes), isolantes elétricos, componentes eletrônicos, elementos de liga em vidros, tijolos refratários, insertos em ferramentas de corte (Subseção 19.2.4), velas de ignição e componentes de engenharia (veja a Figura 5.3).

Carbetos (ou Carbonetos) Os carbetos cerâmicos incluem os carbetos de silício (SiC), de tungstênio (WC), de titânio (TiC), de tântalo (TaC) e de cromo (Cr_3C_2). O carbeto de silício foi discutido anteriormente. Embora seja uma cerâmica produzida pelo homem, os métodos para sua produção foram desenvolvidos um século atrás, e por isso o carbeto de silício é geralmente incluído no grupo das cerâmicas tradicionais. Além de seu uso como abrasivo, outras aplicações do SiC incluem elementos de resistências de aquecimento e insumos da siderurgia.

WC, TiC e TaC são carbetos reconhecidos por sua dureza e sua resistência ao desgaste em ferramentas de corte (Subseção 19.2.3) e em outras aplicações que requerem essas propriedades. O carbeto de tungstênio foi o primeiro a ser desenvolvido e é o material mais importante e mais amplamente utilizado desse grupo. O carbeto de cromo é o mais adequado para aplicações nas quais a estabilidade química e a resistência à oxidação são importantes.

FIGURA 5.3 Componentes cerâmicos de alumina. (Foto de cortesia da Insaco Inc.)

Com exceção do SiC, os carbetos devem ser combinados com um ligante metálico, como o cobalto ou o níquel para a fabricação de peças sólidas úteis. Com efeito, os pós de carbeto ligados a uma matriz metálica dão origem ao **carbeto cementado**, produto conhecido como **metal duro** – um material compósito, especificamente um **cermeto** (do inglês, *cermet* – forma reduzida derivada de *cer*amic e *met*al). Os metais duros e outros cermetos são discutidos na Subseção 5.4.2. Os carbetos têm pouco valor em engenharia, exceto como constituintes de um sistema compósito.

Nitretos As cerâmicas à base de nitretos mais importantes são o nitreto de silício (Si_3N_4), o nitreto de boro (BN), e o nitreto de titânio (TiN). Como grupo, as cerâmicas à base de nitretos são duras e frágeis e se fundem a altas temperaturas (mas, normalmente, não tão altas quanto para os carbetos). São em geral isolantes elétricos, exceto o TiN.

O **nitreto de silício** apresenta vantagens em aplicações estruturais em altas temperaturas. Possui baixa expansão térmica, boa resistência ao choque térmico e à fluência, e resiste à corrosão provocada por metais não ferrosos fundidos. Essas propriedades têm motivado seu uso em turbinas a gás, motores de foguete e cadinhos para fusão.

O **nitreto de boro** existe em diversas estruturas, igual ao carbono. As estruturas importantes do BN são (1) hexagonal, semelhante à grafita, e (2) cúbica, como o diamante; além disso, sua dureza é semelhante à do diamante. Esta última estrutura tem os nomes de **nitreto cúbico de boro** e **borazon**, simbolizado por cBN. Por causa de sua dureza extrema, as principais aplicações do cBN são em ferramentas de corte (Subseção 19.2.5) e abrasivos de rebolos (Subseção 21.1.1). Bastante interessante é o fato de o cBN não competir com o diamante em ferramentas de corte e rebolos. O diamante é adequado para a usinagem e lixamento de metais não ferrosos, enquanto o cBN é apropriado para os aços.

O **nitreto de titânio** tem propriedades similares àquelas dos outros nitretos desse grupo, com exceção da condutividade elétrica, pois é um condutor. O TiN tem alta dureza, boa resistência ao desgaste, e baixo coeficiente de atrito com metais ferrosos. Esse conjunto de propriedades torna o TiN um material ideal para revestimento de superfícies de ferramentas de corte. O revestimento tem espessura de apenas 0,006 mm (aproximadamente), de modo que a quantidade de material usado nessa aplicação é baixa.

5.2.3 VIDROS

O termo *vidro* é algumas vezes dúbio, pois descreve um estado da matéria e também um tipo de cerâmica. Como estado da matéria, o termo refere-se a uma estrutura amorfa, ou não cristalina, de um material sólido. O estado vítreo ocorre em um material quando não há tempo suficiente, durante o resfriamento a partir do material fundido, para a estrutura cristalina se formar. Todas as três classes de materiais de engenharia (metais,

Capítulo 5

cerâmicas e polímeros) podem apresentar estado vítreo, embora, para os metais, as condições para isso ocorrer sejam bastante raras.

Como um tipo de cerâmica, o **vidro** é um composto inorgânico, e não metálico (ou uma mistura de compostos), que resfria para uma condição rígida sem cristalizar; ou seja, o vidro é um sólido cerâmico que está no estado vítreo.

Composição Química e Propriedades dos Vidros
O principal componente em quase todos os vidros é a *sílica* (SiO_2), mais comumente encontrada como o mineral quartzo, em rochas e areias. O quartzo ocorre de maneira natural como uma substância cristalina, mas quando fundido e, a seguir, resfriado, forma a sílica vítrea. O vidro de sílica tem um coeficiente de expansão ou dilatação térmica muito baixo e é, portanto, muito resistente ao choque térmico. Essas propriedades são ideais para aplicações em temperaturas elevadas; assim sendo, as vidrarias de laboratórios químicos projetadas para aquecimento são fabricadas com altas proporções de vidro de sílica.

Para reduzir a temperatura de fusão dos vidros, visando facilitar o processamento e controlar as propriedades, a composição da maioria dos vidros comerciais inclui outros óxidos além da sílica. A sílica permanece como o principal componente nesses vidros, usualmente entre 50 % e 75 % da composição total. A razão pela qual a SiO_2 é tão empregada nessas composições se deve ao fato de ela se transformar de maneira natural para o estado vítreo durante o resfriamento do líquido, enquanto a maioria das cerâmicas se cristalizam quando se solidificam. A Tabela 5.11 lista as composições químicas típicas de alguns vidros comuns. Os componentes adicionais formam uma solução sólida com a SiO_2, e cada um tem uma função, tais como: (1) promover a fusão durante o aquecimento; (2) aumentar a fluidez do vidro fundido; (3) retardar a *desvitrificação* – tendência à cristalização a partir do estado vítreo; (4) reduzir a expansão térmica do produto final; (5) melhorar a resistência química contra o ataque de ácidos, de substâncias básicas ou da água; (6) colorir o vidro; e (7) alterar o índice de refração para aplicações ópticas (por exemplo, em lentes).

Produtos de Vidro
A seguir, é apresentada uma lista com as principais categorias dos produtos de vidro.

➤ *Vidro de Janela* Esse vidro está representado por duas composições químicas na Tabela 5.11: vidro de cal de soda e vidro para janela. A fórmula do vidro de cal de

TABELA • 5.11 Composições típicas de produtos de vidro selecionados.

Produto	Composição Química [% massa (valor aproximado)]								
	SiO_2	Na_2O	CaO	Al_2O_3	MgO	K_2O	PbO	B_2O_3	Outros
Vidro de cal de soda	71	14	13	2					
Vidro para janela	72	15	8	1	4				
Vidro para vasilhame	72	13	10	2[a]	2	1			
Vidro para bulbo de lâmpada	73	17	5	1	4				
Vidrarias de laboratório:									
Vycor	96			1				3	
Pyrex	81	4		2				13	
Vidro-E "*E-glass*" (fibras)	54	1	17	15	4			9	
Vidro-S "*S-glass*" (fibras)	64			26	10				
Vidros ópticos:									
Vidro crown	67	8				12		12	ZnO
Vidro flint	46	3				6	45		

Compilado de [10], [12], [19] e outras referências.
[a]Pode incluir Fe_2O_3 com Al_2O_3.

soda remonta a indústria de sopro de vidro dos anos 1800 ou mesmo anteriormente. Esse vidro era feito (e ainda é) misturando soda (Na_2O) e cal (CaO) com a sílica (SiO_2). A mistura evoluiu para a obtenção de um equilíbrio entre durabilidade química e evitar a cristalização durante o resfriamento. Os vidros modernos de janelas e as técnicas para fazê-los precisaram sofrer pequenos ajustes de composição. A magnésia (MgO) foi acrescentada para reduzir a desvitrificação.

➤ **Vasilhames** No início, a mesma composição básica de cal de soda era usada no sopro manual de vidros para fazer garrafas e outros vasilhames. Os processos modernos para conformação de vasilhames de vidro resfriam o vidro mais rápido que os métodos antigos, e as alterações na composição otimizaram a proporção de cal (CaO) e de soda (Na_2O_3). A cal promove a fluidez. Ela também aumenta a desvitrificação, mas, uma vez que o resfriamento é mais rápido, esse efeito não é tão importante como era antigamente, quando taxas de resfriamento mais baixas eram usadas. A soda eleva a estabilidade química e a insolubilidade.

➤ **Vidro para Bulbo de Lâmpada** O vidro usado em bulbos de lâmpadas e outras peças finas de vidro (por exemplo, taças de vidro, bolas de árvore de Natal) é rico em soda e pobre em cal; esses vidros também contêm pequenas quantidades de magnésia e de alumina. As matérias-primas são baratas e adequadas aos fornos de fusão contínuos empregados atualmente na produção, em massa, de bulbos de lâmpadas.

➤ **Vidraria para Laboratório** Esses produtos incluem recipientes para produtos químicos (por exemplo, frascos, béqueres e tubos de ensaio). O vidro deve ser resistente a ataques químicos e ao choque térmico. O vidro rico em sílica é adequado em função de sua baixa expansão térmica. O nome comercial "Vycor" é usado para o vidro bastante rico em sílica. Adições de óxido de boro também resultam em vidro com baixa expansão térmica, de modo que alguns vidros para laboratório contêm B_2O_3. O nome comercial "Pyrex" é usado para os vidros contendo borossilicato.

➤ **Vidros Ópticos** As aplicações desses vidros incluem as lentes para óculos e para instrumentos ópticos, tais como câmeras, microscópios e telescópios. Para obter bom desempenho, as lentes devem ter índices diferentes de refração. Os vidros ópticos são geralmente divididos em *crowns* e *flints*. O **vidro crown** tem baixo índice de refração, enquanto o **vidro flint** contém óxido de chumbo (PbO), que confere alto índice de refração.

➤ **Fibras de Vidro** As fibras de vidro são fabricadas para inúmeras aplicações importantes, incluindo os compósitos poliméricos reforçados com fibra de vidro, as lãs de vidro para isolamento, e as fibras ópticas. A composição varia de acordo com a função. As fibras de vidro mais comumente usadas como reforço em plásticos são as do tipo E. Outra fibra de vidro é a do tipo S, que é mais resistente, mas não é tão econômica quanto às do vidro E. As lãs de fibra de vidro são isolantes e podem ser fabricadas com vidros à base de cal de soda. Os vidros para fibras ópticas consistem em um longo núcleo contínuo de vidro, de alto índice de refração, envolto por uma camada de vidro de baixo índice de refração. O vidro interno deve ter uma transmitância à luz muito elevada para permitir comunicação em longas distâncias.

Vitrocerâmicas As vitrocerâmicas são uma classe de material cerâmico produzido pela conversão do vidro vítreo em uma estrutura policristalina por tratamento térmico. A proporção da fase cristalina no produto final varia, tipicamente, entre 90 % e 98 %, sendo o restante a fase vítrea que não foi convertida. O tamanho de grão está em geral entre 0,1 e 1,0 μm, muito menor que o tamanho de grão das cerâmicas convencionais. Esta fina microestrutura cristalina torna as vitrocerâmicas mais resistentes que os vidros dos quais elas são obtidas. Além disso, por causa de sua estrutura cristalina, as vitrocerâmicas são opacas (em geral, de cor cinza ou branca) em vez de transparentes.

A sequência de processamento das vitrocerâmicas é a seguinte: (1) A primeira etapa envolve operações de aquecimento e moldagem usadas no processamento de vidros (Seção 9.2) para criar o produto com a geometria desejada. Os métodos de conformação de vidros são geralmente mais econômicos do que a prensagem e a sinterização usadas para conformar as cerâmicas tradicionais e avançadas, fabricadas por metalurgia do pó. (2) O produto é resfriado. (3) O vidro é reaquecido até uma temperatura suficiente para que uma rede densa de núcleos cristalinos se forme em todo o material. É essa alta densidade de sítios de nucleação que inibe o crescimento de grãos dos cristais individuais, acarretando, assim, uma microestrutura de grãos finos das vitrocerâmicas. A chave para a propensão à nucleação é a presença de pequenas quantidades de agentes nucleadores na composição do vidro. Os agentes de nucleação mais comuns são TiO_2, P_2O_5 e ZrO_2. (4) Uma vez que a nucleação começa, o tratamento térmico continua em uma temperatura ainda mais alta para causar o crescimento das fases cristalinas.

As vantagens mais relevantes das vitrocerâmicas incluem (1) eficiência do processamento no estado vítreo, (2) controle dimensional preciso do produto final, e (3) boas propriedades mecânicas e físicas. Essas propriedades incluem alta resistência mecânica (mais resistente que o vidro), ausência de porosidade, baixo coeficiente de expansão térmica e alta resistência ao choque térmico. Essas propriedades têm resultado em aplicações em panelas, trocadores de calor e radomes de mísseis. Certas formulações também possuem alta resistência elétrica, adequada para aplicações elétricas e eletrônicas.

5.3 Polímeros

Praticamente todos os materiais poliméricos usados em engenharia atualmente são sintéticos (a exceção é a borracha natural). Esses materiais são produzidos por reações químicas, e a maioria dos produtos é obtida por processos de solidificação. Um *polímero* é um composto formado por longas cadeias moleculares, em que cada molécula é formada por unidades repetidas ligadas entre si. Existem muitos milhares, ou mesmo milhões, de unidades em uma única molécula polimérica. O termo "polímero" vem das palavras gregas *poli*, que significa muitos, e *meros* (reduzida a *mero*), que significa parte. A maioria dos polímeros é baseada no carbono, e são, portanto, considerados materiais orgânicos.

Os polímeros podem ser separados em *plásticos* e *borrachas*. Com o propósito de apresentar os polímeros do ponto de vista técnico é conveniente dividi-los nas três seguintes classes, em que as categorias (1) e (2) são para plásticos, e a categoria (3) é para borrachas:

1. *Polímeros termoplásticos*, também chamados *termoplásticos* (TP), são materiais sólidos à temperatura ambiente, mas tornam-se líquidos viscosos quando aquecidos a temperaturas de apenas algumas centenas de graus. Essa característica permite que sejam facilmente transformados em produto final e com baixo custo. Os termoplásticos podem ser submetidos repetidamente a ciclos de aquecimento e resfriamento, sem apresentar degradação significativa.

2. *Polímeros termorrígidos*, ou *termorrígidos* (TR), não toleram ciclos repetidos de aquecimento e resfriamento como os termoplásticos. Quando inicialmente aquecidos, eles amolecem e escoam, conformando-se, mas as temperaturas elevadas também promovem reações químicas que endurecem o material, tornando-o um sólido infusível. Se reaquecidos, os polímeros termorrígidos se degradam e se carbonizam em vez de amolecerem.

3. *Elastômeros* (E) são polímeros que apresentam alongamento elástico extremo quando submetidos à tensão mecânica relativamente baixa. Embora suas propriedades sejam bem diferentes das dos termorrígidos, eles partilham uma estrutura molecular semelhante e, portanto, diferente dos termoplásticos.

Os termoplásticos são os mais importantes, em termos econômicos, entre os três tipos de polímeros, representando cerca de 70 % do total dos polímeros sintéticos produzidos. Os termorrígidos e os elastômeros dividem, quase igualmente, os outros 30 %. Os polímeros termoplásticos mais comuns incluem o polietileno, o cloreto de polivinila, o polipropileno, o poliestireno e o náilon. Exemplos de polímeros termorrígidos são os fenólicos, os epóxis e alguns poliésteres. O exemplo mais comum entre os elastômeros é a borracha natural (vulcanizada); entretanto, as borrachas sintéticas são produzidas em maior quantidade do que a borracha natural.

Embora a classificação dos polímeros nas categorias de TP, TR e E seja útil para fins de organização dos tópicos desta seção, deve-se notar que algumas vezes os três tipos se superpõem. Alguns polímeros que são normalmente termoplásticos podem ser modificados para se tornarem termorrígidos. Alguns polímeros podem ainda ser termorrígidos ou elastômeros (como descrito, as estruturas moleculares são semelhantes). Além disso, certos elastômeros são termoplásticos. Entretanto, essas superposições de propriedades são exceções à classificação geral.

O crescimento das aplicações dos polímeros sintéticos tem sido impressionante. Existem diversas razões que justificam a importância econômica e tecnológica dos polímeros:

➢ Os plásticos podem ser moldados produzindo peças com geometrias complexas, normalmente sem haver necessidade de processamento posterior. São bastante compatíveis com o processamento tipo *net shape*.

➢ Os plásticos possuem diversas propriedades atraentes para muitas aplicações em engenharia em que a resistência mecânica não seja primordial: (1) baixa densidade em relação a metais e cerâmicas; (2) boa razão resistência-peso para alguns polímeros (mas não todos); (3) alta resistência à corrosão; e (4) baixa condutividade elétrica e térmica.

➢ Em relação ao volume produzido, os polímeros têm custo competitivo em relação aos metais.

➢ Comparando produtos de mesmo volume, uma peça de material polimérico, em geral, requer menos energia para ser produzida do que uma peça de metal. Isto é normalmente válido porque as temperaturas de trabalho dos polímeros são bem menores que as dos metais.

➢ Certos plásticos são translúcidos e/ou transparentes, o que os torna competitivos em comparação aos vidros, em algumas aplicações.

➢ Os polímeros são largamente usados em materiais compósitos (Seção 5.4).

Por outro lado, os polímeros apresentam, em geral, as seguintes limitações: (1) a resistência mecânica é baixa em relação aos metais e cerâmicas; (2) o módulo de elasticidade e a rigidez também são baixos – no caso dos elastômeros, obviamente, isso pode ser uma característica desejável; (3) as temperaturas de serviço são limitadas a apenas poucas centenas de graus, em função do amolecimento dos polímeros termoplásticos ou da degradação dos polímeros termorrígidos e dos elastômeros; e (4) alguns polímeros se degradam quando expostos à luz do sol e a outras formas de radiação.

Os polímeros são sintetizados pela união de muitas moléculas pequenas para formar grandes moléculas, chamadas **macromoléculas**, as quais possuem uma estrutura em cadeia. As pequenas unidades, chamadas **monômeros**, são geralmente moléculas orgânicas insaturadas simples, tal como o etileno C_2H_4. Os átomos nessas moléculas são mantidos unidos por ligações covalentes; e, quando unidas para formar o polímero, as mesmas ligações covalentes formam as ligações ao longo das cadeias. Assim, cada macromolécula é caracterizada por ter ligações primárias fortes. A síntese da molécula do polietileno está mostrada na Figura 5.4.

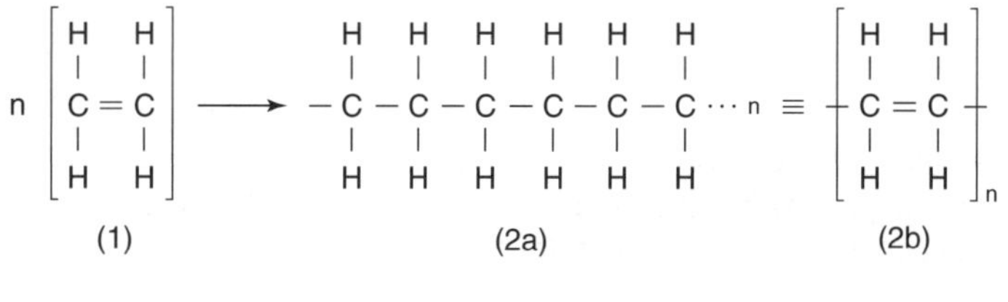

FIGURA 5.4 Síntese do polietileno a partir de monômeros de etileno: (1) *n* monômeros de etileno produzem (2-a) cadeias de polietileno de comprimento *n*; (2-b) notação concisa para representar a estrutura do polímero com cadeia de comprimento *n*.

Como descrito aqui, a polimerização produz uma macromolécula com estrutura de cadeia, chamada **polímero linear**. Essa é a estrutura característica de um polímero termoplástico. Outras estruturas estão representadas na Figura 5.5. Uma possibilidade é a formação de ramificações ao longo da cadeia, resultando em um **polímero ramificado**, conforme mostrado na Figura 5.5(b). Para o polietileno, isso ocorre porque átomos de hidrogênio são substituídos por átomos de carbono em pontos aleatórios ao longo da cadeia, iniciando o crescimento de cadeias laterais em cada ponto. Para alguns polímeros, ligações primárias também ocorrem entre as ramificações e outras moléculas, em certos pontos de ligação, formando **polímeros com ligações cruzadas**, como ilustrado nas Figuras 5.5(c) e 5.5(d). A ligação cruzada ocorre porque uma parcela dos monômeros usados para formar o polímero é capaz de se ligar a monômeros adjacentes em mais de duas posições, permitindo assim que ramificações de outras moléculas se unam. Estruturas com poucas ligações cruzadas são características dos elastômeros. Quando um polímero apresenta muitas ligações cruzadas, ele se organiza como uma **estrutura em rede**, como na Figura 5.5(d); de fato, toda a massa do polímero forma uma macromolécula gigante. Os polímeros termorrígidos assumem essa estrutura após a cura.

A presença de ramificações e de ligações cruzadas nos polímeros tem efeito marcante nas propriedades. Essa é a base da diferença entre as três categorias de polímeros: TP, TR e E. Os polímeros termoplásticos sempre possuem estruturas lineares ou ramificadas, ou uma mistura das duas. As ramificações aumentam o entrelaçamento entre as moléculas, normalmente tornando o polímero mais resistente no estado sólido e mais viscoso em uma dada temperatura na qual o polímero está no estado líquido ou plástico.

Os polímeros termorrígidos e os elastômeros têm ligações cruzadas. As ligações cruzadas tornam o polímero quimicamente estável; assim, a reação não pode ser revertida. Esse efeito altera permanentemente a estrutura do polímero; quando se reaquece, ele se degrada ou queima, em vez de fundir-se. Os termorrígidos possuem muitas ligações cruzadas, enquanto os elastômeros têm poucas. Os termorrígidos são duros e frágeis, enquanto os elastômeros são elásticos e resilientes.

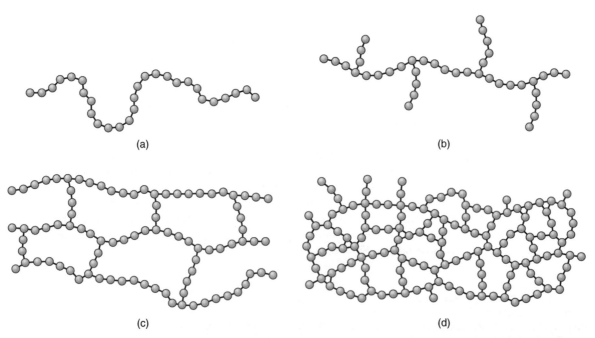

FIGURA 5.5 Várias estruturas de moléculas poliméricas: (a) linear, característica dos termoplásticos; (b) ramificada; (c) com poucas ligações cruzadas, como em um elastômero; e (d) com muitas ligações cruzadas ou com estrutura em rede, como em um termorrígido.

5.3.1 POLÍMEROS TERMOPLÁSTICOS

A propriedade que define um polímero termoplástico é que ele pode ser aquecido a partir do estado sólido até se tornar um líquido viscoso e, então, ser resfriado novamente para voltar a ser sólido. Esse ciclo de aquecimento e resfriamento pode ser aplicado inúmeras vezes, sem degradar o polímero. A razão para esse comportamento se deve ao fato de os polímeros TP terem macromoléculas lineares (e/ou ramificadas) que não formam ligações cruzadas quando aquecidas. Comparado aos metais e cerâmicas, à temperatura ambiente, um polímero termoplástico típico é definido pelas seguintes características: (1) rigidez muito menor, (2) menor resistência mecânica, (3) dureza muito menor, e (4) maior ductilidade.

Os produtos feitos de polímeros termoplásticos incluem itens moldados por injeção e extrudados, fibras, filmes, chapas, materiais de embalagem, tintas e vernizes. A matéria-prima inicial para esses produtos é normalmente fornecida aos fabricantes na forma de pós ou de *pellets* (grânulos) em sacos, tambores, ou, para maiores quantidades, por caminhões ou vagões de trens. Os polímeros termoplásticos mais importantes são apresentados a seguir:

- ➤ *Acrílicos.* Os acrílicos são polímeros derivados do ácido acrílico ($C_3H_4O_2$) e de seus compostos. O termoplástico mais importante do grupo dos acrílicos é o poli(metilmetacrilato) ou *metacrilato de polimetila* (PMMA) ou Plexiglas (nome comercial do PMMA). Sua propriedade de maior destaque é a excelente transparência, que o torna competitivo frente aos vidros em aplicações ópticas. Exemplos de emprego incluem faroletes de automóveis, instrumentos ópticos e janelas de aviões.

- ➤ *Acrilonitrila-Butadieno-Estireno.* O ABS é chamado de plástico de engenharia devido à sua excelente combinação de propriedades mecânicas. O nome desse plástico deriva de seus três monômeros iniciais, que podem ser misturados em várias proporções. Aplicações típicas incluem componentes de automóveis, eletrodomésticos, máquinas comerciais, tubos e conexões.

- ➤ *Poliamidas.* Uma família importante de polímeros que formam a união de amida (CONH) que se repete durante a polimerização é a família das poliamidas (PA). Os representantes mais importantes da família das PA são os *náilons*, que são resistentes, muito elásticos, tenazes, resistentes à abrasão, e autolubrificantes. A maioria das aplicações dos náilons (cerca de 90 %) é na forma de fibras para tapetes, vestimentas e cabos para pneus. O restante (10 %) é usado em componentes de engenharia, tais como mancais, engrenagens e componentes similares em que a resistência e o baixo atrito são requisitos necessários. Um segundo grupo de poliamidas é o grupo das *aramidas* (poliamidas aromáticas), do qual o *Kevlar* (nome comercial da DuPont) é importante como fibra em plásticos reforçados. A importância do Kevlar está em sua resistência, a mesma que a do aço, pesando apenas 20 % em relação ao aço.

- ➤ *Policarbonato.* O policarbonato (PC) é conhecido, em geral, por suas excelentes propriedades mecânicas, que incluem alta tenacidade e boa resistência à fluência. Além disso, é resistente ao calor, transparente à luz e resistente ao fogo. As aplicações incluem partes moldadas de máquinas, carcaças de equipamentos de escritório, propulsores de bombas, capacetes de segurança, e CDs (por exemplo, meios de armazenamento de áudio e música). O policarbonato é também muito usado em janelas e para-brisas.

- ➤ *Poliéster.* Os poliésteres formam uma família de polímeros que possuem ligações éster (COO). Podem ser tanto termoplásticos como termorrígidos, dependendo se são formadas ligações cruzadas. Um exemplo representativo dos poliésteres termoplásticos é o *poli(tereftalato de etileno)* (PET). Aplicações importantes incluem as garrafas de refrigerantes moldadas por sopro, filmes fotográficos e fitas para gravação magnética. Além disso, as fibras de PET também são muito usadas em vestimentas.

➢ **Polietileno.** O polietileno (PE) foi sintetizado pela primeira vez nos anos 1930 e, hoje em dia, responde pela maior quantidade entre todos os plásticos. Os aspectos que tornam o PE atraente como um material de engenharia são baixo custo, inércia química e facilidade de processamento. O polietileno está disponível em diversos tipos, sendo os mais comuns o **polietileno de baixa densidade** (PEBD) e o **polietileno de alta densidade** (PEAD). O polietileno de baixa densidade tem muitas ramificações. Aplicações dos polietilenos incluem garrafas do tipo *squeeze*, sacos para embalagem de comida congelada, folhas, filmes e isolamento de fios elétricos. O PEAD tem estrutura mais linear, com densidade mais alta. Essa diferença estrutural torna o PEAD mais rígido e eleva a temperatura de fusão. O PEAD é usado em garrafas, tubos e utensílios domésticos.

➢ **Polipropileno.** O polipropileno (PP) é o principal polímero para moldagem por injeção. É o plástico comum mais leve e tem elevada razão resistência-peso. O PP é frequentemente comparado com o PEAD, pois seu custo e muitas de suas propriedades são semelhantes. Entretanto, o alto ponto de fusão do polipropileno permite usá-lo em algumas aplicações que excluem o polietileno – por exemplo, componentes que devem ser esterilizados. Outras aplicações do PP são peças moldadas por injeção para automóveis e para uso doméstico, e fibras para carpetes.

➢ **Poliestireno.** Existem diversos polímeros baseados no monômero de estireno (C_8H_8), dos quais o poliestireno (PS) é usado em maior quantidade. É um polímero linear e normalmente reconhecido por sua fragilidade. O PS é transparente, facilmente colorido e moldado, mas se degrada em temperaturas elevadas e se dissolve em vários solventes. Alguns tipos de PS contêm de 5 % a 15 % de borracha para melhorar a tenacidade, e o termo **poliestireno de alto impacto** (HIPS, do inglês *high-impact polystyrene*) é usado para representá-los. Além de produtos obtidos por moldagem por injeção (por exemplo, brinquedos), o poliestireno também é usado em embalagens sob a forma de espuma de PS.

➢ **Policloreto de vinila.** O policloreto de vinila (PVC) é um plástico de amplo emprego cujas propriedades podem ser variadas, combinando aditivos com o polímero. Podem ser obtidos polímeros termoplásticos variando de rígidos (PVC rígido) a flexíveis (PVC flexível). A faixa de propriedades torna o PVC um polímero versátil, com aplicações que incluem tubos rígidos (usados em construção, em sistemas de água e esgoto, e em irrigação), conexões, isolamento de fios e cabos elétricos, filmes, chapas, embalagem de alimentos, pisos e brinquedos.

5.3.2 POLÍMEROS TERMORRÍGIDOS

Os polímeros termorrígidos (TR) se distinguem por sua estrutura com muitas ligações cruzadas. De fato, a peça inteira (por exemplo, o cabo de panelas ou o espelho de disjuntores elétricos) se torna uma grande macromolécula. Devido às diferenças na composição química e na estrutura molecular, as propriedades dos polímeros termorrígidos são diferentes das dos termoplásticos. Em geral, os termorrígidos são: (1) mais rígidos, (2) frágeis, (3) menos solúveis em solventes comuns, (4) capazes de trabalhar em temperaturas mais altas, e (5) não capazes de serem refundidos – em vez disso, eles se degradam ou queimam.

As diferenças nas propriedades dos polímeros TR são atribuídas às ligações cruzadas, que formam uma estrutura tridimensional, termicamente estável, e com ligações covalentes entre as moléculas. As reações químicas associadas à formação das ligações cruzadas são chamadas de **cura** ou **endurecimento**. A cura ocorre de três maneiras, dependendo dos reagentes iniciais: (1) sistemas ativados por temperatura, em que a cura ocorre pelo aquecimento; (2) sistemas ativados por catalisador, nos quais uma pequena quantidade de catalisador é adicionada ao polímero líquido para promover a cura; e (3) sistemas de ativação por mistura, quando dois reagentes são misturados, resultando em uma reação química que forma o polímero com ligações cruzadas. A cura é realizada nas fábricas onde as peças são moldadas e não nas indústrias químicas que fornecem as matérias-primas ao fabricante de peças poliméricas.

Os polímeros termorrígidos não são tão empregados quanto os termoplásticos, talvez devido à complexidade envolvida no processamento. Os termorrígidos mais usados são as resinas fenólicas, mas seu volume anual produzido é menos de 20 % do volume produzido de polietileno, que é o termoplástico mais utilizado. A lista a seguir apresenta os termorrígidos mais importantes e suas aplicações típicas.

➢ **Resinas Amínicas.** As resinas amínicas, caracterizadas pela presença do grupo amina (NH_2), consistem em dois polímeros termorrígidos, ureia-formaldeído e melamina-formaldeído, que são produzidos pela reação do formaldeído (CH_2O) com ureia ($CO(NH_2)_2$) ou melamina ($C_3H_6N_6$), respectivamente. A *ureia-formaldeído* é usada como adesivo em compensados e aglomerados. Além disso, é empregada como composto para moldagem. O plástico *melamina-formaldeído* é resistente à água e é usado em pratos e como revestimento de mesas fabricadas de laminados de madeira e tampos de balcões (nome comercial: Fórmica).

➢ **Epóxis.** As resinas epóxi são baseadas em um grupo químico chamado *epóxi*. A epicloridrina (C_3H_5OCl) é muito usada para produzir resinas epóxi. As resinas epóxi curadas são notáveis por sua resistência mecânica, adesão, resistência térmica e química. As aplicações incluem revestimentos de superfícies, pisos industriais, compósitos reforçados por fibras de vidro e adesivos. As propriedades isolantes dos epóxis termorrígidos os tornam úteis como material de laminação para placas de circuitos impressos.

➢ **Fenólicos.** O fenol (C_6H_5OH) é um composto ácido que pode reagir com os aldeídos (alcoóis desidrogenados), sendo o formaldeído (CH_2O) o mais reativo. O *fenol-formaldeído* é o mais importante dos polímeros fenólicos. É frágil e possui boa estabilidade térmica, química e dimensional. As aplicações incluem componentes moldados, placas de circuitos impressos, tampos de balcões, adesivos para compensados e material adesivo para sapatas de freio e discos abrasivos.

➢ **Poliésteres.** Os poliésteres, polímeros que possuem ligações éster (COO), podem ser termorrígidos ou termoplásticos. Os poliésteres termorrígidos são muito usados em plásticos reforçados (compósitos) na fabricação de peças grandes como dutos, tanques, cascos de barco, partes de carrocerias de automóveis e painéis de construção. Eles também podem ser usados para produzir peças menores, por vários processos de moldagem.

➢ **Poliuretanos.** Esses polímeros incluem uma grande família, todos caracterizados pela presença do grupo uretano (NHCOO) em sua estrutura. Muitas tintas, vernizes e revestimentos similares são baseados no uretano. Por variações na composição química, entrecruzamentos e processamento, os poliuretanos podem ser termoplásticos, termorrígidos ou elastômeros, e os dois últimos têm maior importância comercial. A maior aplicação dos poliuretanos é na forma de espumas. Seu comportamento pode variar entre elastomérico e rígido, e este último possui maior quantidade de ligações cruzadas (os poliuretanos elastoméricos estão apresentados na Subseção 5.3.3). As espumas rígidas são usadas como material de enchimento nos espaços vazios de painéis de construção e de paredes de refrigeradores.

5.3.3 ELASTÔMEROS

Os elastômeros são polímeros capazes de apresentar grandes deformações elásticas quando submetidos a tensões relativamente baixas. Alguns elastômeros podem atingir alongamentos de 500 % ou mais, e ainda retornar à forma inicial. O termo mais popular para os elastômeros é borracha. Os elastômeros podem ser divididos em duas categorias: (1) borracha natural, derivada de plantas; e (2) borrachas sintéticas, produzidas por processos de polimerização semelhantes aos usados para os polímeros termoplásticos e termorrígidos.

A cura é necessária para produzir ligações cruzadas na maioria dos elastômeros. O termo usado para a cura no contexto da borracha natural (e algumas borrachas sintéticas) é **vulcanização**, que envolve a formação de ligações químicas cruzadas entre as cadeias poliméricas. A quantidade típica de ligações cruzadas nas borrachas é de 1 a 10 ligações por centena de átomos de carbono na cadeia linear do polímero, dependendo do grau de rigidez desejada no material. Essa quantidade é consideravelmente menor que a dos polímeros termorrígidos.

Borracha Natural A borracha natural (NR, do inglês *natural rubber*) consiste principalmente em poli-isopreno, um polímero do isopreno (C_5H_8), que deriva do látex, uma substância leitosa produzida por várias plantas, e a mais importante é a seringueira (*Hevea brasiliensis*), que cresce em climas tropicais. O látex é uma emulsão aquosa de poli-isopreno (cerca de um terço do peso) e de várias outras substâncias. A borracha é extraída do látex por diversos métodos que removem a água.

A borracha natural crua (sem vulcanização) é aderente em climas quentes, mas rígida e frágil em climas frios. Para obter um elastômero com propriedades adequadas, a borracha natural deve ser vulcanizada. Tradicionalmente, a vulcanização era realizada pela mistura de borracha crua com pequenas quantidades de enxofre, e aquecimento. O efeito da vulcanização é produzir ligações cruzadas, que aumentam a resistência e a rigidez, mas ainda mantendo o alongamento. A mudança drástica nas propriedades causadas pela vulcanização pode ser vista nas curvas tensão-deformação da Figura 5.6. Somente com o uso de enxofre podem-se produzir ligações cruzadas, mas o processo é lento, levando horas para se completar. Na prática moderna, outras substâncias químicas são adicionadas ao enxofre durante a vulcanização da borracha para acelerar o processo e produzir ainda outros efeitos benéficos. Além disso, a borracha pode ser vulcanizada utilizando outros compostos químicos diferentes do enxofre. Atualmente, os tempos de cura são bastante reduzidos, em comparação com a cura original com enxofre, realizada no passado.

Como material de engenharia, a borracha vulcanizada tem destaque entre os elastômeros, por sua alta resistência mecânica, resistência ao rasgamento, resiliência (capacidade de recuperar o formato após a deformação), resistência ao desgaste e à fadiga. No entanto, apresenta deficiência em relação à degradação quando exposta ao calor, à luz do sol, ao oxigênio, ao ozônio e a óleos. Algumas dessas limitações podem ser reduzidas com o uso de aditivos.

O maior mercado individual para as borrachas naturais é o de pneus de automóveis. Nos pneus, o negro de fumo é um aditivo importante; ele reforça a borracha, aumentando sua resistência mecânica e suas resistências ao rasgamento e à abrasão. Outros produtos feitos de borracha natural incluem solas de sapato, amortecedores, vedações e componentes absorvedores de impacto.

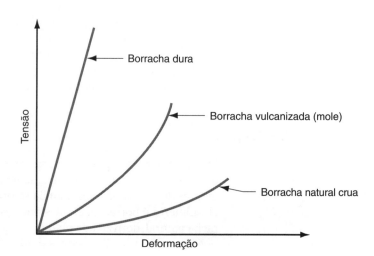

FIGURA 5.6 Aumento da rigidez em função da deformação para três borrachas: borracha natural, borracha vulcanizada e borracha dura.

Borrachas Sintéticas Atualmente, a quantidade de borrachas sintéticas no mercado é mais de três vezes a de borracha natural. O desenvolvimento desses materiais sintéticos foi, em grande parte, motivado pelas guerras mundiais, quando era difícil obter borracha natural. Como a maioria dos outros polímeros, a matéria-prima predominante das borrachas sintéticas é o petróleo. As borrachas sintéticas de maior importância comercial estão discutidas a seguir:

➤ *Borracha de Butadieno.* O *polibutadieno* é importante, principalmente pela combinação com outras borrachas. É misturado com borracha natural e com estireno (a borracha de estireno-butadieno será discutida adiante) na produção de pneus de automóveis. Sem essa mistura, a resistência ao rasgamento, a resistência à tração e a facilidade de processamento do polibutadieno são inferiores ao desejável.

➤ *Borracha Butílica.* A borracha butílica consiste em poli-isobutileno (98 % a 99 %) e poli-isopreno. Ela pode ser vulcanizada para obter uma borracha com muito baixa permeabilidade ao ar, que se destina a produtos infláveis, como câmeras de ar, recobrimentos em pneus sem câmera de ar, e produtos esportivos.

➤ *Borracha de Cloropreno.* Comumente conhecida como *neopreno*, a borracha de cloropreno (CR, do inglês *chloroprene rubber*) é uma borracha importante para aplicações especiais. Ela é mais resistente a óleos, intempéries, ozônio, calor e à chama do que as borrachas naturais, porém é mais cara. Suas aplicações incluem mangueiras de combustível (e outras partes de automóveis), correias transportadoras e juntas de vedação; a borracha de cloropreno não é utilizada em pneus.

➤ *Borracha de Etileno-Propileno.* A polimerização do etileno e do propileno com pequena quantidade de um monômero diênico produz o etileno-propileno-dieno (EPDM), que é uma borracha sintética bastante útil. As aplicações principais são em componentes da indústria automotiva; esse tipo de borracha é também usado em isolamento de cabos e fios elétricos.

➤ *Poliuretanos.* Os poliuretanos (Subseção 5.3.2) com o mínimo de ligações cruzadas são classificados como elastômeros, mais comumente produzidos como espumas flexíveis. Nessa forma, eles são muito usados em almofadas para móveis e assentos de automóveis. Os poliuretanos, quando em formato diferente das espumas, podem ser moldados em produtos que variam de solas de sapato a para-choques de carros, com a quantidade de ligações cruzadas ajustadas para atingir propriedades desejadas para a aplicação.

➤ *Borracha de Estireno-Butadieno.* O SBR (do inglês, *styrene-butadiene rubber*) é o elastômero mais produzido, totalizando cerca de 40 % de todas as borrachas produzidas (a borracha natural ocupa o segundo lugar). Suas vantagens incluem baixo custo, resistência à abrasão e maior uniformidade do que a borracha natural. Quando reforçada com negro de fumo e vulcanizada, suas características e empregos são muito semelhantes aos da borracha natural. Uma comparação de propriedades revela que a maioria de suas propriedades mecânicas, exceto a resistência ao desgaste, é inferior às da borracha natural, mas sua resistência ao envelhecimento pelo calor, ao ozônio, às intempéries e aos óleos é superior. Suas aplicações incluem pneus de automóveis, tênis, e isolamentos de fios e cabos elétricos.

Elastômeros Termoplásticos Um elastômero termoplástico é um termoplástico que se comporta como um elastômero. Constitui uma família de polímeros que formam um segmento em rápida expansão no mercado de elastômeros. Os elastômeros termoplásticos derivam suas propriedades elastoméricas não das ligações cruzadas de natureza química, mas das conexões físicas entre as fases rígidas e macias que formam o material. A composição química e a estrutura desses materiais são geralmente complexas, envolvendo dois materiais que são incompatíveis, de modo que formam fases distintas cujas propriedades à temperatura ambiente são diferentes. Devido à sua termoplasticidade, os elastômeros termoplásticos não atingem, em altas temperaturas, as propriedades de

116 Capítulo 5

resistência mecânica e de fluência dos elastômeros com ligações cruzadas. Empregos típicos desses elastômeros incluem tênis, elásticos, tubos extrudados, revestimentos de fios, e componentes moldados para automóveis e outros usos nos quais propriedades elastoméricas são necessárias. Esses elastômeros termoplásticos não são adequados para pneus.

5.4 Compósitos

Além dos metais, das cerâmicas e dos polímeros, uma quarta categoria de materiais pode ser citada: materiais compósitos. Um *material compósito* é um sistema composto de duas ou mais fases fisicamente distintas e cuja combinação resulta em propriedades que são diferentes das propriedades dos constituintes originais. O interesse comercial e tecnológico nos materiais compósitos vem do fato de que suas propriedades são não apenas diferentes, mas, com frequência, muito superiores às dos materiais que os compõem. Algumas das possibilidades do uso de compósitos incluem:

➤ Compósitos podem ser projetados para ser muito resistentes e rígidos, e ainda bastante leves, resultando em razões resistência-peso e rigidez-peso várias vezes maiores do que as dos aços ou do alumínio. Essas propriedades são altamente desejáveis em aplicações que variam de aeronáuticas a equipamentos esportivos.

➤ As propriedades em fadiga são em geral melhores que as dos metais comumente empregados em engenharia. A tenacidade também é, em geral, superior.

➤ Os compósitos podem ser projetados para evitar a corrosão, como a sofrida pelos aços; essa característica é importante na indústria automotiva e em outras aplicações.

➤ Com os materiais compósitos é possível obter combinações de propriedades não alcançáveis com metais, cerâmicas e polímeros, isoladamente.

Junto com as vantagens, existem desvantagens e limitações associadas aos compósitos. Essas incluem: (1) as propriedades de muitos dos compósitos importantes são anisotrópicas, o que significa que as propriedades são diferentes, dependendo da direção na qual elas são medidas; (2) muitos compósitos baseados em polímeros estão sujeitos ao ataque por compostos químicos ou por solventes, do mesmo modo que os próprios polímeros são suscetíveis a esses ataques; (3) os materiais compósitos são geralmente caros; e (4) alguns dos métodos de fabricação usados para moldar os materiais compósitos são lentos e dispendiosos.

5.4.1 TECNOLOGIA E CLASSIFICAÇÃO DOS MATERIAIS COMPÓSITOS

Como descrito pela definição, um material compósito consiste em duas ou mais fases distintas. O termo *fase* indica um material homogêneo, como um metal ou uma cerâmica, no qual todos os grãos têm a mesma estrutura cristalina, ou como em um polímero que não é fabricado com cargas (aditivos reforçadores). Pela combinação de fases, usando métodos a serem descritos, um novo material é criado cujo desempenho agregado excede o de cada parte separadamente. Ou seja, ocorre um efeito sinérgico.

Componentes em um Material Compósito Na manifestação mais simples de sua definição, um material compósito possui duas fases: uma fase primária e uma fase secundária. A fase primária forma a *matriz* na qual a segunda fase está dispersa. A fase dispersa é, às vezes, denominada *elemento de reforço* (ou algum termo equivalente), porque ela serve, normalmente, para aumentar a resistência do compósito. A fase dispersa pode estar sob a forma de fibras ou de partículas. As fases são em geral insolúveis entre si, mas uma forte adesão deve existir em suas interfaces.

A fase matriz pode ser de qualquer um dos três tipos de materiais básicos: polímeros, metais ou cerâmicas. A fase dispersa também pode ser de um dos três materiais básicos, ou pode ser um elemento, como o carbono ou o boro. Certas combinações não são adequadas, como um polímero em uma matriz cerâmica. As possibilidades existentes incluem também estruturas de duas fases formadas por componentes do mesmo tipo de material, como fibras de Kevlar (polímero) em matriz de plástico (polímero).

O sistema de classificação dos materiais compósitos usado neste livro é baseado na fase matriz. As classes estão listadas aqui e discutidas na Subseção 5.4.2.

1. ***Compósito de Matriz Metálica*** (CMM) inclui misturas de cerâmicas e metais, tais como carbetos e outros cermetos, bem como alumínio ou magnésio reforçado por fibras resistentes e de alta rigidez.

2. ***Compósito de Matriz Cerâmica*** (CMC) é a categoria menos comum. O óxido de alumínio e o carbeto de silício são materiais que podem ter fibras incorporadas para melhorar as propriedades, especialmente em aplicações em altas temperaturas.

3. ***Compósito de Matriz Polimérica*** (CMP). As resinas termorrígidas são os polímeros mais amplamente usados nos CMPs. As resinas epóxi e poliéster são, via de regra, reforçadas com fibras, e as fenólicas são misturadas com pós. Compósitos termoplásticos moldados são, com frequência, reforçados com pós.

O material da matriz tem diversas funções no compósito. Primeiro, ele dá volume à peça ou ao produto fabricado com o material compósito. Segundo, a matriz sustenta a fase dispersa em sua posição, normalmente envolvendo-a e ocultando-a. Terceiro, quando uma carga é aplicada, a matriz partilha a carga com a fase dispersa e, em alguns casos, a deformação é tal que a tensão, essencialmente, é sustentada pelo agente de reforço.

É importante entender que o papel desempenhado pela fase dispersa é o de reforçar a fase primária. A fase dispersa é usada mais comumente em uma das três formas: fibras, partículas, ou flocos.

Fibras são filamentos do material de reforço, tendo em geral seção transversal circular. Os diâmetros variam de menos de 0,0025 mm a cerca de 0,13 mm, dependendo do material. O reforço com fibras fornece maior oportunidade de aumentar a resistência dos compósitos. Em compósitos reforçados com fibras, as fibras são geralmente consideradas o principal elemento, pois elas suportam a maior parte da carga. As fibras são interessantes como agentes de reforço, pois, na forma de filamentos, os materiais são significativamente mais resistentes que em sua forma tridimensional, volumétrica. À medida que o diâmetro é reduzido, o material se torna orientado na direção do eixo das fibras, e a probabilidade de encontrar defeitos na estrutura diminui consideravelmente. Como resultado, a resistência à tração aumenta drasticamente.

As fibras usadas nos compósitos podem ser contínuas ou descontínuas. ***Fibras contínuas*** são muito longas; teoricamente, elas oferecem um percurso contínuo ao longo do qual a carga pode ser suportada pela peça de compósito. Na prática, isso é difícil de ser alcançado devido a variações nas fibras e no processamento. As ***fibras descontínuas*** (picotadas das fibras contínuas) têm comprimento curto. Vários materiais são usados como fibras em compósitos reforçados com fibras. Eles incluem o vidro (vidro-E e vidro-S, Tabela 5.11), carbono, boro, Kevlar, óxido de alumínio e carbeto de silício.

Uma segunda forma bastante comum da fase dispersa são as ***partículas*** – pós com tamanho variando de microscópico a macroscópico. Partículas são uma forma importante de metais e cerâmicas. A caracterização e a produção de pós com interesse em engenharia são discutidas nos Capítulos 12 e 13. A distribuição de partículas na matriz do compósito é aleatória; portanto, a resistência e outras propriedades desses compósitos são em geral isotrópicas.

Flocos são, basicamente, partículas bidimensionais – pequenas plaquetas achatadas. Dois exemplos desse formato são os minerais mica (silicato de K e Al) e talco $[Mg_3Si_4O_{10}(OH)_2]$, usados como agentes de reforço em plásticos. Os flocos têm em geral custo inferior aos polímeros e propiciam resistência e rigidez a compostos poliméricos moldados.

Propriedades de um Material Compósito Na seleção de um material compósito, geralmente busca-se uma combinação ótima de propriedades, em vez de uma propriedade particular. Por exemplo, a fuselagem e as asas de um avião devem ser leves assim como resistentes, rígidas e tenazes. É difícil encontrar um material monolítico que satisfaça esses requisitos. Entretanto, vários polímeros reforçados com fibra possuem essa combinação de propriedades.

Outro exemplo é a borracha. A borracha natural é um material relativamente pouco resistente. No início dos anos 1900, descobriu-se que a adição de quantidades relativamente elevadas de negro de fumo (carbono quase puro) à borracha natural elevava bastante sua resistência mecânica. Os dois componentes interagem para produzir um material compósito que é, consideravelmente, mais resistente que os materiais originais, sozinhos. A borracha, é claro, deve ser também vulcanizada para atingir plenamente essa resistência.

A borracha, sozinha, é um aditivo útil no poliestireno. Uma das propriedades particulares e prejudiciais do poliestireno é sua fragilidade. Embora a maior parte dos outros polímeros tenha considerável ductilidade, para o PS a ductilidade é quase nula. A borracha (natural ou sintética) pode ser adicionada em pequenas quantidades (5 % a 15 %), a fim de produzir poliestireno de alto impacto resistente a impacto, que tem tenacidade, e por isso resistência a impacto muito superior.

As fibras ilustram a importância da forma geométrica. A maioria dos materiais tem resistência à tração várias vezes maior quando no formato de fibras que na forma tridimensional. Entretanto, as aplicações das fibras são limitadas por defeitos superficiais, por flambagem, quando submetidas à compressão, e ao inconveniente da geometria filamentar, quando um componente sólido é necessário. Com a incorporação das fibras em uma matriz polimérica, um material compósito é obtido, o que evita os problemas associados às fibras, mas utiliza sua alta resistência mecânica. Uma matriz fornece material necessário para proteger a superfície das fibras e para resistir à flambagem; e as fibras transferem sua alta resistência mecânica ao compósito. Quando uma carga é aplicada, a matriz, de baixa resistência, se deforma e distribui a tensão às fibras de alta resistência, as quais suportam a carga. Se uma fibra individual se rompe, a carga é redistribuída através da matriz para as outras fibras.

5.4.2 MATERIAIS COMPÓSITOS

Os três tipos de materiais compósitos e suas aplicações são discutidos nesta seção: (1) compósitos de matriz metálica, (2) compósitos de matriz cerâmica, e (3) compósitos de matriz polimérica.

Compósitos de Matriz Metálica Os compósitos de matriz metálica (CMMs) consistem em uma matriz metálica, reforçada por uma segunda fase. Os materiais de reforço mais comuns são (1) partículas cerâmicas e (2) fibras cerâmicas, de carbono e de boro. Os CMMs do primeiro tipo são comumente chamados de cermetos.

Um *cermeto* é um material compósito no qual a cerâmica está incorporada em uma matriz metálica. A cerâmica normalmente domina a mistura, algumas vezes atingindo até 96 % do volume. A ligação pode ser aumentada pela pequena solubilidade entre as fases em temperaturas elevadas, usadas durante o processamento desses compósitos. Uma importante categoria dos cermetos são os metais duros.

Os *metais duros* são compostos de um ou mais carbetos unidos por uma matriz metálica usando técnicas de processamento de particulados (Seção 13.3). Os metais duros mais comuns são formados por carbeto de tungstênio (WC), carbeto de titânio (TiC) e carbeto de cromo (Cr_3C_2). O carbeto de tântalo (TaC) e outros carbetos são menos comuns. Os ligantes metálicos típicos são o cobalto e o níquel. Como já discutido (Subseção 5.2.2), os carbetos cerâmicos formam o principal constituinte dos metais duros, compreendendo tipicamente entre 80 % e 95 % do peso total.

As ferramentas de corte são uma aplicação importante dos metais duros fabricados com *carbeto de tungstênio*. Outras aplicações dos metais duros, do tipo WC-Co, incluem fieiras para trefilação, brocas para perfuração de rochas e outras ferramentas usadas em mineração, matrizes para metalurgia do pó, penetradores para equipamentos de dureza, e outras aplicações em que a dureza e a resistência ao desgaste são requisitos críticos. Os cermetos de *carbeto de titânio* são usados principalmente em aplicações em altas temperaturas. Empregos típicos incluem ventoinhas dos bocais de turbinas a gás, sedes de válvula, tubos de proteção de termopares, bicos de maçarico, e ferramentas para trabalho a quente. O TiC-Ni também é usado como ferramenta de corte em usinagem.

Compósitos de matriz metálica reforçados por fibras têm interesse prático, pois combinam a alta resistência à tração e o alto módulo de elasticidade das fibras com metais de baixa massa específica; desse modo, obtêm-se boas razões resistência-peso e rigidez-peso no material compósito resultante. Os metais tipicamente usados como matrizes de baixa massa específica são alumínio, magnésio e titânio. Algumas das fibras mais importantes usadas nesses compósitos incluem Al_2O_3, boro, carbono e SiC.

Compósitos de Matriz Cerâmica As cerâmicas têm certas propriedades atrativas: alta rigidez, dureza, dureza a quente, resistência à compressão, e densidade relativamente baixa. As cerâmicas também possuem deficiências: baixa tenacidade e baixa resistência à tração quando em amostras tridimensionais, volumosas, além de suscetibilidade ao choque térmico. Compósitos de matriz cerâmica (CMCs) são uma tentativa de reter as propriedades desejáveis das cerâmicas, enquanto suas desvantagens são compensadas. Os CMCs consistem em uma fase cerâmica como matriz, envolvendo uma fase dispersa. Até o momento, a maior parte dos trabalhos de desenvolvimento tem focado o uso de fibras como a fase dispersa. O sucesso tem sido incerto. As dificuldades técnicas incluem a compatibilidade térmica e química dos constituintes dos CMCs durante o processamento. Além disso, como em qualquer cerâmica, as limitações com a geometria da peça devem ser consideradas.

Os materiais cerâmicos usados como matrizes incluem alumina (Al_2O_3), carbeto de boro (B_4C), nitreto de boro (BN), carbeto de silício (SiC), nitreto de silício (Si_3N_4), carbeto de titânio (TiC), e vários tipos de vidros. Alguns desses materiais estão ainda na fase de desenvolvimento como matrizes de CMC. As fibras usadas em CMCs incluem as de carbono, SiC e Al_2O_3.

Compósitos de Matriz Polimérica Um compósito de matriz polimérica (CMP) consiste em uma matriz polimérica na qual é incorporada uma fase dispersa na forma de fibras, pós, ou flocos. Comercialmente, os CMPs são os mais importantes entre as três classes de materiais compósitos. Eles englobam a maioria dos compostos plásticos obtidos por moldagem, as borrachas reforçadas com negro de fumo, e os polímeros reforçados por fibras (PRFs).

Um *polímero reforçado por fibras* é um compósito no qual fibras de alta resistência mecânica são incorporadas em uma matriz polimérica. A matriz polimérica é usualmente um polímero termorrígido, tal como poliéster ou epóxi, mas polímeros termoplásticos, como náilons (poliamidas), policarbonato, poliestireno e policloreto de vinila também são utilizados. Em adição, elastômeros são reforçados por fibras nos produtos de borracha, tais como pneus e correias transportadoras.

As fibras nos CMPs têm várias formas: descontínuas (picadas), contínuas ou tramadas como em um tecido. As principais fibras empregadas nos PRFs são as de vidro, carbono e Kevlar 49. Fibras menos comuns incluem as de boro, SiC, Al_2O_3 e aço. As fibras de vidro (em especial do vidro-E) são atualmente o material mais comum nos PRFs. Seu emprego para reforçar plásticos remonta 1920.

A forma mais usada dos PRFs é como estrutura laminada, feita pelo empilhamento e união de finas camadas de fibras e polímero, até que a espessura desejada seja obtida. Variando a orientação das fibras entre as camadas, o grau específico de anisotropia das propriedades pode ser ajustado no laminado. Esse método é usado para fabricar peças com seção transversal fina, tais como asas de aviões e partes da fuselagem, painéis de carrocerias de automóveis, de caminhões e cascos de barcos.

Existem muitas características vantajosas que destacam os polímeros reforçados por fibras como materiais de engenharia. As mais notáveis são (1) alta razão resistência-peso, (2) alta razão rigidez-peso, e (3) baixo peso específico. Um polímero típico reforçado por fibras pesa apenas cerca de um quinto em relação ao aço, embora a resistência e o módulo na direção das fibras sejam comparáveis aos do aço.

Durante as últimas três décadas tem havido crescimento estável na aplicação dos polímeros reforçados por fibras em produtos que requerem alta resistência mecânica e baixo peso, normalmente em substituição aos metais. A indústria aeroespacial é uma das maiores usuárias dos compósitos. Os projetistas estão tentando, de forma contínua, reduzir o peso das aeronaves, para aumentar a eficiência no consumo dos combustíveis e aumentar a capacidade de carga. Assim, o emprego de compósitos em aeronaves militares e comerciais tem aumentado de modo contínuo. Boa parte do peso estrutural dos aviões e helicópteros modernos é devido a estruturas em PRFs. O novo Boeing 787 *Dreamliner* caracteriza-se por ter 50 % (em peso) em compósitos (polímeros reforçados por fibras de carbono). Isso corresponde a 80 % do volume da aeronave. Os compósitos são usados na fuselagem, nas asas, na empenagem vertical, nas portas e no interior. Para fins de comparação, o Boeing 777 tem apenas 12 % (em peso) em compósitos.

A indústria automotiva é outro importante usuário de PRFs. As aplicações mais relevantes estão nos painéis da carroceria de carros e na cabine de caminhões. Os PRFs também têm sido muito usados em equipamentos esportivos e de lazer. Os polímeros reforçados por fibras de vidro têm sido usados em cascos de barco, desde os anos 1940. Varas de pescar também foram uma das primeiras aplicações desses compósitos. Atualmente, os PRFs estão presentes em grande gama de produtos esportivos, incluindo raquetes de tênis, tacos de golfe, capacetes de futebol americano, arcos e flechas, esquis e rodas de bicicleta.

Além dos PRFs, outros compósitos de matriz polimérica contêm partículas, flocos e fibras curtas. Os componentes da fase dispersa são chamados de ***cargas*** quando usados nos compósitos poliméricos moldados. As cargas se dividem em duas categorias: (1) reforços e (2) e extensores. As ***cargas reforçadoras*** servem para aumentar a resistência ou melhorar as propriedades mecânicas do polímero. Exemplos comuns incluem: pós de madeira e de mica em resinas fenólicas e amínicas para aumentar a resistência mecânica, a resistência à abrasão e a estabilidade dimensional; e negro de fumo nas borrachas para melhorar as resistências: mecânica, ao desgaste e ao rasgamento. Os ***extensores*** simplesmente aumentam o volume e reduzem o custo por unidade de peso do polímero, mas têm pequeno efeito, ou nenhum, sobre as propriedades mecânicas. Os extensores podem ser formulados para melhorar as características de moldagem da resina.

As espumas poliméricas (Seção 10.11) são uma forma de compósito no qual bolhas de gás são incorporadas em uma matriz polimérica. O isopor e a espuma de poliuretano são os exemplos mais conhecidos. A combinação de uma densidade próxima de zero do gás e a relativa baixa densidade da matriz resulta em materiais extremamente leves. A incorporação do gás também acarreta uma condutividade térmica muito baixa, adequada para aplicações nas quais é necessário isolamento térmico.

Referências

[1] Bauccio, M. (ed.). *ASM Metals Reference Book*, 3rd ed. ASM International, Materials Park, Ohio, 1993.

[2] Black, J., and Kohser, R. *DeGarmo's Materials and Processes in Manufacturing*, 10th ed. John Wiley & Sons, Inc. Hoboken, New Jersey, 2008.

[3] Brandrup, J., and Immergut, E. E. (eds.), *Polymer Handbook*, 4th ed. John Wiley & Sons, Inc. New York, 2004.

[4] Carter, C. B., and Norton, M. G., *Ceramic Materials: Science and Engineering*. Springer, New York, 2007.

[5] Chanda, M., and Roy, S. K., *Plastics Technology Handbook*, 4th ed. CRC Taylor & Francis, Boca Raton, Florida, 2006.

[6] Chawla, K. K., *Composite Materials: Science and Engineering*, 3rd ed. Springer-Verlag, New York, 2008.

[7] **Engineering Materials Handbook**, Vol. **1**, **Composites**. ASM International, Materials Park, Ohio, 1987.

[8] **Engineering Materials Handbook**, Vol. **2**, **Engineering Plastics**. ASM International, Materials Park, Ohio, 2000.

[9] **Engineered Materials Handbook**, Vol. **4**, **Ceramics and Glasses**. ASM International, Materials Park, Ohio, 1991.

[10] Flinn, R. A., and Trojan, P. K. **Engineering Materials and Their Applications**, 5th ed. John Wiley & Sons, Inc. New York, 1995.

[11] Groover, M. P., **Fundamentals of Modern Manufacturing: Materials, Processes, and Systems**, 4th ed. John Wiley & Sons, Inc. Hoboken, New Jersey, 2010.

[12] Hlavac, J. **The Technology of Glass and Ceramics**. Elsevier Scientific Publishing Company, New York, 1983.

[13] Kingery, W. D., Bowen, H. K., and Uhlmann, D. R. **Introduction to Ceramics**, 2nd ed. John Wiley & Sons, Inc. New York, 1995.

[14] Margolis, J. M., **Engineering Plastics Handbook**. McGraw-Hill, New York, 2006.

[15] Mark, J. E., and Erman, B. (eds.), **Science and Technology of Rubber**, 3rd ed. Academic Press, Orlando, Florida, 2005.

[16] Metals Handbook, Vol. **1**, **Properties and Selection: Iron, Steels, and High Performance Alloys**. ASM International, Metals Park, Ohio, 1990.

[17] Metals Handbook, Vol. **2**, **Properties and Selection: Nonferrous Alloys and Special Purpose Materials**. ASM International, Metals Park, Ohio, 1990.

[18] Richerson, D. W. **Modern Ceramic Engineering: Properties, Processing, and Use in Design**, 3rd ed. CRC Taylor & Francis, Boca Raton, Florida, 2006.

[19] Scholes, S. R., and Greene, C. H., **Modern Glass Practice**, 7th ed. CBI Publishing Company, Boston, Massachusetts, 1993.

[20] Somiya, S. (ed.). **Advanced Technical Ceramics**. Academic Press, Inc. San Diego, California, 1989.

[21] Tadmor, Z., and Gogos, C. G. **Principles of Polymer Processing**. Wiley-Interscience, Hoboken, New Jersey, 2006.

[22] www.wikipedia.org/wiki/Boeing_787

[23] Young, R. J., and Lovell, P. **Introduction to Polymers**, 3rd ed. CRC Taylor and Francis, Boca Raton, Florida, 2008.

Questões de Revisão

5.1 Quais são algumas das propriedades gerais que distinguem os metais das cerâmicas e dos polímeros?

5.2 Quais são os dois principais grupos de metais? Defina-os.

5.3 O que é uma liga?

5.4 Qual é a faixa percentual de carbono que define uma liga ferro-carbono como um aço?

5.5 Qual é a faixa percentual de carbono que define uma liga ferro-carbono como um ferro fundido?

5.6 Identifique, além do carbono, alguns elementos de liga comuns, usados nos aços de baixa liga.

5.7 Qual é o elemento de liga predominante em todos os aços inoxidáveis?

5.8 Por que o aço inoxidável austenítico tem esse nome?

5.9 Além do alto teor de carbono, que outro elemento de liga é característico nos ferros fundidos?

5.10 Identifique algumas propriedades pelas quais o alumínio é conhecido.

5.11 Quais são algumas das propriedades importantes do magnésio?

5.12 Qual é a mais importante propriedade de engenharia do cobre que determina a maioria de suas aplicações?

5.13 Quais elementos são tradicionalmente adicionados ao cobre para produzir (a) bronze e (b) latão?

5.14 Quais são algumas das aplicações importantes do níquel?

5.15 Quais as principais propriedades do titânio?

5.16 Identifique as aplicações mais importantes do zinco.

5.17 As superligas são divididas em três grupos básicos, de acordo com o metal base usado na liga. Cite os três grupos.

5.18 O que é tão especial nas superligas? O que as diferencia das demais ligas?

5.19 O que é uma cerâmica?

5.20 Qual é a diferença entre as cerâmicas tradicionais e as avançadas?

5.21 Qual é a característica que diferencia um vidro das cerâmicas tradicionais e avançadas?

5.22 Quais são as propriedades mecânicas gerais dos materiais cerâmicos?

5.23 O que a bauxita e o coríndon têm em comum?

5.24 O que é argila, usada na fabricação de produtos cerâmicos?

5.25 Cite algumas das principais aplicações dos metais duros, como o WC-Co.

5.26 Como mencionado no texto, qual é uma das aplicações importantes do nitreto de titânio?

5.27 Qual é o mineral principal nos produtos de vidro?

5.28 O que o termo *desvitrificação* significa?

5.29 O que é um polímero?

5.30 Quais são as três categorias básicas dos polímeros?

5.31 Como as propriedades dos polímeros se comparam com as dos metais?

5.32 O que é uma ligação cruzada em um polímero, e qual a sua importância?

5.33 Os náilons pertencem a que grupo de polímeros?

5.34 Qual é a fórmula química do etileno, o monômero do polietileno?

5.35 Como as propriedades dos polímeros termorrígidos diferem das dos termoplásticos?

5.36 As ligações cruzadas dos polímeros termorrígidos (cura) ocorrem de três maneiras. Cite-as.

5.37 Elastômeros e polímeros termorrígidos têm ligações cruzadas. Por que suas propriedades são tão diferentes?

5.38 Qual é o componente principal da borracha natural?

5.39 Como os elastômeros termoplásticos diferem das borrachas convencionais?

5.40 O que é um material compósito?

5.41 Identifique algumas das propriedades características dos materiais compósitos.

5.42 O que significa o termo *anisotropia?*

5.43 Cite as três categorias básicas dos materiais compósitos.

5.44 Quais são as formas comuns da fase de reforço nos materiais compósitos?

5.45 O que é um cermeto?

5.46 Os metais duros estão em que classe de compósitos?

5.47 Quais são algumas das deficiências das cerâmicas que podem ser corrigidas nos compósitos de matriz cerâmica reforçada por fibras?

5.48 Qual é a fibra mais comum nos polímeros reforçados por fibras?

5.49 Identifique algumas das propriedades importantes dos materiais compósitos de matriz polimérica reforçada por fibras.

5.50 Cite algumas das aplicações importantes dos PRFs.

6 Dimensões, Superfícies e Suas Medidas

Sumário

6.1 Dimensões e Tolerâncias
6.1.1 Cotas e Tolerâncias
6.1.2 Outras Características Geométricas

6.2 Instrumentos de Medição e Calibres
6.2.1 Blocos-Padrão de Precisão
6.2.2 Instrumentos de Medição para Dimensões Lineares
6.2.3 Instrumentos de Medição por Comparação
6.2.4 Calibres Fixos
6.2.5 Instrumentos de Medidas Angulares

6.3 Superfícies
6.3.1 Características de Superfícies
6.3.2 Textura de Superfície
6.3.3 Integridade de Superfície

6.4 Metrologia de Superfície
6.4.1 Medida da Rugosidade Superficial
6.4.2 Verificação da Integridade Superficial

6.5 Efeitos dos Processos de Fabricação

Além das propriedades mecânicas e físicas dos materiais de engenharia, as dimensões e as superfícies de seus componentes também determinam o desempenho de um produto fabricado. As *dimensões* de um produto são compostas dos comprimentos e ângulos especificados no desenho mecânico. Elas são importantes porque determinam o encaixe ou ajuste entre os componentes de um produto durante a montagem. Ao fabricar um dado componente, é quase impossível e muito custoso que um componente tenha exatamente a dimensão do desenho. Como alternativa, define-se a variação dos limites permitidos a essa dimensão, e esta variação admissível é chamada de *tolerância.*

As características das superfícies de um componente também são importantes. Elas afetam o desempenho do produto, o ajuste, a montagem e o apelo estético que um potencial cliente possa ter pelo produto. Uma *superfície* é o limite externo entre um objeto e a parte que o envolve: seja outro objeto, um fluido, um vazio, ou combinações destes. A superfície envolve um elemento sólido com propriedades mecânicas e físicas características.

Neste capítulo apresentamos os três atributos da peça que devem ser especificados pelo projetista: as dimensões, as tolerâncias e as superfícies, que são determinadas pelos processos de fabricação utilizados na produção das peças e dos produtos. Apresentamos também como esses atributos da peça são verificados por meio de instrumentos de inspeção. Um tema intimamente relacionado a este tópico é o controle de qualidade, que é abordado no Capítulo 37.

6.1 Dimensões e Tolerâncias

Nesta seção, são apresentados os parâmetros básicos utilizados por engenheiros projetistas para especificar as características geométricas de uma peça no desenho. Esses parâmetros incluem, por exemplo, conceitos de dimensões e tolerâncias, planeza, circularidade e angularidade.

6.1.1 COTAS E TOLERÂNCIAS

A norma ANSI [3] define uma *cota* como "um valor numérico, expresso na unidade de medida apropriada, indicado no desenho e/ou em outros documentos junto com linhas, símbolos e notas, que definem a forma ou uma característica geométrica, ou ambas, de uma peça ou de uma parte dela". Cotas em desenhos mecânicos representam as dimensões nominais ou básicas da peça, ou seja, são os valores que o projetista gostaria de que a peça tivesse, imaginando que ela pudesse ser fabricada nesse tamanho exato, sem erros ou variações causadas durante o processo de fabricação. No entanto, o próprio processo de fabricação apresenta variações que se manifestam como variações no tamanho da peça, e as tolerâncias são utilizadas para definir os limites permitidos dessa variação. Citando novamente a norma ANSI [3], *tolerância* é "a variação dimensional permissível que a dimensão de uma peça pode apresentar. A tolerância é a diferença entre os limites máximo e mínimo da dimensão".

As tolerâncias podem ser especificadas de várias formas, ilustradas na Figura 6.1. Provavelmente, a mais comum é a *tolerância bilateral*, quando a variação é permitida em ambos os sentidos, positivo e negativo, da dimensão nominal. Por exemplo, na Figura 6.1(a), a dimensão nominal é de 2,500 unidades lineares (no caso, milímetros), com variação permitida de 0,005 unidade nos dois sentidos. Se a peça apresentar esta medida fora desses limites, ela não poderá ser aceita. A tolerância bilateral pode se apresentar de forma assimétrica em relação à dimensão nominal; por exemplo, 2,500 + 0,010, − 0,005 unidade. *Tolerância unilateral* é aquela em que a variação da dimensão especificada é permitida apenas em um sentido, quer positivo, como na Figura 6.1(b), quer negativo. O *sistema limite* representa uma forma alternativa para especificar a variação admissível do tamanho da peça, e apresenta as dimensões máximas e mínimas permitidas, como mostra a Figura 6.1(c).

6.1.2 OUTRAS CARACTERÍSTICAS GEOMÉTRICAS

Dimensões e tolerâncias são comumente expressas como valores (tamanhos) lineares, mas existem outros atributos geométricos importantes das peças, como a planeza de uma superfície, a circularidade de um eixo ou um furo, o paralelismo entre duas superfícies. As definições desses termos estão listadas na Tabela 6.1.

6.2 Instrumentos de Medição e Calibres

Medição é o procedimento em que uma quantidade conhecida é comparada a um padrão conhecido, utilizando um sistema de unidades consistente e conhecido. Dois sistemas de unidades são mais utilizados no mundo: (1) o sistema americano USCS (U.S. customary system) e (2) o Sistema Internacional de Unidades (SI, de Systeme Internationale d'Unites), popularmente chamado de sistema métrico. (Nota Histórica 6.1.) O sistema métrico é muito aceito em quase todos os países industrializados, à exceção dos Estados Unidos, que de maneira gradual começam a adotar o SI.

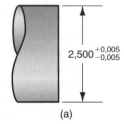
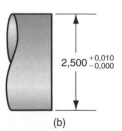
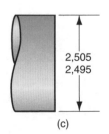

FIGURA 6.1 Três formas para especificar limites de tolerância para uma dimensão nominal de 2,500: (a) sistema bilateral, (b) sistema unilateral, e (c) sistema limite.

(a)   (b)   (c)

Dimensões, Superfícies e Suas Medidas

TABELA • 6.1 Definições das características geométricas das peças.

Angularidade – A medida que representa o quanto uma superfície ou eixo está orientado a um ângulo especificado em relação a uma superfície de referência. Se este ângulo for de 90°, esse atributo será chamado de perpendicularidade.

Circularidade – A circularidade é aplicável a uma superfície de revolução como um cilindro, um furo, ou um cone, e mede quanto os pontos da interseção da superfície com um plano perpendicular ao eixo de revolução estão equidistantes ao eixo. Em uma esfera, a circularidade é medida na interseção da superfície da esfera com um plano que passa pelo centro da esfera.

Concentricidade – A medida que representa quanto duas (ou mais) superfícies de revolução em uma peça tem um eixo em comum, por exemplo, uma superfície cilíndrica e um furo.

Cilindricidade – A medida com que todos os pontos de uma superfície de revolução, como um cilindro, estão equidistantes do seu eixo de revolução.

Planeza (ou *Planicidade*) – Representa o quanto os pontos de uma superfície estão alinhados em um único plano.

Paralelismo – A medida com que todos os pontos de uma superfície, linha ou eixo de uma peça estão equidistantes de um plano, eixo ou linha de referência.

Perpendicularidade – Representa a medida com que todos os pontos de uma superfície, linha ou eixo estão a 90° de um plano, linha ou eixo de referência.

Arredondamento – O mesmo que Circularidade.

Ortogonalidade – O mesmo que Perpendicularidade.

Retitude – A medida que representa quanto uma linha ou um eixo estão pertencentes a uma linha reta.

Nota Histórica 6.1 *Sistemas de Medidas*

Em civilizações antigas, os sistemas de medidas eram baseados nas dimensões do corpo humano. Os egípcios desenvolveram o côvado como padrão de medida linear (comprimento) por volta de 3000 a.C. O **cúbito**, ou **côvado**, foi definido como o comprimento do antebraço humano, considerando da ponta do dedo médio até o cotovelo. Em função das dificuldades apresentadas pelas variações nos comprimentos dos antebraços, o cúbito foi padronizado na forma de um cúbito-padrão feito de granito. Esse cúbito padronizado, que media 45 cm, foi usado para produzir outros instrumentos de medição em todo o Egito. Era dividido em **dígitos** (uma largura de dedo humano), com 28 dígitos equivalendo a um cúbito. Quatro dígitos equivaliam a um **palmo**, e cinco, a uma **mão**. Desse modo, um sistema de medidas e padrão foi desenvolvido no mundo antigo.

Posteriormente, o domínio do mundo mediterrâneo antigo passou para os gregos e, em seguida, para os romanos. A medida linear básica adotada pelos gregos foi o **dedo** (a largura com aproximadamente 19 mm); 16 dedos equivaliam a **um pé**. Os romanos adotaram e adaptaram o sistema grego, especificamente o pé, dividido em 12 partes (chamadas de **unciae**, latim para 1/12 partes). Os romanos definiram cinco pés como um **pace**, "uma passada dupla", e 5000 pés como uma **milha**.

Na Europa medieval, desenvolveram-se diversos sistemas de medidas nacionais e regionais, e muitos deles baseados nos padrões romanos. Dois sistemas primários emergiram no mundo ocidental, o sistema inglês definiu a **jarda** "como a distância entre o nariz e o polegar do braço estendido do Rei Henry I" [15]. A jarda foi dividida em três **pés**, e um pé em 12 **polegadas**. As colônias americanas estavam vinculadas à Inglaterra, e de forma natural os Estados Unidos adotaram o mesmo sistema de medidas no período de sua independência, que se tornaria o sistema americano USCS (U.S. customary system).

A proposta inicial para o sistema métrico é atribuída ao vigário G. Mouton de Lion, na França, por volta de 1670. A proposta de Mouton incluía três importantes características que foram posteriormente incorporadas no sistema métrico: (1) a unidade básica foi definida em termos de uma medida da Terra, que foi considerada constante; (2) as unidades foram subdivididas em escala decimal; e (3) as unidades tinham prefixos racionais. A proposta de Mouton foi discutida e debatida por cientistas nos 125 anos seguintes. Em 1795, um resultado da Revolução Francesa foi a adoção do sistema métrico de pesos e medidas. A unidade básica de comprimento foi o **metro**, o qual foi definido como o décimo milionésimo (1/10.000.000) do comprimento do meridiano entre o Polo Norte e o Equador, e passando por Paris (é claro). Os múltiplos e submúltiplos do metro basearam-se nos prefixos gregos.

A disseminação do sistema métrico na Europa durante os anos 1800 foi promovida pelos êxitos militares das tropas francesas comandadas por Napoleão. Em outras partes do mundo, a adoção do sistema métrico ocorreu ao longo de muitos anos e foi, com frequência, motivada por significantes mudanças políticas. Esse foi o caso no Japão, na China, União Soviética (Rússia) e América Latina.

Em 1963, um ato do Parlamento Britânico redefiniu o sistema inglês de pesos e medidas em termos de unidades métricas, e determinou a transição para o métrico dois anos depois, então alinhando a Grã-Bretanha com o resto da Europa e deixando os Estados Unidos como a única grande nação industrial que era não métrica. Em 1960, uma conferência internacional sobre pesos e medidas realizada em Paris gerou acordo sobre novas normas baseadas no sistema métrico. Então, o sistema métrico se tornou o Sistema Internacional de Unidades (SI).

A medição proporciona valor numérico a uma grandeza de interesse, dentro de certos limites de precisão e exatidão. A *exatidão* revela quanto um valor medido se aproxima do valor real do parâmetro aferido. Um procedimento de medida tem exatidão quando é isento de erros sistemáticos, que são desvios positivos ou negativos do valor real que se mantém consistente, de uma medida para a seguinte. A *precisão* representa o quanto uma medida tem repetibilidade no processo de aferição de uma grandeza. Boa precisão significa que erros aleatórios na medida estão minimizados. Erros aleatórios são normalmente associados com a contribuição humana ao processo de aferição, como, por exemplo, às modificações na montagem, aos erros de leitura da escala, aos erros de arredondamento, e assim por diante. Mas há também aquelas em que o operador não tem influência, como, por exemplo, a mudança de temperatura, o desgaste gradual e/ou o desalinhamento das grandezas medidas na montagem, e outras variações.

A calibração está intimamente relacionada à medição. A *calibração* (também chamada de *aferição*) determina de forma simples se as características da peça atendem ou não às especificações do projeto. Usualmente, a calibração é um procedimento mais rápido que a medição, mas fornece uma informação mais escassa sobre o valor real da característica de interesse.

Nesta seção vamos apresentar diversos instrumentos manuais utilizados para medir e avaliar dimensões de elementos mecânicos, seus comprimentos, diâmetros, seus ângulos, a retitude, a circularidade etc. Esses instrumentos são encontrados em laboratórios de metrologia, departamentos de inspeção e controle de qualidade, e salas de ferramentas. O primeiro instrumento abordado no próximo tópico é, naturalmente, o bloco-padrão.

6.2.1 BLOCOS-PADRÃO DE PRECISÃO

Os blocos-padrão de precisão são calibres utilizados com outros instrumentos de medida para comparar dimensões. Os blocos-padrão são usualmente prismas retangulares ou quadrados. As faces a serem utilizadas na medida são fabricadas com acabamento tal, para que elas apresentem dimensões acuradas e paralelas na ordem de milionésimos de polegada com polimento de acabamento espelhado. Diferentes graduações de blocos-padrão de precisão podem ser utilizadas com tolerâncias mais estreitas para níveis mais altos de precisão. O nível mais preciso – o *padrão dos laboratórios de calibração* – é fabricado com uma tolerância de $\pm 0{,}00003$ mm. Os blocos-padrão podem ser produzidos em diferentes materiais com maior dureza, dependendo do grau de dureza desejado e do preço que o usuário pode pagar, incluindo o aço ferramenta, o aço cromado, o carbeto de cromo e o carbeto de tungstênio (metal duro).

Estão disponíveis no mercado blocos-padrão de diferentes dimensões padronizadas, que podem ser vendidos separadamente ou em conjuntos de blocos com diferentes dimensões. As dimensões dos blocos de um conjunto foram determinadas para que, ao serem empilhadas, possam atingir qualquer dimensão desejada, com precisão de 0,0025 mm.

Para melhores resultados, os blocos-padrão devem ser utilizados sobre uma superfície de referência plana, tal como um desempeno. Um *desempeno* é um grande bloco sólido cuja superfície superior tem um acabamento retificado e uma planicidade precisa. Os desempenos de hoje, em sua maioria, são feitos de granito. O granito tem a vantagem de ser rígido, não enferrujar, não ser magnético, ser resistente ao desgaste, ser termicamente estável e de fácil manutenção.

Os blocos-padrão, assim como outros instrumentos de alta precisão de medição, devem ser usados sob condições normais de temperatura e isentos de outros fatores que podem afetar a medição. Por acordo internacional, a temperatura de 20 °C foi estabelecida como a temperatura-padrão. Os laboratórios de metrologia operam com esse padrão. Correções para a expansão ou contração térmica podem ser necessárias se os blocos-padrão, como com qualquer outro instrumento de medição, forem utilizados em ambiente fabril com temperatura diferente desse padrão. Pode-se acrescentar que blocos-padrão utilizados de forma constante para a inspeção na área de controle de qualidade de uma fábrica estão sujeitos a desgaste e devem ser calibrados periodicamente, comparando com blocos-padrão mais precisos de laboratório.

6.2.2 INSTRUMENTOS DE MEDIÇÃO PARA DIMENSÕES LINEARES

Os instrumentos de medição podem ser divididos em dois tipos: graduados e não graduados. Os *instrumentos de medição graduados* apresentam um conjunto de marcas (chamadas de *graduações*), em uma escala linear ou angular, pelo qual a dimensão do objeto medido pode ser comparada. *Instrumentos de medição não graduados* não possuem escala e são utilizados para realizar comparações entre dimensões ou para realizar transferência de uma dimensão para a medição por um dispositivo graduado.

O instrumento de medição graduado mais simples é a *escala* (comumente fabricada em aço, e muitas vezes chamada de *escala flexível de aço*), usada para medir dimensões lineares. As escalas estão disponíveis em vários comprimentos: as escalas métricas têm comprimentos-padrão de 150, 300, 600 e 1000 mm, com graduações de 1 ou 0,5 mm.

Compassos são instrumentos de medição não graduados. Um compasso é constituído por duas hastes ligadas por um mecanismo de articulação, como na Figura 6.2. As extremidades das hastes ficam em contato com as superfícies do objeto a ser medido, enquanto a articulação tem uma trava que é utilizada para manter as hastes em posição durante a utilização para medição. As pontas da haste que estarão em contato com a peça podem apontar para dentro ou para fora. Quando elas apontam para dentro, como na Figura 6.2, o instrumento é chamado de *compasso externo* e é usado para medir as dimensões externas, tais como um diâmetro. Quando apontam para fora, é chamado de *compasso interno,* usado para medir a distância entre duas superfícies internas. No *compasso reto,* as hastes são retas e as extremidades são endurecidas e pontiagudas. Os compassos retos são utilizados para transferir e medir as distâncias entre dois pontos, ou o comprimento de uma linha sobre uma superfície, e para traçagem de círculos ou arcos sobre uma superfície.

Uma variedade de paquímetros graduados está disponível para diferentes tipos de medidas. O mais simples é o *paquímetro universal,* que consiste em uma régua de aço a qual duas hastes são adicionadas, uma fixa à extremidade do instrumento e a outra que se move, como mostra a Figura 6.3. Os paquímetros podem ser usados para as medições internas ou externas utilizando as faces de referência internas ou externas do instrumento. As duas faces de referência são pressionadas contra as superfícies da peça que serão medidas, e a parte móvel indica a dimensão de interesse. Os paquímetros permitem medições mais exatas e precisas que as escalas. Além da graduação semelhan-

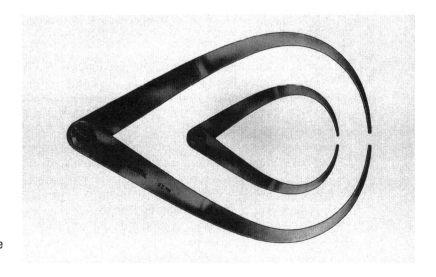

FIGURA 6.2 Dois compassos externos com dimensões diferentes. (Cortesia de L. S. Starrett Co.)

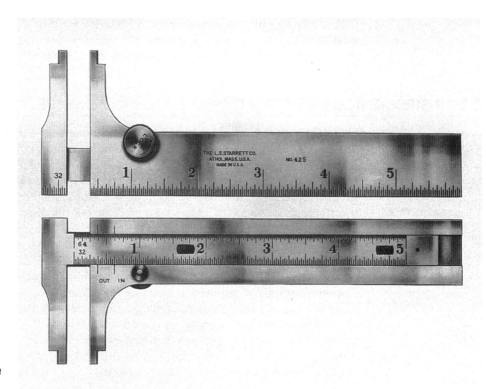

FIGURA 6.3 Dois lados opostos de um paquímetro. (Cortesia de L. S. Starrett Co.)

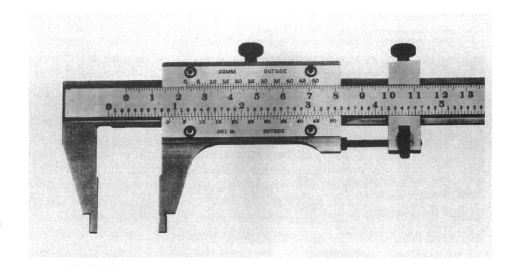

FIGURA 6.4 Paquímetro de vernier. (Cortesia de L. S. Starrett Co.)

te à da escala, o paquímetro, chamado de ***paquímetro de vernier,*** pode ter graduação menor, como mostra a Figura 6.4. Neste caso, a haste móvel inclui uma escala vernier, em homenagem a P. Vernier (1580-1637), matemático francês que a inventou. O vernier (ou nônio) do paquímetro fornece graduações de 0,01 mm, sendo muito mais preciso do que a graduação da escala.

O ***micrômetro*** é um instrumento de medição bastante preciso e amplamente utilizado. Seu formato mais comum consiste em um eixo e um corpo em forma de C, como na Figura 6.5. O eixo gira e translada em relação à parte fixa do micrômetro por uma rosca fina. Em um micrômetro com escala métrica, as graduações são de 0,01 mm. Micrômetros modernos (e também paquímetros) apresentam mostradores eletrônicos que exibem uma leitura digital da medição (como em nossa figura). Esses instrumentos são mais fáceis de ler e eliminam grande parte do erro humano associado à leitura de dispositivos convencionais.

FIGURA 6.5 Micrômetro externo, padrão, com 1 polegada e leitura digital. (Cortesia de L. S. Starrett Co.)

Os tipos de micrômetros mais comuns são: (1) *micrômetro externo,* apresentado na Figura 6.5, encontrado em diversas dimensões padronizadas; (2) *micrômetro interno,* que consiste em um conjunto com uma parte superior em forma de eixo e um conjunto de hastes com diferentes comprimentos para medir diferentes faixas de dimensões; e (3) *micrômetros de profundidade,* semelhantes a um micrômetro interno adaptado para medir a profundidade de um furo.

6.2.3 INSTRUMENTOS DE MEDIÇÃO POR COMPARAÇÃO

Os instrumentos de medição por comparação são utilizados para fazer comparações dimensionais entre dois objetos, tais como uma peça fabricada e uma superfície de referência. Normalmente, eles não são capazes de proporcionar um valor absoluto da medida de interesse; em vez disso, eles quantificam a magnitude e a direção do desvio entre as superfícies de dois objetos. Os instrumentos desta categoria podem ser instrumentos mecânicos ou eletrônicos.

Instrumentos de Comparação Mecânicos *Instrumentos mecânicos* são projetados para ampliar mecanicamente o desvio entre duas superfícies, a fim de permitir a observação. O instrumento mais comum nesta categoria é o *relógio comparador,* como mostra a Figura 6.6, que converte o movimento linear de um ponteiro de contato e amplifica na rotação de uma agulha de marcação. O mostrador é formado por marcações finas de medida, de 0,01 mm. Os relógios comparadores são utilizados para medir o nivelamento de uma peça, a retitude, o paralelismo, a perpendicularidade, a circularidade e a excentricidade em muitas aplicações. Uma configuração típica para medir excentricidade de um eixo é ilustrada na Figura 6.7.

Instrumentos de Comparação Eletrônicos Os instrumentos eletrônicos são uma família de instrumentos de medição e calibração baseados nos transdutores, capazes de converter um deslocamento linear em um sinal elétrico. O sinal elétrico é amplificado e transformado em um conjunto de dados adequado, com leitura digital, como na Figura 6.5. A utilização de instrumentos eletrônicos cresceu rapidamente nos últimos anos, impulsionada pelos avanços da tecnologia de microprocessadores, e estão gradualmente substituindo muitos dispositivos de medição convencionais. As vantagens de medidores eletrônicos incluem: (1) têm boa sensibilidade, exatidão, precisão, repetibilidade e velocidade de resposta; (2) apresentam capacidade de medir dimensões bem pequenas

Capítulo 6

FIGURA 6.6 Relógio comparador mostrando o relógio e a face graduada. (Cortesia de L. S. Starrett Co.)

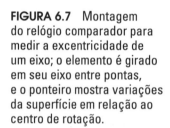

FIGURA 6.7 Montagem do relógio comparador para medir a excentricidade de um eixo; o elemento é girado em seu eixo entre pontas, e o ponteiro mostra variações da superfície em relação ao centro de rotação.

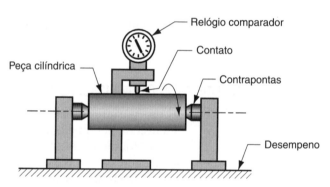

de até 0,025 μm; (3) têm facilidade operacional; (4) reduzem o erro humano; (5) o sinal elétrico pode ser exibido em vários formatos; e (6) podem ser interligados com os sistemas de computador para processamento de dados.

6.2.4 CALIBRES FIXOS

Um calibre ou calibrador fixo é uma reprodução física da dimensão da peça a ser avaliada. Há duas categorias básicas: calibrador mestre e calibrador limite. Um *calibrador mestre* é fabricado para ser uma réplica direta do tamanho nominal da dimensão da peça. Geralmente é usado para preparar um instrumento de medição por comparação, tal como um relógio comparador, ou para calibrar um dispositivo de medição.

Um *calibrador limite* é fabricado para ser uma réplica invertida da dimensão da peça e é projetado para avaliar a dimensão em um ou mais de seus limites de tolerância. Um calibrador limite normalmente consiste em dois calibradores que constituem uma única peça, o primeiro para avaliar o menor limite da tolerância na dimensão da peça e o outro para avaliar o limite superior. Esses calibradores são popularmente conhecidos como *calibradores PASSA/NÃO PASSA*, pois um calibrador permite que a peça seja encaixada, enquanto o outro não. O *calibrador PASSA* é usado para avaliar a dimensão na condição máxima de material; essa é a dimensão mínima para uma característica interna como um furo, e é a dimensão máxima para uma característica externa como um diâmetro externo. O *calibrador NÃO PASSA* é usado para inspecionar a condição mínima de material da dimensão em questão.

Calibradores limites comuns são calibradores de boca ajustáveis e calibradores anéis para inspeção de dimensões externas, e calibradores tampões para avaliar dimensões internas. Um *calibrador de boca ajustável* consiste em um corpo em formato C com superfícies de medir localizadas nas mandíbulas da estrutura, como na Figura 6.8. Ele possui dois pinos cilíndricos de calibração, sendo o primeiro o calibrador PASSA, e o segundo o calibrador NÃO PASSA. Os calibradores de boca ajustáveis são usados para avaliar dimensões externas como diâmetro, largura, espessura e superfícies similares.

Os *calibradores anéis* são usados para inspecionar diâmetros cilíndricos. Em uma dada aplicação, um par de calibradores é frequentemente requisitado: um PASSA e outro NÃO PASSA. Cada calibrador é um anel cuja abertura é usinada para um dos limites de tolerância do diâmetro da peça. Para fácil manuseio, o lado externo do anel é recartilhado. Os dois calibradores são distinguidos pela presença de uma ranhura no lado externo do anel NÃO PASSA.

O mais comum calibrador limite para inspeção de diâmetro de furo é o *calibrador tampão*. O calibrador típico consiste em um cabo no qual são acopladas duas peças cilíndricas (tampões) retificadas, de aço temperado, conforme a Figura 6.9. Os tampões cilíndricos servem como calibradores PASSA e NÃO PASSA. Outros calibradores similares ao calibrador tampão são *calibradores cônicos*, que consistem de um tampão cônico para avaliar furos cônicos; e *calibradores de rosca*, cujo tampão de rosca serve para verificação de roscas internas em peças.

Um desgaste permissível é normalmente associado ao lado PASSA (condição máxima de material) de calibradores fixos, especialmente para os que são usados com frequência. Esse ajuste é previsto para levar em conta o desgaste gradual da superfície

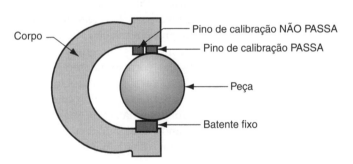

FIGURA 6.8 Calibrador de boca ajustável para medir o diâmetro de uma peça; a diferença de altura dos pinos PASSA e NÃO PASSA é exagerada.

Exemplo 6.1 Desgaste permissível de um calibrador fixo	Um calibrador tampão PASSA/NÃO PASSA é projetado para avaliar um diâmetro de um furo que é dimensionado como 20,00 mm ± 0,10 mm. Um desgaste permissível de 2,5 % da faixa total de tolerância é aplicado ao lado PASSA do calibrador. Determine as dimensões nominais dos lados PASSA e NÃO PASSA do calibrador.

Solução: A faixa de tolerância total = 0,10 + 0,10 = 0,20 mm. O desgaste permissível = 0,025(0,20) = 0,005 mm. O calibrador PASSA é usado para avaliar o mínimo aceitável do diâmetro do furo, o qual é 20,00 – 0,10 = 19,90 mm. Em função dessa superfície que irá se desgastar, o desgaste permissível é considerado. Logo, a dimensão nominal do calibrador PASSA = 19,90 + 0,005 = 19,905 mm.

O calibrador NÃO PASSA é usado para avaliar o diâmetro máximo do furo. Uma vez que o encaixe do calibrador ocorrerá somente em uma situação fora da tolerância, seu desgaste deverá ser desprezível. Então, a dimensão nominal do calibrador NÃO PASSA = 20,00 + 0,10 = 20,10 mm.

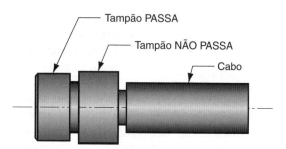

FIGURA 6.9 Calibrador tampão; a diferença é exagerada nos diâmetros dos tampões PASSA e NÃO PASSA.

do calibrador PASSA em função do contato com as superfícies das peças que serão avaliadas. O desgaste permissível é tipicamente especificado como um percentual que é aplicado ao total da faixa de tolerância da dimensão da peça de interesse.

Os calibradores fixos são de fácil utilização, e o tempo requerido para completar uma inspeção é quase sempre menor do que quando um instrumento de medição é empregado. Os calibradores fixos constituíram um elemento fundamental no desenvolvimento de peças intercambiáveis (Nota Histórica 1.1). Eles forneceram os meios pelos quais as peças poderiam ser fabricadas com tolerâncias que foram suficientemente precisas para uma montagem sem ajustes e adaptações. A desvantagem é que eles fornecem pouca informação sobre a dimensão real da peça, e indicam somente se a dimensão está dentro da tolerância. Atualmente, com a disponibilidade de instrumentos de medição eletrônicos de alta velocidade e com a necessidade de controles estatísticos de processos para dimensões de peças, a utilização de calibradores está gradualmente sendo substituída por instrumentos que fornecem medições reais da dimensão de interesse.

6.2.5 INSTRUMENTOS DE MEDIDAS ANGULARES

Vários estilos de *transferidores* (*goniômetros*) podem ser utilizados para medir ângulos de uma peça. Um *goniômetro simples* ou *transferidor de grau* consiste em uma lâmina que gira em relação a um corpo semicircular, que é tracejado com marcações de unidades angulares (em graus ou radianos). Para usá-lo, deve-se girar a lâmina para a posição angular correspondente a certa inclinação ou face da peça a ser medida, e o ângulo é lido na escala angular. Um *transferidor* ou *goniômetro universal*, Figura 6.10, consiste em duas lâminas retas que giram pivotadas, uma em relação à outra. O conjunto pivotado tem uma escala angular que permite que o ângulo formado pelas lâminas seja lido. Quando equipado com um vernier, o transferidor universal pode informar ângulos com até aproximadamente 5 minutos; sem o vernier, a resolução é de apenas cerca de 1 grau.

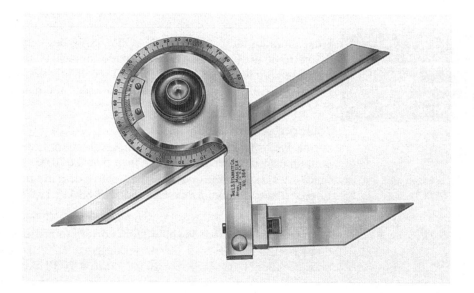

FIGURA 6.10 Transferidor universal com escala de vernier. (Cortesia de L. S. Starrett Co.)

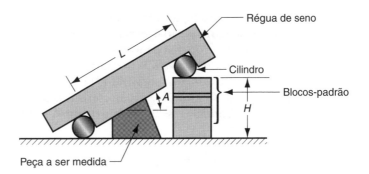

FIGURA 6.11 Configuração para usar uma régua de seno.

A alta precisão em medições angulares pode ser obtida por meio da utilização de uma *régua de seno*, ilustrada na Figura 6.11. Uma montagem possível consiste em uma barra de aço retangular (a régua de seno) e dois rolos (cilindros) posicionados a uma distância conhecida que os separa na barra. A régua é alinhada com a parte angular a ser medida, e são utilizados blocos-padrão, ou outras medições lineares precisas são efetuadas para determinar a altura da peça. O procedimento é realizado sobre uma placa de desempeno para obter resultados mais precisos. Essa altura H e o comprimento L (distância entre os cilindros) na régua de seno são usados para calcular o ângulo A, aplicando

$$\operatorname{sen} A = \frac{H}{L} \tag{6.2}$$

Exemplo 6.2 Medição na Régua de Seno

Uma régua de seno com 200,00 mm de comprimento L é usada para medir o ângulo de uma peça em uma montagem similar à ilustrada na Figura 6.11. Blocos-padrão são empilhados a uma altura H de 40,380 mm. Determine o ângulo de interesse.

Solução: $\operatorname{sen} A = \dfrac{40,38}{200,00} = 0,2019, A = \operatorname{sen}^{-1}(0,2019) = 11,64°$.

6.3 Superfícies

Uma superfície é o que tocamos quando seguramos um objeto como uma peça ou produto manufaturado. O projetista especifica as dimensões da peça relacionando diversas superfícies umas com as outras. As *superfícies nominais*, que representam o contorno de superfície pretendido da peça, são definidas por linhas no desenho mecânico. As superfícies nominais aparecem no desenho em forma de linhas perfeitamente retas, círculos ideais, furos redondos, e outras superfícies que são geometricamente perfeitas. Porém, a geometria de uma superfície real é determinada pelos processos de fabricação utilizados para sua produção. A variedade de processos disponíveis resulta em superfícies com características diferentes, e é importante que a tecnologia das superfícies seja compreendida pelos engenheiros.

De acordo com diferentes aplicações de um produto, as superfícies são comercial e tecnologicamente importantes, por uma série de razões: (1) Razões estéticas: superfícies lisas e livres de riscos e manchas são mais suscetíveis de causar impressão favorável para o cliente. (2) Razões de segurança: as características das superfícies afetam a proteção da peça ou a segurança de quem a manipula. (3) Razões de contato com deslizamento: o atrito e o desgaste dependem das características de superfície. (4) Razões mecânicas: as superfícies afetam as propriedades mecânicas e físicas do produto; por exemplo, as falhas de superfície podem criar pontos de concentração de tensões. (5) Razões de encaixe com outras peças: a montagem de elementos depende das características de suas superfícies; por exemplo, a resistência de uma união adesiva (Seção 27.3) é aumentada quando as superfícies são ligeiramente rugosas. (6) Razões de transferência de elétrons: superfícies lisas proporcionam contato elétrico mais eficiente.

A *tecnologia de superfície* preocupa-se em definir (1) as características de uma superfície, (2) a textura da superfície, (3) a integridade da superfície, e (4) a relação entre os processos de fabricação e as características da superfície resultante. Os três primeiros tópicos são abordados nesta seção, e o último é apresentado na Seção 6.5.

6.3.1 CARACTERÍSTICAS DE SUPERFÍCIES

Uma visão microscópica da superfície de uma peça revela suas irregularidades e imperfeições. O perfil de uma superfície típica é ilustrado na Figura 6.12, que representa a ampliação de uma seção transversal de uma superfície metálica. Apesar de o texto se referir a superfícies metálicas, os comentários se aplicam a cerâmicas e polímeros com modificações relativas às estruturas desses materiais. A parte interna da peça, referenciada como **substrato**, tem estrutura cristalográfica que também depende dos processos de fabricação precedentes; ou seja, sua composição química, o processo de fundição usado para fabricar a peça, as operações de deformação plástica e os tratamentos térmicos realizados na peça influenciam na estrutura do substrato.

A face externa de uma peça manufaturada é uma superfície cuja topografia não é a mesma de uma linha reta ou de um contorno suave. O perfil da seção transversal da superfície real, ampliado algumas vezes, mostra que, na verdade, ela é rugosa, ondulada, e apresenta defeitos e fendas. Embora não tenha sido representado graficamente na Figura 6.12, a superfície possui ainda uma direção característica e/ou um padrão proveniente do processo de fabricação que a produziu. Todas essas características da superfície estão incluídas no termo *textura de superfície.*

Logo abaixo da superfície, apresenta-se uma camada de metal com estrutura diferente do substrato. Esta camada é chamada de **camada modificada**, e é resultado das ações realizadas na superfície da peça durante sua criação e da sequência de modificações feitas. Os processos de fabricação consomem energia, em geral em larga escala, que é transferida à peça, normalmente por meio de sua superfície. Desta forma, as alterações dessa camada podem ser resultado de encruamento (energia mecânica), aquecimento (energia térmica), tratamentos químicos, ou até energia elétrica. O metal desta camada externa sofreu a aplicação dessa energia diretamente e, como consequência, sua microestrutura é alterada. A análise da alteração das propriedades na superfície, assim como a definição, especificação e controle das camadas da superfície de um material, via de regra metálico, durante a fabricação e sua performance em serviço, pertencem ao escopo da **integridade da superfície**. O âmbito da integridade da superfície é usualmente interpretado de modo a incluir tanto a textura da superfície quanto as camadas abaixo dela.

Além disso, a maioria das superfícies metálicas é coberta com uma **camada de óxido**, se for dado tempo suficiente para sua formação. O alumínio, por exemplo, forma um filme denso e rígido de óxido de alumínio (Al_2O_3) na superfície (que protege o substrato contra a corrosão) e o ferro forma óxidos de diversas composições químicas em sua superfície (a ferrugem que, neste caso, não oferece nenhuma proteção ao metal). Além do óxido, umidade, sujeira, óleo, gases absorvidos e outros contaminantes podem ser encontrados na superfície da peça.

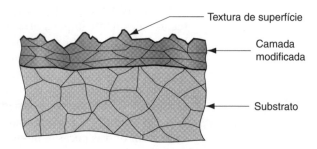

FIGURA 6.12 Perfil ampliado de uma superfície metálica típica.

6.3.2 TEXTURA DE SUPERFÍCIE

A textura de superfície é formada por desvios aleatórios e/ou periódicos da superfície nominal ou geométrica da peça; quatro tipos de desvios podem ser encontrados no perfil da superfície: rugosidade, ondulação, sulcos e defeitos, conforme mostrado na Figura 6.13. A *rugosidade* é composta de pequenos desvios, finamente espaçados da superfície nominal, que são determinados pelas características do material e do processo de fabricação realizado para a formação da geometria da peça. A *ondulação* é definida por desvios de maior espaçamento provenientes da deflexão da peça ou da ferramenta, das vibrações que podem ter ocorrido durante a fabricação, do aquecimento dos elementos envolvidos no processo de fabricação e/ou de outros fatores semelhantes. A rugosidade está superposta à ondulação. Os *sulcos* indicam a direção predominante ou o padrão encontrado na textura, que é determinado pelo método de fabricação utilizado para a formação da superfície, usualmente resultado da ferramenta de usinagem. A Figura 6.14 ilustra as possíveis formas de sulcos que a superfície pode apresentar e seus respectivos símbolos utilizados no desenho técnico pelo projetista para indicá-la. Por fim, as *falhas* são irregularidades que ocorrem acidentalmente na superfície; por exemplo: trincas, arranhões, inclusões e outras imperfeições no padrão da superfície. Apesar de serem consideradas na textura de superfície, as falhas afetam a integridade de superfície (Subseção 6.3.3).

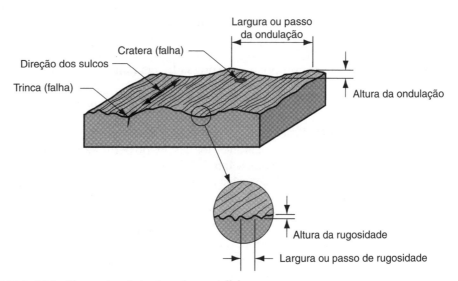

FIGURA 6.13 Elementos de textura de superfície.

Símbolo da orientação	Padrão da superfície	Descrição	Símbolo da orientação	Padrão da superfície	Descrição
=		A direção dos sulcos é paralela à linha que representa a superfície em que o símbolo foi colocado.	C	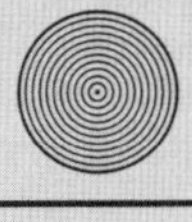	A orientação dos sulcos forma círculos concêntricos na superfície na qual o símbolo foi indicado.
⊥		A direção dos sulcos é perpendicular à linha que representa a superfície em que o símbolo foi colocado.	R		Os sulcos estão orientados nas direções radiais em relação ao centro da superfície em que o símbolo foi indicado.
X		Os sulcos estão orientados em duas direções inclinadas em relação à linha que representa a superfície em que o símbolo foi indicado.	P	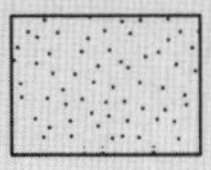	A superfície tem irregularidades com sulcos particulados, protuberantes, e que não apresentam direção preferencial.

FIGURA 6.14 Possíveis orientações dos sulcos de uma superfície. [1].

Rugosidade e Acabamento Superficial A rugosidade superficial é uma grandeza que pode ser medida a partir dos desvios da linha média, como será definido a seguir. Já o *acabamento superficial* é um termo mais subjetivo, utilizado para indicar a suavidade do perfil e a qualidade da superfície. Popularmente, o acabamento é usado como sinônimo de rugosidade.

A medida mais comum da textura da superfície é a rugosidade. Observando a Figura 6.15, a *rugosidade superficial* pode ser definida como a média dos desvios verticais de uma superfície nominal em um comprimento determinado. A média aritmética é comumente utilizada a partir dos valores absolutos dos desvios, e este valor de rugosidade é chamado de *rugosidade média*. Na forma de uma equação,

$$R_a = \int_0^{L_m} \frac{|y|}{L_m} dx \qquad (6.1)$$

em que R_a = desvio aritmético médio para medida de rugosidade, em m; y = distância vertical da superfície real à superfície nominal (valor absoluto da distância), em m; e L_m = comprimento especificado para realizar a medição dos desvios na superfície ou comprimento de avaliação. Uma aproximação da Equação (6.1), talvez de mais simples compreensão, é dada por

$$R_a = \sum_{i=1}^{n} \frac{|y_i|}{n} \qquad (6.2)$$

em que R_a tem o mesmo significado exposto anteriormente; y_i = desvios verticais discretos, em valores absolutos, identificados com o subscrito i, em m; e n = o número de desvios medidos no comprimento de medição L_m. As unidades das distâncias nessas equações são apresentadas em metros, porém a escala dos desvios é tão pequena que o mais apropriado é expressá-las em mm (1 mm = 10^{-6} m = 10^{-3} mm). Estas são as unidades comumente utilizadas para expressar rugosidade.

A rugosidade média aritmética (R_a) é o método mais amplamente utilizado para medição de rugosidade superficial atualmente. Uma alternativa, algumas vezes utilizada nos Estados Unidos, é a *rugosidade desvio médio quadrático* (R_q), que é a raiz quadrada da média dos quadrados dos desvios do perfil sobre o comprimento especificado. Os valores de R_q são quase sempre maiores que os valores obtidos para R_a, pois os maiores desvios aparecerão de forma mais notória no cálculo da rugosidade desvio médio quadrático.

A rugosidade superficial sofre o mesmo problema de qualquer medida isolada realizada para representar uma grandeza física complexa. A direção do sulco, por exemplo, não é contabilizada durante esta medição e, dependendo da direção que é realizada, pode apresentar grande variação da rugosidade.

Outra deficiência é que a ondulação pode estar incluída na medida do R_a. Para minimizar esse problema, é usado um parâmetro chamado de *comprimento de amostragem (cutoff)*, que é utilizado como um filtro que separa a ondulação dos desvios medidos. Na realidade, o comprimento de amostragem é uma parte da região em que os desvios serão medidos. Uma distância menor que a ondulação como comprimento de amostragem elimina os desvios associados à ondulação e contabiliza apenas aqueles associados à rugosidade. O comprimento de amostragem mais utilizado na prática é 0,8 mm. O comprimento de avaliação dos desvios L_m é normalmente cinco vezes o comprimento de amostragem.

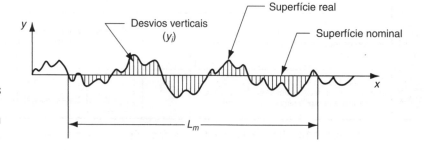

FIGURA 6.15 Desvios da superfície nominal usados na definição da rugosidade superficial.

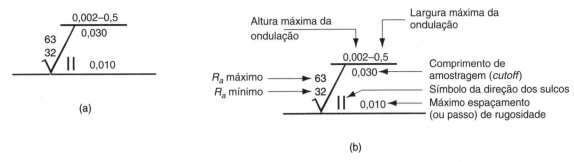

FIGURA 6.16 Símbolos utilizados no desenho mecânico para determinar as características da textura de superfície: (a) o símbolo, e (b) o símbolo com as definições a que cada espaço está destinado. Os projetistas não precisam necessariamente especificar todos os parâmetros aqui apresentados no desenho mecânico.

As limitações da utilização da rugosidade motivaram o desenvolvimento de medidas adicionais que pudessem descrever melhor a topografia de uma dada superfície. Essas medidas incluem processamentos gráficos tridimensionais da superfície, detalhadas em [17].

Símbolos para Textura Superficial Os projetistas especificam a textura superficial nos desenhos técnicos utilizando os símbolos apresentados na Figura 6.16. O símbolo usado para indicar a textura da superfície se assemelha a uma raiz quadrada e indica os valores de rugosidade média, de ondulação, o comprimento de amostragem, a direção dos sulcos e o máximo espaçamento entre os picos dos desvios de rugosidade. Os símbolos utilizados para representar a direção dos sulcos são mostrados na Figura 6.14.

6.3.3 INTEGRIDADE DE SUPERFÍCIE

A textura de superfície, isoladamente, não descreve por completo a superfície, uma vez que podem ocorrer modificações metalúrgicas ou outras variações na camada imediatamente inferior à superfície. Essas modificações podem alterar de forma significativa as propriedades mecânicas da peça. ***Integridade de superfície*** é o estudo e controle da camada de material sob a superfície. Qualquer mudança nesta camada abaixo da superfície e, como consequência do processo de fabricação, pode influenciar o desempenho da peça final. Na Figura 6.12, esta camada foi referenciada como camada superficial modificada e destacada da região interna da peça, chamada de substrato.

Existe uma variedade de possíveis alterações e defeitos nesta camada, que podem ocorrer durante a fabricação, e estão listados na Tabela 6.2. A modificação da superfície é causada pela aplicação de diversas formas de energia durante o processo, seja ela mecânica, térmica, química e/ou elétrica. A energia mecânica é a forma mais comum durante os processos de fabricação; ela é aplicada ao material em operações como a conformação volumétrica (forjamento, extrusão etc.), conformação e corte de chapas, e usinagem. Embora sua função principal nesses processos seja a mudança da geometria, a energia mecânica aplicada também deixa tensões residuais, endurecimento por encruamento, e trincas na camada superficial. A Tabela 6.3 indica os vários tipos de alterações superficiais e subsuperficiais que são atribuídas as diferentes formas de energia aplicadas na fabricação. A maioria das alterações na tabela se refere aos metais, para os quais a integridade de superfície tem sido mais intensivamente estudada.

6.4 Metrologia de Superfície

A avaliação de superfícies consiste em observar duas características principais: (1) a textura superficial e (2) a integridade da superfície. Esta seção apresenta as técnicas que realizam a medição dessas características.

TABELA • 6.2 Alterações superficiais e subsuperficiais que definem a integridade de superfície.[a]

Absorção compreende impurezas que são absorvidas e retidas em camadas superficiais do material base, podendo acarretar fragilização ou mudanças de outras propriedades.

Depauperação da liga ocorre quando elementos de liga críticos são perdidos das camadas superficiais, com possibilidade de perda de propriedades no metal.

Fissuras são rupturas ou separações estreitas, ambas superficial ou subsuperficial que alteram a continuidade do material. Fissuras são caracterizadas por arestas cortantes e relação comprimento-largura de 4:1 ou mais. São classificadas como macroscópicas (podendo ser observadas com aumento de 10X ou menos) e microscópicas (requerendo aumento superior a 10X).

Crateras são depressões superficiais rugosas deixadas na superfície por descargas elétricas de curto-circuito; são associadas a métodos de processamento que envolvem eletricidade, como eletroerosão e usinagem eletroquímica (Capítulo 22).

Alterações de dureza se referem a diferenças de dureza na superfície ou próximo dela.

Zona termicamente afetada compreende regiões do metal afetadas pela aplicação de energia térmica; as regiões não são fundidas, mas suficientemente aquecidas a ponto de sofrerem alterações metalúrgicas que influenciam propriedades. A sigla ZTA é o efeito mais importante em operações de soldagem por fusão (Capítulo 26).

Inclusões são pequenas partículas de material incorporadas nas camadas superficiais durante o processamento; são uma descontinuidade no material base, cuja composição normalmente difere da apresentada pelo material base.

Ataque intergranular se refere às diversas formas de reação química na superfície, incluindo oxidação e corrosão intergranular.

Rebarbas, *dobras*, *emendas* são irregularidades e defeitos na superfície causados por conformação mecânica por deformação plástica sobre as superfícies.

Pites são depressões pouco profundas com arestas arredondadas formadas por algum dos vários mecanismos, incluindo ataque seletivo ou corrosão; remoção de inclusões superficiais; vincos ou entalhes formados mecanicamente; ou ações eletroquímicas.

Deformação plástica refere-se a mudanças microestruturais causadas pela deformação na superfície do metal, resultando em encruamento.

Recristalização envolve a formação de novos grãos em metais previamente encruados; geralmente está associada ao aquecimento de peças metálicas que foram deformadas.

Metal redepositado é o metal que é removido da superfície no estado líquido e então recolocado antes da solidificação.

Metal ressolidificado é uma fração da superfície que é transformada em líquido durante o processamento e então solidificada sem se desprender da superfície. O nome *metal refundido* é um termo que inclui ambos: metal ressolidificado e metal redepositado.

Tensões residuais são tensões remanescentes no material após o processamento.

Ataque seletivo é uma forma de ataque químico que se concentra em determinados elementos, retirando-os da superfície do material.

[a]Compilado de [2].

TABELA • 6.3 Formas de energia aplicadas na fabricação e possíveis alterações superficiais e subsuperficiais que podem ocorrer.[a]

Mecânica	Térmica	Química	Elétrica
Tensões residuais na camada superficial	Mudanças metalúrgicas (recristalização, variações no tamanho de grão, transformação de fase na superfície)	Ataque intergranular	Variações na condutividade e/ou magnetismo
Fissuras – microscópicas e macroscópicas		Contaminação química	
Deformação plástica		Absorção de elementos, tais como H e Cl	Crateras resultantes de curtos-circuitos durante determinadas técnicas de processamento que envolvem eletricidade
Rebarbas, dobras ou fendas	Material redepositado ou ressolidificado	Corrosão, formação de pites, e ataque químico	
Vazios ou inclusões	Zona termicamente afetada	Dissolução de microconstituintes	
Variações de dureza (encruamento: trabalho a frio)	Modificações de dureza	Depauperação da liga	

[a]Baseia-se na Referência [2].

6.4.1 MEDIDA DA RUGOSIDADE SUPERFICIAL

Vários métodos são usados para a verificação de rugosidade de superfície; podem ser divididos em três categorias: (1) comparação subjetiva com superfícies-padrão, (2) rugosímetros com apalpador eletrônico, e (3) técnicas ópticas.

Teste de Comparação com Superfícies-Padrão Para estimar a rugosidade de uma determinada amostra de teste, é possível utilizar um conjunto de blocos com diferentes acabamentos de superfície com valores de rugosidades diferentes, específicas e padronizadas. A superfície avaliada é comparada visualmente com o padrão, ou é realizada uma comparação tátil entre esses blocos. Nesta segunda opção, o inspetor utiliza o tato das pontas dos dedos ou passa a unha na superfície e avalia qual padrão está mais próximo do corpo de prova. O teste usando as superfícies dos blocos de rugosidades é uma forma prática para o operador obter uma estimativa da rugosidade da superfície. Eles também são úteis para os engenheiros de projeto definir o valor da rugosidade da superfície e especificá-la em um desenho mecânico.

Rugosímetro com Apalpador O teste realizado com os blocos de rugosidade é bastante subjetivo, o que é uma limitação técnica. Assim, de forma similar ao teste realizado pelo operador, porém mais científica, um rugosímetro utiliza um apalpador de diferentes tipos para medir a rugosidade da superfície. Um exemplo é o instrumento mostrado na Figura 6.17, traçando uma superfície-padrão. O rugosímetro é um dispositivo eletrônico que utiliza apalpadores de diamante em formato cônico, com raio de ponta com cerca de 0,005 mm e ângulo de 90° que atravessam toda a parte da superfície a ser testada, a uma velocidade constante e lenta. A operação é representada na Figura 6.18. À medida que o apalpador se desloca na horizontal, ele também se move verticalmente para seguir os desvios de superfície, gerando um sinal elétrico ao dispositivo que representa a topografia da superfície. O resultado pode ser apresentado na forma impressa e amplificada do perfil da superfície ou na forma da média aritmética da rugosidade. *Perfilômetros* (ou rugosímetros de forma) utilizam uma mesa própria (um desempeno) como uma superfície de referência nominal sobre a qual os desvios são medidos. Os sinais de saída compõem uma superfície cujo contorno foi a trajetória percorrida pelo apalpador. Esse tipo de sistema pode identificar rugosidade e ondulação. *Rugosímetros portáteis* simplificam os desvios de rugosidade a um único valor de R_a. Esses equipamentos usam uma super-

FIGURA 6.17 Rugosímetro com apalpador para medir rugosidade superficial atravessando uma superfície-padrão. (Cortesia do Laboratório de Tecnologia de Fabricação George E. Kane, Universidade de Lehigh.)

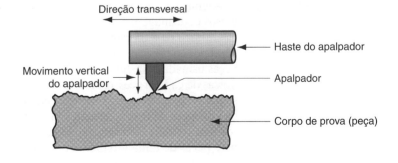

FIGURA 6.18 Ilustração da operação do apalpador de um rugosímetro. O apalpador atravessa horizontalmente a superfície enquanto acompanha o perfil da superfície se movendo verticalmente. O movimento vertical pode ser convertido (1) em um perfil da superfície ou (2) no valor da média aritmética da rugosidade.

fície deslizante de apoio na superfície para estabelecer o plano nominal de referência. O sistema de deslizamento (patim) atua como um filtro mecânico para reduzir o efeito da ondulação da superfície. De fato, o que é realizado por eles para efetuar o cálculo é computar eletronicamente o que é descrito na Equação (6.1).

Técnicas Ópticas   A maior parte dos outros instrumentos de medição utiliza técnicas ópticas para encontrar a rugosidade. Essas técnicas se baseiam na reflexão da luz sobre a superfície, dispersão ou difusão de luz, e tecnologia laser. Esses equipamentos são úteis nas aplicações em que não se deseja que haja o contato do apalpador com a superfície. Algumas dessas técnicas permitem inspeções em velocidades bem mais altas e, com isso, possibilitam que a inspeção seja realizada na totalidade da peça. Contudo, as técnicas ópticas podem produzir valores que não estão sempre bem correlacionados com as medidas realizadas pelos instrumentos que usam o apalpador.

6.4.2   VERIFICAÇÃO DA INTEGRIDADE SUPERFICIAL

A integridade superficial é de mais difícil verificação que a rugosidade superficial. Algumas técnicas para inspecionar mudanças subsuperficiais são destrutivas ao material do corpo de prova. As técnicas de avaliação da integridade superficial são:

- ➤   *Textura de superfície.* A rugosidade da superfície, descrição dos sulcos e outras medidas correlacionadas fornecem informações sobre a integridade da superfície. Esse tipo de teste é relativamente simples de ser executado e é sempre realizado na verificação da integridade superficial.

- ➤   *Inspeção visual.* A inspeção visual pode revelar diversos defeitos, como trincas, crateras, dobras e emendas. Esse tipo de teste normalmente é realizado com técnicas fluorescentes e fotográficas para aumentar a nitidez da superfície.

- ➤   *Exame microestrutural.* Esse procedimento envolve técnicas metalográficas padronizadas para o preparo de seções transversais da superfície, e para obtenção das micrografias fotográficas, a fim de examinar a microestrutura nas camadas da superfície comparadas com o substrato.

- ➤   *Perfil de microdureza.* Diferenças na dureza próximas à superfície podem ser detectadas utilizando técnicas de medida de microdureza, como a dureza Knoop e a Vickers (Subseção 3.2.1). A peça é cortada na direção transversal à superfície, e a dureza é medida ao longo da distância abaixo da superfície. Esta variação é representada graficamente para descrever o perfil de dureza ao longo da seção transversal.

- ➤   *Perfil de tensões residuais.* Técnicas de difração de raios X são utilizadas para medir tensões residuais nas camadas da superfície de uma peça.

6.5   Efeitos dos Processos de Fabricação

Uma função dos processos de fabricação é permitir alcançar determinada dimensão dentro da tolerância especificada e com determinadas características de superfície. Nesta seção, serão descritas tolerâncias e rugosidades que os processos de fabricação têm capacidade de executar de forma geral.

Alguns processos de fabricação são naturalmente mais precisos que outros. Os processos de usinagem, por exemplo, são bastante precisos, capazes de produzir peças com tolerâncias de 0,05 mm ou menores. Em contrapartida, a fundição em areia verde é em geral pouco precisa, com tolerâncias de 10 ou 20 vezes maiores que as especificadas para peças usinadas. Na Tabela 6.4, listamos diversos processos de fabricação e as tolerâncias típicas de cada processo. As tolerâncias são definidas a partir da capabilidade do processo para a operação de fabricação, como será definida na Seção 37.2, porém a tolerância de uma peça deve ser especificada em função de suas dimensões, isto é, elementos maiores têm tolerâncias mais generosas. A tabela apresenta valores típicos de tolerâncias para peças de tamanho médio em cada categoria de processos de fabricação.

Dimensões, Superfícies e Suas Medidas **141**

A seleção do processo de fabricação determina o acabamento da superfície e a integridade superficial, pois alguns processos são capazes de produzir melhores superfícies que outros. Em geral, o custo do processo aumenta com a melhoria da superfície. Isso ocorre, porque a obtenção de superfícies com melhor qualidade normalmente requer operações adicionais e maior tempo. No Capítulo 21, alguns processos que produzem peças com acabamento muito superior aos demais são apresentados. São eles: brunimento, lapidação, polimento e superacabamento. A Tabela 6.5 indica a rugosidade esperada usualmente em diferentes processos de fabricação.

TABELA • 6.4 Tolerâncias típicas para diversos processos de fabricação com base na capabilidade do processo (Seção 37.2).[a]

Processo	Tolerância Típica, mm	Processo	Tolerância Típica, mm
Fundição em areia		Abrasivo	
Ferro fundido	±1,3	Retificação	±0,008
Aço	±1,5	Lapidação	±0,005
Alumínio	±0,5	Brunimento	±0,005
Fundição sob pressão	±0,12	Não convencional e térmico	
Moldagem de plásticos:		Usinagem química	±0,08
Polietileno	±0,3	Eletroerosão	±0,025
Poliestireno	±0,15	Retificação eletroquímica	±0,025
Usinagem:		Usinagem eletroquímica	±0,05
Furação de 6 mm	±0,08/−0,03	Usinagem por feixe de elétrons	±0,08
Fresamento	±0,08	Usinagem a *laser*	±0,08
Torneamento	±0,05	Corte a arco plasma	±1,3

[a]Compilado de [4], [5] e outras referências. Para cada um dos processos, as tolerâncias podem variar, dependendo dos parâmetros de fabricação. Além disso, as tolerâncias aumentam com o tamanho do elemento mecânico.

TABELA • 6.5 Valores típicos de rugosidades como resultado de diferentes processos de fabricação.[a]

Processo	Acabamento Típico	Faixa de Rugosidade[b]	Processo	Acabamento Típico	Faixa de Rugosidade[b]
Fundição:			Abrasivo:		
Fundição sob pressão	Bom	1–2	Retificação	Muito bom	0,1–2
Fundição com cera perdida	Bom	1,5–3	Brunimento	Muito bom	0,1–1
Fundição em areia	Pobre	12–25	Lapidação	Excelente	0,05–0,5
Conformação mecânica:			Polimento	Excelente	0,1–0,5
Laminação a frio	Bom	1–3	Superacabamento	Excelente	0,02–0,3
Embutimento	Bom	1–3	Não convencional:		
Extrusão a frio	Bom	1–4	Usinagem química	Médio	1,5–5
Laminação a quente	Pobre	12–25	Eletroquímica	Bom	0,2–2
Usinagem:			Eletroerosão	Médio	1,5–15
Torneamento interno	Bom	0,5–6	Feixe de elétrons	Médio	1,5–15
Furação	Médio	1,5–6	Laser	Médio	1,5–15
Fresamento	Bom	1–6	Térmico:		
Alargamento	Bom	1–3	Soldagem a arco elétrico	Pobre	5–25
Aplainamento	Médio	1,5–12	Corte por chama	Pobre	12–25
Serramento	Pobre	3–25	Corte a arco plasma	Pobre	12–25
Torneamento	Bom	0,5–6			

[a]Compilado de [1], [2] e outras referências.
[b]Valores de rugosidades dados em μm. A rugosidade pode variar significativamente, dependendo dos parâmetros do processo.

Referências

[1] American National Standards Institute. *Surface Texture*, ANSI B46.1-1978. American Society of Mechanical Engineers, New York, 1978.

[2] American National Standards Institute. *Surface Integrity*, ANSI B211.1-1986. Society of Manufacturing Engineers, Dearborn, Michigan, 1986.

[3] American National Standards Institute. *Dimensioning and Tolerancing*, ANSI Y14.5M-2009. American Society of Mechanical Engineers, New York, 2009.

[4] Bakerjian, R., and Mitchell, P. *Tool and Manufacturing Engineers Handbook*, 4th ed., Vol. **VI**, *Design for Manufacturability*. Society of Manufacturing Engineers, Dearborn, Michigan, 1992.

[5] Brown & Sharpe. *Handbook of Metrology*. North Kingston, Rhode Island, 1992.

[6] Curtis, M., *Handbook of Dimensional Measurement*, 4th ed. Industrial Press Inc., New York, 2007.

[7] Drozda, T. J., and Wick, C. *Tool and Manufacturing Engineers Handbook*, 4th ed., Vol. **I**, *Machining*. Society of Manufacturing Engineers, Dearborn, Michigan, 1983.

[8] Farago, F. T. *Handbook of Dimensional Measurement*, 3rd ed. Industrial Press, New York, 1994.

[9] *Machining Data Handbook*, 3rd ed., Vol. **II**. Machinability Data Center, Cincinnati, Ohio, 1980, Ch. 18.

[10] Mummery, L. *Surface Texture Analysis — The Handbook*. Hommelwerke Gmbh, Germany, 1990.

[11] Oberg, E., Jones, F. D., Horton, H. L., and Ryffel, H. *Machinery's Handbook*, 26th ed. Industrial Press, New York, 2000.

[12] Schaffer, G. H. "The Many Faces of Surface Texture," Special Report 801, *American Machinist and Automated Manufacturing*, June 1988, pp. 61–68.

[13] Sheffield Measurement, a Cross & Trecker Company. *Surface Texture and Roundness Measurement Handbook*, Dayton, Ohio, 1991.

[14] Spitler, D., Lantrip, J., Nee, J., and Smith, D. A. *Fundamentals of Tool Design*, 5th ed. Society of Manufacturing Engineers, Dearborn, Michigan, 2003.

[15] L. S. Starrett Company. *Tools and Rules*. Athol, Massachusetts, 1992.

[16] Wick, C., and Veilleux, R. F. *Tool and Manufacturing Engineers Handbook*, 4th ed., Vol. **IV**, *Quality Control and Assembly*, Section 1. Society of Manufacturing Engineers, Dearborn, Michigan, 1987.

[17] Zecchino, M. "Why Average Roughness Is Not Enough." *Advanced Materials & Processes*, March 2003, pp. 25–28.

Questões de Revisão

6.1 O que é tolerância?

6.2 Qual é a diferença entre tolerância bilateral e tolerância unilateral?

6.3 O que é exatidão de uma medida?

6.4 O que é precisão de uma medida?

6.5 Qual é o significado para o termo dispositivo de medição graduado?

6.6 Cite algumas razões pelas quais é importante a determinação das características das superfícies.

6.7 Defina superfície nominal.

6.8 Defina textura de superfície.

6.9 Como a textura da superfície se diferencia da integridade superficial?

6.10 Dentro do âmbito de textura da superfície, como a rugosidade se diferencia da ondulação?

6.11 A rugosidade de uma superfície é um parâmetro quantitativo da textura da superfície. O que significa **rugosidade média**?

6.12 Indique algumas limitações da utilização da rugosidade da superfície como medida da textura.

6.13 Identifique algumas alterações e defeitos que podem ocorrer na superfície ou subsuperfície de um metal?

6.14 Quais as causas das mudanças nas propriedades da camada de material abaixo da superfície?

6.15 Quais são os métodos típicos para verificação de rugosidade superficial?

6.16 Identifique alguns processos de fabricação que produzem acabamento superficial mais pobre.

6.17 Identifique alguns processos de fabricação que produzem acabamento superficial muito bom ou excelente.

Problemas

As respostas dos Problemas com indicação **(A)** estão listadas no Apêndice, na parte final do livro.

6.1(A) Um calibrador tampão PASSA/NÃO PASSA foi projetado para inspecionar um furo, de diâmetro $50,00 \pm 0,20$ mm. Um desgaste permissível de 3 % da faixa de tolerância total é aplicado ao lado PASSA do calibrador. Determine as dimensões nominais (a) do calibrador PASSA e (b) do calibrador NÃO PASSA.

6.2 Um calibrador anel PASSA/NÃO PASSA é necessário para inspecionar o diâmetro de um eixo que é $50,00 \pm 0,20$ mm. Um desgaste permissível de 3 % da faixa de tolerância inteira é aplicado ao lado PASSA. Determine as dimensões nominais (a) do calibrador PASSA e (b) do calibrador NÃO PASSA.

6.3 Uma régua de seno de 150,00 mm é usada para inspecionar uma peça com ângulo de dimensão nominal de $35,0° \pm 1,0°$. Os cilindros da régua de seno têm diâmetro = 25,0 mm. Um conjunto de blocos-padrão disponibilizado permite formar qualquer altura de 10,000 mm a 199,995 mm com incrementos de 0,005 mm. Todas as inspeções são feitas sobre uma placa de desempeno. Determine (a) a altura do empilhamento de blocos de medição para inspecionar o ângulo mínimo, (b) a altura do empilhamento de blocos de medição para inspecionar o ângulo máximo, e (c) o menor incremento de ângulo que pode ser estabelecido para a dimensão nominal do ângulo.

Parte II Processos de Solidificação

7 Fundamentos da Fundição de Metais

Sumário

7.1 Resumo da Tecnologia de Fundição
7.1.1 Processos de Fundição
7.1.2 Fundição em Moldes de Areia

7.2 Aquecimento e Vazamento
7.2.1 Aquecimento do Metal
7.2.2 Vazamento do Metal Fundido
7.2.3 Engenharia dos Sistemas de Vazamento
7.2.4 Fluidez

7.3 Solidificação e Resfriamento
7.3.1 Solidificação de Metais
7.3.2 Tempo de Solidificação
7.3.3 Contração de Solidificação
7.3.4 Solidificação Direcional
7.3.5 Projeto de Massalotes

Nesta parte do livro, vamos considerar os processos de fabricação em que o material de partida é um líquido, ou está em uma condição altamente plástica, e uma peça é criada a partir da solidificação do material. Processos de fundição e moldagem dominam essa categoria de operações de conformação. Com referência à Figura 7.1, os processos que envolvem solidificação são classificados de acordo com o material de engenharia que é processado: (1) metais, (2) cerâmicas, especificamente vidros,[1] e (3) polímeros e compósitos de matriz polimérica (CMPs). A fundição de metais é tratada neste e no capítulo seguinte; a conformação de vidros é abordada no Capítulo 9; e o processamento de polímeros e de CMPs é discutido nos Capítulos 10 e 11.

Fundição é um processo no qual metal fundido flui pela força da gravidade, ou por ação de outra força, em um molde em que ele se solidifica com a forma da cavidade do molde. O termo *fundido* é aplicado ao componente (ou peça) obtido por esse processo. É um dos processos de fabricação mais antigos, remontando seis mil anos (Nota Histórica 7.1). O princípio da fundição parece simples: fundir o metal, vertê-lo no molde e deixá-lo resfriar e solidificar; no entanto, existem muitos fatores e variáveis que devem ser considerados para resultar em uma operação bem-sucedida.

---

[1]Entre as cerâmicas, somente os vidros são processados por solidificação; cerâmicas tradicionais e avançadas são conformadas mecanicamente usando processamento de particulados (Capítulo 13).

Fundamentos da Fundição de Metais

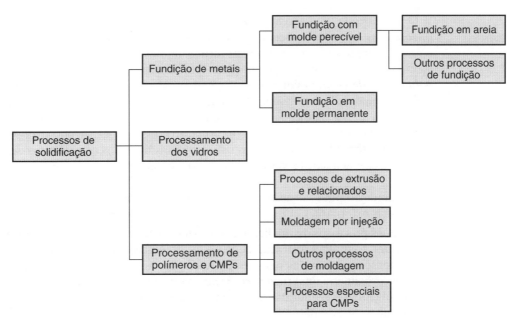

FIGURA 7.1 Classificação dos processos de solidificação.

Nota Histórica 7.1 Origens da Fundição

A fundição de metais pode ser rastreada até cerca de 4000 a.C. O ouro foi o primeiro metal a ser encontrado e usado por civilizações antigas; por ser maleável, ele poderia ser prontamente conformado por martelagem em temperatura ambiente. Parecia não haver necessidade de outras formas para moldar o ouro. Foi a descoberta subsequente, a do cobre, que originou a necessidade da fundição. Embora o cobre pudesse ser forjado, o processo era mais difícil (devido ao encruamento) e limitado a formas relativamente simples. Historiadores acreditam que séculos se passaram até que o processo de fundição do cobre tivesse sua primeira execução, provavelmente por acidente durante a redução do minério de cobre em preparação para martelagem do metal em alguma forma útil. Então, em função de algo descoberto por acaso, nascia a arte da fundição. É provável que a descoberta tenha ocorrido na Mesopotâmia, e a "tecnologia" tenha se propagado de forma rápida para o resto do mundo antigo.

A fundição foi uma inovação de relevante importância na história da humanidade. Formas muito mais complexas puderam ser obtidas por fundição do que por martelagem. Ferramentas e armamentos mais sofisticados puderam ser fabricados. Acessórios e ornamentos mais detalhados puderam ser projetados. Joias de ouro mais belas e valiosas puderam ser produzidas por fundição do que por métodos anteriores. As ligas metálicas foram inicialmente aplicadas na fundição quando se descobriu que a mistura de cobre e estanho (a liga que formou o primeiro bronze) fluía melhor do que o cobre isolado. A fundição permitiu a criação de riquezas para as nações que executaram melhor tal processo de fabricação. O Egito governou o mundo ocidental civilizado durante a Idade do Bronze (aproximadamente 2000 anos), em grande parte devido à habilidade de executar processos de fundição.

A religião exerceu grande influência durante a Idade Média (aproximadamente 400-1400) para perpetuar as habilidades do fundidor. A construção de catedrais e igrejas requeria a fundição de sinos que foram usados nessas estruturas. De fato, o tempo e o esforço necessários para a fundição de grandes sinos de bronze do período auxiliaram na condução do processo de fundição da condição de domínio da arte em direção ao regime de tecnologia. Ocorreram avanços em técnicas de fundição e de fabricação de moldes. A moldagem em fosso, na qual os moldes foram formados em um fosso profundo localizado na frente do forno, simplificava o processo de vazamento. Isso foi uma melhoria adotada como um procedimento de fundição. Além disso, a fundição de sinos desvendou as relações entre o tom do sino, que era uma medida importante da qualidade do produto, e seu tamanho, forma, espessura, e composição do metal.

Outro produto importante associado com o desenvolvimento da fundição foi o canhão. Cronologicamente, o canhão é posterior ao sino, e em função disso muitas das técnicas de fundição desenvolvidas para a fundição do sino foram aplicadas na fabricação do canhão. O primeiro canhão fundido foi fabricado em 1313, em Gante, na Bélgica, por um monge religioso. Era de bronze, e o furo foi feito por meio da utilização de um macho durante a fundição. Em função da superfície áspera obtida na fundição, essas primeiras armas não eram precisas. Desse modo, elas deveriam ser acionadas praticamente à queima-roupa. Logo notou-se que a precisão dimensional e a capacidade de alcance poderiam ser melhoradas por meio da usinagem de precisão da superfície do furo. Esse processo de usinagem foi chamado de **mandrilamento** (Subseção 18.2.5).

Capítulo 7

O processo de fundição inclui a fundição de lingotes e a fundição de peças. O termo *lingote* é usualmente associado com a indústria metalúrgica primária, e descreve um fundido de grande porte que possui forma simples com o intuito de ser subsequentemente conformado de maneira mecânica por processos como laminação ou forjamento. A *fundição de peças* envolve a produção de geometrias mais complexas que são muito mais próximas da forma desejada final da peça ou do produto. Este capítulo e o seguinte se dedicam mais à fundição de peças do que especificamente à fundição dos lingotes.

Uma variedade de métodos de conformação por solidificação encontra-se disponível, tornando assim a fundição um dos mais versáteis de todos os processos de fabricação. Entre suas capacitações e vantagens, estão as seguintes:

➢ A fundição pode ser usada para criar peças com geometrias complexas, incluindo formas externas e internas.

➢ Alguns processos de fundição são capazes de produzir peças com a forma final (*net shape*). Nenhuma operação de manufatura é necessária para atingir a geometria e dimensões requeridas pela peça. Outros processos de fundição alcançam geometrias próximas à final (*near net shape*), para os quais alguma etapa de processamento adicional é requerida (normalmente usinagem) de forma a atingir dimensões e detalhes de exatidão.

➢ A fundição pode ser usada para produzir peças de grande porte, como, por exemplo, fundidos com peso superior a 100 toneladas.

➢ O processo de fundição pode ser aplicado a qualquer metal que possa ser aquecido até o estado líquido.

➢ Alguns métodos de fundição são particularmente adequados à produção seriada.

Há também desvantagens associadas à fundição – diferentes desvantagens para diferentes métodos de fundição. Essas desvantagens incluem limitações em propriedades mecânicas, porosidade, baixa precisão dimensional e acabamento superficial para alguns processos de fundição, riscos à segurança durante o processamento de metais líquidos quentes, e problemas ambientais.

Peças fabricadas por processos de fundição variam em tamanho, de pequenos componentes pesando apenas poucos gramas, até produtos muito grandes pesando toneladas. A lista de peças inclui coroas dentais, joias, estátuas, fogão a lenha, blocos de motor e cabeçotes para veículos automotivos, bases de máquinas, rodas ferroviárias, frigideiras, tubos, e carcaças de bombas. Todos os tipos de metais, ferrosos e não ferrosos, podem ser fundidos.

Fundição também pode ser usada em outros materiais como os polímeros e cerâmicas; entretanto, os detalhes são suficientemente diferentes e podemos adiar a discussão sobre os processos de fundição para esses materiais para capítulos posteriores. Este capítulo e o seguinte tratam exclusivamente da fundição de metais. Aqui, vamos discutir os fundamentos que são aplicados a, virtualmente, todas as operações de fundição. No capítulo seguinte, cada processo de fundição é descrito, juntamente com algumas questões de projeto que devem ser consideradas quando se opta por fabricar peças por fundição.

7.1 Resumo da Tecnologia de Fundição

Como um processo de produção, a fundição de peças é usualmente feita em uma *fábrica* – denominada *fundição** – equipada para produzir moldes, fundir e lidar com metal no estado líquido, executar o vazamento e dar acabamento à peça fundida. Os trabalhadores que executam as operações de fundição nessas fábricas são chamados de *fundidores*.

---

*Em inglês, duas palavras traduzem o termo "fundição" com significados distintos: as palavras *casting*, o ato de fundir, e *foundry*, a fábrica onde se realiza o processo, como apresenta a versão original. (N.T.)

7.1.1 PROCESSOS DE FUNDIÇÃO

A discussão sobre fundição se inicia logicamente pelo molde. O ***molde*** contém a cavidade cuja geometria determina a forma da peça fundida. O tamanho e a forma reais da cavidade devem ser ligeiramente maiores, de modo a permitir a contração que ocorre no metal durante a solidificação e o resfriamento. Diferentes metais apresentam diferentes coeficientes de contração, de tal modo que a cavidade do molde deve ser projetada para um dado metal a ser fundido, caso a precisão dimensional seja crítica. Moldes são feitos de uma variedade de materiais, incluindo areia, gesso, cerâmica e metal. Os diversos processos de fundição são geralmente classificados de acordo com esses tipos de moldes.

Para efetuar uma operação de fundição, o metal é primeiro aquecido a uma temperatura elevada o suficiente para convertê-lo totalmente ao estado líquido. É então vazado, ou de outra forma direcionado, à cavidade do molde. Em um ***molde aberto***, Figura 7.2(a), o metal líquido é simplesmente vertido até preencher a cavidade. Em um ***molde fechado***, Figura 7.2(b), um caminho, denominado sistema de alimentação, é previsto para permitir que o metal líquido flua da parte externa do molde até a cavidade. O molde fechado é, de longe, a categoria mais importante na produção de fundidos.

Tão logo o metal fundido atinge o molde, ele começa a resfriar. Quando a temperatura cai o suficiente (isto é, até a temperatura de solidificação para um metal puro), a solidificação, que envolve mudança de fase do metal, tem início. Para completar a mudança de fase, tempo é necessário e calor considerável é removido no processo. É durante essa etapa do processo que o metal assume a forma sólida da cavidade do molde e que muitas das propriedades e características do fundido são estabelecidas.

Uma vez que o fundido se resfriou suficientemente, ele é removido do molde. Dependendo do método de fundição e metal empregados, pode ser necessário processamento posterior. Este pode incluir remoção do excesso de metal da peça fundida (rebarbação), limpeza da superfície, inspeção do produto e tratamentos térmicos para melhorar suas propriedades. Adicionalmente, usinagem pode ser necessária para atingir, em certas regiões, tolerâncias dimensionais mais estreitas e para remover a camada superficial do fundido.

Processos de fundição se subdividem em duas grandes categorias, de acordo com o tipo de molde empregado: fundição em moldes perecíveis (descartáveis) e fundição em moldes permanentes. Um ***molde perecível*** significa que o molde no qual o metal líquido se solidifica deve ser destruído para remover a peça fundida. Esses moldes são fabricados com areia, gesso, ou materiais similares, cuja forma é mantida com o uso de aglomerantes de diversos tipos. Fundição em areia é o mais importante exemplo de processos com molde perecível, no qual o metal líquido é vazado em um molde à base de areia. Após o metal se solidificar e adquirir resistência, o molde deve ser destruído para a remoção do fundido.

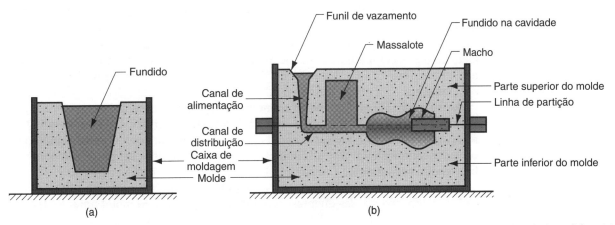

FIGURA 7.2 Dois tipos de molde: (a) molde aberto, meramente um contêiner com a forma da peça desejada; e (b) molde fechado, no qual a geometria do molde é mais complexa e requer um sistema de alimentação (caminho) para que o metal preencha a cavidade.

O **molde permanente** pode ser utilizado diversas vezes para produzir muitos fundidos. É feito de metal (ou, menos comumente, de uma cerâmica refratária) que pode resistir às elevadas temperaturas envolvidas nas operações de fundição. Na fundição em moldes permanentes, o molde consiste em duas (ou mais) seções que podem ser abertas para permitir a remoção da peça acabada. Fundição sob pressão é o processo mais conhecido desse grupo.

Fundidos com geometrias mais complexas são geralmente obtidos com processos que utilizam moldes perecíveis. Peças fabricadas por solidificação em moldes permanentes são limitadas pela necessidade de abertura do molde. Por outro lado, alguns processos que usam moldes permanentes apresentam determinadas vantagens econômicas em situações de alta produção. Discutiremos os processos de moldes perecíveis e moldes permanentes no Capítulo 8.

7.1.2 FUNDIÇÃO EM MOLDES DE AREIA

Fundição em moldes de areia é, de longe, o processo de fundição mais importante. A fundição em moldes de areia será usada para descrever os aspectos básicos de um molde, pois muitos termos e características são comuns aos moldes utilizados em outros processos de fundição. A Figura 7.2(b) mostra a vista da seção transversal de um típico molde de areia, indicando a terminologia utilizada. O molde consiste em duas metades: parte superior e parte inferior. A **parte superior** é a metade de cima do molde, e a **parte inferior**, a de baixo. Essas duas partes são contidas em uma **caixa de moldagem**, também bipartida. As duas metades do molde são separadas pela **linha de partição**.

Na fundição em areia (e em outros processos com moldes perecíveis), a cavidade do molde é formada a partir de um **modelo**, que é feito de madeira, metal, plástico, ou outro material, e tem a forma da peça que será fundida. A cavidade é formada pela compactação da areia ao redor do modelo, cada metade em uma caixa (superior e inferior), de tal forma que, quando o modelo é removido, o vazio remanescente tem a forma desejada para a peça fundida. O modelo é geralmente fabricado em tamanho maior para permitir a contração do metal quando ele se solidifica e se resfria. A areia empregada na fabricação do molde é úmida e contém um aglomerante para manter sua forma.

A cavidade no molde dá origem à superfície externa da peça fundida. Adicionalmente, a peça pode ter cavidades internas. As superfícies internas são obtidas com o uso do **macho**, um componente colocado dentro do molde para definir a geometria do interior da peça. Na fundição em areia, os machos são em geral fabricados em areia, embora outros materiais possam ser usados, como metais,* gesso e cerâmicas.

Em um molde de fundição, o **sistema de alimentação** compreende o canal, ou rede de canais, através dos quais o metal flui do exterior para a cavidade do molde. Como mostrado na figura, o sistema de alimentação tipicamente consiste em um **canal de alimentação** (também chamado de **canal**), através do qual o metal entra no **canal de distribuição** e é conduzido à cavidade principal. No topo do canal, um **funil de vazamento** (ou bacia de vazamento) é em geral usado para minimizar respingos e turbulência, à medida que o metal flui no canal de alimentação. É mostrado no nosso diagrama como um simples funil cônico. Alguns funis de vazamento são projetados na forma de bacias, com um canal aberto conduzindo o metal ao canal de alimentação.

Adicionalmente ao sistema de alimentação, qualquer fundido que tenha contração significativa requer um massalote conectado à cavidade principal. O **massalote**** é um reservatório de metal que serve como uma fonte de metal líquido para o fundido compensar a contração durante a solidificação. O massalote deve ser projetado para se resfriar após a peça fundida (ou parte dela), de forma a atender à sua função.

À medida que o metal flui dentro do molde, o ar que previamente ocupava a cavidade e, também, os gases quentes formados pelas reações no metal fundido devem ser

---

*Na fundição em areia, o macho fabricado de metal é bastante raro. (N.T.)

**Massalote é também chamado de alimentador ou montante. (N.T.)

Fundamentos da Fundição de Metais **149**

evacuados para que o metal preencha por completo o espaço vazio. Na fundição em areia, por exemplo, a porosidade natural do molde em areia permite que ar e gases escapem através das paredes da cavidade. Nos moldes permanentes metálicos, pequenos canais de ventilação são perfurados no molde ou usinados na linha de partição para permitir a remoção de ar e gases.

7.2 Aquecimento e Vazamento

Para realizar uma operação de fundição, o metal deve ser aquecido a uma temperatura um pouco acima do seu ponto de fusão, e então vazado dentro da cavidade do molde para solidificar. Nesta seção, consideraremos diversos aspectos dessas duas etapas da fundição.

7.2.1 AQUECIMENTO DO METAL

Fornos de aquecimento de diversos tipos (Subseção 8.4.1) são usados para aquecer um metal a uma temperatura suficiente para a fundição. A energia térmica requerida é a soma (1) do calor para aumentar a temperatura até a temperatura de fusão, (2) do calor de fusão para convertê-lo do estado sólido para o estado líquido, e (3) do calor para que o metal líquido atinja a temperatura adequada ao vazamento. Isso pode ser expresso como:

$$H = \rho V \left\{ C_s \left(T_f - T_o \right) + H_f + C_l \left(T_v - T_f \right) \right\} \tag{7.1}$$

em que H = calor total necessário para aumentar a temperatura do metal até a temperatura de vazamento, J; ρ = massa específica, g/cm³; C_s = calor específico do metal sólido, J/g°C; T_f = temperatura de fusão do metal, °C; T_o = temperatura de partida – em geral, a ambiente, °C; H_f = calor de fusão, J/g; C_l = calor específico do metal líquido, J/g°C; T_v = temperatura de vazamento, °C; e V = volume do metal que está sendo aquecido, cm³.

A Equação (7.1) tem valor conceitual, mas seu valor computacional é limitado por causa dos seguintes fatores: (1) O calor específico e outras propriedades térmicas de um metal sólido variam com a temperatura, especialmente se o metal passa por mudanças de fase durante o aquecimento. (2) O calor específico de um metal pode ser diferente nos estados sólido e líquido. (3) A maioria dos metais fundidos é liga, e a maioria das ligas se funde em um intervalo de temperatura entre as temperaturas *liquidus* e *solidus*, em vez de em um único ponto de fusão. (4) Os valores das propriedades requeridas na equação para uma dada liga não são facilmente disponíveis, na maioria dos casos. (5) Existem perdas significativas de calor para o ambiente durante o aquecimento.

Exemplo 7.1 Aquecimento do metal para fundição

Certa liga eutética com volume de um metro cúbico é aquecida em um cadinho, partindo da temperatura ambiente até 100 °C acima de seu ponto de fusão. A massa específica da liga é igual a 7,5 g/cm³, seu ponto de fusão é de 800 °C, o calor específico é de 0,33 J/g°C no estado sólido e de 0,29 J/g°C no estado líquido; e o calor de fusão é de 160 J/g. Qual é a energia necessária para que ocorra o aquecimento dessa liga metálica, considerando que não haja perdas de energia?

Solução: Considere uma temperatura ambiente de 25 °C na fundição e que a massa específica é a mesma para os estados sólido e líquido. Sabendo que um m³ = 10⁶ cm³, e substituindo os valores de propriedades na Equação 7.1,

$$H = (7,5)\left(10^6\right)\left\{0,33(800 - 25) + 160 + 0,29(100)\right\} = 3335\left(10^6\right) J$$

7.2.2 VAZAMENTO DO METAL FUNDIDO

Após a etapa de aquecimento e fusão, o metal está pronto para o vazamento. A introdução do metal fundido no molde, incluindo seu fluxo por meio do sistema de canais e na cavidade do molde, é uma etapa crítica do processo de fundição. Para que essa etapa seja bem-sucedida, o metal deve atingir todas as regiões do molde antes da solidificação. Fatores que afetam a operação de vazamento incluem temperatura de vazamento, velocidade de vazamento e turbulência.

A *temperatura de vazamento* é a temperatura do metal fundido no momento em que é introduzido no molde. O que importa aqui é a diferença entre a temperatura no vazamento e a temperatura na qual a solidificação tem início (a temperatura de fusão para um metal puro ou a temperatura *liquidus* para uma liga). Essa diferença de temperatura é algumas vezes referida como o *superaquecimento*. Esse termo é também empregado para a quantidade de calor que deve ser removida do metal fundido entre o vazamento e o início da solidificação [7].

Taxa de vazamento se refere à vazão na qual o metal fundido é vertido no molde. Se a taxa for muito lenta, o metal resfria e para de fluir antes de encher a cavidade. Se a taxa de vazamento for excessiva, a turbulência pode se tornar um sério problema. *Turbulência* em escoamento de fluidos é caracterizada por variações erráticas na magnitude e direção da velocidade do fluido. O fluxo é agitado e irregular, em vez de suave e contido, como no fluxo laminar. Fluxo turbulento deve ser evitado durante o vazamento, por várias razões. Ele tende a acelerar a formação de óxidos metálicos que podem ficar aprisionados durante a solidificação, degradando, assim, a qualidade do fundido. Turbulência também agrava a *erosão do molde*, o desgaste gradual das superfícies do molde devido ao impacto do fluxo de metal fundido. A massa específica da maioria dos metais fundidos é muito maior que a da água e outros fluidos que normalmente utilizamos. Esses metais fundidos são também muito mais reativos quimicamente do que a uma temperatura ambiente. Como consequência, o desgaste causado pelo fluxo desses metais no molde é significativo, em especial sob condições turbulentas. Erosão é especialmente séria quando ocorre na cavidade principal, porque a geometria da peça fundida é afetada.

7.2.3 ENGENHARIA DOS SISTEMAS DE VAZAMENTO

Existem diversas correlações que governam o fluxo do metal líquido através do sistema de alimentação e dentro do molde. Uma importante correlação é o *teorema de Bernoulli*, que afirma que a soma das energias (altura, pressão, cinética e atrito), em quaisquer dois pontos do fluxo metálico, é igual. Esse teorema pode ser escrito da seguinte forma:

$$h_1 + \frac{p_1}{\rho} + \frac{v_1^2}{2g} + F_1 = h_2 + \frac{p_2}{\rho} + \frac{v_2^2}{2g} + F_2 \tag{7.2}$$

em que h = altura, cm; p = pressão no líquido, N/cm^2; ρ = massa específica, g/cm^3; v = velocidade do fluxo metálico, cm/s; g = constante de aceleração gravitacional, 981 cm/s^2; e F = perdas em altura devido ao atrito, cm. Os subscritos 1 e 2 indicam dois locais quaisquer do fluxo de líquido.

A equação de Bernoulli pode ser simplificada de vários modos. Se ignorarmos perdas por atrito (para ser verdadeiro, o atrito afetará o fluxo de líquido através de um molde de areia) e assumirmos que o sistema permanece sob pressão atmosférica o tempo todo, então a equação pode ser reduzida a:

$$h_1 + \frac{v_1^2}{2g} = h_2 + \frac{v_2^2}{2g} \tag{7.3}$$

Ela pode ser utilizada para determinar a velocidade do metal fundido na base do canal de alimentação. Vamos definir o ponto 1 no topo do canal e o ponto 2 em sua base. No caso de o ponto 2 ser usado como plano de referência, a altura nesse ponto será zero

$(h_2 = 0)$ e h_1 será a altura (comprimento) do canal. Quando o metal for vazado na bacia de vazamento e transbordar do canal, sua velocidade inicial no topo será zero $(v_1 = 0)$. Assim, a Equação (7.3) é simplificada para

$$h_1 = \frac{v_2^2}{2g}$$

que pode ser resolvida para determinar a velocidade do fluxo:

$$v = \sqrt{2gh} \qquad (7.4)$$

em que v = velocidade do metal líquido na base do canal, cm/s; $g = 981$ cm/s²; e h = a altura do canal, cm.

Outra correlação importante durante o vazamento é a *lei de continuidade*, que afirma que a vazão é igual à velocidade multiplicada pela área da seção transversal do canal que contém o líquido. A lei de continuidade pode ser expressa:

$$Q = v_1 A_1 = v_2 A_2 \qquad (7.5)$$

em que Q = vazão, cm³/s; v = velocidade; A = área da seção transversal do líquido, cm²; e os subscritos se referem a dois pontos quaisquer do sistema. Assim, um aumento na área resulta em um decréscimo de velocidade, e vice-versa.

As Equações (7.4) e (7.5) indicam que o canal de alimentação deve ser cônico. À medida que o metal acelera durante sua descida pelo canal, a área da seção transversal deve ser reduzida; de outro modo, com o aumento da velocidade do fluxo metálico em direção à base do canal, ar pode ser aspirado pelo líquido e conduzido até a cavidade do molde. Para minimizar essa condição, o canal é projetado de forma cônica, de tal forma que, no topo e na base, a vazão vA tem o mesmo valor.

Assumindo que o canal de distribuição que vai da base do canal de alimentação até a cavidade do molde é horizontal (e, portanto, a altura h é a mesma da base do canal), a vazão através do canal e dentro da cavidade do molde permanece igual a vA. Consequentemente, podemos estimar o tempo requerido para encher a cavidade de um molde de volume V como

$$T_{EM} = \frac{V}{Q} \qquad (7.6)$$

em que T_{EM} = tempo de enchimento do molde, s; V = volume da cavidade do molde, cm³; e Q = vazão, como definido anteriormente. O tempo de enchimento do molde computado pela Equação (7.6) deve ser considerado como tempo mínimo. Isto porque a análise feita ignora perdas por atrito e possível restrição do fluxo dentro do sistema de alimentação; desse modo, o tempo de enchimento do molde será maior que o dado pela Equação (7.6).

Exemplo 7.2 **Cálculos de sistema de vazamento**	Um canal de alimentação de um molde tem 20 cm de comprimento, e a área da seção transversal na base é igual a 2,5 cm². O canal alimenta um canal de distribuição horizontal até a cavidade do molde cujo volume é 1560 cm³. Determine: (a) velocidade do metal fundido na base do canal, (b) vazão do líquido, e (c) tempo para encher o molde.

Solução: (a) A velocidade do fluxo metálico na base do canal é dada pela Equação (7.4):

$$v = \sqrt{2(981)(20)} = 198,1 \text{ cm/s}$$

(b) A vazão é igual a

$$Q = (2,5 \text{ cm}^2)(198,1 \text{ cm/s}) = 495 \text{ cm}^3/\text{s}$$

(c) O tempo requerido para encher a cavidade do molde de 1560 cm³ a essa vazão é

$$T_{EM} = 1560/495 = 3,2 \text{ s}$$

FIGURA 7.3 Ensaio de fluidez por molde espiral, no qual a fluidez é medida como o comprimento do canal espiral enchido pelo metal fundido antes da solidificação.

7.2.4 FLUIDEZ

As características de escoamento do metal fundido são frequentemente descritas pelo termo *fluidez*, que é uma medida da capacidade de um metal fluir e encher o molde antes da solidificação. Fluidez é o inverso de viscosidade (Seção 3.4); ou seja, conforme a viscosidade aumenta, a fluidez diminui. Ensaios padronizados estão disponíveis para avaliar a fluidez, incluindo o ensaio de molde espiral mostrado na Figura 7.3, no qual a fluidez é indicada pelo comprimento do metal solidificado no canal espiral. Um maior espiral fundido significa maior fluidez do metal.

Fatores que influenciam a fluidez incluem temperatura de vazamento em relação ao ponto de fusão, composição do metal, viscosidade do metal líquido, e a transferência de calor com o meio. Uma maior temperatura de vazamento do metal em relação ao ponto de solidificação aumenta o tempo de permanência no estado líquido, permitindo que ele flua mais, antes da solidificação. Isso tende a agravar problemas de fundição, como a formação de óxidos, porosidades, e a penetração do metal líquido nos interstícios entre os grãos de areia que formam o molde. Esse último problema provoca o embutimento de partículas de areia na superfície do fundido, tornando-a mais rugosa e mais abrasiva que o normal.

Composição também afeta a fluidez, particularmente no que diz respeito ao mecanismo de solidificação do metal. A melhor fluidez é obtida por metais que solidificam em temperatura constante (metais puros e ligas eutéticas). Quando a solidificação ocorre ao longo de um intervalo de temperatura (a maioria das ligas metálicas estão nessa categoria), a fração solidificada interfere no fluxo da fração líquida, reduzindo dessa forma a fluidez. Adicionalmente ao mecanismo de solidificação, a composição do metal também determina o *calor de fusão* — a quantidade de calor necessária para solidificar o metal do estado líquido. Um maior calor de fusão tende a aumentar a fluidez medida no fundido.

7.3 Solidificação e Resfriamento

Após o vazamento no molde, o metal fundido resfria e se solidifica. Nesta seção examinaremos o mecanismo físico da solidificação que ocorre durante a fundição. Aspectos associados com a solidificação incluem o tempo para o metal se solidificar, contração de solidificação, solidificação direcional e projeto do massalote.

7.3.1 SOLIDIFICAÇÃO DE METAIS

A solidificação envolve a transformação do metal líquido novamente para o estado sólido. O processo de solidificação difere se o metal for um elemento puro ou uma liga.

Metais Puros Um metal puro se solidifica a uma temperatura constante, temperatura de solidificação, que é igual à temperatura de fusão. O ponto de fusão de metais puros é bem conhecido e documentado (Tabela 4.1). O processo ocorre ao longo do tempo, como mostrado na Figura 7.4, denominada curva de resfriamento. A solidifi-

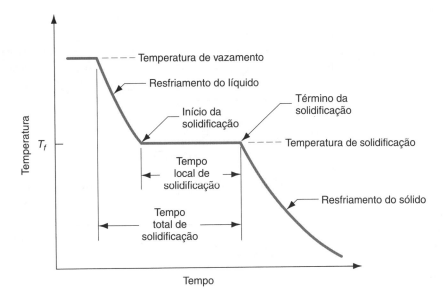

FIGURA 7.4 Curva de resfriamento de um metal puro durante a fundição.

cação propriamente dita leva um tempo, chamado *tempo local de solidificação* do fundido, durante o qual o calor latente de fusão é liberado para o molde. O *tempo total de solidificação* é o tempo entre o vazamento e o fim da solidificação. Após o fundido estar totalmente solidificado, o resfriamento continua a uma taxa indicada pela inclinação da curva de resfriamento.

Por causa da extração de calor pela parede do molde, imediatamente após o vazamento é formada uma fina camada de metal sólido na interface com o molde. A espessura da camada aumenta, formando uma casca em volta do metal fundido à medida que a solidificação progride em direção ao centro da cavidade. A velocidade com que a solidificação avança depende da transferência de calor para o molde, assim como das propriedades térmicas do molde.

É de interesse examinar a formação dos grãos metálicos e seu crescimento durante o processo de solidificação. O metal que forma a camada inicial foi, de modo rápido, resfriado pela extração de calor por meio das paredes do molde. Esse resfriamento causa a formação de grãos finos e aleatoriamente orientados na camada solidificada. Com a continuação do resfriamento, grãos adicionais são formados e crescem na direção contrária da transferência de calor. Uma vez que a transferência de calor ocorre por meio da camada e da parede do molde, os grãos crescem para o interior como agulhas ou protuberâncias de metal sólido. À medida que essas protuberâncias crescem, braços laterais são formados e, com o crescimento desses braços, adicionais braços se formarão perpendicularmente aos primeiros. Esse tipo de crescimento é referido como *crescimento dendrítico*, e ocorre não somente na solidificação de metais puros, mas também na solidificação de ligas metálicas. Com o resfriamento, os espaços entre essas estruturas similares a árvores (dendritas) são gradualmente preenchidos com metal adicional até que a solidificação termine. Os grãos resultantes desse crescimento dendrítico assumem uma orientação preferencial, tendendo a grãos colunares, grosseiros, alinhados na direção do centro do fundido. A formação de grãos resultante é ilustrada na Figura 7.5.

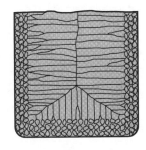

FIGURA 7.5 Estrutura de grãos característica de um metal puro fundido, mostrando camada de grãos finos aleatoriamente orientados próximo à parede do molde, e grãos colunares grosseiros orientados em direção ao centro do fundido.

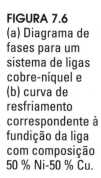

FIGURA 7.6
(a) Diagrama de fases para um sistema de ligas cobre-níquel e (b) curva de resfriamento correspondente à fundição da liga com composição 50 % Ni-50 % Cu.

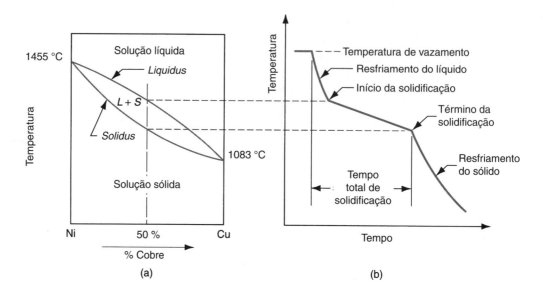

Ligas Metálicas A maioria das ligas se solidifica em uma faixa de temperatura em vez de em uma única temperatura. A faixa exata depende do sistema da liga e da composição pretendida. A solidificação de uma liga pode ser explicada com o auxílio da Figura 7.6, que mostra o diagrama de fases de uma liga particular e a curva de resfriamento para uma determinada composição. À medida que a temperatura cai, a solidificação tem início na temperatura *liquidus* e é completada quando a temperatura *solidus* é alcançada. O início da solidificação é similar ao que ocorre com o metal puro. Uma fina camada sólida é formada na parede do molde devido ao grande gradiente de temperatura nessa superfície. A solidificação então progride como anteriormente descrito, com a formação de dendritas que crescem a partir das paredes do molde. Entretanto, devido à diferença entre as temperaturas *liquidus* e *solidus*, a natureza do crescimento dendrítico é tal que uma frente de solidificação é formada, na qual metal sólido e metal líquido coexistem. A parte sólida é a estrutura dendrítica que foi formada e aprisionou pequenas ilhas de metal líquido entre seus braços. A região de coexistência sólido-líquido tem uma consistência macia, o que motivou ser chamada de **zona pastosa**. Dependendo das condições de resfriamento, a zona pastosa pode ser relativamente estreita, ou pode se estender por quase toda a peça fundida. Essa última condição ocorre quando estão presentes fatores, como baixa taxa de transferência de calor do metal líquido e uma larga diferença entre as temperaturas *liquidus* e *solidus*. De forma gradual, as ilhas de líquido da matriz dendrítica se solidificam à medida que a temperatura do fundido cai e se aproxima da temperatura *solidus* da liga.

Outro aspecto que complica a solidificação de ligas é que a composição das dendritas em seu início de formação é mais rica nos elementos de mais alta temperatura de fusão. Com a continuação da solidificação e o crescimento dendrítico, se desenvolve um desequilíbrio de composição química entre o metal já solidificado e o metal fundido remanescente. Esse desequilíbrio na composição está presente no produto fundido na forma de segregação dos elementos químicos. A segregação pode ser de dois tipos: microscópica e macroscópica. No nível microscópico, a composição química varia de grão para grão individualmente. Isso é devido ao fato de que a protuberância inicial de cada dendrita apresenta maior teor de um dos elementos de liga. À medida que as dendritas crescem, elas o fazem utilizando o metal líquido remanescente que teve o teor do primeiro componente parcialmente reduzido. Ao fim da solidificação, o último metal a se solidificar é o que ficou retido entre os braços das dendritas, e sua composição é ainda mais distante da composição nominal da liga. Assim, teremos uma variação na composição química dentro de cada grão do fundido.

No nível macroscópico, a composição química varia ao longo da peça fundida. Uma vez que regiões do fundido que se solidificaram primeiro (próximo às paredes do molde) são mais ricas em um dado componente, no momento em que a solidificação ocorre

FIGURA 7.7 Estrutura de grãos característica de uma liga fundida, mostrando segregação dos elementos de liga na região central do fundido.

na parte central, o metal líquido remanescente estará empobrecido naquele elemento de liga. Assim, há uma segregação geral ao longo da seção transversal da peça, algumas vezes denominada *segregação de lingote*, como ilustrado na Figura 7.7.

Ligas Eutéticas Ligas eutéticas constituem uma exceção ao processo geral pelo qual as ligas se solidificam. A *liga eutética* é uma composição particular de um sistema de ligas no qual a temperatura *solidus* é igual à temperatura *liquidus*. Desse modo, a solidificação ocorre à temperatura constante (chamada de *temperatura eutética*) em vez de se dar em um intervalo de temperatura, conforme descrito anteriormente. O chumbo apresenta ponto de fusão de 327 °C, enquanto o estanho se funde a 232 °C. Embora a maioria das ligas chumbo-estanho exiba o típico intervalo de temperatura *solidus-liquidus*, a composição particular de 61,9 % de estanho e 38,1 % de chumbo tem um ponto de fusão (solidificação) de 183 °C. Essa composição é a *composição eutética* do sistema de ligas chumbo-estanho, e 183 °C é sua *temperatura eutética*. As ligas chumbo-estanho não são comumente utilizadas em fundição, mas composições do sistema Pb-Sn próximas do eutético são utilizadas em soldagem elétrica, pois o baixo ponto de fusão é uma vantagem. Exemplos de ligas eutéticas utilizadas em fundição incluem ligas alumínio-silício (11,6 % Si) e ferro fundido (4,3 % C).

7.3.2 TEMPO DE SOLIDIFICAÇÃO

Independente de o fundido ser um metal puro ou liga, a solidificação leva um tempo. O tempo total de solidificação é o tempo requerido para, após o vazamento, o fundido se solidificar. Esse tempo é dependente do tamanho e da forma do fundido por uma equação empírica conhecida como **regra de Chvorinov**, que afirma:

$$T_{TS} = C_m \left(\frac{V}{A} \right)^n \tag{7.7}$$

em que T_{TS} = tempo total de solidificação, min; V = volume do fundido, cm³; A = área superficial do fundido, cm²; n = exponencial, sendo usualmente utilizado o valor = 2; e C_m é a *constante do molde*. Considerando $n = 2$, a unidade de C_m é min/cm², e seu valor depende das condições particulares do processo de fundição, incluindo material do molde (por exemplo, calor específico, condutividade térmica), propriedades térmicas do metal fundido (por exemplo, calor de fusão, calor específico, condutividade térmica), e temperatura de vazamento em relação à temperatura de fusão do metal. Para uma dada operação de fundição, o valor de C_m pode ser baseado em dados experimentais de operações anteriores realizadas com o mesmo material de moldagem, metal e temperatura de vazamento, ainda que a forma da peça possa ser razoavelmente diferente.

A regra de Chvorinov indica que uma peça fundida com maior razão volume/área resfriará e se solidificará de forma mais lenta que uma peça com menor razão. Esse princípio é bastante utilizado no projeto de massalotes de um molde. Para atender à função de alimentar com metal fundido a cavidade principal do molde, o metal no massalote precisa permanecer no estado líquido mais tempo que a peça. Em outras palavras, o T_{TS} do massalote precisa ser maior que o T_{TS} da peça principal. Uma vez que as condições do molde são as mesmas para o massalote e a peça, a constante do molde será igual. Projetando um massalote para que tenha maior razão volume/área, estaremos seguros de que a peça se solidificará primeiro, e os efeitos de contração serão minimizados. Antes de discutirmos sobre o projeto de massalote baseado na regra de Chvorinov, consideraremos o tópico sobre contração, o qual é a razão da necessidade da utilização de massalote.

7.3.3 CONTRAÇÃO DE SOLIDIFICAÇÃO

Nossa discussão sobre solidificação negligenciou o impacto da contração que ocorre durante o resfriamento e solidificação. A contração ocorre em três etapas: (1) contração do líquido durante o resfriamento antes da solidificação; (2) contração durante a transformação de fase do líquido para o sólido, chamada de ***contração de solidificação***; e (3) contração térmica do fundido solidificado durante seu resfriamento até a temperatura ambiente. As três etapas podem ser explicadas usando como referência um fundido cilíndrico em um molde aberto, como mostrado na Figura 7.8. O metal fundido imediatamente após o vazamento é mostrado na parte (0) da série. A contração do metal líquido, durante o resfriamento, a partir do vazamento até a temperatura de solidificação, causa a redução na altura do líquido em relação à altura original, como em (1) da figura. O total de contração desse líquido é normalmente em torno de 0,5 %. A contração de solidificação, vista na parte (2), tem dois efeitos. Primeiro, a contração causa uma redução adicional na altura do fundido. Em segundo lugar, a quantidade de metal líquido disponível para alimentar a parte central superior da peça se torna restrita. Essa é usualmente a última região a se solidificar, e a ausência de metal cria um vazio no fundido nessa localização. Essa cavidade de contração é chamada de ***rechupe*** pelos fundidores. Uma vez solidificado, o fundido passa por adicional contração na altura e diâmetro, como em (3). Essa contração é determinada pelo coeficiente de expansão térmica do metal sólido, que nesse caso tem sinal invertido para indicar a contração.

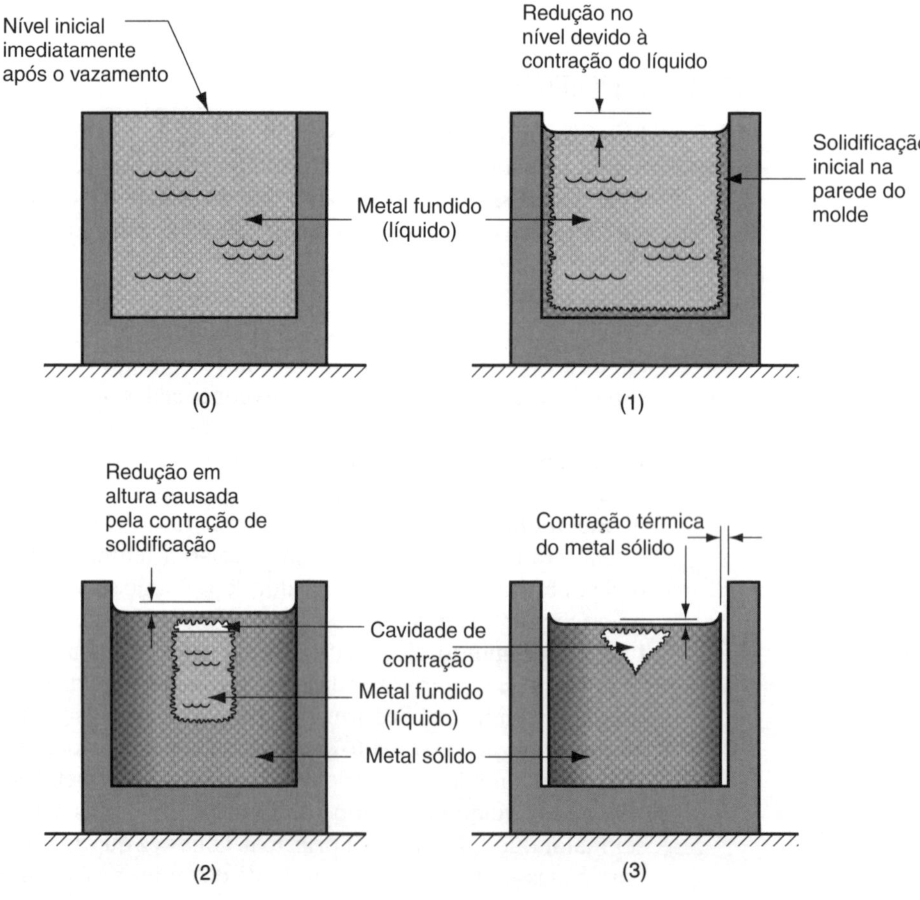

FIGURA 7.8 Contração de um fundido cilíndrico durante a solidificação e resfriamento: (0) nível inicial do metal fundido, imediatamente após o vazamento; (1) redução no nível devido à contração do líquido durante o resfriamento; (2) redução em altura e formação de cavidade de contração causada pela contração de solidificação; e (3) redução adicional na altura e no diâmetro, devido à contração térmica durante o resfriamento do metal sólido. Para maior clareza, as reduções dimensionais foram exageradas em nossos esquemas.

Fundamentos da Fundição de Metais **157**

TABELA • 7.1 Valores de contração linear típicos para diferentes metais fundidos em decorrência da contração térmica no estado sólido.

Metal	Contração linear	Metal	Contração linear	Metal	Contração linear
Aço cromo	2,1 %	Ferro fundido cinzento	0,8 %–1,3 %	Magnésio	2,1 %
Aço-carbono	1,6 %–2,1 %	Latão amarelo	1,3 %–1,6 %	Níquel	2,1 %
Estanho	2,1 %	Liga de magnésio	1,6 %	Zinco	2,6 %
Ferro fundido branco	2,1 %	Ligas de alumínio	1,3 %		

Compilado de [10].

A contração de solidificação ocorre em praticamente todos os metais, porque a fase sólida tem massa específica maior que a fase líquida. A transformação de fase que acompanha a solidificação causa a redução no volume por unidade de massa do metal. A exceção é o ferro fundido contendo elevado teor de carbono, porque a etapa de grafitização, que ocorre durante o estágio final de solidificação, resulta em uma expansão que tende a compensar a contração volumétrica associada à transformação de fase [7]. Compensação da contração de solidificação é obtida de diversos modos, dependendo das operações de fundição. Na fundição em areia, metal líquido é suprido por meio dos massalotes (Subseção 7.3.5). Na fundição sob pressão (Subseção 8.3.3), o metal fundido é introduzido sob pressão.

Fabricantes de modelos levam em conta a contração térmica ao produzir cavidades de molde superdimensionadas. O quanto maior deve ser o molde relativo ao tamanho final do fundido é chamado de ***compensação do modelo para contração***. Embora a contração seja volumétrica, as dimensões do fundido são expressas de forma linear; assim, o acréscimo deve ser aplicado sobre as medidas lineares. "Réguas de contração" especiais com escalas métricas ligeiramente alongadas são empregadas para fabricar os modelos e, por conseguinte, os moldes com dimensões apropriadamente maiores que as desejadas para o fundido. A Tabela 7.1 lista valores típicos de contração linear para diversos metais fundidos; esses valores podem ser usados para determinar as escalas das réguas de contração.

7.3.4 SOLIDIFICAÇÃO DIRECIONAL

De modo a minimizar os efeitos nocivos da contração, é desejável que as regiões da peça mais distantes do ponto de suprimento do metal líquido se solidifiquem primeiro, e a solidificação progrida dessas regiões remotas até o(s) massalote(s). Desse modo, metal fundido estará continuamente disponível nos massalotes de forma a evitar a formação de vazios de contração durante a solidificação. O termo ***solidificação direcional*** é utilizado para descrever esse aspecto do processo de solidificação e os métodos pelos quais pode ser controlado. A desejada solidificação direcional é obtida seguindo a regra de Chvorinov no projeto do fundido propriamente dito, em sua posição no molde e no projeto do sistema de massalotes que alimentarão a peça. Por exemplo, com a localização de seções da peça com baixa razão V/A longe do massalote, a solidificação se iniciará nessas regiões, e o suprimento de metal líquido para o restante da peça permanecerá aberto até que as seções mais espessas se solidifiquem.

Outra maneira de estimular a solidificação direcional é a utilização de ***resfriadores (chills)*** — dissipadores de calor, internos ou externos, que causam solidificação rápida em certas regiões do fundido. ***Resfriadores internos*** são pequenas peças metálicas localizadas dentro da cavidade do molde antes do vazamento, que proporcionam que a solidificação ocorra primeiro em torno dessas peças. O resfriador interno pode apresentar uma composição química similar à do metal vazado no molde, uma vez que após a entrada do metal líquido se tornará parte integrante da peça fundida.

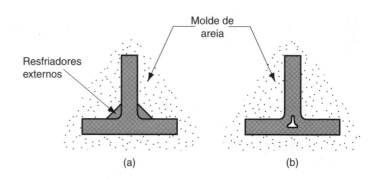

FIGURA 7.9 (a) Resfriador externo para estimular solidificação rápida do metal fundido em uma seção fina de um fundido; e (b) o provável resultado, se o resfriador externo não for utilizado.

Resfriadores externos são insertos metálicos nas paredes da cavidade do molde que podem remover calor do metal fundido de forma mais rápida que a areia circundante para promover uma solidificação mais uniforme. Esses resfriadores são frequentemente utilizados em seções do fundido que são difíceis de alimentar com metal líquido, então estimulam a solidificação rápida nessas seções enquanto a conexão para o metal líquido ainda está aberta. A Figura 7.9 ilustra uma possível aplicação de resfriadores externos e o provável resultado na peça fundida, se o resfriador não for utilizado.

Tão importante quanto iniciar a solidificação em regiões apropriadas da cavidade é também evitar a solidificação prematura em seções do molde próximas ao massalote. Deve-se ter especial cuidado com a união do massalote com a cavidade do molde. Essa conexão (ou pescoço) deve ser projetada de tal forma que não se solidifique antes do fundido, o que isolaria a peça do metal fundido no massalote. Embora seja, em geral, indicada a minimização do volume da conexão (para reduzir desperdício de metal), a área da seção transversal precisa ser suficientemente grande para retardar o início da solidificação. Esse objetivo é usualmente conseguido fazendo o pescoço curto e largo, de tal forma que absorva calor do metal fundido do massalote e da peça.

7.3.5 PROJETO DE MASSALOTES

Como descrito anteriormente, um massalote, Figura 7.2(b), é utilizado em moldes de fundição em areia para alimentar a peça com metal líquido durante a solidificação, de forma a compensar a contração de solidificação. A regra de Chvorinov pode ser empregada para calcular o tamanho do massalote que satisfaça esse requisito. O exemplo seguinte ilustra esse cálculo.

**Exemplo 7.3
Projeto de massalote utilizando a regra de Chvorinov**

Um massalote cilíndrico deve ser projetado para um molde de fundição em areia. A peça fundida é uma placa retangular, em aço, com dimensões 7,5 × 12,5 × 2,0 (cm). Observações prévias indicaram que o tempo total de solidificação (T_{TS}) para essa peça = 1,6 min. O cilindro do massalote deverá ter uma razão diâmetro/altura = 1,0. Determine as dimensões do massalote para que T_{TS} = 2,0 minutos.

Solução: Primeiro, determine a razão V/A para a placa. Seu volume $V = 7,5 \times 12,5 \times 2,0 = 187,5$ cm³, e sua área superficial $A = 2(7,5 \times 12,5 + 7,5 \times 2,0 + 12,5 \times 2,0) = 267,5$ cm². Considerando que T_{TS} = 1,6 minuto, podemos determinar a constante do molde C_m a partir da Equação (7.7), com $n = 2$ na equação.

$$C_m = \frac{T_{TS}}{(V/A)^2} = \frac{1,6}{(187,5/267,5)^2} = 3,26 \, \text{min}/\text{cm}^2$$

Em seguida, deve-se projetar o massalote de tal modo que o tempo total de solidificação seja de 2,0 minutos, utilizando o mesmo valor da constante de molde. O volume do massalote será dado por

$$V = \frac{\pi D^2 h}{4}$$

e a área superficial é dada por $A = \pi Dh + \frac{2\pi D^2}{4}$

Uma vez que estamos considerando $D/h = 1,0$, então $D = h$. Substituindo D por h nas fórmulas de volume e área superficial, teremos

$$V = \pi D^3/4$$

e

$$A = \pi D^2 + \frac{2\pi D^2}{4} = 1,5\pi D^2.$$

Assim, a razão $V/A = D/6$. Utilizando essa razão na equação de Chvorinov, temos

$$T_{TS} = 2,0 = 3,26 \left(\frac{D}{6}\right)^2 = 0,09056 \, D^2$$

$$D^2 = \frac{2,00}{0,09056} = 22,086 \text{ cm}^2$$

$$D = 4,7 \text{ cm}$$

Uma vez que $h = D$, então $h = 4,7$ cm também.

O massalote representa desperdício de metal, pois será separado da peça fundida e então refundido para fabricar outras peças. É desejável que o volume de metal no massalote seja o mínimo. Uma vez que a geometria do massalote é normalmente selecionada para maximizar a razão V/A, isso tende a reduzir o volume do massalote o máximo possível. Observe que no Exemplo 7.3 o volume do massalote é $V = \pi(4,7)^3/4 = 81,5 \text{ cm}^3$, ou seja, somente 44 % do volume da placa (peça fundida), mesmo considerando que o tempo total de solidificação é 25 % maior que o da peça.

Os massalotes podem ser projetados de diferentes modos. O projeto mostrado na Figura 7.2(b) é um *massalote lateral*. Ele é conectado à peça, lateralmente, por meio de um pequeno conduto. Um *massalote de topo* está conectado com o topo da superfície na parte superior do molde. Massalotes podem ser abertos ou cegos. Um *massalote aberto* é exposto ao exterior no topo da superfície da parte superior do molde. Ele tem como desvantagem permitir maior perda de calor para o exterior, acelerando a solidificação.* Um *massalote cego* é inteiramente contido dentro do molde, como mostrado na Figura 7.2(b).

---

*O massalote aberto tem como principal vantagem poder receber metal quente, vazado diretamente por cima, o que aumenta seu tempo de solidificação. (N.T.)

Referências

[1] Amstead, B. H., Ostwald, P. F., and Begeman, M. L. *Manufacturing Processes*. John Wiley & Sons, Inc., New York, 1987.

[2] Beeley, P. R. *Foundry Technology*. Butterworths-Heinemann, Oxford, England, 2001.

[3] Black, J, and Kohser, R. *DeGarmo's Materials and Processes in Manufacturing*, 11th ed., John Wiley & Sons, Hoboken, New Jersey, 2012.

[4] Datsko, J. *Material Properties and Manufacturing Processes*. John Wiley & Sons, New York, 1966.

[5] Edwards, L., and Endean, M. *Manufacturing with Materials*. Open University, Milton Keynes, and Butterworth Scientific Ltd., London, 1990.

[6] Flinn, R. A. *Fundamentals of Metal Casting*. American Foundrymen's Society, Des Plaines, Illinois, 1987.

[7] Heine, R. W., Loper, Jr., C. R., and Rosenthal, C. *Principles of Metal Casting*, 2nd ed. McGraw-Hill, New York, 1967.

[8] Kotzin, E. L. (ed.). *Metalcasting and Molding Processes*. American Foundrymen's Society, Inc., Des Plaines, Illinois, 1981.

[9] Lessiter, M. J., and Kirgin, K. "Trends in the Casting Industry," *Advanced Materials & Processes*, January 2002, pp. 42–43.

[10] *Metals Handbook*, Vol. 15: *Casting*. ASM International, Materials Park, Ohio, 2008.

[11] Mikelonis, P. J. (ed.). *Foundry Technology*. American Society for Metals, Metals Park, Ohio, 1982.

[12] Niebel, B. W., Draper, A. B., Wysk, R. A. *Modern Manufacturing Process Engineering*. McGraw-Hill Book Co., New York, 1989.

[13] Simpson, B. L. *History of the Metalcasting Industry*. American Foundrymen's Society, Des Plaines, Illinois, 1997.

[14] Taylor, H. F., Flemings, M. C., and Wulff, J. *Foundry Engineering*, 2nd ed. American Foundrymen's Society, Inc., Des Plaines, Illinois, 1987.

[15] Wick, C., Benedict, J. T., and Veilleux, R. F. *Tool and Manufacturing Engineers Handbook*, 4th ed., Vol. II, *Forming*. Society of Manufacturing Engineers, Dearborn, Michigan, 1984.

Questões de Revisão

7.1 Identifique algumas das importantes vantagens dos processos de fabricação por fundição.

7.2 Quais são algumas das limitações e desvantagens da fundição?

7.3 Como é usualmente chamada uma fábrica que realiza operações de fundição?

7.4 Qual é a diferença entre molde aberto e molde fechado?

7.5 Nomeie os dois tipos básicos de molde que distinguem os processos de fundição.

7.6 Qual dos processos de fundição é o mais importante comercialmente?

7.7 Qual é a diferença entre modelo e macho na moldagem em areia?

7.8 O que significa o termo *superaquecimento?*

7.9 Por que o fluxo turbulento do metal fundido dentro do molde deve ser evitado?

7.10 O que é a lei de continuidade aplicada ao fluxo de metal fundido na peça?

7.11 Quais são alguns dos fatores que influenciam a fluidez de um metal fundido durante o vazamento na cavidade do molde?

7.12 O que significa calor de fusão em fundição?

7.13 De que modo a solidificação de ligas metálicas difere da solidificação de metais puros?

7.14 O que é uma liga eutética?

7.15 Qual é a correlação conhecida na fundição como regra de Chvorinov?

7.16 Identifique as três etapas de contração após o vazamento de um metal fundido.

7.17 O que é um resfriador (*chill*) em fundição?

Problemas

As respostas dos Problemas com indicação **(A)** estão listadas no Apêndice, na parte final do livro.

Aquecimento e Vazamento

7.1**(A)** Um disco de alumínio puro com 40 cm de diâmetro e 5 cm de espessura será fabricado em uma operação de fundição com molde aberto. O alumínio se funde a 660 °C, mas a temperatura de vazamento será de 800 °C. A quantidade de alumínio aquecida será 5 % maior que a necessária para encher a cavidade do molde. Calcule a quantidade de calor necessária para aquecer o metal à temperatura de vazamento, partindo de uma temperatura ambiente de 25 °C. O calor de fusão do alumínio = 389,3 J/g. Outras propriedades podem ser obtidas das Tabelas 4.1 e 4.2. Considere que o calor específico do alumínio seja igual nos estados sólido e líquido (fundido).

7.2**(A)** O canal de alimentação que leva o metal até o canal de ataque de um molde tem 200 mm de comprimento. A área da seção transversal é 400 mm². A cavidade do molde tem volume = 0,0012 m³. Determine (a) a velocidade do metal fundido na base do canal de alimentação, (b) a vazão do fluxo, e (c) o tempo necessário para preencher a cavidade do molde.

7.3 A vazão do metal líquido no canal de alimentação de um molde = 0,8 L/s. A área da seção transversal no topo do canal = 750 mm², e seu comprimento = 175 mm. Qual deve ser a área na base do canal para evitar aspiração de ar do metal líquido?

7.4 Metal fundido pode ser vazado no funil de vazamento de um molde em areia em uma taxa constante de 500 cm³/s. O metal fundido flui do funil para o canal de alimentação. A seção transversal do canal é um círculo, com diâmetro no topo = 3,4 cm. Se o canal tem 22 cm de comprimento, determine o diâmetro na base do canal, de modo a manter a mesma vazão.

Contração de Solidificação

7.5**(A)** Determine a régua de contração a ser usada por moldadores para fundição sob pressão de zinco. Utilizando os valores de contração da Tabela 7.1, expresse sua resposta em termos de décimos de mm de alongamento por 300 mm de comprimento, comparado a uma régua padrão de 300 mm.

7.6 Uma placa plana deve ser fundida em um molde aberto cuja base tem a forma de um quadrado de 200 mm por 200 mm. O molde tem 40 mm de pro-

fundidade. O total de 1.000.000 mm³ de alumínio fundido é vazado no molde. A contração volumétrica de solidificação é igual a 6,0 %. A Tabela 7.1 lista a contração linear decorrente da contração térmica após a solidificação. Se a disponibilidade de metal fundido permite que a forma quadrada da placa fundida mantenha as dimensões de 200 mm × 200 mm até que a solidificação termine, determine as dimensões finais da placa.

Tempo de Solidificação e Projeto de Massalotes

7.7 Baseados em experimentos prévios de uma fundição de aço com baixo teor de carbono com molde de determinadas características, a constante do molde da regra de Chvorinov é conhecida como 4,0 min/cm². O fundido é uma placa cujo comprimento = 30 cm, largura = 15 cm, e espessura = 20 mm. Determine quanto tempo levará para a peça fundida se solidificar.

7.8 Calcule o tempo total de solidificação do exercício anterior apenas usando, na regra de Chvorinov, o valor do expoente de 1,9 em vez de 2,0. Que ajustes devem ser feitos nas unidades da constante do molde?

7.9**(A)** Um componente com a forma de um disco deve ser fundido em alumínio. O diâmetro do disco = 650 mm e sua espessura = 16 mm. Se a constante do molde = 2,2 s/mm² na regra de Chvorinov, quanto tempo levará para o fundido se solidificar?

7.10 Em experimentos de fundição realizados com determinada liga e um tipo de molde de areia levou 170 segundos para um fundido com a forma de um cubo se solidificar. O cubo tinha 50 mm de lado. (a) Determine o valor da constante do molde da regra de Chvorinov. (b) Se a mesma liga e molde forem usados, indique o tempo total de solidificação para um fundido cilíndrico cujo diâmetro = 50 mm e comprimento = 50 mm.

7.11 O tempo total de solidificação de três geometrias deve ser comparado: (1) uma esfera com diâmetro = 10 cm, (2) um cilindro com diâmetro = 10 cm e comprimento = 10 cm, e (3) um cubo com aresta = 10 cm. A mesma liga fundida foi usada nos três casos. (a) Determine o tempo de solidificação de cada geometria. (b) Com base nos resultados da parte (a), qual geometria resultará no melhor massalote? (c) Se a constante do molde da regra de Chvorinov $= 3{,}5$ min/cm^2, calcule o tempo total de solidificação para cada fundido.

7.12 O tempo total de solidificação de três geometrias deve ser comparado: (1) uma esfera; (2) um cilindro, com razão diâmetro/comprimento $= 1{,}0$; e (3) um cubo. Para todas as três geometrias, o volume $= 1000$ cm^3. A mesma liga fundida foi usada nos três casos. (a) Determine o tempo de solidificação de cada geometria. (b) Com base nos resultados da parte (a), qual geometria resultará no melhor massalote? (c) Se a constante do molde da regra de Chvorinov $= 3{,}5$ min/cm^2, calcule o tempo total de solidificação para cada fundido.

7.13 Um massalote cilíndrico será usado em um molde de fundição em areia. Para um dado volume do cilindro, determine a razão diâmetro/comprimento que maximize o tempo de solidificação do massalote.

7.14(A) Um massalote esférico será projetado para um molde de fundição em areia. O fundido é uma placa retangular com comprimento $= 200$ mm, largura $= 100$ mm, e espessura $= 18$ mm. Sabendo que o tempo total de solidificação do fundido é $3{,}5$ minutos, determine o diâmetro do massalote de tal forma que ele leve $25\ \%$ mais tempo para se solidificar.

8 Processos de Fundição de Metais

Sumário

8.1 Fundição em Areia
8.1.1 Modelos e Machos
8.1.2 Moldes e Confecção de Moldes
8.1.3 A Operação de Fundição

8.2 Outros Processos de Fundição com Moldes Perecíveis
8.2.1 Moldagem em Casca (*Shell Molding*)
8.2.2 Moldagem a Vácuo
8.2.3 Processo com Poliestireno Expandido
8.2.4 Fundição de Precisão (*Investment Casting*)
8.2.5 Fundição em Molde de Gesso e em Molde Cerâmico

8.3 Processos de Fundição em Molde Permanente
8.3.1 Base do Processo em Molde Permanente
8.3.2 Variantes da Fundição em Moldes Permanentes
8.3.3 Fundição sob Pressão (*Die Casting*)
8.3.4 *Squeeze Casting* e Fundição com Metal Semissólido
8.3.5 Fundição Centrífuga

8.4 Técnica de Fundição
8.4.1 Fornos
8.4.2 Vazamento, Limpeza e Tratamento Térmico

8.5 Qualidade do Fundido

8.6 Materiais Metálicos para Fundição

8.7 Considerações sobre o Projeto do Produto

Os processos de fundição de materiais metálicos são divididos em duas categorias, com base no tipo de molde: (1) moldes perecíveis e (2) moldes permanentes. Nas operações de fundição que empregam moldes perecíveis (consumíveis ou dispensáveis), o molde é descartado, possibilitando a remoção da peça fundida. Por ser necessário um novo molde para cada novo fundido, a produtividade em processos com moldes perecíveis é em geral limitada pelo tempo requerido para a confecção dos moldes, mais que o tempo de fusão e vazamento propriamente dito. Entretanto, para peças com determinadas geometrias, moldes em areia podem ser produzidos e obtidos fundidos, em taxas de 400 peças por hora, ou mais. Em processos de fundição em molde permanente, o molde é fabricado separadamente e em material metálico (ou outro material durável) e pode ser usado várias vezes para produzir muitos fundidos. Assim, esses processos têm como vantagem natural taxas de produção maiores.

Nossa discussão neste capítulo sobre processos de fundição é organizada do seguinte modo: (1) fundição em areia, (2) outros processos de fundição empregando moldes perecíveis, e (3) processos que utilizam moldes permanentes. O capítulo também inclui equipamentos e procedimentos de uso em fundições. Outra seção aborda aspectos relacionados com inspeção e qualidade. Diretrizes gerais para o projeto de produtos fundidos são apresentadas na seção final.

8.1 Fundição em Areia

A fundição em areia é o processo de fundição mais largamente utilizado, respondendo pela maioria significativa da tonelagem total de produtos fundidos. Quase todas as ligas podem ser fundidas em moldes de areia; de fato, é um dos poucos processos que podem ser usados com metais de alto ponto de fusão, como aços, níquel e titânio. Sua versatilidade permite fundir peças (ou componentes de peças) variando em tamanho, de pequenas a muito grandes, e em quantidade produzida, de uma até milhões. A Figura 8.1

FIGURA 8.1 Um fundido em areia para uma bomba industrial. Os furos e superfícies foram usinados. (Cortesia de George E. Kane Manufacturing Technology Laboratory, Lehigh University.)

mostra a carcaça de uma bomba de ferro fundido fabricada em molde de areia e que foi parcialmente usinada para confecção de furos e superfícies com precisão dimensional.

Fundição em areia, também chamada de ***fundição em molde de areia***, consiste em vazar o metal fundido em um molde em areia, deixando o metal se solidificar, e, depois, quebrar o molde para remover a peça. Esta deve ser então limpa, inspecionada e, às vezes, é necessário tratamento térmico para melhorar as propriedades metalúrgicas. A cavidade no molde em areia é formada compactando areia em volta de um modelo (uma cópia aproximada da peça a ser fundida), e então o modelo é removido pela separação do molde em duas metades. O molde também contém o sistema de canais e de massalotes. Adicionalmente, se a peça fundida precisar ter superfícies internas (por exemplo, peças ocas ou peças com furos), um macho deverá ser também incluído no molde. Uma vez que o molde é descartado para a remoção do fundido, um novo molde em areia deve ser feito para cada peça que é produzida.* A partir dessa breve descrição, observa-se que a fundição em areia inclui não somente as operações de fundição propriamente ditas, mas também a confecção do modelo e do molde. A sequência de produção é resumida na Figura 8.2.

8.1.1 MODELOS E MACHOS

A fundição em areia requer um ***modelo*** – uma reprodução em tamanho real da peça, com dimensões maiores para considerar a contração de solidificação e as tolerâncias para usinagem da peça fundida acabada. Materiais empregados na confecção de modelos incluem madeira, plásticos e metais. Madeira é o material comumente usado em modelos porque ela é trabalhada com facilidade. As desvantagens são que os modelos em

---

*Dependendo do tamanho do molde, uma caixa pode conter vários modelos associados a um único sistema de canais, produzindo, assim, várias peças. (N.T.)

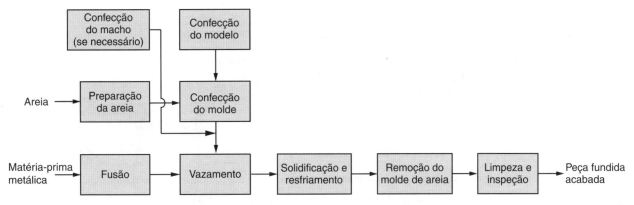

FIGURA 8.2 Etapas na sequência de produção em fundição em areia. As etapas incluem não somente as operações de fundição, mas também a confecção de modelos e de moldes.

madeira tendem a empenar e são erodidos pela areia que é compactada em seu redor, limitando assim o número de vezes que podem ser reutilizados. Os modelos metálicos são mais caros, mas duram mais tempo. Os plásticos representam um meio-termo entre a madeira e o metal. A seleção de um material apropriado para um modelo depende, em grande parte, da quantidade total de fundidos a serem produzidos.

Existem vários tipos de modelos, como ilustrado na Figura 8.3. O mais simples é fabricado em uma só peça, chamado de ***modelo sólido*** (*individual*) – mesma geometria da peça, ajustada no tamanho para a contração de solidificação e para a usinagem. Embora seja o modelo de mais fácil fabricação, ele não é o de mais fácil emprego na confecção do molde em areia. Com um modelo individual, a determinação da localização da linha de divisão entre as duas partes do molde pode ser um problema, e a incorporação do sistema de canais no molde fica a critério do julgamento e das habilidades do trabalhador da fundição. Como consequência, modelos sólidos são geralmente limitados à produção de lotes muito pequenos.

Modelos bipartidos consistem em duas peças, cujo plano de separação coincide com a linha de divisão do molde. Modelos bipartidos são apropriados para peças com geometrias complexas e quantidades moderadas de produção. A linha de divisão do molde é predeterminada pelas duas partes do modelo, em vez de pelo julgamento do operador.

Para a produção de grandes quantidades, ***placas modelo*** são usadas. Em uma primeira opção, cada parte do modelo é fixada em um lado de uma placa de madeira ou metal, e o conjunto pode ser chamado de ***placa reversível*** (Figura 8.3c). Furos guias na placa permitem o alinhamento das seções (superior e inferior) do molde. A Figura 8.3d mostra também um modelo bipartido, mas cada parte do modelo é fixada em placas separadas, de tal forma que as seções superior e inferior do molde podem ser fabricadas

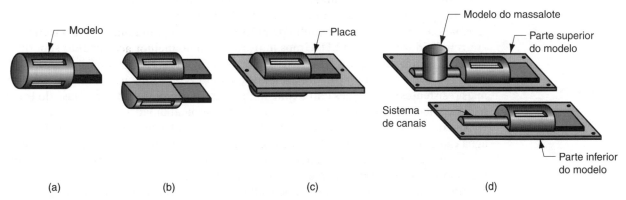

FIGURA 8.3 Tipos de modelos utilizados na fundição em areia: (a) modelo sólido, (b) modelo bipartido, (c) placa modelo com uma parte do modelo em cada face, e (d) cada placa modelo contém uma parte do modelo.

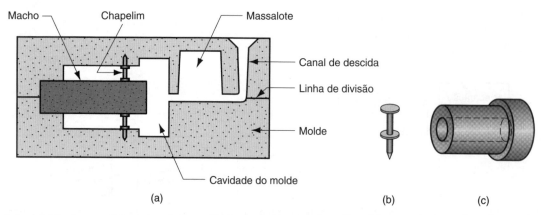

FIGURA 8.4 (a) Macho mantido no local da cavidade do molde por chapelins, (b) exemplo do projeto de um chapelim, e (c) peça fundida com cavidade interna.

de modo independente, em vez de usar uma mesma máquina para fabricar o molde superior e o molde inferior. A parte (d) da figura inclui os sistemas de canais e de massalotes nas placas modelo.

Os modelos definem a forma externa do componente fundido. Se o fundido tiver superfícies internas, um macho será necessário. Um ***macho*** é um modelo em tamanho natural do interior das superfícies do componente. Ele é inserido na cavidade do molde antes do vazamento, de tal forma que o metal fundido flui e se solidifica no espaço entre a cavidade do molde e o macho, formando ao mesmo tempo as superfícies externa e interna. O macho é geralmente confeccionado em areia, compactado na forma desejada. De forma similar ao modelo, o tamanho real do macho deve incluir tolerâncias para contração e usinagem. Dependendo da geometria do componente, o macho pode necessitar de suportes para mantê-lo, durante o vazamento, em posição dentro do molde. Esses suportes, denominados ***chapelins***, são fabricados em metal com temperatura de fusão maior que a do metal fundido. Por exemplo, chapelins em aço poderiam ser usados na moldagem de peças de ferro fundido. Com o vazamento e a solidificação, os chapelins ficam unidos ao fundido. Um arranjo possível de um macho em um molde usando chapelins é esquematizado na Figura 8.4. A parte do chapelim que ultrapassa a superfície da peça fundida é subsequentemente removida por corte.

8.1.2 MOLDES E CONFECÇÃO DE MOLDES

As areias de fundição são constituídas de sílica (SiO_2) ou sílica misturada com outros minerais. A areia deve possuir boas propriedades refratárias – capacidade para suportar altas temperaturas sem fusão ou outro tipo de degradação. Outras importantes características da areia incluem tamanho de grão, distribuição granulométrica e a forma dos grãos individuais (Seção 12.1). Grãos finos resultam no melhor acabamento superficial da peça fundida, mas grãos grosseiros são mais permeáveis (para permitir o escape dos gases durante o vazamento). Moldes feitos com grãos de forma irregular tendem a ser mais resistentes que moldes feitos com areia de grãos arredondados por causa do travamento, embora o travamento tenda a diminuir a permeabilidade.

Na confecção do molde, os grãos de areia são mantidos unidos por uma mistura de água e argila como aglomerante. Uma típica mistura (em volume) é 90 % areia, 3 % água e 7 % argila. Outros agentes aglomerantes podem ser usados em substituição à argila, incluindo resinas orgânicas (por exemplo, resinas fenólicas) e aglomerantes inorgânicos (por exemplo, silicato e fosfato de sódio). Além da areia e do aglomerante, aditivos são algumas vezes adicionados à mistura para melhorar propriedades, como resistência mecânica e/ou permeabilidade do molde.

Para formar a cavidade do molde, o método tradicional é compactar a areia de moldagem ao redor do modelo para formar ambas as partes (superior e inferior) do molde em um contêiner chamado **caixa de moldagem**. O processo de compactação é realizado por vários métodos. O mais simples é a socagem manual, feita por um trabalhador da fundição. Adicionalmente, várias máquinas foram desenvolvidas para mecanizar o procedimento de compactação. Essas máquinas operam por diversos mecanismos, incluindo (1) compressão da areia ao redor do modelo por pressão pneumática; (2) ação de impacto na qual a caixa, contendo a areia e o modelo, cai repetidamente para compactá-la;* e (3) projeção centrífuga, na qual os grãos de areia são impactados contra o modelo em alta velocidade.

Uma alternativa às tradicionais caixas de moldagem para cada molde em areia é a **moldagem sem caixa**,** que se refere ao uso de uma caixa-padrão em um sistema mecanizado de produção de moldes. Cada molde em areia é produzido usando a mesma caixa. Produção de moldes a taxas de até 600 por hora é assegurada por esse método automatizado [8].

Diversos indicadores são usados para determinar a qualidade do molde em areia [7]: (1) **resistência mecânica** – habilidade do molde para manter sua forma e resistir à erosão causada pelo fluxo de metal líquido; depende do formato dos grãos e das qualidades adesivas do aglomerante; (2) **permeabilidade** – capacidade do molde de permitir que o ar quente e os gases oriundos das operações de fundição passem através dos vazios da areia; (3) **estabilidade térmica** – habilidade da camada de areia da superfície do molde de resistir ao trincamento e empenamento após o contato com o metal fundido; (4) **colapsibilidade** – habilidade do molde de desmoronar, permitindo que o fundido se contraia sem a formação de trincas na peça fundida; também se refere à habilidade de remover a areia do fundido durante as operações de limpeza; e (5) **reutilização** – pode a areia, oriunda do molde destruído, ser empregada novamente para fabricar outros moldes? Esses requisitos são algumas vezes incompatíveis; por exemplo, um molde com elevada resistência é menos colapsível.

Moldes em areia são geralmente classificados como areia verde, areia seca (molde estufado), ou moldes em casca. **Moldes em areia verde** são confeccionados com uma mistura de areia, argila e água; a palavra **verde** se refere ao fato de que o molde contém umidade no momento do vazamento. Os moldes em areia verde possuem resistência mecânica suficiente para a maioria das aplicações, boa colapsibilidade, boa permeabilidade, boa reutilização, e são os moldes menos caros. Eles são o tipo de molde mais largamente utilizado, mas não estão livres de problemas. A umidade da areia pode causar defeitos em alguns fundidos, dependendo do metal e da geometria da peça. Um **molde em areia seca** é confeccionado usando aglomerantes orgânicos de preferência à argila, e o molde é estufado em um forno de grande porte a temperaturas variando de 200 °C a 320 °C [8]. A secagem em estufa aumenta a resistência do molde e endurece superficialmente a cavidade. Um molde em areia seca garante melhor controle dimensional do produto fundido, comparado com a moldagem em areia verde. Entretanto, moldagem em areia seca é mais cara, e a produtividade é reduzida por causa do tempo gasto na secagem. Aplicações da fundição em areia seca são em geral limitadas a fundidos de tamanho médio a grande, em lotes pequenos ou médios. Em um **molde seco na superfície**, as vantagens do molde em areia seca são parcialmente alcançadas pela secagem da superfície de um molde em areia verde até profundidades de 10 a 25 mm da cavidade do molde, usando maçaricos, lâmpadas aquecedoras, ou outros meios. Materiais aglomerantes especiais devem ser adicionados à mistura de areia para endurecer a superfície da cavidade.

A classificação anterior dos moldes se refere ao uso de aglomerantes convencionais, consistindo em argila e água, ou os que necessitam de aquecimento para curar. Em adição a essa classificação, moldes quimicamente ligados foram desenvolvidos e não são baseados em nenhum dos aglomerantes tradicionais. Alguns materiais aglomerantes empregados nesses sistemas de "cura a frio" incluem resinas furânicas (que consistem

---

*As máquinas mais comuns conjugam compressão e impacto. (N.T.)

**Também denominada moldagem em bolo. (N.T.)

Capítulo 8

TABELA • 8.1 Massas específicas de materiais metálicos fundidos selecionados.

Metal	Massa específica (g/cm³)	Metal	Massa específica (g/cm³)
Aço	7,82	Ferro fundido cinzento[a]	7,16
Alumínio (99 % = puro)	2,70	Latão[a]	8,62
Chumbo puro	11,30	Liga alumínio-cobre (92 % Al)	2,81
Cobre (99 % = puro)	8,73	Liga alumínio-silício	2,65

Fonte: Referência [7].
[a]A massa específica depende da composição da liga metálica; o valor fornecido é típico.

em álcool furfurílico, ureia e formaldeído), fenólicas e resinas alquídicas. Moldes de cura a frio vêm crescendo em popularidade devido a seu bom controle dimensional em aplicações seriadas.

8.1.3 A OPERAÇÃO DE FUNDIÇÃO

Após o posicionamento do macho (quando é utilizado) e o travamento das duas partes do molde, a fundição é realizada. A fundição consiste em vazamento, solidificação e resfriamento do fundido (Seções 7.2 e 7.3). Os sistemas de canais e de massalotes devem ser projetados para preencher a cavidade do molde com metal líquido e abastecer o(s) massalote(s) com metal líquido suficiente para a contração de solidificação. Ar e gases devem ter caminhos para escapar do molde.

Um dos problemas durante o vazamento é que a flutuabilidade do metal fundido (líquido) deslocará o macho. A flutuabilidade resulta do peso do metal fundido sendo deslocado pelo macho, de acordo com o princípio de Arquimedes. A força (empuxo) que tende a deslocar o macho para cima é igual ao peso do líquido deslocado menos o próprio peso do macho. Expressando a situação na forma de equação,

$$F_f = P_l - P_m \tag{8.1}$$

em que F_f = força de flutuabilidade, N; P_l = peso do metal fundido deslocado, N; e P_m = peso do macho, N. As massas são determinadas em função do volume do macho multiplicado pela respectiva massa específica do material do macho (tipicamente areia) e do material metálico fundido. A massa específica de um macho de areia é de aproximadamente 1,6 g/cm³. Massas específicas de diversos materiais metálicos fundidos típicos estão disponibilizadas na Tabela 8.1.

Exemplo 8.1 **Flutuabilidade em fundição em areia**	Um macho em areia tem volume = 1875 cm³ e está posicionado dentro da cavidade de um molde de areia. Determine a força de flutuabilidade que tende a deslocar o macho para cima durante o vazamento de chumbo fundido no molde.
	Solução: A massa específica da areia é 1,6 g/cm³. A massa do macho é 1875 (1,6) = 3000 g = 3,0 kg. A massa específica do chumbo é 11,3 g/cm³, conforme a Tabela 8.1. A massa de chumbo fundido deslocado pelo macho é 1875 (11,3) = 21.188 g = 21,19 kg. A diferença = 21,19 − 3,0 = 18,19 kg. Dado que, de forma simplificada, 1 kg = 9,81 N,* a força de flutuabilidade é então F_f = 9,81(18,19) = **178,4 N**.

---

*Em termos físicos, 1 kgf (quilograma-força) ≈ 9,81 N. Para efeito de simplificação, considera-se 1 kg = 9,81 N. (N.T.)

Após a solidificação e resfriamento, o molde em areia é separado da peça fundida. Em seguida, a peça é limpa, o que consiste na separação dos sistemas de canais e de massalotes, remoção da areia da superfície, e inspeção do fundido (Seção 8.5).

8.2 Outros Processos de Fundição com Moldes Perecíveis

Outros processos de fundição têm sido desenvolvidos para atender a diferentes necessidades, apresentando também versatilidade similar à dos moldes em areia. A diferença entre esses métodos está no material que compõe o molde, ou na maneira pela qual o molde e o modelo são confeccionados.

8.2.1 MOLDAGEM EM CASCA (*SHELL MOLDING*)

Shell molding é um processo de fundição no qual o molde é uma casca fina (tipicamente 9 mm) confeccionado em areia, cujos grãos são unidos com uma resina aglomerante termofixa. Desenvolvido na Alemanha no início dos anos 1940, o processo é descrito e ilustrado na Figura 8.5.

O processo *shell molding* apresenta várias vantagens. A superfície da cavidade do molde *shell* é menos rugosa que a do molde em areia verde convencional, e essa baixa rugosidade facilita o fluxo de metal líquido durante o vazamento e o melhor acabamento superficial da peça fundida. Uma rugosidade de 2,5 μm pode ser obtida. Boa acurácia dimensional é também alcançada, com tolerâncias de ±0,25 mm em peças de tamanho

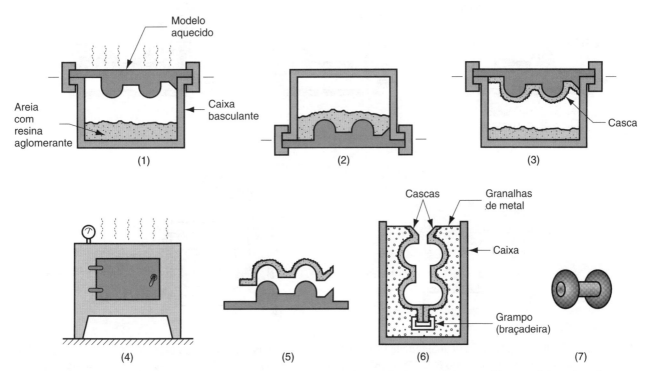

FIGURA 8.5 Etapas na moldagem em casca: (1) a placa modelo (reversível ou não) é aquecida e posicionada sobre uma caixa contendo areia misturada com resina termofixa; (2) a caixa é invertida de modo que a areia com resina cai sobre o modelo aquecido, causando a cura parcial da mistura em contato com a superfície e formando uma casca (*shell*) resistente; (3) a caixa é reposicionada, e a areia solta não curada se desprende do modelo; (4) a casca de areia é aquecida em um forno por vários minutos para completar a cura da resina; (5) o molde *shell* é removido; (6) as duas metades do molde *shell* são montadas e acondicionadas em uma caixa, suportadas por areia ou granalha de metal, e o vazamento é realizado. O fundido com o canal de descida já removido é mostrado em (7).

pequeno a médio. O bom acabamento e acurácia geralmente eliminam a necessidade de usinagem adicional, e a colapsibilidade do molde é em geral suficiente para evitar tensões internas e trincas na peça fundida.

As desvantagens desse processo incluem um modelo de metal mais caro do que o modelo correspondente para a moldagem em areia verde. Isso faz com que a moldagem em casca seja inviável de forma econômica para pequenas quantidades de peças. *Shell molding* pode ser mecanizada para produção em massa, e é, portanto, rentável economicamente para grandes quantidades. Ela parece ser particularmente adequada para fundição de peças de aço com menos de 9 kg. Exemplos de peças feitas por esse processo incluem engrenagens, corpos de válvulas, buchas, e eixos do comando de válvulas.

8.2.2 MOLDAGEM A VÁCUO

Moldagem a vácuo, também chamada de **V-process**, foi desenvolvida no Japão por volta de 1970. Ela usa um molde em areia cuja ligação é mantida por aplicação de vácuo, em vez de aglomerante químico. Assim, o termo **vácuo** nesse processo se refere à fabricação do molde e não propriamente à operação de fundição. As etapas do processo são explicadas na Figura 8.6.

A areia é facilmente recuperada no processo de moldagem a vácuo porque não são utilizados aglomerantes. Além disso, a areia não necessita de grande recondicionamento mecânico, o que normalmente é feito quando são empregados aglomerantes na areia de

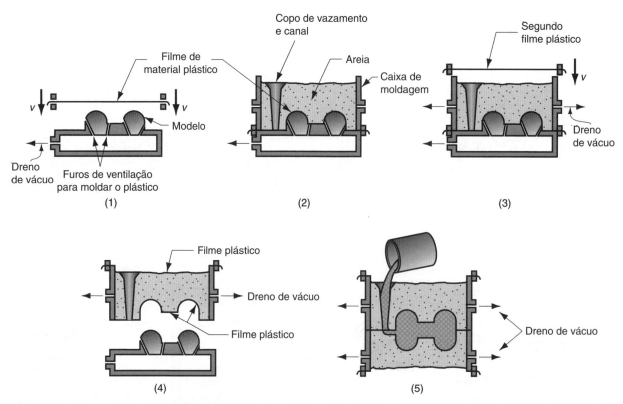

FIGURA 8.6 Etapas do processo de moldagem a vácuo: (1) um filme de material plástico preaquecido é modelado sobre uma placa modelo (reversível ou não) pela aplicação de vácuo — o modelo possui furos de ventilação para facilitar a conformação do filme por vácuo; (2) uma caixa de moldagem especialmente projetada é posicionada sobre a placa modelo e preenchida com areia, e um canal e copo de vazamento são formados na areia; (3) outro filme de material plástico é posicionado sobre a caixa de moldagem, e um vácuo é estabelecido causando a ligação dos grãos de areia e a formação de um modelo rígido; (4) a aplicação de vácuo no modelo é cessada, o que permite que ele seja desprendido do molde; (5) esse molde é montado com outra parte para constituir as partes superior e inferior da caixa de moldagem, e o vazamento do metal ocorre com a manutenção do vácuo. O filme plástico queima de forma rápida com o contato com o metal fundido. Depois da solidificação, quase toda a areia poderá ser reutilizada.

moldagem. Uma vez que nenhuma quantidade de água é misturada à areia, os defeitos relacionados com a umidade não estão presentes no produto. As desvantagens do V-process são que ele é relativamente lento e não é facilmente adaptável à mecanização.

8.2.3 PROCESSO COM POLIESTIRENO EXPANDIDO

O processo de fundição com poliestireno expandido usa um molde com areia compactada ao redor de um modelo em espuma de poliestireno que é vaporizado quando o metal fundido é vazado no molde. O processo e suas variações são conhecidos por diversos outros nomes, incluindo *processo espuma perdida*, *processo modelo perdido*, *fundição com espuma evaporável* e *molde cheio* (este último é uma marca comercial). O modelo em espuma inclui o canal de descida, massalotes e o sistema de canais, e pode também conter machos internos (se necessário), eliminando, assim, a necessidade de produzir um macho separadamente. Como o modelo em espuma se torna a cavidade do molde, considerações sobre "ângulo de saída" e linha de divisão também podem ser ignoradas. O molde não precisa ser aberto em seções (superior e inferior). A sequência desse processo de fundição é ilustrada e descrita na Figura 8.7. Diversos métodos para a confecção do modelo podem ser usados, dependendo da quantidade de peças a serem produzidas. Para produção unitária, a espuma é cortada manualmente em largas tiras e montada para formar o modelo. Para produção de grandes lotes, uma operação automatizada pode ser estabelecida para a confecção dos modelos antes da confecção dos moldes para o vazamento. O modelo é em geral recoberto com um composto refratário para garantir uma superfície lisa a fim de melhorar sua resistência a altas temperaturas. As areias de moldagem usualmente incluem elementos aglomerantes. No entanto, areia seca é usada em determinados processos desse grupo, o que facilita sua recuperação e reutilização.

Uma vantagem significativa desse processo é que o modelo não precisa ser removido do molde. Isso simplifica e torna mais rápida a confecção do molde. Em um molde convencional em areia verde, duas partes com adequada linha de divisão são necessárias; tolerâncias para ângulo de saída precisam ser previstas no projeto do molde, machos precisam ser posicionados e os sistemas de canais e de massalotes precisam ser adicionados. Com o processo de poliestireno expandido, essas etapas são embutidas no próprio modelo. Um novo modelo é necessário para cada fundido; assim, a viabilidade econômica do processo de fundição com poliestireno expandido depende largamente do custo de produção dos modelos. O processo tem sido aplicado à produção em massa de fundidos para motores de automóveis, nos quais se emprega um sistema automati-

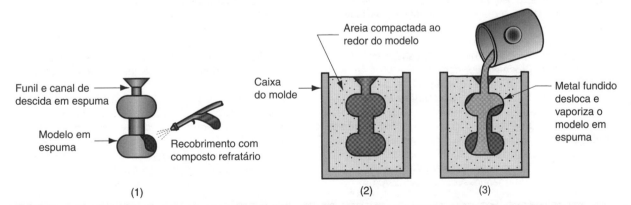

FIGURA 8.7 Processo de fundição com poliestireno expandido: (1) modelo de poliestireno é recoberto com um composto refratário; (2) modelo em espuma é posicionado na caixa de moldagem, e areia é compactada em volta do modelo; e (3) metal fundido é vazado na parte do modelo correspondente ao funil e canal de descida. À medida que o metal entra no molde, a espuma de poliestireno é vaporizada à frente do líquido que avança, permitindo assim que a cavidade resultante do molde seja preenchida com o metal.

FIGURA 8.8 Um cabeçote de alumínio produzido por fundição com poliestireno expandido. Os furos e determinadas superfícies foram usinados. (Cortesia de George E. Kane Manufacturing Technology Laboratory, Lehigh University.)

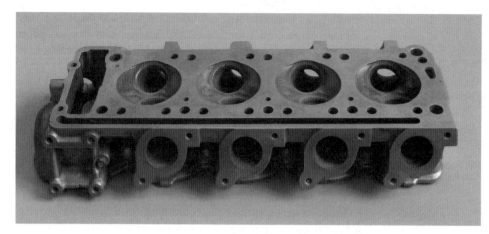

zado para a confecção de modelos de espuma de poliestireno. A Figura 8.8 mostra um cabeçote de alumínio fabricado por processo de fundição com poliestireno expandido (os furos e algumas superfícies foram usinados).

8.2.4 FUNDIÇÃO DE PRECISÃO (*INVESTMENT CASTING*)

Na fundição de precisão, um modelo feito em cera é recoberto com um material refratário para fabricar o molde, após a cera ser derretida antes do vazamento do metal fundido. O termo ***investment**** vem de uma das menos conhecidas definições para a palavra ***invest***, que significa "recobrir totalmente", em referência ao recobrimento com material refratário ao redor do modelo de cera. É um processo de precisão, pois é capaz de produzir fundidos com elevada acurácia e detalhes intrincados. O processo teve origem no Egito antigo (Nota Histórica 8.1) e é também conhecido como ***microfusão*** ou ***processo de cera perdida***, uma vez que a forma do modelo em cera é perdida antes da fundição.

Nota Histórica 8.1 *Fundição de precisão*

O processo de fundição por cera perdida foi desenvolvido pelos antigos egípcios há 3500 anos. Entretanto, registros escritos não identificam quando a invenção ocorreu ou qual foi o artesão responsável. Os historiadores especulam que o processo resultou da estreita associação entre cerâmica e moldagem. Foi um ceramista quem fabricou os moldes que foram usados para fundição. A ideia do processo por cera perdida deve ter sido originada com um ceramista que tinha familiaridade com o processo de fundição. Um dia, conforme ele estava trabalhando em uma peça cerâmica – talvez um vaso ornamentado ou uma tigela – notou que um artigo feito de metal poderia ser mais atrativo e durável. Então, ele esculpiu um núcleo na forma geral da peça, porém menor do que as dimensões finais desejadas, e o revestiu com cera para definir o tamanho. A cera provou ser um material fácil de conformar, e desenhos e formas complexos puderam ser criados pelo artesão. Cuidadosamente, ele emboçou sobre a superfície de cera várias camadas de argila e idealizou uma forma de controle, resultando na união de componentes. O artesão então aqueceu o molde em um forno, e, dessa forma, a argila endureceu e a cera fundiu-se e saiu, formando a cavidade. Por último, ele vazou bronze derretido na cavidade e, após a solidificação e resfriamento do fundido, rompeu o molde para aproveitar a peça. Considerando a educação e a prática desse artesão e as ferramentas que ele tinha à disposição, o desenvolvimento do processo de fundição com cera perdida demonstrou ser uma grande visão de inovação. "Nenhum outro processo pode ser apontado por arqueologistas com tamanha riqueza de deduções, habilidade de engenharia e criatividade" [14].

---

*No Brasil, esse processo foi chamado, por longo tempo, Fundição por Investimento, em uma tradução equivocada do inglês. Hoje, utiliza-se prioritariamente Fundição de Precisão ou Microfusão. (N.T.)

Processos de Fundição de Metais

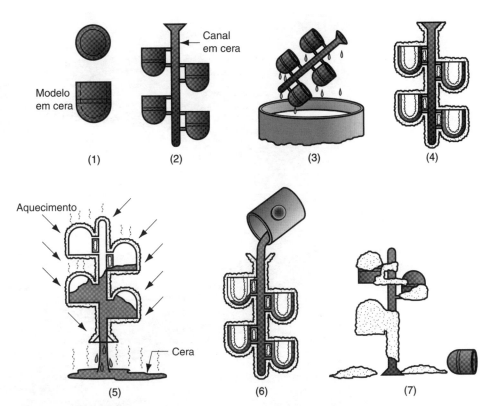

FIGURA 8.9 Etapas na fundição de precisão: (1) modelos de cera são produzidos; (2) vários modelos são fixados em um canal para formar uma árvore modelo; (3) a árvore modelo é recoberta com uma fina camada de material refratário; (4) o molde é formado pelo recobrimento da árvore com novas camadas de material refratário, suficientes para torná-lo rígido; (5) o molde é mantido em posição invertida e aquecido para fundir a cera e permitir que ela escorra da cavidade; (6) o molde é preaquecido a uma temperatura elevada que garanta que todos os contaminantes tenham sido eliminados do molde; também permite que o metal líquido flua mais facilmente dentro do molde; o metal fundido é vazado; ele se solidifica; e (7) o molde é separado da peça fundida. As peças são separadas do canal.

As etapas da fundição de precisão são descritas na Figura 8.9. Porque o modelo em cera é derretido depois que o molde refratário é confeccionado, um modelo separado precisa ser confeccionado para cada peça fundida. A produção de modelos é normalmente realizada por uma operação de moldagem – vazamento ou injeção da cera quente em uma ***matriz-padrão*** projetada com as tolerâncias adequadas à contração de ambos: cera e, em seguida, o metal fundido. Nos casos em que a geometria da peça é complexa, diversas partes feitas em cera, separadamente, podem ser unidas para formar o modelo. Em operações de elevada produção, vários modelos são fixados em um canal, que também é feito em cera, para formar uma ***árvore modelo*** (ou cacho); esse conjunto é que será fundido no metal.

O recobrimento com refratário (etapa 3) é geralmente realizado pela imersão da árvore modelo em uma lama de sílica com partículas muito finas, ou outro refratário (quase sempre na forma de pó) misturado com gesso para dar forma ao molde. O pequeno tamanho de partículas do material refratário garante uma superfície pouco rugosa e reproduz os intrincados detalhes do modelo em cera. O molde final (etapa 4) é feito pelas imersões sucessivas da árvore na lama refratária ou pela compactação cuidadosa do refratário ao redor da árvore, dentro de um contêiner. O molde é posto para secar ao ar por cerca de 8 horas a fim de endurecer o ligante.

As vantagens da fundição de precisão incluem: (1) peças de grande complexidade e com ramificações podem ser fundidas; (2) controle dimensional estreito – tolerâncias de ±0,075 mm são possíveis; (3) bom acabamento superficial; (4) com frequência, a cera

FIGURA 8.10 Um estator de compressor com 108 aletas, fabricado em uma única peça por fundição de precisão. (Cortesia de Alcoa Howmet.)

pode ser recuperada e reutilizada; (5) usinagem adicional não é, em geral, necessária – esse é um processo *net shape*. Devido ao fato de que muitas etapas são envolvidas na operação de fundição, esse é um processo mais ou menos caro. Fundidos de precisão são em geral pequenos em tamanho, embora peças unitárias com complexa geometria pesando até 34 kg tenham sido fundidas com sucesso. Todos os tipos de metais, incluindo aços, aços inoxidáveis e outras ligas resistentes a altas temperaturas, podem ser fundidos por esse processo. Exemplos de componentes incluem peças complexas de maquinário, palhetas, e outros componentes de motores de turbinas, joias e fixadores odontológicos. A Figura 8.10 mostra um componente que ilustra os aspectos intrincados possíveis de serem feitos por fundição de precisão.

8.2.5 FUNDIÇÃO EM MOLDE DE GESSO E EM MOLDE CERÂMICO

Fundição em molde de gesso é similar à fundição em areia, exceto que o molde é confeccionado em gesso (gipsita – $CaSO_4-2H_2O$) em vez de areia. Aditivos como talco ou pó de sílica são misturados ao gesso para controlar a contração e o tempo de cura, reduzir as trincas e aumentar a resistência. Para confeccionar o molde, a mistura de gesso com água é vertida sobre um modelo plástico ou metálico que está dentro da caixa e deixada curar. Os modelos em madeira são geralmente insatisfatórios devido ao longo contato com a água do gesso. A consistência fluida permite que a mistura de gesso flua de imediato no entorno do modelo, capturando seus detalhes e acabamento superficial. Assim, produtos fundidos em moldes de gesso são reconhecidos por esses atributos.

A cura do molde em gesso é uma das desvantagens desse processo, ao menos em situações de elevada produção. O molde precisa esperar cerca de 20 minutos antes de o modelo ser extraído. O molde é então estufado por várias horas, para remover a umi-

Processos de Fundição de Metais **175**

dade. Mesmo com a estufagem, nem toda a umidade do gesso é removida. O dilema com que se depara o fundidor é que a resistência do molde é perdida quando o gesso se torna muito desidratado, e a umidade pode causar defeitos de fundição no produto. Um balanço entre essas indesejáveis alternativas deve ser alcançado. Outra desvantagem com o molde em gesso é que ele não é permeável, limitando assim a saída dos gases da cavidade do molde. Esse problema pode ser resolvido de vários modos: (1) evacuando o ar da cavidade do molde antes do vazamento; (2) aerando a lama de gesso antes da confecção do molde, de forma que o gesso resultante, quando endurecido, contenha vazios finamente dispersos; e (3) usando composição e tratamento especiais do molde, conhecido como ***processo Antioch***. Esse processo envolve o uso de cerca de 50 % de areia misturada com o gesso, aquecimento do molde em uma autoclave (um forno que usa vapor superaquecido sob pressão) e, então, secagem. O molde resultante tem permeabilidade consideravelmente maior que um molde convencional de gesso.

Moldes em gesso não podem ser expostos às mesmas altas temperaturas que os moldes em areia. Eles são, portanto, limitados à fundição de ligas com baixo ponto de fusão, como alumínio, magnésio, e algumas ligas à base de cobre. Aplicações incluem a fundição de moldes metálicos para moldagem subsequente de plásticos e borrachas, rotores de bombas e turbinas, e outras peças com geometria relativamente intrincada. O tamanho dos fundidos varia de cerca de 20 g até mais de 100 kg. Peças pesando menos que 10 kg são as mais comuns. As vantagens da fundição com molde em gesso para essas aplicações são: bom acabamento superficial, acurácia dimensional e capacidade de obter fundidos com seções transversais estreitas.

Fundição em molde cerâmico é similar à fundição em gesso, exceto que o molde é fabricado em materiais cerâmicos refratários que podem ser expostos a temperaturas mais elevadas que o gesso. Dessa forma, moldagem em cerâmica pode ser usada para fundir aços, ferros fundidos e outras ligas resistentes a altas temperaturas. Suas aplicações (peças relativamente complexas) são similares às da moldagem em gesso, exceto quanto ao metal fundido. Suas vantagens (acurácia e acabamento bons) também são similares.

8.3 Processos de Fundição em Molde Permanente

A desvantagem econômica de qualquer um dos processos em molde perecível é que um novo molde é necessário para cada fundido. Na fundição em molde permanente, o molde é reutilizado muitas vezes. Nesta seção, trataremos da fundição em molde permanente como o processo básico do grupo de processos de fundição que usam moldes metálicos reutilizáveis. Outros membros do grupo incluem os processos sob pressão e fundição centrífuga.

8.3.1 BASE DO PROCESSO EM MOLDE PERMANENTE

A fundição em molde permanente emprega um molde metálico que é construído em duas seções, que são projetadas para abertura e fechamento simples e preciso. Esses moldes são comumente confeccionados em aço ou ferro fundido. A cavidade, com sistema de canais incluído, é usinada em duas partes para propiciar dimensões acuradas e bom acabamento superficial. Os metais comumente fundidos em molde permanente incluem alumínio, magnésio, ligas à base de cobre, e ferro fundido. Entretanto, ferro fundido requer elevada temperatura de vazamento, de 1250 °C a 1500 °C, que tem um forte impacto sobre a vida do molde. A bastante alta temperatura de vazamento do aço faz com que moldes permanentes não sejam adequados a esse metal, a menos que o molde seja fabricado em um material refratário.

Machos podem ser usados em moldes permanentes para formar as superfícies internas do produto fundido. São confeccionados em metal, mas sua forma deve permitir sua remoção do fundido, ou eles devem ser mecanicamente colapsáveis para possibilitar sua

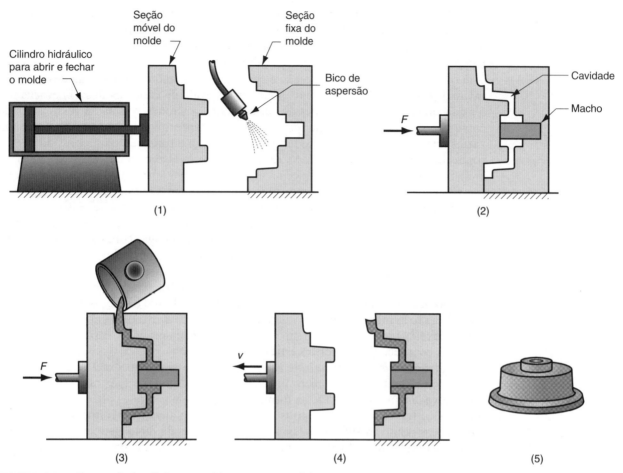

FIGURA 8.11 Etapas da fundição em molde permanente: (1) o molde é preaquecido e recoberto; (2) machos (se utilizados) são inseridos, e o molde é fechado; (3) metal fundido é vazado no molde; e (4) o molde é aberto. A peça acabada é mostrada em (5).

retirada. Se a limitação do macho metálico tornar difícil ou impossível seu uso, machos em areia poderão ser empregados, e, nesse caso, o processo de fundição é geralmente referido como *fundição em molde semipermanente*.

As etapas básicas do processo de fundição em molde permanente estão descritas na Figura 8.11. Na preparação para a fundição, o molde é primeiro aquecido, e uma ou mais camadas de recobrimento são aspergidas na cavidade. O preaquecimento facilita o fluxo de metal por meio do sistema de canais e na cavidade. O recobrimento ajuda a dissipação de calor e lubrifica a superfície do molde para facilitar a remoção da peça fundida. Após o vazamento, assim que o metal se solidifica, o molde é aberto e o fundido é removido. Diferentemente dos moldes perecíveis, os moldes permanentes não colapsam; assim, o molde precisa ser aberto antes que ocorra apreciável contração de resfriamento, para evitar que trincas se desenvolvam no fundido.

Vantagens da fundição em molde permanente incluem, como já foi apresentado, bom acabamento superficial e controle dimensional estreito. Adicionalmente, a solidificação mais rápida, em consequência do contato do metal com o molde metálico, resulta em uma estrutura mais refinada; desse modo, são produzidos fundidos com maior resistência mecânica. O processo é em geral limitado a metais de baixo ponto de fusão. Outras limitações incluem peças com geometrias mais simples, comparadas com a fundição em areia (devido à necessidade de abrir o molde) e o custo do molde. Porque o custo do molde é substancial, o processo é mais adequado a altos volumes de produção e, portanto, pode ser automatizado. Peças típicas incluem pistões automotivos, carcaças de bombas e certos fundidos para aeronaves e mísseis.

8.3.2 VARIANTES NA FUNDIÇÃO EM MOLDES PERMANENTES

Diversos processos de fundição são bastante similares, em sua base, ao método que aplica molde permanente. Eles incluem fundição por derretimento, fundição baixa pressão e fundição em molde permanente sob vácuo.

Fundição por Derretimento (Slush Casting)   Fundição por derretimento é um processo em molde permanente no qual um fundido oco é produzido pela inversão do molde, após a solidificação parcial da superfície, para drenar o metal líquido do centro da peça.* A solidificação tem início nas paredes do molde, pois estas estão relativamente frias, e progride, com o tempo, em direção ao centro do fundido (Subseção 7.3.1). A espessura da casca é função do tempo antes da drenagem. A fundição por derretimento é empregada para fabricar estátuas, pedestais de iluminação e brinquedos em metais com baixo ponto de fusão, como zinco e estanho. Nesses itens, a aparência exterior é relevante, mas a resistência mecânica e a geometria do interior do fundido são menos importantes.

Fundição Baixa Pressão   No processo básico de fundição em molde permanente e na fundição por derretimento, o fluxo do metal na cavidade do molde é causado pela gravidade. Na fundição baixa pressão, o metal líquido é forçado a entrar na cavidade sob baixa pressão – aproximadamente 0,1 MPa – a partir do fundo, de tal forma que o fluxo é para cima, como ilustrado na Figura 8.12. A vantagem dessa variante sobre o vazamento tradicional é que o metal limpo do centro da panela é introduzido no molde, em vez do metal que foi exposto ao ar. Porosidades de gás e defeitos de oxidação são, portanto, minimizados, e as propriedades mecânicas são melhoradas.

Fundição em Molde Permanente sob Vácuo   Não devemos confundir com moldagem a vácuo (Subseção 8.2.2). Esse processo é uma modificação da fundição baixa pressão no qual vácuo é empregado para direcionar o metal fundido para a cavidade do molde. A configuração geral do processo de fundição em molde permanente sob vácuo é similar à operação de fundição sob baixa pressão. A diferença é que a pressão reduzida de ar pela evacuação do molde é usada para direcionar o líquido para a cavidade, em vez de forçá-lo pela pressão de ar positiva da câmara abaixo do molde. Existem vários benefícios no uso do vácuo em relação à fundição baixa pressão: porosidades em função do ar e defeitos relacionados são reduzidos, e maior resistência mecânica é conferida ao produto fundido.

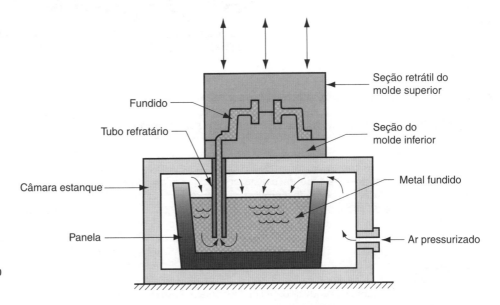

FIGURA 8.12 Fundição baixa pressão. O diagrama mostra como o ar pressurizado é empregado para forçar o metal fundido da panela a subir para a cavidade do molde. A pressão é mantida até que o fundido tenha se solidificado.

---

*O derretimento também é usado na fundição de peças artísticas pelo processo cera-perdida. (N.T.)

8.3.3 FUNDIÇÃO SOB PRESSÃO (*DIE CASTING*)

Fundição sob pressão ou fundição por injeção é um processo de fundição em molde permanente no qual o metal fundido é injetado na cavidade do molde sob alta pressão. Pressões típicas vão de 7 a 350 MPa. A pressão é mantida durante a solidificação, após o molde ser aberto e a peça removida. Moldes nessa operação de fundição são chamados de matrizes (*die*, em inglês); daí vem o nome do processo em inglês: *die casting*, termo também usado com frequência no Brasil. O uso de pressão elevada para forçar o metal a entrar na cavidade é o aspecto mais notável que distingue esse processo de outros da categoria de processos em molde permanente.

Operações de fundição sob pressão são realizadas em máquinas especiais (Nota Histórica 8.2), que são projetadas para fechar, de forma precisa, as duas partes do molde, mantendo-as fechadas enquanto o metal líquido é forçado na cavidade. A configuração geral é mostrada na Figura 8.13. Existem dois tipos principais de máquinas de fundição sob pressão: (1) câmara quente e (2) câmara fria, diferenciadas pela forma com que o metal fundido é injetado na cavidade.

Em **máquinas câmara quente**, o metal é fundido em um contêiner anexo à máquina, e um pistão é usado para injetar o metal líquido, sob alta pressão, na matriz. Pressões típicas de injeção vão de 7 a 35 MPa. O ciclo de fundição está resumido na Figura 8.14. É comum encontrar taxas de produção de até 500 peças por hora. A fundição sob pressão em câmara quente impõe especial desgaste no sistema de injeção porque parte desse sistema é mantida imersa no metal fundido. Esse processo é, portanto, limitado em suas aplicações a metais de baixo ponto de fusão que não ataquem quimicamente o pistão e outros componentes mecânicos. Os metais incluem zinco, estanho, chumbo e, às vezes, magnésio.

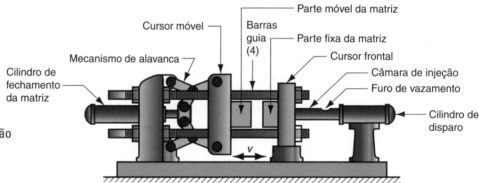

FIGURA 8.13 Configuração geral de uma máquina de fundição sob pressão do tipo câmara fria.

Nota Histórica 8.2 *Máquinas de fundição sob pressão*

A moderna máquina para fundição sob pressão originou-se da indústria de impressão, em meados dos anos 1800, em função da necessidade de satisfazer um incremento na população alfabetizada, com um crescente desejo pela leitura. O linotipo, inventado e desenvolvido por O. Mergenthaler no final dos anos 1800, consiste em uma máquina que produz um tipo de impressão. É uma máquina de fundição porque funde, em bloco, cada linha de caracteres tipográficos de chumbo para emprego na preparação de chapas de impressão. O nome **linotipo** deriva do fato de a máquina produzir uma linha de caracteres tipográficos durante cada ciclo de operação. Em 1886, a máquina foi usada com êxito pela primeira vez em uma base comercial na cidade de Nova Iorque por ***The Tribune***.

O linotipo comprovou a facilidade de execução de máquinas para fundição mecanizadas. A primeira máquina de fundição sob pressão foi patenteada por H. Doehler, em 1905 (essa máquina se encontra em exibição no Smithsonian Institute em Washington, D.C.). Em 1907, E. Wagner desenvolveu a primeira máquina de fundição sob pressão a usar câmara quente. Ela foi inicialmente empregada durante a Primeira Guerra Mundial para fundir peças para binóculos e máscaras de gás.

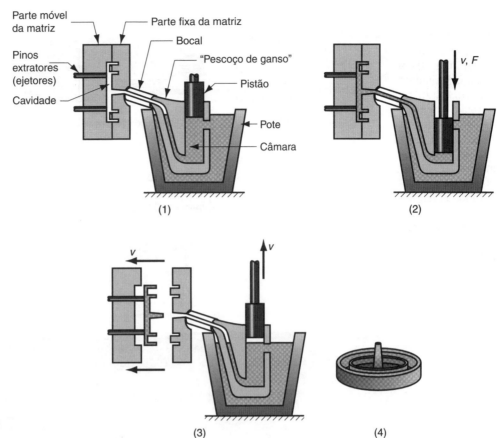

FIGURA 8.14 Ciclo de fundição em máquina câmara quente: (1) com a matriz fechada e o pistão retraído, o metal fundido flui dentro da câmara; (2) o pistão força o metal da câmara a fluir para a matriz, mantendo a pressão durante o resfriamento e a solidificação; (3) o pistão é retraído, a matriz é aberta, e a peça solidificada é ejetada. A peça acabada é mostrada em (4).

Em *máquinas de fundição sob pressão câmara fria*, metal fundido é vazado em uma câmara não aquecida a partir de um contêiner externo contendo o metal, e um pistão é utilizado para injetar o metal, sob alta pressão, na cavidade da matriz. Pressões de injeção usadas nessas máquinas vão, tipicamente, de 14 a 140 MPa. O ciclo de produção é explicado na Figura 8.15. Comparados às máquinas câmara quente, os ciclos são em geral mais longos devido à necessidade de transferir o metal líquido de uma fonte externa até a câmara. Apesar disso, esse processo de fundição é um trabalho de alta produção. As máquinas câmara fria são tipicamente aplicadas para fundição de alumínio, latão e ligas de magnésio. Ligas com baixo ponto de fusão (zinco, estanho, chumbo) também podem ser fundidas em máquinas câmara fria, mas as vantagens do processo de câmara quente em geral induzem seu uso nesses metais. Uma grande fundição produzida por uma máquina câmara fria é mostrada na Figura 8.16.

Moldes empregados nas operações de fundição sob pressão são usualmente confeccionados em aços ferramenta, aço médio carbono, ou aço maraging. Tungstênio e molibdênio com boas qualidades refratárias têm sido também empregados, em especial em tentativas de fundir sob pressão aço e ferro fundido. As matrizes podem ser do tipo com cavidade única ou com cavidades múltiplas (matrizes com cavidade única são mostradas nas Figuras 8.14 e 8.15). Pinos extratores (ejetores) são necessários para remover a peça da matriz quando ela abre, como mostrado nos nossos diagramas. Esses pinos empurram a peça a partir da superfície do molde de tal forma que ela pode ser removida. Lubrificantes também devem ser aspergidos nas cavidades para evitar a grimpagem.

Como os materiais da matriz não têm naturalmente porosidade, e o metal fundido flui rápido para dentro da matriz durante a injeção, furos e canais de ventilação devem ser construídos na linha de divisão das matrizes para evacuar o ar e gases da cavidade. Os canais de ventilação são bastante pequenos; ainda assim são preenchidos com metal durante a injeção, e esse metal deve ser posteriormente removido da peça fundida. Também a formação de *rebarba* é comum na fundição sob pressão, na qual o metal líquido

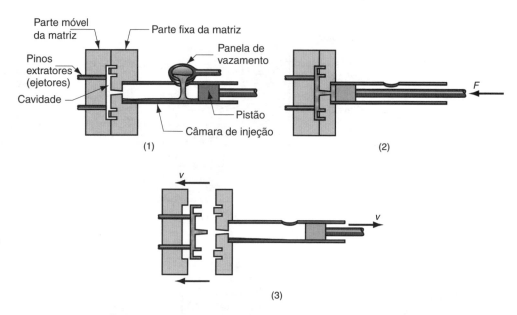

FIGURA 8.15 Ciclo de fundição em máquina câmara fria: (1) com a matriz fechada e o pistão hidráulico retraído, o metal fundido é vazado na câmara; (2) o pistão hidráulico força o metal a fluir na matriz, mantendo a pressão durante o resfriamento e a solidificação; e (3) o pistão é retraído, a matriz é aberta, e a peça é ejetada. (O sistema de canais é simplificado.)

FIGURA 8.16 Uma peça grande, fundida sob pressão, com cerca de 400 mm de medida no sentido diagonal para aplicação no piso de cabine de caminhão. (Cortesia de George E. Kane Manufacturing Technology Laboratory, Lehigh University.)

sob alta pressão se comprime no pequeno espaço entre as metades da matriz na linha de divisão ou nos espaços ao redor de machos ou pinos ejetores. Essas rebarbas devem ser removidas do fundido junto com o canal de descida e demais canais.

As vantagens da fundição sob pressão incluem: (1) possibilidade de elevada taxa de produção; (2) economicamente viável para a produção de grandes lotes; (3) possibilidade de tolerâncias estreitas, da ordem de $\pm 0{,}076$ mm em pequenas peças; (4) bom acabamento superficial; (5) seções finas são possíveis até cerca de 0,5 mm; e (6) resfriamento rápido gera tamanho de grão pequeno e fundido com boa resistência mecânica. A limitação desse processo, em adição aos metais que podem ser fundidos, é a restrição de forma, uma vez que a peça solidificada precisa ser removida da cavidade da matriz.

8.3.4 *SQUEEZE CASTING* E FUNDIÇÃO COM METAL SEMISSÓLIDO

Existem dois processos que são geralmente associados à fundição sob pressão. *Squeeze casting* é uma combinação de fundição e forjamento (Seção 15.3) na qual o metal fundido é vazado na parte inferior da matriz preaquecida, e a parte superior da matriz é fechada para criar a cavidade do molde após o início da solidificação. Isso difere do processo usual de fundição em molde permanente, no qual as partes da matriz são fechadas antes do vazamento ou injeção. Devido à natureza híbrida do processo, ele também é conhecido como *forjamento de metal líquido*. No *squeeze casting*, a pressão aplicada pela matriz superior faz com que o metal preencha por completo a cavidade, resultando em bom acabamento superficial e baixa contração. As pressões requeridas são significativamente menores do que no forjamento de um tarugo de metal sólido, e superfícies com mais detalhes podem ser obtidas com mais facilidade com esse processo do que com o forjamento. *Squeeze casting* pode ser empregado para ambas as ligas: ferrosas e não ferrosas, mas ligas de alumínio e de magnésio são as mais comuns devido às baixas temperaturas de fusão. Componentes automotivos são as aplicações mais rotineiras.

Fundição com metal semissólido é uma família de processos *net-shape* e *near net-shape* realizados em ligas metálicas a temperaturas entre a *liquidus* e a *solidus* (Subseção 7.3.1). Assim, durante a fundição, a liga está no estado pastoso, como uma lama, sendo uma mistura de sólido e metal fundido. Para fluir apropriadamente, a mistura deve consistir em glóbulos sólidos de metal em um líquido em vez das típicas dendritas que se formam durante a solidificação de um metal fundido. Isso é alcançado por uma agitação vigorosa da lama para evitar a formação de dendritas e, ao contrário, encorajar as formas esféricas, que por sua vez reduzem a viscosidade do metal a ser trabalhado. As vantagens da fundição com metal semissólido incluem as seguintes [16]: (1) peças com geometrias complexas, (2) peças com paredes finas, (3) tolerâncias estreitas, (4) ausência ou baixa porosidade, resultando em fundido com elevada resistência mecânica.

Existem diversos modos de fundição com metal semissólido. Quando aplicada ao alumínio, os termos *tixofundição* e *reofundição* são usados, e os equipamentos de produção são similares às máquinas de fundição sob pressão. O prefixo em tixofundição é derivado da palavra *tixotropia*, que se refere à diminuição na viscosidade de alguns materiais fluidos quando agitados. O prefixo em reofundição vem de *reologia*, a ciência que relaciona deformação e escoamento de materiais. Na *tixofundição*, o material no início do trabalho é um tarugo pré-fundido com microestrutura não dendrítica; ele é aquecido em faixa de temperatura semissólida e injetado na cavidade de um molde por meio de equipamento de fundição sob pressão (*die casting*). Na *reofundição*, uma lama semissólida é injetada na cavidade do molde utilizando uma máquina de fundição sob pressão, sendo um processo muito parecido com a convencional fundição por injeção. A diferença é que o metal inicial na reofundição está em uma temperatura entre a *solidus* e a *liquidus*, em vez de acima da *liquidus*. E a mistura pastosa é agitada para evitar a formação de dendrita.

Quando se aplica ao magnésio, o termo *tixomoldagem* é empregado, e o equipamento é similar a uma máquina de moldagem por injeção (Subseção 10.6.3). Grânulos de liga de magnésio são colocados no corpo da injetora e movimentados para frente por meio de rosca rotativa, e o material é aquecido até temperatura na faixa do semissólido. A requisitada forma globular da fase sólida é obtida pela ação de mistura da rosca rotativa. A lama é então injetada na cavidade do molde por um movimento de avanço linear dessa rosca.

8.3.5 FUNDIÇÃO CENTRÍFUGA

A fundição centrífuga se refere a diversos métodos de fundição nos quais o molde é girado a elevadas velocidades, de modo que a força centrífuga distribui o metal fundido às regiões periféricas da cavidade da matriz. O grupo inclui: (1) fundição centrífuga verdadeira, (2) fundição semicentrífuga, e (3) centrifugação.

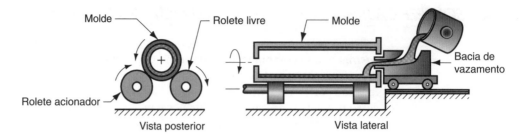

FIGURA 8.17
Esquema para a fundição centrífuga verdadeira.

Fundição Centrífuga Verdadeira Na fundição centrífuga verdadeira (ou autêntica), o metal fundido é vazado em um molde giratório para produzir uma peça tubular. Exemplos de peças fabricadas por esse processo incluem canos, tubos, buchas e anéis. Um possível arranjo é mostrado na Figura 8.17. O metal fundido é vazado em uma das extremidades de um molde horizontal giratório. Em algumas operações, a rotação do molde começa após o vazamento ter início, em vez de antes do vazamento. A alta velocidade de rotação resulta em forças centrífugas que fazem com que o metal tome a forma da cavidade do molde. Assim, a forma externa do fundido pode ser esférica, octogonal, hexagonal etc. Entretanto, a forma interna do fundido é (em termos teóricos) perfeitamente esférica devido às forças radiais simétricas.

A orientação do eixo de rotação do molde pode ser tanto horizontal como vertical, o primeiro tipo sendo mais comum. Consideremos quão rápido o molde deve girar na *fundição centrífuga horizontal* para o processo funcionar satisfatoriamente. A força centrífuga é definida pela equação física:

$$F = \frac{mv^2}{R} \tag{8.2}$$

em que F = força, N; m = massa, kg; v = velocidade, m/s; e R = raio interno do molde, m. A força da gravidade é o peso P = mg, em que P é dado em N, e g = aceleração da gravidade, 9,8 m/s². O conhecido fator G (FG) é a razão entre a força centrífuga dividida pelo peso.

$$FG = \frac{F}{P} = \frac{mv^2}{Rmg} = \frac{v^2}{Rg} \tag{8.3}$$

A velocidade v pode ser expressa como $2\pi RN/60 = \pi RN/30$, em que a constante 60 converte segundos para minutos; N = velocidade de rotação, rpm. Substituindo essa expressão na Equação (8.3), obtemos

$$FG = \frac{\left(\dfrac{\pi RN}{30}\right)^2}{Rg} = \frac{R\left(\dfrac{\pi N}{30}\right)^2}{g} \tag{8.4}$$

Rearranjando para determinar a velocidade de rotação N, e usando diâmetro D em vez de raio na equação resultante, teremos

$$N = \frac{30}{\pi}\sqrt{\frac{gFG}{R}} = \frac{30}{\pi}\sqrt{\frac{2gFG}{D}} \tag{8.5}$$

em que D = diâmetro interno do molde, m. Se, na fundição centrífuga verdadeira, o fator G for muito baixo, o metal líquido não permanecerá forçado contra o molde durante a metade superior do caminho circular, e cairá como "chuva" no interior da cavidade. Ocorrerá deslizamento entre o metal fundido e a parede do molde, o que significa que a velocidade de rotação do metal é menor que a do molde. Em uma base empírica, valores de FG = 60 a 80 são considerados apropriados para a fundição centrífuga horizontal [2], embora isto dependa, de alguma forma, do metal que está sendo fundido.

Exemplo 8.2 Velocidade de rotação na fundição centrífuga

Uma operação de fundição centrífuga verdadeira será realizada horizontalmente para produzir seções de tubos em cobre com De = 25 cm e Di = 22,5 cm. Que velocidade de rotação é requerida, se um fator G de 65 é usado para fundir o tubo?

Solução: O diâmetro interno do molde é igual ao diâmetro externo do fundido = 25 cm = 0,25 m. Podemos calcular a velocidade de rotação necessária a partir da Equação (8.5), como segue:

$$N = \frac{30}{\pi}\sqrt{\frac{2(9,8)(65)}{0,25}} = \mathbf{681,7\ rpm}$$

Na *fundição centrífuga vertical*, o efeito da gravidade agindo sobre o metal líquido resulta em uma parede do fundido mais espessa na base do que no topo. O perfil interno da parede do fundido assume uma forma parabólica. A diferença de raios entre o topo e a base é relacionada com a velocidade de rotação, conforme:

$$N = \frac{30}{\pi}\sqrt{\frac{2gL}{R_t^2 - R_b^2}} \qquad (8.6)$$

em que L = comprimento vertical do fundido, m; R_t = raio interno no topo do fundido, m; e R_b = raio interno na base do fundido, m. A Equação (8.6) pode ser usada para determinar a velocidade de rotação requerida para fundição centrífuga vertical, uma vez fornecidas as especificações sobre os raios internos do topo e da base. Nota-se por essa equação que, para R_t igual a R_b, a velocidade de rotação N seria infinita, o que obviamente é impossível. Como uma questão prática, os comprimentos das peças fabricadas por fundição centrífuga vertical são normalmente, no máximo, o dobro dos seus diâmetros. Isso é bastante satisfatório para buchas e outras peças que têm diâmetro grande em relação à sua altura, em especial se usinagem for empregada para ajustar, de forma precisa, seu diâmetro interno.

Os fundidos produzidos pela fundição centrífuga verdadeira são caracterizados pela elevada massa específica, principalmente nas regiões externas em que a força centrífuga é mais elevada. A contração de solidificação na parte externa do tubo fundido não é importante porque, durante a solidificação, a força centrífuga de forma contínua realoca metal fundido em direção à parede do molde. Impurezas no fundido tendem a se localizar na parede interna e podem ser removidas, se necessário, por usinagem.

Fundição Semicentrífuga Neste método a força centrífuga é empregada para produzir fundidos sólidos, conforme mostrado na Figura 8.18, em vez de peças tubulares. A velocidade de rotação na fundição semicentrífuga é geralmente definida de forma

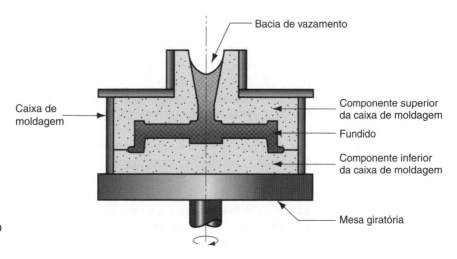

FIGURA 8.18 Fundição semicentrífuga.

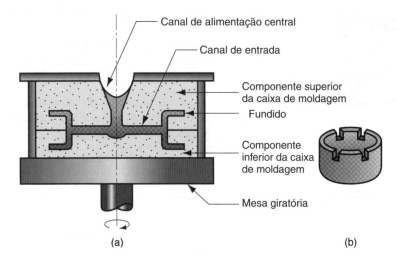

FIGURA 8.19
(a) Centrifugação – força centrífuga causa o escoamento do metal para as cavidades do molde distantes do eixo de rotação; e (b) o fundido.

que fatores G de aproximadamente 15 são obtidos [2], e os moldes são projetados com massalotes no centro para o suprimento de alimentação de metal. A massa específica do metal no fundido acabado é maior nas seções externas do que no centro de rotação. O processo é frequentemente utilizado em peças cujo centro do fundido é usinado subsequentemente, retirando do fundido a parte em que a qualidade é inferior. Rodas e polias são exemplos de fundidos que podem ser fabricados por esse processo. Moldes perecíveis (consumíveis) são muitas vezes empregados na fundição semicentrífuga, como sugerido pela ilustração do processo.

Centrifugação ou força centrífuga Na centrifugação, Figura 8.19, o molde é projetado com cavidades de peça localizadas distantes do eixo de rotação; logo, o metal fundido vazado no molde é distribuído para essas cavidades por meio de força centrífuga. O processo é utilizado para peças pequenas, e a simetria radial da peça não é um requisito como o é para os outros dois métodos de fundição centrífuga.

8.4 Técnica de Fundição

Em todos os processos de fundição, o metal deve ser aquecido até o estado líquido e ser vazado, ou, de outra forma, forçado no molde. Aquecimento e fusão são realizados em um forno. Esta seção analisa os vários tipos de fornos utilizados na fundição e as técnicas de vazamento para distribuir o metal fundido do forno ao molde.

8.4.1 FORNOS

Os tipos de fornos mais comumente usados em fundições são (1) cubilôs, (2) fornos diretos a combustível, (3) fornos a cadinho, (4) fornos elétricos a arco, e (5) fornos de indução. A seleção do tipo de forno mais apropriado depende de fatores, como a liga fundida; suas temperaturas de fusão e vazamento; capacidade do forno; custos de investimento, operação e manutenção; e considerações sobre poluição ambiental.

Cubilô O cubilô é um forno cilíndrico vertical equipado com uma bica de vazamento próxima à sua base. Cubilôs são empregados apenas para a fusão de ferros fundidos; embora outros fornos também possam ser usados, a maior tonelagem de ferro fundido é produzida em cubilôs. Aspectos gerais da construção e operação do cubilô são ilustrados na Figura 8.20. É formado por uma grande carcaça de chapa de aço revestida com refratário. A "carga", que consiste em ferro, coque, fundente e possíveis elementos de liga, é introduzida pela porta de carregamento localizada abaixo da metade da altura do

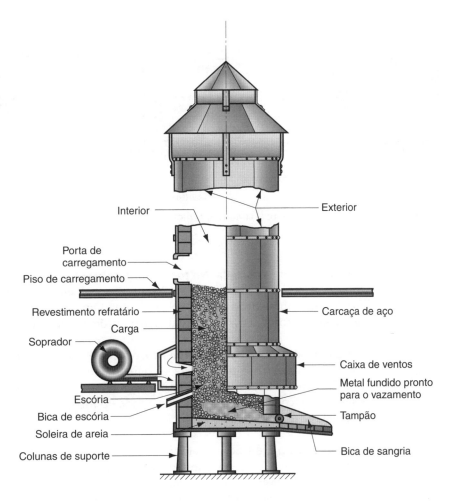

FIGURA 8.20 Cubilô empregado para fusão de ferro fundido. O forno mostrado é típico para uso em pequena fundição, e omite detalhes do sistema de controle de emissões necessário em cubilôs modernos.

cubilô. O ferro é usualmente uma mistura de ferro-gusa e sucata (incluindo massalotes, canais de descida e demais canais que são removidos de fundidos anteriores). O coque é o combustível utilizado para aquecer o forno. Para a combustão do coque, ar forçado é introduzido pelas aberturas próximas ao fundo da carcaça. O fundente é um composto básico, como calcário, que reage com as cinzas do coque e outras impurezas para formar a escória. A escória serve como cobertura do metal, protegendo-o da reação com o ambiente no interior do cubilô e reduzindo as perdas térmicas. À medida que a mistura é aquecida e a fusão do ferro ocorre, o forno é periodicamente sangrado para prover metal líquido para o vazamento.

Fornos Diretos a Combustível O forno direto a combustível contém uma pequena soleira aberta, na qual a carga metálica é aquecida por queimadores a combustível localizados lateralmente no forno. O teto do forno auxilia no aquecimento refletindo a chama na direção da carga. O combustível típico é o gás natural, e os produtos de combustão saem do forno por uma chaminé. No fundo da soleira, há um furo de sangria para liberar o metal fundido. Fornos diretos a combustível são em geral usados na fusão de metais não ferrosos, tais como ligas à base de cobre e alumínio.

Fornos a Cadinho Esses fornos fundem o metal sem contato direto com a mistura combustível. Por essa razão, eles são algumas vezes chamados de ***fornos indiretos a combustível***. Três tipos de fornos a cadinho são empregados em fundição: (a) cadinho removível, (b) cadinho fixo, e (c) cadinho basculante, como ilustrado na Figura 8.21. Todos eles utilizam um contêiner (cadinho) fabricado em material refratário, adequado (por exemplo, uma mistura argila-grafite), ou aço-liga resistente a altas temperaturas

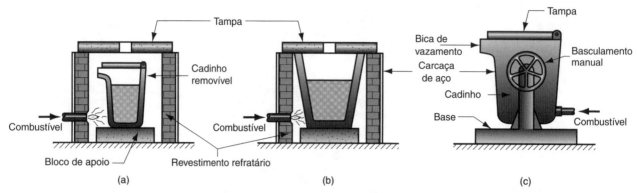

FIGURA 8.21 Três tipos de fornos a cadinho: (1) cadinho removível, (b) cadinho fixo, e (c) cadinho basculante.

em que a carga é colocada. No *forno cadinho removível*, o cadinho é colocado em um forno, e aquecido o suficiente para fundir a carga metálica. Óleo, gás, ou carvão pulverizado são combustíveis típicos desses fornos. Quando o metal é fundido, o cadinho é removido do forno e usado como uma panela de vazamento. Os outros dois tipos, referidos, às vezes, como *fornos pote*, têm o forno de aquecimento e o contêiner como uma única unidade. No caso do *cadinho fixo*, o forno é fixo, e o metal líquido é removido do contêiner. No *cadinho basculante*, o conjunto é basculado para o vazamento. Fornos a cadinho (dos três tipos) são usados para fundir metais não ferrosos, como bronze, latão e ligas de zinco e de alumínio. A capacidade do forno é geralmente limitada a algumas centenas de quilogramas.

Fornos a Arco Elétrico Neste tipo de forno, a carga é fundida pelo calor gerado a partir de um arco elétrico, que flui entre dois ou três eletrodos e a carga metálica. O consumo de energia é elevado, mas fornos a arco elétrico podem ser projetados com elevadas capacidades de fusão (de 23.000 a 45.000 kg/h), e são usados principalmente para fundir aço.

Fornos de Indução O forno de indução utiliza corrente alternada passando por uma bobina para criar um campo magnético no metal, e a corrente induzida resultante causa rápido aquecimento e fusão do metal. Aspectos do forno de indução para operações de fundição são ilustrados na Figura 8.22. O campo de força eletromagnética tem sobre o metal líquido uma ação misturadora, que leva à homogeneização do banho. Também, porque o metal não entra em contato direto com os elementos de aquecimento, o ambiente no qual a fusão se dá pode ser controlado com precisão. Tudo isso resulta em metais fundidos de alta qualidade e pureza, e fornos de indução são usados para praticamente qualquer liga fundida quando esses requisitos são importantes. Fusão de aço, ferro fundido e ligas de alumínio são aplicações comuns na fundição.

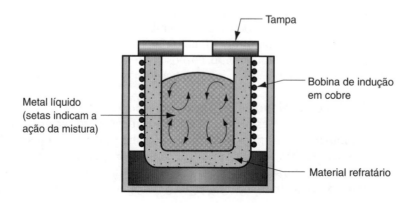

FIGURA 8.22 Forno de indução.

8.4.2 VAZAMENTO, LIMPEZA E TRATAMENTO TÉRMICO

A movimentação do metal fundido do forno de fusão até o molde é, algumas vezes, feita usando cadinhos. Mais frequentemente, a transferência é realizada em *panelas* de diversos tipos. Essas panelas recebem o metal do forno e possibilitam o vazamento nos moldes. Duas panelas típicas são ilustradas na Figura 8.23, uma para manuseio de grandes volumes de metal fundido usando uma ponte rolante, e a outra, "com alças", para movimentação e vazamento manual de pequenas quantidades.

Um dos problemas no vazamento é que o metal fundido oxidado pode ser introduzido no molde. Óxidos metálicos reduzem a qualidade do produto, podendo gerar um fundido defeituoso; assim, durante o vazamento, medidas são tomadas para minimizar a entrada desses óxidos no molde. Filtros são algumas vezes empregados para aprisionar os óxidos e outras impurezas, à medida que o metal é vertido pela bica de vazamento, e fluxos são usados para cobrir o metal fundido e retardar a oxidação. Adicionalmente, panelas têm sido desenvolvidas para vazar o metal líquido a partir do fundo da panela, uma vez que os óxidos se acumulam na superfície do banho.

Após a solidificação e remoção do fundido do molde, uma série de etapas adicionais são em geral necessárias. Essas operações incluem (1) rebarbação, (2) remoção do macho, (3) limpeza da superfície, (4) inspeção, (5) reparo, se necessário, e (6) tratamento térmico. Na fundição, as etapas de (1) a (5) são coletivamente denominadas "limpeza". A extensão da necessidade dessas operações adicionais varia com o processo de fundição e com os metais. Quando necessárias, elas usualmente demandam mão de obra intensa, e são dispendiosas.

Rebarbação envolve a remoção dos canais de descida e de distribuição, massalotes, rebarbas entre caixas, e, entre outras, chapelins e qualquer outro excesso de metal da peça fundida. No caso de ligas fundidas frágeis e quando as seções transversais são relativamente finas, esses apêndices do fundido podem ser quebrados. Em outros casos, empregam-se: martelamento, corte por cisalhamento, com serra alternativa, serra de fita, com discos de corte abrasivos, com maçarico, e diversos outros métodos de corte.

Se machos foram usados para fundir a peça, eles devem ser removidos. A maioria dos machos é fabricada em areia quimicamente ligada ou aglomerada com óleo, e em geral colapsam à medida que o aglomerante se deteriora. Em alguns casos, eles são removidos pela vibração, manual ou mecânica, do fundido. Em raras ocasiões, os machos são removidos pela dissolução química do agente aglomerante empregado no macho em areia. Machos sólidos devem ser martelados ou pressionados para sair.

A limpeza da superfície é mais importante no caso da fundição em areia. Em vários outros processos de fundição, especialmente nos processos em molde permanente, essa etapa pode ser suprimida. *Limpeza superficial* envolve remoção da areia da superfície do fundido, o que, de alguma forma, melhora a aparência da superfície. Os métodos usados para limpeza incluem tamboramento, jateamento com ar contendo partículas grosseiras de areia ou granalha de metal, escova de aço e decapagem química (Seção 24.1).

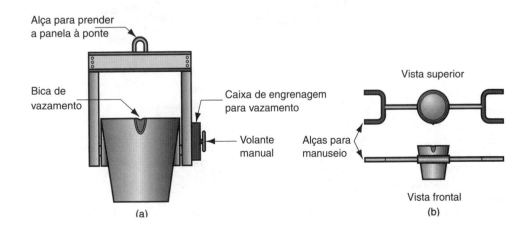

FIGURA 8.23 Dois tipos comuns de panelas: (a) panela em ponte rolante e (b) panela manual.

Os defeitos são possíveis em fundidos, e a inspeção é necessária para detectar sua presença. Consideraremos esse assunto na próxima seção.

Fundidos são em geral tratados termicamente para melhorar suas propriedades, ou para operações de processamento subsequentes, como usinagem ou ajuste das propriedades desejadas pela aplicação da peça fundida.

8.5 Qualidade do Fundido

Durante a operação de fundição, há numerosas oportunidades para algo dar errado, resultando em um produto fundido com defeitos. Nesta seção, compilamos uma lista dos defeitos mais comuns que ocorrem na fundição, e indicamos os procedimentos de inspeção para detectá-los.

Defeitos de Fundição   Alguns defeitos são comuns a qualquer um e todos os processos de fundição. Esses defeitos estão ilustrados na Figura 8.24 e são brevemente descritos a seguir:

(a) *Falha de preenchimento* – aparece em fundidos que se solidificam antes de a cavidade do molde estar totalmente preenchida. As causas típicas incluem: (1) fluidez do metal fundido insuficiente, (2) temperatura de vazamento muito baixa, (3) vazamento feito de forma muito lenta, e/ou (4) seção transversal do fundido muito fina.

(b) *Delaminação* – ocorre quando duas porções do metal fluem juntas, mas falta fusão das duas frentes devido à solidificação prematura. As causas são similares às da falha de preenchimento.

(c) *Gotas frias* – resultam do respingo durante o vazamento, causando a formação de grânulos sólidos de metal que ficam aprisionados no fundido. Procedimentos de vazamento e projeto de sistema de canais que evite os respingos podem evitar esse defeito.

(d) *Cavidade de contração* – é a depressão na superfície ou um vazio interno no fundido, causado pela contração de solidificação que restringe a quantidade de metal fundido disponível na última região a se solidificar. Geralmente é formada próximo à superfície do fundido e, nesse caso, se denomina "rechupe". Veja a Figura 7.8(3). O problema pode ser, na maior parte das vezes, resolvido pelo projeto de um massalote adequado.

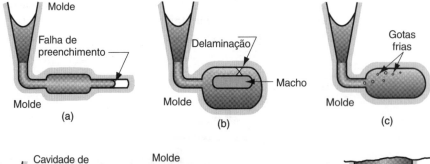

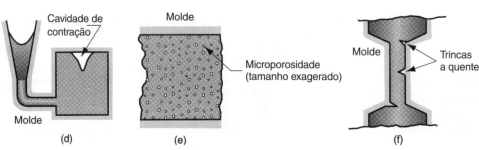

FIGURA 8.24   Alguns defeitos comuns em fundidos: (a) falha de preenchimento, (b) delaminação, (c) gotas frias, (d) cavidade de contração, (e) microporosidade, e (f) ruptura a quente.

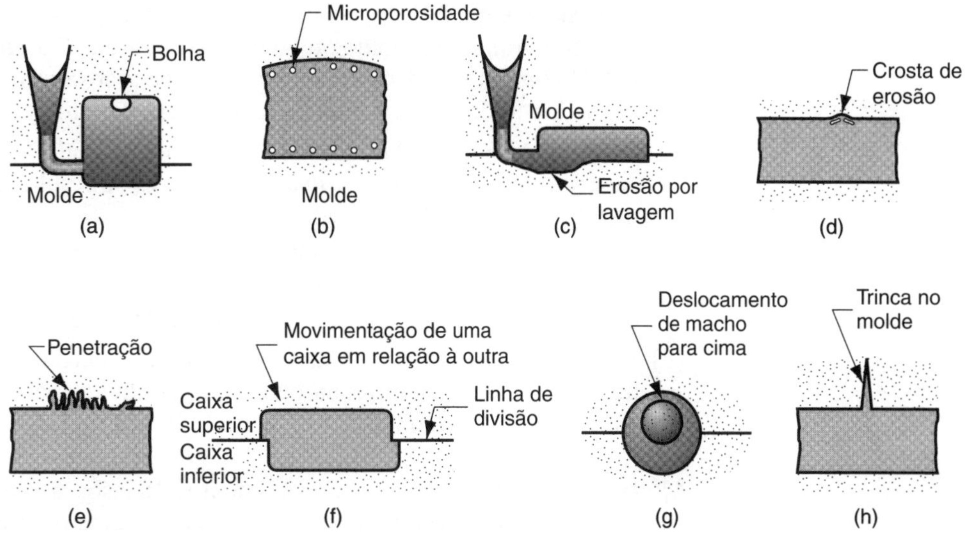

Processos de Fundição de Metais — 189

FIGURA 8.25 Defeitos comuns na fundição em areia: (a) bolha, (b) microporosidade, (c) erosão por lavagem, (d) crosta de erosão, (e) penetração, (f) deslocamento do molde, (g) deslocamento do macho, e (h) trinca no molde.

(e) *Microporosidade* – consiste em uma rede de pequenos vazios distribuídos por todo o fundido, causada pela contração que ocorre no fim da solidificação do metal nos espaços entre a estrutura dendrítica. Esse defeito é usualmente associado a ligas, por causa da forma pela qual a solidificação ocorre nesses metais, que apresentam tendência à larga diferença entre as temperaturas *liquidus* e *solidus*.

(f) *Ruptura a quente*, também chamada *trinca a quente*,* ocorre quando, nos estágios finais da solidificação ou nos primeiros estágios do resfriamento, a contração do fundido é restringida devido ao molde ser pouco deformável. O defeito se manifesta pela separação (daí vêm os termos *ruptura* e *trinca*) no ponto de elevada tensão de tração, causada pela impossibilidade de o metal se contrair naturalmente. Na fundição em areia e outros processos de fundição com moldes perecíveis, o defeito é evitado pela escolha de um molde com propriedade de colapsibilidade. Nos processos com moldes permanentes, a ruptura a quente é reduzida, removendo a peça do molde imediatamente após a solidificação.

Alguns defeitos são relacionados à aplicação dos moldes em areia e, portanto, ocorrem somente na fundição em areia. Em menor grau, outros processos em molde perecível são também suscetíveis desse problema. Os defeitos presentes prioritariamente em fundição em areia são mostrados na Figura 8.25 e descritos a seguir:

(a) *Bolha* é um defeito que consiste em uma cavidade de gás com a forma de um balão, causada pela liberação de gases do molde durante o vazamento. Ocorre na superfície do fundido, ou pouco abaixo, próximo do topo da peça. Baixa permeabilidade, ventilação insatisfatória e elevada umidade na areia do molde são as causas mais comuns.

(b) *Microporosidade*, também causada pela liberação de gases durante o vazamento, consiste em diversas e pequenas cavidades formadas na superfície da peça, ou logo abaixo dela.

(c) *Erosão por lavagem* é uma irregularidade na superfície do fundido que resulta da erosão da areia do molde durante o vazamento, e o contorno da erosão será reproduzido na superfície da peça.

(d) *Crostas de erosão* são áreas rugosas na superfície do fundido devido a incrustações de areia e metal. Elas são causadas por pequenas porções da superfície do molde que se descamam durante a solidificação e ficam entranhadas na superfície da peça.

---

*Outra expressão usada para esse defeito é trinca de contração. (N.T.)

(e) **Penetração** é um defeito superficial que ocorre quando a fluidez do metal líquido é alta, penetrando no molde ou no macho em areia. Durante a solidificação, a superfície do fundido consiste em uma mistura de grãos de areia e metal. Maior compactação do molde de areia ajuda a reduzir esse defeito.

(f) **Deslocamento do molde** se refere ao defeito causado pela movimentação da parte superior do molde em relação à parte inferior; o resultado é um degrau no fundido na altura da linha de divisão.

(g) **Deslocamento do macho** é similar ao deslocamento do molde, mas é o macho que se movimenta, e o deslocamento é geralmente vertical. Os deslocamentos do macho e do molde são causados pela flutuabilidade do metal líquido (Subseção 8.1.3).

(h) **Trinca no molde** ocorre quando a resistência mecânica do molde é insuficiente e uma trinca se desenvolve, na qual o metal líquido pode penetrar para formar um "apêndice" na peça final.

Métodos de Inspeção Os procedimentos de inspeção na fundição incluem (1) inspeção visual para detectar defeitos óbvios, como falha de preenchimento, delaminação e trincas superficiais de tamanho razoável; (2) verificação dimensional para garantir que as tolerâncias foram atingidas; e (3) testes metalúrgicos, químicos, físicos e outros testes relacionados à qualidade do metal fundido [7]. Testes na categoria (3) incluem: (a) testes hidrostáticos – para localizar vazamentos no fundido; (b) métodos radiográficos, testes com partículas magnéticas, uso de líquidos fluorescentes penetrantes e testes supersônicos – para detectar os defeitos superficiais ou internos no fundido; e (c) testes mecânicos para determinar propriedades, como resistência à tração e dureza. Se defeitos são identificados, mas não são tão sérios, é possível, muitas vezes, salvar o fundido com soldagem, desbaste (retificação ou esmerilhamento), ou outro método de reparo que o cliente aceite.

8.6 Materiais Metálicos para Fundição

A maioria das peças fundidas comerciais é fabricada em ligas, em vez de metais puros. Ligas são em geral mais fáceis de fundir, e as propriedades do produto resultante são melhores. Ligas fundidas podem ser classificadas em ferrosas e não ferrosas. A categoria de ferrosas é subdividida em ferro fundido e aço fundido.

Ligas de Fundição Ferrosas: Ferro Fundido O ferro fundido é a mais importante de todas as ligas fundidas (Nota Histórica 8.3). A tonelagem de peças em ferro fundido é muitas vezes maior que a de todos os outros metais, juntos. Existem diversos tipos de ferro fundido (Subseção 5.1.2): (1) ferro fundido cinzento, (2) ferro nodular, (3) ferro fundido branco, e (4) ferro fundido maleável. A temperatura típica de vazamento para ferro fundido é em torno de 1400 °C, dependendo da composição.

Nota Histórica 8.3 *Primeiros produtos de ferro fundido*

Nos primeiros séculos da fundição, bronze e latão eram preferidos em relação aos ferros fundidos como materiais metálicos para fundição. O ferro era mais difícil de fundir, devido à maior temperatura de fusão e à carência de conhecimento sobre sua metalurgia. Além disso, havia pequena demanda por produtos de ferro fundido. Isso começou a mudar nos séculos XVI e XVII.

A arte da fundição em areia penetrou na Europa por intermédio da China, onde ferro foi fundido em moldes em areia há mais de 2500 anos. Em 1550, os primeiros canhões foram fundidos de ferro na Europa. Balas de ca-

nhões para essas armas foram feitas de ferro fundido, inicialmente, perto de 1568. Armas e seus projéteis criaram uma grande demanda de ferro fundido. Porém, esses itens destinavam-se mais a aplicações militares do que civis. Cano de água e fogão foram dois produtos de ferro fundido que se tornaram significativos ao público geral nos séculos XVI e XVII.

Por mais simples que esse produto possa parecer hoje, o fogão de ferro fundido proporcionava conforto, saúde, e melhorava as condições de vida de muitas pessoas na Europa e América. Durante os anos 1700, a fabricação de fogões em ferro fundido foi uma das maiores e mais rentáveis indústrias nesses dois continentes. O sucesso comercial da fabricação desse produto foi devido à grande demanda, e a arte e tecnologia do ferro fundido foram desenvolvidas para produzi-lo.

Cano de água de ferro fundido foi outro produto que impulsionou o crescimento da fundição desse material metálico. Até o advento de canos de ferro fundido, uma variedade de métodos para abastecer água diretamente às residências e lojas foi testada, incluindo canos de madeira (que estragavam rapidamente), canos de chumbo (muito caros), e trincheiras abertas (suscetíveis à poluição). O desenvolvimento do processo de fabricação de ferro fundido forneceu canos de água com custo relativamente baixo. Esses canos foram usados na França inicialmente em 1664, e mais tarde em outras partes da Europa. No início dos anos 1800, encanamentos de ferro fundido foram amplamente instalados na Inglaterra para transporte de água e gás. A primeira significativa instalação de canos para água nos Estados Unidos ocorreu na Filadélfia em 1817, usando canos importados da Inglaterra.

Ligas de Fundição Ferrosas: Aço As propriedades mecânicas do aço o tornam um material de engenharia interessante, e a capacidade de criar geometrias complexas torna a fundição um processo atraente. Entretanto, grandes dificuldades estão presentes na fundição especializada em aço. Primeiro, o ponto de fusão do aço é de forma considerável maior que o da maioria dos outros metais usados comumente em fundição. O intervalo de solidificação para aços de baixo carbono (Figura 5.1) começa logo abaixo de 1540 °C. Isso significa que a temperatura de vazamento requerida para o aço é muito alta – cerca de 1650 °C. Nessas temperaturas elevadas, o aço é muito reativo quimicamente. Ele se oxida rápido; então procedimentos especiais devem ser usados durante a fusão e o vazamento para isolar o metal fundido do ar. Também, o aço fundido tem relativamente baixa fluidez, e isso limita o projeto de seções finas de componentes fundidos em aço.

Diversas características dos fundidos em aço fazem com que seja válido o esforço de solucionar esses problemas. A resistência à tração é mais elevada que a maioria dos outros metais fundidos, indo até aproximadamente 410 MPa [9]. Fundidos em aço têm maior tenacidade que a maioria das outras ligas fundidas. As propriedades do aço fundido são isotrópicas; a resistência é praticamente a mesma em todas as direções, ao contrário das peças fabricadas por conformação mecânica (por exemplo, laminação, forjamento), que exibem direcionalidade em suas propriedades. Dependendo dos requisitos do produto, comportamento isotrópico do material pode ser desejável. Outra vantagem dos aços fundidos é a facilidade de soldagem. Sem significante perda de resistência, o aço pode ser prontamente soldado para reparar a peça fundida, ou para fabricar estruturas com outros componentes de aço.

Ligas de Fundição Não Ferrosas Metais fundidos não ferrosos incluem ligas de alumínio, magnésio, cobre, estanho, zinco, níquel e titânio (Subseção 5.1.3). As *ligas de alumínio* são geralmente consideradas de fácil fundição. O ponto de fusão do alumínio puro é de 660 °C; assim, as temperaturas de vazamento para ligas fundidas de alumínio são baixas, comparadas com ferro e aço fundidos. Suas propriedades as tornam atrativas para fundidos: baixa massa específica, vasta gama de propriedades alcançadas por meio de tratamentos térmicos, e fácil usinagem. As *ligas de magnésio* são as mais leves de todas as ligas fundidas. Outras propriedades incluem resistência à corrosão, assim como elevadas razões resistência-massa específica e rigidez-massa específica.

As *ligas de cobre* incluem bronze, latão e bronze-alumínio. As propriedades que as tornam relevantes são resistência à corrosão, boa aparência e boas propriedades, como mancais. O alto custo do cobre é uma limitação ao uso de suas ligas. Aplicações incluem conexões para tubos, pás de hélices marinhas, componentes de bombas e joalheria ornamental.

O estanho tem o menor ponto de fusão dos metais fundidos. As *ligas à base de estanho* são geralmente fáceis de fundir. Elas têm boa resistência à corrosão, mas baixa resistência mecânica, o que limita suas aplicações a vasilhames e produtos similares que não necessitem de elevada resistência. As *ligas de zinco* são comumente usadas na fundição sob pressão. O zinco tem baixo ponto de fusão e boa fluidez, tornando-o de fácil uso na fundição. Sua principal desvantagem é a baixa resistência à fluência, de modo que o fundido não pode ser submetido a tensões elevadas por longo tempo.

As *ligas de níquel* têm boa resistência a quente e boa resistência à corrosão, o que as torna adequadas a aplicações em temperaturas elevadas, como em motores a jato e componentes de foguete, proteção térmica e componentes similares. Essas ligas também possuem elevada temperatura de fusão e não são fáceis de fundir. As *ligas de titânio* fundidas são resistentes à corrosão e possuem elevada razão resistência-massa específica. Entretanto, o titânio tem alto ponto de fusão, baixa fluidez e propensão a oxidar em temperaturas elevadas. Essas propriedades tornam difícil sua fundição, bem como a fundição de suas ligas.

8.7 Considerações sobre o Projeto do Produto

Se a fundição for escolhida pelo projetista de produto como o processo de fabricação principal de um determinado componente, então certas diretrizes deverão ser seguidas para facilitar a produção da peça e evitar os vários defeitos enumerados na Seção 8.5. Algumas diretrizes e considerações importantes para a fundição são apresentadas a seguir.

> - *Simplicidade geométrica.* Embora a fundição seja um processo indicado para produzir peças com geometrias complexas, a simplicidade do projeto da peça melhorará sua fundibilidade. Evitar complexidades desnecessárias torna simples a confecção do molde, reduz a necessidade de machos e melhora a resistência mecânica do fundido.
> - *Cantos.* Cantos e ângulos vivos devem ser evitados porque são fontes de concentrações de tensões e podem causar ruptura a quente e trincas no fundido. Nos cantos internos, filetes generosos (com raios longos) devem ser projetados e cantos vivos devem ser "adoçados".
> - *A espessura das seções* deve ser uniforme para evitar cavidades de contração. Seções espessas criam *pontos quentes* no fundido porque o maior volume de metal requer mais tempo para se solidificar e resfriar. Os pontos quentes são prováveis localizações de cavidades de contração. A Figura 8.26 ilustra o problema e apresenta algumas possíveis soluções.
> - *Ângulo de saída.* As seções da peça dentro do molde devem ter ângulo de saída ou conicidade, como está definido na Figura 8.27. Na fundição em molde perecível, o propósito dessa conicidade é facilitar a remoção do modelo do molde. Na fundição em molde permanente, o objetivo é ajudar na remoção da peça fundida do molde. Conicidade similar deverá ser empregada, se machos sólidos forem usados no processo de fundição. O ângulo de saída requerido precisa ser de apenas 1° na fundição em areia e de 2° a 3° no processo em molde permanente.
> - *Uso de machos.* Pequenas modificações no projeto de peças podem geralmente reduzir a necessidade de usar machos, como mostrado na Figura 8.27.

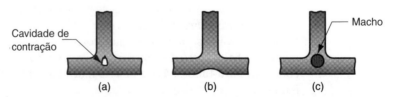

FIGURA 8.26 (a) Seção espessa na interseção pode resultar em uma cavidade de contração. As soluções incluem (b) modificação no projeto com redução de espessura e (c) utilização de um macho.

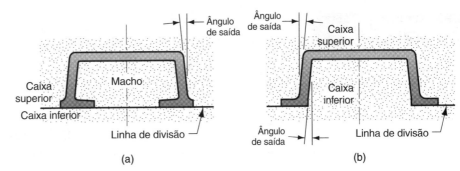

FIGURA 8.27 O projeto também pode ser modificado para eliminar a necessidade de utilizar um macho: (a) projeto original e (b) projeto redefinido.

> *Tolerâncias dimensionais.* Há diferenças significativas na acurácia dimensional que pode ser alcançada, dependendo de qual processo de fundição é usado. A Tabela 8.2 fornece uma compilação de tolerâncias típicas para peças em diversos processos de fundição e diferentes metais.

> *Acabamento superficial.* As rugosidades superficiais típicas atingidas na fundição em areia são ao redor de 6 μm. De forma similar, no *shell molding* o acabamento obtido também é pobre, enquanto a moldagem em gesso e a fundição de precisão produzem menores valores de rugosidade: 0,75 μm. Entre os processos em molde permanente, a fundição sob pressão é destaque pelo acabamento superficial em torno de 1 μm.

> *Tolerâncias para usinagem.* As tolerâncias alcançadas em muitos processos de fundição são insuficientes frente às necessidades de várias aplicações. Fundição em areia é o mais proeminente exemplo dessa deficiência. Nesses casos, partes do fundido devem ser usinadas até as dimensões requeridas. Praticamente todos os fundidos em areia devem, de alguma forma, ser usinados para tornar a peça funcional. Assim, material adicional, chamado sobremetal para usinagem, é deixado na peça para usinar essas superfícies, se necessário. Sobremetais típicos de usinagem para fundição em areia variam entre 1,5 mm e 3 mm.

TABELA • 8.2 Tolerâncias dimensionais típicas para diversos processos de fundição e diferentes materiais metálicos.

Processo de Fundição	Tamanho da Peça	Tolerância mm	Processo de Fundição	Tamanho da Peça	Tolerância mm
Fundição em areia			Molde permanente		
Aço	Pequena	±1,3	Aço	Pequena	±0,5
	Grande	±2,0	Alumínio[a]	Pequena	±0,25
Alumínio[a]	Pequena	±0,5	Ferro fundido	Pequena	±0,8
Ferro fundido	Pequena	±1,0	Ligas de cobre	Pequena	±0,4
	Grande	±1,5	Sob pressão		
Ligas de cobre	Pequena	±0,4	Alumínio[a]	Pequena	±0,12
Shell molding			Ligas de cobre	Pequena	±0,12
Aço	Pequena	±0,8	Fundição de precisão		
Alumínio[a]	Pequena	±0,25	Aço	Pequena	±0,25
Ferro fundido	Pequena	±0,5	Alumínio[a]	Pequena	±0,12
Ligas de cobre	Pequena	±0,4	Ferro fundido	Pequena	±0,25
Moldagem em gesso	Pequena	±0,12	Ligas de cobre	Pequena	±0,12
	Grande	±0,4			

Compilado de [7], [16], e outras referências.
[a]Os valores do alumínio também se aplicam ao magnésio.

Capítulo 8

Referências

[1] Amstead, B. H., Ostwald, P. F., and Begeman, M. L. *Manufacturing Processes*. John Wiley & Sons, New York, 1987.

[2] Beeley, P. R. *Foundry Technology*. Newnes-Butterworths, London, 1972.

[3] Black, J., and Kohser, R. *DeGarmo's Materials and Processes in Manufacturing*, 11th ed. John Wiley & Sons, Hoboken, New Jersey, 2012.

[4] Datsko, J. *Material Properties and Manufacturing Processes*. John Wiley & Sons, New York, 1966.

[5] Decker, R. F., D. M. Walukas, S. E. LeBeau, R. E. Vining, and N. D. Prewitt. "Advances in Semi-Solid Molding," *Advanced Materials & Processes*, April 2004, pp 41–42.

[6] Flinn, R. A. *Fundamentals of Metal Casting*. American Foundrymen's Society, Des Plaines, Illinois, 1987.

[7] Heine, R. W., Loper, Jr., C R., and Rosenthal, C. *Principles of Metal Casting*, 2nd ed. McGraw-Hill, New York, 1967.

[8] Kotzin, E. L. *Metalcasting & Molding Processes*. American Foundrymen's Society, Des Plaines, Illinois, 1981.

[9] *Metals Handbook*. Vol. 15: *Casting*. ASM International, Materials Park, Ohio, 2008.

[10] Mikelonis, P. J. (ed.). *Foundry Technology*. American Society for Metals, Metals Park, Ohio, 1982.

[11] Mueller, B. "Investment Casting Trends," *Advanced Materials & Processes*, March 2005, pp. 30–32.

[12] Niebel, B. W., Draper, A. B., and Wysk, R. A. *Modern Manufacturing Process Engineering*. McGraw-Hill, New York, 1989.

[13] Perry, M. C. "Investment Casting," *Advanced Materials & Processes*, June 2008, pp 31–33.

[14] Simpson, B. L. *History of the Metalcasting Industry*. American Foundrymen's Society, Des Plaines, Illinois, 1997.

[15] website: en.wikipedia.org/wiki/semi-solid_metal_casting.

[16] Wick, C., Benedict, J. T., and Veilleux, R. F. *Tool and Manufacturing Engineers Handbook*. 4th ed. Vol. II: *Forming*. Society of Manufacturing Engineers, Dearborn, Michigan, 1984, Chap. 16.

Questões de Revisão

8.1 Nomeie as duas categorias básicas de processos de fundição.

8.2 Existem vários tipos de modelos usados na fundição em areia. Qual é a diferença entre o modelo bipartido e a placa modelo com uma parte do modelo em cada face da placa?

8.3 O que é um chapelim?

8.4 Que propriedades determinam a qualidade de um molde em areia para a fundição em areia?

8.5 Em que consiste o processo *Antioch*?

8.6 Qual é a diferença entre fundição em molde permanente sob vácuo e moldagem a vácuo?

8.7 Quais são os materiais metálicos mais comumente usados na fundição sob pressão?

8.8 Qual é a máquina de fundição sob pressão que usualmente apresenta maior taxa de produção, câmara fria ou câmara quente? Por quê?

8.9 Por que se formam rebarbas na fundição sob pressão?

8.10 Qual é a diferença entre fundição centrífuga verdadeira e fundição semicentrífuga?

8.11 O que é um cubilô?

8.12 Na fundição em areia, indique algumas das operações requeridas após a remoção do fundido do molde.

8.13 Cite alguns dos defeitos comumente encontrados em processos de fundição. Nomeie e descreva brevemente três deles.

Problemas

As respostas dos Problemas com indicação (**A**) estão listadas no Apêndice, na parte final do livro.

Força de Flutuabilidade

8.1(**A**) Uma liga fundida de alumínio-cobre (92 % Al e 8 % Cu) é fabricada em um molde em areia utilizando um macho em areia com massa de 15 kg.

Determine a força de flutuabilidade na escala Newtons que tende a deslocar o macho para cima durante o vazamento.

8.2 A utilização de um macho em areia para formação de superfícies internas experimenta uma força de flutuabilidade de 225 N. O volume da cavidade do molde que forma as superfícies externas do fundido é de 4840 cm^3. Qual é o peso da peça final? Ignore considerações sobre contração.

Força Centrífuga

8.3(**A**) Uma operação de fundição centrífuga horizontal verdadeira será usada para produzir tubos de cobre. O comprimento será de 2,0 m, o diâmetro externo = 16,0 cm e o diâmetro interno = 15,0 cm. Se a velocidade de rotação do tubo = 900 rpm, determine o fator G.

8.4 Uma operação de fundição centrífuga verdadeira é realizada em uma configuração horizontal para fabricar seções de tubos de aço inoxidável para indústrias químicas. Os tubos têm comprimento = 0,5 m, diâmetro externo = 70 mm e espessura de parede = 6,0 mm. Determine a velocidade de rotação que proporcionará um fator G de 60.

8.5 O processo de fundição centrífuga horizontal verdadeira é usado para produzir buchas de latão com as seguintes dimensões: comprimento = 10 cm, diâmetro externo = 15 cm e diâmetro interno = 12 cm. (a) Determine a velocidade de rotação requerida de forma a obter um fator G de 70. (b) Operando a essa velocidade, qual a força centrífuga por metro quadrado (Pa) imposta ao metal fundido na parede interna do molde? A massa específica do latão é 8,62 g/cm^3.

8.6(**A**) Uma fundição centrífuga autêntica é realizada horizontalmente para produzir seções de tubos de cobre com grandes diâmetros. Os tubos têm comprimento = 1,0 m, diâmetro = 0,25 m e espessura de parede = 15 mm. (a) Se a velocidade de rotação do tubo = 700 rpm, determine o fator G no metal fundido. (b) A velocidade de rotação é suficiente para evitar "chuva" do metal? (c) Que volume de metal fundido deve ser vazado no molde para produzir a peça, se a contração de solidificação e a contração após a solidificação forem consideradas? Contração de solidificação do cobre = 4,5 %, e a contração térmica do sólido = 7,5 % (ambas são contrações volumétricas).

8.7 Se uma operação de fundição centrífuga verdadeira fosse realizada na estação espacial que circunda a Terra, como a falta de gravidade afetaria o processo?

8.8 Um processo de fundição centrífuga horizontal verdadeira é usado para fabricar anéis de alumínio com as seguintes dimensões: comprimento = 5 cm, diâmetro externo = 65 cm, e diâmetro interno = 60 cm. (a) Determine a velocidade de rotação que fornecerá um fator G = 60. (b) Suponha que o anel seja feito de aço em vez de alumínio. Se a velocidade de rotação calculada no item (a) fosse usada na operação de fundição de aço, determine o fator G e (c) a força centrífuga por metro quadrado (Pa) na parede do molde. (d) Essa velocidade de rotação resultaria em uma operação de sucesso? A massa específica do aço = 7,87 g/cm^3.

8.9 Para o anel de aço do Problema anterior 8.8(b), determine o volume de metal que deve ser vazado no molde, considerando que a contração no líquido é 0,5 %, a contração de solidificação = 3 % e a contração no sólido depois da solidificação = 7,2 % (todas são contrações volumétricas).

8.10 Um processo de fundição centrífuga vertical verdadeira é usado para fabricar buchas de alumínio com as seguintes dimensões: comprimento = 200 mm e diâmetro externo = 200 mm. Se a velocidade de rotação durante a solidificação é 500 rpm, determine o diâmetro interno no topo da bucha, considerando o diâmetro interno na base = 150 mm.

Defeitos e Considerações sobre Projeto

8.11 A caixa de um determinado maquinário é composta de dois componentes, ambos em alumínio fundido. O componente maior tem a forma de uma pia, e o segundo componente é uma cobertura plana, presa ao primeiro componente para criar um espaço fechado para as peças do maquinário. A fundição em areia é usada para produzir os dois componentes, e ambas as peças contêm defeitos, como falhas de preenchimento e delaminação. O chefe da fundição reclama que as peças são muito finas, e isso é a causa dos defeitos. Entretanto, sabe-se que os mesmos componentes são obtidos, com sucesso, em outras fundições. Que outra justificativa pode ser dada para a presença desses defeitos?

8.12 Uma grande peça de aço fundido em areia apresenta os sinais característicos de defeito de penetração: a superfície consistindo em uma mistura de areia e metal. (a) Que passos podem ser tomados para corrigir o defeito? (b) Que outros possíveis defeitos podem resultar da opção por cada um desses passos?

9 Processamento dos Vidros

Sumário

9.1 Preparação das Matérias-Primas e Fusão

9.2 Processos de Conformação na Fabricação de Vidros
9.2.1 Conformação de Utensílios de Vidro
9.2.2 Conformação de Vidro Plano e Tubular
9.2.3 Conformação de Fibras de Vidro

9.3 Tratamento Térmico e Acabamento
9.3.1 Tratamento Térmico
9.3.2 Acabamento

9.4 Considerações sobre o Projeto de Produto

Os produtos à base de vidro são fabricados comercialmente em uma variedade de formas, quase ilimitada. Diversos desses produtos são feitos em quantidades muito grandes, tais como os bulbos de lâmpadas, garrafas de bebidas e vidros de janelas. Outros produtos, tais como as grandes lentes de telescópios, são fabricados individualmente.

O vidro é um dos três tipos básicos de cerâmicas (Seção 5.2). É distinguido por sua estrutura não cristalina (vítrea), enquanto os outros materiais cerâmicos têm estrutura cristalina. Os métodos pelos quais o vidro é transformado em produtos úteis são bastante diferentes daqueles usados para as outras cerâmicas. No processamento dos vidros, a principal matéria-prima é a sílica (SiO_2), que é em geral combinada com outros óxidos cerâmicos para formar os vidros. As matérias-primas são aquecidas para serem transformadas, de sólidos duros, em um líquido viscoso; são então moldadas na geometria desejada nessa condição altamente plástica e fluida. Quando são resfriadas e endurecem, o material permanece no estado vítreo em vez de se cristalizar.

A sequência de fabricação típica no processamento dos vidros consiste nos passos representados na Figura 9.1. A moldagem do vidro é feita por vários processos, incluindo fundição, prensagem e sopro (para fabricar garrafas e outros recipientes) e laminação (para fazer chapas de vidro). Uma etapa de acabamento é necessária para certos produtos.

9.1 Preparação das Matérias-Primas e Fusão

O principal componente em praticamente todos os vidros é a sílica, e sua principal fonte é o quartzo natural da areia. A areia deve ser lavada e classificada. A lavagem remove impurezas, como a argila, e certos minerais que poderiam causar uma coloração indesejada no vidro. *Classificar* a areia significa separar os grãos de acordo com o tamanho. O tamanho de partícula mais desejável para a fabricação dos vidros está na faixa entre 0,1 e 0,6 mm [3]. Os outros diversos

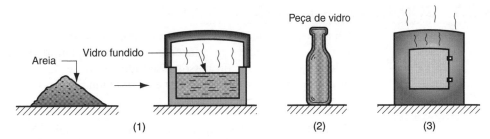

FIGURA 9.1 A sequência de processo típica na fabricação de vidros: (1) preparação das matérias-primas e fusão, (2) moldagem ou conformação e (3) tratamento térmico.

componentes, tais como carbonato de sódio (fonte de Na_2O), calcário (fonte de CaO), óxido de alumínio, potassa (fonte de K_2O), e outros minerais, são adicionados em proporções apropriadas para obter a composição desejada. A mistura é normalmente feita em bateladas, em quantidades que sejam compatíveis com as capacidades disponíveis dos fornos de fusão.

Hoje em dia, vidro reciclado é usualmente adicionado à mistura. Além de preservar o meio ambiente, o vidro reciclado facilita a fusão. Dependendo da quantidade disponível de rejeitos de vidro e das especificações da composição final, a proporção de vidro reciclado pode ser de até 100%.

A batelada de matérias-primas a ser fundida é denominada *carga*, e o procedimento de alimentar essa carga no forno de fusão é chamado de *carregamento* do forno. Os fornos de fusão para vidros podem ser divididos nos seguintes tipos [3]: (1) *fornos de cadinho* – cadinhos cerâmicos com pequena capacidade, nos quais a fusão ocorre por aquecimento das paredes do cadinho; (2) *fornos acumuladores* – fornos de maior capacidade para a produção por bateladas, nos quais o aquecimento é feito pela queima de combustível acima da carga; (3) *fornos acumuladores contínuos* – fornos tubulares compridos, nos quais as matérias-primas são alimentadas em uma extremidade e são fundidas conforme se deslocam para a outra extremidade, na qual o vidro fundido é retirado para produção em massa; e (4) *fornos elétricos* de vários formatos para ampla faixa de taxas de fabricação.

A fusão do vidro é normalmente feita em temperaturas em torno de 1500 °C a 1600 °C. O ciclo de fusão para uma carga típica leva entre 24 e 48 horas. Esse é o tempo necessário para que todos os grãos de areia se tornem líquidos, e o vidro fundido seja refinado e resfriado até a temperatura apropriada para ser trabalhado. O vidro fundido é um fluido viscoso, e a viscosidade é inversamente proporcional à temperatura. Como a operação de moldagem ou conformação é feita de imediato após o ciclo de fusão, a temperatura na qual o vidro é retirado do forno depende da viscosidade necessária para o processo de conformação subsequente.

9.2 Processos de Conformação na Fabricação de Vidros

As principais categorias de produtos de vidro (identificadas na Subseção 5.2.3) são os vidros de janelas, as garrafas, os bulbos de lâmpadas, as vidrarias de laboratório, as fibras de vidro e os vidros ópticos. A despeito da variedade representada por essa lista, os processos de conformação (ou moldagem) para fabricar esses produtos podem ser agrupados em apenas três categorias: (1) processos para fabricação individual de utensílios de vidro, que incluem as garrafas, os bulbos de lâmpadas e outros itens fabricados individualmente; (2) processos contínuos para a fabricação de vidros planos (lâminas e chapas de vidro de janelas) e tubos (para vidraria de laboratório e lâmpadas fluorescentes); e (3) processos para fabricação de fibras para isolamento, materiais compósitos reforçados por fibras de vidro e fibras ópticas.

9.2.1 CONFORMAÇÃO DE UTENSÍLIOS DE VIDRO

Os métodos antigos de fabricação manual do vidro, como o sopro do vidro, ainda são utilizados atualmente para fazer, em pequenas quantidades, utensílios de vidro de alto valor. A maioria dos processos discutidos nesta seção emprega tecnologias altamente mecanizadas para a produção de peças individuais, tais como jarras, garrafas e bulbos de lâmpadas, em grandes quantidades.

Centrifugação A centrifugação do vidro é semelhante à *fundição por centrifugação* dos metais e também é conhecida por esse nome no processamento de vidros. É utilizada para produzir componentes com formatos afunilados. O dispositivo utilizado está representado na Figura 9.2. Uma gota de vidro fundido é vertida no interior de um molde cônico, feito de aço. O molde é girado de modo tal que a força centrífuga faz com que o vidro escoe para cima e se espalhe sobre a superfície do molde.

Prensagem Esse é um processo muito utilizado para a produção, em massa, de utensílios de vidro, tais como pratos, travessas, lentes de faróis e itens semelhantes, que sejam relativamente planos. O processo está ilustrado e descrito na Figura 9.3. As grandes quantidades da maioria dos produtos prensados justificam o alto grau de automação nesse processo de produção.

Sopro Vários processos de conformação incluem um sopro como uma ou mais de suas etapas. Em vez de ser uma operação manual, o sopro é realizado em um equipamento altamente automatizado. Os dois processos descritos aqui são os métodos de prensagem e sopro e sopro e sopro.

Como o nome indica, o método de *prensagem e sopro* consiste em uma operação de prensagem seguida por uma operação de sopro, como mostrado na Figura 9.4. O processo é adequado para a produção de recipientes com gargalo largo. Um molde bipartido é usado na operação de sopro para a remoção da peça.

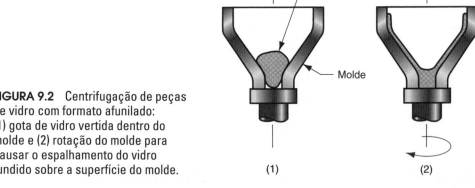

FIGURA 9.2 Centrifugação de peças de vidro com formato afunilado: (1) gota de vidro vertida dentro do molde e (2) rotação do molde para causar o espalhamento do vidro fundido sobre a superfície do molde.

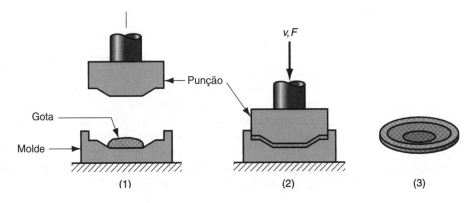

FIGURA 9.3 Prensagem de uma peça de vidro: (1) uma gota de vidro é vertida dentro do molde a partir do forno; (2) prensagem para obter a forma desejada por um punção; e (3) o punção é retirado e o produto acabado é removido. Os símbolos *v* e *F* indicam movimento (*v* = velocidade) e força aplicada, respectivamente.

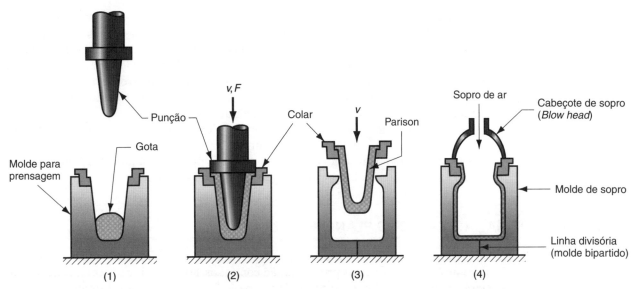

FIGURA 9.4 Sequência de conformação prensagem e sopro: (1) uma gota de vidro fundida é vertida na cavidade do molde; (2) prensagem para formar um *parison*;* (3) o parison parcialmente formado, sustentado em um anel (ou colar), é transferido para o molde de sopro; e (4) sopro à forma final. Os símbolos *v* e *F* indicam movimento (*v* = velocidade) e força aplicada, respectivamente.

O método de **sopro e sopro** é usado para produzir garrafas com gargalos menores. A sequência é semelhante à anterior, à exceção de que duas (ou mais) operações de sopro são realizadas, em vez da prensagem e sopro. Existem variações do processo, dependendo da geometria do produto; uma possível sequência está mostrada na Figura 9.5. O reaquecimento é quase sempre necessário entre as etapas de sopro. Moldes com duas ou três cavidades são usados algumas vezes, junto com um sistema casado de alimentação das gotas de vidro, para aumentar as taxas de produção. Os métodos de prensagem e sopro e sopro e sopro são utilizados para fabricar jarras, garrafas de bebidas, bulbos de lâmpadas incandescentes e peças com geometrias semelhantes.

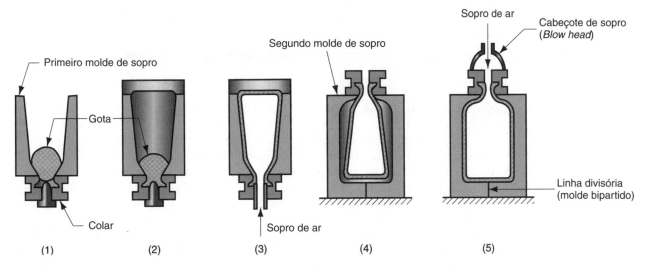

FIGURA 9.5 Sequência de conformação sopro e sopro: (1) uma gota de vidro é vertida na cavidade do molde; (2) o molde é coberto; (3) primeira etapa de sopro; (4) a peça parcialmente formada é reorientada e transferida para o segundo molde de sopro; e (5) sopro à forma final.

---

*Do francês "parison", massa de vidro fundido necessária para dar forma a um produto. (N.T.)

Fundição Se o vidro fundido estiver bastante fluido, ele pode ser vertido em um molde. Objetos relativamente grandes, tais como espelhos e lentes de telescópios astronômicos, são fabricados por esse método. Essas peças devem ser resfriadas de maneira muito lenta para evitar tensões internas e possíveis trincas devido aos gradientes de temperatura que, de outro modo, seriam gerados no vidro. Após resfriar e se solidificar, a peça é acabada por lapidação e polimento. A fundição não é muito utilizada no processamento de vidros, exceto para esses tipos de trabalhos especiais. Não só o resfriamento e a formação de trincas são um problema, mas o vidro fundido também é relativamente viscoso nas temperaturas usuais de trabalho, e não flui por pequenos orifícios ou em seções estreitas tão bem como os metais ou os termoplásticos aquecidos. Lentes menores são em geral fabricadas por prensagem, como já discutido.

9.2.2 CONFORMAÇÃO DE VIDRO PLANO E TUBULAR

Descrevemos aqui dois métodos para a fabricação de vidros planos e um método para a produção de tubos. Esses processos são contínuos, nos quais longos comprimentos de vidros planos para janelas ou tubos de vidro são fabricados e, posteriormente, cortados nos tamanhos e comprimentos apropriados. Eles compreendem tecnologias modernas contrastando com o método antigo descrito na Nota Histórica 9.1.

Nota Histórica 9.1 *Métodos antigos de fabricação de vidros planos (7)*

As janelas de vidro têm sido utilizadas em construções, por muitos séculos. O processo de fabricação de vidro plano de janela mais antigo foi por sopro de vidro manual. O procedimento consistia nos seguintes passos: (1) uma bolha de vidro era soprada sobre um tubo de sopro (maçarico); (2) uma parte da bolha era aderida à extremidade de uma "punty" (também chamada pontil), uma haste de metal usada por sopradores de vidro, e, em seguida, separada do tubo de sopro; e (3) após o reaquecimento do vidro, a *punty* era girada com velocidade suficiente para que a força centrífuga moldasse a bolha aberta em um disco plano. O disco, cujo tamanho máximo possível era apenas em torno de 1 m, era posteriormente cortado em pequenos painéis para janelas.

No centro do disco, onde o vidro era anexado à *punty*, durante o terceiro passo do processo tendia a ser formada uma protuberância com a aparência de uma coroa. O nome "vidro de coroa" foi derivado dessa semelhança. Lentes para óculos foram obtidas a partir de vidro fabricado por esse método. Atualmente, o nome vidro de coroa é ainda utilizado para certos tipos de vidros ópticos e oftálmicos, mesmo que o método antigo tenha sido substituído por tecnologia de produção moderna.

Laminação de Vidros Planos Chapas planas de vidro podem ser produzidas por laminação, como ilustrado na Figura 9.6. O vidro a ser aplicado, em uma condição plástica apropriada no forno, é forçado a passar entre dois cilindros que giram em sentidos opostos, cuja separação determina a espessura da chapa. A operação de laminação é usualmente realizada de modo que o vidro plano seja movido direto para o interior de um forno de recozimento. A chapa laminada de vidro deve depois ser lixada e polida para garantir o paralelismo e a planicidade.

Processo de Flutuação Esse processo foi desenvolvido no final da década de 1950. Sua vantagem em relação a outros métodos, tal como a laminação, decorre de que ele gera superfícies lisas que não precisam de acabamento posterior. No *processo de flutuação*, ilustrado na Figura 9.7, o vidro escoa direto de seu forno de fusão sobre a superfície de um banho de estanho fundido. O vidro altamente fluido se espalha de maneira uniforme sobre a superfície do estanho fundido, alcançando espessura uniforme e planicidade. Após ser movido para uma região mais fria do banho, o vidro endurece e passa através de um forno de recozimento; depois disso, ele é cortado no tamanho adequado.

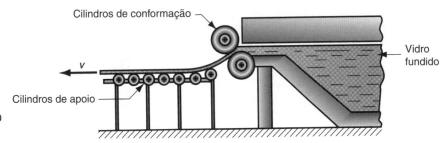

FIGURA 9.6 Laminação de vidro plano.

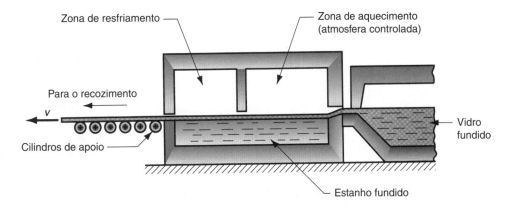

FIGURA 9.7 O processo de flutuação para a produção de chapas de vidro.

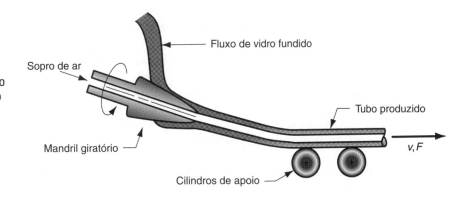

FIGURA 9.8 Extrusão de tubos de vidro pelo processo *Danner*. Os símbolos *v* e *F* indicam movimento (*v* = velocidade) e força aplicada, respectivamente.

Extrusão de Tubos de Vidro Tubos de vidro são fabricados pelo processo de extrusão, conhecido como ***processo Danner***, que está ilustrado na Figura 9.8. O vidro fundido escoa em torno de um mandril giratório, oco, pelo qual é soprado ar, enquanto o vidro está sendo extrudado. A temperatura e o fluxo do ar soprado, assim como a velocidade da extrusão, determinam o diâmetro e a espessura da parede da seção transversal tubular. Durante o endurecimento, o tubo de vidro é apoiado em uma série de rolos (cilindros), dispostos abaixo do mandril, ao longo de uma extensão de cerca de 30 m. O tubo contínuo é, então, cortado em comprimentos-padrão. Os produtos tubulares de vidro incluem as vidrarias de laboratório, tubos de lâmpadas fluorescentes e termômetros.

9.2.3 CONFORMAÇÃO DE FIBRAS DE VIDRO

Fibras de vidro são usadas em aplicações que variam desde lãs isolantes até linhas de comunicação de fibras ópticas (Subseção 5.2.3). As fibras de vidro podem ser divididas em duas categorias [6]: (1) fibras de vidro para isolamento térmico, isolamento acústico e filtros de ar, em que as fibras estão em uma forma semelhante à lã, dispostas aleatoriamente; e (2) filamentos longos e contínuos, adequados para plásticos reforçados por

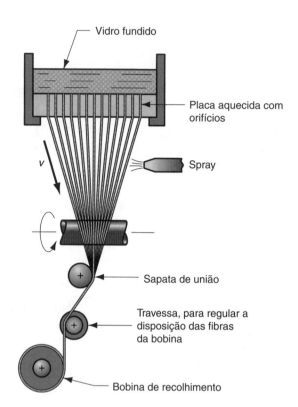

FIGURA 9.9 Extrusão de fibras de vidro contínuas.

fibras, para cabos e tecidos e para fibras ópticas. Diferentes métodos de fabricação são usados para as duas categorias; descrevemos dois métodos a seguir, que representam, respectivamente, cada uma dessas categorias de produtos.

Aspersão com Centrifugação Em um típico processo para fabricação de lã de vidro, o vidro fundido escoa para dentro de um cilindro giratório, com muitos orifícios pequenos dispostos em sua periferia. A força centrífuga faz com que o vidro escoe pelos orifícios, formando uma massa fibrosa, adequada para isolamento térmico e acústico.

Extrusão de Filamentos Contínuos Nesse processo, conforme está ilustrado na Figura 9.9, fibras de vidro contínuas de pequeno diâmetro (o limite inferior de tamanho é de 0,0025 mm) são produzidas por extrusão de fios de vidro fundido através de pequenos orifícios dispostos em uma placa aquecida, fabricada em uma liga de platina. A placa pode ter várias centenas de orifícios, cada um produzindo uma fibra. As fibras individuais são unidas em um cabo ao serem enroladas em uma bobina. Antes de serem enroladas, as fibras são recobertas com vários produtos químicos para lubrificá-las e protegê-las. Velocidades de extrusão em torno de 50 m/s, ou maiores, não são incomuns.

9.3 Tratamento Térmico e Acabamento

O tratamento térmico dos produtos de vidro é a terceira etapa na sequência da fabricação dos vidros. Para alguns produtos, são realizadas operações adicionais de acabamento.

9.3.1 TRATAMENTO TÉRMICO

As vitrocerâmicas foram discutidas na Subseção 5.2.3. Esse material único é feito por um tratamento térmico especial que transforma a maior parte do estado vítreo em uma cerâmica policristalina. A realização de outros tratamentos térmicos no vidro causam

Processamento dos Vidros **203**

transformações menos dramáticas tecnologicamente, porém talvez com maior importância comercial; exemplos incluem recozimento e têmpera.

Recozimento Os produtos de vidro têm, normalmente, tensões internas indesejáveis após a conformação, as quais reduzem sua resistência. O recozimento é feito para aliviar essas tensões; na fabricação de vidros, esse tratamento tem, portanto, a mesma função que na fabricação de metais. O *recozimento* envolve o aquecimento do vidro a uma temperatura elevada e sua manutenção nessa temperatura por certo período para eliminar tensões e gradientes de temperatura; o resfriamento lento do vidro, logo depois, evita a geração de tensões, o qual é seguido pelo resfriamento mais rápido até a temperatura ambiente. As temperaturas utilizadas para recozimento são em torno de 500 ºC. O intervalo de tempo em que o produto é mantido nessa temperatura, assim como as taxas de aquecimento e de resfriamento durante o ciclo, depende da espessura do vidro; a regra usual é que o tempo de recozimento necessário varia com o quadrado da espessura.

Nas fábricas de vidro modernas, o recozimento é realizado em fornos semelhantes a túneis, denominados *fornos lehr*, nos quais os produtos escoam lentamente sobre esteiras pela câmara aquecida. Os queimadores estão localizados apenas na extremidade dianteira da câmara, de modo que o vidro seja submetido aos ciclos de aquecimento e resfriamento necessários.

Vidro Temperado e Produtos Relacionados Uma distribuição de tensões internas benéficas pode ser gerada em produtos de vidro por um tratamento térmico conhecido como *têmpera*,* e o material resultante é denominado *vidro temperado*. Da mesma maneira que no tratamento de aços endurecidos, o revenimento aumenta a tenacidade do vidro. O processo envolve o aquecimento do vidro até uma temperatura pouco acima de sua temperatura de recozimento e na região plástica, seguido pelo resfriamento rápido das superfícies, usualmente com jatos de ar. Quando as superfícies resfriam, elas se contraem e endurecem, enquanto o interior ainda está plástico e deformável. Conforme o interior do vidro resfria de forma lenta, ele se contrai, colocando assim as superfícies rígidas sob compressão. Semelhante a outros cerâmicos, o vidro é muito mais resistente quando submetido a tensões compressivas do que a tensões trativas. Desse modo, o vidro temperado é muito mais resistente a arranhões e à quebra devido às tensões compressivas em suas superfícies. As aplicações do vidro temperado incluem janelas para edifícios altos, portas de vidro, óculos de segurança e outros produtos que requerem um vidro tenaz.

Quando se rompe, o vidro temperado se estilhaça em inúmeros fragmentos pequenos, que têm menor probabilidade de cortar alguém do que um vidro de janela convencional (recozido). É interessante que os para-brisas de automóveis não são fabricados de vidro temperado por causa do perigo representado ao motorista por essa fragmentação. Em vez disso, o vidro convencional é usado; entretanto, ele é fabricado laminando duas peças de vidro em cada lado de uma lâmina de um polímero tenaz. Se esse *vidro laminado* falhar, os cacos de vidro serão retidos pela lâmina de polímero, e o para-brisa permanece relativamente transparente.

9.3.2 ACABAMENTO

Algumas vezes, operações de acabamento são necessárias nos produtos de vidro. Essas operações secundárias incluem lixamento, polimento e corte. Quando chapas de vidro são produzidas por extrusão e laminação, os lados opostos não são necessariamente paralelos, e as superfícies contêm defeitos e arranhões causados pelo emprego de ferramentas duras sobre o vidro, que tem menor dureza. As chapas de vidro devem ser lixadas e polidas para a maioria das aplicações comerciais. Quando moldes bipartidos são

---

*Na verdade, é realizado o tratamento de revenimento, mas a denominação usual desse tratamento para vidros é têmpera, e o produto obtido é denominado vidro temperado. (N.T.)

usados nas operações de prensagem e sopro, o polimento é frequentemente necessário para remover marcas de costura do vasilhame obtido.

Nos processos contínuos de fabricação de vidro, como na fabricação de chapas e tubos, as seções contínuas devem ser cortadas em partes menores. Isso é feito, primeiro, marcando o vidro com uma ferramenta giratória para corte de vidros ou com uma ferramenta de diamante, e, então, quebrando a seção ao longo da linha de marcação. O corte é geralmente feito conforme o vidro sai do forno de recozimento.

Processos de decoração e de acabamento superficial são realizados em certos produtos de vidro. Esses processos incluem operações de corte mecânico e de polimento; jateamento com areia; ataque químico (com ácido fluorídrico, frequentemente combinado com outros produtos químicos); e revestimento (por exemplo, o revestimento de chapas de vidro com alumínio ou com prata para fabricar espelhos).

9.4 Considerações sobre o Projeto de Produto

O vidro possui propriedades especiais que o tornam desejável para certas aplicações. As seguintes recomendações de projeto foram compiladas de Bralla [1] e de outras referências.

➤ O vidro é transparente e possui certas propriedades ópticas que são incomuns, se não forem únicas, entre os materiais de engenharia. Para aplicações que precisam de transparência, transmissão de luz, ampliação e propriedades ópticas semelhantes, o vidro é provavelmente o material a ser escolhido. Certos polímeros são transparentes e podem competir com o vidro, dependendo dos requisitos do projeto.

➤ O vidro é diversas vezes mais resistente em compressão que em tração; os componentes devem ser projetados de modo que sejam submetidos a tensões de compressão e não de tração.

➤ As cerâmicas, incluindo o vidro, são frágeis. Peças de vidro não devem ser usadas em aplicações que envolvam carregamentos de impacto ou tensões elevadas, que poderiam causar fratura.

➤ Certas composições de vidro possuem coeficientes de expansão térmica muito baixos e são, portanto, tolerantes ao choque térmico. Esses vidros podem ser selecionados para aplicações nas quais essa característica é importante (por exemplo, panelas).

➤ Nas peças de vidro, arestas externas e vértices devem ter raios ou chanfros grandes; do mesmo modo, vértices internos devem ter raios grandes. Tanto os vértices externos quanto internos são pontos potenciais de concentração de tensão.

➤ Diferente das peças fabricadas com cerâmicas tradicionais ou novas, roscas podem ser incluídas no projeto de peças de vidro; elas são tecnicamente possíveis com os processos de conformação com pressão e sopro. Entretanto, as roscas devem ser grossas.

Referências

[1] Bralla, J. G. (ed). *Design for Manufacturability Handbook*, 2nd ed. McGraw-Hill, New York, 1998.

[2] Flinn, R. A., and Trojan, P. K. *Engineering Materials and Their Applications*, 5th ed. John Wiley & Sons, New York, 1995.

[3] Hlavac, J. *The Technology of Glass and Ceramics*. Elsevier Scientific Publishing, New York, 1983.

[4] McColm, I. J. *Ceramic Science for Materials Technologists*. Chapman and Hall, New York, 1983.

[5] McLellan, G., and Shand, E. B. *Glass Engineering Handbook*. 3rd ed. McGraw-Hill, New York, 1984.

[6] Mohr, J. G., and Rowe, W. P. *Fiber Glass*. Krieger, New York, 1990.

[7] Scholes, S. R., and Greene, C. H. *Modern Glass Practice*, 7th ed. TechBooks, Marietta, Georgia, 1993.

Questões de Revisão

9.1 O vidro é classificado como um material cerâmico; no entanto, o vidro é diferente das cerâmicas tradicionais e das modernas. Qual é a diferença?

9.2 Qual é o composto químico predominante em quase todos os vidros?

9.3 Quais são as três etapas básicas na sequência de fabricação dos vidros?

9.4 Fornos de fusão para fabricação de vidros podem ser divididos em quatro tipos. Cite três dos quatro tipos.

9.5 Descreva o processo de centrifugação para a fabricação de vidros.

9.6 Qual é a principal diferença entre os processos de conformação prensagem e sopro e sopro e sopro na fabricação de vidros?

9.7 Existem diversas maneiras de conformar placas ou lâminas de vidro. Cite e descreva resumidamente uma delas.

9.8 Descreva o processo *Danner*.

9.9 Dois processos para fabricação de fibras de vidro estão discutidos no texto. Cite e descreva resumidamente um deles.

9.10 Qual é o propósito do recozimento no processamento de vidros?

9.11 Descreva como uma peça de vidro é tratada termicamente para produzir vidro temperado.

9.12 Descreva o tipo de material que é comumente usado para fazer para-brisas para automóveis.

9.13 Quais são algumas das recomendações de projeto de peças de vidro?

10 Processos de Conformação para Plásticos

Sumário

10.1 Propriedades dos Polímeros Fundidos

10.2 Extrusão de Polímeros
    10.2.1 Processo e Equipamento
    10.2.2 Análise da Extrusão
    10.2.3 Configurações da Matriz e dos Produtos Extrudados
    10.2.4 Defeitos na Extrusão

10.3 Produção de Chapas (ou Placas) e Filmes

10.4 Produção de Fibras e Filamentos (Fiação)

10.5 Processos de Revestimento

10.6 Moldagem por Injeção
    10.6.1 Processo e Equipamento
    10.6.2 Molde
    10.6.3 Máquinas de Moldagem por Injeção
    10.6.4 Contração e Defeitos na Moldagem por Injeção
    10.6.5 Outros Processos de Moldagem por Injeção

10.7 Moldagem por Compressão e por Transferência
    10.7.1 Moldagem por Compressão
    10.7.2 Moldagem por Transferência

10.8 Moldagem por Sopro e Moldagem por Rotação
    10.8.1 Moldagem por Sopro (*Blow Molding*)
    10.8.2 Moldagem por Rotação

10.9 Termoformagem

10.10 Fundição

10.11 Conformação e Processamento de Espumas Poliméricas

10.12 Considerações sobre o Projeto de Produto

As matérias-primas de produtos plásticos podem ser transformadas em uma variedade de produtos, tais como peças moldadas, seções extrudadas, filmes, chapas, recobrimentos isolantes em fios elétricos e fibras para têxteis. Além disso, os plásticos são frequentemente a principal matéria-prima de outros materiais, tais como tintas e vernizes, adesivos, e vários compósitos de matriz polimérica. Neste capítulo, consideramos as tecnologias pelas quais esses produtos são conformados ou moldados, deixando as considerações sobre tintas, vernizes, adesivos e compósitos para capítulos posteriores. Muitos processos de fabricação de plásticos podem ser adaptados para borrachas e para compósitos de matriz polimérica (Capítulo 11).

A importância comercial e tecnológica desses processos de fabricação deriva da crescente importância dos plásticos, cujas aplicações aumentaram em uma taxa muito maior que os metais ou as cerâmicas durante os últimos 50 anos. De fato, muitas peças fabricadas anteriormente em metais são, hoje em dia, fabricadas em plástico ou em compósitos poliméricos. O mesmo é verdade em relação ao vidro; vasilhames de plástico substituíram muitas garrafas e jarras de vidro no armazenamento de líquidos. O volume total de polímeros (plásticos e borrachas) excede, atualmente, o dos metais. Podemos identificar diversas razões pelas quais os processos de conformação de plásticos são importantes:

➢ A variedade dos processos de conformação e a facilidade pela qual os polímeros podem ser processados permitem a produção de uma diversidade quase ilimitada de formas geométricas.

➢ Muitas peças de plástico são fabricadas por moldagem, que é um processo de *net shape*. Normalmente, não é necessário um processo de formação adicional.

➢ Embora o aquecimento seja em geral necessário para conformar os plásticos, *menos energia* é requerida em comparação aos metais, pois as temperaturas de processamento são muito menores.

Processos de Conformação para Plásticos **207**

➢ Como no processamento são empregadas temperaturas menores, o manuseio dos produtos durante a produção é simplificado. Uma vez que muitos métodos de processamento de plásticos são operações em uma única etapa (por exemplo, moldagem), a quantidade necessária de manuseio dos produtos é reduzida substancialmente em comparação com a dos metais.

➢ Acabamento por pintura ou por revestimento não é necessário para os plásticos (exceto em circunstâncias especiais).

Como foi discutido na Seção 5.3, os dois tipos de plásticos são os *termoplásticos* e os *termorrígidos*. A diferença decorre de que os termorrígidos sofrem processo de cura durante o aquecimento e a conformação, o que causa mudança química permanente (formação de ligações cruzadas) em sua estrutura molecular. Uma vez que tenham sido curados, eles não podem mais ser fundidos por reaquecimento. Por outro lado, os termoplásticos não se curam, e suas estruturas químicas permanecem basicamente inalteradas sob reaquecimento, embora se transformem de sólido em fluido. Entre os dois tipos, os termoplásticos são, de longe, o tipo comercialmente mais importante, englobando mais de 80 %, em massa, do total dos plásticos.

Os processos de conformação dos plásticos podem ser classificados, de acordo com a geometria do produto final, da seguinte maneira: (1) produtos extrudados contínuos, com seção transversal constante, à exceção de chapas, filmes e filamentos; (2) chapas e filmes contínuos; (3) filamentos contínuos (fibras); (4) peças moldadas, que são majoritariamente sólidas; (5) peças moldadas ocas, com paredes relativamente finas; (6) peças isoladas, conformadas a partir de chapas e de filmes; (7) fundidos; e (8) espumas. Este capítulo examina cada uma dessas categorias. Os processos comercialmente mais importantes são aqueles associados aos termoplásticos, sendo os dois processos de maior importância a extrusão e a moldagem por injeção. Um resumo histórico sobre processos de conformação para plásticos é apresentado na Nota Histórica 10.1.

Começaremos nossa apresentação, examinando as propriedades dos polímeros fundidos, pois quase todos os processos de conformação de termoplásticos compartilham a etapa comum de aquecimento do plástico, necessário ao escoamento do polímero.

Nota Histórica 10.1 *Processos de conformação para plásticos*

Os equipamentos de conformação para plásticos evoluíram, em grande parte, da tecnologia de processamento de borracha. Destaque entre os primeiros contribuidores para Edwin Chaffee, um americano que desenvolveu, por volta de 1835, um moinho de dois cilindros (rolos) com aquecimento por vapor para misturar aditivos com borracha (Subseção 11.5.2). Ele também foi responsável por um dispositivo similar chamado de calandra, que consistia em uma série de cilindros aquecidos para revestir borracha em tecido (Seção 10.3). Atualmente, as duas máquinas ainda são usadas em plásticos assim como em borrachas.

As primeiras extrusoras datam por volta de 1845, na Inglaterra. Eram máquinas acionadas por êmbolo para a extrusão de borracha e o revestimento de borracha em fio elétrico. O problema com as extrusoras do tipo êmbolo é que elas operavam de forma intermitente. Uma extrusora poderia operar de forma contínua, especialmente para o revestimento de fios e cabos, o que era altamente desejável. Apesar de diversas pessoas terem trabalhado com variados graus de sucessos com uma extrusora do tipo parafuso (Subseção 10.20.1), Mathew Gray, na Inglaterra, é creditado com a invenção dessa máquina; sua patente é datada de 1879. Como os termoplásticos foram subsequentemente desenvolvidos, essas extrusoras do tipo parafuso (ou rosca), originalmente projetadas para borracha, foram adaptadas. Uma máquina de extrusão especificamente projetada para termopláticos foi introduzida em 1935.

As máquinas de injeção para plásticos foram adaptações de equipamento projetado para a fundição sob pressão de metais (*die casting*) [Nota Histórica 8.2]. Por volta de 1872, John Hyatt, uma importante figura no desenvolvimento de plásticos, patenteou uma máquina de moldagem especificamente para materiais plásticos. Tratava-se de uma máquina do tipo êmbolo (Subseção 10.6.3). A máquina de moldagem por injeção em sua forma atual foi introduzida em 1921, com a adição de controles semiautomáticos em 1937. Máquinas do tipo êmbolo foram o padrão na indústria de moldagem para plásticos por muitas décadas, até a superioridade da máquina com rosca alternada (ou recíproca), desenvolvida por William Willert nos Estados Unidos em 1952, tornar-se evidente.

10.1 Propriedades dos Polímeros Fundidos

Para conformar um polímero termoplástico, ele deve ser aquecido de forma a amolecer até adquirir a consistência de um líquido. Nessa forma, ele é chamado de *fundido polimérico*. Os polímeros fundidos exibem diversas propriedades e características únicas, as quais são examinadas nesta seção.

Viscosidade Devido à sua massa molar elevada, um polímero fundido é um fluido espesso de alta viscosidade. Como foi definido na Seção 3.4, *viscosidade* é uma propriedade de um fluido que relaciona a tensão cisalhante aplicada durante o escoamento do fluido à taxa de cisalhamento. A viscosidade é importante no processamento dos polímeros, pois a maioria dos métodos de conformação envolve escoamento do polímero fundido por pequenos canais ou furos das matrizes. As taxas de escoamento são frequentemente elevadas, gerando assim altas taxas de cisalhamento; e as tensões de cisalhamento aumentam com a taxa de cisalhamento, de modo que pressões elevadas são necessárias para realizar os processos.

A Figura 10.1 mostra a viscosidade em função da taxa de cisalhamento para dois tipos de fluidos. Para um *fluido newtoniano* (que inclui a maioria dos fluidos simples, tais como a água e o óleo), a viscosidade é constante a uma dada temperatura; e não varia com a taxa de cisalhamento. A tensão de cisalhamento é proporcional à taxa de cisalhamento, sendo a viscosidade a constante de proporcionalidade:

$$\tau = \eta \dot{\gamma} \quad \text{ou} \quad \eta = \frac{\tau}{\dot{\gamma}} \tag{10.1}$$

em que τ = tensão de cisalhamento, Pa; η = viscosidade, Ns/m², ou Pa-s; e $\dot{\gamma}$ = taxa de cisalhamento, 1/s. Entretanto, para um polímero fundido, a viscosidade diminui com a taxa de cisalhamento, indicando que o fluido se torna menos denso sob maiores taxas de cisalhamento. Esse comportamento é chamado de *pseudoplasticidade* e pode ser modelado, com razoável aproximação, pela expressão

$$\tau = k(\dot{\gamma})^n \tag{10.2}$$

em que k = uma constante que corresponde ao coeficiente de viscosidade, e n = índice do comportamento ao escoamento. Para $n = 1$, a equação se reduz à equação anterior, Equação (10.1) para um fluido newtoniano, e k se torna n. Para um polímero fundido, os valores de n são menores que 1.

Além do efeito da taxa de cisalhamento (taxa de escoamento do fluido), a viscosidade de um polímero fundido também é afetada pela temperatura. De modo semelhante à maioria dos fluidos, o valor da viscosidade diminui com o aumento da temperatura. Esse comportamento é mostrado na Figura 10.2 para vários polímeros comuns, sob uma taxa de cisalhamento de 10^3 s^{-1}, que é um valor próximo das taxas encontradas na moldagem por injeção e na extrusão à alta velocidade. Assim, a viscosidade de um polímero fundido diminui com valores crescentes da taxa de cisalhamento e da temperatura. A Equação (10.2) poderia ser aplicada, exceto pelo fato de que k depende da temperatura, como está mostrado na Figura 10.2.

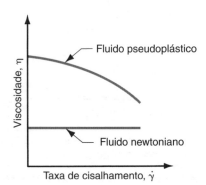

FIGURA 10.1 Relações da viscosidade para um fluido newtoniano e um polímero fundido típico.

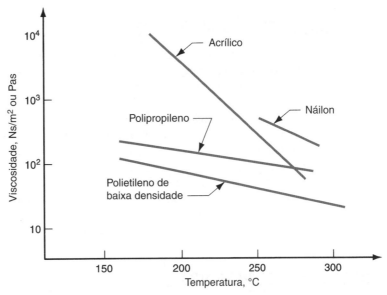

FIGURA 10.2 Viscosidade em função da temperatura para polímeros selecionados a uma taxa de cisalhamento de 10^3 s^{-1}. (Os dados foram compilados da Referência [12].)

Viscoelasticidade Outra propriedade dos polímeros fundidos é a viscoelasticidade. Discutimos essa propriedade no contexto dos polímeros sólidos na Seção 3.5. Entretanto, os polímeros fundidos também a exibem. Um bom exemplo é o *inchamento* na extrusão, quando o plástico quente se expande ao sair pela abertura da matriz. O fenômeno, ilustrado na Figura 10.3, pode ser explicado observando que o polímero estava confinado em uma seção transversal muito maior antes de entrar no estreito canal da matriz. De fato, o material extrudado "lembra" de sua forma anterior e tenta retornar a ela após passar pela abertura da matriz. De modo mais técnico, as tensões compressivas que atuam no material conforme ele entra na pequena abertura da matriz não relaxam imediatamente. A seguir, quando o material sai pela abertura e o confinamento é removido, as tensões não relaxadas fazem com que a seção transversal se expanda.

O inchamento pode ser mais facilmente medido para uma seção transversal circular por meio da *razão de inchamento*, definida como

$$r_s = \frac{D_x}{D_d} \qquad (10.3)$$

em que r_s = razão de inchamento; D_x = diâmetro da seção transversal extrudada, mm; e D_d = diâmetro da abertura da matriz, mm. O valor do inchamento depende do tempo que o polímero fundido passou no canal da matriz. Aumentando o tempo de residência no canal, por meio de um canal mais longo, reduz o inchamento.

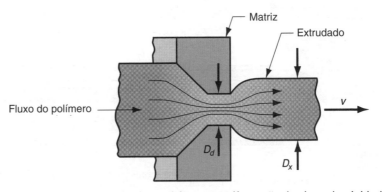

FIGURA 10.3 O inchamento mostrado aqui é uma manifestação da viscoelasticidade de um polímero fundido ao sair da matriz de extrusão.

10.2 Extrusão de Polímeros

Extrusão é um dos processos de conformação fundamentais para metais e cerâmicas, assim como para polímeros. A *extrusão* é um processo de compressão, no qual o material é forçado a escoar por uma abertura na matriz, para gerar um produto contínuo e longo, cuja forma da seção transversal é determinada pelo formato da abertura. Como um processo de conformação de polímeros, a extrusão é largamente usada para termoplásticos e elastômeros (mas de forma rara para termorrígidos) em itens de produção em massa, tais como tubulações, dutos, mangueiras, formas estruturais (tais como batentes de janelas e de portas), chapas e filmes, filamentos contínuos, revestimentos de cabos e fios elétricos. Para esses tipos de produtos, a extrusão é realizada como um processo contínuo; o *extrudado* (o produto extrudado) é, a seguir, cortado nos comprimentos desejados. Esta seção aborda os aspectos básicos do processo de extrusão, e as três seções posteriores examinam processos baseados na extrusão.

10.2.1 PROCESSO E EQUIPAMENTO

Na extrusão de polímeros, a matéria-prima, na forma de pó ou de *pellets*, é alimentada no corpo da extrusora (também denominado barril), em que ela é aquecida e fundida, e forçada a escoar por uma abertura na matriz, por meio de uma rosca giratória, como ilustrado na Figura 10.4. Os dois principais componentes da extrusora são o corpo e a rosca. A matriz não é um componente da extrusora, mas sim uma ferramenta especial que deve ser fabricada para o perfil particular a ser produzido.

O diâmetro interno do corpo da extrusora varia tipicamente de 25 a 150 mm. O corpo da extrusora é longo em relação a seu diâmetro, com razões L/D normalmente entre 10 e 30. A razão L/D está reduzida na Figura 10.4 para que o desenho fique mais claro. As maiores razões são usadas para materiais termoplásticos, enquanto os menores valores de L/D são usados para elastômeros. Um alimentador contendo a matéria-prima fica localizado na extremidade do corpo da extrusora oposta à matriz. Os *pellets* são alimentados por gravidade sobre a rosca giratória, cujo giro move o material ao longo do corpo da extrusora. Aquecedores elétricos são usados para fundir, no começo, os *pellets* sólidos; a mistura e o trabalho mecânico subsequentes do material geram calor adicional, o que mantém o material fundido. Em alguns casos, calor suficiente é fornecido pela mistura e pela ação cisalhante, de modo que não é necessário fornecer calor externo. De fato, em alguns casos, o corpo da extrusora deve ser resfriado externamente para prevenir sobreaquecimento do polímero.

O material é transportado ao longo do corpo da extrusora na direção da abertura da matriz pela ação da rosca da extrusora, que gira a cerca de 60 rpm. A rosca tem diversas funções e está dividida em zonas (ou seções), relacionadas a essas funções. As zonas e

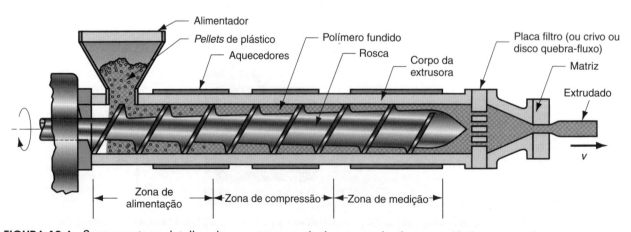

FIGURA 10.4 Componentes e detalhes de uma extrusora do tipo rosca simples para plásticos e elastômeros.

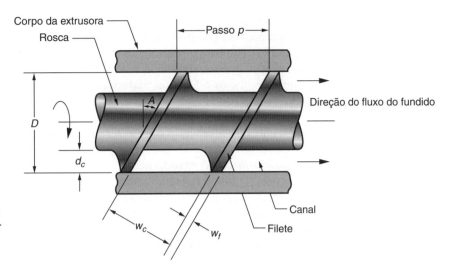

FIGURA 10.5 Detalhes de uma rosca no interior do corpo de uma extrusora.

funções são (1) a ***zona de alimentação***, na qual a matéria-prima é movida da porta do alimentador e é preaquecida; (2) a ***zona de compressão*** (ou ***de transição***), em que o polímero é fundido; o ar aprisionado entre os *pellets* é extraído do fundido, e o material é comprimido; e (3) a ***zona de medição*** (ou ***de dosificação***), na qual o fundido é homogeneizado e há pressão suficiente para bombear o polímero fundido pela abertura da matriz.

A operação da rosca é determinada pela sua geometria e velocidade de rotação. Uma geometria típica da rosca de uma extrusora está ilustrada na Figura 10.5. A rosca consiste em "filetes" em espiral, com canais entre eles, através dos quais é movido o polímero fundido. O canal possui uma largura w_c e uma profundidade d_c. Conforme a rosca gira, os filetes empurram o material para frente pelo canal, movendo-o da extremidade do corpo da extrusora com o alimentador em direção à matriz. Embora não seja discernível no diagrama, o diâmetro dos filetes é menor que o diâmetro do corpo da extrusora D, deixando uma folga muito pequena – em torno de 0,05 mm. Sua função é limitar a perda de fundido, por retorno ao canal anterior. A borda do filete tem uma largura w_f e é feita em aço endurecido para resistir à abrasão, pois a rosca gira e atrita contra o interior do corpo da extrusora. A rosca tem um passo cujo valor é normalmente próximo ao de seu diâmetro D. O ângulo de ataque A é o ângulo em hélice da rosca e pode ser determinado a partir da relação

$$\tan A = \frac{P}{\pi D} \qquad (10.4)$$

em que P = passo da rosca.[1]

O aumento da pressão aplicada ao polímero fundido nas três zonas (seções) do corpo da extrusora é determinado em especial pela profundidade do canal d_c. Na Figura 10.4, d_c é relativamente grande na zona de alimentação para permitir que grandes quantidades de grânulos do polímero sejam admitidas no corpo da extrusora. Na zona de compressão, d_c é, de forma gradual, reduzido, levando, portanto, ao aumento de pressão sobre o polímero, à medida que este se funde. Na zona de medição (dosagem), d_c é pequeno, e a pressão atinge um valor máximo conforme o fluxo é restringido na extremidade do corpo da extrusora em que fica a matriz. As três zonas da rosca estão mostradas como tendo aproximadamente o mesmo comprimento na Figura 10.4; isso é apropriado para um polímero que se funde de maneira gradual, como o polietileno de baixa densidade (PEBD). Para outros polímeros, os comprimentos ótimos das seções são diferentes. Para polímeros cristalinos, como o náilon, a fusão ocorre de modo bastante brusco em um ponto de fusão específico, e, portanto, é apropriada uma zona de compressão curta. Os

---

[1]Segundo a norma brasileira ABNT ISO 724, o símbolo que representa o passo é P. Dessa forma, neste capítulo será utilizado P para representar o passo e p para representar a pressão. (N.T.)

polímeros amorfos, como o policloreto de vinila (PVC), fundem-se mais lentamente que o PEBD, e a zona de compressão deve ocupar quase todo o comprimento da rosca para esses materiais. Embora o projeto otimizado da rosca seja diferente para cada tipo de material, é prática comum empregar roscas de uso geral. Esses projetos representam um compromisso entre os diferentes materiais e evitam a necessidade de fazer trocas frequentes de roscas, o que resultaria em um custoso tempo de parada do equipamento.

O avanço do polímero ao longo do corpo da extrusora leva-o, finalmente, à zona da matriz. Porém, antes de alcançar a matriz, o fundido passa por um conjunto de telas – uma série de peneiras sustentadas por uma placa rígida denominada *placa filtro* (ou *crivo* ou *disco quebra-fluxo*), contendo pequenos orifícios axiais. O conjunto de peneiras tem como funções: (1) filtrar contaminantes e aglomerados endurecidos do fundido; (2) aumentar a pressão na zona de dosificação; e (3) alinhar o fluxo do polímero fundido e remover sua "memória" do movimento circular imposto pela rosca. Esta última função lida com a propriedade viscoelástica do polímero; se o fluxo não fosse alinhado, o polímero poderia repetir seu histórico de rotação dentro da câmara da extrusora, tendendo a girar e a distorcer o extrudado.

10.2.2 ANÁLISE DA EXTRUSÃO

Nesta seção, desenvolvemos modelos matemáticos para descrever, de maneira simplificada, diversos aspectos da extrusão de polímeros.

Fluxo do Polímero Fundido na Extrusora Conforme a rosca gira dentro do corpo da extrusora, o polímero fundido é forçado a se mover para a frente, na direção da matriz; o sistema opera de modo semelhante a uma rosca de Arquimedes. O principal mecanismo de transporte é o *fluxo por arraste*, resultante do atrito entre o líquido viscoso e as duas superfícies com movimentos opostos entre si: (1) o corpo estacionário da extrusora e (2) o canal da rosca, sob giro. Esse arranjo pode ser associado ao fluxo de um fluido que ocorre entre uma placa estacionária e uma placa que se move, separadas por um fluido viscoso, como ilustrado na Figura 3.17. Dado que a placa que se move tem uma velocidade v, pode-se deduzir que a velocidade média do fluido é $v/2$, resultando em uma taxa de escoamento volumétrica de

$$Q_a = 0,5 \, v \, d \, w \tag{10.5}$$

em que Q_a = taxa de escoamento volumétrica por arraste, m^3/s; v = velocidade da placa que se move, m/s; d = distância de separação entre as duas placas, m e w = largura das placas, perpendicularmente à direção da velocidade, m. Esses parâmetros podem ser comparados com aqueles do canal da extrusora, e, nesse caso, os parâmetros são definidos entre a rosca giratória e a superfície estacionária do corpo da extrusora.

$$v = \pi D N \cos A \tag{10.6}$$

$$d = d_c \tag{10.7}$$

$$e \; w = w_c = (\pi \, D \, \text{tg} \, A - w_f) \cos A \tag{10.8}$$

em que D = diâmetro do filete da rosca, m; N = velocidade de rotação da rosca, rot/s; d_c = profundidade do canal da rosca, m; w_c = largura do canal da rosca, m; A = ângulo de ataque; e w_f = largura da borda do filete, m. Se assumirmos que a largura da borda do filete é muito pequena, então a última dessas equações se reduz a

$$w_c = \pi \, D \, \text{tg} \, A \cos A = \pi \, D \, \text{sen} \, A \tag{10.9}$$

Substituindo as Equações (10.6), (10.7) e (10.9) na Equação (10.5) e usando diversas identidades trigonométricas, obtemos

$$Q_a = 0,5 \, \pi^2 \, D^2 \, N \, d_c \, \text{sen} \, A \cos A \tag{10.10}$$

Se nenhuma força estivesse presente para resistir ao movimento de avanço do fluido, essa equação forneceria uma descrição razoável da taxa de escoamento do fundido em uma extrusora. Entretanto, a compressão do polímero fundido através da matriz cria uma **pressão retroativa** no corpo da extrusora, que reduz a quantidade de material movida pela força de arraste na Equação (10.10). Essa redução do fluxo, chamada de **fluxo retroativo**, depende das dimensões da rosca, da viscosidade do polímero fundido e do gradiente de pressão ao longo do corpo da extrusora. Essas relações podem ser resumidas nesta equação [12]:

$$Q_r = \frac{\pi D d_c^3 \text{sen}^2 A}{12\eta}\left(\frac{dp}{dl}\right) \quad (10.11)$$

em que Q_r = fluxo retroativo, m³/s; η = viscosidade, N-s/m² (Pa-s); dp/dl = gradiente de pressão, MPa/m; os outros termos foram definidos anteriormente. O verdadeiro gradiente de pressão no corpo da extrusora é função da forma da rosca ao longo de seu comprimento; um perfil de pressão típico é dado na Figura 10.6. Se assumirmos, como uma aproximação, que o perfil é uma linha reta, indicada pela linha tracejada na figura, o gradiente de pressão se torna, então, uma constante, p/L, e a equação anterior se reduz a

$$Q_r = \frac{p\pi D d_c^3 \text{sen}^2 A}{12\eta L} \quad (10.12)$$

em que p = pressão na frente do corpo da extrusora, MPa; e L = comprimento da extrusora, m. Note que esse fluxo retroativo não é, de fato, um fluxo real; mas uma redução no fluxo de arraste. Assim, podemos calcular a grandeza do fluxo do fundido em uma extrusora como a diferença entre o fluxo de arraste e o fluxo retroativo:

$$Q_x = Q_a - Q_r$$
$$Q_x = 0,5\ \pi^2 D^2\ N\ d_c\ \text{sen}\ A\ \cos A - \frac{p\pi D d_c^3\ \text{sen}^2 A}{12\eta L} \quad (10.13)$$

em que Q_x é o fluxo resultante de polímero fundido na extrusora. A Equação (10.13) considera que existe um **fluxo de vazamento** mínimo através da folga entre os filetes e o corpo da extrusora. O fluxo de vazamento do fundido é pequeno quando comparado aos fluxos de arraste e retroativo, exceto em extrusoras severamente desgastadas.

A Equação (10.13) contém muitos parâmetros, os quais podem ser divididos em dois tipos: (1) parâmetros de projeto, e (2) parâmetros operacionais. Os parâmetros de projeto são aqueles que definem a geometria da rosca e do corpo da extrusora: o diâmetro D, o comprimento L, a profundidade do canal d_c e o ângulo de ataque A. Para uma dada operação da extrusora, esses parâmetros não podem ser alterados durante o processamento. Os parâmetros operacionais são aqueles que podem ser alterados durante o processamento. Esses parâmetros alteram o fluxo de saída e incluem a velocidade de rotação N, a pressão na cabeça da extrusora p e a viscosidade do fundido η. Obviamente, a viscosidade do fundido é ajustável apenas nas faixas em que a temperatura e a taxa de cisalhamento podem ser variadas para alterar essa propriedade. O exemplo a seguir mostra como esses parâmetros atuam.

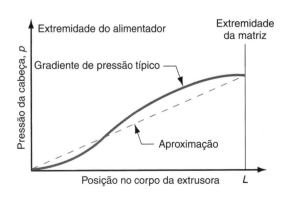

FIGURA 10.6 Gradiente de pressão típico em uma extrusora; a linha tracejada indica a aproximação por uma reta, para facilitar os cálculos.

Capítulo 10

> ## Exemplo 10.1
> ## Taxas de escoamento na extrusão
>
> O corpo de uma extrusora tem um diâmetro $D = 75$ mm. A rosca gira com $N = 1$ rot/s. A profundidade do canal é $d_c = 6$ mm e o ângulo de ataque é $A = 20°$. A pressão na extremidade do corpo da extrusora é $p = 7,0 \times 10^6$ Pa, o comprimento do corpo da extrusora é $L = 1,9$ m, e a viscosidade do polímero fundido é $\eta = 100$ Pa-s. Determine a taxa de escoamento volumétrica, Q_x, do plástico no corpo da extrusora.
>
> **Solução:** Usando a Equação (10.13), podemos calcular os fluxos de arraste e retroativo. O fluxo retroativo se opõe ao de arraste ao longo do corpo da extrusora.
>
> $$Q_a = 0,5\pi^2 (75 \ 10^{-3})^2 (1,0)(6 \ 10^{-3})(\text{sen } 20)(\cos 20) = 53.525(10^{-9}) \ \text{m}^3/\text{s}$$
>
> $$Q_r = \frac{\pi(7 \ 10^6)(75 \ 10^{-3})(6 \ 10^{-3})^3 (\text{sen } 20)^2}{12(100)(1,9)} = 18,276(10^{-6}) = 18.276(10^{-9}) \text{m}^3/\text{s}$$
>
> $$Q_x = Q_a - Q_r = (53.525 - 18.276)(10^{-9}) = \mathbf{35.249(10^{-9})} \frac{\mathbf{m^3}}{\mathbf{s}}$$

Características da Extrusora e da Matriz Se a pressão retroativa for nula, de modo que o fluxo do fundido não é restringido na extrusora, então o fluxo será igual ao fluxo de arraste Q_a dado pela Equação (10.10). Definidos os parâmetros de projeto e operacionais (D, A, N etc.), essa situação seria a máxima capacidade possível de fluxo da extrusora. Vamos denominar esse fluxo como $Q_{máx}$:

$$Q_{máx} = 0,15 \ \text{p}^2 \ D^2 \ N \ d_c \ \text{sen } A \ \cos A \tag{10.14}$$

Por outro lado, se a pressão retroativa fosse tão grande de modo a fazer com que o fluxo fosse nulo, então o fluxo retroativo seria igual ao fluxo de arraste; ou seja

$$Q_x = Q_a - Q_r = 0; \quad \text{logo,} \quad Q_a = Q_r$$

Usando as expressões para Q_a e para Q_r na Equação (10.13), podemos explicitá-la em relação a p para determinar qual deveria ser a máxima pressão na cabeça da extrusora, $p_{máx}$, para fazer com que não haja fluxo na extrusora:

$$p_{máx} = \frac{6\pi DNL\eta \cot A}{d_c^2} \tag{10.15}$$

Os dois valores, $Q_{máx}$ e $p_{máx}$, são pontos ao longo dos eixos de um diagrama conhecido como *diagrama característico da extrusora* (ou *característico da rosca*), como mostrado na Figura 10.7. Ele define a relação entre a pressão na cabeça e a taxa de escoamento em uma extrusora para um dado projeto e parâmetros operacionais fixos.

Com uma matriz no equipamento e o processo de extrusão em andamento, os valores reais de Q_x e de p estarão entre os valores extremos, sendo determinados pelas características da matriz. A taxa de escoamento através da matriz depende do tamanho e da forma da abertura, bem como da pressão aplicada para forçar o fundido a passar por ela. Isso pode ser expresso por

$$Q_x = K_s p \tag{10.16}$$

em que Q_x = taxa de escoamento, m^3/s; p = pressão na cabeça, Pa; e K_s = fator de forma para a matriz, m^5/Ns. Para uma abertura circular na matriz, com um dado comprimento de canal, o fator de forma pode ser calculado [12] como

$$K_s = \frac{\pi D_d^4}{128\eta L_d} \tag{10.17}$$

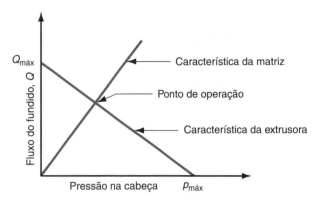

FIGURA 10.7 Diagrama característico de uma extrusora (também chamado de diagrama característico da rosca) e diagrama característico da matriz. O ponto de operação da extrusora está na interseção das duas linhas.

em que D_d = diâmetro da abertura na matriz, m; η = viscosidade do fundido, N-s/m² (Pa-s); e Ld = comprimento da abertura na matriz, m. Para formas diferentes da circular, o fator de forma da matriz é menor que o circular que tenha uma mesma área de seção transversal, significando que uma pressão maior é necessária para alcançar uma taxa de escoamento semelhante.

A relação entre Q_x e p na Equação (10.16) é chamada de **característica da matriz**. Na Figura 10.7, ela está construída como uma reta que intercepta a característica da extrusora. O ponto de interseção identifica os valores de Q_x e de p que são conhecidos como **ponto de operação** para o processo de extrusão.

Exemplo 10.2 Características da extrusora e da matriz

Considere a extrusora do Exemplo 10.1, na qual D = 75 mm, L = 1,9 m, N = 1 rot/s, d_c = 6 mm, e A = 20°. O fundido plastificado tem uma viscosidade η = 100 Pa-s. Determine (a) $Q_{máx}$ e $p_{máx}$, (b) o fator de forma para uma abertura circular na matriz, com D_d = 6,5 mm e L_d = 20 mm, e (c) os valores de Q_x e de p no ponto de operação.

Solução: (a) $Q_{máx}$ é dado pela Equação (10.14).

$$Q_{máx} = 0{,}15\pi^2 D^2 N d_c \operatorname{sen} A \cos A = 0{,}15\pi^2 (75 \times 10^{-3})^2 (1{,}0)(6\,10^{-3})(\operatorname{sen} 20)(\cos 20)$$
$$= \mathbf{53{,}525(10^{-9})\,m^3/s}$$

$p_{máx}$ é dado pela Equação (10.15).

$$p_{máx} = \frac{6\pi DNL\eta \cot A}{d_c^2} = \frac{6\pi(75 \times 10^{-3})(1{,}0)(1{,}9)(100)\cot 20}{(6 \times 10^{-3})^2} = \mathbf{20.499{.}874\ Pa}$$

Esses dois valores definem a interseção com a ordenada e a abscissa para a característica da extrusora.

(b) O fator de forma para uma abertura circular na matriz, com D_d = 6,5 mm e L_d = 20 mm, pode ser determinado a partir da Equação (10.17).

$$K_s = \frac{\pi(6{,}5\,10^{-3})^4}{128(100)(20 \times 10^{-3})} = \mathbf{21{,}9(10^{-12})\frac{m^5}{Ns}}$$

Esse fator de forma define a inclinação da reta característica da matriz.

(c) O ponto de operação é definido pelos valores de Q_x e de p, nos quais a característica da rosca intercepta a característica da matriz. A característica da extrusora pode ser expressa como a equação da reta entre $Q_{máx}$ e $p_{máx}$, que é

$$\begin{aligned}
Q_x &= Q_{máx} - (Q_{máx}/p_{máx})p \\
&= 53{,}525(10^{-9}) - (53{,}525(10^{-9})/20{.}499{.}874)p \\
&= 53{,}525(10^{-9}) - 2{,}611(10^{-12})p
\end{aligned} \qquad (10.18)$$

A característica da matriz é dada pela Equação (10.16) usando o valor de K_s calculado no item (b).

$$Q_x = 21{,}9(10^{-12})p$$

Igualando as duas equações, obtemos

$$53{.}525(10^{-9}) - 2{,}611(10^{-12})p = 21{,}9(10^{-12})p$$

$$p = \mathbf{2{,}184(10^6)\ Pa}$$

Resolvendo para Q_x, usando uma das equações iniciais, obtemos

$$Q_x = 53{,}525(10^{-6}) - 2{,}611(10^{-12})(2{,}184)(10^6) = \mathbf{47{,}822(10^{-6})m^3/s}$$

Checando esse valor com a outra equação para verificação,

$$Q_x = 21{,}9(10^{-12})(2{,}184)(10^{\pm}) = 47{,}82(10^{-6})\mathbf{m^3/s}$$

10.2.3 CONFIGURAÇÕES DA MATRIZ E DOS PRODUTOS EXTRUDADOS

A forma da abertura na matriz determina a forma da seção transversal do extrudado. Podemos enumerar os perfis comuns das matrizes e as formas extrudadas correspondentes como: (1) perfis sólidos; (2) perfis vazados, tais como tubos; (3) revestimentos de fios e cabos; (4) chapas (ou placas) e filmes; e (5) filamentos. As três primeiras categorias são cobertas na presente seção. Os métodos para produzir chapas (ou placas) e filmes são examinados na Seção 10.3, e a produção de filamentos é discutida na Seção 10.4. Algumas vezes, essas últimas formas envolvem processos de conformação diferentes da extrusão.

Perfis Sólidos Os perfis sólidos incluem formas regulares, tais como circulares e quadradas, e seções transversais irregulares, tais como formas estruturais, batentes de portas e janelas, guarnições de automóveis e calhas de casas. A vista lateral da seção transversal de uma matriz para essas formas sólidas está ilustrada na Figura 10.8. Logo após o final da rosca e antes da matriz, o polímero fundido passa através do conjunto de telas e pela placa filtro para alinhar as linhas de fluxo. A seguir, ele escoa para uma entrada (normalmente) convergente na matriz, cuja forma é projetada para manter um fluxo laminar e evitar pontos mortos nos cantos, que, de outro modo, estariam presentes próximos à abertura. O fundido escoa, então, através da própria abertura da matriz.

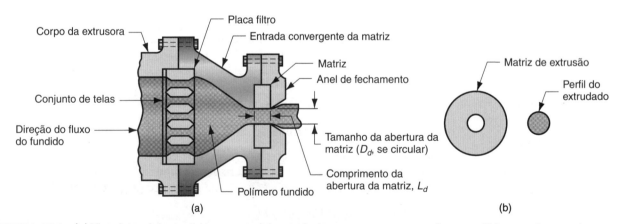

FIGURA 10.8 (a) Vista lateral da seção transversal da matriz de uma extrusora para formas sólidas regulares, tais como barras; (b) vista frontal da matriz, com o perfil extrudado. O inchamento está evidente em ambas as vistas. (Alguns detalhes da construção da matriz estão simplificados ou omitidos para maior clareza.)

Quando o material sai da matriz, ele ainda está macio. Os polímeros com viscosidades elevadas no estado fundido são os melhores candidatos para a extrusão, pois eles mantêm melhor a forma durante o resfriamento. O resfriamento é realizado por sopro de ar, aspersão de água ou passando o extrudado por um recipiente com água. Para compensar o inchamento após a saída da matriz, a abertura da matriz é longa o suficiente para remover parte da memória do polímero fundido. Além disso, o extrudado é, com frequência, estirado (alongado) para compensar a expansão decorrente do inchamento.

Para formas diferentes da circular, a abertura da matriz é projetada com uma seção transversal que é ligeiramente diferente daquela do perfil desejado, para que o efeito do inchamento após a saída da matriz resulte na forma final desejada. Essa correção está ilustrada na Figura 10.9, para uma seção transversal quadrada. Como polímeros diferentes exibem vários graus de inchamento, a forma do perfil da matriz depende do material a ser extrudado. Para seções transversais complexas, considerável conhecimento e tomada de decisão são necessários ao projetista de matrizes.

PERFIS VAZADOS A extrusão de perfis vazados, tais como tubos, mangueiras e outras seções transversais contendo orifícios, requer um mandril para conformar a seção vazada. Uma configuração de matriz típica é mostrada na Figura 10.10. O mandril é mantido no lugar por meio de hastes, vistas na Seção A-A da figura. O polímero fundido escoa em torno das hastes que sustentam o mandril, e se une novamente formando uma

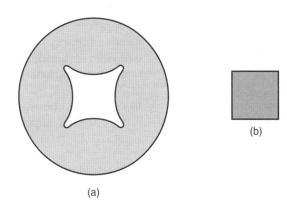

FIGURA 10.9 (a) Seção transversal da matriz mostrando o perfil necessário da abertura para obter (b) um perfil extrudado quadrado.

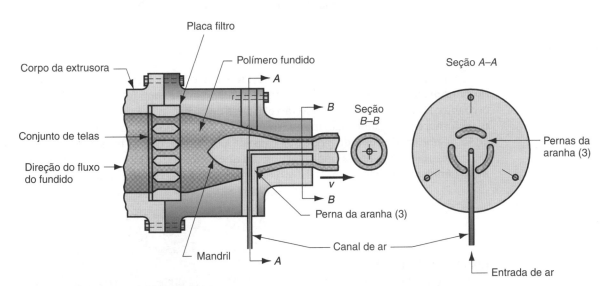

FIGURA 10.10 (a) Vista lateral da seção transversal da matriz para conformação de seções transversais vazadas, tais como tubos e canos; a Seção A-A é uma vista frontal, mostrando como o mandril é mantido no lugar; a Seção B-B mostra a seção transversal tubular logo antes de sair da matriz; o inchamento após a saída da matriz causa aumento do diâmetro. (Alguns detalhes da construção da matriz estão simplificados.)

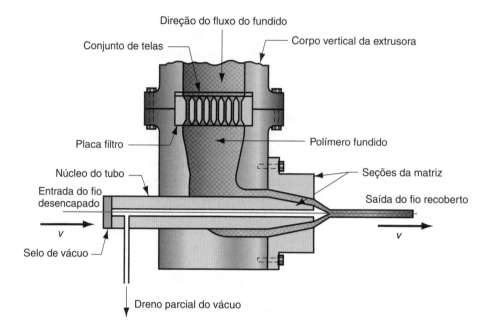

FIGURA 10.11 Vista lateral da seção transversal da matriz para o revestimento de fios elétricos por extrusão. (Alguns detalhes da construção da matriz estão simplificados.)

parede monolítica. O mandril inclui, frequentemente, um canal de ar, por meio do qual é soprado ar para manter a forma vazada do extrudado durante seu endurecimento. Canos e tubos são resfriados usando recipientes abertos com água ou puxando o extrudado não enrijecido através de um tanque cheio com água, por meio de luvas que limitam o diâmetro externo do tubo, enquanto a pressão interna de ar é mantida.

REVESTIMENTO DE FIOS E CABOS O revestimento de fios e de cabos para isolamento é um dos mais importantes processos de extrusão de polímeros. Como mostrado na Figura 10.11, para o revestimento de fios, o polímero fundido é aplicado ao fio sem cobertura, à medida que o fio é puxado em alta velocidade através de uma matriz. Um vácuo de baixa intensidade é feito entre o fio e o polímero para promover a adesão do revestimento. O fio tenaz fornece rigidez ao polímero durante o resfriamento, sendo normalmente auxiliado pela passagem do fio revestido por um recipiente com água. O produto é enrolado em grandes bobinas, em velocidades de até 50 m/s.

10.2.4 DEFEITOS NA EXTRUSÃO

Diversos defeitos podem ocorrer nos produtos extrudados. Um dos piores é a ***fratura do fundido***, na qual as tensões, atuando no fundido imediatamente antes e durante seu escoamento, através da matriz, são tão elevadas que causam sua fratura, que se manifesta na forma de uma superfície muito irregular no extrudado. Como sugerido pela Figura 10.12, a fratura do fundido pode ser causada por uma redução brusca na entrada da matriz, causando um escoamento turbulento que rompe o fundido. Isso contrasta com o fluxo laminar de matrizes com convergência gradual, como apresentado na Figura 10.8.

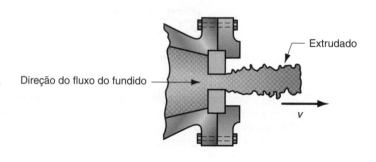

FIGURA 10.12 Fratura do fundido causada pelo escoamento turbulento através de uma matriz com redução brusca na entrada.

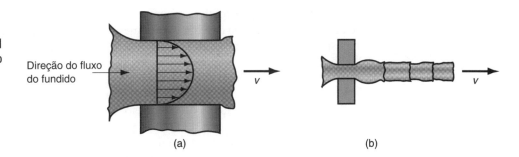

FIGURA 10.13 (a) Perfil de velocidade do fundido à medida que ele escoa pela abertura da matriz, e pode levar a defeitos denominados pele de tubarão e (b) marcas de bambu.

Um defeito mais comum na extrusão é a *pele de tubarão*, em que a superfície do produto se torna rugosa ao sair da matriz. À medida que o fundido escoa pela abertura da matriz, o atrito na interface resulta em um perfil de velocidade ao longo da seção transversal (Figura 10.13). Conforme esse material é alongado para acompanhar o núcleo que se move mais rapidamente, são desenvolvidas tensões de tração na superfície. Essas tensões causam pequenas fraturas, que tornam rugosa a superfície. Se o gradiente de velocidade se tornar elevado, marcas grandes ocorrerão na superfície, dando a ela a aparência de um caule de bambu; portanto, esse defeito mais severo é denominado *marcas de bambu*.

10.3 Produção de Chapas (ou Placas) e Filmes

Chapas e filmes termoplásticos são produzidos por inúmeros processos, dos quais os mais importantes são dois métodos baseados na extrusão. O termo *chapa* se refere ao produto com uma espessura variando de 0,5 mm até cerca de 12,5 mm e é usado em produtos, tais como janelas planas e matéria-prima para termoformagem (Seção 10.9). *Filme* se refere a espessuras abaixo de 0,5 mm. Filmes finos são usados em embalagem (filmes para envolver diversos produtos, sacolas de mercado e sacos de lixo); as aplicações de filmes mais espessos incluem coberturas e recobrimentos (por exemplo, coberturas de piscinas e recobrimentos de valas de irrigação).

Todos os processos cobertos nesta seção são operações contínuas, de alta produção. Mais da metade dos filmes produzidos hoje em dia são de polietileno; a maioria de polietileno de baixa densidade. Os outros principais materiais são o polipropileno, o cloreto de polivinila e a celulose regenerada (celofane). Todos esses são polímeros termoplásticos.

Extrusão de Chapas e Filmes em Matriz com Canal Fino Chapas e filmes de várias espessuras são produzidos por extrusão convencional, usando um canal fino como a abertura na matriz. A abertura da matriz pode ter até 3 m de largura e ser tão fina quanto cerca de 0,4 mm. Uma possível configuração de matriz está ilustrada na Figura 10.14. A matriz

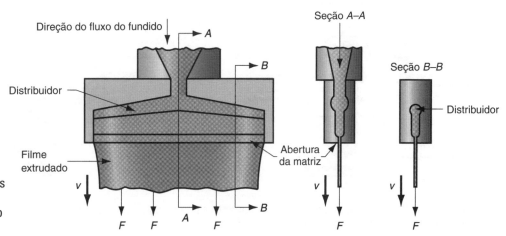

FIGURA 10.14 Uma das várias configurações de matrizes para a extrusão de chapas e de filmes.

inclui um coletor que espalha o polímero fundido lateralmente, antes de ele escoar pela abertura da matriz. Uma das dificuldades nesse método de extrusão é obter a uniformidade da espessura em toda a largura do produto. Essa dificuldade resulta da drástica variação de forma sofrida pelo polímero fundido durante seu escoamento pela matriz e também das variações de temperatura e de pressão na matriz. Em geral, as bordas do filme devem ser aparadas, devido ao aumento da espessura nas bordas.

Para alcançar altas taxas de produção, um método eficiente de resfriamento e de remoção do filme deve ser integrado ao processo de extrusão. Isso normalmente é feito direcionando de imediato o extrudado para um banho de resfriamento em água ou sobre cilindros resfriados, como mostrado na Figura 10.15. O método com cilindros resfriados (ou com rolos frios) parece ser mais importante comercialmente. O contato com os cilindros resfriados de forma rápida resfria e solidifica o extrudado; de fato, a extrusora atua como um dispositivo de alimentação para os cilindros de resfriamento, que, na verdade, conformam o filme. Esse processo é caracterizado por velocidades de produção muito altas – 5 m/s. Além disso, podem ser obtidas tolerâncias bem estreitas na espessura dos filmes. Devido ao método de resfriamento usado nesse processo, ele é conhecido como ***extrusão sobre cilindros resfriados***.

Moldagem de Filmes por Extrusão e Sopro Esse é outro processo largamente usado para produzir filmes finos de polietileno para embalagens. É um processo complexo, que combina extrusão e sopro para produzir um tubo de filme fino, e pode ser mais bem explicado fazendo referência ao diagrama na Figura 10.16. O processo começa com a extrusão de um tubo, que é imediatamente estirado enquanto ainda está fundido e é ao mesmo tempo expandido pelo ar soprado no seu interior através de um mandril posicionado na matriz. Uma "linha de congelamento" marca a posição ao longo do movimento vertical ascendente da bolha em que ocorre a solidificação do polímero. A pressão de ar na bolha deve ser mantida constante para manter uniforme a espessura do filme e o diâmetro do tubo. O ar fica aprisionado no tubo pela ação de cilindros de pressão que fecham as paredes do tubo uma contra a outra, após o polímero se solidificar. Cilindros-guia e cilindros restritores também são usados para conter o tubo inflado e direcioná-lo aos cilindros de pressão. O tubo planificado é, então, enrolado em uma bobina.

O efeito do ar soprado é o de estirar o filme em ambas as direções, conforme ele resfria a partir do estado fundido. Isso resulta em propriedades de resistência isotrópicas, o que é uma vantagem sobre outros processos nos quais o material é estirado, principalmente em uma direção. Outras vantagens incluem a facilidade com que a taxa de extrusão e a pressão do ar são alteradas para controlar a largura e o diâmetro do produto. Comparando esse processo com a extrusão em matriz com canal fino, o método de sopro de filmes produz filmes mais resistentes (de modo que um filme mais fino pode ser usado para embalar um produto), porém o controle da espessura é pior e as taxas de

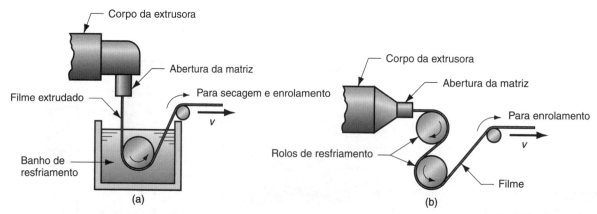

FIGURA 10.15 Utilização (a) de banho de resfriamento em água ou (b) de cilindros resfriados (ou rolos frios) para a solidificação rápida do filme fundido após a extrusão.

Processos de Conformação para Plásticos

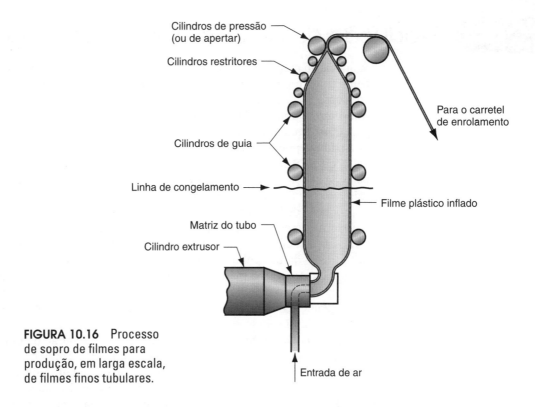

FIGURA 10.16 Processo de sopro de filmes para produção, em larga escala, de filmes finos tubulares.

produção são menores. O filme soprado final pode ser deixado na forma tubular (por exemplo, para sacos de lixo), ou pode ser, a seguir, cortado nas bordas para obter dois filmes finos paralelos.

Calandragem A calandragem de polímeros* é um processo utilizado para produzir chapas e filmes de borracha (Subseção 11.5.3) ou de termoplásticos borrachosos, como o PVC plastificado. Nesse processo, a matéria-prima inicial é passada através de um conjunto de cilindros para trabalhar o material e reduzir sua espessura até obter a desejada. Uma configuração típica está ilustrada na Figura 10.17. O equipamento é caro, mas a taxa de produção é alta, sendo possível alcançar velocidades de processamento próximas de 2,5 m/s. É necessário controlar rigorosamente as temperaturas dos cilindros, as pressões e as velocidades de rotação. O processo se destaca pelo bom acabamento superficial e alta precisão na bitola dos filmes. Os produtos plásticos feitos pelo processo de calandragem incluem revestimentos de piso em PVC, cortinas de chuveiro, toalhas de mesa de vinil, piscinas plásticas, barcos, e brinquedos infláveis.

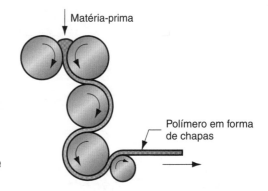

FIGURA 10.17 Uma típica configuração de cilindros de calandragem de polímeros.

---

*Usualmente, utiliza-se o termo laminação para processos de chapas com redução de espessura, porém, é comum usar o termo calandragem para processamento de redução de espessura de polímeros.

10.4 Produção de Fibras e Filamentos (Fiação)

A aplicação mais importante de fibras e de filamentos poliméricos é na indústria têxtil. Seu emprego como materiais de reforço em plásticos (compósitos) é uma aplicação crescente, mas ainda pequena, em comparação aos têxteis. Uma *fibra* pode ser definida como um fio longo e fino de um material, cujo comprimento é finito. Um *filamento* é uma fibra de comprimento contínuo.

As fibras podem ser naturais ou sintéticas. As fibras sintéticas constituem cerca de 75 % do mercado atual de fibras, sendo as de poliéster as mais importantes, seguidas pelas de náilon, acrílicas e de raiom. As fibras naturais são cerca de 25 % do total produzido, com o algodão sendo considerado, de longe, a matéria-prima mais importante (a produção de lã é significativamente menor que a de algodão).

O termo *fiação* é remanescente dos métodos usados para estirar e torcer as fibras naturais em fios ou tramas. Na produção de fibras sintéticas, o termo se refere ao processo de extrusão de um polímero fundido ou de uma solução por meio de uma *fieira* para fazer filamentos (uma matriz com inúmeros pequenos orifícios), que são então estirados e enrolados em uma bobina. Existem três principais variantes na fiação de fibras sintéticas, dependendo do polímero que está sendo processado: (1) fiação com fusão (ou *melt spinning*), (2) fiação seca e (3) fiação úmida.

A *fiação com fusão* (ou *melt spinning*) é usada quando o polímero pode ser processado melhor por aquecimento até o estado fundido, e então bombeado através da fieira, de modo semelhante à extrusão convencional. Uma fieira típica tem 6 mm de espessura e contém aproximadamente 50 furos com 0,25 mm de diâmetro. Os furos são cônicos na entrada, de modo que o furo resultante tem uma razão *L/D* de apenas 5/1 ou menor. Os filamentos que saem da matriz são estirados e, ao mesmo tempo, resfriados por ar antes de serem recolhidos e enrolados em uma bobina, como mostrado na Figura 10.18. Extenso alongamento e grande redução da seção transversal ocorrem enquanto o polímero ainda está fundido, de modo que o diâmetro final do filamento enrolado na bobina

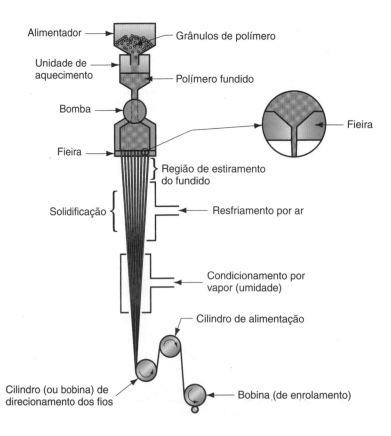

FIGURA 10.18 Fiação com fusão (ou *melt spinning*) de filamentos contínuos.

pode ser apenas 1/10 do filamento do fio extrudado. A fiação com fusão é usada para o poliéster e o náilon. Como esses são as fibras sintéticas mais importantes, a fiação com fusão constitui o mais relevante dos três processos para fibras sintéticas.

Na *fiação seca*, o polímero inicial está em solução, e o solvente pode ser separado por evaporação. O extrudado é puxado através de uma câmara aquecida, que remove o solvente; nos processos seguintes, a sequência é semelhante à fiação com fusão. Fibras de acetato de celulose e acrílicas são produzidas por esse processo. Na *fiação úmida*, o polímero também está em solução – apenas o solvente não é volátil. Para separar o polímero, o extrudado deve ser passado por uma solução química, que coagula ou precipita o polímero em fios coerentes, que são, então, enrolados em bobinas. Esse método é usado para produzir raiom (fibras de celulose regenerada).

Os filamentos produzidos por qualquer dos três processos são, normalmente, submetidos ainda a estiramento a frio para alinhar a estrutura cristalina ao longo da direção do eixo do filamento. Alongamentos de 2 a 8 vezes são típicos [13]. Isso aumenta de forma significativa a resistência à tração das fibras. O estiramento é realizado puxando o fio entre dois cilindros (ou bobinas), e a bobina na qual o filamento está sendo enrolado é mantida em uma velocidade maior que a bobina em que o filamento está sendo desenrolado.

10.5 Processos de Revestimento

Revestimentos plásticos (ou com borracha) envolvem a aplicação de uma camada de certo polímero sobre um substrato. Três categorias são observadas [6]: (1) revestimento de fios e cabos; (2) revestimento plano, que envolve o revestimento de um filme plano; e (3) revestimento de contornos – o revestimento de um objeto tridimensional. Já examinamos o revestimento de fios e cabos (Subseção 10.2.3), que é basicamente um processo de extrusão. As outras duas categorias são analisadas nos parágrafos seguintes. Além disso, existe a tecnologia da aplicação de tintas, vernizes, lacas e outros revestimentos semelhantes (Seção 24.6).

O *revestimento plano* é usado para recobrir tecidos, papel, papelões e folhas metálicas; esses itens são os principais produtos de alguns plásticos. Os principais polímeros aqui incluem o polietileno e o polipropileno, com menor aplicação do náilon, PVC e poliéster. Na maioria dos casos, o revestimento tem apenas 0,01 a 0,05 mm de espessura. As duas principais técnicas de revestimento plano estão mostradas na Figura 10.19. No *método de laminação*,* o material do revestimento polimérico é comprimido contra o substrato por meio de cilindros (ou rolos) com movimentos opostos. No *método do bisturi (doctor blade*

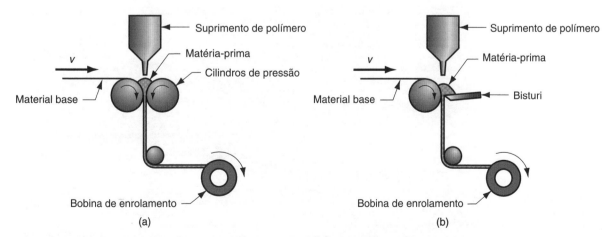

FIGURA 10.19 Processos de revestimento plano: (a) método de laminação, e (b) método do bisturi.

---

*Usualmente, utiliza-se o termo laminação para processos de chapas com redução de espessura, porém, é comum usar o termo calandragem para processamento de redução de espessura de polímeros. (N.T.)

method), uma lâmina afiada controla, lateralmente, a quantidade de polímero fundido que recobre o substrato. Em ambos os casos, o material do revestimento é fornecido por um processo de extrusão em matriz com canal fino, ou por calandragem.

O ***revestimento de contornos*** de objetos tridimensionais pode ser realizado por imersão ou aspersão. A ***imersão*** envolve submergir o objeto em banho de polímero fundido ou em solução, seguido de resfriamento e secagem. A ***aspersão*** (tal como a aspersão de tintas) é um método alternativo para aplicação de revestimento polimérico em um objeto sólido.

10.6 Moldagem por Injeção

A moldagem por injeção é o processo no qual um polímero é aquecido até um estado altamente plástico e é forçado, sob alta pressão, para dentro da cavidade de um molde, no qual ele se solidifica. A peça moldada, chamada de ***injetada***, é então removida da cavidade. O processo produz componentes discretos, que já estão quase sempre em sua forma final (*net shape*). O tempo de ciclo de produção está tipicamente na faixa de 10 a 30 segundos, embora ciclos de 1 minuto, ou maiores, não sejam incomuns para peças grandes. Além disso, o molde pode conter mais de uma cavidade, de modo que diversos injetados são produzidos em cada ciclo. Um conjunto de peças de plástico moldadas por injeção é exibido na Figura 10.20.

Formas complexas e detalhadas são possíveis na moldagem por injeção. O desafio, nesses casos, é fabricar um molde cuja cavidade tenha a mesma geometria da peça e, também, permita a remoção da peça. O tamanho das peças pode variar desde cerca de 50 g até cerca de 25 kg, sendo o limite superior representado por componentes, tais como portas de refrigeradores e para-choques de carros. O molde determina a forma e o tamanho da peça e é a ferramenta especial na moldagem por injeção. Para peças grandes e complexas, o molde pode custar centenas de milhares de dólares. Para peças pequenas, o molde pode ser construído de modo a conter inúmeras cavidades, o que também eleva o custo. Assim, a moldagem por injeção é econômica apenas para a produção de grandes quantidades.

A moldagem por injeção é o processo de moldagem mais amplamente empregado para termoplásticos. Alguns termorrígidos e elastômeros são moldados por injeção, fazendo-se alterações no equipamento e nos parâmetros operacionais para permitir a formação das ligações cruzadas desses materiais. Discutimos essas e outras variações da moldagem por injeção na Subseção 10.6.5.

FIGURA 10.20 Um conjunto de peças de plástico moldadas por injeção. (Cortesia de George E. Kane Manufacturing Technology Laboratory, Lehigh University.)

10.6.1 PROCESSO E EQUIPAMENTO

O equipamento para moldagem por injeção evoluiu da fundição sob pressão de metais em matrizes (*die casting*) (veja a Nota Histórica 10.1). Uma máquina grande, de moldagem por injeção, é exibida na Figura 10.21. Conforme ilustrado na Figura 10.22, uma máquina de moldagem por injeção consiste em dois componentes principais: (1) a unidade de injeção do plástico e (2) a unidade de fechamento e suporte do molde. A **unidade de injeção** é muito semelhante a uma extrusora; ela consiste em um barril (o corpo da injetora) que é alimentado, a partir de uma extremidade, por um alimentador, que contém um suprimento de *pellets* de plástico. Dentro do corpo da injetora está uma rosca, cuja operação ultrapassa a operação da rosca em uma extrusora, no seguinte aspecto: além de girar, para misturar e aquecer o polímero, ela também atua como um êmbolo, que se move rapidamente para frente para injetar o plástico fundido para dentro do molde. Uma válvula retentora, montada próxima à extremidade da rosca, previne que o fundido escoe para trás, ao longo dos filetes da rosca. Posteriormente, no ciclo de moldagem, o êmbolo se retrai para sua posição inicial. Devido a essa dupla ação, essa rosca é chamada de **rosca** (ou **parafuso**) **recíproca** (ou **alternada**), um nome que identifica também o tipo de máquina. As máquinas de moldagem por injeção mais antigas utilizavam um êmbolo simples, mas a superioridade do projeto da rosca recíproca levou à sua ampla adoção nas plantas de moldagem atuais. Em resumo, a unidade de injeção tem as funções de fundir e homogeneizar o polímero e, então, injetá-lo na cavidade do molde.

A **unidade de suporte do molde** ou **unidade de fechamento** é dedicada à operação do molde. Suas funções são: (1) manter em alinhamento apropriado entre si as duas metades do molde; (2) manter o molde fechado durante a injeção pela aplicação de uma força de aperto suficiente para resistir à força de injeção; e (3) abrir e fechar o molde nos momentos apropriados durante o ciclo de moldagem. A unidade de suporte do molde

FIGURA 10.21 Uma máquina grande, de moldagem por injeção (com capacidade de 3000 ton). (Cortesia de Cincinnati Milacron.)

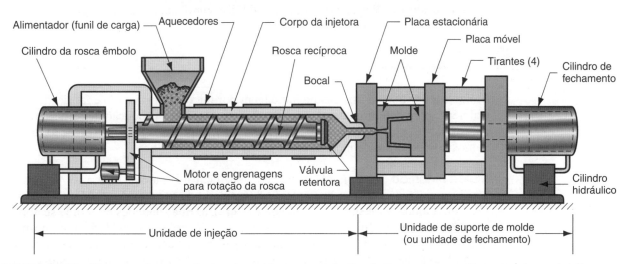

FIGURA 10.22 Diagrama de uma máquina de moldagem por injeção, do tipo com rosca alternada (alguns detalhes mecânicos estão simplificados).

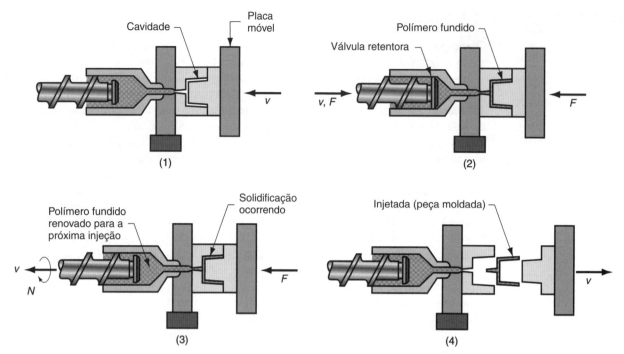

FIGURA 10.23 Ciclo de moldagem típico: (1) o molde é fechado, (2) o polímero fundido é injetado dentro da cavidade, (3) a rosca é retraída e (4) o molde se abre e a peça é ejetada.

consiste em duas placas – uma fixa e outra móvel – e um mecanismo para mover essa última. O mecanismo é basicamente uma prensa, operada por um pistão hidráulico ou por dispositivos de acionamento mecânico de vários tipos. Forças de aperto de vários milhares de toneladas são disponíveis nas injetoras de grande porte.

O ciclo para moldagem por injeção de um polímero termoplástico ocorre na sequência a seguir, mostrada na Figura 10.23. Vamos iniciar a ação com o molde aberto e a máquina pronta para começar uma nova injeção: (1) O molde é fechado e apertado. (2) Uma *injeção* de polímero fundido, que foi levado a uma temperatura e viscosidade corretas por aquecimento e por trabalho mecânico da rosca, é feita sob alta pressão para dentro da cavidade do molde. O plástico resfria e começa a se solidificar quando atinge a superfície fria do molde. A pressão do êmbolo é mantida para introduzir polímero fundido adicional dentro da cavidade, de modo a compensar a contração durante o resfriamento. (3) A rosca é girada e retraída, com a válvula retentora aberta para permitir que uma nova quantidade de polímero escoe para a região dianteira do corpo da injetora. Enquanto isso, o polímero no molde se solidifica completamente. (4) O molde é aberto, e a peça é ejetada e removida.

10.6.2 MOLDE

Molde é a ferramenta especial na moldagem por injeção; é projetado e fabricado especialmente para determinada peça ser produzida. Quando a produção dessa peça termina, o molde é substituído por um novo molde para a próxima peça. Nesta seção, examinamos diversos tipos de molde para moldagem por injeção.

Molde Bipartido O *molde bipartido* convencional, ilustrado na Figura 10.24, consiste em duas metades presas a duas placas da unidade de suporte do molde da injetora. Quando a unidade de suporte do molde é aberta, as duas metades do molde se abrem como é mostrado em (b). A região mais importante do molde é a *cavidade*, que é normalmente fabricada pela remoção de metal das superfícies em contato, das duas metades. Os moldes podem ter uma cavidade única, ou múltiplas cavidades, para produzir mais

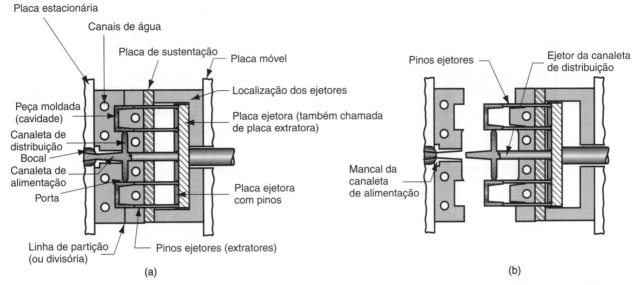

FIGURA 10.24 Detalhes de um molde bipartido para a moldagem por injeção de termoplásticos: (a) fechado e (b) aberto. O molde tem duas cavidades para produzir duas peças com formato de taças (mostradas em seção transversal) em cada injeção.

de uma peça em uma única injeção. A figura mostra um molde com duas cavidades. As *superfícies de partição* (ou *linha de partição* em uma vista lateral da seção transversal do molde) compõem a região em que o molde se abre para remoção da(s) peça(s).

Além da cavidade, outras características do molde desempenham funções indispensáveis durante o ciclo de moldagem. Um molde deve ter um canal de distribuição, por meio do qual o polímero fundido escoa do bico de injeção, no corpo da injetora para o interior da cavidade do molde. O canal de distribuição consiste em (1) uma *canaleta de admissão* (ou *de alimentação*), que vai do bico de injeção ao molde; (2) uma *canaleta de distribuição*, que vai da canaleta de admissão até a cavidade (ou cavidades); e (3) *portas*, que restringem o fluxo do plástico para dentro da cavidade. A restrição do fluxo aumenta a taxa de cisalhamento, reduzindo, portanto, a viscosidade do polímero fundido. Existe uma porta (ou mais de uma porta) para cada cavidade no molde.

Ao final do ciclo de moldagem, um *sistema de ejeção* (ou *de extração*) é necessário para ejetar a peça moldada da cavidade. *Pinos ejetores* (*extratores*) posicionados na metade móvel do molde geralmente realizam essa função. A cavidade é dividida entre as duas metades do molde de tal maneira que a contração natural na moldagem faz com que a peça adira à metade móvel. Quando o molde se abre, os pinos ejetores empurram a peça para fora da cavidade.

Um *sistema de resfriamento* é necessário para o molde. Esse sistema consiste em uma bomba externa ligada a dutos no molde, por meio dos quais circula água para remover o calor do plástico quente. O ar deve ser removido da cavidade do molde, à medida que o polímero penetra nela. A maior parte do ar passa através das pequenas folgas dos pinos ejetores no molde. Além disso, *passagens de ar* estreitas são frequentemente usinadas nas superfícies de partição; com apenas cerca de 0,03 mm de profundidade e com 12 a 25 mm de largura, esses canais permitem que o ar escape para o lado de fora, mas são muito pequenos para que o polímero fundido, viscoso, escoe por eles.

Em síntese, um molde consiste em (1) uma ou mais cavidades que determinam a geometria da peça, (2) canais de distribuição por meio dos quais o polímero fundido escoa para as cavidades, (3) um sistema de ejeção para remoção da peça, (4) um sistema de resfriamento, e (5) passagens de ar para permitir a remoção do ar das cavidades.

Outros Tipos de Molde Uma alternativa ao molde bipartido é um *molde tripartido*, mostrado na Figura 10.25, para produzir a peça com a mesma geometria de antes. Existem diversas vantagens para esse projeto de molde. Inicialmente, o escoamento do

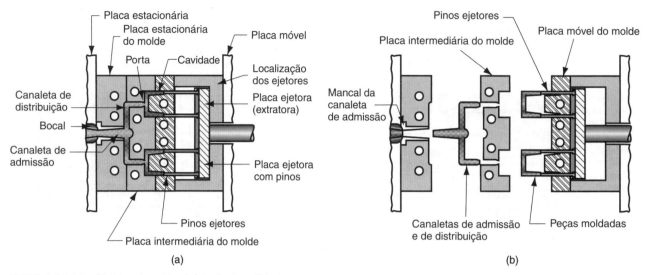

FIGURA 10.25 Molde tripartido: (a) fechado e (b) aberto.

plástico fundido ocorre por uma porta localizada na base da peça com formato de taça, em vez de ocorrer pela lateral. Isso permite uma distribuição mais uniforme do fundido nas laterais da taça. No projeto com a porta lateral no molde bipartido da Figura 10.24, o plástico deve escoar em torno do núcleo e se juntar no lado oposto, podendo criar uma região menos resistente na linha de solda. Em seguida, o molde tripartido permite a operação mais automatizada da máquina de moldagem. Conforme o molde se abre, ele se divide em três partes, com duas aberturas entre elas. Essa ação separa a canaleta de distribuição das peças, que caem por gravidade em recipientes abaixo do molde.

As canaletas de admissão e de distribuição nos moldes bipartidos e tripartidos convencionais implicam perda de material. Em muitos casos, elas podem ser moídas e reutilizadas; entretanto, algumas vezes o produto deve ser feito de plástico "virgem" (plástico que não foi previamente moldado). O *molde com canaleta quente* elimina a solidificação nas canaletas de admissão e de distribuição pela localização de aquecedores em torno dos canais correspondentes. Embora o plástico na cavidade do molde se solidifique, o material nas canaletas de admissão e de distribuição permanece fundido, pronto para ser injetado na cavidade no próximo ciclo.

10.6.3 MÁQUINAS DE MOLDAGEM POR INJEÇÃO

As máquinas de moldagem por injeção diferem tanto na unidade de injeção quanto na unidade de fechamento. Esta seção discute os importantes tipos de máquinas disponíveis atualmente. O nome da máquina de moldagem por injeção é geralmente baseado no tipo de unidade de injeção empregada.

Unidades de Injeção Há dois tipos de unidade de injeção amplamente usados atualmente. A *máquina com rosca recíproca* (*alternada*) é a mais comum (Subseção 10.6.1, Figuras 10.21 e 10.22). Essa concepção usa o mesmo barril (corpo de injetora) para fusão e injeção de plástico. A unidade alternativa envolve o uso de barris separados para plastificação e injeção do polímero, como é mostrado na Figura 10.26(a). Esse tipo é chamado de *máquina com rosca pré-plastificadora* ou *máquina com dois estágios*. *Pellets* de plástico são fornecidos a partir de um funil de alimentação (ou alimentador) no primeiro estágio, o qual emprega um êmbolo para injetar o fundido no molde. Máquinas mais antigas usavam um corpo de injetora com acionamento de êmbolo para fundir e injetar o plástico. Essas máquinas são referidas como *máquinas de moldagem por injeção do tipo êmbolo* [Figura 10.26(b)].

Unidades de Fechamento Projetos de fechamento são de três tipos [11]: mecânico, hidráulico e hidromecânico. O *sistema de fechamento mecânico* inclui diversos projetos, um deles está ilustrado na Figura 10.27(a). Um cilindro de atuação movimenta a cruzeta, estendendo as junções (ligações) mecânicas e, dessa forma, empurrando a placa móvel em direção à posição de fechamento. No início do movimento, a vantagem mecânica é pequena e a velocidade é alta; mas, próximo do fim de curso, o inverso é verdadeiro. Assim, o sistema de fechamento mecânico gera alta velocidade e força em diferentes pontos no ciclo quando estas são desejáveis. A atuação no sistema de fechamento ocorre por cilindros hidráulicos ou por fusos de esferas com acionamento por motor elétrico. Unidades de fechamento do tipo mecânico demonstram ser adequadas, em função do custo relativamente baixo da máquina por capacidade de força (carga). O *sistema de fechamento hidráulico*, mostrado na Figura 10.27(b), é aplicado em máquinas de mol-

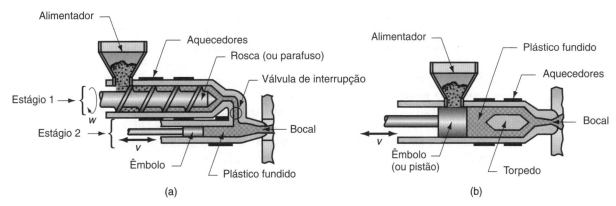

FIGURA 10.26 Dois sistemas alternativos de injeção para a rosca alternada mostrada na Figura 10.22: (a) rosca (ou parafuso) pré-plastificadora e (b) tipo êmbolo.

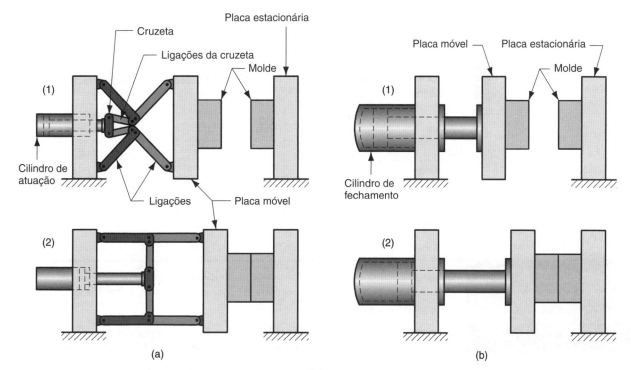

FIGURA 10.27 Dois projetos de sistemas de fechamento: (a) um possível projeto de sistema de fechamento mecânico: (1) aberto e (2) fechado; e (b) sistema de fechamento hidráulico: (1) aberto e (2) fechado. Os tirantes usados para guiar as placas móveis não são mostrados.

dagem por injeção para maiores capacidades, tipicamente entre 1.300 e 8.900 kN. Essas unidades também são mais flexíveis do que o sistema de fechamento mecânico em termos de configuração da força em determinadas posições durante o curso. O *sistema de fechamento hidromecânico* é projetado para grandes capacidades, geralmente acima de 8.900 kN. Ele opera (1) usando cilindros hidráulicos para movimentação rápida do molde em direção à posição de fechamento, (2) por travamento da posição por meios mecânicos, e (3) utilizando cilindros hidráulicos de alta pressão para finalmente fechar o molde e construir a tonelagem (esforço).

10.6.4 CONTRAÇÃO E DEFEITOS NA MOLDAGEM POR INJEÇÃO

Os polímeros possuem coeficientes de expansão térmica elevados, e uma contração significativa pode ocorrer durante o resfriamento do plástico no molde. A contração de plásticos cristalinos tende a ser maior que a de polímeros amorfos. A contração para um dado polímero é normalmente expressa como a redução linear no comprimento que ocorre durante o resfriamento até a temperatura ambiente, a partir da temperatura de moldagem. As unidades apropriadas são, portanto, mm/mm da dimensão considerada. Valores típicos para polímeros escolhidos são apresentados na Tabela 10.1.

Cargas adicionadas ao plástico tendem a reduzir a contração. Na prática industrial de moldagem, valores de contração para o composto de moldagem específico precisam ser obtidos pelo fabricante antes de se fazer o molde. Para compensar a contração, as dimensões da cavidade do molde devem ser maiores que as dimensões especificadas para a peça. A seguinte equação pode ser usada [14]:

$$D_c = D_p + D_pS + D_pS^2 \tag{10.19}$$

em que D_c = dimensão da cavidade, mm; D_p = dimensão da peça moldada, mm; e S = valores de contração obtidos da Tabela 10.1. O terceiro termo do lado direito faz a correção da contração que ocorre na moldagem.

Por causa das diferenças na contração entre os plásticos, as dimensões do molde devem ser determinadas para o polímero particular a ser moldado. O mesmo molde produzirá peças diferentes em diferentes tipos de polímeros.

TABELA • 10.1 Valores típicos da contração de moldados de termoplásticos escolhidos.

Plástico	Contração, mm/mm	Plástico	Contração, mm/mm
ABS	0,006	Polietileno	0,025
Náilon 6,6	0,020	Poliestireno	0,004
Policarbonato	0,07	PVC	0,005

Compilado de [14].

Exemplo 10.3 Contração na moldagem por injeção

O comprimento nominal de uma peça fabricada em polietileno é de 80 mm. Determine a dimensão correspondente da cavidade do molde que irá compensar a contração.

Solução: A partir da Tabela 10.1, a contração para o polietileno é $S = 0,025$. Usando a Equação (10.19), o diâmetro da cavidade do molde deveria ser:

$$D_c = 80 + 80(0,025) + 80(0,025)^2$$
$$= 80 + 2 + 0,05 = \mathbf{82,05\ mm}$$

Os valores na Tabela 10.1 representam uma simplificação aproximada do problema de contração. Na verdade, a contração é afetada por inúmeros fatores, e qualquer um deles pode alterar a quantidade de contração de um dado polímero. Os fatores mais importantes são a pressão de injeção, o tempo de compactação, a temperatura da moldagem e a espessura da peça. À medida que a pressão de injeção é aumentada, forçando mais material para o interior da cavidade do molde, a contração é reduzida. Aumentar o tempo de compactação tem efeito semelhante, considerando que o polímero na porta não se solidifica e não sela a cavidade. Do mesmo modo, a manutenção da pressão força mais material para dentro da cavidade enquanto a contração está ocorrendo. A contração resultante será, portanto, reduzida.

A temperatura de moldagem é a temperatura do polímero no cilindro imediatamente antes da injeção. Seria razoável supor que uma temperatura maior do polímero aumentasse a contração, raciocinando que a diferença entre as temperaturas de moldagem e ambiente seria maior. Entretanto, a contração é, na verdade, menor para temperaturas de moldagem maiores. A explicação decorre de que temperaturas maiores abaixam significativamente a viscosidade do polímero fundido, permitindo que mais material seja introduzido no molde; esse efeito é semelhante à aplicação de pressões de injeção maiores. Assim, o efeito sobre a viscosidade compensa, e sobrepõe, a maior diferença de temperatura.

Finalmente, partes mais espessas apresentam maior contração. Um moldado se solidifica a partir da superfície; o polímero em contato com a superfície do molde forma uma casca, que cresce na direção do centro da peça. Em algum momento durante a solidificação, a porta se solidifica, isolando o material na cavidade do sistema de canaletas de distribuição e da pressão de injeção. Quando isso ocorre, o polímero fundido no interior da casca é responsável pela maior parcela da contração remanescente que ocorre na peça. Uma seção mais grossa da peça tem maior contração, pois contém maior quantidade de material fundido.

Além dos problemas relacionados com a contração, outros problemas também podem ocorrer. Aqui estão alguns dos defeitos comuns em peças moldadas por injeção:

➢ *Injeções curtas*. Como acontece em fundição, o defeito da injeção curta ocorre quando um moldado que se solidificou antes de a cavidade ser completamente preenchida. O defeito pode ser corrigido, aumentando a temperatura e/ou a pressão. O defeito pode também ser resultante do uso de um equipamento com capacidade de injeção insuficiente; nesse caso, um equipamento de maior capacidade é necessário.

➢ *Rebarbas*. As rebarbas ocorrem quando o polímero fundido é forçado para dentro da superfície de partição entre as placas do molde; as rebarbas também podem ocorrer em torno dos pinos de ejeção. Esse defeito é normalmente causado por (1) passagens de ar e folgas no molde que são muito grandes; (2) pressão de injeção muito alta em comparação com a força de fechamento; (3) temperatura de fusão muito alta; ou (4) quantidade excessiva de polímero injetado.

➢ *Vazios e marcas de afundamento*. São defeitos normalmente relacionados a seções grossas de peças moldadas. Uma *marca de afundamento* ocorre quando a superfície externa do moldado se solidifica, mas a contração do material interno faz com que a casca afunde para um nível inferior ao do perfil desejado. Um *vazio* é causado pelo mesmo fenômeno básico; entretanto, a superfície do material retém sua forma, e a contração se manifesta como um vazio interno devido às altas tensões de tração no polímero que ainda está fundido. Esses defeitos podem ser evitados, aumentando a pressão de compactação após a injeção. Uma alternativa melhor é projetar a peça de modo a obter seções com espessuras uniformes e mais finas.

➢ *Linhas de solda*. As linhas de solda ocorrem quando o polímero fundido escoa em torno de um núcleo ou de outro detalhe convexo na cavidade do molde e se encontra a partir de direções opostas; a fronteira assim formada é chamada de linha de solda, e ela pode ter propriedades mecânicas inferiores àquelas do restante da peça. Temperaturas mais elevadas do fundido, maiores pressões de injeção, posições alternativas das portas na peça e melhores passagens de ar são maneiras de lidar com esse defeito.

10.6.5 OUTROS PROCESSOS DE MOLDAGEM POR INJEÇÃO

A vasta maioria das aplicações da moldagem por injeção envolve termoplásticos. Diversas variações do processo estão descritas nesta seção.

Moldagem por Injeção de Espuma Termoplástica   Espumas plásticas têm uma variedade de aplicações, e discutimos esses materiais e seus processamentos na Seção 10.11. Um dos processos, algumas vezes chamado de *moldagem de espumas estruturais*, é apropriado para ser analisado aqui, pois envolve moldagem por injeção. Esse processo envolve a moldagem de peças termoplásticas que possuem uma casca externa, densa, que envolve um núcleo leve, formado por uma espuma. Tais peças possuem razões rigidez-peso elevadas, adequadas para aplicações estruturais.

Uma peça estrutural formada por uma espuma pode ser produzida tanto pela introdução de gás em um plástico fundido, na unidade de injeção, quanto pela mistura de um componente que produza gás com os *pellets* iniciais. Durante a injeção, quantidade insuficiente de polímero fundido é forçada para dentro da cavidade do molde, na qual se expande (espuma), preenchendo o molde. As células da espuma em contato com a superfície fria do molde colapsam formando a casca densa, enquanto o material no núcleo retém sua estrutura celular. Peças feitas com espuma estrutural incluem estojos para produtos eletrônicos e equipamentos, componentes de móveis e tanques de máquinas de lavar. As vantagens citadas para a moldagem por injeção de espumas estruturais incluem baixas pressões de injeção e de fechamento, e, assim, há capacidade de produzir componentes grandes, como sugerido pelos exemplos anteriores. Uma desvantagem do processo é que as superfícies das peças tendem a ser rugosas, ocasionalmente com a presença de vazios. Se um bom acabamento superficial requerer determinada aplicação, então um processamento adicional será necessário, como lixamento, pintura, e adesão de uma folha de compensado.

Processos de Moldagem por Multi-Injeção   Efeitos incomuns podem ser obtidos por injeção múltipla de diferentes polímeros para moldar uma peça. Os polímeros são injetados de forma simultânea ou sequencial, e pode envolver mais de uma cavidade de molde. Diversos processos se enquadram nessa categoria, todos caracterizados por duas ou mais unidades de injeção; logo, o equipamento para esses processos é oneroso.

A *moldagem por coinjeção* (ou *moldagem sanduíche*) envolve injeção de dois polímeros separados – um é a camada (ou casca) externa da peça e o outro é o núcleo central, que é tipicamente uma espuma polimérica. Um bocal especialmente projetado controla a sequência de fluxo dos dois polímeros dentro do molde. A sequência é projetada de tal forma que o polímero do núcleo seja totalmente envolto pelo material da camada superficial no interior da cavidade do molde. A estrutura final é similar à obtida por uma moldagem de espuma estrutural. Entretanto, a moldagem sanduíche resulta em uma superfície lisa (plana), superando assim uma das principais deficiências do processo anterior. Esse tipo de moldagem consiste em dois plásticos distintos, e cada um deles possui suas próprias características adequadas à aplicação.

Outro processo de moldagem por multi-injeção envolve a injeção sequencial de dois polímeros em um molde com duas posições. Com o molde na primeira posição, o primeiro polímero é injetado no interior da cavidade. Então o molde é aberto para a segunda posição, e o segundo fundido é injetado na cavidade ampliada. A peça resultante consiste em dois plásticos integralmente conectados. Utiliza-se a *moldagem bi-injeção* para combinar, na mesma peça, plásticos de duas cores diferentes (por exemplo, capas de faróis de automóveis), ou para obter seções com propriedades diferentes.

Moldagem por Injeção de Termorrígidos   A moldagem por injeção pode ser usada para plásticos termorrígidos (TR), com certas alterações no equipamento e no procedimento de operação, para permitir a formação das ligações cruzadas. As máquinas de moldagem por injeção de termorrígidos são semelhantes àquelas usadas para termoplásticos. Elas utilizam uma unidade de injeção com uma rosca recíproca, mas o com-

Processos de Conformação para Plásticos **233**

primento do corpo da injetora é menor, para evitar a cura e a solidificação prematura do polímero TR. Pela mesma razão, as temperaturas no corpo da injetora são mantidas relativamente baixas, em geral entre 50 °C e 125 °C, dependendo do polímero. O plástico, normalmente na forma de *pellets* ou de grânulos, é fornecido à injetora por meio de um alimentador (funil de alimentação). A plastificação ocorre pela ação da rosca giratória, à medida que o material é transportado para a frente, em direção ao bico da injetora. Quando uma quantidade suficiente de material fundido se acumula à frente da rosca, ele é injetado para dentro do molde, que está aquecido entre 150 °C e 230 °C, no qual ocorrem as ligações cruzadas para endurecer o plástico. O molde é, então, aberto, e a peça é ejetada e removida. Os tempos dos ciclos de moldagem variam tipicamente de 20 segundos a 2 minutos, dependendo do tipo de polímero e do tamanho da peça.

A cura é a etapa que dura mais tempo no ciclo. Em muitos casos, a peça pode ser removida do molde antes da cura ser concluída, de modo que o endurecimento final ocorre por causa do calor retido dentro de um ou dois minutos após a remoção. Uma abordagem alternativa é a utilização de uma máquina com múltiplos moldes, na qual dois ou mais moldes são acoplados a uma cabeça de indexação servida por uma unidade de injeção simples.

Os principais termorrígidos para moldagem por injeção são os fenólicos, poliésteres insaturados, melaminas, epóxis, e ureia formaldeído. Elastômeros também são moldáveis por injeção (Subseção 11.5.3). Mais de 50 % das moldagens com fenólicos produzidas atualmente nos Estados Unidos são feitas por esse processo [11], representando uma mudança em relação aos métodos de compressão e de moldagem por transferência, que são os processos tradicionais usados para termorrígidos (Seção 10.7). A maioria dos materiais termorrígidos usados em moldagem contém grandes proporções de cargas (até 70 % em peso), incluindo fibras de vidro, argila, fibras de madeira e negro de fumo. De fato, são materiais compósitos que estão sendo moldados por injeção.

Moldagem por Injeção Reativa A moldagem por injeção reativa (MIR) envolve a mistura de dois componentes líquidos altamente reativos e a injeção imediata da mistura para dentro da cavidade de um molde, em que ocorrem as reações químicas que causam a solidificação. Duas maneiras de cura dos componentes empregados são sistemas termorrígidos ativados por catalisador e de ativação por mistura (Subseção 5.3.2). As uretanas, epóxis e ureia formaldeído são exemplos desses sistemas poliméricos. A MIR foi desenvolvida com poliuretano para produzir componentes automotivos grandes, tais como para-choques, saias e para-lamas. Esses tipos de peças ainda constituem a principal aplicação do processo. Peças de poliuretano moldadas por MIR possuem tipicamente uma estrutura interna de espuma envolvida por uma casca externa mais densa.

Como mostrado na Figura 10.28, os componentes líquidos são bombeados em quantidades medidas com precisão, a partir de tanques de armazenagem separados, para a cabeça de mistura. Os componentes são misturados rapidamente e, então, injetados na cavidade do molde, sob pressão relativamente baixa, na qual ocorrem a polimerização e a cura. Um tempo típico desse ciclo é de cerca de 2 minutos. Para cavidades relativamente grandes, os moldes para MIR são muito mais baratos que os de moldagem por injeção convencional. Isso resulta das baixas forças de fechamento necessárias na MIR e da possibilidade de utilização de componentes leves nos moldes. Outras vantagens da MIR incluem o seguinte: (1) o processo requer pouca energia; (2) os custos dos equipamentos são menores do que na moldagem por injeção; (3) diversos sistemas químicos estão disponíveis, o que permite que propriedades específicas sejam obtidas no produto moldado; e (4) o equipamento de produção é confiável, e os sistemas químicos e seus comportamentos nos equipamentos são bem conhecidos [17].

10.7 Moldagem por Compressão e por Transferência

Nesta seção, são discutidas duas técnicas de moldagem largamente utilizadas para polímeros termorrígidos e para elastômeros. Para os termoplásticos, essas técnicas não têm a eficiência da moldagem por injeção, exceto para aplicações muito especiais.

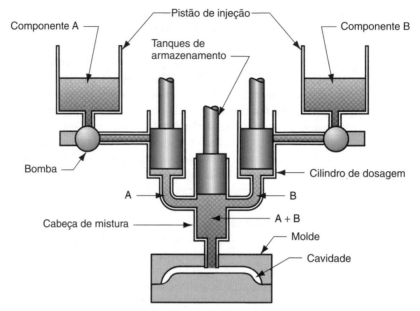

FIGURA 10.28 Sistema de moldagem por injeção reativa (MIR) mostrado imediatamente após os componentes A e B terem sido bombeados para a cabeça de mistura, antes da injeção para a cavidade do molde (alguns detalhes dos equipamentos de processo foram omitidos).

10.7.1 MOLDAGEM POR COMPRESSÃO

Moldagem por compressão é um processo de moldagem antigo e amplamente usado para plásticos termorrígidos. Suas aplicações também incluem pneus de borracha e várias peças de compósitos de matriz polimérica. O processo, ilustrado na Figura 10.29 para um plástico TR, consiste em (1) carregar quantidade exata do composto a ser moldado, chamada de *carga*, na metade inferior de um molde aquecido; (2) juntar as metades do molde para comprimir a carga, forçando-a a escoar e a tomar a forma da cavidade; (3) aquecer a carga por meio do molde aquecido para polimerizar e curar o material, transformando-o em uma peça sólida; e (4) abrir as metades do molde e remover a peça da cavidade.

A carga inicial do composto a ser moldado pode estar em diversas formas, incluindo pós ou *pellets*, líquida ou pré-forma (material parcialmente conformado). A quantidade de polímero deve ser controlada com precisão para se obter reprodutibilidade consistente do produto moldado. Tornou-se prática comum preaquecer a carga antes de colocá-la

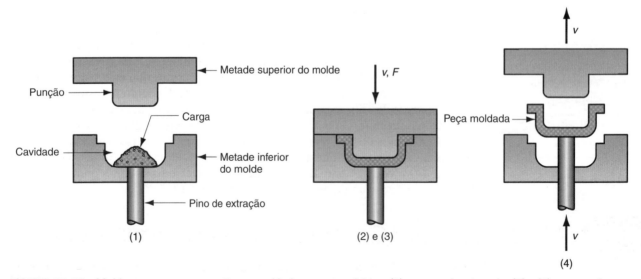

FIGURA 10.29 Moldagem por compressão para plásticos termorrígidos: (1) a carga é colocada; (2) e (3) a carga é comprimida e curada; e (4) a peça é ejetada e removida (alguns detalhes foram omitidos).

no molde; isso amolece o polímero e reduz o tempo do ciclo de produção. Os métodos de preaquecimento incluem aquecedores por infravermelho, aquecimento por convecção em um forno e uso de roscas giratórias aquecidas em um barril. Esta última técnica (derivada da moldagem por injeção) também é usada para dosar a quantidade de carga.

As prensas para moldagem por compressão são verticais e contêm duas placas, que são presas às metades do molde. As prensas operam com ambos os tipos de atuação: (1) subida da placa inferior ou (2) descida da placa superior, sendo a primeira a configuração mais comum. Elas são normalmente acionadas por um cilindro hidráulico, que pode ser projetado para ter capacidade de fechamento de até várias centenas de toneladas.

Os moldes para a moldagem por compressão são geralmente mais simples que seus similares para moldagem por injeção. Não existem os sistemas de alimentação e de distribuição em um molde para compressão, e o próprio processo é em geral limitado a peças com geometrias mais simples, devido à menor capacidade de escoamento dos materiais TR iniciais. Entretanto, deve-se prever o aquecimento do molde, normalmente feito por resistências elétricas, vapor, ou pela circulação de óleo quente. Os moldes para moldagem por compressão podem ser classificados como **moldes manuais**, usados para ensaios; **semiautomáticos**, nos quais a prensagem segue um ciclo programado, mas o operador carrega e descarrega de forma manual a prensa; e **automático**, que opera sob um ciclo de prensagem totalmente automático (incluindo carregamento e descarregamento automáticos).

Os materiais para moldagem por compressão incluem fenólicos, melamina, ureia formaldeído, epóxis, uretanas e elastômeros. Moldados típicos incluem tomadas elétricas, cabos de panelas e pratos. As vantagens da moldagem por compressão nessas aplicações incluem (1) moldes mais simples e mais baratos, (2) menos rebarbas, e (3) tensões residuais baixas nas peças moldadas. Uma desvantagem característica são ciclos mais longos e, portanto, menores taxas de produção do que na moldagem por injeção.

10.7.2 MOLDAGEM POR TRANSFERÊNCIA

Nesse processo, uma carga de termorrígido é colocada em uma câmara imediatamente acima da cavidade do molde, na qual a carga é aquecida; aplica-se, então, pressão para forçar o polímero amolecido a escoar para o molde aquecido, no qual a cura ocorre. Existem duas variantes do processo, ilustradas na Figura 10.30: (a) **moldagem por transferência a partir de uma cuba**, na qual a carga é injetada a partir de uma "cuba" através de um canal de alimentação para a cavidade do molde; e (b) **moldagem por transferência por punção**, em que a carga é injetada por meio de um punção a partir de uma cavidade aquecida, através de canais laterais, para a cavidade do molde. Em ambos os casos, rejeitos são produzidos em cada ciclo devido ao material excedente existente na base das cavidades de injeção e nos canais laterais; esse rejeito é chamado de **escória**. Além disso, o material no canal de alimentação também é um rejeito. Como os polímeros são termorrígidos, o rejeito não pode ser recuperado.

A moldagem por transferência é bem semelhante à moldagem por compressão, pois é utilizada com os mesmos tipos de polímeros (termorrígidos e elastômeros). Também podem ser vistas semelhanças com a moldagem por injeção, pois a carga é preaquecida em uma câmara separada e, então, é injetada no molde. A moldagem por transferência é capaz de moldar peças com formatos mais detalhados que a moldagem por compressão, mas menos complexos que na moldagem por injeção. A moldagem por transferência também permite a moldagem com enxertos, na qual um enxerto metálico ou cerâmico é colocado na cavidade antes da injeção, e o plástico aquecido se liga ao enxerto durante a moldagem.

10.8 Moldagem por Sopro e Moldagem por Rotação

Ambos os processos são usados para produzir peças vazadas e sem costura de polímeros termoplásticos. A moldagem por rotação também pode ser usada para termorrígidos. As peças variam em tamanho, desde pequenas garrafas de plástico de apenas 5 mL

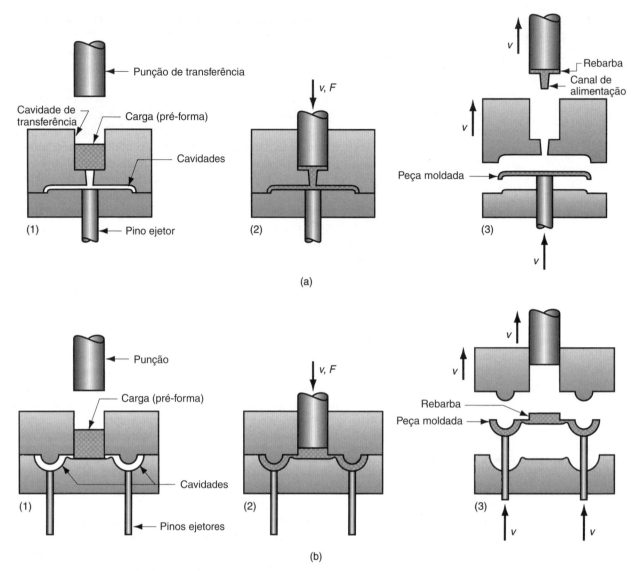

FIGURA 10.30 (a) Moldagem por transferência a partir de uma cuba, e (b) moldagem por transferência por punção. O ciclo em ambos os processos é: (1) a carga é colocada na cuba, (2) o polímero amolecido é pressionado para a cavidade do molde e curado e (3) a peça é ejetada.

até grandes tanques de armazenamento de 38.000 L de capacidade. Embora, em certos casos, os dois processos sejam concorrentes, geralmente eles têm seus próprios nichos. A moldagem por sopro é mais adequada para a produção em massa de recipientes descartáveis, pequenos, enquanto a moldagem por rotação é própria para formas vazadas grandes.

10.8.1 MOLDAGEM POR SOPRO (*BLOW MOLDING*)

A moldagem por sopro é um processo no qual a pressão do ar é usada para inflar um plástico amolecido dentro da cavidade do molde. É um processo industrial importante para fabricar peças vazadas de plástico, de paredes finas, tais como garrafas e vasilhames. Como muitos desses itens são usados para bebidas a serem consumidas em grande escala, a produção é tipicamente organizada para quantidades muito grandes. A tecnologia é derivada da indústria de vidro (Subseção 9.2.1), com a qual os plásticos competem no mercado de garrafas descartáveis e recicláveis.

Processos de Conformação para Plásticos **237**

A moldagem por sopro é realizada em duas etapas: (1) fabricação de um tubo inicial de plástico fundido, chamado de *parison* (mesmo termo aplicado no sopro de vidro); e (2) sopro do tubo à forma final desejada. A conformação do *parison* é feita tanto por extrusão quanto por moldagem por injeção.

Moldagem por Sopro com Extrusão Essa forma de moldagem por sopro consiste no ciclo ilustrado na Figura 10.31. Na maioria dos casos, o processo é organizado como uma operação com alta taxa de produção para fazer garrafas plásticas. A sequência é automatizada e, com frequência, integrada a operações subsequentes, tais como enchimento das garrafas e colocação de rótulos.

Em geral, é necessário que o vasilhame soprado seja rígido, e a rigidez depende da espessura da parede, entre outros fatores. Podemos relacionar a espessura da parede do vasilhame soprado ao *parison* extrudado inicialmente [12], considerando uma forma cilíndrica para o produto final. O efeito do inchamento, após a saída da matriz sobre o *parison*, é mostrado na Figura 10.32. O diâmetro médio do tubo, à medida que ele sai da matriz, é determinado pelo diâmetro médio D_d. O inchamento causa expansão até um diâmetro

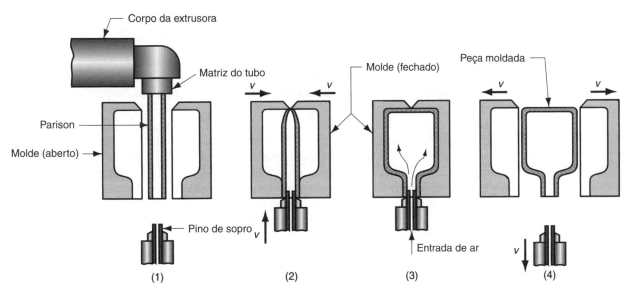

FIGURA 10.31 Moldagem por sopro com extrusão: (1) extrusão do *parison*; (2) o *parison* é pinçado no topo e selado na base em torno de um bico metálico de sopro, quando as duas metades do molde se aproximam; (3) o tubo é inflado de modo a tomar a forma da cavidade do molde; e (4) o molde é aberto para remoção da peça solidificada.

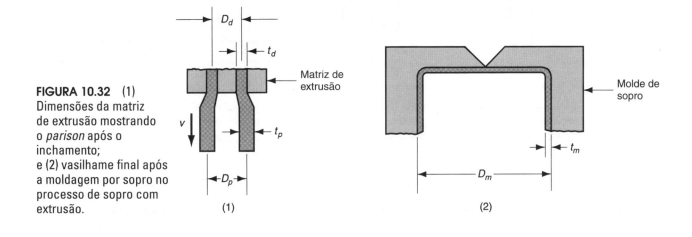

FIGURA 10.32 (1) Dimensões da matriz de extrusão mostrando o *parison* após o inchamento; e (2) vasilhame final após a moldagem por sopro no processo de sopro com extrusão.

médio do *parison* D_p. Ao mesmo tempo, a espessura da parede se expande de t_d para t_p. A razão de inchamento do diâmetro do *parison* e da espessura da parede é dada por

$$r_s = \frac{D_p}{D_d} = \frac{t_p}{t_d} \tag{10.20}$$

Quando o *parison* é inflado até o diâmetro do molde D_m, existe uma redução correspondente na espessura da parede para t_m. Considerando o volume da seção transversal constante, temos

$$\pi D_p t_p = \pi D_m t_m \tag{10.21}$$

Resolvendo para t_m,

$$t_m = \frac{D_p t_p}{D_m}$$

Substituindo a Equação (10.20) nessa equação,

$$t_m = \frac{r_s^2 t_d D_d}{D_m} \tag{10.22}$$

O inchamento após a saída da matriz no processo de extrusão inicial pode ser medido por observação direta, pois as dimensões da matriz estão mostradas. Podemos, assim, determinar a espessura da parede no vasilhame moldado por sopro.

Moldagem por Sopro com Injeção Nesse processo, o *parison* inicial é moldado por injeção em vez de ser extrudado. Uma sequência simplificada é mostrada na Figura 10.33. Em comparação com sua concorrente baseada na extrusão, a moldagem por sopro com injeção tem, em geral, as seguintes vantagens: (1) maior taxa de produção; (2) maior precisão das dimensões finais; (3) menores quantidades de rebarbas; e (4) menos perda de material. Por outro lado, vasilhames maiores podem ser produzidos com a moldagem por sopro com extrusão, pois o molde na moldagem por injeção é muito caro para *parisons* grandes. Além disso, a moldagem por sopro com extrusão é tecnicamente mais adequada e mais econômica para frascos bicamadas usados para armazenar alguns medicamentos, produtos de beleza pessoais, e vários compostos químicos.[1] A Figura 10.34 mostra uma garrafa moldada por sopro com injeção e um *parison* para uma peça similar.

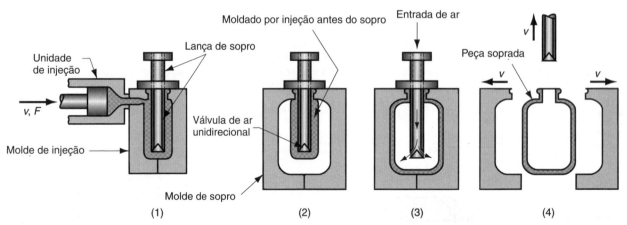

FIGURA 10.33 Moldagem por sopro com injeção: (1) o *parison* é moldado por injeção em torno de uma lança de sopro; (2) o molde de injeção é aberto, e o *parison* é transferido para um molde de sopro; (3) o polímero amolecido é inflado para se conformar ao molde de sopro; e (4) o molde de sopro é aberto, e o produto soprado é removido.

---

[1] O autor agradece a Tom Walko, que era no momento da redação deste livro gerente de produção em uma das unidades de moldagem por sopro da Graham Packaging Company, o fornecimento de comparações entre as moldagens por sopro com extrusão (*extrusion blow molding*) e com injeção (*injection blow molding*).

Processos de Conformação para Plásticos

FIGURA 10.34 Uma garrafa moldada por sopro com injeção à esquerda e um *parison* para uma peça similar à direita. (Cortesia de George E. Kane Manufacturing Technology Laboratory, Lehigh University.)

Em uma variação da moldagem por sopro com injeção, chamada de **moldagem por sopro com estiramento** (Figura 10.35), a lança de sopro avança para baixo dentro do *parison* moldado por injeção durante a etapa 2, estirando, assim, o plástico amolecido e gerando distribuição de tensões mais favorável no polímero do que nas moldagens por sopro com injeção e extrusão convencionais. A estrutura resultante é mais rígida, com maior transparência e melhor resistência ao impacto. O material mais largamente usado para moldagem por sopro com estiramento é o polietileno tereftalato (PET), um poliéster de permeabilidade muito baixa que tem sua resistência aumentada pelo processo de moldagem por sopro com estiramento. Essa combinação de propriedades torna o PET ideal para vasilhame de bebidas carbonatadas (por exemplo, garrafas de refrigerantes de 2 litros).

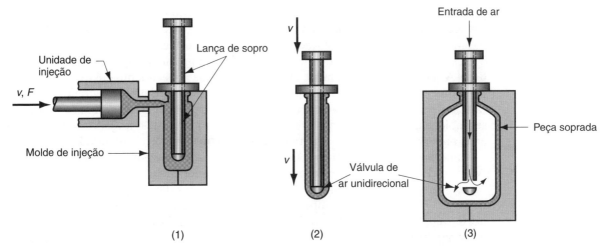

FIGURA 10.35 Moldagem por sopro com estiramento: (1) moldagem por injeção do *parison*; (2) estiramento e (3) sopro.

Materiais e Produtos A moldagem por sopro é limitada aos termoplásticos. O polietileno é o polímero mais amplamente usado – em particular, os polietilenos de alta densidade e de ultra-alto peso molecular (PEAD e PEUAPM). Comparando suas propriedades com as do PE de baixa densidade, e considerando o requisito de rigidez do produto final, é mais econômico usar esses materiais de custo mais elevado, pois as paredes dos vasilhames podem ser mais finas. Outros moldados por sopro são fabricados de polipropileno (PP), de cloreto de polivinila (PVC) e de polietileno tereftalato (conforme já foi citado).

Vasilhames descartáveis para embalagem de bebidas vendidas a varejo formam a maior parte dos produtos fabricados por moldagem por sopro; mas esses não são os únicos produtos. Outros itens incluem grandes tambores (200 L) para transporte de líquidos e de pós, grandes tanques de armazenamento (7500 L), tanques de gasolina de automóveis, brinquedos e quilhas para pranchas à vela, e pequenos barcos. No último caso, dois cascos de barco são fabricados em uma única moldagem por sopro e subsequentemente são cortados em dois cascos abertos.

10.8.2 MOLDAGEM POR ROTAÇÃO

A moldagem por rotação usa a gravidade dentro de um molde giratório para obter uma forma vazada. Também chamada de ***rotomoldagem***, é uma alternativa para a moldagem por sopro para fabricar formas grandes, vazadas. É usada principalmente para polímeros termoplásticos, mas aplicações para termorrígidos e elastômeros estão se tornando mais comuns. A rotomoldagem tende a ser mais apropriada para geometrias externas complexas, peças grandes e produção de menores quantidades que a moldagem por sopro. O processo consiste nas seguintes etapas: (1) Uma quantidade predeterminada de polímero em pó é colocada na cavidade de um molde bipartido. (2) O molde é, então, aquecido e simultaneamente girado em dois eixos perpendiculares, de modo que o pó atinge todas as superfícies internas do molde, formando de gradualmente uma camada fundida com espessura uniforme. (3) Enquanto ainda está girando, o molde é resfriado de modo que a casca de plástico se solidifica. (4) O molde é aberto, e a peça é removida. As velocidades de rotação usadas no processo são relativamente lentas. É a gravidade, e não a força centrífuga, que promove o recobrimento uniforme das superfícies do molde.

Os moldes na moldagem por rotação são simples e baratos, em comparação com a moldagem por injeção e a moldagem por sopro, mas o ciclo de produção é muito mais longo, durando cerca de 10 minutos ou mais. Para equilibrar essas vantagens e desvantagens na produção, a moldagem por rotação é frequentemente realizada em um equipamento dotado de múltiplas cavidades, como a máquina com três estações mostrada na Figura 10.36. O equipamento é projetado de modo que três moldes são posicionados em sequência em três estações de trabalho. Assim, todos os três moldes trabalham ao mesmo tempo. A primeira estação de trabalho é uma estação de carga-descarga, em que a peça acabada é removida do molde, e o pó, para a próxima peça, é carregado na cavidade. A segunda estação consiste em uma câmara de aquecimento em que a convecção de ar quente aquece o molde, enquanto, simultaneamente, o molde é girado. As temperaturas dentro da câmara são em torno de 375 ºC, dependendo do polímero e da peça a ser moldada. A terceira estação resfria o molde usando ar frio forçado, ou aspersão de água para resfriar e solidificar o moldado de plástico no interior do molde.

Uma variedade muito interessante de artigos é fabricada por moldagem por rotação. A lista inclui bonecos ocos, tais como cavalos de brinquedo e bolas; cascos de botes e de canoas, caixas de areia, piscinas pequenas; boias e outros dispositivos de flutuação; peças de carroceria de caminhão, painéis e tanques de combustível automotivos; peças de malas, móveis, latas de lixo; manequins; grandes tanques industriais, contêineres e tanques de armazenagem; banheiros químicos e tanques sépticos. O material de moldagem mais popular é o polietileno, especialmente o PEAD. Outros plásticos incluem o polipropileno (PP), a acrilonitrila-butadieno-estireno (ABS) e o poliestireno (PS).

Processos de Conformação para Plásticos

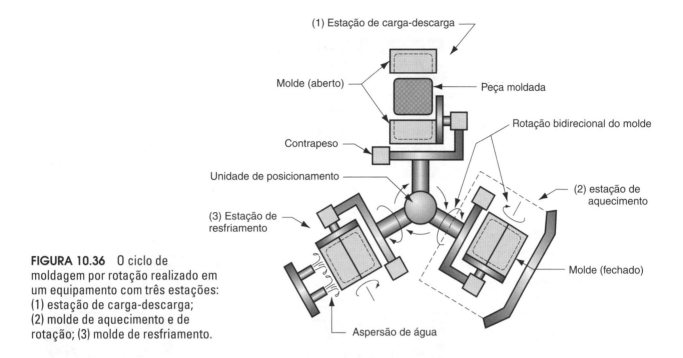

FIGURA 10.36 O ciclo de moldagem por rotação realizado em um equipamento com três estações: (1) estação de carga-descarga; (2) molde de aquecimento e de rotação; (3) molde de resfriamento.

10.9 Termoformagem

Termoformagem é um processo no qual uma chapa plana de termoplástico é aquecida e conformada à forma desejada. O processo é largamente usado para embalagem de produtos de grande consumo e fabricação de peças grandes, tais como banheiras, esquadrias de janelas e revestimentos internos de portas de refrigeradores.

A termoformagem consiste em duas etapas principais: aquecimento e conformação. O aquecimento é em geral feito por radiação via aquecedores elétricos, localizados em um ou nos dois lados da chapa inicial de plástico, a uma distância de aproximadamente 125 mm. A duração do ciclo de aquecimento para amolecer de forma suficiente a chapa depende da espessura e da cor do polímero. Os métodos pelos quais a conformação é realizada podem ser classificados em três categorias básicas: (1) termoformagem a vácuo, (2) termoformagem por pressão, e (3) termoformagem mecânica. Em nossa discussão desses métodos, descrevemos a conformação de uma chapa, mas, na indústria de embalagens, a maioria das operações de termoformagem é feita em filmes finos.

Termoformagem a Vácuo Esse foi o primeiro processo de termoformagem (chamado simplesmente de *formagem a vácuo* (*vacuum forming*) quando foi desenvolvido na década de 1950). A pressão negativa é usada para sugar uma chapa preaquecida para dentro da cavidade de um molde. O processo está apresentado na Figura 10.37 em sua forma mais básica. Os furos para aplicar o vácuo no molde têm diâmetro da ordem de 0,8 mm para que seu efeito na superfície do plástico seja mínimo.

Termoformagem por Pressão Uma alternativa à formagem a vácuo envolve a aplicação de pressão para forçar o plástico aquecido para dentro da cavidade do molde. Esse processo é chamado de *termoformagem por pressão* ou *formagem por sopro*; sua vantagem sobre a formagem a vácuo se deve às pressões mais elevadas que podem ser aplicadas, pois a formagem a vácuo está limitada à pressão máxima teórica de 1 atm. Pressões de 3 a 4 atm são comuns nas formagens por sopro. A sequência do processo é semelhante à anterior, com a diferença de que a chapa é pressurizada de fora para dentro da cavidade do molde. Orifícios para passagem de ar são posicionados no molde para a exaustão do ar aprisionado. As etapas de conformação (2 e 3) da sequência estão ilustradas na Figura 10.38.

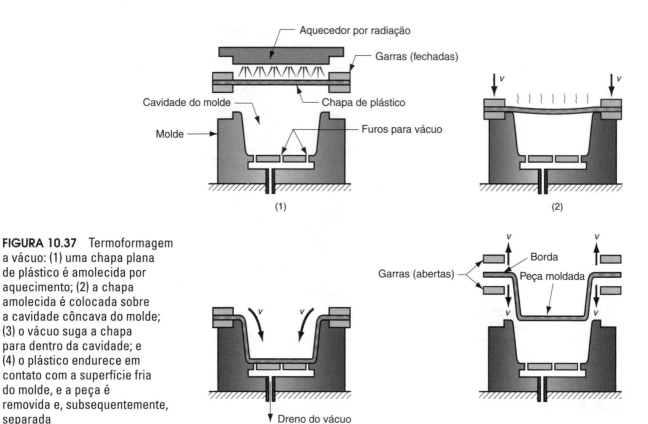

FIGURA 10.37 Termoformagem a vácuo: (1) uma chapa plana de plástico é amolecida por aquecimento; (2) a chapa amolecida é colocada sobre a cavidade côncava do molde; (3) o vácuo suga a chapa para dentro da cavidade; e (4) o plástico endurece em contato com a superfície fria do molde, e a peça é removida e, subsequentemente, separada do conjunto.

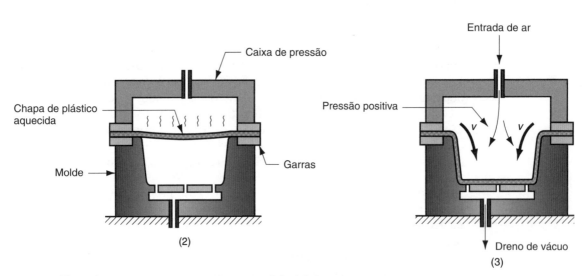

FIGURA 10.38 Termoformagem por pressão. As etapas (1) e (4) são idênticas às da figura anterior. As etapas intermediárias são: (2) a chapa é colocada sobre a cavidade do molde; e (3) uma pressão positiva força a chapa para dentro da cavidade do molde.

Nesse ponto, é adequado distinguir entre moldes positivos e negativos. Os moldes mostrados nas Figuras 10.35 e 10.36 são ***moldes negativos***, pois eles têm cavidades côncavas. Um ***molde positivo*** tem forma convexa. Ambos os tipos são usados na termoformação. No caso do molde positivo, a chapa aquecida envolve a forma convexa, e pressão positiva ou negativa é usada para forçar o plástico contra a superfície do molde. Um molde positivo é mostrado na Figura 10.39 para a formagem a vácuo.

FIGURA 10.39 Emprego de um molde positivo na formagem por vácuo: (1) a chapa de plástico aquecida é posicionada acima do molde convexo, e (2) o conjunto é abaixado até a posição na qual a chapa envolva o molde, enquanto o vácuo força a chapa contra a superfície do molde.

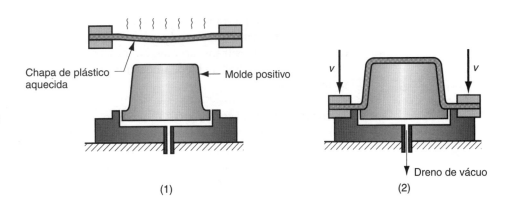

A diferença entre moldes positivos e negativos pode parecer sem importância, pois as formas das peças são as mesmas nos diagramas. Porém, se a peça for moldada no molde negativo, então sua superfície exterior terá o exato contorno da superfície da cavidade do molde. A superfície interna será uma aproximação do contorno e terá um acabamento correspondente ao da chapa inicial. Por outro lado, se a chapa envolver um molde positivo, então sua superfície interior será idêntica àquela do molde convexo, e sua superfície externa será aproximada. Dependendo dos requisitos do produto, essa diferença pode ser importante.

Outra diferença é a redução de espessura da chapa de plástico, que é um dos problemas da termoformação. A menos que o contorno do molde seja muito raso, ocorrerá um afinamento significativo da chapa, conforme ela é estirada, para se moldar ao contorno do molde. Os moldes positivos e negativos produzem um padrão de afinamento diferente em uma dada peça. Considere a peça com formato de cuba das figuras. No molde positivo, conforme a chapa é moldada contra a forma convexa, a face da chapa em contato com a superfície de cima (correspondente ao fundo da cuba) se solidifica rápido e praticamente não apresenta nenhum estiramento. Isso resulta em uma base mais espessa, embora haja redução significativa na espessura das paredes da cuba. Por outro lado, um molde negativo resulta em uma distribuição mais uniforme de estiramento e afinamento da chapa, antes que seja feito contato com a superfície fria.

Uma forma de melhorar a distribuição da espessura com um molde positivo é pré-alongar a chapa antes de colocá-la sobre o molde convexo. Conforme mostrado na Figura 10.40, a chapa de plástico aquecida é estirada uniformemente por pressão de vácuo em formato esférico antes de ser posicionada sobre o molde.

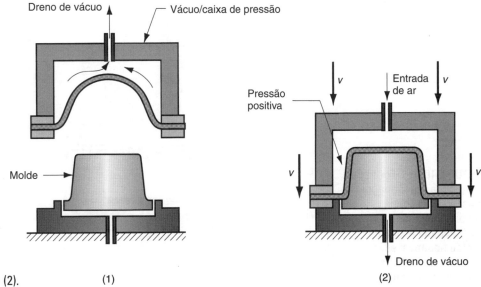

FIGURA 10.40 Prealongamento da chapa em (1) antes do posicionamento e aplicação de vácuo sobre um molde positivo em (2).

A primeira etapa representada no quadro (1) da Figura 10.40 pode ser utilizada individualmente como um método de produção de peças em forma de globo, tais como claraboias e cúpulas transparentes. No processo, aplica-se pressão de ar rigorosamente controlada para inflar a chapa amolecida. A pressão é mantida até a solidificação da forma soprada.

Termoformagem Mecânica O terceiro método, chamado de formagem mecânica (ou formagem positiva), usa moldes positivos e negativos que se encaixam e são pressionados contra a chapa de plástico aquecida, forçando-a a assumir suas formas. Na conformação mecânica pura, não se usa nenhuma pressão de ar. O processo está ilustrado na Figura 10.41. Suas vantagens são melhor controle dimensional e a possibilidade de detalhamento da superfície em ambos os lados da peça. Sua desvantagem é que duas metades de molde são necessárias; portanto, os moldes são mais caros.

Aplicações A termoformagem é um processo de conformação secundário; sendo a produção de chapas (ou placas) e filmes o processo primário (Seção 10.3). Apenas termoplásticos podem ser termoformados, pois as chapas extrudadas de polímeros termorrígidos e de elastômeros já foram curadas e não podem ser amolecidas por reaquecimento. Os termoplásticos comuns incluem poliestireno, acetato de celulose, butirato de acetato de celulose, ABS, PVC, acrílico (metacrilato de polimetila), polietileno e polipropileno.

As operações de termoformagem para produção em massa são realizadas na indústria de embalagens. A chapa, ou o filme inicial, é alimentada de forma rápida por meio de uma câmara de aquecimento e é, então, conformada mecanicamente na forma desejada. As operações são, com frequência, projetadas para produzir diversas peças em cada avanço da prensa usando moldes com diversas cavidades. Em alguns casos, o equipamento de extrusão que produz a chapa ou o filme está localizado diretamente antes do processo de termoformagem, eliminando assim a necessidade de reaquecer o plástico. Para obter melhor eficiência, o processo de colocação do produto na embalagem é instalado de imediato após a termoformagem.

Embalagens finas que são produzidas em massa por termoformagem incluem cartelas e filmes de cobertura. Elas oferecem uma maneira atraente de mostrar certos produtos de largo emprego, tais como cosméticos, artigos de toalete, pequenas ferramentas e fixadores (pregos, parafusos etc.). O processo de termoformagem também pode produzir peças grandes a partir de chapas mais grossas. Exemplos incluem coberturas de máquinas, cascos de barcos, corpo do boxe, difusores de lâmpadas, painéis de propaganda e sinais, banheiras, revestimentos internos de portas, e alguns brinquedos. Claraboias e forros internos de portas de refrigeradores são feitos, respectivamente, em acrílico (devido à sua transparência) e em ABS (devido à sua conformabilidade e resistência a óleos e gorduras, comuns em refrigeradores).

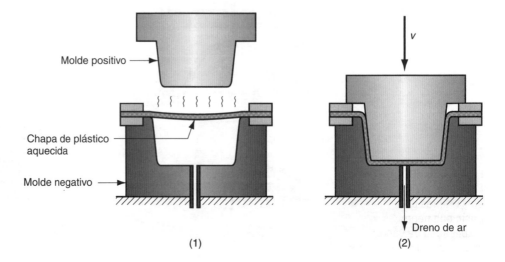

FIGURA 10.41 Formagem mecânica (ou formagem positiva): (1) chapa de plástico aquecida, posicionada acima do molde negativo, e (2) o molde é fechado para conformar a chapa.

10.10 Fundição

A fundição de polímeros envolve verter uma resina líquida em um molde usando a gravidade para preencher a cavidade e permitindo que o polímero endureça. Tanto termoplásticos quanto termorrígidos são fundidos. Exemplos de termoplásticos incluem acrílicos, poliestireno, poliamidas (náilons) e vinis (PVC). A conversão da resina líquida em um termoplástico endurecido pode ser obtida de diversas formas, incluindo: (1) o aquecimento da resina termoplástica até um estado altamente fluido para que seja prontamente vertida e preencha a cavidade do molde, permitindo o resfriamento e a solidificação no molde; (2) o uso de um prepolímero de baixo peso molecular (ou monômero), polimerizando-o no molde para formar um termoplástico de alto peso molecular; e (3) vertendo um plastisol (uma suspensão líquida de partículas finas de uma resina termoplástica como um PVC em um plastificante) dentro da cavidade do molde, para que ocorra sua solidificação.

Poliuretano, poliésteres insaturados, fenólicas e epóxis são polímeros termorrígidos empregados em fundição. Nesse processo, os componentes líquidos que formam o termorrígido são vertidos em um molde, para que ocorram a polimerização e a formação de ligações cruzadas. Calor e/ou catalisador podem ser necessários, dependendo do sistema de resina. As reações devem ser suficientemente lentas para permitir que a resina seja por completo vertida no molde. Sistemas termorrígidos de reação rápida, como certos sistemas de poliuretanos, requerem processos de conformação alternativos, como a moldagem por injeção reativa (Subseção 10.6.5).

As vantagens da fundição sobre os processos alternativos, como a moldagem por injeção, incluem: (1) o molde é mais simples e mais barato; (2) o produto fundido é relativamente livre de tensões residuais e de memória viscoelástica; e (3) o processo é adequado para a produção de pequenas quantidades. Em relação à vantagem (2), placas de acrílico (Plexiglas, Lucita) são geralmente fundidas entre duas peças de placas de vidro bastante polidas. O processo de fundição permite alcançar alto grau de planicidade e qualidades ópticas desejáveis nas chapas transparentes de plástico. Tal planicidade e transparência não podem ser obtidas por extrusão de uma chapa plana. Uma desvantagem em algumas aplicações é a contração significativa da peça fundida durante a solidificação. Por exemplo, chapas de acrílico sofrem contração de cerca de 20 % quando fundidas. Isso é muito mais que na moldagem por injeção, que emprega pressões elevadas para compactar a cavidade do molde para reduzir a contração.

A fundição *slush* é uma alternativa à fundição convencional; trata-se de uma tecnologia emprestada da fundição de metais. Na **fundição slush**, um plastisol líquido é vertido na cavidade de um molde quente, aberto e oco, para que uma casca se forme na superfície do molde. Depois de um período que depende da espessura de casca desejada, o líquido excedente é despejado do molde; ocorre então a abertura do molde para a remoção da peça. O processo também é conhecido como **fundição em casca (shell casting)** [6].

Uma aplicação importante da fundição é o **encapsulamento** de produtos eletrônicos, no qual itens, tais como transformadores, bobinas, conectores e outros componentes elétricos, são encapsulados em plástico por fundição.

10.11 Conformação e Processamento de Espumas Poliméricas

Uma espuma polimérica é uma mistura polímero-gás, que torna o material uma estrutura porosa ou celular. Outros termos usados para espumas poliméricas incluem **polímero celular**, **polímero soprado** e **polímero expandido**. As espumas poliméricas mais comuns são de poliestireno (Styrofoam, um nome comercial) e de poliuretano. Outros polímeros usados para fazer espumas incluem a borracha natural ("borracha espumada") e o cloreto de polivinila (PVC).

As propriedades características de um polímero na forma de uma espuma incluem (1) baixa densidade, (2) alta resistência por unidade de peso, (3) bom isolamento térmico, e (4) boas qualidades de absorção de energia. A elasticidade do polímero base determina a propriedade correspondente da espuma. As espumas poliméricas podem ser classificadas [6] como (1) *elastoméricas*, nas quais a matriz polimérica é uma borracha, capaz de grande deformação elástica; (2) *flexíveis*, nas quais a matriz é um polímero altamente plástico, tal como o PVC maleável; e (3) *rígidas*, nas quais o polímero é um termoplástico rígido, como o poliestireno, ou um plástico termorrígido como um fenólico. Dependendo da formulação química e do grau de ligações cruzadas, as poliuretanas podem ser classificadas em todas as três categorias.

As propriedades das espumas poliméricas e a habilidade de controlar seus comportamentos elásticos pela seleção do polímero base tornam esses materiais bastante adequados para certas aplicações, incluindo copos para bebidas quentes, materiais estruturais isolantes térmicos e núcleos de painéis estruturais, materiais para embalagens, materiais para almofadas de móveis e de camas, almofadas de painéis de automóveis e produtos que requerem flutuabilidade.

Os gases comuns usados nas espumas poliméricas são o ar, o nitrogênio e o dióxido de carbono. A proporção do gás pode alcançar até 90 % ou mais. O gás é introduzido no polímero por diversos métodos, chamados de processos de espumação. Esses processos incluem (1) mistura de uma resina líquida com ar por *agitação mecânica*, com posterior endurecimento do polímero por meio de calor ou de uma reação química; (2) mistura de um *agente físico de espumação* com o polímero – um gás, tal como o nitrogênio (N_2) ou o pentano (C_5H_{12}), que pode ser dissolvido no polímero fundido sob pressão, de modo que o gás sai da solução e se expande quando a pressão é subsequentemente reduzida; e (3) mistura do polímero com compostos químicos, chamados de *agentes químicos de espumação*, que se decompõem em temperaturas elevadas para liberar gases, tais como CO_2 ou N_2 dentro do fundido.

A forma como o gás está completamente distribuído na matriz polimérica distingue-se em duas estruturas de espuma básicas, ilustradas na Figura 10.42: (a) *célula fechada*, na qual os poros de gás são aproximadamente esféricos e completamente separados uns dos outros pela matriz polimérica; e (b) *célula aberta*, na qual os poros estão interligados até certo ponto, possibilitando a passagem de um fluido através da espuma. Um colete salva-vidas satisfatório é feito com uma estrutura de célula fechada, uma vez que, com uma estrutura de célula aberta, o tornaria encharcado. Outros atributos que caracterizam a estrutura incluem as proporções relativas de polímero e gás (já mencionado) e a densidade celular (número de células por unidade de volume), a qual é inversamente relacionada ao tamanho de células de ar individuais na espuma.

Existem muitos processos de conformação para os produtos de espumas poliméricas. Como as duas espumas mais importantes são de poliestireno e de poliuretano, nossa discussão está limitada aos processos de conformação para esses materiais. Como o poliestireno é um termoplástico e o poliuretano pode ser tanto termorrígido quanto elastômero, os processos cobertos nesta seção para esses materiais são representativos dos processos usados para outras espumas poliméricas.

As *espumas de poliestireno* são conformadas por extrusão e moldagem. Na *extrusão*, um agente de espumação físico ou químico é colocado no polímero fundido, próximo à extremidade do corpo da extrusora onde fica a matriz; assim, o extrudado consiste no polímero expandido. Grandes placas e painéis são fabricados desse modo e são subsequentemente cortados nos tamanhos adequados para peças e painéis de isolamento térmico.

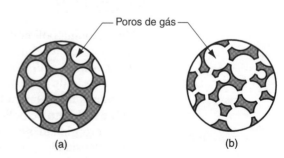

FIGURA 10.42 Duas estruturas de espuma polimérica: (a) célula fechada e (b) célula aberta.

Existem diversos processos de moldagem para a espuma de poliestireno. Discutimos antes a ***moldagem de espumas estruturais*** (Subseção 10.6.5). Um processo mais amplamente usado é a ***moldagem de espumas expansíveis***, em que o material a ser moldado consiste em geral em gotas de poliestireno pré-espumado. As gotas pré-espumadas são produzidas a partir de *pellets* de poliestireno sólido que foram impregnados com um agente de espumação físico. A pré-espumação é feita em um grande tanque pela aplicação de calor, via vapor, para expandir parcialmente os *pellets*, que são ao mesmo tempo agitados para prevenir que se fundam. A seguir, no processo de moldagem, as gotas pré-espumadas são colocadas na cavidade de um molde, onde elas são mais expandidas e coalescem para formar o produto moldado. Copos de bebidas quentes de espuma de poliestireno são produzidos dessa maneira. Em alguns processos, a etapa de pré-espumação é suprimida, e as gotas impregnadas são alimentadas de forma direta na cavidade do molde, onde são aquecidas, expandidas e fundidas. Em outras operações, a espuma expansível é inicialmente conformada em uma chapa plana pela ***moldagem de filmes por extrusão e sopro*** (Seção 10.3) e, a seguir, conformada por ***termoformagem*** (Seção 10.9) em embalagens, tais como as embalagens para ovos.

Os produtos de ***espuma de poliuretano*** são fabricados em processo de etapa única, na qual os dois líquidos componentes (poliol e isocianato) são misturados e de imediato vertidos em um molde ou outra matriz, de modo que o polímero é sintetizado e a geometria da peça é gerada ao mesmo tempo. Os processos de conformação para a espuma de poliuretano podem ser divididos em dois tipos básicos [11]: aspersão e vazamento. A ***aspersão*** envolve o uso de uma pistola de aspersão alimentada de maneira contínua pelos dois componentes, que são misturados e então aspergidos sobre a superfície alvo. As reações que levam à polimerização e à espumação ocorrem após a aplicação sobre a superfície. Esse método é usado para aplicar espumas isolantes rígidas sobre painéis de construção, vagões de trem, e grandes componentes similares. O ***vazamento*** consiste em verter os componentes a partir de uma cabeça de mistura dentro de um molde aberto ou fechado, no qual ocorrem as reações. Um molde aberto pode ser um recipiente com o contorno desejado (por exemplo, para a almofada do banco de um automóvel), ou um longo canal que se move lentamente em relação ao bico de vazamento para fabricar seções longas e contínuas de espuma. O molde fechado é uma cavidade por completo fechada, na qual certa quantidade da mistura é vertida. A expansão dos reagentes preenche por completo a cavidade e modela a peça. Para poliuretanos de reação rápida, a mistura deve ser injetada rapidamente na cavidade do molde usando a ***moldagem por injeção reativa*** (Subseção 10.6.5). O grau de ligações cruzadas, controlado pelos componentes iniciais, determina a rigidez relativa da espuma resultante.

10.12 Considerações sobre o Projeto de Produtos

Os plásticos são materiais de projeto importantes, mas o projetista deve estar atento a suas limitações. Esta seção lista alguns princípios básicos de projeto para componentes de plástico, começando com aqueles de aplicação geral e, então, os aplicáveis à extrusão e à moldagem (moldagem por injeção, moldagem por compressão e moldagem por transferência).

Diversos princípios básicos são aplicáveis, independentemente do processo de conformação. Em sua maioria, são limitações dos materiais plásticos que devem ser consideradas pelo projetista.

➢ ***Resistência e rigidez***. Os plásticos não são tão resistentes nem tão rígidos quanto os metais. Eles não devem ser usados em aplicações nas quais existirão tensões elevadas. A resistência à fluência é também uma limitação. As propriedades de resistência variam significativamente entre os plásticos, e a razão resistência-peso para alguns plásticos é competitiva com a dos metais em certas aplicações.

➢ ***Resistência ao impacto***. A capacidade dos plásticos de absorver impacto é geralmente boa; os plásticos têm comparação favorável em relação à maioria dos metais.

➤ As *temperaturas de serviço* dos plásticos são limitadas em relação às dos metais e cerâmicas de engenharia.

➤ A *expansão térmica* é maior para os plásticos do que para os metais; portanto, as variações dimensionais devido a variações de temperatura são muito mais importantes do que para os metais.

➤ Muitos tipos de plásticos são submetidos à degradação devido à luz do Sol e algumas outras formas de radiação. Além disso, alguns plásticos se degradam em atmosferas de oxigênio e de ozônio. Por fim, os plásticos são solúveis em muitos solventes comuns. Do lado positivo, os plásticos são resistentes aos mecanismos de corrosão convencionais que afetam muitos metais. Os pontos fracos de certos plásticos devem ser considerados pelo projetista.

A extrusão é um dos processos de conformação de plásticos mais largamente usado. Diversas recomendações de projeto são apresentadas aqui para a extrusão convencional (compiladas, na maioria, de [3]).

➤ *Espessura da parede*. Uma espessura uniforme de parede é desejável em uma seção transversal extrudada. Variações na espessura da parede resultam em escoamento plástico e em resfriamento não uniformes, que tendem a distorcer o extrudado.

➤ *Seções vazadas (ocas)* complicam o projeto da matriz e o escoamento do plástico. É desejável usar seções transversais extrudadas maciças, que ainda satisfaçam os requisitos funcionais.

➤ *Cantos*. Cantos vivos, internos e externos, devem ser evitados na seção transversal, pois eles resultam em um fluxo não uniforme durante o processamento e em concentrações de tensão no produto final.

Os seguintes princípios básicos são aplicáveis à moldagem por injeção, à moldagem por compressão e à moldagem por transferência (compilados de [3], [10] e de outras referências).

➤ *Quantidades econômicas de produção*. Cada peça moldada requer um molde único, e o molde para qualquer desses processos pode ser caro, em especial para moldagem por injeção. Quantidades de produção mínimas para moldagem por injeção são, normalmente, em torno de 10.000 peças; para moldagem por compressão, as quantidades mínimas estão em torno de 1000 peças, pois o projeto de molde é mais simples. A moldagem por transferência se situa entre essas duas.

➤ *Complexidade da peça*. Embora peças com geometrias mais complexas signifiquem moldes mais caros, pode ser, entretanto, econômico projetar um molde complexo se as alternativas envolverem muitos componentes individuais a serem montados juntos. Uma vantagem da moldagem dos plásticos decorre de que ela permite que múltiplos detalhes funcionais sejam combinados em uma peça.

➤ *Espessura da parede*. Seções transversais espessas são geralmente indesejáveis; elas desperdiçam material, têm maior probabilidade de entortar devido à contração, e levam mais tempo para endurecer. *Suportes de reforço* podem ser usados em peças moldadas de plástico para obter aumento de rigidez, sem excessiva espessura de parede. Os suportes devem ser mais finos que as paredes que eles reforçam, para minimizar as marcas de afundamento na parede externa.

➤ *Raios de cantos e de filetes*. Cantos vivos, tanto externos quanto internos, são indesejáveis em peças moldadas; eles interrompem o fluxo uniforme do fundido, tendem a criar defeitos superficiais e causam concentrações de tensão na peça acabada.

➤ *Furos* são bastante viáveis em plásticos moldados, mas eles complicam o projeto do molde e a remoção da peça. Também causam interrupções no fluxo do fundido.

➤ *Angulação*. Uma peça moldada deve ser projetada com certo ângulo em suas laterais para facilitar sua remoção do molde. Isso é especialmente importante para uma peça com parede interna com formato de cunha, pois o plástico moldado se contrai

Processos de Conformação para Plásticos **249**

TABELA • 10.2 Tolerâncias típicas em peças moldadas de plásticos selecionados.

	Tolerâncias para:[a]			Tolerâncias para:[a]	
Plástico	Comprimento de 50 mm	Furo de 10 mm	Plástico	Comprimento de 50 mm	Furo de 10 mm
Termoplástico:			Termorrígido:		
ABS	±0,2 mm	±0,08 mm	Epóxis	±0,15 mm	±0,05 mm
Polietileno	±0,3 mm	±0,13 mm	Fenólicos	±0,2 mm	±0,08 mm
Poliestireno	±0,15 mm	±0,1 mm			

Os valores representam a prática de moldagem comercialmente típica. Compilado de [3], [7], [14] e [19].
[a]As tolerâncias podem ser reduzidas para tamanhos menores. Para tamanhos maiores, tolerâncias maiores são necessárias.

sobre o molde com formato positivo. O ângulo recomendado para os termorrígidos é de cerca de 1/2° a 1°; para os termoplásticos, o ângulo varia entre 1/8° e 1/2°. Os fornecedores dos compostos para moldagem de plásticos informam os valores dos ângulos recomendados para seus produtos.

➤ As *tolerâncias* especificam as variações de fabricação permitidas para uma peça. Embora, sob condições rígidas de controle, a contração seja previsível, tolerâncias generosas são desejáveis para os moldados por injeção devido às variações nos parâmetros do processo que afetam a contração. A Tabela 10.2 lista as tolerâncias para as dimensões de peças moldadas de plásticos selecionados.

Referências

[1] Baird, D. G., and Collias, D. I., *Polymer Processing Principles and Design*. John Wiley & Sons, New York, 1998.

[2] Billmeyer, Fred, W., Jr. *Textbook of Polymer Science*, 3rd ed. John Wiley & Sons, New York, 1984.

[3] Bralla, J. G. (Editor in Chief), *Design for Manufacturability Handbook*, 2nd ed. McGraw-Hill, New York, 1998.

[4] Briston, J. H., *Plastic Films*, 3rd ed. Longman Group U.K., Essex, England, 1989.

[5] Chanda, M., and Roy, S. K., *Plastics Technology Handbook*, 4th ed. Marcel Dekker, New York, 2007.

[6] Charrier, J. M., *Polymeric Materials and Processing*. Oxford University Press, New York, 1991.

[7] *Engineering Materials Handbook*, Vol. 2, *Engineering Plastics*. ASM International, Metals Park, Ohio, 1988.

[8] Hall, C., *Polymer Materials*, 2nd ed. John Wiley & Sons, New York, 1989.

[9] Hensen, F. (ed.), *Plastic Extrusion Technology*. Hanser Publishers, Munich, FRG, 1988. (Distributed in United States by Oxford University Press, New York.)

[10] McCrum, N. G., Buckley, C. P., and Bucknall, C. B., *Principles of Polymer Engineering*, 2nd ed. Oxford University Press, Oxford, U.K., 1997.

[11] *Modern Plastics Encyclopedia*. Modern Plastics, McGraw-Hill, Inc., Hightstown, New Jersey, 1991.

[12] Morton-Jones, D. H., *Polymer Processing*. Chapman and Hall, London, U.K., 1989.

[13] Pearson, J. R. A., *Mechanics of Polymer Processing*. Elsevier Applied Science Publishers, London, 1985.

[14] Rubin, I. I., *Injection Molding: Theory and Practice*. John Wiley & Sons, New York, 1973.

[15] Rudin, A., *The Elements of Polymer Science and Engineering*, 2nd ed. Academic Press, Orlando, Florida, 1999.

[16] Strong, A. B., *Plastics: Materials and Processing*, 3rd ed. Pearson Educational, Upper Saddle River, New Jersey, 2006.

[17] Sweeney, F. M., *Reaction Injection Molding Machinery and Processes*. Marcel Dekker, New York, 1987.

[18] Tadmor, Z., and Gogos, C. G., *Principles of Polymer Processing*, 2nd ed. John Wiley & Sons, New York, 2006.

[19] Wick, C., Benedict, J. T., and Veilleux, R. F., *Tool and Manufacturing Engineers Handbook*, 4th ed., Vol. II: *Forming*. Society of Manufacturing Engineers, Dearborn, Michigan, 1984.

Questões de Revisão

10.1 Indique algumas das razões pelas quais os processos de conformação de plásticos são importantes.

10.2 Identifique as principais categorias dos processos de conformação de plásticos, classificadas em função da geometria do produto obtido.

10.3 A viscosidade é uma propriedade importante de um polímero fundido nos processos de conformação de plásticos. De quais parâmetros a viscosidade depende?

10.4 Como a viscosidade de um polímero fundido difere da maioria dos fluidos, que são newtonianos.

10.5 O que significa viscosidade para um polímero fundido?

10.6 Defina inchamento na extrusão.

10.7 Descreva brevemente o processo de extrusão de plásticos.

10.8 O barril e a rosca de uma extrusora são geralmente divididos em três zonas (ou seções); identifique essas seções.

10.9 Quais são as funções do conjunto de telas e da placa filtro na extremidade do corpo da extrusora onde fica a matriz?

10.10 Quais são as diversas formas dos extrudados e das matrizes correspondentes?

10.11 Qual é a diferença entre uma chapa e um filme de plástico?

10.12 Qual é o processo de sopro de filmes usado para produzir matéria-prima na forma de filmes?

10.13 Descreva o processo de calandragem de polímero.

10.14 Fibras e filamentos poliméricos são usados em diversas aplicações. Qual é a aplicação comercial mais importante?

10.15 Qual é a diferença técnica entre uma fibra e um filamento?

10.16 Em relação às fibras sintéticas, quais são as mais importantes?

10.17 Descreva resumidamente o processo de moldagem por injeção.

10.18 Um equipamento de moldagem por injeção é dividido em dois componentes principais. Nomeie-os.

10.19 Quais são os dois tipos básicos de unidades de fechamento?

10.20 Qual é a função das portas nos moldes de injeção?

10.21 Quais são as vantagens de um molde tripartido em relação a um molde bipartido na moldagem por injeção?

10.22 Discuta alguns dos defeitos que ocorrem na moldagem por injeção de plásticos.

10.23 Descreva a moldagem de espuma estrutural.

10.24 Quais são as diferenças importantes no equipamento e nos procedimentos operacionais entre a moldagem por injeção de termoplásticos e a moldagem por injeção de termorrígidos?

10.25 O que é moldagem por injeção reativa?

10.26 Que tipos de produtos são produzidos pela moldagem por sopro?

10.27 Qual é a forma do material inicial na termoformagem?

10.28 Qual é a diferença entre um molde positivo e um molde negativo na termoformagem?

10.29 Por que os moldes são, em geral, mais caros na termoformagem mecânica do que na termoformagem com pressão ou a vácuo?

10.30 Por quais processos as espumas poliméricas são produzidas?

10.31 Indique algumas das considerações gerais que os projetistas de produto devem ter em mente quando projetam componentes de plásticos.

Problemas

As respostas dos Problemas com indicação **(A)** estão listadas no Apêndice, na parte final do livro.

Extrusão

10.1 **(A)** O diâmetro do corpo de uma extrusora é de 85 mm e seu comprimento é igual a 2,00 m. A rosca gira a 55 rpm. A profundidade do canal da rosca mede 8,00 mm e o ângulo de ataque é igual a 18°. A pressão na cabeça, na extremidade do corpo da extrusora próxima à matriz, é de 10×10^6 Pa. A viscosidade do polímero fundido tem o valor de 100 Pa-s. Encontre a taxa de escoamento volumétrica do plástico no corpo da extrusora.

10.2 O corpo de uma extrusora tem diâmetro de 100 mm e comprimento de 2,6 m. A profundidade do canal da rosca é 7 mm, e seu passo vale 95 mm. A viscosidade do polímero fundido vale 105 Pa-s, e a pressão na cabeça do corpo da extrusora é igual a 4 MPa. Que velocidade de rotação da rosca é necessária para alcançar uma taxa de escoamento volumétrica de 90 cm³/s?

10.3 Determine o ângulo de ataque A, de modo tal que o passo P da extrusora seja igual ao diâmetro da rosca D. Esse ângulo é chamado de "quadrado" na extrusão de plásticos – o ângulo que fornece um avanço igual a um diâmetro para cada rotação da rosca.

10.4 Uma extrusora tem diâmetro de 80 mm e comprimento de 2,00 m. Sua rosca tem profundidade de canal de 6 mm, ângulo de ataque de 18 graus, e gira a 1 rot/s. O fundido tem viscosidade ao cisalhamento de 150 Pa-s. Determine as características da extrusora, calculando $Q_{máx}$ e $p_{máx}$ e, então, encontre a equação da reta entre eles.

10.5 **(A)** O corpo de uma extrusora tem diâmetro e comprimento de 100 mm e 2,8 m, respectivamente. A rosca gira a 50 rpm; a profundidade de seu canal é 7,5 mm, e seu ângulo de ataque é igual a 17°. O fundido tem viscosidade ao cisalhamento de 175 Pa-s. Determine (a) a característica da extrusora, (b) o fator de forma K_s para uma abertura circular na matriz, com diâmetro de 3,0 mm e comprimento de 12,0 mm, e (c) o ponto de operação (Q e p).

Moldagem por Injeção

10.6 **(A)** Uma das dimensões especificadas para certa peça fabricada por moldagem por injeção em Náilon 6,6 é 150 mm. Calcule a dimensão correspondente com a qual a cavidade do molde deve ser usinada, empregando o valor de contração dado na Tabela 10.1.

10.7 O contramestre no departamento de moldagem por injeção disse que uma peça de polietileno produzida em uma das operações tinha contração maior do que indicavam os cálculos que ele deveria ter. A dimensão relevante da peça é especificada como 122,5 ± 0,25 mm. Entretanto, a peça moldada mede 112,02 mm. (a) Como primeiro passo, a dimensão correspondente da cavidade do molde deve ser verificada. Calcule o valor correto da dimensão do molde, considerando que o valor de contração para o polietileno é o fornecido na Tabela 10.1. (b) Que ajustes nos parâmetros de processo poderiam ser feitos para reduzir a contração?

10.8 Uma operação de moldagem por injeção produz peças de forma intermitente. Além disso, algumas das dimensões da peça estão muito grandes, indicando que as dimensões correspondentes do molde são superdimensionadas, ou que a contração da peça é menor do que foi prevista. Lotes dessa peça foram produzidos diversas vezes, anteriormente, sem esses pro-

blemas de qualidade; logo, o molde deve estar corretamente dimensionado. Faça algumas recomendações que possam minimizar os problemas.

Outras Operações de Moldagem e Termoformagem

10.9 **(A)** A matriz de extrusão para um *parison* de polietileno usado na moldagem por sopro tem diâmetro médio de 20,0 mm. O tamanho do anel da abertura na matriz é de 2,0 mm. O diâmetro médio do *parison* incha até o valor de 23,0 mm após sair do orifício da matriz. Se o diâmetro do vasilhame moldado por sopro é de 125 mm, determine (a) a espessura de parede correspondente do vasilhame e (b) o diâmetro interno do *parison*.

10.10 Um *parison* é extrudado a partir de uma matriz com um diâmetro externo de 11,5 mm e um diâmetro interno de 7,5 mm. O inchamento após a saída da matriz é de 1,25. O *parison* é usado para o sopro de um vasilhame de bebida, cujo diâmetro externo vale 112 mm (tamanho-padrão para uma garrafa de refrigerante de 2 litros). (a) Qual é a espessura de parede correspondente do vasilhame? (b) Obtenha uma garrafa de refrigerante de 2 litros, vazia, e (com cuidado) corte-a transversalmente. Usando um micrômetro, meça a espessura da parede para compará-la com sua resposta em (a).

10.11 Uma operação de extrusão é usada para produzir um *parison* cujo diâmetro médio é 25 mm. Os diâmetros interno e externo da matriz que produziu o *parison* são 18 mm e 22 mm, respectivamente. Se a espessura de parede mínima do vasilhame soprado for de 0,40 mm, qual será o máximo diâmetro possível do molde de sopro?

10.12 Uma operação de moldagem por injeção produz um *parison* cujo diâmetro externo é 20 mm e a espessura da parede é 4,0 mm. As dimensões correspondentes da cavidade do molde são as mesmas. Se o diâmetro da cavidade do molde de sopro for de 150 mm, qual será a espessura da parede do vasilhame soprado?

10.13 O problema em certa operação de termoformagem é que ocorre afinamento excessivo nas paredes das peças grandes com formato de cuba. A operação é a termoformagem com pressão convencional usando um molde positivo, e o plástico é uma chapa de ABS com espessura inicial de 3,2 mm. (a) Por que está ocorrendo afinamento nas paredes da cuba? (b) Que modificações poderiam ser feitas na operação para corrigir o problema?

11 Processamento de Compósitos de Matriz Polimérica e Borracha

Sumário

11.1 Visão Geral do Processamento de Compósitos de Matriz Polimérica
- 11.1.1 Matérias-Primas para Compósitos de Matriz Polimérica
- 11.1.2 Combinando Matriz e Reforço

11.2 Processos de Molde Aberto
- 11.2.1 Manual
- 11.2.2 Aspersão
- 11.2.3 Equipamentos Automáticos para a Colocação de Fitas
- 11.2.4 Cura

11.3 Processos de Molde Fechado
- 11.3.1 Processos de Moldagem por Compressão para Compósitos de Matriz Polimérica
- 11.3.2 Processos de Moldagem por Transferência para Compósitos de Matriz Polimérica
- 11.3.3 Processos de Moldagem por Injeção para Compósitos de Matriz Polimérica

11.4 Outros Processos de Conformação para Compósitos de Matriz Polimérica
- 11.4.1 Enrolamento Filamentar
- 11.4.2 Processos de Pultrusão
- 11.4.3 Processos de Conformação Adicionais para Compósitos de Matriz Polimérica

11.5 Processamento e Conformação de Borrachas
- 11.5.1 Produção da Borracha
- 11.5.2 Formulação e Mistura
- 11.5.3 Conformação e Processos Relacionados
- 11.5.4 Vulcanização
- 11.5.5 Processamento de Elastômeros Termoplásticos

11.6 Fabricação de Pneus e de Outros Produtos de Borracha
- 11.6.1 Pneus
- 11.6.2 Outros Produtos Pre Borracha

Este capítulo considera os processos de fabricação por meio dos quais compósitos de matriz polimérica e borrachas são conformados gerando componentes e produtos úteis. Muitos dos processos usados para esses materiais são os mesmos ou similares aos aplicados na fabricação de produtos plásticos (Capítulo 10). Afinal, compósitos de matriz polimérica e borrachas são materiais poliméricos. A diferença é que eles contêm alguma forma de ingrediente de reforço. Um **compósito de matriz polimérica** (CMP) é um material compósito formado por um polímero que envolve uma fase de reforço, como fibras ou partículas. A importância comercial e tecnológica dos processos para CMPs deriva do uso crescente dessa classe de materiais, especialmente dos polímeros reforçados por fibras (PRFs). No uso corrente, CMP em geral se refere, na prática, aos polímeros reforçados por fibras. Os compósitos reforçados por fibras são projetados com razões resistência-peso e rigidez-peso elevadas. Essas características os tornam atrativos na aviação, em automóveis, caminhões, barcos e equipamentos esportivos.

A definição anterior de compósito de matriz polimérica pode ser aplicada a quase todos os produtos de borracha, exceto àqueles cujo polímero é um elastômero, já que o polímero em um CMP é um plástico. Quase todos os produtos de borracha são reforçados com negro de fumo, que fornece as características de cor preta aos pneus. Os pneus constituem o produto dominante na indústria de borracha. São usados em grandes quantidades para automóveis, caminhões, aviões e bicicletas.

A cobertura neste capítulo inicia com os compósitos de matriz polimérica baseados em plásticos. As Seções 11.5 e 11.6 tratam dos compósitos baseados em elastômeros.

11.1 Visão Geral do Processamento de Compósitos de Matriz Polimérica

A variedade de métodos de conformação dos plásticos reforçados por fibras é, algumas vezes, desconcertante em uma primeira leitura. Um roteiro de processos auxiliará o leitor a entrar nesse novo território. Os processos de conformação dos PRFs podem ser divididos em cinco categorias: (1) processos com molde aberto, (2) processos com molde fechado, (3) enrolamento filamentar, (4) processos de pultrusão e (5) outros. Essas categorias estão organizadas na Figura 11.1. Os processos com molde aberto incluem alguns dos procedimentos manuais originais para a colocação das resinas e das fibras nos moldes. Os processos com molde fechado são semelhantes aos usados na moldagem de plásticos; o leitor irá reconhecer os nomes – moldagem por compressão, moldagem por transferência e moldagem por injeção –, embora os nomes sejam trocados algumas vezes e, eventualmente, sejam feitas modificações para a fabricação de PRFs. No *enrolamento filamentar*, os filamentos contínuos, que foram mergulhados na resina líquida, são enrolados em torno de um mandril giratório; quando a resina cura, é criada uma forma rígida, oca e geralmente cilíndrica. A *pultrusão* é o processo de conformação para produzir perfis longos, retilíneos, de seção transversal constante; esse processo é semelhante à extrusão, mas é adaptado para incluir o reforço de fibras contínuas. A categoria "outros" inclui diversas operações que não se enquadram nas categorias anteriores. Para complicar a situação, alguns desses processos são usados para conformar compósitos com fibras contínuas, enquanto outros são usados para CMPs com fibras curtas. A Figura 11.1 mostra a identificação dos processos em cada divisão.

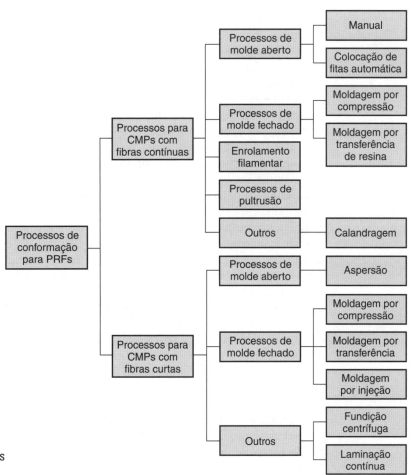

FIGURA 11.1 Classificação dos processos de fabricação para compósitos com polímeros reforçados por fibra.

Alguns dos processos de conformação para compósitos de matriz polimérica são lentos e envolvem grande demanda de mão de obra. Em geral, as técnicas para conformar compósitos são menos eficientes que os processos de fabricação para outros materiais. Existem duas razões para isso: (1) Os materiais compósitos são mais complexos que os outros materiais, pois consistem em duas ou mais fases e necessitam de que a fase de reforço seja orientada, no caso dos plásticos reforçados por fibras; e (2) as tecnologias de processamento dos materiais compósitos não foram alvo de melhoramentos e refinamentos ao longo de muitos anos, como ocorreu com os processos de outros materiais.

11.1.1 MATÉRIAS-PRIMAS PARA COMPÓSITOS DE MATRIZ POLIMÉRICA

Em um CMP, os materiais precursores são um polímero e uma fase de reforço. Eles são processados separadamente antes de se tornarem as fases do compósito. Esta seção considera como esses materiais são produzidos antes de serem combinados. A Subseção 11.1.2 descreve como eles são combinados para fabricar a peça de compósito.

Os polímeros termoplásticos e termorrígidos são usados como matrizes em compósitos de matriz polimérica. Os polímeros termorrígidos (TR) são os materiais mais comuns para matrizes. Os principais polímeros TR são as resinas fenólicas, os poliésteres insaturados e os epóxis. As fenólicas estão associadas ao uso de fases de reforço na forma de partículas, enquanto os poliésteres e epóxis são mais relacionados com os PRFs. Os polímeros termoplásticos (TP) também são usados em compósitos de matriz polimérica, e, de fato, a maioria dos compostos moldados é material compósito, que inclui cargas e/ou agentes de reforço. Embora muitos dos processos de conformação de polímeros discutidos no Capítulo 10 sejam aplicáveis aos compósitos de matriz polimérica, a combinação do polímero e do agente de reforço complica, algumas vezes, as operações.

A fase de reforço pode ter qualquer uma entre diversas geometrias, como fibras, partículas e plaquetas, e pode ser qualquer um entre inúmeros materiais, por exemplo, os cerâmicos, metais, outros polímeros ou elementos, tais como o carbono ou o boro. A função da fase de reforço e algumas de suas características técnicas estão discutidas na Subseção 5.4.1.

Materiais comuns usados na forma de fibras em PRFs são o vidro, o carbono e o polímero Kevlar. As fibras desses materiais são produzidas por várias técnicas, algumas das quais estão descritas em outros capítulos. As fibras de vidro são produzidas por estiramento por pequenos orifícios (Subseção 9.2.3). Para as fibras de carbono, vários tratamentos térmicos são realizados para converter um filamento precursor contendo um composto de carbono em uma forma mais pura de carbono. O material precursor pode ser qualquer um entre diversas substâncias: poliacrilonitrila (PAN), piche (resina preta de carbono formada na destilação do betume de carvão, de madeira, do petróleo etc.) ou raiom (celulose) são alguns exemplos. As fibras de Kevlar são produzidas por extrusão, combinada com estiramento por pequenos orifícios em uma fieira (Seção 10.4).

Começando como filamentos contínuos, as fibras são combinadas com a matriz polimérica em qualquer uma entre diversas formas, dependendo das propriedades desejadas no material e do método de processamento a ser usado para conformar o compósito. Em alguns processos de fabricação, os filamentos são contínuos, enquanto em outros eles estão picados em comprimentos curtos. Na forma contínua, os filamentos individuais estão em geral disponíveis em bobinas. A **bobina** é um conjunto de fios contínuos e não torcidos (paralelos); essa é uma forma conveniente para manuseio e processamento. As bobinas contêm tipicamente entre 12 e 120 fios individuais. Por outro lado, o **cabo** é um conjunto de filamentos torcidos. Bobinas são usadas em vários processos de fabricação de compósitos de matriz polimérica, incluindo o enrolamento filamentar e a pultrusão.

A forma mais comum de estrutura com fibras contínuas é em um *tecido* – formado por um conjunto de cabos torcidos. Muito semelhante a um tecido, mas diferente, é o *tecido trançado*, no qual são usados filamentos não torcidos em vez de cabos. Esses tecidos trançados podem ser produzidos com um número diferente de fios nas duas direções, de modo que eles possuem maior resistência em uma direção que na outra. Tecidos trançados unidirecionais são frequentemente preferidos em compósitos laminados reforçados por fibras.

As fibras também podem ser preparadas na forma de ***manta*** – um feltro consistindo em fibras curtas de forma aleatória orientadas, mantidas fracamente unidas por um ligante, algumas vezes sobre um tecido que serve de sustentação. As mantas são disponíveis de modo comercial com vários pesos, espessuras e larguras. As mantas podem ser cortadas e conformadas para serem usadas como ***pré-formas*** em alguns dos processos de molde fechado. Durante a moldagem, a resina se impregna na pré-forma e, então, cura, formando um moldado reforçado por fibras.

Partículas e plaquetas estão, na verdade, na mesma classe. As plaquetas são partículas cujo comprimento e largura são grandes em relação à espessura. A caracterização de pós-usados em engenharia está discutida na Seção 12.1. Os métodos de produção de pós-metálicos estão discutidos na Seção 12.2, e as técnicas para produzir pós-cerâmicos estão discutidas na Subseção 13.1.1.

11.1.2 COMBINANDO MATRIZ E REFORÇO

A incorporação do agente de reforço na matriz polimérica ocorre durante o processo de conformação ou antes disso. No primeiro caso, os materiais precursores chegam à operação de fabricação como materiais separados e são combinados no compósito durante a conformação. São exemplos desse caso o enrolamento filamentar e a pultrusão. O reforço precursor nesses processos consiste em fibras contínuas. No segundo caso, os dois materiais componentes são combinados em alguma forma preliminar que seja conveniente para ser usada no processo de conformação. Quase todos os termoplásticos e termorrígidos usados nos processos de conformação de plásticos são, na realidade, polímeros combinados a cargas. As cargas são ou fibras curtas ou partículas (incluindo plaquetas).

As formas precursoras utilizadas nos processos desenvolvidos para compósitos reforçados por fibras são as de maior interesse neste capítulo. Podemos pensar nas formas precursoras como compósitos pré-fabricados, que já chegam prontos para uso no processo de conformação. Essas formas são os compostos moldados e também os pré-impregnados.

Compostos Moldados Os compostos moldados são semelhantes àqueles usados na moldagem de plásticos. Eles são projetados para uso em operações de moldagem e, portanto, devem ser capazes de escoar. A maioria dos compostos de moldagem para o processamento de compósitos são polímeros termorrígidos. Desse modo, não foram curados antes do processamento de conformação. A cura é feita durante e/ou após a conformação final. Os compostos moldados para compósitos reforçados por fibras consistem na resina matriz com fibras curtas, dispersas aleatoriamente. Esses compostos são obtidos por diversas formas.

Compostos moldados em chapas (*sheet molding compound* – SMC) são uma combinação de resina polimérica TR, cargas e outros aditivos e fibras de vidro picadas (orientadas de forma aleatória), todos laminados em uma chapa com espessura típica de 6,5 mm. A resina mais comum é o poliéster insaturado; as cargas são em geral pós de minerais, tais como talco, sílica e calcário; as fibras de vidro têm tipicamente de 12 a 75 mm de comprimento e respondem por cerca de 30 % em volume do SMC. Como cargas usadas em processos de moldagem, os SMCs são muito convenientes em termos de manuseio e de corte ao tamanho adequado. Os compostos moldados em chapas são em geral produzidos entre filmes finos de polietileno para limitar a evaporação dos voláteis da resina termorrígida. A camada protetora também melhora o acabamento superficial nas peças subsequentemente moldadas. O processo para a fabricação contínua de chapas de SMC está ilustrado na Figura 11.2.

Compostos moldados em blocos (*bulk molding compound* – BMC) são fabricados com componentes semelhantes àqueles do SMC, mas o composto polimérico está na forma de um bloco em vez de uma chapa. As fibras no BMC são mais curtas, tipicamen-

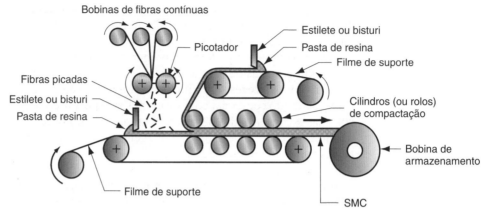

FIGURA 11.2 Processo para a produção de compostos moldados em chapas (SMC).

te entre 2 e 12 mm, pois é preciso maior fluidez nas operações de moldagem, para as quais esses materiais são preparados. O diâmetro do bloco é em geral de 25 a 50 mm. O processo para produzir o BMC é semelhante àquele para o SMC, exceto que é usada extrusão para dar ao bloco sua forma final. O BMC também é conhecido como *composto moldado em massa* (*dough molding compound* – DMC), pois ele possui a consistência de uma massa. Outros compostos moldados de PRF incluem *compostos moldados espessos* (*thick molding compound* – TMC), semelhante ao SMC, porém mais espessos – com até 50 mm, e *compostos moldados em pellets* (*pelletized molding compound*) – basicamente compostos convencionais para a moldagem de plásticos que contêm fibras curtas.

Pré-impregnados Outra forma pré-fabricada para as operações de conformação de PRF são os *pré-impregnados*, que consistem em fibras impregnadas com resinas termorrígidas parcialmente curadas, para facilitar o processo de conformação. A finalização da cura é realizada durante e/ou após a conformação. Os pré-impregnados estão disponíveis na forma de fitas ou de lâminas com fibras cruzadas ou com tecidos de fibras. A vantagem dos pré-impregnados é que eles são fabricados com filamentos contínuos em vez de fibras curtas aleatórias, aumentando assim a resistência e o módulo do produto final. As fitas e as lâminas de pré-impregnados são associadas a compósitos avançados (reforçados com fibras de boro, carbono/grafite e Kevlar), assim como fibra de vidro.

11.2 Processos de Molde Aberto

A característica que diferencia essa família de processos de conformação de PRF é o emprego de uma única superfície de moldagem, positiva ou negativa (Figura 11.3), para produzir as estruturas laminadas de PRF. Outros nomes para os processos de conformação de molde aberto incluem *laminação por contato* e *moldagem por contato*. Os materiais precursores (resina, fibras, mantas e tecidos) são aplicados sobre o molde em camadas até alcançar a espessura desejada. Isso é seguido pela cura e pela remoção da peça. As resinas comuns são os poliésteres insaturados e os epóxis, usando fibras de vidro como reforço. Os moldes são normalmente grandes (por exemplo, para cascos de barcos). A vantagem de usar o molde aberto é que ele custa menos do que se fossem

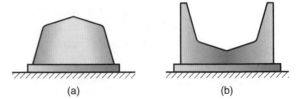

FIGURA 11.3 Tipos de moldes abertos: (a) positivo e (b) negativo.

usados moldes bipartidos. A desvantagem é que apenas a superfície da peça em contato com a superfície do molde tem acabamento; a outra superfície é áspera. Para obter a melhor superfície possível no lado com acabamento, o próprio molde deve ser bem liso.

Existem vários processos de molde aberto importantes para os PRFs. As diferenças estão nos métodos de laminação, em técnicas alternativas de cura e outras variações. Nesta seção, descrevemos três processos de molde aberto para a conformação de plásticos reforçados por fibras: (1) manual, (2) por aspersão, e (3) com equipamentos automáticos de colocação de fitas. O processo manual é tratado como processo básico, e os outros como modificações e refinamentos.

11.2.1 MANUAL

A laminação manual é o método de molde aberto mais antigo para fabricar laminados de PRF, datando dos anos 1940, quando ele foi primeiro usado para fabricar cascos de barcos. É também o método com maior utilização de mão de obra. Como o nome sugere, a laminação manual é um método de conformação no qual as sucessivas camadas de resina e de reforço são aplicadas de forma manual em molde aberto para montar uma estrutura laminada de PRF. O procedimento básico consiste em cinco etapas, que estão mostradas na Figura 11.4. A peça moldada final deve, normalmente, ser desbastada com uma serra, para aparar as bordas externas. Em geral, essas mesmas cinco etapas são necessárias para todos os processos de molde aberto, e as diferenças entre os métodos ocorrem nas etapas 3 e 4.

Na etapa 3, cada camada de fibra de reforço está seca quando é colocada sobre o molde. A resina líquida (não curada) é, então, aplicada por pincelamento, aspersão, ou é vertida. A impregnação da resina na manta ou no tecido de fibra é realizada por laminação manual. Esse procedimento é denominado *laminação a úmido*. Um procedimento alternativo é o uso de *pré-impregnados*, no qual as camadas impregnadas das fibras de reforço são preparadas primeiramente fora do molde e, então, colocadas sobre a

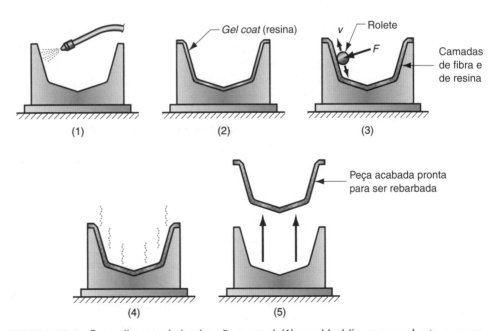

FIGURA 11.4 Procedimento de laminação manual: (1) o molde é limpo e recoberto com um agente desmoldante; (2) é aplicada uma fina camada de *gel coat* (resina, quase sempre com pigmento para ficar colorida), que será a superfície externa da peça moldada; (3) quando o *gel coat* tiver parcialmente curado, são aplicadas camadas sucessivas de resina e de fibras, que estão na forma de manta ou de tecido; cada camada é laminada para impregnar por completo as fibras com a resina e remover bolhas de ar; (4) a peça é curada; e (5) a peça totalmente rígida é removida do molde.

superfície do molde. As vantagens citadas para o emprego de pré-impregnados incluem maior controle sobre a mistura fibra-resina e métodos mais eficientes de colocação das camadas [16].

Os moldes para a laminação por contato em molde aberto podem ser de gesso, metal, plástico reforçado por fibra de vidro ou outros materiais. A seleção do material depende de fatores econômicos, qualidade da superfície e outros fatores técnicos. Para a fabricação de protótipos, na qual apenas uma peça é produzida, os moldes de gesso são normalmente adequados. Para produções médias, o molde pode ser feito de plástico reforçado por fibras de vidro. Altas produções requerem, em geral, moldes metálicos. São empregados alumínio, aço e níquel, algumas vezes com endurecimento superficial para resistir à abrasão. Uma vantagem do metal, além da durabilidade, é sua alta condutividade térmica, que pode ser usada para implementar um sistema de cura a quente, ou simplesmente dissipar calor do laminado enquanto esse cura em temperatura ambiente.

Os produtos adequados para laminação manual são geralmente de tamanho grande, mas com baixa quantidade de produção. Além de cascos de barcos, outras aplicações incluem piscinas, tanques de armazenagem grandes, placas de sinalização, radomes e outras peças em forma de placas. Peças automotivas também têm sido fabricadas, mas o método não é econômico para alta produção. As maiores peças moldadas já feitas por esse processo foram cascos de navios para a Marinha Real Britânica: 85 m de comprimento [3].

11.2.2 ASPERSÃO

Esse método é uma tentativa de mecanizar a aplicação de camadas de fibra-resina e reduzir o tempo da laminação manual. Também é uma alternativa para a etapa 3 no procedimento de laminação manual. No método de aspersão, resina líquida e fibras picadas são aspergidas sobre um molde aberto para formar lâminas sucessivas de PRF, como mostrado na Figura 11.5. A pistola de aspersão é equipada com um mecanismo de corte, que é alimentado por fibras contínuas e as corta em fibras com comprimentos de 25 a 75 mm, e são direcionadas ao fluxo de resina conforme esse sai da ponta da pistola. Essa mistura resulta em fibras com orientações aleatórias nas camadas – diferente da laminação manual, na qual os filamentos podem ser orientados, se desejado. Outra diferença é que o teor de fibras no processo de aspersão se limita a cerca de 35 %, em comparação a um máximo em torno de 65 % na laminação manual. Essa é uma limitação do processo de mistura e aspersão.

A aspersão pode ser realizada manualmente, com a utilização de uma pistola de aspersão portátil, ou equipamento automático, no qual o percurso da pistola de aspersão é pré-programado e controlado por computador. O procedimento automatizado é vantajoso em relação à eficiência da mão de obra e da proteção ao ambiente. Algumas emissões de voláteis a partir das resinas líquidas são nocivas, e os equipa-

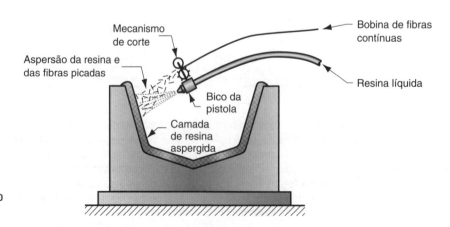

FIGURA 11.5 Método de aspersão.

mentos com percurso controlado podem operar em áreas fechadas sem a presença de pessoas. Entretanto, normalmente é necessário laminar cada camada, como na laminação manual.

Os produtos fabricados pelo método de aspersão incluem cascos de barcos, banheiras, boxes de banheiros, peças de carroceria de carros e de caminhões, componentes de veículos de recreação, móveis, grandes painéis estruturais, e contêineres. Painéis de sinalização e letreiros são, algumas vezes, fabricados por esse método. Como os produtos fabricados por aspersão possuem fibras curtas orientadas aleatoriamente, eles não são tão resistentes como aqueles fabricados por laminação manual, nos quais as fibras são contínuas e direcionadas.

11.2.3 EQUIPAMENTOS AUTOMÁTICOS PARA A COLOCAÇÃO DE FITAS

Essa é outra tentativa para automatizar e acelerar a etapa 3 do processo de colocação das fibras. Os equipamentos automáticos para a colocação de fitas operam colocando uma fita de pré-impregnado sobre um molde aberto, e então seguindo um percurso pré-programado. Um equipamento típico consiste em um pórtico ao qual é presa uma cabeça de alimentação. O pórtico permite que a cabeça se mova em x-y-z para se posicionar e seguir um percurso definido e contínuo. A cabeça, em si, possui diversos eixos de rotação, mais um dispositivo de cisalhamento para cortar a fita ao final de cada percurso. Fitas de pré-impregnados com 75 mm de largura são comuns, embora larguras de 300 mm tenham sido reportadas [15]; a espessura fica em torno de 0,13 mm. A fita é armazenada no equipamento em rolos, sendo desenrolada e posicionada em comprimento definido. Cada lâmina é colocada em uma série de passes para a frente e para trás ao longo da superfície do molde, até que o conjunto paralelo de fitas complete a camada.

Muito do trabalho pioneiro para desenvolver equipamentos automatizados para colocação de fitas foi realizado pela indústria aeronáutica, que é ávida para economizar custos de mão de obra e, ao mesmo tempo, alcançar maior qualidade e uniformidade possíveis em seus componentes fabricados. A desvantagem desse e de outros equipamentos controlados numericamente por computador é a necessidade de programação, que leva tempo.

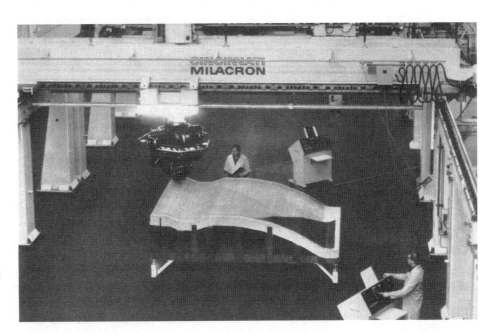

FIGURA 11.6 Equipamento automático para colocação de fita. (Cortesia de Cincinnati Milacron.)

11.2.4 CURA

A cura (etapa 4) é necessária para produzir todas as resinas termorrígidas usadas em compósitos laminados reforçados por fibras. A cura decorre da formação de ligações cruzadas no polímero, transformando-o de sua condição de líquido, ou altamente plástico, em produto rígido. Existem três principais parâmetros de processo na cura: tempo, temperatura e pressão.

A cura ocorre normalmente à temperatura ambiente para as resinas TR usadas nos procedimentos de laminação manual e de dispersão. As peças moldadas feitas por esses processos são, com frequência, grandes, e o aquecimento dessas peças seria difícil. Em alguns casos, são necessários dias, antes que a cura à temperatura ambiente esteja suficientemente terminada para que a peça seja removida. Se for possível, aplica-se calor para acelerar a reação de cura.

O aquecimento é realizado por diversos meios. A cura em forno fornece calor em temperaturas bem controladas; alguns fornos de cura são equipados para fazerem vácuo parcial. Aquecimento por infravermelho poderá ser usado em aplicações nas quais for impraticável ou for inconveniente colocar a peça moldada em um forno.

A cura em uma autoclave promove controle tanto sobre a temperatura quanto sobre a pressão. A *autoclave* é uma câmara fechada, equipada para aplicar calor e/ou pressão em níveis controlados. No processamento de compósitos reforçados por fibras, a autoclave é, normalmente, um grande cilindro horizontal com portas em ambas as extremidades. O termo *moldagem em autoclave* é usado, algumas vezes, em referência à cura em uma autoclave de um laminado feito com pré-impregnados. Esse procedimento é muito usado na indústria aeroespacial para produzir componentes de alta qualidade em compósitos.

11.3 Processos de Molde Fechado

Essas operações de moldagem são realizadas em moldes formados por duas seções que abrem e fecham durante cada ciclo de moldagem. Pode-se pensar que um molde fechado tem cerca de duas vezes o custo de um molde aberto semelhante. Entretanto, o custo do ferramental é ainda maior, pois o equipamento é mais complexo nesses processos. A despeito de seus custos, as vantagens dos moldes fechados são: (1) bom acabamento em todas as superfícies da peça, (2) maiores taxas de produção, (3) maior controle em relação às tolerâncias, e (4) possibilidade de fabricar formas tridimensionais mais complexas.

Embora a terminologia seja frequentemente diferente quando compósitos de matriz polimérica sejam moldados, dividimos os processos de moldes fechados em três classes, com base nos seus correspondentes na moldagem convencional de plásticos: (1) moldagem por compressão, (2) moldagem por transferência, e (3) moldagem por injeção.

11.3.1 PROCESSOS DE MOLDAGEM POR COMPRESSÃO PARA COMPÓSITOS DE MATRIZ POLIMÉRICA

Na moldagem por compressão de compostos convencionais (Subseção 10.7.1), uma carga é colocada na seção inferior do molde, e as seções do molde são fechadas sob pressão, fazendo com que a carga tome a forma da cavidade. As partes do molde são aquecidas para curar o polímero termorrígido. Quando a peça moldada está suficientemente curada, o molde é aberto e a peça é removida. Existem diversos processos de conformação de CMPs baseados na moldagem por compressão; as diferenças estão, em sua maioria, na forma dos materiais precursores. O escoamento da resina, das fibras e de outros componentes durante o processo é fator crítico na moldagem por compressão dos compósitos reforçados por fibras.

Moldagem por SMC, TMC e BMC Diversos dos compostos de PRF moldados, quais sejam, compostos moldados em chapas (SMC), compostos moldados em blocos (BMC) e compostos moldados espessos (TMC), podem ser cortados no tamanho adequado e

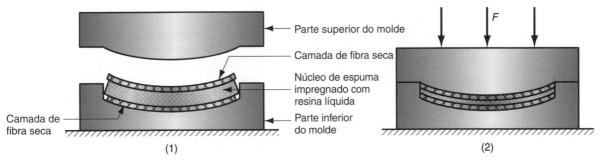

FIGURA 11.7 Moldagem em reservatório elástico: (1) a espuma é posicionada no molde entre duas camadas de fibras; (2) o molde é fechado, liberando a resina da espuma nas camadas de fibras.

usados como cargas precursoras na moldagem por compressão. Para armazenar esses materiais antes do processo de conformação é sempre necessária a refrigeração. Os nomes dos processos de conformação são baseados no composto de moldagem precursor (isto é, *moldagem SMC* é quando a carga precursora for pré-cortada de um composto moldado em chapas; a *moldagem BMC* usa um composto moldado em bloco e cortado no tamanho adequado como carga; e assim por diante).

Moldagem por Pré-Forma Outra forma de moldagem por compressão, chamada *moldagem por pré-forma* [16], envolve a colocação de uma manta pré-cortada na seção inferior do molde junto com a carga de resina polimérica (por exemplo, *pellets* ou uma chapa). Os materiais são, então, prensados entre as partes aquecidas do molde, fazendo com que a resina escoe e se impregne na manta de fibras, produzindo uma peça moldada reforçada por fibras. Variações do processo utilizam ou polímeros termoplásticos ou termorrígidos.

Moldagem em Reservatório Elástico A carga precursora na moldagem em reservatório elástico (MRE) é uma estrutura sanduíche e consiste em uma espuma polimérica central colocada entre duas camadas de fibras secas. A espuma do núcleo é, comumente, poliuretano com células abertas, impregnada com resina líquida, tal como epóxi ou poliéster, e as fibras secas podem estar em mantas, tecidos ou em outra forma precursora de fibras. Como representado na Figura 11.7, a estrutura sanduíche é colocada na parte inferior do molde e submetida à pressão moderada – em torno de 0,7 MPa. Conforme o núcleo é comprimido, ele libera a resina, que molha a superfície seca das camadas de fibras. A cura produz uma peça leve, formada por um núcleo de baixa densidade e superfícies finas de PRF.

11.3.2 PROCESSOS DE MOLDAGEM POR TRANSFERÊNCIA PARA COMPÓSITOS DE MATRIZ POLIMÉRICA

Na moldagem por transferência convencional (Subseção 10.7.2), a carga de resina termorrígida é colocada em uma cuba ou em uma câmara, aquecida e forçada pela ação de um pistão para o interior de uma ou mais cavidades do molde. O molde é aquecido para curar a resina. O nome do processo deriva do fato de que o polímero fluido é transferido de uma cuba para dentro do molde. Ele pode ser usado para moldar resinas TR, nas quais as cargas incluem fibras curtas, para fabricar uma peça em compósito polimérico reforçado por fibras. Outra forma de moldagem por transferência para CMPs é chamada *moldagem por transferência de resina* (*resin transfer molding* – RTM) [6], [16]; ela se refere ao processo de molde fechado, no qual uma manta é colocada na seção inferior do molde; o molde é fechado e uma resina termorrígida (por exemplo, resina poliéster) é transferida para dentro da cavidade do molde sob pressão moderada, para se impregnar na pré-forma. Para causar confusão, o processo RTM é chamado, algumas vezes, de *moldagem por injeção de resina* [6], [18] (a diferença entre a moldagem por transferência e a moldagem por injeção é, de qualquer modo, difusa, como o leitor deve ter percebido no Capítulo 10). O processo RTM tem sido usado para fabricar produtos, tais como banheiras, piscinas, assentos de bancos e de cadeiras, e cascos para barcos pequenos.

Diversas melhorias do processo RTM básico têm sido desenvolvidas [8]. Uma melhoria, chamada **RTM avançada**, usa polímeros de alta resistência, como resinas epóxis e fibras contínuas, reforçadas, em vez de mantas. As aplicações incluem componentes aeroespaciais, barbatanas de mísseis e esquis de neve. Dois processos adicionais são moldagem por transferência de resina com expansão térmica e injeção de resina termorrígida com reforço máximo. A *moldagem por transferência de resina com expansão térmica* (*thermal expansion resin transfer molding* – TERTM) é um processo patenteado por TERTM, Inc. Consiste nas seguintes etapas [8]: (1) Uma espuma de polímero rígido (por exemplo, poliuretano) é conformada em uma pré-forma. (2) A pré-forma é envolta por um tecido reforçado e colocada em um molde fechado. (3) Uma resina termorrígida (por exemplo, epóxi) é injetada no molde para impregnar o tecido e envolver a espuma. (4) O molde é aquecido para expandir a espuma, preenchendo a cavidade do molde e ocorrendo a cura da resina. A *injeção de resina termorrígida com reforço máximo* (*ultimately reinforced thermoset resin injection* – URTRI) é similar à TERTM, exceto que o núcleo de espuma inicial é epóxi fundido que envolve microesferas ocas de vidro.

11.3.3 PROCESSOS DE MOLDAGEM POR INJEÇÃO PARA COMPÓSITOS DE MATRIZ POLIMÉRICA

A moldagem por injeção se destaca pela produção, a baixo custo e em grande quantidade, de peças em plástico. Embora a moldagem por injeção esteja mais fortemente associada a termoplásticos, o processo pode ser adaptado também a termorrígidos (Subseção 10.6.5).

Moldagem por Injeção Convencional No processo de conformação de CMP, a moldagem por injeção é usada para PRF, tanto com TP quanto com TR. Na categoria dos TPs, praticamente todos os polímeros termoplásticos podem ser reforçados com fibras. Fibras picadas devem ser usadas; se fibras contínuas fossem usadas, elas seriam encurtadas, de qualquer modo, pela ação da rosca giratória no corpo da injetora. Durante a injeção, a partir da câmara para a cavidade do molde, as fibras tendem a se alinhar ao longo de seu percurso por meio do bico de injeção. Os projetistas podem, por vezes, explorar essa característica para otimizar as propriedades direcionais a partir do projeto da peça, da localização das portas e da orientação da cavidade em relação à porta [13].

Embora compostos TP moldados sejam aquecidos e então injetados em molde frio, polímeros TR são injetados em molde aquecido para cura. O controle do processo com termorrígidos é mais rigoroso devido ao risco de formação prematura de ligações cruzadas na câmara de injeção. Sob os mesmos riscos, a moldagem por injeção pode ser aplicada aos plásticos TR reforçados com fibras, na forma de compostos moldados em *pellets* e compostos moldados em massa.

Moldagem por Injeção Reativa com Reforços Alguns termorrígidos curam por reações químicas em vez de temperatura; essas resinas podem ser moldadas por moldagem por injeção reativa (*reaction injection molding* – RIM) [Subseção 10.6.5]. Na RIM, dois componentes reativos são misturados e imediatamente injetados na cavidade do molde, em que a cura e a solidificação dos componentes químicos ocorrem rapidamente. Um processo bastante próximo a esse inclui fibras de reforço, tipicamente de vidro, na mistura. Nesse caso, o processo é chamado de moldagem por injeção reativa com reforços (*reinforced reaction injection molding* – RRIM). Suas vantagens são semelhantes às da RIM, com o benefício adicional do reforço pelas fibras. O processo RRIM é muito usado nas carrocerias de carros e cabines de caminhões, em para-choques, protetores e outras peças.

11.4 Outros Processos de Conformação para Compósitos de Matriz Polimérica

Esta seção descreve as categorias remanescentes de processos de conformação para CMP: enrolamento filamentar, processos de pultrusão e outros processos de conformação de CMP.

11.4.1 ENROLAMENTO FILAMENTAR

Enrolamento filamentar é o processo no qual fibras contínuas impregnadas com resina são enroladas em torno de um mandril rotativo, que tem a forma interna do produto de PRF desejado. A resina é, subsequentemente, curada, e o mandril é removido. São produzidos componentes ocos axissimétricos (normalmente com seção transversal circular), assim como algumas formas irregulares. A forma mais comum do processo está mostrada na Figura 11.8. Um conjunto de fibras, provenientes de uma bobina, é puxado por meio de banho de resina, imediatamente antes de ser enrolado em um percurso helicoidal sobre um mandril cilíndrico. A continuação do percurso de enrolamento completa a superfície de uma camada, com a espessura de um filamento, sobre o mandril. A operação é repetida para formar camadas adicionais, cada qual possuindo um padrão de entrecruzamento com a anterior, até que a espessura desejada para a peça tenha sido alcançada.

Existem diversos métodos pelos quais as fibras podem ser impregnadas com resina: (1) ***enrolamento úmido***, no qual o filamento é puxado por meio da resina líquida imediatamente antes do enrolamento, como na figura; (2) ***enrolamento de pré-impregnados*** (também denominado ***enrolamento seco***), no qual os filamentos são pré-impregnados com a resina parcialmente curada, e enrolados em torno de um mandril aquecido; e (3) ***impregnação posterior***, na qual os filamentos são enrolados sobre o mandril e, então, são impregnados com resina por pincelamento ou por outra técnica.

Dois padrões de enrolamento básico são usados no enrolamento filamentar: (a) em hélice e (b) polar (Figura 11.9). No ***enrolamento em hélice***, as fibras são enroladas em um padrão espiral em torno do mandril, com ângulo de hélice θ. Se as fibras são enroladas com ângulo de hélice que se aproxima de 90°, de modo que, por revolução, o avanço do enrolamento é igual à largura do conjunto de fibras e os filamentos formam anéis aproximadamente circulares, esse enrolamento é chamado de ***enrolamento circunferencial***; esse enrolamento é um caso especial do enrolamento em hélice. No ***enrolamento polar***, as fibras são enroladas em torno do maior eixo do mandril, como na Figura 11.9(b); após cada revolução longitudinal, o mandril fica recoberto na largura do conjunto de fibras

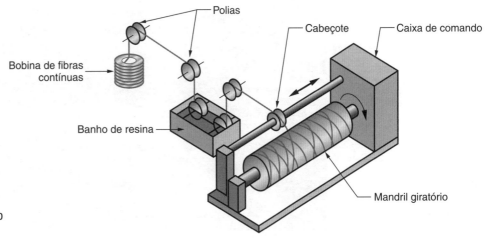

FIGURA 11.8 Enrolamento filamentar.

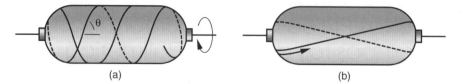

FIGURA 11.9 Dois padrões básicos no enrolamento filamentar: (a) em hélice e (b) polar.

(com rotação parcial entre si), de modo que uma forma oca é parcialmente formada no interior. Os padrões circunferencial e polar podem ser combinados por sucessivos giros do mandril para gerar camadas adjacentes com direções das fibras que sejam aproximadamente perpendiculares; essa forma é denominada **enrolamento biaxial** [3].

Os equipamentos de enrolamento filamentar possuem capacidades semelhantes às do motor de um torno mecânico (Subseção 18.2.3). O equipamento típico possui um motor de acionamento que gira o mandril e um mecanismo de alimentação para mover o cabeçote. O movimento relativo entre mandril e cabeçote deve ser controlado para obter um determinado padrão de enrolamento. No enrolamento em hélice, a relação entre o ângulo de hélice e os parâmetros de equipamento pode ser expressa da seguinte forma:

$$\tan \theta = \frac{v_c}{\pi DN} \qquad (11.1)$$

em que θ = ângulo de hélice dos enrolamentos no mandril, como na Figura 11.9(a); v_c = velocidade na qual o cabeçote percorre na direção axial, m/s; D = diâmetro do mandril, m; e N = velocidade de rotação, 1/s.

Vários tipos de controle estão disponíveis nos equipamentos de enrolamento filamentar. Os equipamentos modernos usam **comando numérico computadorizado** (CNC, Seção 34.3), no qual a rotação do mandril e a velocidade do cabeçote são controladas independentemente, para permitir maior ajuste e flexibilidade nos movimentos relativos. CNC é especialmente útil no enrolamento em hélice de formas contornadas, como na Figura 11.10. De acordo com a Equação (11.1), a razão $v_c/\pi DN$ deve permanecer fixa para manter um ângulo de hélice θ constante. Então, qualquer v_c e/ou N deve ser ajustado em linha para compensar alterações em D.

O **mandril** é a ferramenta especial que determina a geometria da peça obtida por enrolamento filamentar. Para a remoção da peça, os mandris devem ser capazes de colapsar após o enrolamento e a cura. Vários projetos são possíveis, incluindo mandris infláveis ou desinfláveis, mandris metálicos colapsáveis e mandris feitos de sais solúveis ou de gesso.

FIGURA 11.10 Equipamento de enrolamento filamentar. (Cortesia de Cincinatti Milacron.)

As aplicações do enrolamento filamentar são, com frequência, classificadas como aeroespaciais ou comerciais [15], e a primeira categoria envolve requisitos de engenharia bem maiores. Alguns exemplos de aplicações aeroespaciais incluem a envoltória dos motores de foguetes, corpos de mísseis, radomes, pás de helicópteros e seções da cauda e de estabilizadores de aviões. Essas peças são comumente feitas de resinas epóxi reforçadas por fibras de carbono, boro, Kevlar e vidro. Produtos com aplicações comerciais incluem tanques de armazenamento, tubos e dutos reforçados, eixos de transmissão, pás de turbinas eólicas e postes de iluminação; esses são fabricados com os PRFs convencionais. Os polímeros incluem resinas poliéster, epóxi e fenólicas; a fibra de vidro é o reforço comum.

11.4.2 PROCESSOS DE PULTRUSÃO

O processo básico de pultrusão foi desenvolvido por volta de 1950 para fazer varas de pescar em polímero reforçado por fibras de vidro (PRFV). O processo é semelhante à extrusão (daí a semelhança no nome), mas envolve puxar a peça (logo, o prefixo "pul-" é usado no lugar de "ex-").* Como na extrusão, a pultrusão produz seções contínuas, retilíneas e com seção transversal constante. Um processo relacionado, chamado de pulconformação (*pulforming*), pode ser usado para fabricar peças que são curvas e podem ter variações na seção transversal ao longo de seus comprimentos.

Pultrusão A pultrusão é o processo no qual fibras contínuas, provenientes de bobinas, são imersas em um banho de resina e puxadas através de uma matriz de conformação, em que a resina impregnada sofre a cura. A configuração do processo está esquematizada na Figura 11.11, que mostra o produto curado sendo cortado em seções retilíneas longas. As seções são reforçadas, em todo o seu comprimento, por fibras contínuas. Da mesma forma que na extrusão, as peças têm seção transversal constante, cujo perfil é determinado pela forma da abertura do molde.

O processo consiste em cinco etapas (identificadas no diagrama) realizadas em uma sequência contínua [3]: (1) *alimentação das fibras*, na qual as fibras são desenroladas de teares (prateleiras com ponteiras que prendem as bobinas de fibras); (2) *impregnação com resina*, em que as fibras são mergulhadas na resina líquida não curada; (3) *confor-*

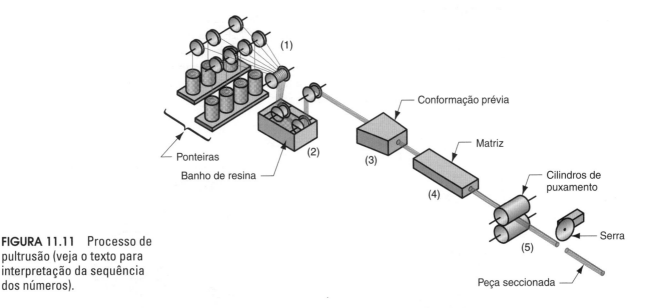

FIGURA 11.11 Processo de pultrusão (veja o texto para interpretação da sequência dos números).

---

*"pul-" do inglês *pull* (puxar). (N.T.)

mação prévia – o conjunto de filamentos é gradualmente conformado na forma aproximada da seção transversal desejada antes da matriz; (4) *conformação e cura*, quando as fibras impregnadas são puxadas através da matriz aquecida, cujo comprimento é de 1 a 1,5 m e cujas superfícies internas são altamente polidas; e (5) *puxamento e corte* – os puxadores são usados para puxar o comprimento, já curado, de dentro do molde, após o que ele é cortado por uma serra com grãos de SiC ou de diamante.

As resinas comumente usadas na pultrusão são poliésteres insaturados, epóxis e silicone; todas são polímeros termorrígidos. Existem dificuldades no processamento com polímeros epóxi devido à sua aderência sobre a superfície da matriz. Os termoplásticos também têm sido estudados para possíveis aplicações [3]. O material de reforço mais largamente usado são as fibras de vidro em proporções variando de 30 % a 70 %. O módulo de elasticidade e a resistência à tração aumentam com o teor do reforço. Os produtos fabricados por pultrusão são barras sólidas, tubos, chapas longas e finas, seções estruturais (tais como perfis não planos, cantoneiras e vigas com abas), cabos de ferramentas para trabalho em alta voltagem e coberturas do terceiro trilho de metrô.

Pulconformação O processo de pultrusão é limitado a seções retilíneas, com seção transversal constante. Existe também a necessidade de peças longas, com reforço por fibras contínuas, que sejam curvas em vez de retas e cujas seções transversais possam variar ao longo do comprimento. O processo de pulconformação é adequado a essas formas menos regulares. A pulconformação pode ser definida como a pultrusão com etapas adicionais para conformar o comprimento em um contorno semicircular e variar a seção transversal em um ou mais locais ao longo do comprimento. Um esquema do equipamento está ilustrado na Figura 11.12. Após sair da matriz de conformação, a peça contínua é alimentada a uma mesa giratória, que contém moldes negativos posicionados em torno de sua periferia. A peça é forçada em uma das cavidades do molde por uma matriz guia (sapata de moldagem), que comprime a seção transversal em várias posições e faz a curvatura ao longo do comprimento. O diâmetro da mesa determina o raio da peça. Conforme a peça sai da mesa matriz, ela é cortada em certo comprimento, gerando peças individuais. Resinas e cargas semelhantes às da pultrusão são usadas na pulconformação. Uma aplicação importante do processo é a produção do feixe de molas de automóveis.

11.4.3 PROCESSOS DE CONFORMAÇÃO ADICIONAIS PARA COMPÓSITOS DE MATRIZ POLIMÉRICA

Processos de conformação adicionais de CMP que merecem ser comentados incluem a fundição por centrifugação, laminação de tubos, laminação contínua, e corte. Além disso, muitos dos processos de conformação para termoplásticos são aplicáveis a PRF (com fibras curtas) baseados em polímeros TP; esses processos incluem moldagem por sopro, termoformação e extrusão.

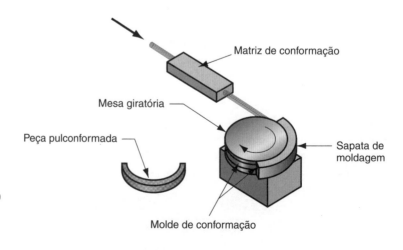

FIGURA 11.12 Processo de pulconformação (o corte da peça pulconformada não está mostrado no esboço).

Fundição por Centrifugação Esse processo é ideal para produtos cilíndricos, tais como tubos e tanques. O processo é o mesmo que seu correspondente na fundição de metais (Subseção 8.3.5). Fibras picadas combinadas com resina líquida são vertidas em um molde cilíndrico que gira rapidamente. A força centrífuga pressiona os componentes contra a parede do molde em que ocorre a cura. As superfícies internas resultantes são bastante lisas. A contração da peça e/ou o emprego de moldes com várias partes permitem a remoção da peça.

Laminação de Tubos Tubos de PRF podem ser fabricados a partir de lâminas de pré-impregnados pela técnica de laminação [11], mostrada na Figura 11.13. Tais tubos são usados em quadros de bicicletas e treliças espaciais. No processo, uma lâmina de pré-impregnado, pré-cortada, é enrolada em torno de um mandril cilíndrico diversas vezes, para obter um tubo com uma parede com diversas vezes a espessura da lâmina. As lâminas enroladas são, então, encapsuladas em uma luva, que se contrai com calor, e são curadas em forno. Conforme a luva se contrai, os gases aprisionados são expulsos pelas extremidades do tubo. Quando a cura termina, o mandril é removido, e um tubo de PRF é obtido. A operação é simples, e o custo do ferramental é baixo. Existem variações do processo, tais como o uso de diferentes métodos de enrolamento ou o uso de um molde de aço para encapsular o tubo de lâminas enroladas de pré-impregnados, a fim de obter melhor controle dimensional.

Laminação Contínua Painéis de plástico reforçado por fibras, algumas vezes translúcidos e/ou corrugados, são usados em construção. O processo para produzi-los consiste em (1) impregnação das camadas de mantas ou de tecidos de fibras de vidro pela imersão em resina líquida, ou passando-as sob um estilete; (2) recolher as camadas entre filmes de cobertura (celofane, poliéster, ou outro polímero); e (3) compactação entre cilindros compactadores e cura. O perfil corrugado (4) é gerado por cilindros com perfil ou por sapatas nos moldes.

Métodos de Corte Compósitos laminados de PRF devem ser cortados tanto curados quanto não curados. Os materiais não curados (pré-impregnados, pré-formas, SMCs e outras formas precursoras) devem ser cortados no tamanho adequado para serem empilhados, moldados, e assim por diante. Facas, tesouras, guilhotinas e punções de aço são ferramentas típicas de corte. Além disso, também são usados métodos de corte não tradicionais, tais como corte a laser e corte por jato de água (Capítulo 22).

Os PRFs curados são duros, tenazes, abrasivos e difíceis de serem cortados, mas o corte é necessário, em muitos processos de conformação de PRF, para retirar as rebarbas de material em excesso, fazer furos, contornos, e assim por diante. Para os plásticos reforçados por fibras de vidro, ferramentas de corte de carbeto cementado e lâminas de corte de aços rápidos devem ser usadas. Para compósitos mais avançados (por exemplo, boro-epóxi), ferramentas de corte adiamantadas obtêm os melhores resultados. O corte com jato de água é também usado com sucesso em PRFs curados; esse processo reduz os problemas de poeira e de ruído associados aos métodos de corte convencionais.

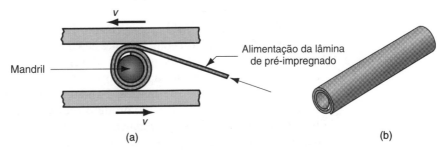

FIGURA 11.13 Laminação de tubos, mostrando (a) uma maneira possível de enrolar pré-impregnados de PRF em torno de um mandril, e (b) o tubo acabado após a cura e a remoção do mandril.

11.5 Processamento e Conformação de Borrachas

Embora os pneus datem do final dos anos 1880, a tecnologia da borracha pode ser atribuída à descoberta da vulcanização em 1939, processo pelo qual a borracha natural crua é transformada em material utilizável por meio da formação de ligações cruzadas das moléculas poliméricas. Durante seu primeiro século, a indústria da borracha estava interessada apenas no processamento da borracha natural. Por volta da Segunda Guerra Mundial, as borrachas sintéticas foram desenvolvidas; atualmente, elas constituem a maior parcela da produção de borracha.

A produção de produtos de borracha pode ser dividida em duas etapas básicas: (1) a produção da própria borracha e (2) o processamento da borracha em produtos acabados. A produção da borracha difere, em função de ela ser natural ou sintética. A borracha natural (BN) é produzida pelo cultivo na agricultura, enquanto a maioria das borrachas sintéticas é feita a partir do petróleo.

A produção da borracha é seguida por seu processamento nos produtos finais, que consiste em (1) formulação, (2) mistura, (3) conformação e (4) vulcanização. As técnicas de processamento para as borrachas natural e sintética são praticamente as mesmas; a diferença está relacionada com os produtos químicos usados para fazer a vulcanização (formação de ligações cruzadas). Essa sequência não é aplicável aos elastômeros termoplásticos, cujas técnicas de conformação são as mesmas usadas para os outros polímeros termoplásticos.

Diferentes tipos de atividades produtivas estão envolvidos na produção e no processamento de borrachas. A produção da borracha natural crua pode ser classificada como atividade agrícola, pois o látex, o composto inicial da borracha natural, é coletado em grandes plantações localizadas em climas tropicais. Em contrapartida, as borrachas sintéticas são produzidas pela indústria petroquímica. O processamento desses materiais em pneus, solas de sapato e outros produtos de borracha ocorre em usinas de processamento (fabricantes do produto final), que são comumente conhecidas como a indústria da borracha. Alguns dos grandes nomes nessa indústria incluem Goodyear, B. F. Goodrich e Michelin. A importância do pneu está refletida nesses nomes.

11.5.1 PRODUÇÃO DA BORRACHA

Nesta subseção, revisamos brevemente a produção da borracha antes de ela ir para o processamento. Essa revisão diferencia a borracha natural da borracha sintética.

Borracha Natural A borracha natural é extraída das árvores da borracha (*Hevea brasiliensis*) em forma de látex. Essas árvores são cultivadas em plantações no Sudoeste Asiático e em outros locais do mundo, como, por exemplo, no Brasil. O látex é uma dispersão coloidal de partículas sólidas do polímero poli-isopreno (Subseção 5.3.2) em água. O poli-isopreno é a substância química que forma a borracha e seu teor na emulsão é de cerca de 30 %. O látex é recolhido em grandes tanques, que misturam a produção de muitas árvores.

O método preferido para transformar o látex em borracha envolve a coagulação. Primeiro, o látex é diluído com água até cerca de metade de sua concentração natural. Um ácido, tal como o ácido fórmico (HCOOH) ou o ácido acético (CH$_3$COOH), é adicionado para que o látex coagule após aproximadamente 12 horas. O látex coagulado, agora na forma de blocos sólidos e macios, é então comprimido por cilindros em série, que removem grande parte da água do produto, reduzindo a espessura para cerca de 3 mm. Os últimos cilindros da série possuem ranhuras que geram um padrão de linhas nas chapas resultantes. As chapas são, então, estendidas sobre estruturas de madeira e secas em estufas. A fumaça quente das estufas contém creosoto, que previne bolor e oxidação da borracha. Diversos dias são normalmente necessários para completar o processo de secagem. A borracha resultante, agora na forma conhecida como *chapa defumada* (*ribbed smoked sheet*, RSS-3), é enrolada em grandes fardos para ser transportada para os processadores. Essa borracha crua tem uma cor marrom-escuro característica. Em alguns casos, as chapas são secas em ar quente, em vez de em estufas, e o termo ***chapa seca*** é aplicado; nesse caso, obtém-se uma borracha de melhor qualidade. Qualidade ainda melhor é chamada borracha ***crepe clara***, que envolve duas etapas de coagulação; a primeira remove componentes indesejáveis do látex, depois o coagulado resultante é submetido a uma lavagem mais intensa e ao procedimento envolvendo trabalho mecânico, seguido por secagem ao ar quente. A cor da borracha crepe clara se aproxima ao moreno-claro.

Borracha Sintética   Os vários tipos de borrachas sintéticas estão identificados na Subseção 5.3.3. A maioria das borrachas sintéticas é produzida, a partir do petróleo, pelas mesmas técnicas de polimerização usadas para sintetizar outros polímeros. Entretanto, diferente dos polímeros termoplásticos e termorrígidos, que são normalmente fornecidos ao processador como *pellets* ou como resinas líquidas, as borrachas sintéticas são fornecidas aos processadores de borracha na forma de grandes fardos. A indústria desenvolveu uma longa tradição de manusear a borracha natural nesses fardos.

11.5.2   FORMULAÇÃO E MISTURA

A borracha tem sempre aditivos em sua formulação, e é pela formulação que uma borracha específica é projetada com o objetivo de satisfazer determinada aplicação em termos de propriedades, custo e processabilidade. Produtos químicos são adicionados na formulação para a vulcanização. O enxofre tem sido usado tradicionalmente para esse propósito. O processo de vulcanização e os compostos químicos empregados em sua realização estão discutidos na Subseção 11.5.4.

Os aditivos incluem cargas, que atuam ou para melhorar as propriedades mecânicas da borracha (cargas reforçadoras) ou para ocupar volume na borracha para reduzir o custo (cargas não reforçadoras). A carga reforçadora mais importante na borracha é o ***negro de fumo***,* uma forma de carbono coloidal, de cor preta, obtida a partir da decomposição térmica de hidrocarbonetos (fuligem). Seu efeito é aumentar a resistência à tração e a resistência à abrasão e ao rasgamento do produto final de borracha. O negro de fumo também provê proteção contra a radiação ultravioleta. Essas melhorias são especialmente importantes nos pneus. A maioria das peças de borracha é de cor preta por conterem negro de fumo.

Embora o negro de fumo seja a carga mais importante, outras também são usadas. Essas incluem argilas – aluminossilicatos hidratados ($Al_2Si_2O_5(OH)_4$) –, que reforçam menos que o negro de fumo, mas são usadas quando a cor preta não for aceitável; carbonato de cálcio ($CaCO_3$), que é uma carga não reforçadora; sílica (SiO_2), que pode ter funções de reforço ou não, dependendo do tamanho da partícula; e outros polímeros, tais como estireno, PVC e fenólicos. A borracha retornada (reciclada) também pode ser adicionada como carga em alguns produtos de borracha, mas em proporções que normalmente não ultrapassam 10 %.

Outros aditivos formulados com a borracha incluem antioxidantes para retardar o envelhecimento por oxidação; produtos químicos para proteção ao ozônio e à fadiga; pigmentos de cor; óleos plastificantes; agentes de expansão na produção de borracha expandida; e compostos desmoldantes.

Muitos produtos requerem reforço por filamentos para reduzir o alongamento, mantendo, porém, as outras propriedades desejáveis da borracha. Pneus e esteiras rolantes são exemplos importantes. Celulose, náilon e poliéster são filamentos usados para esse propósito. Fibras de vidro e de aço são também usadas como reforço (por exemplo, pneus radiais cinturados com aço). Essas fibras contínuas devem ser introduzidas como parte do processo de conformação; elas não são misturadas com os outros aditivos.

---

*O negro de fumo também é chamado de negro de carbono nas indústrias de pneumáticos. (N.T.)

FIGURA 11.14
Misturadores usados no processamento de borrachas: (a) moinho de dois cilindros e (b) misturador interno do tipo *Banbury*. Esses equipamentos também podem ser utilizados para moer (triturar) borracha natural.

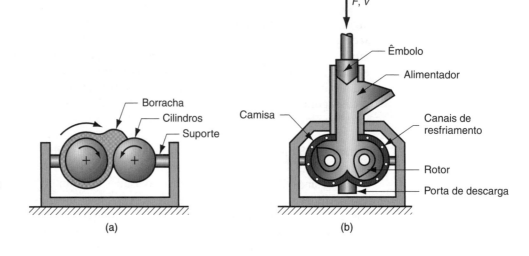

Os aditivos devem ser completamente misturados com a borracha para obter uma dispersão uniforme dos componentes. As borrachas não curadas possuem alta viscosidade. Trabalho mecânico aplicado à borracha pode aumentar sua temperatura até 150 °C. Se agentes de vulcanização estiverem presentes desde o início da mistura, ocorrerá vulcanização prematura – o pesadelo dos processadores de borracha [14]. Desse modo, a mistura em duas etapas é empregada normalmente. Na primeira etapa, o negro de fumo e outros aditivos que não causam vulcanização são combinados à borracha crua. O termo **mistura base** (*masterbatch*) é usado para essa mistura da primeira etapa. Após a completa mistura ter sido realizada, e suficiente tempo para o resfriamento ter ocorrido, é realizada a segunda etapa, na qual os agentes de vulcanização são adicionados.

O moinho de rolos e os misturadores de câmara fechada, ou misturadores internos, como o misturador *Banbury* (Figura 11.14), são equipamentos utilizados para mistura. O **moinho de rolos** consiste em dois cilindros paralelos, sustentados em uma estrutura, de forma que podem ser aproximados para obter a "folga" desejada (largura do espaçamento) e podem ser operados em velocidades de rotações iguais, ou ligeiramente diferentes. O **misturador interno** possui dois rotores fechados dentro de uma carcaça, como na Figura 11.4(b), para um misturador interno do tipo *Banbury*. Os rotores possuem lâminas e giram em direções opostas, em velocidades diferentes, gerando um padrão complexo do fluxo na mistura nele contida.

11.5.3 CONFORMAÇÃO E PROCESSOS RELACIONADOS

Os processos de conformação para os produtos de borracha podem ser divididos em quatro categorias básicas: (1) extrusão, (2) calandragem, (3) revestimento e (4) moldagem e fundição. A maioria desses processos já foi discutida nos capítulos anteriores, porém, nesta seção, examinamos as questões especiais que aparecem quando eles são aplicados às borrachas. Alguns produtos, como os pneus, requerem vários processos de transformação e ainda montagem para sua fabricação.

Extrusão A extrusão de polímeros foi discutida no capítulo anterior. Extrusoras de rosca são em geral usadas para a extrusão de borrachas. Como ocorre na extrusão de plásticos termorrígidos, a razão *L/D* do corpo das extrusoras é menor que para termoplásticos, tipicamente na faixa de 10 a 15, para reduzir o risco da formação prematura de ligações cruzadas. O inchamento após a saída da matriz ocorre em extrudados de borracha, pois o polímero está em condição altamente plástica e exibe a propriedade de memória. Ele ainda não está vulcanizado.

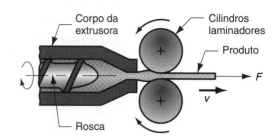

FIGURA 11.15 Processo de laminação com matriz: extrusão da borracha seguida por laminação.

Calandragem* Esse processo envolve a passagem da borracha por uma série de cilindros giratórios com espaçamentos decrescentes para a passagem do material (Seção 10.3). O equipamento usado na indústria da borracha é de construção mais robusta que o usado para termoplásticos, pois a borracha é mais viscosa e mais dura para conformar. A saída do processo é uma chapa de borracha com a espessura determinada pelo espaçamento do cilindro final; outra vez ocorre inchamento na chapa, fazendo com que sua espessura seja ligeiramente maior que o tamanho do espaçamento. A calandragem também pode ser usada para revestir ou impregnar tecidos para produzir tecidos emborrachados.

Existem problemas relacionados com a produção de chapas grossas tanto por extrusão quanto por calandragem. O controle da espessura é difícil no primeiro processo, e ocorre aprisionamento de ar no último. No entanto, esses problemas são bem solucionados quando a extrusão e a calandragem são combinadas no processo de *laminação com matriz* (Figura 11.15).** A matriz da extrusora é uma fenda que alimenta os cilindros de laminação.

Revestimento Revestir ou impregnar tecidos com borracha é uma etapa importante do processamento na indústria de borracha. Esses materiais compósitos são usados em pneus de automóveis, correias transportadoras, botes infláveis, e tecidos à prova d'água para encerados, barracas, e capas de chuva. O *revestimento* de borracha sobre a superfície dos tecidos compreende diversos processos. A calandragem é um dos métodos de aplicação do revestimento. A Figura 11.16 ilustra uma maneira possível pela qual o tecido é introduzido entre os cilindros de calandragem para obter a chapa de borracha reforçada.

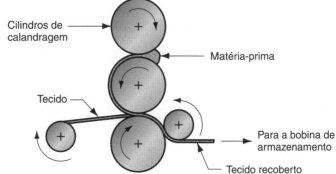

FIGURA 11.16 Revestimento de um tecido com borracha usando processo de calandragem.

---

*Na indústria de polímeros, utiliza-se esta nomenclatura, embora haja redução de espessura, o que seria denominado laminação. (N.T.)

**Os processos de extrusão e calandragem podem ser combinados na laminação com matriz ou realizados separadamente, como ocorre em algumas indústrias (N.T.)

As alternativas à calandragem incluem escumação, mergulho e aspersão. No processo de *escumação*, uma solução espessa do composto de borracha em um solvente orgânico é aplicada sobre o tecido, conforme ele é desenrolado de uma bobina de alimentação. O tecido revestido passa sob uma lâmina que remove o solvente à espessura apropriada e, a seguir, vai para a câmara de vapor, na qual o solvente é removido pelo calor. Como seu nome sugere, o *mergulho* envolve a imersão temporária do tecido em solução altamente fluida de borracha, seguida de secagem. Do mesmo modo, o processo de *aspersão* está relacionado com a utilização de uma pistola de aspersão para aplicar a solução de borracha.

Moldagem e Fundição As solas e saltos de sapato, gaxetas e selos, peras de sucção e rolhas de garrafa são exemplos de artigos moldados. Muitas peças de borracha expandida são produzidas por moldagem. Além disso, a moldagem é um processo importante na produção de pneus. Os principais processos de moldagem para a borracha são (1) moldagem por compressão, (2) moldagem por transferência e (3) moldagem por injeção. A moldagem por compressão é a técnica mais importante devido a seu uso na fabricação de pneus. Em todos os três processos, a cura (vulcanização) é realizada no molde, o que representa uma mudança em relação aos métodos de conformação já discutidos, os quais requerem a etapa de vulcanização separada. Na moldagem por injeção da borracha existem os riscos de cura prematura, semelhantes àqueles que ocorrem no mesmo processo quando aplicado aos plásticos termorrígidos. As vantagens da moldagem por injeção sobre os métodos tradicionais para a produção de peças de borracha incluem melhor controle dimensional, menor formação de rebarbas e tempos mais curtos dos ciclos. Além de seu uso na moldagem de borrachas convencionais, a moldagem por injeção é também aplicada para elastômeros termoplásticos. Devido aos altos custos dos moldes, a produção de grandes quantidades é necessária para justificar a moldagem por injeção.

Uma forma de fundição, chamada *fundição por mergulho*, é usada para produzir luvas e galochas de borracha. Ela envolve a imersão de um molde positivo em um polímero líquido (ou fôrma aquecida em plastisol) por certo tempo para formar a espessura desejada (o processo pode envolver repetidas imersões). O revestimento é, então, retirado da fôrma e curado, a fim de promover as ligações cruzadas na borracha.

11.5.4 VULCANIZAÇÃO

A vulcanização é o tratamento que promove as ligações cruzadas das moléculas do elastômero, de modo que a borracha se torna mais rígida e resistente, mas mantém o alongamento. É uma etapa crítica na sequência de processamento da borracha. Em uma escala submicroscópica, o processo pode ser representado como na Figura 11.17, quando as moléculas de cadeias longas da borracha se juntam em certos pontos de amarração, cujo efeito é reduzir a habilidade de escoar do elastômero. A borracha macia típica tem uma ou duas ligações cruzadas por mil unidades (meros). Conforme o número de ligações cruzadas aumenta, o polímero se torna mais rígido e se comporta mais como um plástico termorrígido (borracha dura).

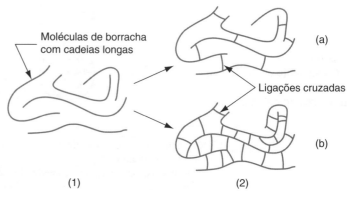

FIGURA 11.17 Efeito da vulcanização sobre as moléculas da borracha: (1) borracha crua; (2) borracha vulcanizada (com ligações cruzadas). Variações de (2) incluem (a) borracha macia, baixo grau de entrecruzamento e (b) borracha dura, alto grau de entrecruzamento.

Processamento de Compósitos de Matriz Polimérica e Borracha **273**

A vulcanização, da maneira como foi primeiramente inventada por Charles Goodyear, em 1839, envolvia o uso de enxofre (cerca de 8 partes por peso de enxofre misturado com 100 partes de borracha natural) em uma temperatura de 140 °C por cerca de 5 horas. Nenhum outro composto químico era incluído no processo. Hoje em dia, a vulcanização somente com enxofre não é mais usada como tratamento comercial, devido aos longos tempos de cura. Vários outros compostos químicos, incluindo o óxido de zinco (ZnO) e o ácido esteárico ($C_{18}H_{36}O_2$), são combinados com menores doses de enxofre para acelerar e melhorar o tratamento. O tempo de cura resultante é de 15 a 20 minutos para um típico pneu de carro de passageiros. Além disso, vários tratamentos de vulcanização sem enxofre foram desenvolvidos.

Nos processos de conformação de borrachas, a vulcanização é realizada no molde, mantendo a temperatura do molde no nível apropriado para a cura. Nos outros processos de conformação, a vulcanização é realizada após a peça ter sido conformada. Os tratamentos geralmente se dividem entre processos em batelada e processos contínuos. Os métodos em batelada incluem o uso de uma *autoclave*, um vaso de pressão aquecido por vapor; e *cura a gás*, na qual um gás inerte aquecido, tal como nitrogênio, cura a borracha. Muitos desses processos de conformação básicos formam produtos contínuos e, se esses não forem cortados em peças discretas, a vulcanização contínua é apropriada. Os métodos contínuos incluem *vapor sob alta pressão*, adequado para a cura de fios e cabos revestidos por borracha; *túnel de ar quente*, para extrudados expandidos e bases de carpetes [5]; e *tambor de cura contínua*, no qual chapas contínuas de borracha (por exemplo, materiais para correias e pisos) passam por um ou mais cilindros aquecidos para realizar a vulcanização.

11.5.5 PROCESSAMENTO DE ELASTÔMEROS TERMOPLÁSTICOS

O elastômero termoplástico (ETP) é um polímero termoplástico que possui as propriedades de uma borracha (Subseção 5.3.3); o termo *borracha termoplástica* também é usado. Os ETPs podem ser processados como os termoplásticos, mas suas aplicações são aquelas de um elastômero. Os processos de conformação mais comuns são a moldagem por injeção e a extrusão, que são geralmente mais econômicos e mais rápidos do que os processos tradicionais usados para borrachas que devem ser vulcanizadas. Os produtos moldados incluem solas de sapatos, calçados esportivos e componentes automotivos, tais como laterais e cantos de para-choques (mas não pneus – os ETPs são insatisfatórios para essa aplicação). Itens extrudados incluem coberturas isolantes para fios elétricos, tubos para aplicações médicas, correias transportadoras, matérias-primas na forma de chapas e filmes. Outras técnicas de conformação para os ETPs incluem moldagem por sopro e termoformagem (Seções 10.8 e 10.9); esses processos não podem ser usados para borrachas vulcanizadas.

11.6 Fabricação de Pneus e de Outros Produtos de Borracha

O pneu é o principal produto da indústria da borracha, sendo responsável por cerca de três quartos da produção total. Outros produtos importantes incluem calçados, mangueiras, correias transportadoras, selos, componentes absorvedores de choque, produtos de borracha expandida e equipamentos esportivos.

11.6.1 PNEUS

Os pneus são componentes críticos dos veículos nos quais são usados. São utilizados em automóveis, caminhões, ônibus, tratores, retroescavadeiras, veículos militares, bicicletas, motocicletas e aviões. Os pneus sustentam o peso do veículo, dos passageiros e da carga embarcados; transmitem o torque do motor para propulsionar o veículo (exceto nos aviões); absorvem vibrações e choques para garantir uma viagem confortável.

Fabricação dos Pneus e a Sequência de Produção Um pneu é uma montagem de muitas partes, cuja fabricação é inesperadamente complexa. O pneu de um veículo de passageiros consiste em cerca de 50 partes distintas, e o pneu grande de retroescavadeira pode ter até 175 partes. De início, existem três tipos básicos de construção de pneus: (a) diagonal, (b) cinturado e (c) radial, mostrados na Figura 11.18. Em todos os três casos, a estrutura interna do pneu, conhecida como *carcaça*, consiste em camadas múltiplas de cabos recobertos de borracha, denominadas *lâminas*. Os cabos são de vários materiais, como náilon, poliéster, fibras de vidro e aço, os quais garantem rigidez reforçando a borracha na carcaça. O *pneu diagonal* tem os cabos dispostos diagonalmente, mas em direções perpendiculares entre si nas lâminas adjacentes. Um pneu diagonal típico pode ter quatro lâminas. O *pneu cinturado* é construído com camadas diagonais, com orientações opostas, mas tem ainda diversas camadas ao redor da periferia da carcaça. Essas *cintas* aumentam a rigidez do pneu na banda de rodagem e limitam a expansão diametral dos pneus ao serem cheios. Os cabos nas cintas também são dispostos diagonalmente, como indicado na figura.

O *pneu radial* tem lâminas dispostas radialmente e não diagonalmente; ele também usa cintas em torno da periferia para dar sustentação. No *pneu radial cinturado*, as cintas radiais possuem cabos de aço. A construção radial gera um costado mais flexível, o que tende a reduzir as tensões nas cintas e na banda de rodagem, à medida que elas continuamente se deformam em contato com a superfície plana das faixas de rolamento ao girarem. Esse efeito resulta em maior vida da banda de rodagem, maior facilidade para fazer curvas, melhor estabilidade de direção e melhor condução em velocidades altas.

Em cada construção, a carcaça é coberta por borracha sólida que alcança maior espessura na banda de rodagem. A carcaça é também recoberta internamente por revestimento de borracha. Para pneus com câmara interna, o revestimento interno é uma camada fina aplicada à camada mais interna durante a fabricação do pneu. Para pneus sem câmara, o revestimento interno deve ter baixa permeabilidade, pois ele mantém a pressão do ar; esse revestimento é, via de regra, uma borracha laminada.

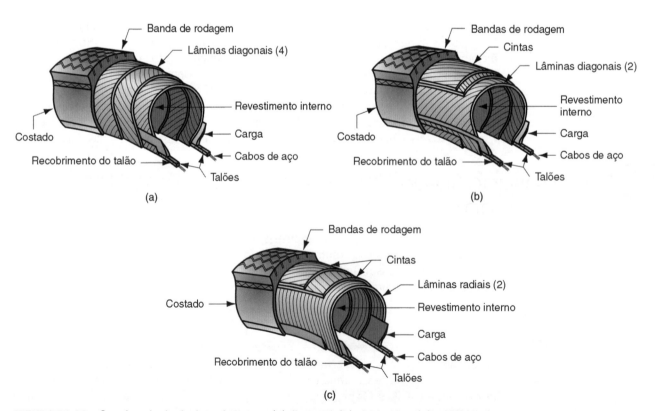

FIGURA 11.18 Os três principais tipos de pneus: (a) diagonal, (b) cinturado e (c) radial.

Processamento de Compósitos de Matriz Polimérica e Borracha

A produção de pneus pode ser resumida em três etapas: (1) pré-forma dos componentes, (2) montagem da carcaça e colocação de bandas de borracha para formar os costados e a banda de rodagem, e (3) moldagem e cura dos componentes em uma peça única. A descrição dessas etapas, a seguir, são as comuns; existem variações no processamento, dependendo da construção, do tamanho do pneu e do tipo do veículo no qual o pneu será usado.

Pré-Forma dos Componentes Como mostrado na Figura 11.18, a carcaça consiste em inúmeros componentes separados, a maioria dos quais é de borracha ou de borracha reforçada. Esses componentes, assim como a borracha dos costados e da banda de rodagem, são produzidos em processos contínuos e são, então, pré-cortados na forma e tamanho adequados para a subsequente montagem. Os componentes, identificados na Figura 11.18, e os processos de pré-conformação para fabricá-los são:

> *Talão.* Um cabo de aço contínuo é revestido de borracha, cortado, enrolado e, então, tem suas extremidades unidas.
> *Lâminas.* Tecidos contínuos (têxteis, náilon, fibra de vidro, aço) são revestidos de borracha em processo de calandragem e são pré-cortados na forma e tamanho adequados.
> *Revestimento interno.* Para pneus com câmara, o revestimento interno é calandrado sobre a camada mais interna. Para pneus sem câmara, o revestimento é calandrado com laminado de duas lâminas.
> *Cintas.* Tecidos contínuos são revestidos de borracha (semelhante às lâminas), mas são cortados em ângulos diferentes para fornecer melhor reforço; a seguir, são montados em cintas de diversas camadas.
> *Banda de rodagem.* Extrudada como uma banda contínua; a seguir, é cortada e pré-montada com as cintas.
> *Costado.* Extrudado como uma banda contínua; a seguir, é cortado no tamanho e forma adequados.

Montagem da Carcaça A carcaça é tradicionalmente montada usando um equipamento conhecido como *tambor de montagem*, cujo elemento principal é um fuso giratório. As bandas pré-cortadas que formam a carcaça são montadas em torno desse fuso em procedimento passo a passo. As lâminas que compõem a seção transversal do pneu são presas nos lados opostos do aro pelos dois talões. Os talões são formados por diversos cabos de aço de alta resistência. Sua função é prover suporte rígido quando o pneu acabado estiver montado sobre o aro da roda. Outros componentes são combinados às lâminas e aos talões. Esses componentes incluem diversas peças de enchimento, que envolvem o pneu para que ele tenha resistências mecânica e térmica adequadas, retenha o ar e se encaixe ao aro da roda de forma apropriada. Após o número conveniente das peças ter sido colocado em volta do fuso, as cintas são colocadas. Em seguida, é colocada a borracha externa que vai compor as bandas de rodagem e o costado.[1] Nesse ponto do processo, as bandas de rodagem são tiras de borracha com seção transversal uniforme – os sulcos são adicionados à banda de rodagem mais tarde, durante a moldagem. O tambor de montagem é retrátil, de modo que o pneu pode ser removido após estar pronto. A forma do pneu nesse estágio é aproximadamente tubular, como ilustrado na Figura 11.19.

Moldagem e Cura Os moldes dos pneus são construídos, normalmente, em duas peças (moldes bipartidos) e contêm o padrão da banda de rodagem a ser impresso nos pneus. O molde é aparafusado em uma prensa, sendo uma parte presa ao batente superior (a tampa), e a parte inferior é presa ao batente inferior (a base). O pneu não curado é colocado sobre um diafragma expansível e inserido entre as duas partes, como mostrado na Figura 11.20. A prensa é, então, fechada, e o diafragma é expandido de modo

---

[1] A banda de rodagem e o costado não são, tecnicamente, considerados componentes da carcaça.

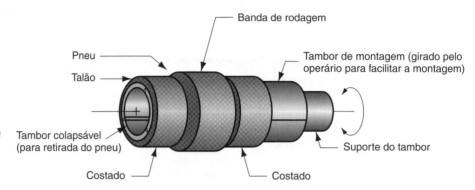

FIGURA 11.19 O pneu imediatamente antes de ser removido do tambor de montagem e de ser curado.

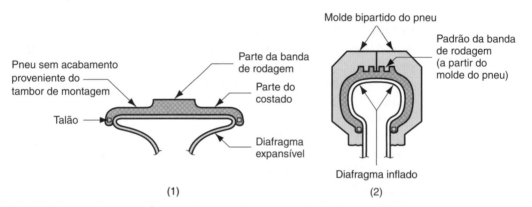

FIGURA 11.20 Moldagem dos pneus (o pneu é mostrado em uma vista transversal): (1) o pneu não curado é colocado sobre o diafragma expansível; (2) o molde é fechado, e o diafragma é expandido, forçando a borracha não curada contra a cavidade do molde, imprimindo o padrão da banda de rodagem na borracha; o molde e o diafragma são aquecidos para curar a borracha.

que a borracha macia é pressionada contra a cavidade do molde. Isso faz com que o padrão da banda de rodagem seja impresso na borracha. Ao mesmo tempo, a borracha é aquecida tanto pelo lado de fora, pelo molde, quanto pelo lado de dentro, pelo diafragma. A circulação de água quente ou de vapor sob pressão é usada para aquecer o diafragma. A duração dessa etapa de cura depende da espessura da parede do pneu. Um pneu de carro de passeio, típico, pode ser curado em cerca de 15 minutos. Pneus de bicicleta são curados em cerca de 4 minutos, enquanto os pneus para grandes equipamentos para movimentação de terra levam várias horas para curar. Após a cura estar completa, o pneu é resfriado e removido da prensa.

11.6.2 OUTROS PRODUTOS DE BORRACHA

A maioria dos outros produtos de borracha é feita por processos menos complexos. As *correias de borracha* são amplamente usadas para transporte e em sistemas mecânicos de transmissão de potência. Assim como para os pneus, a borracha é um material ideal para esses produtos, mas as correias devem ter flexibilidade e nenhuma, ou pouca, extensibilidade durante a operação. Desse modo, elas são reforçadas com fibras, comumente de poliéster ou de náilon. Tecidos desses polímeros são em geral recobertos em operações de calandragem, empilhados para obter o número necessário de camadas e a espessura; a seguir, são vulcanizados por processos contínuos ou em bateladas.

Mangueiras de borracha podem tanto ser reforçadas quanto fabricadas sem reforço. Mangueiras sem reforço são extrudadas na forma de tubos. As reforçadas consistem em um tubo interno, de uma camada de reforço (algumas vezes denominada carcaça) e de uma cobertura. O tubo interno é extrudado a partir de uma borracha, cuja composição foi adequada a uma determinada substância que irá escoar através dele. A camada de reforço é aplicada ao tubo na forma de tecido, quer por enrolamento, enlaçamento, trancamento, quer por outro método de aplicação. A camada externa tem sua composição adequada para resistir às condições do ambiente. Ela é aplicada por extrusão, laminação ou outras técnicas.

Componentes de *calçados* incluem solas, saltos, galochas e outros itens usados nos sapatos. Várias borrachas são usadas para fazer componentes de calçados (Subseção 5.3.3). As peças moldadas são produzidas por moldagem por injeção, moldagem por compressão e certas técnicas especiais de moldagem desenvolvidas pela indústria de calçados. As borrachas usadas nesta aplicação são variadas e incluem tanto sólidas quanto em espuma. Em alguns casos, para baixo volume de produção, métodos manuais são usados para cortar a borracha a partir de chapas da matéria-prima.

A borracha é largamente usada em equipamentos e acessórios esportivos, como na superfície de raquetes de tênis de mesa, manopla de tacos de golfe, câmara de bolas de futebol, e bolas esportivas de vários tipos. As bolas de tênis, por exemplo, são fabricadas em grande número. A fabricação desses produtos esportivos está baseada nos vários processos de conformação discutidos na Subseção 11.5.3, assim como em técnicas especiais que foram desenvolvidas para itens específicos.

Referências

[1] Alliger, G., and Sjothun, I. J. (eds.). *Vulcanization of Elastomers*. Krieger Publishing Company, New York, 1978.

[2] *ASM Handbook*, Vol. 21: *Composites*. ASM International, Materials Park, Ohio, 2001.

[3] Bader, M. G., Smith, W., Isham, A. B., Rolston, J. A., and Metzner, A. B. *Delaware Composites Design Encyclopedia*. Vol. 3. *Processing and Fabrication Technology*. Technomic Publishing Co., Lancaster, Pennsylvania, 1990.

[4] Billmeyer, Fred, W., Jr. *Textbook of Polymer Science*, 3rd ed. John Wiley & Sons, New York, 1984.

[5] Blow, C. M., and Hepburn, C. *Rubber Technology and Manufacture*, 2nd ed. Butterworth-Heinemann, London, 1982.

[6] Charrier, J-M. *Polymeric Materials and Processing*. Oxford University Press, New York, 1991.

[7] Chawla, K. K. *Composite Materials: Science and Engineering*, 3rd ed., Springer-Verlag, New York, 2008.

[8] Coulter, J. P. "Resin Impregnation During the Manufacture of Composite Materials," *PhD Dissertation*. University of Delaware, 1988.

[9] *Engineering Materials Handbook*. Vol. 1. *Composites*. ASM International, Metals Park, Ohio, 1987.

[10] Hofmann, W. *Rubber Technology Handbook*. Hanser-Gardner Publications, Cincinnati, Ohio, 1989.

[11] Mallick, P. K. *Fiber-Reinforced Composites: Materials, Manufacturing, and Design*, 2nd ed. Marcel Dekker, New York, 1993.

[12] Mark, J. E., and Erman, B. (eds.). *Science and Technology of Rubber*, 3rd ed. Academic Press, Orlando, Florida, 2005.

[13] McCrum, N. G., Buckley, C. P., and Bucknall, C. B. *Principles of Polymer Engineering*. 2nd ed. Oxford University Press, Oxford, U.K., 1997.

[14] Morton-Jones, D. H. *Polymer Processing*. Chapman and Hall, London, 1989.

[15] Schwartz, M. M. *Composite Materials Handbook*. 2nd ed. McGraw-Hill, New York, 1992.

[16] Strong, A. B. *Fundamentals of Composites Manufacturing: Materials, Methods, and Applications*, 2nd ed. Society of Manufacturing Engineers, Dearborn, Michigan, 2007.

[17] Wick, C., Benedict, J. T., and Veilleux, R. F. (eds.). *Tool and Manufacturing Engineers Handbook*. 4th ed. Vol. II. *Forming*. Society of Manufacturing Engineers, Dearborn, Michigan, 1984.

[18] Wick, C., and Veilleux, R. F. (eds.). *Tool and Manufacturing Engineers Handbook*. 4th ed. Vol. III. *Materials, Finishing, and Coating*. Society of Manufacturing Engineers, Dearborn, Michigan, 1985.

Questões de Revisão

11.1 Quais são os principais polímeros usados em polímeros reforçados por fibras?

11.2 Qual é a diferença entre uma bobina e um cabo?

11.3 O que é uma manta no contexto de fibras para reforço?

11.4 Por que as plaquetas são consideradas elementos da mesma classe básica de materiais de reforço que as partículas?

11.5 O que é um composto moldado em chapa (SMC)?

11.6 Como um pré-impregnado é diferente de um composto moldado?

11.7 Por que peças laminadas de PRF feitas pelo método de aspersão não são tão resistentes como os produtos semelhantes feitos por laminação manual?

11.8 Qual é a diferença entre o procedimento de laminação a úmido e o procedimento de pré-impregnados na laminação manual?

11.9 O que é uma autoclave?

11.10 Cite algumas das vantagens dos processos de molde fechado para CMPs em relação aos processos de molde aberto.

11.11 Identifique algumas das diferentes formas dos compósitos de matriz polimérica obtidas por compostos moldados.

11.12 O que é moldagem com pré-forma?

11.13 Descreva a moldagem por injeção reativa com reforços (RRIM).

11.14 O que é enrolamento filamentar?

11.15 Descreva o processo de pultrusão.

11.16 Em que a pulconformação difere da pultrusão?

11.17 A laminação de tubos está associada a quais tipos de produtos?

11.18 Como os PRFs são cortados?

11.19 Como a indústria da borracha está organizada?

11.20 Como o látex extraído de árvores da borracha é transformado em borracha?

11.21 Qual é a sequência das etapas de processamento necessárias para produzir peças acabadas de borracha?

11.22 Indique alguns dos aditivos que são combinados com a borracha durante sua formulação.

11.23 Cite as quatro categorias básicas dos processos usados para conformar a borracha.

11.24 O que a vulcanização faz na borracha?

11.25 Cite as três configurações básicas dos pneus e identifique resumidamente as diferenças entre elas.

11.26 Quais são as três etapas básicas na fabricação de um pneu?

11.27 Qual é o propósito do talão em um pneu?

11.28 O que é um ETP?

11.29 Muitas diretrizes de projeto aplicáveis aos plásticos também são aplicáveis às borrachas. Entretanto, a extrema flexibilidade da borracha resulta em determinadas diferenças. Cite alguns exemplos dessas diferenças.

Parte III Processos Particulados de Metais e Cerâmicas

12 Metalurgia do Pó

Sumário

12.1 Caracterização dos Pós de Engenharia
12.1.1 Características Geométricas
12.1.2 Outras Características

12.2 Produção dos Pós Metálicos
12.2.1 Atomização
12.2.2 Outros Métodos de Produção

12.3 Prensagem e Sinterização Convencionais
12.3.1 Homogeneização e Mistura dos Pós
12.3.2 Compactação
12.3.3 Sinterização
12.3.4 Operações Secundárias

12.4 Técnicas Alternativas de Prensagem e Sinterização
12.4.1 Prensagem Isostática
12.4.2 Moldagem de Pós por Injeção
12.4.3 Laminação, Extrusão e Forjamento de Pós
12.4.4 Prensagem e Sinterização Combinadas
12.4.5 Sinterização de Fase Líquida

12.5 Materiais e Produtos para a Metalurgia do Pó

12.6 Considerações de Projeto na Metalurgia do Pó

Esta parte do livro se preocupa com o processamento de metais e cerâmicas na forma de pós sólidos em partículas muito pequenas. No caso das cerâmicas tradicionais, os pós são produzidos por britagem e moagem de materiais comumente encontrados na natureza, tais como minerais de silicatos (argilas) e de quartzo. No caso dos metais e dos novos materiais cerâmicos, os pós são produzidos por meio de vários processos industriais. Abordamos os processos de fabricação dos pós, bem como os métodos utilizados para moldar os produtos à base de pós, em dois capítulos: o Capítulo 12, sobre a metalurgia do pó, e o Capítulo 13, sobre o processamento de particulados cerâmicos e cermetos.

Metalurgia do Pó (MP) é uma tecnologia de fabricação de metal na qual as peças são produzidas a partir de pós metálicos. Em uma sequência usual de produção em MP, os pós são compactados na forma desejada e, depois, aquecidos para provocar a ligação entre as partículas em uma massa rígida e dura. A compressão, denominada *compactação*, é executada em prensas utilizando ferramentas específicas para a produção de peças. O ferramental, que consiste basicamente em uma matriz e um ou mais punções, pode ser caro, e por isso a MP é um processo mais indicado para médias e grandes produções. O tratamento térmico, denominado *sinterização*, é realizado a temperaturas abaixo do ponto de fusão dos metais. As considerações que tornam a metalurgia do pó uma importante tecnologia comercial incluem:

➢ Por metalurgia do pó, as peças produzidas podem ser *net shape* ou *near net shape*, reduzindo ou eliminando a necessidade de subsequentes operações de acabamento.

➢ O processo da MP envolve baixíssimo desperdício de material; cerca de 97 % dos pós são transformados em produto. Isso pode ser favoravelmente comparado ao processo de fundição, no qual os canais de vazamento e massalotes são materiais desperdiçados no ciclo de produção.

➢ Devido à natureza da matéria-prima da MP, as peças com nível específico de porosidade podem ser fabricadas. Esta característica presta-se à produção de peças metálicas porosas, tais como filtros metálicos, rolamentos e engrenagens autolubrificantes.

➢ Peças de certos metais de difícil fabricação por outros métodos podem ser moldadas por metalurgia do pó. O tungstênio é um exemplo; filamentos de tungstênio utilizados em lâmpadas incandescentes são feitos utilizando a tecnologia da MP.

➢ Certas combinações de ligas metálicas e cermetos podem ser fabricadas por MP e não podem ser produzidas por outros métodos.

➢ A MP é comparada favoravelmente com a maioria dos processos de fundição em termos de controle dimensional do produto. Tolerâncias de ±0,13 mm são mantidas de forma rotineira.

➢ Para uma produção, os métodos de fabricação por MP podem ser automatizados.

Existem limitações e desvantagens associadas aos processamentos por MP. Essas limitações incluem: (1) os custos de ferramental e equipamentos são elevados, (2) os pós metálicos são caros, e (3) existem dificuldades com o armazenamento e o manuseio dos pós metálicos (tais como a degradação dos metais ao longo do tempo e o risco de incêndio com alguns metais em particular). Também (4) existem limitações de geometria da peça, porque os pós metálicos não escoam lateralmente com facilidade no molde durante a prensagem, e tolerâncias devem ser consideradas para a ejeção da peça para fora da matriz após a prensagem. Além disso, (5) as variações de densidade dos materiais em todas as partes da peça podem ser um problema na MP, em especial nas peças de geometrias complexas.

Embora peças até 22 kg possam ser produzidas, a maioria dos componentes da MP pesa menos de 2,2 kg. Uma coleção de peças típicas da MP é mostrada na Figura 12.1. A maior quantidade de metais produzidos por MP são ligas de ferro, aço e alumínio.

FIGURA 12.1 Uma coleção de peças da metalurgia do pó. (Cortesia da Dorst America, Inc.)

Outros metais por MP incluem cobre, níquel e metais refratários, como molibdênio e tungstênio. Carbonetos metálicos, como carboneto de tungstênio, são frequentemente incluídos no escopo da metalurgia do pó; entretanto, uma vez que esses materiais são cerâmicos, as considerações a respeito da fabricação desses materiais ficarão para o próximo capítulo.

O desenvolvimento do atual campo da metalurgia do pó remonta aos anos 1800 (Nota Histórica 12.1). O escopo da tecnologia atual inclui não apenas a produção de peças, mas também a preparação dos pós (matérias-primas). O sucesso na metalurgia do pó depende muito das características dos pós; a caracterização dos pós será discutida na Seção 12.1. Em seções posteriores serão descritas a produção dos pós, a prensagem e a sinterização. Há uma estreita correlação entre a tecnologia da MP e os aspectos do processamento de cerâmicas. Nas cerâmicas, exceto os vidros, as matérias-primas são também pós, de modo que os métodos para a caracterização dos pós cerâmicos estão intimamente relacionados com aqueles na MP. Diversos métodos de conformação também são similares.

Nota Histórica 12.1 *Metalurgia do pó*

Os pós metálicos, como o ouro e o cobre, assim como alguns dos óxidos metálicos, têm sido usados para fins decorativos desde tempos antigos. As aplicações incluem decorações em cerâmicas, bases para tintas e em cosméticos. Acredita-se que os egípcios usavam a metalurgia do pó para fabricar ferramentas já em 3000 a.C.

O campo atual da metalurgia do pó data do início do século dezenove, quando existia um forte interesse na platina. Por volta de 1815, o inglês William Wollaston desenvolveu uma técnica para a preparação de pós de platina, compactando-os sob pressão elevada e sinterizando-os em calor ao rubro. O processo de Wollaston marca o início da metalurgia do pó como ela é praticada atualmente.

Nos Estados Unidos, patentes foram emitidas em 1870 para S. Gwynn, relacionadas à MP para fabricar rolamentos autolubrificantes. Ele usou uma mistura de 99 % de pós de estanho e 1 % de petróleo, misturou, aqueceu e finalmente submeteu a mistura a pressões extremas dentro de uma cavidade de molde para obter a forma desejada.

No início dos anos 1900, a lâmpada incandescente tornara-se um importante produto comercial. Tentou-se uma variedade de materiais de filamentos, incluindo carbono, zircônio, vanádio e ósmio; mas concluiu-se que o tungstênio era o melhor material de filamento. O problema era a dificuldade de processamento apresentada pelo tungstênio em função de seu alto ponto de fusão e de propriedades únicas. Em 1908, William Coolidge desenvolveu um método que fez com que a produção de filamentos de tungstênio para lâmpadas incandescentes fosse factível. Nesse processo, pós finos de óxido de tungstênio (WO_3) foram reduzidos a pós metálicos, prensados em compactados, pré-sinterizados, forjados a quente em barras redondas, sinterizados e finalmente trefilados em filamentos. O processo de Coolidge é ainda usado atualmente para fabricar filamentos para lâmpadas incandescentes.

Na década de 1920, ferramentas de carbetos cementados (WC-Co) foram fabricadas por técnicas de MP. A produção em grandes quantidades de rolamentos autolubrificantes começou na década de 1930. Engrenagens por metalurgia do pó e outros componentes foram produzidos em massa nas décadas de 1960 e 1970, especialmente na indústria automotiva; e na década de 1980, peças da MP para motores de turbina de avião foram desenvolvidas.

12.1 Caracterização dos Pós de Engenharia

Um *pó* é definido como um sólido em partículas finamente divididas. Nesta seção, vamos caracterizar os pós metálicos. Entretanto, a maior parte de nossa discussão aplica-se também aos pós cerâmicos.

12.1.1 CARACTERÍSTICAS GEOMÉTRICAS

A geometria dos pós pode ser definida pelos seguintes atributos: (1) tamanho de partícula e distribuição, (2) forma das partículas e estrutura interna e (3) área superficial.

Tamanho de Partícula e Distribuição O tamanho das partículas refere-se às dimensões dos pós individuais. Se a forma da partícula for esférica, uma única dimensão é adequada. Para outras formas, duas ou mais dimensões são necessárias. Vários métodos estão disponíveis para a obtenção dos dados de tamanho de partícula. O método mais comum usa peneiras de diferentes tamanhos de malha. O termo ***mesh*** é usado para se referir ao número de aberturas por polegada linear da peneira. Maior número de malha indica menor tamanho de partícula. Uma malha de 200 mesh significa que há 200 aberturas por polegada linear. Uma vez que a malha é quadrada, a contagem é a mesma em ambas as direções, e o número total de aberturas por polegada quadrada é $200^2 = 40.000$.

As partículas são classificadas por meio de sua passagem por uma série de peneiras de malha progressivamente menor. Os pós são colocados sobre uma peneira de um número determinado de malha, que é vibrada de modo que as partículas suficientemente pequenas para se encaixarem através das aberturas passem para a peneira colocada abaixo. A segunda peneira se esvazia para a terceira, e assim sucessivamente, de modo que as partículas são classificadas de acordo com o tamanho. Um tamanho de pó determinado pode ser chamado de tamanho 230 através de 200, indicando que o pó passou através da peneira 200, mas não na 230. Para tornar mais fácil a especificação, apenas dizemos que o tamanho da partícula é 200. O procedimento de separar os pós por tamanho é chamado de ***classificação***.

As aberturas na peneira são menores que a relativa quantidade em mesh devido à espessura do fio da malha, como ilustrado na Figura 12.2. Assumindo que a dimensão limite da partícula é igual à abertura da malha, temos

$$TP = \frac{K}{n_m} - t_m \qquad (12.1)$$

em que TP = tamanho da partícula, mm; n_m = número de malha, *mesh* por polegada linear (25,4 mm); t_m = espessura do fio da malha, mm; e K = uma constante cujo valor é 25,4 quando as unidades de tamanho estão em milímetros. A figura mostra como as partículas menores passam pela peneira, enquanto os pós maiores não. Variações ocorrem nos tamanhos de pó classificados por peneiramento devido às diferenças nas formas das partículas, a gama de etapas de contagem de tamanhos de malhas, e as variações nas aberturas da malha dentro de um dado número de malha. Além disso, o método do peneiramento tem limite superior prático de $n_m = 400$ (aproximadamente) devido à dificuldade em fazer tais peneiras finas, e por causa da aglomeração dos pós de pequenas dimensões. Outros métodos para medir o tamanho das partículas incluem técnicas por microscopia e raios X.

Tamanhos típicos de partículas usados na metalurgia do pó convencional (compactação e sinterização) variam entre 25 e 300 μm.[1] O limite inferior do intervalo corresponde a um número de malha de cerca de 500 *mesh*, que é muito pequeno para ser medido pelo método de contagem de malha. O limite superior desta escala corresponde a um número de malha de cerca de 50 *mesh*.

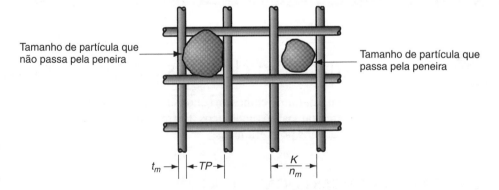

FIGURA 12.2 Peneira para classificação de tamanhos de partícula.

---

[1]Esses valores são fornecidos pelo Prof. Wojciech Misiolek, meu colega no Departamento de Engenharia e Ciência dos Materiais de Lehigh. A metalurgia do pó é uma de suas áreas de pesquisa.

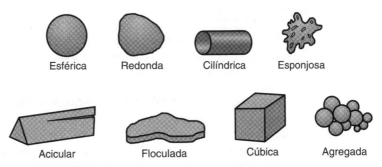

FIGURA 12.3 Algumas das formas possíveis de partículas na metalurgia do pó.

Forma de Partícula e Estrutura Interna As formas dos pós metálicos podem ser catalogadas em vários tipos, alguns dos quais estão ilustrados na Figura 12.3. Haverá variação no formato das partículas em um conjunto de pós, e o tamanho de partícula pode variar. Uma simples e útil medida de formato é obtida por meio da relação de aspecto, que é a razão entre a dimensão máxima e a dimensão mínima de uma dada partícula. A relação de aspecto de uma partícula esférica é 1,0; entretanto, para um grão acicular, a razão pode ser de 2 a 4. Técnicas microscópicas são necessárias para determinar características de forma.

Qualquer volume de pós soltos irá conter poros entre as partículas. Estes são chamados de *poros abertos* porque são externos às partículas individuais. Poros abertos são espaços nos quais fluidos, tais como água, óleo, ou um metal fundido, podem penetrar. Além disso, existem *poros fechados* – vazios internos na estrutura de uma partícula individual. A existência desses poros internos é, geralmente, mínima, e seus efeitos, quando existem, são menores, mas eles podem influenciar as medidas de densidade, como veremos mais tarde.

Área Superficial Considerando que a forma da partícula é uma esfera perfeita, sua área A e volume V são dados por

$$A = \pi D^2 \tag{12.2}$$

$$V = \frac{\pi D^3}{6} \tag{12.3}$$

em que D = diâmetro da partícula esférica, em mm. A razão de área-volume A/V para uma esfera é dada por

$$\frac{A}{V} = \frac{6}{D} \tag{12.4}$$

Em geral, a razão de área-volume pode ser expressa para qualquer partícula esférica ou não esférica, como a seguir:

$$\frac{A}{V} = \frac{K_s}{D} \quad \text{ou} \quad K_s = \frac{AD}{V} \tag{12.5}$$

em que K_s = fator de forma; D no caso geral = ao diâmetro de uma esfera de volume equivalente ao de uma partícula não esférica, mm. Assim sendo, K_s = 6,0 para uma esfera. Para outras formas de partículas não esféricas, $K_s > 6$.

A partir dessas equações, podemos deduzir o seguinte. Menores tamanhos de partícula e maiores fatores de forma (K_s) significam maior área superficial para o mesmo peso total dos pós metálicos. Isso significa maior área superficial para ocorrer oxidação. Pequenos tamanhos de pó também levam à maior aglomeração das partículas, o que é um problema na alimentação automática dos pós. A razão para o uso de tamanhos menores de partículas é que eles fornecem contração mais uniforme e melhores propriedades mecânicas do produto final da MP.

12.1.2 OUTRAS CARACTERÍSTICAS

Outras características dos pós de engenharia incluem o atrito interpartículas, características de escoamento, de compressibilidade, massa específica (densidade), porosidade, química, e filmes superficiais.

Características de Atrito Interpartículas e Escoamento O atrito entre as partículas afeta a capacidade de um pó escoar rápido e ser firmemente compactado. Uma medida comum do atrito interpartículas é o ***ângulo de repouso***, que é o ângulo formado por uma pilha de pós que são derramados a partir de um funil estreito, como na Figura 12.4. Ângulos maiores indicam maior atrito entre as partículas. Os menores tamanhos de partículas em geral mostram maior atrito e ângulos mais agudos. Partículas de formas esféricas resultam em atrito interpartículas menor; sendo o desvio de forma maior para as partículas esféricas, o atrito entre as partículas tende a aumentar.

As características de escoamento são importantes no enchimento da matriz e na compactação. O enchimento automático da matriz depende do escoamento fácil e consistente nos pós. Na compactação, a resistência ao escoamento aumenta as variações na densidade da peça compactada; estes gradientes de massa específica são geralmente indesejávcis. Uma medida comum de escoamento é o tempo necessário para determinada quantidade de pó (em peso) escoar por um funil de tamanho padrão. Menores tempos de escoamento indicam fluxo mais fácil e menor atrito interpartículas. Para reduzir o atrito interpartículas e facilitar o escoamento durante a compactação, pequenas quantidades de lubrificantes são muitas vezes adicionadas aos pós.

Compressibilidade, Massa Específica e Porosidade As características de compressibilidade dependem de duas medidas de massa específica. Primeiro, da ***massa específica verdadeira***, que é a massa específica do volume real do material. Esta é a massa específica obtida quando os pós são coalescidos em uma massa sólida, e seus valores são dados na Tabela 4.1. Em segundo lugar, da ***massa específica aparente***, que é a massa específica do pó no estado livre, após o vazamento, que inclui o efeito de poros entre as partículas. Devido aos poros, a massa específica aparente é inferior à massa específica verdadeira.

O ***fator de compressibilidade*** é a massa específica aparente dividida pela massa específica verdadeira. Os valores típicos para pós soltos variam entre 0,5 e 0,7. O fator de compressibilidade depende da forma da partícula e da distribuição de tamanhos de partículas. Se pós de vários tamanhos estão presentes, os pós menores irão se encaixar nos interstícios dos maiores, que, de outra forma, seriam ocupados por ar, resultando assim em maior fator de compressibilidade. A compressibilidade pode também ser aumentada por meio de vibração dos pós, levando-os a se compactar mais firmemente. Por fim, devemos notar que a pressão externa aplicada durante a compactação aumenta muito a compressibilidade de pó pelo rearranjo e deformação das partículas.

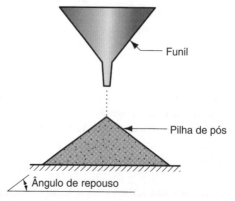

FIGURA 12.4 Atrito interpartículas, como indicado pelo ângulo de repouso de uma pilha de pós derramada a partir de um funil em ângulo. Ângulos maiores indicam maior atrito entre partículas.

A porosidade representa um meio alternativo de considerar as características de compressibilidade de um pó. *Porosidade* é definida como a razão entre o volume dos poros (espaços vazios) no pó e o volume total. Em princípio,

$$\text{Porosidade} + \text{Fator de compressibilidade} = 1,0 \qquad (12.6)$$

A questão é complicada pela possível existência de poros fechados em algumas das partículas. Se esses volumes de poros internos estiverem incluídos na porosidade anterior, então a equação será exata.

Composição Química e Filmes Superficiais   A caracterização do pó não estaria completa sem a identificação de sua composição química. Os pós metálicos são classificados ou como elementar, consistindo em metal puro, ou pré-ligado, em que cada partícula é uma liga metálica. Estas classes e os metais geralmente usados na MP são discutidos na Seção 12.5.

Os filmes superficiais são um problema na metalurgia do pó, devido à grande área por unidade de peso do metal, quando se lida com pós. Os filmes possíveis incluem óxidos, sílica, materiais orgânicos adsorvidos e umidade [6]. Geralmente, esses filmes precisam ser removidos antes do processamento.

12.2 Produção dos Pós Metálicos

Em geral, as empresas produtoras dos pós metálicos não são as mesmas que fazem as peças por MP. Os produtores de pó são os fornecedores; as fábricas que fazem os componentes com pós metálicos são os clientes. Os processos utilizados pelos fornecedores dos pós são discutidos nesta seção, e os processos utilizados pelos fabricantes de peças por MP são discutidos em seções posteriores.

Teoricamente, qualquer metal pode ser produzido na forma de pó. Existem três métodos principais, pelos quais os pós metálicos são comercialmente produzidos, cada um dos quais envolve uma forma diferente de energia utilizada para aumentar a área superficial do metal. Os métodos são (1) atomização, (2) químico e (3) eletrolítico [13]. Além deles, os métodos mecânicos são usados de maneira eventual para reduzir o tamanho dos pós; entretanto, esses métodos são muito mais comumente associados com a produção de pós cerâmicos, e trataremos deles no próximo capítulo.

12.2.1 ATOMIZAÇÃO

Este método envolve a conversão do metal fundido em gotas pulverizadas que se solidificam em forma de pó. Atualmente, ele é o método mais versátil e popular para a produção de pós metálicos, aplicável a quase todos os metais, tanto ligas metálicas, como metais puros. Existem várias maneiras de criar o jato de metal fundido, muitas das quais estão mostradas na Figura 12.5. Dois dos métodos apresentados se baseiam na *atomização a gás*, na qual uma corrente de gás (ar ou gás inerte) em alta velocidade é usada para atomizar o metal líquido. Na Figura 12.5(a), o gás flui pelo bocal de expansão, encontra o metal fundido que sobe pelo sifão de baixo para cima, sendo pulverizado em um recipiente. As gotículas se solidificam em forma de pó. Por método muito semelhante, mostrado na Figura 12.5(b), o metal fundido flui por gravidade por um bocal e é imediatamente atomizado por jatos de ar. Os pós metálicos resultantes, que tendem a ser esféricos, são recolhidos em uma câmara inferior.

A abordagem mostrada na Figura 12.5(c) é similar à mostrada em (b), exceto por ser utilizada uma corrente de água a alta velocidade em vez de ar. O método é conhecido como *atomização em água*, sendo o mais comum dos métodos de atomização, particularmente adequado para metais que se fundem a temperaturas abaixo de 1600 °C. O resfriamento é mais rápido, e a forma do pó resultante é irregular em vez de esférica. A desvantagem do uso de água é a oxidação da superfície das partículas. Recente inova-

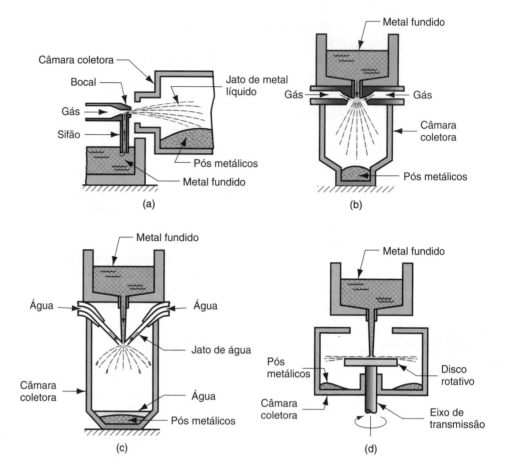

FIGURA 12.5 Vários métodos de atomização para produção de pós metálicos: (a) e (b) dois métodos de atomização a gás; (c) atomização em água; e (d) atomização por centrifugação pelo método por disco rotativo.

ção prevê o uso de óleo sintético em vez de água para reduzir a oxidação. Em ambos os processos de atomização, a gás ou em água, o tamanho da partícula é em grande parte controlado pela velocidade da corrente do fluido; o tamanho da partícula é inversamente proporcional à velocidade.

Vários métodos são baseados na *atomização por centrifugação*. Um deles é o *método por disco rotativo*, mostrado na Figura 12.5(d), no qual a corrente de metal líquido é lançada sobre um disco de alta rotação, que pulveriza o metal em todas as direções para produzir os pós.

12.2.2 OUTROS MÉTODOS DE PRODUÇÃO

Outros métodos de produção de pós metálicos incluem vários processos de redução química, métodos por precipitação e eletrólise.

A *redução química* inclui uma variedade de reações químicas pelas quais os compostos metálicos são reduzidos a pós metálicos elementares. Um processo comum envolve a liberação dos metais, a partir de seus óxidos, pelo uso de agentes redutores, tais como hidrogênio ou monóxido de carbono. O agente redutor é usado para combinar com o oxigênio no composto e libertar o elemento metálico. Este procedimento é usado para produzir pós de ferro, tungstênio e cobre. Outros processos químicos para a produção de pós de ferro envolvem a decomposição do pentacarbonil de ferro, [Fe(CO)$_5$] para produzir partículas esféricas de elevada pureza. Os pós produzidos por esse método estão ilustrados na micrografia óptica da Figura 12.6. Outros métodos químicos incluem a *precipitação* dos elementos metálicos a partir de sais dissolvidos em água. Pós de cobre, níquel e cobalto podem ser produzidos por esse método.

FIGURA 12.6 Pós de ferro produzidos por atomização em água; os tamanhos das partículas variam. (A fotomicrografia é uma cortesia de T. F. Murphy e Hoeganaes Corporation.)

Na *eletrólise*, uma célula eletrolítica é montada de tal forma que a fonte do metal desejado seja o anodo. Este anodo é lentamente dissolvido sob a aplicação de uma tensão (diferença de potencial elétrico), transportado por meio do eletrólito e depositado no catodo. O depósito é removido, lavado e secado, para obter um pó metálico de pureza muito elevada. A técnica é usada para a produção de pós de berílio, cobre, ferro, prata, tântalo e titânio.

12.3 Prensagem e Sinterização Convencionais

Após a produção dos pós metálicos, a sequência convencional da MP usada pelos fabricantes de peças consiste em três etapas: (1) mistura e homogeneização dos pós; (2) compactação, na qual os pós são prensados no formato da peça desejada; e (3) sinterização, que envolve aquecimento da temperatura abaixo do ponto de fusão para promover a ligação das partículas no estado sólido e conferir resistência à peça. As três etapas, que às vezes são citadas como as operações primárias da MP, estão retratadas na Figura 12.7. Além delas, operações secundárias são, às vezes, realizadas para melhorar a precisão dimensional, aumentar a densidade, ou por outros motivos.

12.3.1 HOMOGENEIZAÇÃO E MISTURA DOS PÓS

Para alcançar bons resultados na compactação e sinterização, os pós metálicos devem ser cuidadosamente homogeneizados em uma etapa anterior. Os termos *homogeneização* e *mistura* são ambos usados neste contexto. O termo **homogeneização** é utilizado quando pós de uma mesma composição química, mas de diferentes tamanhos de partículas, são misturados. Diferentes tamanhos de partículas combinados são, com frequência, para reduzir a porosidade. **Mistura** significa que pós de diferentes composições químicas estão sendo combinados. Uma vantagem da tecnologia de MP é a oportunidade de misturar vários metais em composições que seriam difíceis ou impossíveis de serem produzidas por outros meios. A distinção entre homogeneização e mistura nem sempre é precisa na prática industrial.

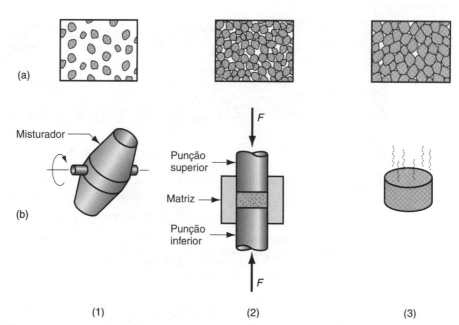

FIGURA 12.7 Sequência de produção na metalurgia do pó convencional: (1) mistura, (2) compactação e (3) sinterização; (a) mostra a condição das partículas, enquanto (b) mostra a operação de fabricação da peça durante a sequência.

A mistura e a homogeneização são realizadas por meios mecânicos. Quatro alternativas estão ilustradas na Figura 12.8: (a) rotação em tambor; (b) rotação em misturador duplo cone; (c) agitação em um misturador de rosca (de hélice); e (d) agitação em um misturador de pás (de lâminas). Existe mais ciência nesses dispositivos do que se poderia suspeitar. Os melhores resultados são obtidos quando os equipamentos são carregados entre 20 % e 40 % de sua capacidade. Os recipientes são, em geral, projetados com defletores internos ou outros dispositivos para prevenir a queda livre de pós de tamanhos diferentes durante a mistura, pois as variações nas taxas de sedimentação resultam em segregação – que é exatamente o oposto do que é desejado na mistura. A vibração do pó é indesejável, uma vez que também causa a segregação.

Outros ingredientes são geralmente adicionados aos pós metálicos durante a etapa de homogeneização e/ou mistura. Eles incluem (1) *lubrificantes*, tais como estearatos de zinco e de alumínio, em pequenas quantidades para reduzir o atrito entre as partículas e a parede da matriz durante a compactação; (2) *agentes aglutinantes* (*ligantes*), que são requeridos em alguns casos para alcançar resistência adequada nas peças prensadas, mas não sinterizadas; e (3) *desfloculantes*, que inibem a aglomeração de pós para melhores características de fluidez durante o processamento subsequente.

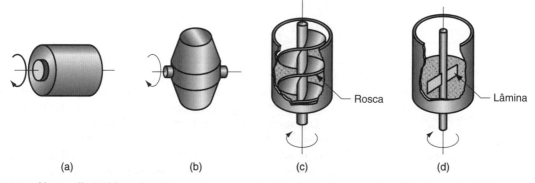

FIGURA 12.8 Alguns dispositivos de mistura e homogeneização: (a) tambor rotativo, (b) misturador duplo cone rotativo, (c) misturador de rosca e (d) misturador de lâminas.

12.3.2 COMPACTAÇÃO

Na compactação, alta pressão é aplicada nos pós para moldá-los no formato desejado. O método de compactação convencional é o de *prensagem*, em que punções opostos pressionam os pós contidos em uma matriz. As etapas de um ciclo de prensagem são mostradas na Figura 12.9. A peça, após a prensagem, é chamada de *compactado verde*, e a palavra *verde* significa que ela ainda não foi completamente processada. Como resultado da prensagem, a densidade da peça, a chamada *densidade a verde*, é muito maior que a densidade da matéria-prima. A *resistência verde* da peça quando prensada é adequada para o manuseio, porém é muito menor que aquela que será alcançada após a sinterização.

A pressão aplicada na compactação resulta inicialmente em remanejamento dos pós em um arranjo mais eficiente, eliminando as "pontes" formadas durante o enchimento, reduzindo o espaço dos poros e aumentando o número de pontos de contato entre as partículas. Conforme a pressão aumenta, as partículas vão sendo plasticamente deformadas, aumentando a área de contato interpartículas e levando partículas adicionais a fazer contato. Isto é acompanhado pela redução adicional do volume de poros. A evolução é ilustrada nas três etapas da Figura 12.10, que levam as partículas a tomarem a forma esférica. Também é mostrada a densidade correspondente, nas três etapas, em função da pressão aplicada.

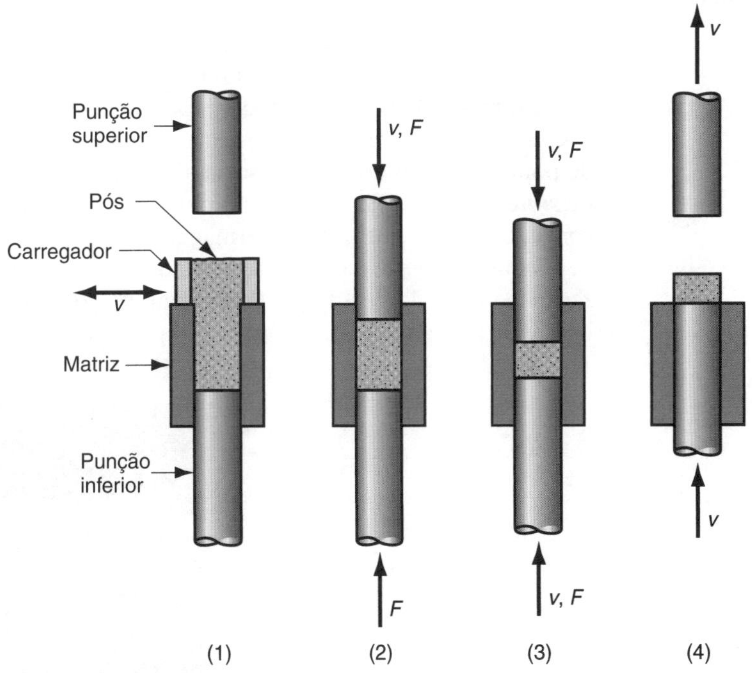

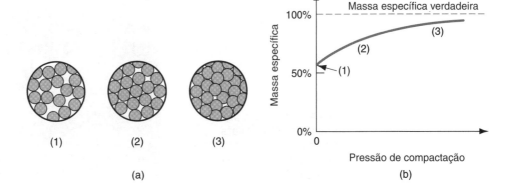

FIGURA 12.9 Prensagem, o método convencional de compactação dos pós metálicos na MP: (1) enchimento da cavidade do molde com os pós, feito por carregamento automático na produção, (2) posição inicial, (3) posição final dos punções superior e inferior durante a compactação e (4) ejeção da peça.

FIGURA 12.10 (a) Efeito da pressão aplicada durante a compactação: (1) pós soltos após o enchimento inicial, (2) rearranjo e (3) deformação das partículas; e (b) densificação dos pós em função da pressão. A sequência aqui corresponde aos estágios 1, 2, e 3 na Figura 12.9.

Na MP convencional, as prensas usadas na compactação são mecânicas, hidráulicas ou uma combinação das duas. Uma prensa hidráulica de 450 kN é mostrada na Figura 12.11. Em virtude das diferenças na complexidade das peças associadas às exigências da prensagem, as prensas podem ser classificadas como (1) compactação uniaxial, referente às prensas de simples ação; ou (2) prensas de dupla direção, de vários tipos, incluindo punções opostos, dupla ação e múltipla ação. A atual tecnologia de prensagem disponível pode fornecer até 10 controles de ação distintos para produzir peças de significativa complexidade geométrica. A complexidade das peças produzidas e outras questões de projeto serão examinadas na Seção 12.6.

A capacidade das prensas na produção de peças por MP é normalmente dada em kN ou MN. A força requerida para a prensagem depende da área da peça projetada para MP (área no plano horizontal para a prensa vertical) multiplicada pela pressão necessária para compactar o dado pó metálico. Reduzindo isso para uma equação,

$$F = A_p p_c \qquad (12.7)$$

em que F = força necessária, N; A_p = área projetada da peça, mm^2; e p_c = pressão de compactação requerida para o dado material em pó, MPa. As pressões típicas de compactação variam de 70 MPa para pó de alumínio a 700 MPa para pós de ferro e aço.

12.3.3 SINTERIZAÇÃO

Depois de prensado, o compactado verde necessita de resistência mecânica e dureza; ele facilmente fratura sob baixas tensões. A *sinterização* é uma operação de tratamento térmico realizada no compactado para unir suas partículas metálicas, aumentando assim a resistência e a dureza. O tratamento é em geral realizado a temperaturas entre 0,7 e 0,9 de ponto de fusão do metal (escala absoluta). Os termos *sinterização no estado sólido* ou *sinterização de fase sólida* são por vezes utilizados para se referenciar à sinterização convencional, porque o metal permanece não fundido a essas temperaturas de tratamento.

É consenso geral entre os pesquisadores que a principal força motriz para a sinterização é a redução da energia superficial [6], [16]. O compactado verde é constituído de inúmeras partículas distintas, cada uma com sua própria superfície individual, e assim a

FIGURA 12.11 Uma prensa hidráulica de 450 kN para compactação de componentes da metalurgia do pó. (Foto cedida por Dorst America, Inc.)

área superficial total contida no compactado é muito elevada. Sob a influência do calor, a área superficial é reduzida pela formação e crescimento de ligações entre as partículas, com a redução associada da energia superficial. Quanto mais fino for o pó inicial, maior será a área de superfície total, e maior a força motriz associada ao processo.

A série de desenhos da Figura 12.12 mostra, em escala microscópica, as mudanças que ocorrem durante a sinterização de pós metálicos. A sinterização envolve o transporte de massa para criar o pescoço e transformá-lo em contorno de grão. O principal mecanismo pelo qual isto ocorre é a difusão; outros mecanismos podem ser utilizados, como, por exemplo, o escoamento (fluxo plástico). A contração de toda a peça ocorre durante a sinterização, como resultado da redução de tamanho dos poros. Isto depende, em grande medida, da densidade do compactado verde, o que está relacionado com a pressão usada durante a compactação. A contração é, em geral previsível, quando as condições de processamento são estreitamente controladas.

As aplicações da MP envolvem geralmente médias e grandes produções; assim, a maioria dos fornos de sinterização é projetada com fluxo mecanizado contínuo das peças. O tratamento térmico consiste em três etapas, realizado nas três câmaras desses fornos contínuos: (1) preaquecimento, quando os lubrificantes e agentes ligantes são evaporados; (2) sinterização; e (3) resfriamento. O tratamento é ilustrado na Figura 12.13. As temperaturas e os tempos típicos da sinterização de metais selecionados são apresentados na Tabela 12.1.

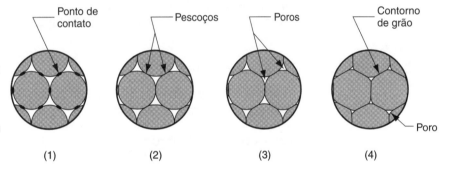

FIGURA 12.12 A sinterização em escala microscópica: (1) a ligação da partícula é iniciada em pontos de contato; (2) os pontos de contato crescem formando "pescoços"; (3) os poros entre as partículas são reduzidos em tamanho; e (4) os contornos de grãos se desenvolvem entre as partículas no lugar das regiões de pescoço.

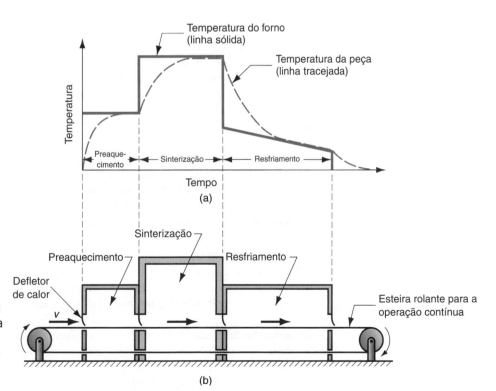

FIGURA 12.13 (a) Ciclo de tratamento térmico típico na sinterização; e (b) a seção transversal esquemática de um forno de sinterização contínuo.

TABELA • 12.1 As temperaturas e os tempos de sinterização típicos de pós metálicos selecionados.

| Metal | Temperaturas de Sinterização | Tempo Usual |
	°C	
Latão	850	25 min
Bronze	820	15 min
Cobre	850	25 min
Ferro	1100	30 min
Aço inoxidável	1200	45 min
Tungstênio	2300	480 min

Compilado de [10] e [17].

Na prática atual da sinterização, a atmosfera no forno é controlada. Os efeitos da atmosfera controlada incluem (1) proteger contra a oxidação, (2) proporcionar atmosfera redutora para remover os óxidos existentes, (3) fornecer atmosfera para cementação e (4) auxiliar na remoção de lubrificantes e ligantes utilizados na prensagem. As atmosferas mais comuns dos fornos de sinterização são de gases inertes, à base de nitrogênio, amônia dissociada, hidrogênio e gás natural [6]. O vácuo é utilizado para certos materiais metálicos, tais como aço inoxidável e tungstênio.

12.3.4 OPERAÇÕES SECUNDÁRIAS

As operações secundárias da MP incluem densificação, ajustagem, impregnação, infiltração, tratamento térmico e acabamento.

Densificação e Calibração Uma série de operações secundárias pode ser realizada na peça prensada e sinterizada para aumentar a densidade, melhorar a precisão ou adicionar algum detalhe na geometria da peça. *Reprensagem* é uma operação de prensagem em que a peça é prensada em uma matriz fechada para aumentar a densidade e melhorar as propriedades físicas. *Calibração* é a prensagem de uma peça sinterizada para melhorar a precisão dimensional. *Cunhagem* é uma operação de prensagem de uma peça sinterizada para acrescentar algum detalhe na superfície do objeto.

Algumas peças da MP requerem *usinagem* após a sinterização. A usinagem raramente é feita para ajustar as dimensões da peça, e sim para criar efeitos geométricos que não podem ser produzidos pela prensagem, tais como roscas internas e externas, furos laterais e outros detalhes.

Impregnação e Infiltração Porosidade é uma característica única e inerente à tecnologia da metalurgia do pó. Ela pode ser explorada para criar produtos especiais, preenchendo o espaço disponível dos poros com óleos, polímeros ou metais que têm temperaturas de fusão inferiores às do metal de base.

Impregnação é o termo utilizado quando óleo ou outro fluido é permeado para dentro dos poros de uma peça sinterizada na MP. Os produtos mais comuns deste processo são rolamentos impregnados de óleo, engrenagens e componentes de máquinas semelhantes. Mancais autolubrificantes, normalmente feitos de bronze ou de ferro, com 10 % a 30 % de óleo, em volume, são muito utilizados na indústria automobilística. O tratamento é realizado por imersão das peças sinterizadas em um banho de óleo quente.

Uma aplicação alternativa da impregnação produz peças por MP que devem ser fabricadas com forte pressão ou que necessitem ser impermeáveis a líquidos. Neste caso, as peças são impregnadas com vários tipos de resinas poliméricas na forma líquida, que escoam preenchendo os espaços dos poros e, em seguida, se solidificam. Em alguns casos, a impregnação de resina é utilizada para facilitar o processamento subsequente, por exemplo, para permitir a utilização de soluções de processamento (tais como produtos químicos de revestimento), que poderiam penetrar nos poros e degradar o produto, ou melhorar a usinabilidade da peça produzida por MP.

Infiltração é uma operação em que os poros da peça da MP são preenchidos com um metal fundido. O ponto de fusão do metal de enchimento deve ser inferior ao dos pós da peça por MP. O processo envolve o aquecimento do metal de enchimento em contato com o componente sinterizado, que pela ação de capilaridade atrai o material de enchimento para dentro dos poros. A estrutura resultante é relativamente não porosa, e a peça infiltrada tem densidade mais uniforme, bem como resistência e tenacidade melhoradas. Uma aplicação do processo é a infiltração de cobre em peças de ferro produzida por MP.

Tratamento Térmico e Acabamento Os componentes da metalurgia do pó podem ser tratados termicamente (Capítulo 23) e acabados (galvanizados ou pintados, Capítulo 24) pela maioria dos mesmos processos utilizados em peças produzidas por fundição e outros processos de fabricação mecânica. Cuidados especiais devem ser tomados em tratamentos térmicos devido à porosidade; por exemplo, banhos de sal não são utilizados no aquecimento de peças fabricadas por MP. Operações de galvanização e de revestimento são aplicadas a peças sinterizadas para fins estéticos e de resistência à corrosão. Mais uma vez, devem ser tomadas precauções para evitar retenção de soluções químicas nos poros; impregnação e infiltração são frequentemente utilizadas para este propósito. Os recobrimentos mais comuns para peças da MP incluem cobre, níquel, cromo, zinco e cádmio.

12.4 Técnicas Alternativas de Prensagem e Sinterização

A sequência convencional de prensagem e sinterização é a tecnologia mais utilizada na fabricação por metalurgia do pó. Os métodos adicionais para processamento de peças por MP são discutidos nesta seção.

12.4.1 PRENSAGEM ISOSTÁTICA

Uma característica da prensagem convencional é que a pressão é aplicada uniaxialmente. Isso impõe limitações sobre a geometria da peça, uma vez que os pós metálicos não escoam com facilidade em direções perpendiculares à pressão aplicada. A prensagem uniaxial também leva a variações de densidade do compactado após a prensagem. Na *prensagem isostática*, a pressão é aplicada em todas as direções contra os pós que estão contidos em um molde flexível; a pressão hidráulica é usada para realizar a compactação. A prensagem isostática pode ser realizada em duas formas alternativas: (1) prensagem isostática a frio e (2) prensagem isostática a quente.

A *prensagem isostática a frio* (PIF) realiza a compactação à temperatura ambiente. O molde, feito de borracha ou outro elastômero, é superdimensionado para compensar a contração. Água ou óleo são usados para fornecer a pressão hidrostática contra o molde no interior da câmara. A Figura 12.14 ilustra a sequência do processamento da prensagem isostática a frio. As vantagens da PIF incluem densidade mais uniforme, ferramentas menos dispendiosas e maior aplicabilidade para menores produções. Na prensagem isostática, é difícil conseguir uma boa precisão dimensional devido à utilização de molde flexível. Consequentemente, as operações de acabamento subsequentes são muitas vezes necessárias para obter as dimensões requeridas, antes ou após a sinterização.

A *prensagem isostática a quente* (PIQ) é realizada a temperaturas e pressões elevadas utilizando um gás, como argônio ou hélio, como meio de compressão. O molde em

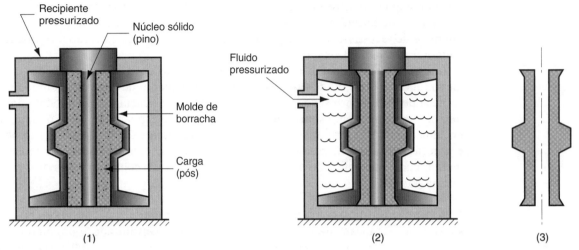

FIGURA 12.14 Prensagem isostática a frio: (1) os pós são colocados no molde flexível; (2) a pressão hidrostática é aplicada contra o molde para compactação dos pós; e (3) a pressão é reduzida, e a peça é extraída.

que os pós são contidos é feito de chapa metálica para suportar as elevadas temperaturas. Pela PIQ é possível fazer a prensagem e a sinterização em uma única etapa. Apesar desta vantagem aparente, a PIQ é um processo relativamente caro, e suas aplicações estão concentradas na indústria aeroespacial. As peças da metalurgia do pó feitas por prensagem isostática a quente são caracterizadas por elevada densidade (porosidade próxima de zero), completa ligação interpartículas e boa resistência mecânica.

12.4.2 MOLDAGEM DE PÓS POR INJEÇÃO

A moldagem por injeção está diretamente relacionada à indústria de plásticos (Seção 10.6). O mesmo processo básico pode ser aplicado para fabricar peças de pós metálicos ou cerâmicos, com a diferença de que a matéria-prima polimérica contém elevado teor de material particulado, tipicamente cerca de 50 % a 85 % em volume. Quando aplicado em metalurgia do pó, o termo *moldagem por injeção metálica* (MIM) é utilizado. O processo mais geral é *moldagem por injeção de pós* (MIP), que inclui tanto pós metálicos quanto pós cerâmicos. As etapas da moldagem por injeção de pós é feita da seguinte forma [7]: (1) Os pós metálicos são misturados com um ligante apropriado. (2) *Pellets* granulares são formados a partir da mistura. (3) Os *pellets* (pelotas) são aquecidos à temperatura de moldagem, injetados na cavidade do molde, e a peça é resfriada e extraída do molde. (4) A peça é processada para remover o ligante usando uma das várias técnicas térmicas ou solvente. (5) A peça é sinterizada. (6) Operações secundárias são realizadas conforme especificado.

O ligante usado na moldagem de pós por injeção atua como um veículo para as partículas. Tem como função proporcionar características de escoamento adequadas durante a moldagem e segurar os pós na forma moldada até a sinterização. Os cinco tipos básicos de ligantes em MIP são (1) polímeros termofixos, tais como fenólicos; (2) polímeros termoplásticos, tais como polietileno; (3) água; (4) géis; e (5) materiais inorgânicos [7]. Os polímeros são os mais utilizados.

A moldagem de pós por injeção é adequada para peças de geometrias semelhantes às da moldagem por injeção de plástico. Não é economicamente competitivo para peças simples assimétricas, pois o processo de prensagem e sinterização convencional é mais adequado para esses casos. A MIP parece ser mais econômica para peças pequenas e complexas, de alto valor agregado. A precisão dimensional é limitada pela contração que acompanha a densificação da peça durante a sinterização.

12.4.3 LAMINAÇÃO, EXTRUSÃO E FORJAMENTO DE PÓS

Laminação, extrusão e forjamento são processos comuns de conformação dos metais (Capítulo 15). Suas aplicações serão descritas aqui no contexto da metalurgia do pó.

Laminação de Pós Os pós podem ser conformados em uma operação de laminação para formar tiras metálicas. O processo é em geral projetado para ser realizado de forma contínua ou semicontínua, como mostrado na Figura 12.15. Os pós metálicos são compactados entre rolos (laminadores) formando uma tira verde, que alimenta diretamente um forno de sinterização. Ela é, então, laminada a frio e ressinterizada.

Extrusão de Pós No método mais comum de MP por extrusão, os pós são colocados em uma lata metálica estanque, a vácuo, que pode ser aquecida e extrudada junto com o recipiente. Em outra variante, tarugos são pré-conformados pelo processo convencional de prensagem e sinterização e, em seguida, extrudados a quente. Esses métodos permitem obter elevado grau de densificação nos produtos da MP.

Forjamento de Pós No forjamento de pós, a matéria-prima de partida é uma peça pré-formada pela metalurgia do pó por prensagem e sinterização, de dimensões adequadas. As vantagens deste método são: (1) densificação da peça da MP, (2) redução dos custos de ferramentas e menor número de passes de forjamento (e, por conseguinte, mais elevadas taxas de produção), porque a matéria-prima é uma peça pré-conformada, e (3) redução dos resíduos de material.

12.4.4 PRENSAGEM E SINTERIZAÇÃO COMBINADAS

A prensagem isostática a quente (Subseção 12.4.1) realiza a compactação e sinterização em uma única etapa. Outras técnicas que combinam as duas etapas são prensagem a quente e sinterização por centelhamento, ou sinterização reativa.

Prensagem a Quente A configuração da prensagem uniaxial a quente é muito semelhante à prensagem da MP convencional, exceto pelo fato de o calor ser aplicado durante a compactação. O produto resultante é, em geral, denso, resistente, duro e dimensionalmente preciso. Apesar dessas vantagens, o processo apresenta certos problemas técnicos que limitam seu uso, entre os quais estão: (1) a seleção do material de molde adequado para suportar as elevadas temperaturas de sinterização; (2) a necessidade de longo ciclo de produção para realizar a sinterização; e (3) o controle do processo de aquecimento e manutenção da atmosfera [2]. A prensagem a quente tem encontrado aplicação na fabricação de produtos de carbonetos sinterizados usando moldes de grafite.

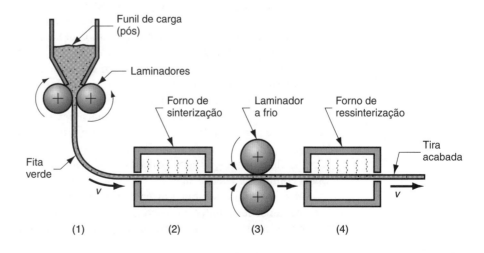

FIGURA 12.15 Laminação de pós: (1) os pós são alimentados através de rolos de compactação para formar uma fita compactada verde; (2) sinterização; (3) laminação a frio; e (4) ressinterização.

Capítulo 12

Sinterização por Centelhamento ou Sinterização Reativa Uma abordagem alternativa que combina prensagem e sinterização, mas supera alguns dos problemas da prensagem a quente, é a sinterização por centelhamento. O processo consiste em dois passos básicos [2], [17]: (1) o pó ou um compactado verde pré-moldado é colocado na matriz; e (2) os punções superior e inferior, que também servem como eletrodos, comprimem a peça e, simultaneamente, aplicam uma corrente elétrica de alta energia que queima os contaminantes da superfície e sinteriza os pós, formando uma peça densa e sólida em 15 segundos. O processo tem sido aplicado para uma variedade de metais.

12.4.5 SINTERIZAÇÃO DE FASE LÍQUIDA

A sinterização convencional (Subseção 12.3.3) é a sinterização de estado sólido; o metal é sinterizado a uma temperatura abaixo de seu ponto de fusão. Em sistemas que consistem em mistura de dois metais em pó, quando há diferença de temperatura de fusão entre os metais, um tipo alternativo de sinterização é usado, chamado sinterização de fase líquida. Neste processo, os dois pós são inicialmente misturados, e então aquecidos a uma temperatura que seja bastante elevada, para fundir o metal de ponto de fusão inferior, mas não o outro. O metal fundido molha por completo as partículas sólidas, criando uma estrutura densa com forte ligação entre os metais na solidificação. Dependendo dos metais envolvidos, o aquecimento prolongado pode resultar na formação de liga metálica pela dissolução gradual das partículas sólidas dentro da massa líquida fundida e/ou difusão do metal líquido para dentro do sólido. Em ambos os casos, o produto resultante é totalmente denso (sem poros) e resistente. Exemplos de sistemas que usam a sinterização de fase líquida incluem Fe-Cu, W-Cu e Cu-Co [6].

12.5 Materiais e Produtos para a Metalurgia do Pó

As matérias-primas para o processamento por MP são mais caras do que aquelas utilizadas em outros processos de fabricação, devido à energia adicional necessária para reduzir o metal para a forma de pó. Assim sendo, a MP é competitiva apenas para um determinado campo de aplicações. Nesta seção, vamos identificar os materiais e produtos que são mais adequados para a metalurgia do pó.

Materiais da Metalurgia do Pó Do ponto de vista químico, os pós metálicos podem ser classificados como elementares ou pré-ligados. Os pós *elementares* são formados por pós de metal puro e são utilizados em aplicações em que alta pureza é importante. Por exemplo, ferro puro pode ser utilizado quando suas propriedades magnéticas são importantes. Os pós elementares mais comuns são de ferro, alumínio e cobre.

Os pós elementares são também misturados com outros pós metálicos para produzir ligas especiais, que são difíceis de fabricar usando métodos convencionais de processamento. Os aços ferramenta são um exemplo; a MP permite homogeneizar ingredientes difíceis ou impossíveis de serem produzidos pelas técnicas metalúrgicas tradicionais. A utilização de misturas de pós elementares para formar uma liga proporciona melhoria no processamento, mesmo nos casos em que ligas especiais não estão envolvidas. Uma vez que os pós são metais puros, eles não são tão resistentes como os metais pré-ligados. Por isso, deformam mais facilmente durante a prensagem, de modo que a densidade e a resistência do compactado verde são mais elevadas que os compactados pré-ligados.

Nos pós *pré-ligados*, cada partícula é constituída pela composição química desejada. Pós pré-ligados são utilizados para as ligas que não podem ser formuladas pela mistura de pós elementares; os aços inoxidáveis são um exemplo importante. Os pós pré-ligados mais comuns são certas ligas de cobre, aços inoxidáveis e aços rápidos.

Os pós metálicos elementares e pré-ligados mais comumente utilizados em ordem aproximada de quantidade usada, são: (1) ferro, de longe é o metal da MP mais amplamente utilizado, com frequência misturado com grafite para fazer as peças de aço;

(2) alumínio; (3) cobre e suas ligas; (4) níquel; (5) aço inoxidável; (6) aço rápido; e (7) outros materiais MP, tais como tungstênio, molibdênio, titânio, estanho, e metais preciosos.

Produtos da Metalurgia do Pó A tecnologia da MP oferece uma vantagem substancial: ser um processo *net shape* ou *near net shape*, ou seja, é necessária pouca ou nenhuma operação adicional de acabamento depois do processamento por MP. Alguns dos componentes comumente fabricados por metalurgia do pó são engrenagens, rolamentos, rodas dentadas, fixadores, contatos elétricos, ferramentas de corte e peças de máquinas diversas. Quando produzidos em grandes quantidades, engrenagens metálicas e rolamentos são em especial bem adaptados para MP, por duas razões: (1) a geometria é definida principalmente em duas dimensões, de modo que a peça tem superfície de topo de uma determinada forma, mas a peça não apresenta detalhes geométricos nas laterais; e (2) existe necessidade de porosidade no material para servir como reservatório para o lubrificante. Peças mais complexas com geometrias verdadeiramente tridimensionais são também viáveis em metalurgia do pó por meio da adição de operações secundárias, tais como usinagem para complementar a forma das peças prensadas e sinterizadas, e pela observação de determinados conceitos de projeto, tais como aqueles descritos na seção a seguir.

12.6 Considerações de Projeto na Metalurgia do Pó

A utilização das técnicas da MP é geralmente adequada para um determinado tipo de situação e projeto de peças. Nesta seção, vamos tentar definir as características desta classe de aplicações para as quais a metalurgia do pó é o processo mais apropriado.

A *Metal Powder Industries Federation* (MPIF) define quatro classes de projetos de peças na metalurgia do pó, por nível de dificuldade na prensagem convencional. O sistema é útil porque indica algumas das limitações nas formas que podem ser obtidas pelo processamento na MP convencional. As quatro classes de peças estão ilustradas na Figura 12.16.

O sistema de classificação MPIF dá algumas orientações sobre geometrias de peças que são adequadas às técnicas de prensagem convencionais da MP. Informações adicionais poderão ser oferecidas nas seguintes diretrizes de projeto, compiladas a partir das Referências [3], [13] e [17].

➤ Para ser economicamente viável, o processamento pela MP geralmente requer grande quantidade de peças para justificar o custo de ferramentas e equipamentos especiais necessários. Quantidades mínimas de 10.000 unidades são sugeridas [17], embora haja exceções.

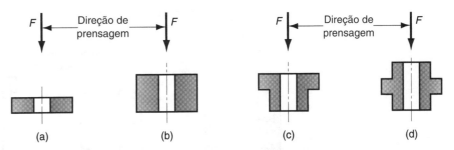

FIGURA 12.16 Quatro classes de peças da MP em vista lateral; a seção transversal é circular: (a) Classe I – geometria simples e fina que pode ser prensada em uma direção; (b) Classe II – geometria simples, porém mais espessa que exige prensagem em duas direções; (c) Classe III – dois níveis de espessura, prensada a partir de duas direções; e (d) Classe IV – múltiplos níveis de espessura, prensada a partir de duas direções, com controles separados para cada nível, a fim de atingir a densificação adequada por meio do compactado.

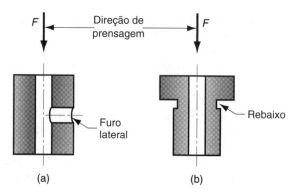

FIGURA 12.17 Detalhes de geometria da peça a serem evitados na MP: (a) furos laterais e (b) rebaixos laterais. A ejeção da peça é impossível.

- A metalurgia do pó é única em sua capacidade de fabricar peças, com nível controlado de porosidade. Porosidades até 50 % são possíveis.
- A MP pode ser usada para fabricar peças de metais e ligas incomuns – de materiais difíceis, se não impossíveis, de serem produzidos por outros meios.
- A geometria da peça deve permitir ejeção do molde após a prensagem; isso geralmente significa que a peça deve ter os lados verticais, ou quase verticais, embora ressaltos na peça sejam permissíveis, tal como sugerido pelo sistema de classificação MPIF (Figura 12.16). Características de projeto, tais como rebaixos e furos laterais na peça, como mostrado na Figura 12.17, devem ser evitadas. Rebaixos verticais e furos, como na Figura 12.18, são permitidos porque não interferem na ejeção da peça. Furos verticais não transversais podem não ser circulares ou redondos (por exemplo, quadrados, rasgos de chaveta), sem aumentos significativos no ferramental ou em dificuldade de processamento.
- As roscas não podem ser fabricadas por prensagem na MP; porém, se necessário, devem ser usinadas após a sinterização.
- A obtenção de chanfros e raios é possível por prensagem na MP, como mostrado na Figura 12.19. Os problemas são encontrados na rigidez do punção, quando os ângulos são muito agudos.
- A espessura de parede deve ser, no mínimo, de 1,5 mm entre os furos ou entre um furo e a parede exterior da peça, tal como indicado na Figura 12.20. O diâmetro mínimo recomendado do furo é de 1,5 mm.

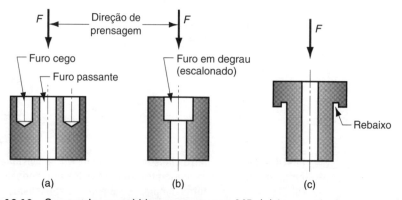

FIGURA 12.18 Geometrias permitidas nas peças na MP: (a) furo vertical, cego e passante; (b) furo vertical em degraus; e (c) rebaixo na direção vertical. Essas características permitem a ejeção da peça.

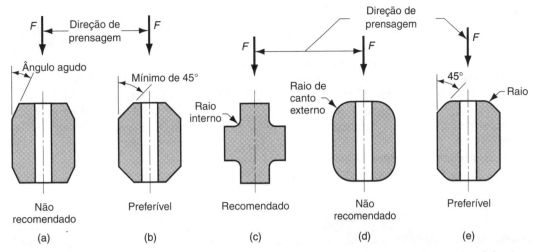

FIGURA 12.19 Chanfros e raios podem ser realizados, mas algumas regras devem ser observadas: (a) evitar chanfros de ângulos agudos; (b) ângulos maiores são preferíveis para a rigidez do punção; (c) pequenos raios laterais são desejáveis; (d) raios de canto externos apresentam dificuldades, porque o punção é frágil nas quinas; (e) o problema do raio externo pode ser resolvido pela combinação de raio e chanfro.

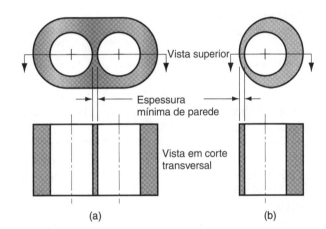

FIGURA 12.20 A espessura mínima de parede recomendada (a) entre furos ou (b) entre um furo e uma parede externa deve ser de 1,5 mm.

Referências

[1] *ASM Handbook*, Vol. 7: *Powder Metal Technologies and Applications*. ASM International, Materials Park, Ohio, 1998.

[2] Amstead, B. H., Ostwald, P. F., and Begeman, M. L. *Manufacturing Processes*, 8th ed. John Wiley & Sons, New York, 1987.

[3] Bralla, J. G. (ed.). *Design for Manufacturability Handbook*, 2nd ed. McGraw-Hill, New York, 1998.

[4] Bulger, M. "Metal Injection Molding," *Advanced Materials & Processes*, March 2005, pp. 39–40.

[5] Dixon, R. H. T., and Clayton, A. *Powder Metallurgy for Engineers*. The Machinery Publishing Co. Brighton, U.K., 1971.

[6] German, R. M. *Powder Metallurgy Science*, 2nd ed. Metal Powder Industries Federation, Princeton, New Jersey, 1994.

[7] German, R. M. *Powder Injection Molding*. Metal Powder Industries Federation, Princeton, New Jersey, 1990.

[8] German, R. M. *A-Z of Powder Metallurgy*. Elsevier Science, Amsterdam, Netherlands, 2006.

[9] Johnson, P. K. "P/M Industry Trends in 2005," *Advanced Materials & Processes*, March 2005, pp. 25–28.

[10] *Metals Handbook*, 9th ed. Vol. 7. Powder Metallurgy. American Society for Metals, Metals Park, Ohio, 1984.

Capítulo 12

[11] Pease, L. F. "A Quick Tour of Powder Metallurgy," *Advanced Materials & Processes*, March 2005, pp. 36–38.

[12] Pease, L. F., and West, W. G. *Fundamentals of Powder Metallurgy*, Metal Powder Industries Federation, Princeton, New Jersey, 2002.

[13] *Powder Metallurgy Design Handbook*. Metal Powder Industries Federation, Princeton, New Jersey, 1989.

[14] Schey, J. A. *Introduction to Manufacturing Processes*, 3rd ed. McGraw-Hill, New York, 1999.

[15] Smythe, J. "Superalloy Powders: An Amazing History," *Advanced Materials & Processes*, November 2008, pp. 52–55.

[16] Waldron, M. B., and Daniell, B. L. *Sintering*. Heyden, London, U.K., 1978.

[17] Wick, C., Benedict, J. T., and Veilleux, R. F. (eds.). *Tool and Manufacturing Engineers Handbook*, 4th ed. Vol. II, *Forming*. Society of Manufacturing Engineers, Dearborn, Michigan, 1984.

Questões de Revisão

12.1 Cite algumas das razões para a importância comercial da tecnologia da metalurgia do pó.

12.2 Quais são algumas das desvantagens dos métodos da MP?

12.3 Em relação ao método que usa peneiras de diferentes tamanhos de malha para a obtenção dos dados de tamanho de partícula, o que significa o termo *mesh*?

12.4 Qual é a diferença entre poros abertos e poros fechados nos pós metálicos?

12.5 Qual é o significado do termo relação de aspecto para uma partícula metálica?

12.6 Como se mede o ângulo de repouso de uma quantidade de pó metálico?

12.7 Defina massa específica aparente e massa específica verdadeira para pós metálicos.

12.8 Quais são os principais métodos utilizados para a produção de pós metálicos?

12.9 Quais são as três etapas básicas na fabricação pelo processo da metalurgia do pó convencional?

12.10 Qual é a diferença técnica entre homogeneização e mistura em metalurgia do pó?

12.11 Indique alguns dos ingredientes normalmente adicionados durante a homogeneização dos pós e/ou misturas.

12.12 O que se entende pelo termo *compactado verde?*

12.13 Descreva o que acontece com as partículas individuais durante a compactação.

12.14 Quais são as três etapas do ciclo de sinterização na MP?

12.15 Cite algumas das razões pelas quais na sinterização é desejável um forno de atmosfera controlada.

12.16 Qual é a diferença entre impregnação e infiltração na MP?

12.17 Qual é a diferença entre moldagem por injeção de pós e moldagem por injeção metálica?

12.18 Como a prensagem isostática se difere da prensagem convencional e sinterização na MP?

12.19 Descreva sinterização em fase líquida.

12.20 Quais são as duas classes básicas de pós metálicos do ponto de vista químico?

12.21 Por que a tecnologia da MP é tão bem adaptada para a produção de engrenagens e rolamentos?

Problemas

As respostas dos Problemas com indicação (**A**) estão listadas no Apêndice, na parte final do livro.

Caracterização dos Pós de Engenharia

12.1(**A**) Uma peneira com malha de 325 *mesh* possui fios com um diâmetro de 0,0035 mm. Determine (a) o máximo tamanho de partícula que passará através da peneira e (b) a proporção de espaço aberto na peneira.

12.2 Qual é a relação de aspecto de uma partícula de formato cúbico?

12.3 Determine os fatores de forma para as partículas com as seguintes formas: (a) esférica,

(b) cúbica, (c) cilíndrica com relação comprimento-diâmetro de 2:1.

12.4(**A**) Determine os fatores de forma para partículas que são discos em formato floculado com relações espessura-diâmetro de (a) 1:10 e (b) 1:20.

12.5(**A**) Um cubo sólido de alumínio com lado = 1,0 m é transformado em pó metálico de formato esférico por atomização a gás. Qual é o aumento percentual na área superficial total, se o diâmetro de cada partícula é de 100 μm (considerando que as partículas são do mesmo tamanho)?

12.6 Considerando um volume grande de pós metálicos, todos perfeitamente esféricos e com o mesmo diâmetro, qual é o possível máximo fator de compressibilidade que os pós podem apresentar?

Compactação e Considerações de Projeto

12.7 Em determinada operação de prensagem, os pós metálicos alimentados em matriz aberta têm um fator de compressibilidade de 0,5. A operação de prensagem reduz os pós para 70 % de seu volume inicial. Na subsequente operação de sinterização, os valores de contração atingem 10 % do volume inicial. Considerando que estes são os únicos fatores que afetam a estrutura da peça acabada, determine sua porosidade final.

12.8(A) Um rolamento de geometria simples está para ser prensado a partir de pós de bronze, usando pressão de compactação de 200 MPa. O diâmetro externo = 35 mm, o diâmetro interno = 20 mm, e o comprimento do rolamento = 18 mm. Qual é a capacidade da prensa para realizar esta operação?

12.9 Observe os quatro desenhos técnicos das peças na Figura P12.9. Indique quais as classes da MP a que cada peça se adapta, se a peça deve ser prensada em uma ou nas duas direções e, ainda, quantos níveis de controle de pressão são necessários. As dimensões apresentadas estão em mm.

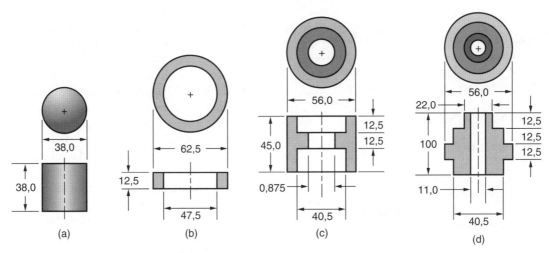

FIGURA P12.9 Peças do Problema 12.9.

13 Processamento de Materiais Cerâmicos e Cermetos

Sumário

13.1 Processamento dos Materiais Cerâmicos Tradicionais
13.1.1 Preparação da Matéria-Prima
13.1.2 Processos de Moldagem
13.1.3 Secagem
13.1.4 Queima (Sinterização)

13.2 Processamento dos Materiais Cerâmicos Avançados
13.2.1 Preparação dos Materiais Precursores
13.2.2 Moldagem e Conformação
13.2.3 Sinterização
13.2.4 Acabamento

13.3 Processamento de Cermetos
13.3.1 Carbetos Cementados (Metais Duros)
13.3.2 Outros Cermetos e Compósitos de Matriz Cerâmica

13.4 Considerações sobre o Projeto de Produtos

Os materiais cerâmicos se dividem em três categorias: (1) materiais cerâmicos tradicionais, (2) materiais cerâmicos avançados e (3) vidros. O processamento do vidro envolve solidificação primária e é apresentado no Capítulo 9. No presente capítulo, são considerados os métodos de processamentos usados para os materiais cerâmicos tradicionais e avançados. Também são abordados os processamentos dos materiais compósitos com matrizes metálicas e cerâmicas.

As cerâmicas tradicionais são feitas de minerais presentes na natureza. Os produtos incluem potes, porcelanas, tijolos e cimentos. As cerâmicas avançadas são produzidas a partir de matéria-prima sintetizada, e englobam grande variedade de itens, como ferramentas de corte, ossos artificiais, combustíveis nucleares e substratos de circuitos eletrônicos. O material precursor para ambas as categorias é na forma de pó. No caso dos materiais cerâmicos tradicionais, os pós são usualmente misturados com água para ligar de forma temporária as partículas, e assim conseguir a consistência necessária para a moldagem. Para as cerâmicas avançadas, outras substâncias são usadas como ligantes durante a moldagem. Depois da moldagem, as peças verdes são sinterizadas. Isso é com frequência chamado de *queima* nos materiais cerâmicos, e o objetivo dessa etapa é o mesmo da metalurgia do pó: promover uma reação no estado sólido que una o material, formando uma massa sólida resistente.

Os métodos de processamentos discutidos neste capítulo são comercial e tecnologicamente importantes, pois quase todos os produtos cerâmicos são produzidos por esses métodos (exceto, os produtos vítreos). As etapas da manufatura são similares para as cerâmicas tradicionais e as avançadas devido à forma do material precursor ser a mesma: o pó. Entretanto, os métodos de processamentos para as duas categorias são bastante diferentes e são discutidos separados.

Processamento de Materiais Cerâmicos e Cermetos   303

13.1 Processamento dos Materiais Cerâmicos Tradicionais

Nesta seção, é descrito o processo tecnológico usado para fabricar os produtos de cerâmicas tradicionais, como potes de cerâmicas, faiança, louças, tijolos, telhas e cerâmicas refratárias. Os rebolos de esmeril também são fabricados utilizando os mesmos processos básicos aqui apresentados. Esses produtos têm em comum as matérias-primas, que consistem basicamente em silicatos cerâmicos – as argilas. A sequência do processamento para a maioria dos materiais cerâmicos tradicionais consiste nas etapas mostradas na Figura 13.1.

13.1.1 PREPARAÇÃO DA MATÉRIA-PRIMA

Os processos de moldagem para os materiais cerâmicos tradicionais necessitam de que o material de partida esteja na forma de uma pasta plástica. Essa pasta é feita com pós finos cerâmicos misturados com água, e sua consistência determina a facilidade de moldagem do material e influi também no desempenho do produto final. A matéria-prima cerâmica usualmente encontra-se na natureza, como fragmentos de rocha. A redução do tamanho de partícula para pó é o objetivo da etapa de preparação da matéria-prima nos processamentos cerâmicos.

As técnicas para a redução do tamanho de partículas nos processamentos cerâmicos envolvem a aplicação de energia mecânica em diferentes modos, como impacto, compressão e atrito. O termo *cominuição* é usado para essas técnicas, que têm mais eficiência com os materiais frágeis, como cimentos, minérios metálicos, e metais frágeis. Duas classes gerais de operações de cominuição (pulverização) se destacam: a britagem e a moagem.

A *britagem* refere-se à redução de grandes pedaços da jazida para menores tamanhos, preparando-os para a etapa de redução posterior. Vários estágios podem ser necessários (por exemplo, britagem primária, britagem secundária), ficando a razão de redução, em cada estágio, na faixa de 3 a 6. A britagem dos minerais é alcançada pela compressão ou pelo impacto contra superfícies duras em um movimento cíclico e com restrição de movimento [1]. A Figura 13.2 mostra alguns tipos de equipamentos usados para realizar a britagem: (a) o britador de mandíbula, no qual uma grande alavanca de mandíbula frontal e de retaguarda é usada para britar o material em contato com uma superfície dura e rígida; (b) o britador giratório, que usa um cone giratório para fragmentar o minério contra a superfície dura; (c) o britador de rolo, que comprime e

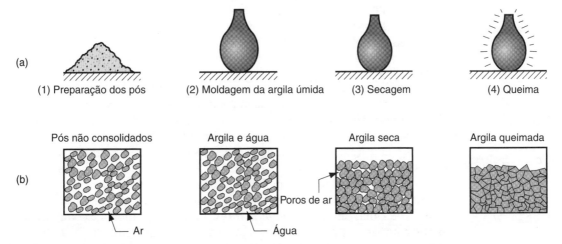

FIGURA 13.1 Etapas utilizadas no processamento de materiais cerâmicos tradicionais: (1) preparação da matéria-prima, (2) moldagem, (3) secagem e (4) queima. A parte (a) mostra as transformações sequenciais do material durante o processamento, enquanto (b) mostra as transformações do pó.

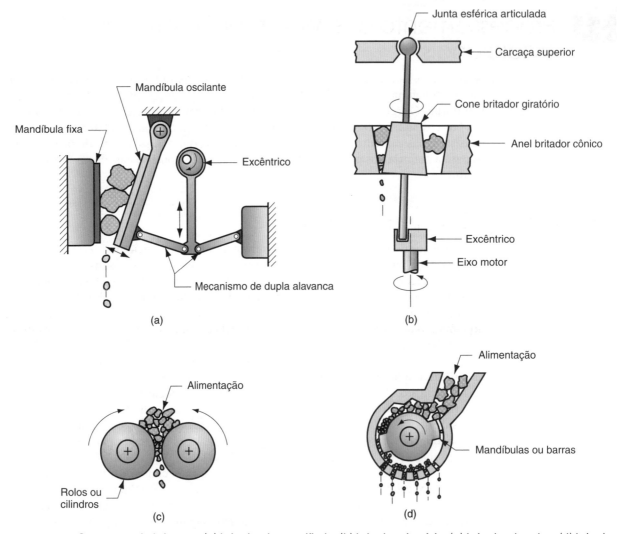

FIGURA 13.2 Operações de britagem: (a) britador de mandíbula, (b) britador giratório, (c) britador de rolo e (d) britador de martelo.

cisalha as rochas da matéria-prima cerâmica entre os rolos de rotação; e (d) o britador de impacto, que aplica impactos com o movimento rotativo de barras ao material para fraturar as partículas.

A *moagem*, neste contexto, refere-se à operação final de redução das menores partículas obtidas da britagem para chegar ao pó fino. A moagem é realizada pela abrasão e o impacto do mineral britado pela livre movimentação de corpos moedores, como bolas, rolos ou superfícies de impacto. Os exemplos de moinhos incluem (a) moinho de bolas, (b) moinho de rolos e (c) moinho de impacto, conforme ilustrado na Figura 13.3.

Em um *moinho de bolas*, esferas duras misturadas com a carga a ser cominuída são movimentadas em um recipiente cilíndrico rotativo. A rotação provoca o movimento das bolas e da carga em direção às paredes do recipiente, e, simultaneamente, a gravidade as atrai para a parte baixa do moinho. Assim, a ação combinada de atrito e impacto promove a moagem no moinho de bolas. Essas operações são com frequência realizadas com água adicionada à mistura, de modo que a matéria-prima cerâmica está na forma de lama. Em um *moinho de rolos*, a carga a ser moída é comprimida contra a superfície horizontal da mesa de moagem pelos rolos que giram ao redor de seus eixos, comprimindo a superfície da mesa. Embora não esteja mostrado claramente no esquema, a pressão dos rolos de moagem contra a mesa é regulada por molas ou acionada por mecanismos hidráulico e pneumático. Na *moagem por impacto*, usada com menos

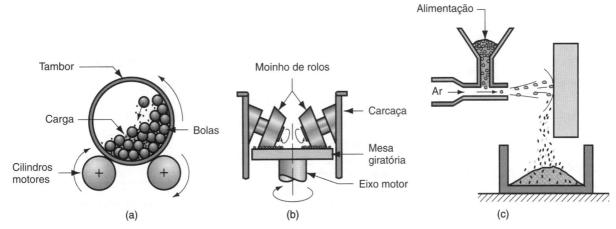

FIGURA 13.3 Métodos mecânicos de produção de pós cerâmicos: (a) moinho de bola, (b) moinho de rolo e (c) moagem por impacto.

frequência, as partículas da matéria-prima são projetadas contra uma superfície plana e dura, em alta velocidade, por corrente de ar, ou em uma lama com elevada velocidade. O impacto fratura o material, transformando-o em partículas menores.

A massa plástica requerida para moldagem consiste em pó cerâmico e água. As argilas são os principais componentes desta pasta, em função de suas características ideais de plasticidade. Quanto mais água existe na mistura, mais plástica e fácil é a moldagem da pasta cerâmica. Entretanto, quando a peça formada for seca e queimada, ocorre contração, o que pode causar trincamento do produto final. Para resolver este problema, outras matérias-primas cerâmicas, que não se contraem na secagem e queima, são adicionadas à pasta frequentemente em grande quantidade. Além disso, outros componentes podem ser adicionados com efeitos especiais. Assim, os componentes da pasta cerâmica podem ser divididos em três categorias [3]: (1) argila, que promove a consistência e a plasticidade requerida para a moldagem; (2) matéria-prima não plástica, como alumina e sílica, que não se contrai com a secagem e a queima, mas reduz a plasticidade na mistura durante a moldagem; e (3) outros componentes, como os fundentes, que se fundem durante a queima e promovem a sinterização do material cerâmico, e os agentes umidificantes, que melhoram as características da mistura.

Esses ingredientes devem ser cuidadosamente misturados, quer úmido, quer seco. O moinho de bolas geralmente serve para este propósito devido à sua função de moagem. A quantidade apropriada de pó e água na pasta precisa ser ajustada; assim, a água pode ser adicionada ou removida, dependendo da condição prévia da pasta e de sua consistência final desejada.

13.1.2 PROCESSOS DE MOLDAGEM

As proporções ótimas de pó e de água dependem do processo usado para a moldagem. Alguns processos de moldagem requerem elevada fluidez, outros funcionam com uma composição que contém muito pouco teor de água. Em aproximadamente 50 % em volume de água, a mistura é uma lama que flui como um líquido. Com a redução do teor de água, é necessário aumentar a pressão sobre a pasta para produzir um fluxo similar. Desse modo, os processos de moldagem podem ser divididos de acordo com a consistência da mistura: (1) colagem de barbotina, na qual a mistura é uma lama com 25 % a 40 % de água; (2) conformação plástica, quando se conforma a argila na condição plástica de 15 % a 25 % de água; (3) prensagem semisseca, na qual a argila está úmida (10 % a 15 % de água), mas tem baixa plasticidade; e (4) prensagem a seco, quando a argila está bem seca, contendo menos de 5 % de água. Ressalta-se que a argila seca não tem plasticidade. As quatro categorias são representadas no gráfico da Figura 13.4, o qual

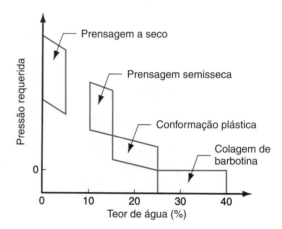

FIGURA 13.4 Quatro categorias de processos de moldagem usados para cerâmicas tradicionais, relacionando o conteúdo (teor) de água e a pressão requerida para conformar a argila.

compara as categorias com a condição da argila usada como material de partida. Cada categoria inclui diferentes processos de conformação.

Colagem de Barbotina Na colagem de barbotina, a suspensão do pó cerâmico com água forma uma *barbotina*, que é vertida no molde poroso de gesso paris ($CaSO_4-2H_2O$) formando uma camada firme de argila na superfície do molde. A água da mistura é absorvida de forma gradual pelo molde, consolidando uma camada depositada. A composição da barbotina é tipicamente de 25 % a 40 % de água, sendo o restante argila, que está em geral misturada com outros ingredientes. A suspensão precisa ser bastante fluida para escoar pelas cavidades do molde. Menor conteúdo de água é desejável para atingir maior produtividade. A colagem de barbotina tem duas variações principais: a colagem drenada e a colagem sólida. Na *colagem drenada*, que é o processo tradicional, o molde é invertido para drenar o excesso da suspensão depois da camada semissólida ter sido formada, deixando uma parte oca no molde. O molde é então aberto para remover a peça. A sequência do processo é ilustrada na Figura 13.5 e é muito similar às fundições ocas de metais. Esse processo é usado para produzir bules de chá, vasos, objetos de artes e outros produtos ocos de louças. No processo de *colagem sólida*, usada para produzir produto sólido maciço, é necessário esperar tempo suficiente para que todo o corpo torne-se firme. O molde precisa ser periodicamente reabastecido com adição de suspensão, para compensar a contração decorrente da absorção de água.

Conformação Plástica Esta categoria inclui uma variedade de métodos, manuais e mecânicos. Todos eles necessitam de uma mistura inicial com consistência plástica, que é em geral obtida com 15 % a 25 % de água. Os métodos manuais fazem uso de argilas com maior teor de água, o que promove um material mais facilmente conformado,

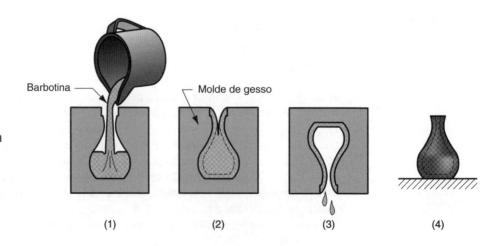

FIGURA 13.5 Etapas da colagem por drenagem, que é um modo de colagem de barbotina: (1) a suspensão é vazada nas cavidades do molde; (2) a água é absorvida pelo molde de gesso para formar a camada firme; (3) o excesso de suspensão é drenado; e (4) a peça é removida do molde, e são retiradas as rebarbas.

embora tenha grande contração na secagem. Em geral, os métodos mecânicos empregam uma mistura com menor teor de água, de modo que a argila fica menos fluida.

Embora haja registros do uso de métodos manuais para moldagem de milhares de anos atrás, esses métodos ainda são usados por artesãos qualificados na produção ou em obras de arte. A *modelagem manual* envolve a criação de produto cerâmico pela manipulação da massa da argila plástica criando a geometria desejada. Além das obras de arte, os padrões para os moldes de gesso da colagem de barbotina são frequentemente feitos por esse processo. A *moldagem manual* é um método similar, sendo usados moldes ou fôrmas para modelar partes das peças. O *trabalho manual* executado em uma roda de oleiro é um aprimoramento do método artesanal. A *roda de oleiro* é uma mesa redonda que gira sobre um eixo vertical, acionado tanto por motor quanto por pedal. Os produtos cerâmicos de seção transversal circular podem ser conformados nessas mesas giratórias pela deposição manual e pela moldagem da argila, e algumas vezes um molde é utilizado para gerar o formato interno.

A rigor, o uso da roda de oleiro com acionamento por motor já é um método mecânico de conformação. Entretanto, a maioria dos métodos mecanizados para a conformação de argilas é caracterizada pela participação manual muito menor que no método de trabalho manual descrito previamente. Esses métodos mais mecanizados incluem torneamento (equipamento que gira e molda argilas), prensagem plástica e extrusão. A *conformação no torno* é uma extensão dos métodos de roda de oleiros, na qual a moldagem manual é substituída por técnicas mecanizadas. Esse tipo de conformação é utilizado para produzir grande número de peças idênticas, como tigelas e pratos. Entretanto, existe variação nas ferramentas e métodos usados, refletindo os diferentes níveis de automação e refinamento do processo básico. Um fluxograma típico é apresentado na Figura 13.6: (1) a argila úmida é colocada sobre um molde convexo; (2) uma ferramenta de conformação pressiona a argila para promover uma forma inicial grosseira – a operação é chamada de *batting*, e a peça formada é chamada de *prato*; e (3) uma ferramenta é aquecida e usada para conferir a forma final do contorno do produto pela prensagem do perfil na superfície durante a rotação da peça. A ferramenta aquecida produz vapor de água da argila úmida que evita a adesão. Um processo muito semelhante e relacionado com a conformação do torno é o *jaule*, cujo formato do molde básico é côncavo em vez de convexo [8]. Em ambos os processos, uma ferramenta rotativa é usada no lugar da ferramenta não rotativa do torno (ou *jaule*); com essas ferramentas, a argila adquire o formato desejado.

Prensagem plástica é um processo de conformação no qual a argila plástica é prensada entre dois moldes, superiores e inferiores, contidos em anéis de metal. Os moldes são feitos de material poroso, como gipsita, que permite remover a umidade da argila quando produz vácuo em uma das metades do molde. As seções do molde são, então, abertas usando pressão pneumática para evitar adesão de partes da peça no molde. A

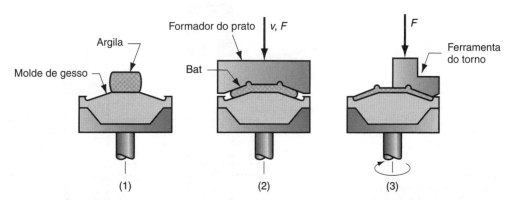

FIGURA 13.6 Etapas da conformação no torno: (1) argila mole e úmida é depositada no molde convexo; (2) conformação; e (3) a ferramenta, chamada de braço do torno, confere formato ao produto final. Os símbolos *v* e *F* indicam movimento (*v* = velocidade) e força aplicada, respectivamente.

prensagem plástica alcança maior taxa de produção que o torneamento e não está limitada somente a peças com simetria radial.

A *extrusão* é usada em processamentos cerâmicos para fabricar produtos longos de seções transversais uniformes, cujo comprimento é cortado no tamanho requerido. O equipamento de extrusão, também chamado de maromba, utiliza a ação de uma ferramenta tipo parafuso para misturar a argila e ajudar a empurrá-la pela abertura da matriz. Esse método de produção é amplamente utilizado para fazer tijolos ocos, peças com formato de telhas, tubos de drenagem, tubos, e isolantes. É também utilizado para fazer conformação inicial da argila para outros métodos de processamentos cerâmicos, como torneamento e prensagem plástica.

Prensagem Semisseca Na prensagem semisseca, a proporção de água na argila precursora está tipicamente entre 10 % e 15 %. Isso resulta em baixa plasticidade, impedindo o uso de métodos de conformação plástica que requerem argila muito plástica. A prensagem semisseca utiliza elevada pressão para superar a baixa plasticidade do material, e assim forçá-lo a fluir para a cavidade da matriz, como mostra a Figura 13.7. Uma rebarba é frequentemente formada devido ao excesso de argila sendo comprimida entre as seções da matriz.

Prensagem Seca A principal diferença entre prensagem seca e prensagem semisseca é o teor de umidade da mistura. O teor de umidade da argila na prensagem seca é em geral abaixo de 5 %. Os ligantes são usualmente adicionados na mistura de pó quando ela ainda está seca, pois isto permite obter resistência da peça prensada que seja suficiente para o manuseio subsequente. Os lubrificantes são também adicionados para reduzir a aderência na matriz durante a prensagem e assim facilitar sua remoção. Como a argila seca não tem plasticidade e é muito abrasiva, existem diferenças no projeto da matriz e nos procedimentos operacionais em relação à prensagem semisseca. As matrizes podem ser feitas de aço ferramenta ou metal duro para reduzir o desgaste. Já que a argila seca não flui durante a prensagem, a geometria da peça precisa ser relativamente simples, e a quantidade e a distribuição do pó na cavidade da matriz deve ser precisa. Nenhum esguicho (ou rebarba) é formado na prensagem a seco, e nenhuma contração ocorre na secagem; assim, o tempo de secagem é eliminado, e boa acurácia pode ser obtida nas dimensões dos produtos finais. A sequência do processo na prensagem a seco é similar ao da prensagem semisseca. Os produtos típicos incluem azulejos de banheiro, isolantes elétricos e tijolos refratários.

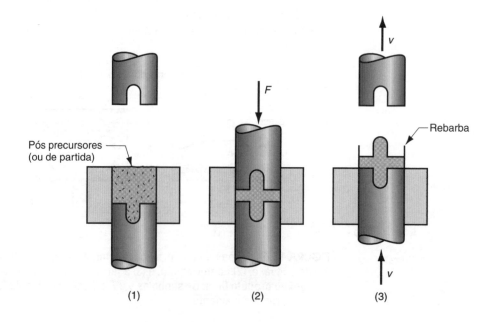

FIGURA 13.7 Prensagem semisseca: (1) depósito de pó úmido na cavidade, (2) prensagem e (3) abertura das seções da matriz e ejeção. Os símbolos *v* e *F* indicam movimento (*v* = velocidade) e força aplicada, respectivamente.

13.1.3 SECAGEM

A água desempenha papel fundamental na maioria dos processos de moldagem das cerâmicas tradicionais. Após a conformação, ela precisa ser removida da peça de argila antes da queima. A contração durante esta etapa é um problema no processamento, pois a água é responsável por parte do volume da peça, e, quando é removida, o volume se reduz. O efeito pode ser visto na Figura 13.8. Quando a água é inicialmente adicionada à argila seca, ela apenas substitui o ar nos poros entre as partículas cerâmicas, e não existe variação volumétrica. Aumentando o teor de água acima de certo valor, provoca-se a separação das partículas, e o volume aumenta, resultando em argila úmida que tem plasticidade e conformabilidade. Com mais água adicionada, a mistura pode eventualmente se comportar como uma suspensão de partículas de argila em água.

O inverso desse processo ocorre na secagem, quando a água é removida da argila úmida e o volume da peça se contrai. O processo de secagem ocorre em dois estágios, como mostrado na Figura 13.9. No primeiro estágio, a taxa de secagem é rápida e constante, a água evapora da superfície da argila para o ar; já a água do interior migra em direção à superfície por ação capilar para substituí-la. Durante este estágio, ocorre contração, com risco associado de deformação e de trincamento devido às heterogeneidades de secagem nas diferentes seções da peça. No segundo estágio de secagem, a redução da umidade ocorre nos pontos de contato das partículas cerâmicas, e pequena ou nenhuma contração ocorre. O processo de secagem é lento, e pode ser visualizado pela diminuição da taxa de perda de umidade da Figura 13.9.

Na produção industrial, a secagem é usualmente realizada em câmara de secagem, na qual a temperatura e a umidade são controladas obedecendo a um programa de secagem. A água não deve ser removida muito rápido das peças, pois grandes gradientes de umidade tornam essas peças mais propensas ao trincamento. O aquecimento é em geral aplicado combinando-se convecção e radiação, usando fontes de luz infravermelha. Os tempos aproximados de secagem são entre quatro horas, para as peças de seções finas, e vários dias, para as bem espessas.

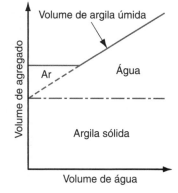

FIGURA 13.8 Volume de argila em função do teor de água. Esta relação é típica das misturas e altera para diferentes composições da argila.

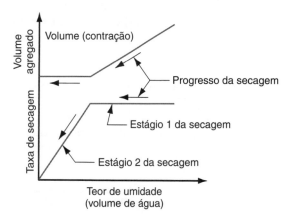

FIGURA 13.9 Curva típica da taxa de secagem associada à redução de volume (contração na secagem) para os corpos cerâmicos. A taxa de secagem no segundo estágio de secagem é representada aqui por uma reta (decréscimo à taxa constante em função do teor de água). Na literatura, esta curva é representada como côncava ou convexa [3], [8].

13.1.4 QUEIMA (SINTERIZAÇÃO)

Depois da conformação, mas antes da queima, a peça cerâmica é dita *verde* (termo semelhante ao empregado em metalurgia do pó), significando processamento incompleto. A peça verde não tem dureza nem resistência suficientes, e precisa ser queimada para consolidar seu formato e ganhar dureza e resistência mecânica do produto final. A *queima* é um processo térmico que sinteriza o material cerâmico. Essa operação é realizada em fornos denominados *muflas*. Na *sinterização*, as ligações ocorrem entre as partículas da peça verde, formando os grãos dos materiais cerâmicos. Esse processo de queima é acompanhado da densificação e da redução da porosidade. A contração que surge no material policristalino é adicional àquela que já ocorreu durante a secagem. A sinterização nas cerâmicas se processa basicamente pelo mesmo mecanismo observado em metalurgia do pó. Na queima das cerâmicas tradicionais, algumas reações químicas podem ocorrer entre os componentes da mistura, além da formação de uma fase vítrea entre os cristais e que atua como ligante. Ambos os fenômenos dependem da composição química do material cerâmico e da temperatura de queima usada.

As louças cerâmicas não vitrificadas são queimadas somente uma vez; os produtos vitrificados são queimados duas vezes.* A *vitrificação* refere-se à aplicação de revestimento na superfície da cerâmica para reduzir a permeabilidade à água e melhorar sua aparência. A sequência de processamento normal com as louças vitrificadas é (1) queima da louça uma vez antes da vitrificação para endurecer o corpo da peça, (2) aplicação do vidrado, e (3) aquecimento da peça uma segunda vez para endurecer o vidrado.

13.2 Processamento dos Materiais Cerâmicos Avançados

A maioria das cerâmicas tradicionais é baseada em argila, que possui a capacidade única de ser plástica quando misturada à água, mas é dura quando é seca e queimada. A argila consiste em várias fórmulas de silicato de alumínio hidratado, geralmente misturada a outros materiais cerâmicos, resultando em uma composição química bastante complexa. As cerâmicas avançadas (Subseção 5.2.2) empregam compostos químicos mais simples, como óxidos, carbetos e nitretos. Esses materiais não possuem a plasticidade e a conformabilidade das argilas tradicionais quando misturadas à água. Por conseguinte, outros ingredientes precisam ser combinados com o pó cerâmico para alcançar a plasticidade e outras propriedades desejadas durante a moldagem. Com isto, os métodos convencionais de moldagem podem ser utilizados. As cerâmicas avançadas são geralmente projetadas para aplicações que requerem elevada resistência e dureza, além de propriedades específicas não encontradas nos materiais cerâmicos tradicionais. Esses requisitos têm motivado a introdução de diversas técnicas novas para o processamento não utilizadas nas cerâmicas tradicionais.

A sequência para a fabricação de cerâmicas avançadas pode ser resumida nas seguintes etapas: (1) preparação de matérias-primas, (2) moldagem, (3) sinterização e (4) acabamento. Embora a sequência seja quase a mesma das cerâmicas tradicionais, os detalhes são em geral bastante diferentes.

13.2.1 PREPARAÇÃO DOS MATERIAIS PRECURSORES

Visto que a resistência especificada desses materiais é normalmente muito maior que a das cerâmicas tradicionais, os pós precisam ser mais homogêneos em tamanho e em composição, e o tamanho das partículas precisa ser menor (a resistência dos produ-

---

*Atualmente, muitas indústrias de revestimento utilizam a monoqueima para produzir produtos vitrificados em uma só etapa. (N.T.)

Processamento de Materiais Cerâmicos e Cermetos **311**

tos cerâmicos resultantes é inversamente proporcional ao tamanho do grão). Tudo isso indica que maior controle dos pós é necessário. O preparo do pó inclui métodos químicos e mecânicos. Os métodos mecânicos consistem em operações de moagem semelhantes aos moinhos de bolas usados no processamento das cerâmicas tradicionais. O problema desse método é que as partículas cerâmicas podem se contaminar com os materiais utilizados nas bolas e nas paredes do moinho. Isso compromete a pureza do pó cerâmico e resulta em falhas microscópicas, que reduzem a resistência do produto final.

Dois métodos químicos são usados para alcançar grande homogeneidade dos pós das cerâmicas avançadas: a liofilização (ou secagem a frio) e a precipitação de solução. Na *liofilização*, os sais de uma matéria-prima química apropriada são dissolvidos em água, e a solução é pulverizada para formar pequenas gotículas, que são rapidamente congeladas. A água é, então, removida das gotículas em uma câmara de vácuo, e os sais liofilizados resultantes são decompostos pelo aquecimento para formar pós cerâmicos. A liofilização não é aplicada para todas as cerâmicas, porque, em alguns casos, o sal solúvel em água não pode ser considerado matéria-prima.

A *precipitação de solução* é outro método usado no preparo de cerâmicas avançadas. Neste processo típico, o composto cerâmico desejado é dissolvido do mineral precursor, permitindo que as impurezas sejam filtradas. Um composto intermediário é então precipitado da solução e convertido no composto desejado, por aquecimento. Um exemplo do método de precipitação é o *processo Bayer* para produção de alumina com elevada pureza (e também utilizado na produção de alumínio). Neste processo, o óxido de alumínio é dissolvido a partir do mineral bauxita de modo que os compostos de ferro e outras impurezas possam ser removidos. Posteriormente, o hidróxido de alumínio $(Al(OH)_3)$ é precipitado da solução e reduzido para Al_2O_3 por aquecimento.

Outro método de preparo dos pós inclui a classificação por tamanho e a mistura antes da moldagem. Pós muito finos são necessários para aplicações nas cerâmicas avançadas, e assim as partículas precisam ser separadas e classificadas de acordo com o tamanho. A completa mistura das partículas, em especial quando diferentes pós cerâmicos são combinados, é necessária para evitar a segregação.

Vários aditivos são combinados com os pós, usualmente em pequenas quantidades. Os aditivos incluem (1) os *plastificantes* para melhorar a plasticidade e trabalhabilidade; (2) os *ligantes* para ligar as partículas cerâmicas na massa sólida do produto final; (3) os *agentes umidificantes* para facilitar a mistura; (4) os *defloculantes*, que previnem a aglomeração e a aglutinação prematura do pó; e (5) os *lubrificantes*, que reduzem o atrito entre as partículas cerâmicas durante a moldagem e, posteriormente, diminuem a aderência durante a liberação do molde.

13.2.2 MOLDAGEM E CONFORMAÇÃO

Muitos processos de moldagem e conformação das cerâmicas avançadas são iguais aos usados na metalurgia do pó e nas cerâmicas tradicionais. Assim, os métodos de prensagem e de sinterização discutidos na Seção 12.3 foram adaptados para os materiais cerâmicos avançados. Algumas técnicas de fabricação das cerâmicas tradicionais (Subseção 13.1.2) são usadas para conformar as cerâmicas avançadas, incluindo a colagem de barbotina, a extrusão e a prensagem seca. Os processos apresentados a seguir não são normalmente associados à produção das cerâmicas tradicionais, embora vários deles sejam usados em metalurgia do pó.

Prensagem a Quente A prensagem a quente é similar à prensagem seca (Subseção 13.1.2), exceto que o processo é realizado em temperaturas elevadas, de modo que a sinterização do produto ocorre simultaneamente com a prensagem. Isto elimina a necessidade da etapa da queima na sequência de produção. Nesse processo, densidades maiores e tamanhos de grãos menores são obtidos, mas a vida útil da matriz é reduzida pela abrasão das partículas quentes contra a superfície da matriz.

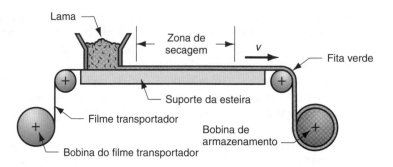

FIGURA 13.10 Processo "doctor blade" usado para produção de lâminas cerâmicas. O símbolo v indica movimento (v = velocidade).

Prensagem Isostática A prensagem isostática de cerâmicas é semelhante ao processo usado em metalurgia do pó (Subseção 12.4.2). A pressão hidrostática é usada para compactar pó cerâmico em todas as direções, evitando o problema da densidade não uniforme do produto final, o que é, com frequência, observado nos métodos tradicionais de prensagem uniaxial.

Processo "Doctor Blade" Esse processo é usado para produzir lâminas finas de cerâmica. Uma aplicação comum das lâminas é na indústria eletrônica, como substrato de circuitos integrados. O processo é esquematizado na Figura 13.10. Lama cerâmica é depositada sobre um suporte em movimento. Esse suporte é um filme transportador de material semelhante ao celofane. A espessura da cerâmica na esteira é determinada por um anteparo, que limita a altura da lama, chamado ***doctor blade***. Como a lama se movimenta para a zona de secagem, ela seca e obtém uma fita flexível, a cerâmica verde. No fim da linha, a lâmina é armazenada em bobinas para posterior processamento. Nesta condição, a lâmina a verde pode ser cortada ou conformada e, depois, queimada.

Moldagem por Injeção de Pós (MIP) O processo de moldagem por injeção de pó (*powder injection molding*) é semelhante ao processo usado em metalurgia do pó (Subseção 12.4.2), exceto que os pós são cerâmicos em vez de metálicos. As partículas cerâmicas são misturadas a um polímero termoplástico que atua como transportador e permite o escoamento adequado na temperatura de moldagem. A mistura é então aquecida e injetada na cavidade do molde. Após o resfriamento, que endurece o polímero, o molde é aberto e a peça é retirada. Como a temperatura necessária para escoar plasticamente é muito inferior àquela necessária à sinterização cerâmica, a peça se mantém na condição de verde após a moldagem. Antes da sinterização, o ligante plástico precisa ser retirado. Essa operação é denominada remoção ou extração (***debinding***) de ligantes, sendo geralmente realizada pelo uso combinado de tratamentos térmicos e solventes químicos.

Ainda hoje, as aplicações da moldagem cerâmica por injeção de pó são limitadas por dificuldades nas etapas de retirada do ligante e da sinterização. A queima do polímero é relativamente lenta, e sua remoção enfraquece de forma significativa a resistência da peça verde moldada. Deformações e trincas ocorrem com frequência durante a sinterização. Além disso, os produtos cerâmicos feitos por moldagem com injeção de pó são particularmente vulneráveis às falhas microestruturais, que reduzem a resistência mecânica.

13.2.3 SINTERIZAÇÃO

Como a plasticidade necessária para conformar as cerâmicas avançadas não é geralmente baseada na mistura com água, a etapa de secagem comumente empregada para remover água das cerâmicas verdes tradicionais pode ser omitida no processamento da maioria das cerâmicas avançadas. A etapa de sinterização, contudo, é ainda necessária para obter a máxima resistência mecânica e dureza. As funções da sinterização são as mesmas da sinterização das cerâmicas tradicionais: (1) união dos grãos* individuais em uma massa sólida, (2) aumento da massa específica e (3) redução, ou eliminação, da porosidade.

Temperaturas entre 80 % e 90 % de fusão dos materiais são em geral utilizadas na sinterização das cerâmicas.** Os mecanismos de sinterização diferem um pouco entre as cerâmicas avançadas, pois estas empregam de forma predominante um único composto químico (por exemplo, Al_2O_3), enquanto as cerâmicas baseadas em argilas, por conterem diversos compostos, têm diferentes pontos de fusão. No caso das cerâmicas avançadas, o mecanismo da sinterização é a difusão de massa por meio das superfícies das partículas em contato, provavelmente acompanhado por algum escoamento plástico. O mecanismo faz com que as partículas se unam, resultando na densificação do material final. Na sinterização das cerâmicas tradicionais, esse mecanismo é complexo devido à fusão de alguns constituintes, devido também à formação de uma fase vítrea, que atua como ligante dos grãos.

13.2.4 ACABAMENTO

As peças de cerâmicas avançadas precisam algumas vezes de operações de acabamento. Geralmente, essas operações têm um ou mais dos seguintes propósitos: (1) maior precisão dimensional, (2) melhoria do acabamento superficial e (3) diminuição das variações geométricas da peça. As operações de acabamento em geral envolvem a retificação e outros processos abrasivos (Capítulo 21). Os abrasivos de diamante são usados para cortar os materiais cerâmicos endurecidos.

13.3 Processamento de Cermetos

Muitos compósitos de matriz metálica (CMM) e matriz cerâmica (CMC) são processados por métodos específicos de processamentos. Os exemplos mais importantes são os carbetos cementados e outros cermetos.

13.3.1 CARBETOS CEMENTADOS (METAIS DUROS)

Os carbetos cementados, também chamados de *metais duros*, são uma família de materiais compósitos formados de partículas cerâmicas de carbeto envolvidas em um ligante metálico. São classificados como compósitos de matriz metálica porque o ligante metálico é a matriz que une as partículas. Entretanto, as partículas de carbetos constituem a maior proporção no material compósito, variando em geral entre 80 % e 96 % do volume. Os carbetos cementados são tecnicamente classificados como cermetos, porém o termo "cermeto" usualmente identifica um grupo específico dessa classe.

O mais importante metal duro é o carbeto de tungstênio com ligante de cobalto (WC–Co). Em geral, incluem-se nesta categoria determinadas misturas de WC, TiC e TaC na matriz de cobalto, embora o carbeto de tungstênio (ou carboneto de tungstênio) seja o principal componente. Outros metais duros são o carbeto de titânio em níquel (TiC–Ni) e o carbeto de cromo em níquel (Cr_3C_2–Ni). Estas composições foram discutidas na Subseção 5.4.2, e as composições dos carbetos foram descritas na Subseção 5.2.2. Aqui, nesta seção, discute-se o processamento das partículas do carbeto cementado.

Para obter uma peça resistente e livre de poros, os pós de carbetos precisam ser sinterizados com um ligante metálico. O cobalto funciona melhor com WC, enquanto o níquel é melhor com os carbetos de TiC e de Cr_3C_2. A proporção usual de ligante metálico fica em torno de 4 % a 20 %. Os pós de carbetos e do ligante metálico são completamente misturados em moinhos de bolas (ou outro equipamento de mistura)

---

*A sinterização une as partículas da peça conformada, e só existe grão após a sinterização. (N.T.)

**Essas temperaturas referem-se à escala Kelvin. (N.T.)

para formar uma lama homogênea. A moagem também serve para refinar o tamanho das partículas. Na fase prévia de preparo para a conformação, a mistura é então seca sob vácuo ou em atmosfera controlada para evitar a oxidação.

Compactação Vários métodos são utilizados para moldar a mistura de pó em um compactado verde com a geometria desejada. O processo mais comum é de prensagem a frio, conforme descrito anteriormente, e utilizado para a produção, em larga escala, de peças de carbetos cementados, tais como insertos de ferramentas de corte. As matrizes usadas na prensagem a frio precisam ter dimensões maiores que a peça final, para compensar a contração que ocorre durante a sinterização. As contrações lineares podem ser de 20 % ou maiores. Para alta produção, as próprias matrizes são feitas com revestimento de WC–Co para reduzir o desgaste, devido à natureza abrasiva das partículas de carbetos. Para produção em menor escala, grandes seções planas são prensadas e, depois, cortadas em pedaços menores já no tamanho especificado das peças finais.

Outros métodos de conformação usados para produzir carbetos cementados são a ***prensagem isostática*** e a ***prensagem a quente*** para peças grandes, como fieiras de trefilação e corpos moedores de moinho de bola, e a ***extrusão*** para seções longas circulares, retangulares, ou de outras seções transversais. Cada um desses processos foi descrito anteriormente, ou no presente capítulo ou no anterior.

Sinterização Embora seja possível sinterizar o WC e o TiC sem ligante metálico, o material obtido tem pouco menos de 100 % da densidade verdadeira (e de massa específica verdadeira). Por outro lado, a utilização de um ligante produz estrutura praticamente livre de porosidade.

A sinterização do WC–Co envolve a sinterização de fase líquida (Subseção 12.4.5). O processo pode ser explicado com o auxílio do diagrama de fase binário dos constituintes, como apresentado na Figura 13.11. A faixa de composição para os produtos comerciais de metal duro está mostrada nesse diagrama. As temperaturas de sinterização usuais para o WC–Co estão na faixa de 1370 °C a 1425 °C, que são inferiores à temperatura de fusão de cobalto, que é de 1495 °C. Assim, o ligante metálico puro não se funde na temperatura de sinterização. Contudo, como mostra o diagrama de fase, o WC dissolve-se no Co no estado sólido. Durante o tratamento térmico, o WC é gradualmente dissolvido na fase gama, e seu ponto de fusão é reduzido até que, por fim, ocorra a fusão parcial. Como há a formação de uma fase líquida, ela flui e molha as partículas de WC ainda mais, dissolvendo a fase sólida. A presença do material fundido também serve para remover os gases das regiões internas da peça compactada. Esses mecanismos combinam-se para efetuar um rearranjo das partículas remanescentes de WC com um empacotamento elevado; isso resulta em boa densificação e contração da massa de

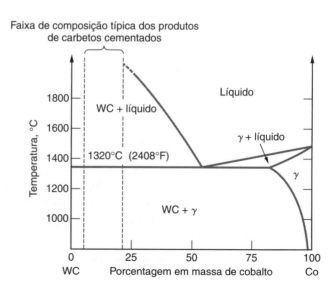

FIGURA 13.11 Diagrama de fases do WC-Co. (Fonte: Referência [7]).

Processamento de Materiais Cerâmicos e Cermetos **315**

WC–Co. Mais tarde, durante o resfriamento do ciclo de sinterização, o carbeto dissolvido é precipitado e deposita-se sobre os cristais existentes para formar uma configuração coerente de WC, que está todo embutido no ligante Co.

Operações Secundárias Um processamento subsequente é geralmente necessário após a sinterização, para obter controle dimensional adequado das peças de carbetos cementados. A retificação com uma roda abrasiva de diamante é a operação secundária mais comum. Outros processos usados para conformar os carbetos cementados duros incluem os processos de usinagem não convencionais, como descarga elétrica e ultrassom. Esses tópicos serão discutidos no Capítulo 22.

13.3.2 OUTROS CERMETOS E COMPÓSITOS DE MATRIZ CERÂMICA

Além do metal duro, outros cermetos têm como composto base os óxidos cerâmicos, como Al_2O_3 e MgO. O cromo é um ligante metálico bastante comum desses materiais compósitos. A proporção de metal em relação à cerâmica cobre uma faixa maior que aquelas dos carbetos cementados, e, em alguns casos, o metal é o componente principal. Esses cermetos são produzidos pelos mesmos métodos de conformação básicos utilizados para os carbetos cementados.

A tecnologia atual de compósitos de matriz cerâmica (Subseção 5.4.2) inclui materiais cerâmicos (isto é, Al_2O_3, BN, Si_3N_4 e vidro) reforçados com fibra de carbono, de SiC, ou de Al_2O_3. Se as fibras são uísqueres (fibras compostas de monocristais), estes CMCs podem ser processados pelos métodos usados nas cerâmicas avançadas (Seção 13.2).

13.4 Considerações sobre o Projeto de Produtos

Os materiais cerâmicos têm propriedades especiais, que os tornam atraentes para os projetistas, se as aplicações de uso forem específicas. As seguintes recomendações de projetos, compiladas de Bralla [2] e outras referências, aplicam-se tanto aos materiais cerâmicos tradicionais, como aos avançados, embora os projetistas estejam mais propensos a encontrar novas oportunidades para as cerâmicas avançadas nos produtos da engenharia do que para as tradicionais. Em geral, as mesmas orientações se aplicam para carbetos cementados.

➤ Os materiais cerâmicos são mais resistentes em compressão do que em tração; portanto, os componentes cerâmicos precisam ser projetados para serem submetidos a esforços compressivos e não trativos.

➤ As cerâmicas são frágeis e não possuem quase nenhuma ductilidade. Assim, as peças cerâmicas não podem ser usadas em aplicações que envolvam carregamento de impacto ou esforços elevados que possam fraturá-las.

➤ Embora muitos processamentos de conformação de cerâmicas permitam criar geometrias complexas, é desejável manter as formas simples tanto por questões de caráter econômico, como técnico. Os furos profundos, os canais e rebaixos devem ser evitados, assim como carregamento com grandes momentos fletores.

➤ As bordas e cantos externos devem ter raios de concordância ou ser chanfrados, e os cantos internos devem ter raios de concordância. Essa orientação é, naturalmente, violada em aplicações de ferramentas de corte, cuja borda precisa ser afiada para exercer a função prevista no projeto. As bordas cortadas são, com frequência, fabricadas com um raio ou chanfro muito pequenos para protegê-las do lascamento microscópico, o que pode iniciar a falha.

➤ A contração na secagem e na queima (para as cerâmicas tradicionais), como na sinterização (para as cerâmicas avançadas), torna-se importante e precisa ser levada em consideração pelo projetista no dimensionamento e na tolerância. Isto é mais um problema para os engenheiros de produção (ou de manufatura), que precisam determinar as dimensões adequadas, de modo que as peças estejam dentro das tolerâncias especificadas.

➤ Filetes de rosca em peças cerâmicas precisam ser evitados. Eles são difíceis de fabricar e têm baixa resistência mecânica em serviço.

Referências

[1] Bhowmick, A. K. Bradley Pulverizer Company, Allentown, Pennsylvania, personal communication, February 1992.

[2] Bralla, J. G. (ed.). *Design for Manufacturability Handbook*. 2nd ed. McGraw-Hill, New York, 1999.

[3] Hlavac, J. *The Technology of Glass and Ceramics*. Elsevier Scientific Publishing, New York, 1983.

[4] Kingery, W. D., Bowen, H. K., and Uhlmann, D. R. *Introduction to Ceramics*, 2nd ed. John Wiley & Sons, New York, 1995.

[5] Rahaman, M. N. *Ceramic Processing*. CRC Taylor & Francis, Boca Raton, Florida, 2007.

[6] Richerson, D. W. *Modern Ceramic Engineering: Properties, Processing, and Use in Design*, 3rd ed. CRC Taylor & Francis, Boca Raton, Florida, 2006.

[7] Schwarzkopf, P., and Kieffer, R. *Cemented Carbides*. Macmillan, New York, 1960.

[8] Singer, F., and Singer, S. S. *Industrial Ceramics*. Chemical Publishing Company, New York, 1963.

[9] Somiya, S. (ed.). *Advanced Technical Ceramics*. Academic Press, San Diego, California, 1989.

Questões de Revisão

13.1 Quais são as diferenças entre as cerâmicas tradicionais e as cerâmicas avançadas no que se refere às matérias-primas?

13.2 Liste as etapas básicas do processamento de cerâmicas tradicionais.

13.3 Quais são as diferenças técnicas entre britagem e moagem no preparo das matérias-primas da cerâmica tradicional?

13.4 Descreva o processo de colagem de barbotina no processamento das cerâmicas tradicionais.

13.5 Liste e descreva brevemente alguns dos métodos utilizados para moldar os produtos de cerâmica tradicional.

13.6 Como é realizado o processo de conformação de cerâmicas no torno?

13.7 Qual é a diferença entre a prensagem seca e a semisseca das peças cerâmicas tradicionais?

13.8 O que acontece a um material cerâmico quando ele é sinterizado?

13.9 Qual é o nome dado ao forno usado na queima de louça cerâmica?

13.10 O que é vitrificação no processamento das cerâmicas tradicionais?

13.11 Por que a etapa de secagem é tão importante no processamento das cerâmicas tradicionais e, normalmente, não é necessária no processamento das cerâmicas avançadas?

13.12 Por que a preparação da matéria-prima é mais importante no processamento das cerâmicas avançadas do que no processamento das cerâmicas tradicionais?

13.13 O que é o processo de liofilização usado para fazer certos pós de cerâmica avançada?

13.14 Descreva o processo de conformação "doctor blade" (de lâmina).

13.15 A sinterização de fase líquida é usada em compactados de WC-Co, embora as temperaturas de sinterização sejam inferiores aos pontos de fusão de WC ou Co. Como isso é possível?

13.16 Cite algumas das recomendações de projeto para peças cerâmicas.

Parte IV Processos de Conformação Mecânica dos Metais

14 Fundamentos da Conformação dos Metais

Sumário

14.1 Visão Geral da Conformação dos Metais

14.2 Comportamento do Material na Conformação dos Metais

14.3 Temperatura na Conformação dos Metais

14.4 Sensibilidade à Taxa de Deformação

14.5 Atrito e Lubrificação na Conformação dos Metais

A *conformação dos metais* envolve um extenso grupo de processos de manufatura, nos quais a deformação plástica é empregada na mudança de forma de peças metálicas. A deformação resulta da utilização de uma ferramenta, comumente denominada *matriz* em conformação dos metais, a qual, por sua vez, exerce tensões que ultrapassam o limite de escoamento do metal. O metal, portanto, se deforma plasticamente para tomar a forma determinada pela geometria da matriz. A conformação dos metais se enquadra na classe de operações de mudança de forma apresentada no Capítulo 1 como *processos de conformação* (Figura 1.5).

As componentes de tensão aplicadas para deformar plasticamente o metal são, de modo geral, compressivas. Todavia, alguns processos de conformação estiram o metal, enquanto outros dobram o metal, e ainda alguns aplicam tensões de cisalhamento ao metal. Para ser conformado com sucesso, o metal deve apresentar certas propriedades. As propriedades desejadas no material a ser conformado incluem baixa resistência ao escoamento e elevada ductilidade. Essas propriedades são influenciadas pela temperatura. A ductilidade é aumentada e a resistência ao escoamento é reduzida quando a temperatura de trabalho é elevada. O efeito de temperatura se traduz nas divisões entre trabalho a frio, trabalho a morno e trabalho a quente. A taxa de deformação e o atrito são fatores adicionais que influenciam o rendimento na conformação plástica dos metais. Iremos analisar todos esses fatores neste capítulo, porém primeiro vamos fornecer uma síntese dos processos de conformação dos metais.

14.1 Visão Geral da Conformação dos Metais

Os processos de conformação dos metais podem ser classificados em duas categorias principais: processos de conformação volumétrica (ou maciça) e processos de conformação de chapas. Essas duas categorias são abordadas, com detalhes, nos Capítulos 15 e 16, respectivamente. Cada categoria inclui diversas classes importantes de operações de mudança de forma, como indicado na Figura 14.1.

Processos de Conformação Volumétrica Os processos de conformação volumétrica são geralmente caracterizados por deformações relevantes com mudanças na forma da peça, e uma relação relativamente pequena entre a área superficial e o volume da peça. O termo *maciço* é empregado aqui para descrever a peça a ser conformada, que possui pequena razão entre área e volume. As formas iniciais das peças ou esboços de partida desses processos incluem tarugos cilíndricos e barras retangulares. A Figura 14.2 ilustra as seguintes operações principais de deformação volumétrica:

> *Laminação.* Este é um processo de deformação por compressão direta, no qual a espessura de uma placa ou chapa grossa é reduzida pela ação de dois cilindros com rotação em sentidos opostos. Os cilindros giram de modo a conformar e comprimir o metal na região de abertura entre eles.

> *Forjamento.* No forjamento, uma peça é comprimida entre duas matrizes opostas, de modo que a geometria das matrizes é transmitida à peça de trabalho. O forjamento é tradicionalmente um processo de conformação a quente, porém várias operações de forjamento são realizadas a frio.

> *Extrusão.* Este é um processo de compressão no qual o metal de trabalho é forçado a escoar pela abertura de uma matriz, transformando a seção transversal da peça a partir da geometria da matriz.

> *Trefilação.* Neste processo de conformação, o diâmetro de um arame ou barra redonda é reduzido ao ser puxado pela abertura de uma matriz.

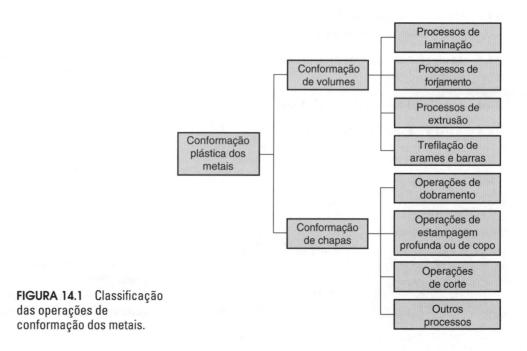

FIGURA 14.1 Classificação das operações de conformação dos metais.

Fundamentos da Conformação dos Metais

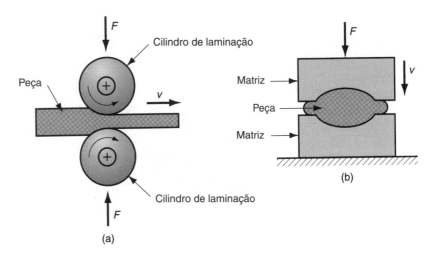

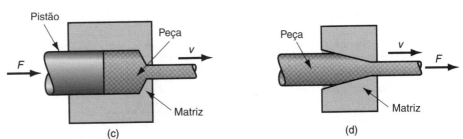

FIGURA 14.2 Principais processos de conformação volumétrica: (a) laminação, (b) forjamento, (c) extrusão, e (d) trefilação. O movimento relativo nessas operações é indicado por *v*; as forças são indicadas por *F*.

Conformação de Chapas Os processos de conformação de chapas são operações de corte ou de mudança de forma realizadas em metais sob a forma de chapas, tiras e bobinas. A razão entre área superficial e volume da peça de partida é grande; portanto, obter esta razão é um método útil para distinguir os processos de deformação volumétrica dos processos de conformação de chapas. *Estampagem** é um termo que representa uma das operações de conformação de chapas, mas é utilizada, com frequência, para representar todo o conjunto dessas operações. Com isto, a peça de metal produzida em uma operação de conformação de chapas é comumente chamada de *produto estampado*.

As operações de conformação de chapas são em geral realizadas em processos de trabalho a frio e usualmente efetuadas por meio de um conjunto de ferramentas compostos de um *punção* e uma *matriz*. O punção é a parte positiva, e a matriz é a parte negativa do ferramental. As principais operações de conformação de chapas estão esquematizadas na Figura 14.3 e são definidas por:

➢ *Dobramento.* O dobramento envolve a deformação de uma chapa fina ou grossa de metal para formar um ângulo ao longo de um eixo, que (usualmente) é uma aresta retilínea.

➢ *Estampagem.* Na conformação de chapas metálicas, a estampagem consiste na conformação de uma chapa de metal plana em uma forma côncava ou oca, tal como um copo, por estiramento do metal. Um prensa-chapas é empregado para manter a peça pressionada enquanto o punção empurra a chapa metálica, conforme mostrado na Figura 14.3(b). Os termos estampagem de copo (*cup drawing*) e estampagem profunda (*deep drawing*) são frequentemente usados. Em inglês, o termo *drawing* pode ser usado para a operação de trefilação de arames ou barras (*wire drawing* e *bar drawing*).

---

*Em inglês, duas expressões diferentes são utilizadas. *Pressworking* representa o conjunto de processos de conformação de chapas, com origem na máquina que realiza esses processos: as prensas. *Drawing* representa o processo de estampagem apresentado na Figura 14.3(b). (N.T.)

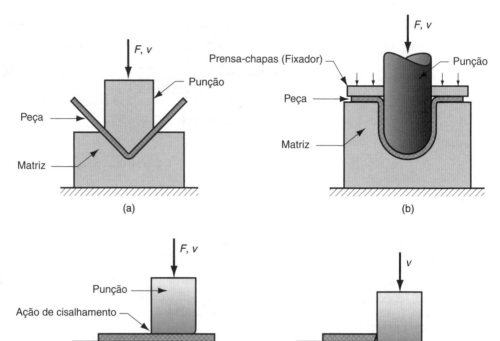

FIGURA 14.3 Principais operações de conformação de chapas metálicas: (a) dobramento; (b) estampagem; e (c) corte: (1) aproximação e contato inicial do punção com a chapa e (2) durante o corte. Forças e movimentos relativos entre as partes são indicados nestas operações por F e v, respectivamente.

➢ *Corte.* Este processo parece algo fora de lugar em uma lista de processos de conformação plástica, pois envolve cisalhamento em vez de conformação. A operação de cisalhamento corta a peça com o auxílio de um punção e uma matriz, como mostrado na Figura 14.3(c). Embora este processo possa ser excluído dos processos de conformação, pois não apresenta a deformação plástica continuamente, é uma operação comum e necessária à conformação de chapas.

A classificação de conformação de chapas metálicas (Figura 14.1) também inclui outros processos de mudança de forma que não empregam ferramentais constituídos por punção e matriz. Esses processos abrangem a conformação por estiramento, a calandragem, o repuxamento e o dobramento de tubos semiacabados.

14.2 Comportamento do Material na Conformação dos Metais

Conceitos importantes com respeito ao comportamento dos metais durante a conformação podem ser obtidos a partir da curva tensão-deformação. A curva típica tensão-deformação da maioria dos metais é dividida em uma região elástica e uma região plástica (Subseção 3.1.1). Na conformação dos metais, a região plástica é de fundamental interesse, porque o metal é deformado plasticamente, ou seja, com deformação permanente nesses processos.

A relação característica tensão-deformação para um metal exibe elasticidade abaixo do limite de escoamento e encruamento acima dele. As Figuras 3.4 e 3.5 indicam esse

Fundamentos da Conformação dos Metais **321**

comportamento em eixos linear e logarítmico. Na região plástica, o comportamento do metal pode ser descrito pela curva de escoamento:

$$\sigma = k\epsilon^n$$

em que K = o coeficiente de resistência, MPa; e n é o expoente de encruamento. As medidas de tensão σ e deformação ϵ empregadas na curva de escoamento são a tensão verdadeira e a deformação verdadeira. A curva de escoamento é geralmente válida como uma relação que define o comportamento plástico do metal no trabalho a frio. Valores típicos de K e n para diferentes metais a temperatura ambiente estão listados na Tabela 3.4.

Tensão de Escoamento A curva de escoamento descreve a relação tensão-deformação na região em que a conformação do metal ocorre. Esta indica a tensão de escoamento do metal – a propriedade de resistência que determina as forças e potências necessárias à realização de uma dada operação de conformação. Na maioria dos metais à temperatura ambiente, a curva tensão-deformação da Figura 3.5 indica que, à medida que o metal é deformado, sua resistência aumenta devido ao encruamento. A tensão necessária ao prosseguimento da deformação deve ser aumentada para corresponder a esse aumento na resistência. A ***tensão de escoamento*** é definida como o valor instantâneo de tensão necessário à continuidade do processo de deformação do material – para manter o "escoamento" do metal. Essa é a resistência ao escoamento do metal em função da deformação, que pode ser expressa por:

$$\sigma_e = K\epsilon^n \tag{14.1}$$

em que σ_e = tensão de escoamento, MPa.

Nas operações individuais de conformação tratadas nos próximos dois capítulos, a tensão instantânea de escoamento pode ser usada para analisar o processo durante sua história. Por exemplo, em certas operações de forjamento, a força instantânea durante a compressão pode ser determinada a partir do valor da tensão de escoamento. A força máxima pode ser calculada com base na tensão de escoamento que resulta da deformação final no fim do curso de forjamento.

Em outros casos, em vez de adotar valores instantâneos, a análise é realizada com base nos valores médios de tensões e deformações que ocorrem na conformação. A extrusão representa este caso [Figura 14.2(c)]. À medida que a seção transversal do tarugo é reduzida ao passar pela abertura da matriz de extrusão, o metal encrua gradualmente para atingir um valor máximo. No lugar de determinar uma sequência de valores instantâneos de tensão-deformação durante a redução, o que seria não somente difícil, mas também de pouco interesse, é mais apropriado analisar o processo com base na tensão média de escoamento ao longo da deformação.

Tensão Média de Escoamento A tensão média de escoamento é o valor médio de tensão da curva tensão-deformação, definido a partir do início de deformação até seu valor final (máximo), que tem lugar durante a deformação. Esse valor está representado no traçado da curva tensão-deformação da Figura 14.4. A tensão média de escoamento é determinada pela integração da equação da curva de escoamento [Equação (14.1)], entre zero e o valor final de deformação que define o domínio ou gama de deformações de interesse. Esta integração fornece a seguinte equação:

$$\overline{\sigma}_e = \frac{K\epsilon^n}{1+n} \tag{14.2}$$

em que $\overline{\sigma}_e$ é a tensão média de escoamento, MPa; e ϵ é o valor da máxima deformação durante o processo de deformação.

Faremos extenso uso da tensão média de escoamento em nosso estudo dos processos de deformação volumétrica no próximo capítulo. Dados os valores de K e n do metal de trabalho, um método de cálculo do valor final de deformação será desenvolvido para

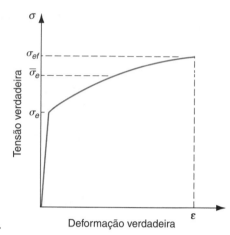

FIGURA 14.4 Curva tensão-deformação verdadeira indicando a localização da tensão média de escoamento $\bar{\sigma}_e$ em relação à tensão de escoamento σ_e e à tensão de escoamento final σ_{ef}.

cada processo. Com base nesta deformação, a Equação (14.2) pode ser empregada para determinar a tensão média de escoamento à qual o metal é submetido durante a operação.

14.3 Temperatura na Conformação dos Metais

A curva de escoamento é uma representação válida do comportamento tensão-deformação de um metal durante a deformação plástica, sobretudo em operações de trabalho a frio. Para qualquer metal, os valores de K e n dependem da temperatura. A resistência e o encruamento são reduzidos em temperaturas elevadas. Essas mudanças de propriedades são importantes porque elas resultam em baixas forças e potências durante a conformação. Além disso, a ductilidade é aumentada em temperaturas mais altas, o que permite maior deformação plástica do metal a conformar. Três faixas de temperaturas de trabalho determinam uma das classificações aplicadas aos processos de conformação dos metais: trabalhos a frio, a morno e a quente.

Trabalho a Frio Trabalho a frio (também conhecido como *conformação a frio*) é a conformação dos metais realizada à temperatura ambiente ou ligeiramente acima. As vantagens significativas da conformação a frio em comparação com o trabalho a quente são (1) maior precisão – logo, tolerâncias mais estreitas que podem ser obtidas; (2) melhor acabamento de superfície; (3) maior resistência e maior dureza da peça, devido ao encruamento; (4) a orientação de grãos desenvolvida durante a deformação faz com que possam ser obtidas propriedades direcionais desejáveis no produto final; e (5) nenhum aquecimento do metal é necessário, o que economiza custos de equipamentos e combustíveis de fornos e permite maiores taxas de produção. Graças a essa combinação de vantagens, muitos processos de conformação a frio tornaram-se importantes em operações com alto volume de produção. Eles fornecem tolerâncias de precisão e superfícies regulares, minimizando a quantidade de usinagem requerida, de modo que essas operações podem ser classificadas como processos *net shape* ou *near net shape*, nos quais se obtêm as formas e acabamentos próximos ao uso final da peça (Subseção 1.3.1).

Existem algumas desvantagens ou limitações associadas com as operações de conformação a frio: (1) elevadas forças e potências são exigidas para realizar a operação; (2) cuidado deve ser tomado para assegurar que as superfícies da peça inicial de trabalho estejam livres de carepas e sujeiras; e (3) a ductilidade e o encruamento do metal de trabalho limitam o quanto de conformação pode ser feito na peça. Em algumas operações, o metal deve ser recozido (Seção 23.1) para permitir que deformação adicional seja realizada. Em outros casos, o metal não é dúctil o suficiente para ser trabalhado a frio.

Para solucionar o problema do encruamento e reduzir as demandas de força e potência, muitas operações de conformação são realizadas em temperaturas elevadas. Existem duas faixas de temperaturas acima da temperatura ambiente, que dão origem aos termos trabalho a morno e trabalho a quente.

Trabalho a Morno Considerando que as propriedades do material no escoamento são normalmente melhoradas pelo aumento da temperatura da peça de trabalho, as operações de conformação são, algumas vezes, realizadas em temperaturas acima da temperatura ambiente, mas abaixo da temperatura de recristalização. A expressão *trabalho a morno* é aplicada a esta segunda gama de temperaturas. A linha divisória entre o trabalho a frio e o trabalho a morno é, com frequência, expressa em termos do ponto de fusão do metal. Esta divisória é usualmente tomada por 0,3 T_f, em que T_f é o ponto de fusão (temperatura absoluta) do metal em questão.

Os menores valores de resistência mecânica e encruamento em temperaturas intermediárias, assim como a maior ductilidade, asseguram vantagens do trabalho a morno sobre o trabalho a frio: (1) forças e potências mais baixas, (2) possibilidade de geometrias mais complexas, e (3) a necessidade de recozimento pode ser reduzida ou eliminada.

Trabalho a Quente Trabalho a quente (também chamado de *conformação a quente*) envolve deformação em temperaturas acima da temperatura de recristalização (Seção 3.3). A temperatura de recristalização de um dado metal é cerca de metade de seu ponto de fusão em escala absoluta. Na prática, o trabalho a quente é usualmente conduzido em temperaturas um pouco acima de 0,5 T_f. O metal de trabalho continua a amolecer, à medida que a temperatura é aumentada acima de 0,5 T_f, aumentando assim a vantagem do trabalho a quente acima desse nível. Entretanto, o próprio processo de deformação gera calor, o qual, por conseguinte, aumenta as temperaturas de trabalho em regiões localizadas da peça. Isto pode conduzir à fusão do metal nessas regiões, o que é extremamente indesejável. Ainda, a formação de carepa na superfície do metal é acelerada em temperaturas mais elevadas. Por conseguinte, as temperaturas de trabalho a quente são, de modo usual, mantidas dentro da gama 0,5 T_f a 0,75 T_f.

A vantagem mais significativa do trabalho a quente é a capacidade de promover considerável deformação plástica do metal – muito mais do que é possível com o trabalho a frio ou o trabalho a morno. A principal razão para isto é que a curva de escoamento do metal trabalhado a quente tem um coeficiente de resistência que é consideravelmente menor que aquele à temperatura ambiente, o expoente de encruamento é (em termos teóricos) zero, e a ductilidade do metal é aumentada de maneira significativa. Tudo isto resulta nas seguintes vantagens com relação ao trabalho a frio: (1) a forma da peça de trabalho pode ser significativamente alterada, (2) as forças e potências mais baixas são necessárias para deformar o metal, (3) os metais que usualmente fraturam no trabalho a frio podem ser conformados a quente, (4) as propriedades de resistência mecânica são, em geral, isotrópicas devido à ausência de estrutura de grãos orientados, comumente formados no trabalho a frio, e (5) nenhum aumento da resistência da peça decorre do encruamento. Esta última vantagem pode parecer inconsistente, pois o aumento de resistência do metal é, com frequência, considerado uma vantagem para o trabalho a frio. Contudo, existem aplicações nas quais é indesejável que o metal esteja encruado, porque isto reduz a ductilidade, por exemplo, se a peça for posteriormente processada por conformação a frio. As desvantagens do trabalho a quente englobam: (1) menor precisão dimensional, (2) maior energia total exigida (devido à energia térmica para aquecer a peça de trabalho), (3) oxidação da superfície do metal (carepa), (4) acabamento superficial mais pobre, e (5) vida mais curta do ferramental.

A recristalização do metal no trabalho a quente envolve difusão, o que é um processo dependente do tempo. As operações de conformação dos metais são frequentemente realizadas em altas velocidades, o que não fornece tempo suficiente para completar a recristalização da estrutura de grãos durante seu ciclo de deformação. Entretanto, em razão das temperaturas elevadas, a recristalização acaba por ocorrer. Esta pode ter lugar de imediato na sequência do processo de conformação, ou mais tarde, à medida que a peça de trabalho resfria. Embora a recristalização possa ocorrer após a deformação efetiva, sua eventual ocorrência e o amolecimento considerável do metal em temperaturas elevadas são as características que diferenciam o trabalho a quente do trabalho a morno ou do trabalho a frio.

Conformação Isotérmica Certos metais, como os aços hiperligados, muitas ligas de titânio e ligas de níquel para altas temperaturas, possuem boa dureza a quente, propriedade que os torna adequados para serviços em altas temperaturas. No entanto, esta propriedade que os torna atrativos nessas aplicações também faz com que eles sejam difíceis de conformar por meio de métodos convencionais. O problema é que, quando esses metais são aquecidos, suas temperaturas de trabalho a quente, em seguida, entram em contato com as ferramentas de conformação relativamente frias, e o calor é rapidamente retirado das superfícies da peça, aumentando assim a resistência mecânica nessas regiões. As variações de temperaturas e resistência nas diferentes regiões da peça provocam padrões irregulares de escoamento no metal durante a deformação, conduzindo a tensões residuais elevadas e possíveis trincas na superfície.

A ***conformação isotérmica*** refere-se às operações de conformação que são realizadas de modo a eliminar o resfriamento superficial e os gradientes térmicos resultantes na peça de trabalho. Essa conformação isotérmica é realizada por meio de preaquecimento das ferramentas, que entram em contato com a peça na mesma temperatura do metal de trabalho. Isso enfraquece as ferramentas e reduz sua vida, porém evita os problemas já descritos quando esses metais de difícil trabalho são conformados por métodos convencionais. Em alguns casos, a conformação isotérmica representa a única opção pela qual esses materiais podem ser conformados. O procedimento é mais bem associado com o forjamento. Tratamos o forjamento isotérmico no próximo capítulo.

14.4 Sensibilidade à Taxa de Deformação

Teoricamente, um metal no trabalho a quente comporta-se como um material perfeitamente plástico, com expoente de encruamento $n = 0$. Isso significa que o metal poderia continuar escoando sob o mesmo nível de tensão de escoamento, uma vez que o nível de tensão seja atingido. Entretanto, existe um fenômeno adicional que caracteriza o comportamento dos metais durante a deformação, especialmente nas temperaturas elevadas do trabalho a quente. Esse fenômeno é a sensibilidade à taxa de deformação. A discussão sobre este tópico inicia-se com a definição de taxa de deformação.

A taxa na qual o metal é deformado em um processo de conformação está diretamente relacionada com a velocidade de deformação v. Em muitas operações de conformação, a velocidade de deformação é igual à velocidade do pistão ou outro elemento móvel do equipamento. Isto é mais facilmente visualizado em um ensaio de tração como a velocidade do cabeçote móvel da máquina de ensaio em relação à sua base fixa. Dada a velocidade de deformação, a ***taxa de deformação*** é definida como:

$$\dot{\epsilon} = \frac{v}{h} \tag{14.3}$$

em que $\dot{\epsilon}$ = taxa de deformação verdadeira, m/s/m, ou simplesmente s^{-1}; e h = altura instantânea da peça em deformação, m. Se a velocidade de deformação v for constante durante a operação, a taxa de deformação mudará com a alteração de h. Em operações de conformação mais práticas, a avaliação da taxa de deformação é complicada em função da geometria da peça e variações da taxa de deformação em diferentes regiões da peça. A taxa de deformação pode atingir um valor de pelo menos 1000 s^{-1} para alguns processos de conformação, tais como laminação em alta velocidade e forjamento.

Já tem sido observado que a tensão de escoamento de um metal é uma função da temperatura. Nas temperaturas de trabalho a quente, a tensão de escoamento depende da taxa de deformação. O efeito da taxa de deformação sobre as propriedades de resistência é conhecido como ***sensibilidade à taxa de deformação***. O efeito pode ser visto na Figura 14.5. Conforme a taxa de deformação é aumentada, a resistência à deformação aumenta. Isso geralmente fornece, de forma aproximada, uma linha reta em um gráfico log-log, conduzindo assim à relação:

$$\sigma_e = C\dot{\epsilon}^m \tag{14.4}$$

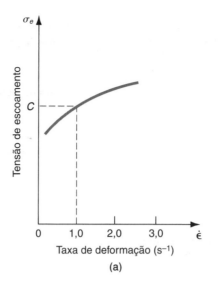
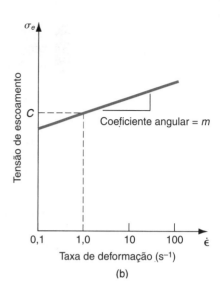

FIGURA 14.5 (a) Efeito da taxa de deformação sobre a tensão de escoamento em uma temperatura de trabalho elevada. (b) A mesma relação representada em coordenadas log-log.

em que C é a constante de resistência (similar, mas não igual ao coeficiente de resistência na equação da curva de escoamento); e m é o expoente de sensibilidade à taxa de deformação. O valor de C é determinado em uma taxa de deformação de 1,0, e m é a inclinação da curva na Figura 14.5(b).

O efeito da temperatura sobre os parâmetros da Equação (14.4) é pronunciado. Aumentando a temperatura, diminui o valor de C (consistente com o efeito sobre K na equação da curva de escoamento) e aumenta o valor de m. O resultado geral pode ser notado na Figura 14.6. Em temperatura ambiente, o efeito da taxa de deformação é praticamente irrelevante, indicando que a curva de escoamento é uma boa representação do comportamento do material. Conforme a temperatura é aumentada, a taxa de deformação desempenha um papel mais importante na determinação da tensão de escoamento, como indicado pelas inclinações mais acentuadas das relações de taxa de deformação. Isso é importante em trabalho a quente porque a resistência à deformação do material aumenta consideravelmente quando a taxa de deformação é aumentada. Para transmitir a noção desse efeito, valores típicos de m para as três faixas de temperatura de trabalho dos metais são fornecidos na Tabela 14.1.

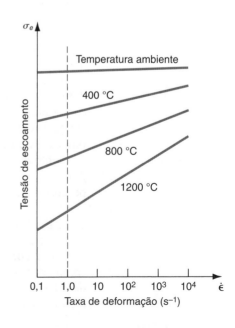

FIGURA 14.6 Efeito da temperatura sobre a tensão de escoamento para um metal típico. Com o aumento da temperatura, a constante C na Equação (14.4) diminui, o que é indicado pela interseção de cada relação (linha reta) com a linha tracejada para a taxa de deformação = 1,0; e m (coeficiente angular de cada representação de relação) aumenta.

TABELA • 14.1 Valores típicos de temperatura (relativa ao ponto de fusão), sensibilidade à taxa de deformação, e coeficiente de atrito nos trabalhos a frio, a morno e a quente.

Categoria	Faixa de Temperatura	Expoente de Sensibilidade à Taxa de Deformação	Coeficiente de Atrito
Trabalho a frio	$\leq 0,3\ T_f$	$0 \leq m \leq 0,05$	0,1
Trabalho a morno	$0,3\ T_f$–$0,5\ T_f$	$0,05 \leq m \leq 0,1$	0,2
Trabalho a quente	$0,5\ T_f$–$0,75\ T_f$	$0,05 \leq m \leq 0,4$	0,4–0,5

Assim, mesmo no trabalho a frio, a taxa de deformação pode ter um efeito, ainda que pequeno, sobre a tensão de escoamento. No trabalho a quente, o efeito pode ser significante. Uma expressão mais completa para a tensão de escoamento como uma função de deformação e taxa de deformação seria a seguinte:

$$\sigma_e = A\epsilon^n\dot{\epsilon}^m \tag{14.5}$$

em que A = um coeficiente de resistência, combinando os efeitos dos valores prévios de K e C. É claro que A, n e m seriam, todos, funções de temperatura, e a enorme tarefa de testar e compilar os valores desses parâmetros para diferentes metais e diversas temperaturas seria proibitiva.

Na cobertura dos processos de conformação de volumes ou de deformação volumétrica no Capítulo 15, dos quais muitos são realizados em trabalho a quente, o efeito da taxa de deformação é negligenciado na análise de forças e potências. Para as operações realizadas em trabalho a frio, trabalho a morno e trabalho a quente com velocidades de deformação relativamente baixas, essa negligência representa uma consideração razoável.

14.5 Atrito e Lubrificação na Conformação dos Metais

O atrito na conformação dos metais surge devido ao contato direto entre o ferramental e as superfícies do metal, e as pressões elevadas que mantêm as superfícies em contato nestas operações. Na maioria dos processos de conformação dos metais, o atrito é indesejável, pelas seguintes razões: (1) o fluxo de metal é reduzido, provocando tensões residuais e, algumas vezes, defeitos no produto; (2) as forças e potências para realizar a operação são aumentadas; e (3) o desgaste da ferramenta pode levar à perda de precisão dimensional, resultando em partes defeituosas e necessitando de substituição do ferramental. Como na conformação dos metais as ferramentas geralmente são caras, o desgaste do ferramental é um fator importante. O atrito e o desgaste de ferramenta são mais severos no trabalho a quente devido a seu ambiente mais agressivo.

O atrito na conformação dos metais é diferente daquele encontrado na maior parte dos sistemas mecânicos, tais como em trens de engrenagens, eixos e rolamentos, e outros componentes envolvendo movimento relativo entre superfícies. Esses outros casos são em geral caracterizados por baixas pressões de contato, baixas a moderadas temperaturas, e extensa lubrificação, para minimizar o contato metal-metal. Por outro lado, o ambiente de conformação dos metais apresenta altas pressões entre a ferramenta endurecida e a peça de trabalho mole, deformação plástica do material mais mole e temperaturas elevadas (pelo menos no trabalho a quente). Estas condições podem resultar em coeficientes de atrito relativamente altos na transformação dos metais, mesmo na presença de lubrificantes. Os valores típicos do coeficiente de atrito para três categorias de conformação dos metais estão listados na Tabela 14.1.

Se o coeficiente de atrito se tornar bastante elevado, ocorrerá a condição conhecida como aderência. A **aderência** na transformação dos metais (também chamada de **atrito de aderência** ou **atrito de agarramento**) é a tendência que duas superfícies em movimento relativo têm de aderir uma à outra em vez de se deslizarem. Isto significa que a

Fundamentos da Conformação dos Metais

tensão de atrito entre as superfícies excede a tensão de escoamento em cisalhamento do metal de trabalho, causando assim a deformação do metal por um processo de cisalhamento na região subsuperficial, no lugar do deslizamento na superfície. A aderência ocorre nas operações de conformação dos metais e é um problema conhecido na laminação; trataremos disso neste contexto no próximo capítulo.

Os lubrificantes de transformação de metais são aplicados na interface ferramenta/peça em diversas operações de conformação para reduzir os efeitos nocivos do atrito. Os benefícios incluem a redução de aderência, forças, potências, desgaste da ferramenta e melhor acabamento superficial do produto. Os lubrificantes servem também para outras funções, como a remoção de calor do ferramental. As considerações de escolha de um lubrificante apropriado à transformação dos metais incluem (1) o tipo de processo de conformação (laminação, forjamento, estampagem de chapas metálicas, entre outros), (2) se usado no trabalho a quente ou no trabalho a frio, (3) material da peça a ser conformada, (4) reatividade química com os metais da ferramenta e de trabalho (é desejável geralmente que o lubrificante venha aderir às superfícies para ser mais efetivo na redução do atrito), (5) facilidade de aplicação, (6) toxicidade, (7) flamabilidade e (8) custo.

Os lubrificantes usados para as operações de trabalho a frio incluem [4], [7] óleos minerais, graxas e óleos graxos, óleos emulsionáveis em água, sabões, e outros revestimentos. O trabalho a quente, às vezes, é realizado a seco em certas operações e materiais (por exemplo, laminação a quente de aço e extrusão de alumínio). Quando os lubrificantes são usados no trabalho a quente, eles podem ser compostos de óleos minerais, grafite e vidro. O vidro fundido torna-se um efetivo lubrificante para a extrusão a quente de ligas de aços. A grafite contida na água ou no óleo mineral é um lubrificante comum para o forjamento a quente de vários metais. Detalhes com relação aos tratamentos de lubrificantes na transformação dos metais são encontrados nas Referências [7] e [9].

Referências

[1] Altan, T., Oh, S.-I., and Gegel, H. L. *Metal Forming: Fundamentals and Applications*. ASM International, Materials Park, Ohio, 1983.

[2] Cook, N. H. *Manufacturing Analysis*. Addison-Wesley, Reading, Massachusetts, 1966.

[3] Hosford, W. F., and Caddell, R. M. *Metal Forming: Mechanics and Metallurgy*, 3rd ed. Cambridge University Press, Cambridge, U. K., 2007.

[4] Lange, K. *Handbook of Metal Forming*. Society of Manufacturing Engineers, Dearborn, Michigan, 2006.

[5] Lenard, J. G. *Metal Forming Science and Practice*, Elsevier Science, Amsterdam, The Netherlands, 2002.

[6] Mielnik, E. M. *Metalworking Science and Engineering*. McGraw-Hill, New York, 1991.

[7] Nachtman, E. S., and Kalpakjian, S. *Lubricants and Lubrication in Metalworking Operations*. Marcel Dekker, New York, 1985.

[8] Wagoner, R. H., and Chenot, J.-L. *Fundamentals of Metal Forming*. John Wiley & Sons, New York, 1997.

[9] Wick, C., Benedict, J. T., and Veilleux, R. F., (eds.). *Tool and Manufacturing Engineers Handbook*, 4th ed. Vol. II, *Forming*. Society of Manufacturing Engineers, Dearborn, Michigan, 1984.

Questões de Revisão

14.1 Quais são as diferenças entre os processos de conformação volumétrica e os processos de conformação de chapas?

14.2 A extrusão é um importante processo de conformação mecânica. Descreva-a.

14.3 Por que o termo estampagem geralmente é usado para os processos de conformação de chapas?

14.4 Qual é a diferença entre a estampagem profunda e a trefilação de barras?

Capítulo 14

14.5 Enuncie a equação matemática para a curva de escoamento.

14.6 Como o aumento de temperatura afeta os parâmetros na equação da curva de escoamento?

14.7 Enuncie algumas vantagens do trabalho a frio em comparação aos trabalhos a morno e a quente.

14.8 O que é conformação isotérmica?

14.9 Descreva o efeito da taxa de deformação na conformação do metal.

14.10 Por que o atrito é geralmente indesejável nas operações de conformação dos metais?

14.11 O que é atrito de aderência (ou de agarramento) nos processos de conformação dos metais?

Problemas

As respostas dos Problemas com indicação **(A)** estão listadas no Apêndice, na parte final do livro.

Curva de Escoamento na Conformação

14.1 **(A)** A curva de escoamento do alumínio puro apresenta coeficiente de resistência $K = 175$ MPa e expoente de encruamento $n = 0,20$. Durante uma operação de conformação, a deformação verdadeira final à qual o metal é submetido é $\epsilon = 0,75$. Determine a tensão de escoamento e o valor da tensão média de escoamento a que o metal é submetido neste nível de deformação.

14.2 O aço inoxidável austenítico tem uma curva de escoamento com coeficiente de resistência $K = 1200$ MPa e expoente de encruamento $n = 0,40$. Um corpo de prova de tração convencional deste metal com comprimento inicial de medida $L_0 = 100$ mm é alongado para um comprimento final $L = 145$ mm. Determine a tensão de escoamento para este comprimento final e o valor da tensão média de escoamento a que o metal é submetido durante a deformação.

14.3 Derive a equação da tensão média de escoamento [Equação (14.2)] no texto.

14.4 Para cobre puro (recozido), o coeficiente de resistência $K = 300$ MPa e o expoente de encruamento $n = 0,50$ na curva de escoamento. Determine a tensão média de escoamento que o metal experimenta se for submetido à tensão igual a seu coeficiente de resistência K.

14.5 Determine o valor do expoente de encruamento para um metal que fornecerá tensão média de escoamento igual a 80 % do valor final de tensão de escoamento após a deformação.

14.6 **(A)** Em um ensaio de tração convencional, dois pares de valores de tensão e deformação foram medidos após o escoamento do corpo de prova metálico: (1) tensão verdadeira = 217 MPa e deformação verdadeira = 0,35; e (2) tensão verdadeira = 259 MPa e deformação verdadeira = 0,68. Com base nesses dados experimentais, determine o coeficiente de resistência e o expoente de encruamento.

Taxa de Deformação

14.7 Uma peça de trabalho com altura inicial $h = 100$ mm e diâmetro de 55 mm foi comprimida a uma altura final de 50 mm. Durante a deformação, a velocidade relativa das placas compressoras da peça foi de 200 mm/s. Determine a taxa de deformação para (a) $h = 100$ mm, (b) $h = 75$ mm e (c) $h = 51$ mm.

14.8 Um ensaio de tração convencional foi executado para determinar a constante de resistência C e o expoente de sensitividade à taxa de deformação m na Equação (14.4) para certo metal. O teste foi realizado em temperatura de 500 °C. Para uma taxa de deformação de 12/s, a tensão medida foi de 160 MPa; e para uma taxa de deformação de 250/s, a tensão foi de 300 MPa. (a) Determine C e m na equação de sensibilidade à taxa de deformação. (b) Se a temperatura fosse de 600 °C, quais alterações poderiam ser esperadas nos valores de C e m?

15 Processos de Conformação Volumétrica de Metais

Sumário

15.1 Laminação
15.1.1 Laminação de Planos e Sua Análise
15.1.2 Laminação de Perfis
15.1.3 Laminadores

15.2 Outros Processos Relacionados com a Laminação

15.3 Forjamento
15.3.1 Forjamento em Matriz Aberta ou Livre
15.3.2 Forjamento em Matriz Fechada
15.3.3 Forjamento de Precisão
15.3.4 Martelos, Prensas e Matrizes de Forjamento

15.4 Outros Processos Relacionados com o Forjamento

15.5 Extrusão
15.5.1 Tipos de Extrusão
15.5.2 Análise da Extrusão
15.5.3 Matrizes de Extrusão e Prensas
15.5.4 Outros Processos de Extrusão
15.5.5 Defeitos em Produtos Extrudados

15.6 Trefilação
15.6.1 Análise da Trefilação
15.6.2 Prática de Trefilação
15.6.3 Trefilação de Tubos

Os processos de conformação descritos neste capítulo realizam significativas mudanças de forma em peças metálicas cuja forma inicial é uma peça maciça e não uma chapa. As formas de partida incluem barras e tarugos cilíndricos, tarugos retangulares e placas, e geometrias elementares similares. Os processos de conformação volumétrica transformam as formas de partida, por vezes aprimorando propriedades mecânicas, mas sempre agregando valor. Esses processos transformam a geometria do material aplicando tensão suficiente para que o metal alcance o estado de escoamento plástico e se acomode à forma desejada.

Os processos de conformação volumétrica são realizados por meio do trabalho a frio, a morno e a quente. Trabalhos a frio e a morno são apropriados quando a mudança de forma é menos severa, e quando há necessidade de melhorar propriedades mecânicas e obter bom acabamento na peça. Exige-se, geralmente, o trabalho a quente quando é necessária a deformação de um grande volume da peça.

A importância comercial e tecnológica dos processos de conformação volumétrica pode ser constatada nas seguintes afirmações:

➢ Podem causar mudança significativa na forma da peça, se realizado por operações de trabalho a quente.

➢ Podem ser usados para aumentar a resistência mecânica dos produtos por meio de encruamento, e não somente para dar forma ao produto, se realizado por operações de trabalho a frio.

➢ Produzem pouco ou nenhum desperdício de material como subproduto de operação. Algumas operações de conformação são chamadas de processos *near net shape* ou *net shape*, pois alcançam a geometria final do produto com pouca ou nenhuma usinagem subsequente.

Os processos de conformação volumétrica tratados neste capítulo são: (1) laminação, (2) forjamento, (3) extrusão e (4) trefilação de arames e barras. Este capítulo também apresenta as variações e operações relacionadas com esses quatro processos fundamentais.

15.1 Laminação

Laminação é um processo de conformação no qual a espessura do metal é reduzida por esforços compressivos exercidos por meio de dois cilindros. Como ilustrado na Figura 15.1, os cilindros giram para puxar e, ao mesmo tempo, comprimir o metal que está compreendido entre eles. O processo básico mostrado na figura é o de laminação de planos, usado para reduzir a espessura de uma peça com seção transversal retangular. Processo muito semelhante é o de laminação de perfis, no qual uma peça com seção transversal quadrada é conformada até alcançar uma forma, tal como a de uma viga I.

A maioria dos processos de laminação demanda investimento grande de capital, pois seus equipamentos contêm componentes robustos, chamados de laminadores, para realizá-los. O alto custo de investimento exige que os laminadores sejam usados para produção, em grande escala, de itens padronizados, tais como chapas finas e grossas. A maioria dos processos de laminação é realizada por meio de trabalho a quente, chamado de **laminação a quente**, em razão da necessidade de grande volume de material a ser deformado. O metal laminado a quente é geralmente isento de tensões residuais, e suas propriedades são isotrópicas. Desvantagens da laminação a quente são relacionadas com a impossibilidade de serem obtidos produtos com tolerâncias estreitas, e a superfície apresentar uma camada característica de óxido.

A fabricação de aço utiliza a aplicação mais corriqueira de operações de laminação (Nota Histórica 15.1). Vamos acompanhar a sequência de etapas em um laminador de aço para ilustrar a variedade de produtos fabricados. Etapas similares podem ser encontradas em outras indústrias de metais primários. O metal inicia sob a forma de um lingote de aço fundido recém-solidificado. Enquanto este ainda se encontra quente, o lingote é colocado em um forno no qual permanece por muitas horas até alcançar temperatura uniforme em todo o corpo; assim, o metal escoará de forma consistente durante a laminação. No aço, a temperatura desejada para laminação é em torno de 1200 °C. A operação de aquecimento é chamada de **encharcamento**, e os fornos nos quais esta etapa é realizada são denominados **fornos poços**.

A partir do encharcamento, o lingote é movido para o laminador, onde é laminado a uma das três formas intermediárias: blocos, tarugos, ou placas. Um **bloco** tem a seção transversal quadrada de pelo menos 150 mm × 150 mm. Uma **placa** é laminada a partir de um lingote, ou bloco, e tem uma seção transversal retangular de pelo menos 250 mm de largura e pelo menos 40 mm de espessura. Um **tarugo** é laminado a partir de um bloco e tem dimensões de uma seção quadrada com 40 mm em seus lados. Estas formas intermediárias são posteriormente laminadas para as formas finais do produto.

Blocos são laminados para produzir formas estruturais e trilhos para linhas ferroviárias. Tarugos são laminados para produzir barras quadradas e barras de seção circular, e estes produtos são usualmente as matérias-primas em processos de usinagem, trefilação

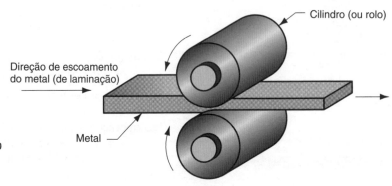

FIGURA 15.1
O processo de laminação (especificamente, laminação de planos).

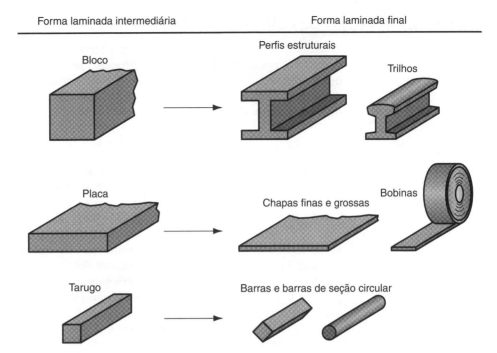

FIGURA 15.2 Alguns produtos do processo de laminação.

de arames, forjamento, e outros processos de transformação dos metais. Placas são laminadas para produzir chapas grossas, chapas finas e tiras. Chapas grossas laminadas a quente são usadas na construção naval, pontes, caldeiras, estruturas soldadas para diversas máquinas pesadas, tubos com costura, e muitos outros produtos. Na Figura 15.2 são mostrados alguns desses produtos laminados de aço. O desempenamento – operação realizada nas chapas grossas e finas laminadas a quente – é comumente obtido por *laminação a frio*, e seu objetivo é prepará-las para operações de conformação de chapas (Capítulo 16). A laminação a frio aumenta a resistência do metal e permite tolerâncias mais estreitas na espessura. Além disso, a superfície da chapa laminada a frio é isenta de carepas, e geralmente melhor, se comparada ao correspondente produto laminado a quente. Estas características tornam as chapas finas, tiras e bobinas laminadas a frio as matérias-primas ideais para estampas, painéis externos e outros componentes de produtos, desde automóveis até utensílios e material de escritório.

Nota Histórica 15.1 *Laminação*

A laminação de ouro e prata por métodos manuais data do século XIV. Leonardo da Vinci projetou um dos primeiros laminadores em 1480, mas é duvidoso que seu projeto já tenha sido construído. Por volta de 1600, a laminação a frio de chumbo e estanho foi realizada em laminadores operados manualmente. Em torno de 1700, a laminação a quente de ferro estava sendo feita em países como Bélgica, Inglaterra, França, Alemanha e Suécia. Esses laminadores foram usados para transformar barras de ferro em chapas finas. Antes desse momento, os únicos cilindros (ou rolos) na fabricação de aço foram moinhos de corte com cilindros opostos dispondo de discos de corte, usados no corte de ferro e aço em pequenas tiras para fabricação de pregos e produtos similares. Os moinhos de corte não tinham como destino a redução de espessura.

A prática atual de laminação data de 1783, quando uma patente foi emitida na Inglaterra sobre a utilização de cilindros com sulcos para produzir barras de ferro. A Revolução Industrial criou uma enorme demanda para ferro e aço, estimulando avanços na laminação. Em 1820, na Inglaterra, surgiu o primeiro laminador para fabricar trilhos para as ferrovias. As primeiras vigas em I foram laminadas na França em 1849. Além disso, o tamanho e a capacidade dos laminadores de planos aumentaram de forma expressiva nesse período.

A laminação é um processo que requer uma grande fonte de energia elétrica. Rodas hidráulicas foram usadas para fornecer potência aos laminadores até o século XVIII. Motores a vapor aumentaram a capacidade desses laminadores até pouco depois de 1900, quando os motores elétricos substituíram o vapor.

15.1.1 LAMINAÇÃO DE PLANOS E SUA ANÁLISE

A laminação de planos está ilustrada nas Figuras 15.1 e 15.3. Ela engloba a laminação de placas, tiras, chapas finas e chapas grossas – peças de seção transversal retangular nas quais a largura é maior que a espessura. Na laminação de planos, o metal é comprimido entre dois cilindros, de modo a reduzir sua espessura em uma quantidade chamada **desbaste** ou **esboço**:

$$d = t_o - t_f \qquad (15.1)$$

em que d é o esboço, mm; t_o é a espessura inicial, mm; e t_f é a espessura final, mm. O desbaste é também expresso como uma fração da espessura inicial, chamada **redução**:

$$r = \frac{d}{t_o} \qquad (15.2)$$

em que r é a redução. Quando uma sequência de operações de laminação é usada, a redução é tomada como a soma dos esboços dividida pela espessura inicial.

Além da redução de espessura, a laminação usualmente conduz ao aumento de largura da peça. Isso é chamado de **espalhamento**, e tende a ser mais pronunciado em situações com baixas razões largura-espessura e baixos coeficientes de atrito. A conservação de massa é preservada; logo, o volume do metal na seção de saída dos cilindros é igual ao volume na entrada:

$$t_o w_o L_o = t_f w_f L_f \qquad (15.3)$$

em que w_o e w_f são as larguras da peça antes e depois do passe de laminação, mm; L_o e L_f são os comprimentos da peça antes e depois do passe de laminação, mm. De forma análoga, o fluxo de material deve se manter constante, antes e depois da conformação; assim, as velocidades de entrada e saída da peça na laminação (v_o e v_f) podem ser relacionadas:

$$t_o w_o v_o = t_f w_f v_f \qquad (15.4)$$

em que v_o e v_f são as velocidades de entrada e de saída do trabalho.

O ângulo de contato entre os cilindros de trabalho e a peça é definido pelo ângulo θ. Cada cilindro tem raio R, e sua velocidade de rotação fornece velocidade periférica v_r, que é maior que a velocidade de entrada da peça v_o e menor que sua velocidade de saída v_f. Como o escoamento de metal é contínuo, existe uma mudança gradual da velocidade na região da peça entre os cilindros de trabalho. Entretanto, existe um ponto ao

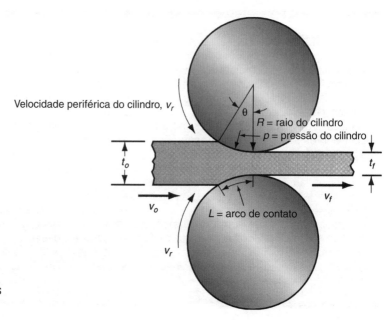

FIGURA 15.3 Vista lateral da laminação de planos, indicando as espessuras inicial e final, velocidades da peça, ângulo de contato com os cilindros, e outras características.

longo do arco de contato em que a velocidade da peça se iguala à velocidade do cilindro de trabalho. Esse ponto é chamado de **ponto de não deslizamento**, também conhecido como **ponto neutro**. Em ambos os lados desse ponto, ocorrem escorregamento e atrito entre os cilindros de trabalho e a peça. A quantidade de deslizamento entre os cilindros de trabalho e a peça pode ser medida por meio do **deslizamento avante**, termo usado em laminação e definido por

$$s = \frac{v_f - v_r}{v_r} \tag{15.5}$$

em que s é o deslizamento avante; v_f é a velocidade de saída da peça, m/s; e v_r é a velocidade periférica do cilindro de trabalho, m/s.

A deformação verdadeira que a peça sob laminação sofre é função das espessuras inicial e final do esboço. Em forma de equação, pode ser escrita por

$$\epsilon = \ln \frac{t_o}{t_f} \tag{15.6}$$

A deformação verdadeira pode ser empregada para determinar a tensão média de escoamento aplicada ao material de trabalho na laminação de planos. Relembrando a Equação 14.2 do capítulo anterior,

$$\bar{\sigma}_e = \frac{K\epsilon^n}{1+n} \tag{15.7}$$

A tensão média de escoamento é usada para o cálculo de estimativas de força e de potência na laminação.

O atrito na laminação ocorre com um determinado coeficiente de atrito, e a força de compressão dos cilindros multiplicada por esse coeficiente de atrito resulta em uma força de atrito entre os cilindros e a peça. Em um dos lados do ponto neutro, aquele na direção da entrada da peça, a força de atrito está em uma direção, e no outro lado está na direção oposta. Entretanto, as duas forças não são iguais. A força de atrito no lado de entrada é maior, o que faz com que a força resultante puxe a peça através dos cilindros. Não fosse isso, a laminação não seria possível. Há um limite da máxima redução possível que pode ser realizada na laminação de planos com um dado coeficiente de atrito, definido por

$$d_{\text{máx}} = \mu^2 R \tag{15.8}$$

em que $d_{\text{máx}}$ é a máxima redução, mm; μ é o coeficiente de atrito; e R é o raio do cilindro de trabalho, mm. Essa equação indica que, se o atrito fosse nulo, a redução seria zero e não seria possível realizar a operação de laminação.

O coeficiente de atrito na laminação depende da lubrificação, do material de trabalho e da temperatura de trabalho. Na laminação a frio, o valor está em torno de 0,1; na laminação a morno, o valor típico é cerca de 0,2; e, na laminação a quente, está em torno de 0,4 [16]. A laminação a quente é frequentemente caracterizada por uma condição chamada de **agarramento**, em que a superfície da peça quente adere aos cilindros de trabalho sobre o arco de contato. Esta condição ocorre, com frequência, na laminação de aços e ligas de altas temperaturas. Quando ocorre agarramento, o coeficiente de atrito pode alcançar valores tão altos quanto 0,7. A consequência do agarramento é que as camadas superficiais da peça estão restritas a moverem-se na mesma velocidade que a velocidade do cilindro de trabalho v_r; e abaixo da superfície, a deformação é mais severa para permitir a passagem da peça através da abertura entre cilindros.

A força do cilindro F, requerida para manter a separação entre os dois cilindros de trabalho, dado que o contato apresenta um coeficiente de atrito suficiente para realizar a laminação, pode ser calculada pela integração da pressão em um cilindro (indicada por p na Figura 15.3) na área de contato peça-cilindro. Essa pode ser expressa por

$$F = w \int_0^L p \, dL \tag{15.9}$$

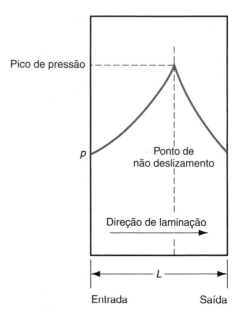

FIGURA 15.4 Variação típica da pressão ao longo do comprimento do arco de contato na laminação de planos. O pico de pressão está localizado no ponto neutro. A integração da Equação (15.9), representada na área abaixo da curva, é a força de laminação *F*.

em que *F* é a força de laminação, N; *w* é a largura da peça sendo laminada, mm; *p* é a pressão do cilindro, MPa; e *L* é o comprimento de contato entre os cilindros de trabalho e a peça, mm. A integração requer a soma de dois termos separados, cada um referente a um lado do ponto neutro. A variação da pressão do cilindro ao longo do comprimento do arco de contato é significante. Uma noção desta variação pode ser obtida a partir do gráfico na Figura 15.4. A pressão atinge um máximo no ponto neutro e decai em ambos os lados em relação aos pontos de entrada e saída. À medida que o atrito aumenta, a pressão máxima aumenta em relação aos valores de entrada e saída. À medida que o atrito diminui, o ponto neutro se desloca da entrada em direção à saída para manter uma força de arraste na direção de laminação. Caso contrário, com baixo atrito, a peça escorregaria em vez de passar por entre os cilindros de trabalho.

Uma aproximação dos resultados obtidos pela Equação (15.9) pode ser calculada com base na tensão média de escoamento que o material de trabalho sofre no afastamento deixado entre cilindros. Isto é,

$$F = \bar{\sigma}_e wL \qquad (15.10)$$

em que $\bar{\sigma}_e$ é a tensão média de escoamento obtida pela Equação (15.7), MPa; e o produto wL é a área de contato com o cilindro, mm². O comprimento de contato pode ser aproximado por

$$L = \sqrt{R(t_o - t_f)} \qquad (15.11)$$

O torque na laminação pode ser estimado assumindo que a força de laminação está localizada no centro da peça quando passa entre os cilindros de trabalho, e essa força atua gerando um momento com uma alavanca igual à metade do arco de contato *L*. Portanto, o torque para cada cilindro de trabalho é

$$T = 0{,}5\,FL \qquad (15.12)$$

A potência necessária a cada cilindro de trabalho é obtida pelo produto do torque e da velocidade angular. A velocidade angular é dada por $2\pi N$, em que *N* é a velocidade de rotação do cilindro. Logo, a potência para cada cilindro é $2\pi NT$. Substituindo a Equação (15.12) para o torque nesta expressão de potência e multiplicando por dois, para considerar o fato de que a cadeira de laminação é composta de dois cilindros, obtém-se a seguinte expressão:

$$P = 2\pi NFL \qquad (15.13)$$

em que *P* é a potência, J/s ou W; *N* = velocidade de rotação, 1/s (rpm); *F* é a força de laminação, N; e *L* é o arco de contato, m.

Processos de Conformação Volumétrica de Metais **335**

Exemplo 15.1
Laminação de planos

Uma bobina de 300 mm de largura e 25 mm de espessura é alimentada em um laminador com dois cilindros de raio igual a 250 mm. A espessura da peça deve ser reduzida para 22 mm em um único passe à velocidade de rotação dos cilindros, de 50 rpm. O material da peça tem uma curva de escoamento definida por $K = 275$ MPa e $n = 0,15$, e o coeficiente de atrito entre os cilindros e a peça é igual a 0,12. Determine se o atrito é suficiente para permitir que a operação de laminação seja realizada. Caso afirmativo, calcule a força de laminação, o torque e a potência (em HP).

Solução: O desbaste previsto nessa operação de laminação é

$$d = 25 - 22 = 3 \text{ mm}$$

A partir da Equação (15.8), a máxima redução possível para o dado coeficiente de atrito é

$$d_{máx} = (0,12)^2 (250) = 3,6 \text{ mm}$$

Visto que a máxima redução permitida excede o desbaste previsto, a operação de laminação é possível. Para computar a força de laminação, precisamos do arco de contato L e da tensão média de escoamento $\overline{\sigma}_e$. O comprimento (ou arco) de contato é dado pela Equação (15.11):

$$L = \sqrt{250(25 - 22)} = 27,4 \text{ mm}$$

$\overline{\sigma}_e$ é determinado a partir da deformação verdadeira:

$$\epsilon = \ln\frac{25}{22} = 0,128$$

$$\overline{\sigma}_e = \frac{275(0,128)^{0,15}}{1,15} = 175,7 \text{ MPa}$$

A força de laminação é determinada a partir da Equação (15.10):

$$F = 175,7 \, (300)(27,4) = \textbf{1.444.786 N}$$

O torque necessário para cada cilindro é dado pela Equação (15.12):

$$T = 0,5(1.444.786)(27,4)(10^{-3}) = \textbf{19.786 N-m}$$

e a potência é obtida a partir da Equação (15.13):

$$P = 2\pi(50)(1.444.786)(27,4)(10^{-3}) = 12.432.086 \text{ N-m/min} = 207.201 \text{ N-m/s(W)}$$

Para fins de comparação, vamos converter a potência de watts para hp (note que 1 hp = 745,7 W):

$$HP = \frac{207.201}{745,7} = \textbf{278 hp}$$

É possível observar, a partir desse exemplo, que é necessário aplicar grandes forças e potências na laminação. A avaliação das Equações (15.10) e (15.13) indica que, para reduzir a força e/ou potência para laminar uma tira com certa largura e material de trabalho, há as seguintes opções: (1) usar a laminação a quente no lugar da laminação a frio para reduzir a resistência ao escoamento e o encruamento (K e n) do material de trabalho; (2) diminuir a redução em cada passe; (3) usar cilindros de trabalho com menores raios R para reduzir a força de laminação; e (4) usar baixas velocidades de rotação de laminação N para reduzir a potência.

15.1.2 LAMINAÇÃO DE PERFIS

Na laminação de perfis, a peça é deformada para ter o formato da seção transversal desejada. Exemplos dos produtos fabricados pela laminação de perfis incluem: vigas I, L e U; trilhos para estradas de ferro; e barras redondas e quadradas e fio máquina (veja a Figura 15.2). O processo é realizado pela passagem da peça através de cilindros que possuem a geometria complementar da forma desejada ao perfil.

A maior parte dos princípios que se aplicam à laminação de planos é também aplicável à laminação de perfis. Os cilindros de laminação de perfis são mais complexos; a peça, usualmente com forma inicial quadrada, necessita de transformação gradual por meio da passagem por vários cilindros para obtenção da seção transversal final. O projeto de sequência das formas intermediárias e cilindros correspondentes é chamado de *plano de passes* ou *calibração*.* O objetivo da realização de diversos passes é alcançar uma deformação uniforme por meio da seção transversal em cada redução. Caso contrário, algumas porções da peça ficam mais reduzidas que outras, provocando maiores alongamentos nessas seções. As consequências de uma redução não uniforme podem ser o empenamento e o aparecimento de trincas no produto laminado. Tanto cilindros horizontais quanto verticais são utilizados para obter reduções consistentes do material de trabalho.

15.1.3 LAMINADORES

Várias configurações de laminadores ou cadeiras de laminação estão disponíveis para lidar com a variedade de aplicações e problemas técnicos no processo de laminação. O laminador típico consiste em dois cilindros opostos e é denominado *laminador duo*, mostrado na Figura 15.5(a). Os cilindros desses laminadores têm diâmetros que variam de 0,6 a 1,4 m. A configuração de laminador duo pode ser tanto reversível quanto irreversível. Na *cadeira de laminação irreversível*, os cilindros sempre giram no mesmo sentido, e a peça sempre passa através dos cilindros pelo mesmo lado. A *cadeira de laminação reversível* permite a reversão do sentido de rotação do cilindro, de modo que a peça possa ser laminada em ambas as direções. Isso possibilita uma série de reduções

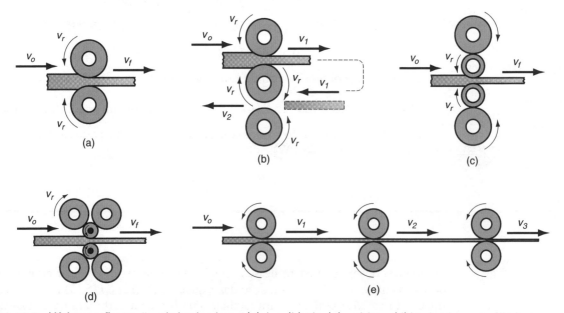

FIGURA 15.5 Várias configurações de laminadores: (a) duo, (b) trio, (c) quádruo, (d) laminador com cilindros agrupados (Sendzimir) e (e) laminador em tandem ou trem de laminação.

---

*Termo utilizado para definir o projeto do plano de passes na laminação de produtos longos. (N.T.)

a serem realizadas com o mesmo conjunto de cilindros, simplesmente pela passagem da peça a partir de direções opostas em múltiplos passes. A desvantagem da configuração reversível compreende o significante momento angular alcançado pelos grandes cilindros rotativos e os problemas técnicos associados à reversão.

Vários arranjos alternativos estão ilustrados na Figura 15.5. Na configuração de *laminador trio*, Figura 15.5(b), existem três cilindros em uma coluna vertical, e a direção de cada cilindro permanece inalterada. Para obter uma série de reduções, a peça pode ser laminada em ambos os lados pela elevação ou abaixamento da tira após cada passe. O equipamento de uma cadeira de laminação trio torna-se mais complicado devido a um mecanismo de mesa elevatória necessário à movimentação da peça.

Como indicado pelas equações apresentadas, algumas vantagens são obtidas com a redução do diâmetro do cilindro. O comprimento de contato do cilindro com a peça é reduzido com menores raios de cilindro, e isto conduz a menores forças, torque e potência. A *cadeira de laminação quádruo* usa dois cilindros menores para contato com a peça e dois cilindros de encosto ou apoio, conforme mostrado na Figura 15.5(c). Em razão das forças de laminação elevadas, quando ocorre a passagem da peça, os cilindros menores podem fletir elasticamente entre os mancais de rolamento, a menos que cilindros de encosto de maior diâmetro sejam usados para apoiá-los. Outra configuração que permite utilizar cilindros de trabalho menores contra a peça é a *cadeira com cilindros agrupados* ou *laminador Sendzimir*, como mostra a Figura 15.5(d).

Para obter maiores taxas de laminação de produtos padronizados, *um trem laminador* é usualmente empregado. Esta configuração é composta de uma série de cadeiras de laminação, como representado na Figura 15.5(e). Embora apenas três cadeiras sejam mostradas em nosso esquema, um trem típico de cadeiras de laminação pode ter oito ou dez cadeiras, cada uma fazendo uma redução de espessura ou mudança de forma na peça fabricada que passa por elas. A cada passo de laminação, a velocidade da peça aumenta, e o problema de sincronização das velocidades dos cilindros torna-se importante.

Atualmente, os trens laminadores são frequentemente supridos por operações de lingotamento contínuo. Esses arranjos permitem um alto grau de integração entre os processos necessários para a transformação de matérias-primas em produtos acabados. As vantagens incluem eliminação de fornos de encharque, melhor aproveitamento de área e menor tempo de fabricação. Essas vantagens técnicas traduzem-se em benefícios econômicos para uma usina que pode executar lingotamento contínuo e laminação.

15.2 Outros Processos Relacionados com a Laminação

Diversos outros processos de conformação volumétrica usam cilindros para dar forma à peça fabricada. Exemplos dessas operações são: laminação de roscas, laminação de anéis, laminação de engrenagens e laminação de tubos.

Laminação de Roscas É usada para conformar roscas em peças cilíndricas laminando-as entre duas matrizes. Esse é o mais importante processo comercial para produção seriada de componentes com rosca externa (por exemplo, parafusos). O outro processo que compete com este é o rosqueamento (usinagem de roscas, Subseção 18.7.1). A maior parte das operações de laminação de roscas é realizada por trabalho a frio em máquinas de laminação de roscas. Essas máquinas são equipadas com matrizes especiais que determinam o tamanho e a forma da rosca. As matrizes são classificadas em dois tipos: (1) matrizes planas, as quais se alternam entre si, como ilustrado na Figura 15.6; e (2) matrizes arredondadas, as quais têm rotação relativa entre si para realizar a ação de laminação.

As taxas de produção na laminação de roscas podem ser elevadas, atingindo até oito peças por segundo para pequenas porcas e parafusos. Não somente essas taxas são significativamente maiores em comparação ao rosqueamento, mas também existem outras

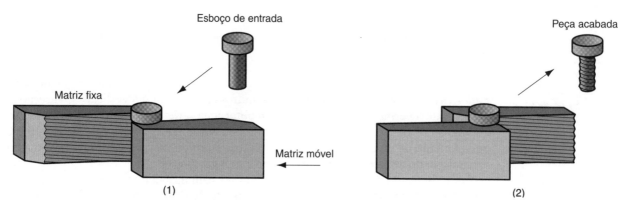

FIGURA 15.6 Laminação de roscas com matrizes planas: (1) início do ciclo e (2) fim do ciclo.

vantagens sobre a usinagem: (1) melhor utilização de material, (2) roscas mais resistentes devido ao encruamento, (3) superfícies mais lisas, e (4) melhor resistência à fadiga devido às tensões compressivas introduzidas pela laminação.

Laminação de Anéis É um processo de conformação no qual um anel de parede grossa, de menor diâmetro, é laminado em um anel de parede fina, de maior diâmetro. A Figura 15.7 apresenta dois instantes: antes e depois de o processo ser realizado. À medida que o anel de parede grossa é comprimido entre os laminadores, o material deformado se alonga, provocando aumento do diâmetro do anel. A laminação de anéis é usualmente realizada como um processo de trabalho a quente para produzir grandes anéis e como processo de trabalho a frio para pequenos anéis.

As aplicações da laminação de anéis incluem pistas de rolamentos de esferas e roletes, aros de aço para rodas de estradas de ferro e anéis para tubos, vasos de pressão e máquinas rotativas. As paredes dos anéis não são limitadas a seções transversais retangulares; o processo permite a laminação de formas mais complexas. Existem várias vantagens da laminação de anéis sobre outros métodos alternativos para fazer a mesma peça: economia de material, orientação de grãos ideal para a aplicação, e aumento de resistência por meio do trabalho a frio.

Laminação de Engrenagens É um processo de trabalho a frio para produzir alguns tipos de engrenagens. A indústria automotiva é um importante usuário desses produtos. O arranjo na laminação de engrenagens é similar ao da laminação de roscas, exceto no que diz respeito aos aspectos de deformação do esboço cilíndrico ou do disco que estão orientados paralelos ao seu eixo (ou a certo ângulo, no caso de engrenagens helicoidais), em vez da forma em espiral como na laminação de roscas. Existem outros métodos alternativos para a fabricação de engrenagens, como a usinagem (Subseção 18.7.2). As vantagens da laminação de engrenagens sobre a usinagem são similares àquelas da laminação de roscas: altas taxas de produção, melhor resistência ao endurecimento e à fadiga, além de perdas reduzidas de material.

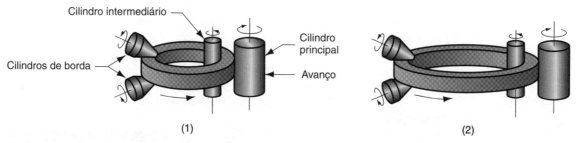

FIGURA 15.7 Laminação de anéis usada para reduzir a espessura de parede e aumentar o diâmetro de um anel: (1) início e (2) conclusão do processo.

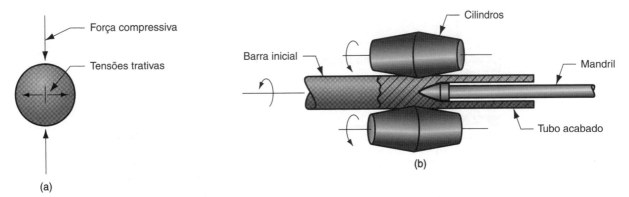

FIGURA 15.8 Laminação a mandril de tubos: (a) formação de tensões internas e cavidade pela compressão da peça cilíndrica; e (b) arranjo do laminador Mannesmann para produção de tubos sem costura.

Laminação de Tubos sem Costura com Mandril É um processo especializado de conformação a quente para produção de tubos de paredes grossas sem costuras. Este processo utiliza dois cilindros opostos, sendo, portanto, classificado como processo de laminação. O processo é baseado no princípio do desenvolvimento de elevadas tensões trativas no centro quando uma peça cilíndrica sólida é comprimida em sua circunferência, como mostrado na Figura 15.8(a). Se a compressão é suficientemente elevada, uma fissura interna é formada. Na laminação a mandril, este princípio é explorado pelo arranjo mostrado na Figura 15.8(b). Tensões compressivas são aplicadas a um tarugo sólido, cilíndrico, por dois cilindros, cujos eixos estão orientados em pequenos ângulos (~ 6°) em relação ao eixo do tarugo, de modo que suas rotações tendam a puxar o tarugo através dos cilindros. Um mandril é utilizado para controlar o tamanho e o acabamento do furo criado por essa ação. As expressões **laminador de tubos com mandril** e **processo Mannesmann** são também adotados para esta operação de fabricação de tubos.

15.3 Forjamento

Forjamento é um processo de conformação no qual a peça processada é comprimida entre duas matrizes, ora por meio de impacto, ora a partir de uma pressão gradativa para dar forma à peça. É a mais antiga das operações de conformação de metais, datadas talvez de 5000 a.C. (Nota Histórica 15.2.) Atualmente, o forjamento é um importante processo industrial usado para fabricar uma variedade de componentes de alta resistência para aplicações automotivas, aeroespaciais, entre outras. Esses componentes incluem virabrequins de motores e bielas, engrenagens, componentes estruturais de aeronaves e peças de bocais de motores de turbinas. Além disso, indústrias de aços e outros metais usam o forjamento para obter a forma básica de grandes componentes que serão usinados posteriormente para as formas e dimensões finais.

Nota Histórica 15.2 *Forjamento*

O processo de forjamento data de registros escritos pelo homem há cerca de 7000 anos. Existe evidência de que o forjamento foi usado por civilizações antigas no Egito, Grécia, Pérsia, Índia, China e Japão para fabricar armas, joias e uma diversidade de implementos. Durante esse período, os artesãos na habilidade de realizar o forjamento detinham grande notoriedade.

Placas de pedra gravadas foram usadas como matrizes para impressão na martelagem de ouro e prata na Grécia antiga por volta de 1600 a.C. Isso evoluiu na fabricação de moedas por um processo similar em torno de 800 a.C. Matrizes para impressões mais complexas foram usadas em Roma por volta do ano 200. A tradição do ferreiro permaneceu relativamente inalterada por muitos séculos, até que o martelo de queda com êmbolo guiado foi introduzido no final do século XVIII. Esse desenvolvimento conduziu a técnica de forjamento à Era Industrial.

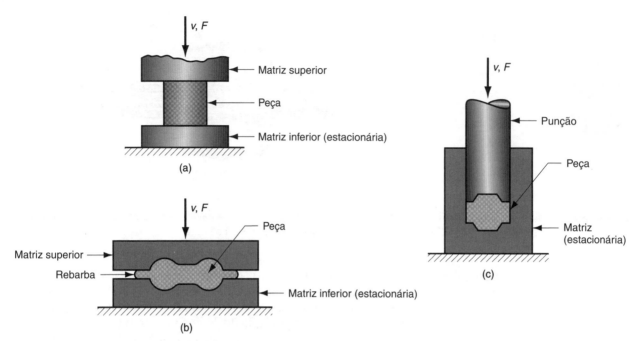

FIGURA 15.9 Três tipos de operações de forjamento ilustrados pelos esquemas de seção transversal: (a) forjamento em matriz aberta, (b) forjamento em matriz fechada, e (c) forjamento sem rebarba.

O forjamento é realizado de diversas formas diferentes. Uma maneira de classificar a operação de forjamento é em relação à temperatura de trabalho. A maior parte das operações de forjamento é conduzida a quente ou a morno, em razão da grande quantidade de deformação requerida pelo processo e da necessidade de reduzir a resistência e aumentar a ductilidade do metal em processamento. Entretanto, o forjamento a frio é também muito comum para certos produtos. A vantagem do forjamento a frio é a elevada resistência da peça como resultado do encruamento.

O forjamento utiliza tanto impacto quanto uma pressão gradativa para realizar o processo. A distinção entre estes está mais ligada ao tipo de equipamento usado do que às diferenças tecnológicas do processo. O equipamento que aplica uma carga de impacto para realizar o forjamento é chamado de ***martelo de forjar***, enquanto aquele que aplica uma pressão gradativa é chamado de ***prensa de forjar***.

Outra diferença entre as operações de forjamento é a forma pela qual o escoamento do metal processado está contido entre as matrizes. Segundo essa classificação, existem três tipos de operação de forjamento, como mostra a Figura 15.9: (a) forjamento em matriz aberta ou forjamento livre, (b) forjamento em matriz fechada, e (c) forjamento sem rebarba. No ***forjamento em matriz aberta***, a peça é comprimida entre duas matrizes planas (ou quase planas), permitindo assim que o metal escoe, sem restrição, na direção lateral em relação às superfícies das matrizes. No ***forjamento em matriz fechada***, as superfícies das matrizes contêm uma forma ou cavidade que é conferida à peça durante a compressão, restringindo deste modo, significativamente, o escoamento do metal. Nesse tipo de operação, uma porção do metal processado escoa para fora da cavidade da matriz formando uma ***rebarba***, como é mostrado na figura. Rebarba é o excesso de metal que deve ser removido depois. No ***forjamento sem rebarba***, o metal está por completo contido na matriz, e nenhum excedente de rebarba é produzido. O volume da peça inicial deve ser controlado com mais rigor, de modo a preencher o volume da cavidade da matriz.

15.3.1 FORJAMENTO EM MATRIZ ABERTA OU LIVRE

O caso mais simples de forjamento em matriz aberta envolve compressão de uma peça com seção transversal cilíndrica entre duas matrizes planas, tal como no ensaio de compressão (Subseção 3.1.2). Essa operação de forjamento, conhecida como **recalcamento** ou **recalque**, reduz a altura da peça e aumenta seu diâmetro.

Análise do Forjamento em Matriz Aberta Se o forjamento em matriz aberta for realizado sob condições ideais, sem atrito entre a peça e as superfícies das matrizes, a deformação será homogênea, e o escoamento radial do material será uniforme ao longo de sua altura, como ilustrado na Figura 15.10. Sob essas condições ideais, a deformação verdadeira experimentada pela peça durante o processo pode ser determinada por

$$\epsilon = \ln\frac{h_o}{h} \qquad (15.14)$$

em que h_o é a altura inicial da peça, mm; e h é a altura instantânea em um dado instante do processo, mm. No final do curso de compressão, h é igual a seu valor final h_f, e a deformação verdadeira atinge seu valor máximo.

Podem-se calcular estimativas da força necessária para realizar o recalque. A força requerida para continuar a compressão a qualquer momento, quando a altura é h, durante o processo, pode ser obtida pelo produto da área correspondente à seção transversal pela tensão de escoamento:

$$F = \sigma_e A \qquad (15.15)$$

em que F é a força, N; A é a área da seção transversal da peça, mm^2; e σ_e é a tensão de escoamento correspondente à deformação definida pela Equação (15.14) em MPa. A área A aumenta continuamente durante a operação, conforme a altura é reduzida. A tensão de escoamento σ_e também aumenta em função do encruamento, exceto quando o metal é perfeitamente plástico (por exemplo, no trabalho a quente). Neste caso, o expoente de encruamento $n = 0$, e a tensão de escoamento iguala o limite de resistência do metal σ_{ef}. A força atinge um valor máximo no final do curso de forjamento, quando ambas, a área e a tensão de escoamento, alcançam seus valores mais altos.

Uma operação real de recalque não ocorre, como mostra a Figura 15.10, devido ao atrito que se opõe ao escoamento do metal nas superfícies das matrizes. Isto cria um efeito de embarrilamento mostrado na Figura 15.11. Quando realizado em uma peça processada a quente, por meio de matrizes frias, o efeito de embarrilamento é ainda mais pronunciado. Isto é resultado de um elevado coeficiente de atrito, típico do trabalho a quente e da transferência de calor nas superfícies das matrizes em suas vizinhanças, o que resfria o metal e aumenta sua resistência à deformação. O metal mais quente do interior da peça escoa mais facilmente que o metal mais frio em contato com as extremidades. Esses efeitos são mais intensos, à medida que a razão definida entre o diâmetro e a altura da peça aumenta, devido à maior área de contato na interface metal-matriz.

FIGURA 15.10 Deformação homogênea de uma peça cilíndrica sob condições ideais em uma operação de forjamento em matriz aberta: (1) início do processo com a peça em seu comprimento e diâmetro originais; (2) compressão parcial; e (3) tamanho final.

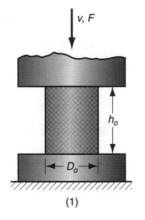
(1)
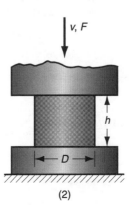
(2)
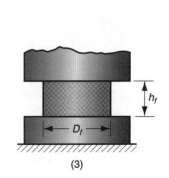
(3)

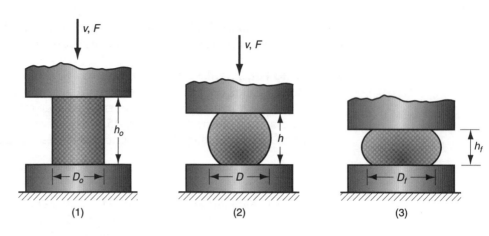

FIGURA 15.11
Deformação real de uma peça cilíndrica em operação de forjamento em matriz aberta, mostrando um embarrilamento pronunciado: (1) início do processo, (2) compressão parcial, e (3) forma final.

Todos esses fatores fazem com que a força necessária ao recalque real seja maior do que é previsto pela Equação (15.15). Como uma aproximação, pode-se aplicar um fator de forma à Equação (15.15) para considerar os efeitos da razão D/h e atrito:

$$F = K_f \sigma_e A \qquad (15.16)$$

em que F, σ_e e A têm as mesmas definições que as empregadas na equação anterior; e K_f é um fator de forma de forjamento, definido por

$$K_f = 1 + \frac{0{,}4\ \mu D}{h} \qquad (15.17)$$

em que μ é o coeficiente de atrito; D é o diâmetro da peça ou outra dimensão representativa do comprimento de contato com a superfície da matriz, mm; e h é a altura da peça, mm.

Exemplo 15.2 Forjamento em matriz aberta

Uma peça cilíndrica está sujeita a uma operação de recalque a frio. A peça tem dimensões iniciais iguais a 75 mm e 50 mm de altura e diâmetro, respectivamente. Ela é reduzida nesta operação para a altura de 36 mm. O material de trabalho tem uma curva de escoamento definida por $K = 350$ MPa e $n = 0{,}17$. Assuma coeficiente de atrito de 0,1. Determine a força de início de processo, em alturas intermediárias de 62 mm, 49 mm, e na altura final de 36 mm.

Solução: O volume da peça $V = 75\pi\,(50^2/4) = 147.262$ mm³. No início do contato feito pela matriz superior, $h = 75$ mm e a força $F = 0$. No início do escoamento, h é ligeiramente menor que 75 mm; assuma que a deformação é igual a 0,002, na qual a tensão de escoamento é

$$\sigma_e = K\epsilon^n = 350(0{,}002)^{0{,}17} = 121{,}7 \text{ MPa}$$

O diâmetro é aproximadamente $D = 50$ mm e a área $A = \pi(50^2/4) = 1963{,}5$ mm². Para essas condições, o fator de forma K_f é calculado por

$$K_f = 1 + \frac{0{,}4(0{,}1)(50)}{75} = 1{,}027$$

A força de forjamento é

$$F = 1{,}027(121{,}7)\,(1963{,}5) = \mathbf{245.410\ N}$$

Em $h = 62$ mm,

$$\epsilon = \ln\frac{75}{62} = \ln(1{,}21) = 0{,}1904$$

$$\sigma_e = 350\,(0{,}1904)^{17} = 264{,}0 \text{ MPa}$$

Assumindo a conservação de volume e desprezando o embarrilamento,

$$= \frac{147.262}{62} = 2.375,2 \text{ mm}^2 \text{ e } D = \sqrt{\frac{4(2.375,2)}{\pi}} = 55,0 \text{ mm}$$

$$K_f = 1 + \frac{0,4(0,1)(55)}{62} = 1,035$$

$$F = 1,035(264)(2.375,2) = \mathbf{649.303 \text{ N}}$$

De forma análoga, em $h = 49$ mm, $F = 955.642$ N; e $h = 36$ mm, $F = \mathbf{1.467.422}$ **N**.

A curva força-deslocamento na Figura 15.12 foi desenvolvida a partir dos valores deste exemplo.

Prática do Forjamento em Matriz Aberta Este é um importante processo industrial. As formas geradas pelas operações de forjamento em matriz aberta são simples; eixos, discos e anéis são alguns exemplos de peças fabricadas por esse processo. Em algumas aplicações, as matrizes possuem superfícies com contornos que auxiliam a dar forma à peça. Além disso, a peça precisa ser sempre manipulada (por exemplo, rotacionada em passos) para efetuar a mudança de forma desejada. A habilidade do operador humano é fator de sucesso nessas operações. Um exemplo de forjamento em matriz aberta na indústria de aço é a conformação de um grande lingote fundido de seção quadrada em uma seção transversal circular. As operações de forjamento em matriz aberta produzem peças brutas, e operações subsequentes são necessárias para beneficiar as peças para a geometria e as dimensões finais. Uma importante contribuição do forjamento a quente em matriz aberta é que ele cria um escoamento dos grãos e uma estrutura metalúrgica do metal favoráveis.

As operações classificadas como forjamento em matriz aberta ou operações relacionadas incluem encalcamento, *edging* e estiramento, conforme mostra a Figura 15.13. O **encalcamento** é uma operação de desbaste preliminar realizada para reduzir a seção transversal e redistribuir o metal da peça de trabalho, preparando-a para forjamento subsequente. A operação é realizada por matrizes com superfícies convexas. As cavidades de matriz para encalcamento são frequentemente projetadas em matrizes fechadas com multicavidades; assim, a barra de partida pode ser conformada em bruto (formato ainda grosseiro) antes da conformação final. **Edging** é similar ao encalcamento (uma operação de desbaste preliminar), exceto pelo fato de as matrizes possuírem superfícies côncavas.

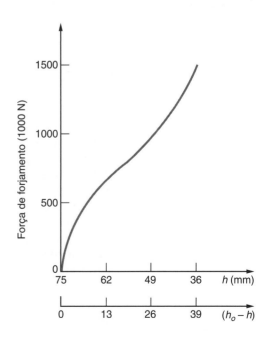

FIGURA 15.12 Força de recalque em função da altura h e da redução de altura $(h_o - h)$. Este gráfico é, às vezes, denominado curva força-deslocamento.

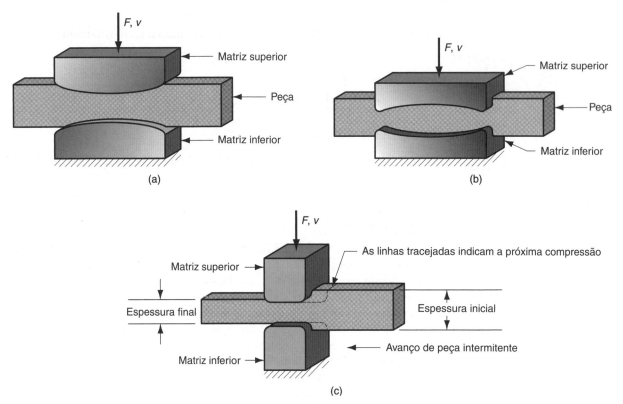

FIGURA 15.13 Diversas operações de forjamento livre: (a) encalcamento, (b) *edging* e (c) estiramento.

A operação de ***estiramento*** consiste em uma sequência de compressões de forjamento ao longo do comprimento da peça para reduzir a seção transversal e aumentar o comprimento. Esta operação é usada na indústria do aço para produzir blocos e placas a partir de lingotes. É realizada empregando matrizes abertas com superfícies planas ou de formato simples. O termo ***forjamento incremental*** é, algumas vezes, usado para esse processo.

15.3.2 FORJAMENTO EM MATRIZ FECHADA

O forjamento em matriz fechada é realizado com matrizes que contêm o formato complementar à forma desejada para a peça. O processo é ilustrado em uma sequência de três estágios na Figura 15.14. A peça no estado bruto é mostrada como uma peça cilíndrica, similar à usada na operação anterior em matriz aberta. À medida que se aproxima da configuração final, a rebarba é formada pelo metal que escoa além da cavidade da matriz em direção à pequena abertura entre os pratos das matrizes. Embora essa rebarba deva ser cortada da peça em operação subsequente de rebarbação, na verdade ela exerce uma função importante durante o forjamento em matriz fechada. À medida que a rebarba começa a se formar na abertura da matriz, o atrito oferece resistência à continuidade do escoamento na abertura, sujeitando assim o volume do material de trabalho a permanecer na cavidade da matriz. No forjamento a quente, o escoamento do metal é ainda mais restrito, visto que a rebarba fina se resfria rapidamente contra os pratos da matriz, aumentando, portanto, sua resistência à deformação. A restrição do escoamento de metal na abertura provoca aumento significativo da pressão de compressão na peça, forçando assim o material a preencher os detalhes, por vezes complexos, da cavidade da matriz para assegurar um produto de alta qualidade.

Diversos estágios de conformação são usualmente necessários no forjamento em matriz fechada para transformar o esboço de partida na geometria final desejada. Cavidades separadas na matriz são necessárias para cada estágio. Os primeiros estágios são

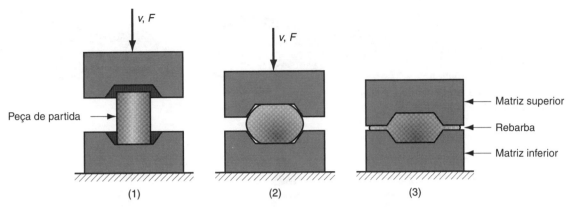

FIGURA 15.14 Sequência do forjamento em matriz fechada: (1) antes do contato inicial com a peça bruta de trabalho, (2) compressão parcial, e (3) fechamento final da matriz provocando a formação de rebarba na abertura entre os pratos das matrizes.

projetados para redistribuir o metal na peça, a fim de obter uma deformação uniforme e estrutura metalúrgica desejada nos estágios subsequentes. Os estágios finais conduzem a peça à sua geometria final. Além disso, quando o forjamento é usado com martelo de queda, vários golpes do martelo podem ser necessários para cada estágio. Quando o forjamento em matriz fechada por martelo de queda é realizado manualmente, como é sempre o caso, experiência considerável do operador é exigida sob condições adversas para obter resultados consistentes.

Devido à formação de rebarba no forjamento em matriz fechada e às formas mais complexas realizadas com essas matrizes, as forças neste processo são significativamente maiores e mais difíceis de analisar do que no forjamento em matriz aberta. A fórmula da força é a mesma estabelecida pela Equação (15.16), antes apresentada no forjamento em matriz aberta; porém sua interpretação é um pouco diferente:

$$F = K_f \sigma_e A \qquad (15.18)$$

em que F é a força máxima na operação, N; A é a área projetada da peça incluindo a rebarba, mm²; σ_e é a tensão de escoamento do material, Mpa; e K_f é o fator de forma de forjamento. No forjamento a quente, o valor apropriado de σ_e é o limite de resistência do metal em temperatura elevada. Em outros casos, a seleção do valor adequado da tensão de escoamento é dificultada, uma vez que, em formas complexas, a deformação varia por toda parte da peça. K_f na Equação (15.18) é um fator que visa considerar os aumentos da força necessária ao forjamento de peças com complexidades diversas. A Tabela 15.1 indica a gama de valores de K_f para diferentes geometrias. Obviamente, o problema de especificação do valor apropriado de K_f para uma dada peça limita a precisão da estimativa de força.

A Equação (15.18) aplica-se à máxima força durante a operação, pois esta é a carga que determinará a capacidade requerida da prensa ou do martelo usado na operação. A força máxima é alcançada no fim do curso de forjamento, quando a área projetada é a maior e o atrito é máximo.

TABELA • 15.1 Valores típicos de K_f para várias formas de peças nos forjamentos em matriz fechada e sem rebarba.

Forma da Peça	K_f	Forma da Peça	K_f
Forjamento em matriz fechada:		Forjamento de precisão:	
Formas simples com rebarba	6,0	Cunhagem (superfícies superior e inferior)	6,0
Formas complexas com rebarba	8,0	Formas complexas	8,0
Formas muito complexas com rebarba	10,0		

FIGURA 15.15 Comparação do escoamento de grãos de metal em uma peça que é: (a) forjada a quente com usinagem de acabamento, e (b) usinada (desbaste e acabamento).

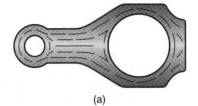
(a)

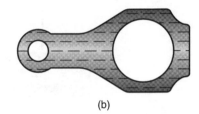
(b)

FIGURA 15.16 Seções transversais de (a) forjamento convencional e (b) forjamento de precisão. As linhas tracejadas em (a) indicam usinagem subsequente necessária para fazer com que o forjamento convencional seja equivalente em geometria ao forjamento de precisão. Nos dois casos, extensões de rebarba devem ser removidas.

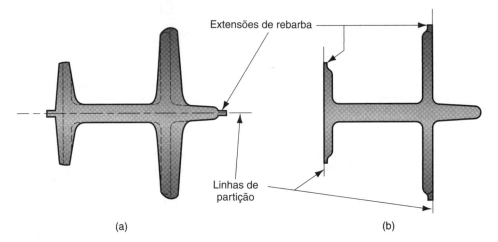
(a) (b)

O forjamento em matriz fechada não é capaz de fornecer tolerâncias apertadas de trabalho, e a usinagem é sempre necessária para atingir as precisões demandadas. A geometria básica da peça é obtida a partir do processo de forjamento, com usinagem realizada naquelas porções da peça que requerem precisão de acabamento (por exemplo, furos, roscas e superfícies que se unem com outros componentes). As vantagens do forjamento, comparadas à usinagem completa da peça, são as elevadas taxas de produção, conservação de metal, maior resistência e orientação favorável de grãos do metal resultante do forjamento. Uma comparação do escoamento de grãos no forjamento e usinagem está ilustrada na Figura 15.15.

Melhorias na tecnologia de forjamento de matriz fechada têm resultado na capacidade de produzir forjados com seções mais finas, geometrias mais complexas, reduções drásticas do esboço nas exigências das matrizes, tolerâncias mais apertadas, e a possibilidade de redução de retirada de material por usinagem. Os processos de forjamento com essas características são conhecidos como *forjamento de precisão*. Os metais comumente usados no forjamento de precisão incluem o alumínio e o titânio. Uma comparação entre forjamento em matriz fechada de precisão e convencional está ilustrada na Figura 15.16. Note-se que o forjamento de precisão neste exemplo não elimina rebarba, porém proporciona a sua redução. Algumas operações de forjamento de precisão são realizadas sem a produção de rebarba. Dependendo de se a usinagem é necessária ou não para realizar o acabamento na geometria da peça, os processos de forjamento de precisão são corretamente classificados como ***near net shape*** ou ***net shape***.

15.3.3 FORJAMENTO DE PRECISÃO

O termo *forjamento sem rebarba* é apropriado para identificar o processo em que a peça no estado bruto está completamente contida no interior da cavidade da matriz durante a compressão e nenhuma rebarba é formada. A sequência do processo está ilustrada na Figura 15.17.

Os requisitos de controle do processo são mais exigentes no forjamento sem rebarba do que no forjamento em matriz fechada. O mais importante é que o volume da peça de trabalho de partida deve ser igual ao espaço da cavidade da matriz dentro de uma

Processos de Conformação Volumétrica de Metais **347**

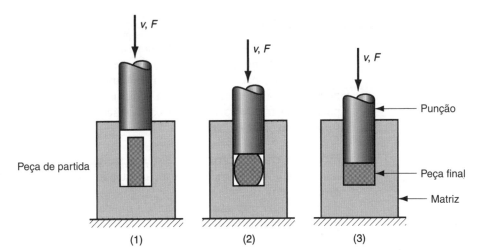

FIGURA 15.17 Forjamento sem rebarba: (1) antes do contato inicial com a peça, (2) compressão parcial e (3) fechamento final do punção e matriz. Os símbolos v e F indicam movimento (v = velocidade) e força aplicada, respectivamente.

tolerância muito apertada. Se o esboço de partida for muito grande, pressões elevadas poderão causar dano à matriz ou à prensa. Se o esboço for muito pequeno, a cavidade poderá não ser preenchida. Em razão das demandas específicas exigidas pelo forjamento sem rebarba, este processo é mais indicado para geometrias que são usualmente simples e simétricas e para materiais de trabalho, tais como alumínio e magnésio e suas ligas. O forjamento sem rebarbas é frequentemente classificado como um processo de ***forjamento de precisão*** [5].

As forças no forjamento sem rebarbas atingem valores comparáveis aos obtidos no forjamento em matriz fechada. Estimativas para essas forças podem ser calculadas usando os mesmos métodos empregados para o forjamento em matriz fechada: Equação (15.18) e Tabela 15.1.

Cunhagem é uma aplicação especial do forjamento em matriz fechada no qual detalhes refinados na matriz são impressos nas superfícies superior e inferior da peça de trabalho. Existe pouco escoamento de metal na cunhagem, porém as pressões exigidas para reproduzir os detalhes superficiais na cavidade da matriz são elevadas, como indicado pelo valor de K_f na Tabela 15.1. Uma aplicação comum da cunhagem é, obviamente, a cunhagem de moedas, mostrada na Figura 15.18. O processo é também usado para fornecer bom acabamento superficial e precisão em peças de trabalho feitas por outras operações.

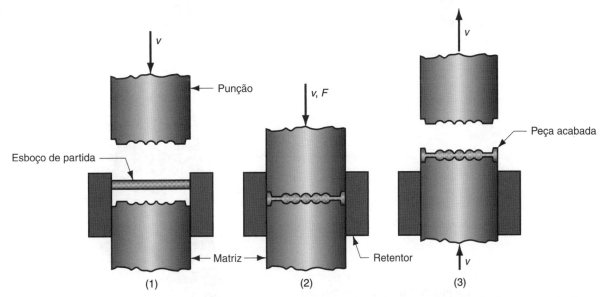

FIGURA 15.18 Operação de cunhagem: (1) início do ciclo, (2) curso de compressão e (3) ejeção da peça acabada.

15.3.4 MARTELOS, PRENSAS E MATRIZES DE FORJAMENTO

Os equipamentos usados no forjamento consistem em máquinas de forjamento, denominados como martelos ou prensas, e matrizes de forjamento, os quais compõem o ferramental especial usado nessas máquinas. Além disso, equipamentos auxiliares são necessários à operação, tais como fornos para aquecer a peça, dispositivos mecânicos para carregar e descarregar a peça, e estações de rebarbação para remover a rebarba no forjamento em matriz fechada.

Martelos de Forjamento Estes operam pela aplicação de um carregamento de impacto contra a peça. Conforme mostrado nas Figuras 15.19 e 15.20, o termo *martelo de queda* é normalmente usado para essas máquinas, devido ao meio de fornecimento da energia de impacto. Martelos de queda são usados com mais frequência no forjamento em matriz fechada. A porção superior da matriz de forjamento é presa à massa

FIGURA 15.19 Martelo de queda de forjamento, alimentado por unidades transportadora e de aquecimento, no lado direito da foto. (A foto é uma cortesia de Ajax-Ceco.)

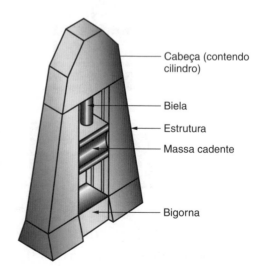

FIGURA 15.20 Esquema mostrando detalhes de um martelo de queda para forjamento em matriz fechada.

Processos de Conformação Volumétrica de Metais · **349**

cadente, e a porção inferior é fixada à bigorna. Na operação, a peça é posicionada na matriz inferior, e a massa cadente é suspensa e, em seguida, liberada. Quando a matriz superior bate a peça, a energia de impacto faz com que a peça assuma a forma da cavidade da matriz. Diversos golpes do martelo são usualmente necessários para obter a mudança de geometria desejada. Os martelos de queda podem ser classificados como martelos de queda por gravidade e martelos de queda por potência. *Martelos de queda simples* obtêm energia por meio da queda de uma massa cadente (pesada). A força do golpe é determinada pela altura da queda e o peso da massa cadente. *Martelos de queda a ar ou vapor* aceleram a massa cadente por meio de ar pressurizado ou vapor. Uma das desvantagens dos martelos de queda é que grande quantidade de energia de impacto é transmitida pela bigorna para o piso do prédio.

Prensas de Forjamento As prensas aplicam pressão gradual, em vez de impacto brusco, para realizar a operação de forjamento. As prensas de forjamento incluem prensas mecânicas, prensas hidráulicas e prensas de parafuso. *Prensas mecânicas* operam por meio de excêntricos, manivelas, ou articulações de pino, que convertem o movimento rotativo do motor propulsor em movimento de translação da massa cadente. Esses mecanismos são muito similares àqueles usados em prensas de estampagem (Subseção 16.5.2). As prensas mecânicas atingem tipicamente forças muito elevadas no fim do golpe ou curso de forjamento. *Prensas hidráulicas* usam um pistão acionado hidraulicamente para mover a massa cadente. *Prensas de parafusos* aplicam a força por um mecanismo de parafuso que move a massa vertical. Ambos os acionamentos, por parafuso e hidráulico, operam em velocidades de percurso mais ou menos baixas e podem fornecer força constante ao longo de todo o curso. Essas máquinas são, portanto, apropriadas para operações de forjamento (e outros processos de conformação) que requerem um longo curso.

Matrizes de Forjamento O projeto de matrizes adequado é importante para o sucesso de uma operação de forjamento. As peças a serem forjadas devem ser projetadas com base no conhecimento dos princípios e limitações deste processo. Nossa proposta aqui é descrever um pouco da terminologia e dos princípios básicos empregados no projeto de produtos forjados e de matrizes de forjamento. O projeto de matrizes abertas é em geral mais simples, uma vez que as matrizes possuem formas relativamente simples. Os comentários apresentados a seguir se aplicam às matrizes fechadas. A Figura 15.21 define parte da terminologia em uma matriz fechada.

Alguns princípios e limitações que devem ser considerados no projeto de peças ou na seleção do forjamento como processo de manufatura da peça [5] são:

➢ *Linha de partição.* Representa o plano que divide a matriz superior da matriz inferior. É chamada de linha de rebarba no forjamento em matriz fechada e constitui o plano no qual as duas metades da matriz se encontram. Sua seleção pelo projetista de matrizes afeta o escoamento de grãos na peça, a carga necessária e a formação de rebarba.

➢ *Ângulo de saída.* É a medida de conicidade nos lados da peça que é necessária à sua remoção da matriz. O termo se aplica também à conicidade nos lados da cavidade da matriz. Os ângulos típicos de saída são 3° em peças de alumínio e magnésio e 5° a 7° para peças de aço. Os ângulos de saída em forjados de precisão são próximos de zero.

➢ *Almas e nervuras.* A alma é uma fina porção do forjado que é paralela à linha de partição, enquanto a nervura é uma fina porção que é perpendicular à linha de partição. Essas características da peça provocam dificuldades no escoamento do metal, à medida que almas e nervuras se tornam mais finas.

➢ *Raios de adoçamento e de cantos.* Estão ilustrados na Figura 15.21. Pequenos raios tendem a limitar o escoamento do metal e aumentar as tensões nas superfícies da matriz durante o forjamento.

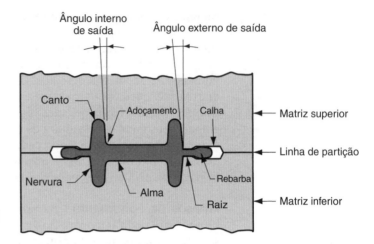

FIGURA 15.21 Terminologia de um forjamento convencional em matriz fechada.

> ➤ **Rebarba.** A formação de rebarba exerce papel importante no forjamento em matriz fechada pelo incremento da pressão no interior da matriz para promover o preenchimento da cavidade. Esse incremento de pressão é controlado projetando-se uma ranhura de rebarba e uma calha na matriz, como esquematizado na Figura 15.21. A ranhura determina a área superficial, ao longo da qual ocorre escoamento lateral do metal, controlando, portanto, o aumento de pressão no interior da matriz. A calha permite que o excesso de metal escape sem provocar valores extremos na carga de forjamento.

15.4 Outros Processos Relacionados com o Forjamento

Além das operações convencionais de forjamento discutidas nas seções precedentes, outras operações de conformação mecânica estão intimamente associadas ao forjamento.

Recalque e Formação de Cabeças O recalque (também chamado de *recalcamento*) é uma operação de conformação na qual uma peça cilíndrica é aumentada em seu diâmetro e reduzida em seu comprimento. Essa operação foi analisada em nossa discussão de forjamento em matriz aberta (Subseção 15.3.1). Porém, como uma operação industrial, esta pode ser realizada em matrizes fechadas, conforme mostrado na Figura 15.22.

O recalcamento é amplamente usado na indústria de fixadores para conformar cabeças em pregos, parafusos, e produtos de ferragens similares. Nessas aplicações, o termo ***conformação de cabeça por recalque axial*** é usado de forma comum para denotar a operação. A Figura 15.23 ilustra uma variedade de aplicações de conformação de cabeça, indicando várias configurações possíveis de matriz. Devido ao uso difundido dos produtos fabricados nessas aplicações, um número maior de peças é produzido por recalcamento, em comparação com qualquer outro processo de forjamento. O recalcamento é realizado como operação de produção em massa – a frio, a morno, ou a quente – em máquinas especiais de recalque. Essas máquinas são usualmente equipadas com cursos horizontais em vez de cursos verticais, como em martelos de forjamento convencionais e prensas. Arames longos ou barras de aço são alimentados nas máquinas, a ponta da barra é recalcada por forjamento, e então a peça é cortada no comprimento para fabricar o item desejado. Para porcas e parafusos, a laminação de roscas (Seção 15.2) é empregada para conformar os filetes.

Existem limites na capacidade de deformação que podem ser impostos no recalcamento; normalmente, ela é definida pelo comprimento máximo do metal a ser forjado. O comprimento máximo que pode ser conformado em um golpe é três vezes o diâmetro do metal de partida. Caso contrário, o metal dobra ou enruga em vez de comprimir-se de forma adequada para preencher a cavidade.

Processos de Conformação Volumétrica de Metais **351**

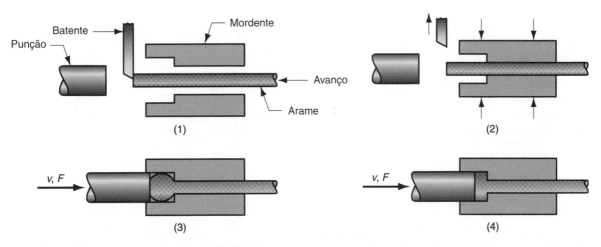

FIGURA 15.22 Uma operação de forjamento por recalque para conformar a cabeça de um parafuso ou uma ferragem similar. O ciclo ocorre como a seguir: (1) Um arame é alimentado até o batente; (2) os mordentes apertam o arame, e o batente é removido; (3) o punção avança e (4) assenta no fundo para conformar a cabeça.

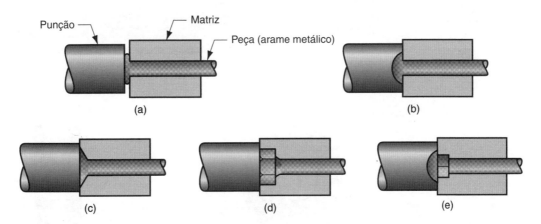

FIGURA 15.23 Exemplos de conformação de cabeças (forjamento por recalque): (a) conformação de cabeça de prego usando matrizes abertas, (b) cabeça redonda conformada por punção, (c) e (d) cabeças conformadas por matriz e (e) cabeça de parafuso francês conformada por punção e matriz.

Forjamento Rotativo e Forjamento Radial Estes são processos de forjamento usados para reduzir o diâmetro de um tubo ou uma barra sólida. Forjamento rotativo é comumente realizado na ponta de uma peça para formar uma seção cônica. O processo de *forjamento rotativo*, mostrado na Figura 15.24, é realizado por meio de matrizes rotativas que martelam uma peça radialmente para dentro com o fim de afunilá-la, à medida que a peça é alimentada nas matrizes. A Figura 15.25 mostra alguns formatos e produtos que são produzidos por forjamento rotativo. Um mandril é, às vezes, necessário para controlar a forma e o tamanho do diâmetro interno de peças tubulares que são forjadas. O *forjamento radial* é similar ao rotativo em sua ação contra a peça e é usado para conformar peças com formas similares a este último. A diferença é que, no forjamento radial, as matrizes não giram em torno da peça; pelo contrário, a peça é rotacionada à medida que é alimentada nas matrizes de forjamento.

Forjamento entre Cilindros ou Laminação de Forja Este é um processo de conformação usado para reduzir a seção transversal de uma peça cilíndrica (ou retangular) por meio da passagem do metal em um arranjo de cilindros (ou rolos) que giram em sentidos opostos. Os cilindros possuem sulcos correspondentes à forma desejada na peça final. A operação típica está ilustrada na Figura 15.26. Os cilindros não giram con-

FIGURA 15.24 Processo de forjamento rotativo para reduzir uma barra sólida de metal; as matrizes giram à medida que elas forjam o metal. No forjamento radial, a peça gira enquanto as matrizes permanecem em uma orientação fixa à medida que forjam o metal.

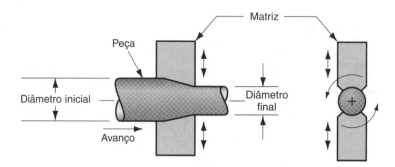

FIGURA 15.25 Exemplos de peças produzidas por forjamento rotativo: (a) redução do metal sólido, (b) conificação de tubo, (c) giro para formação de sulco no tubo, (d) formação de ponta no tubo e (e) formação de gargalo em um cilindro de gás.

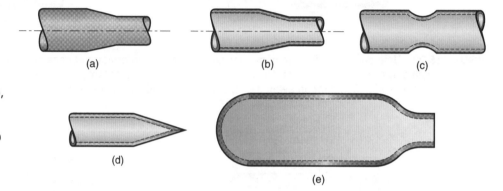

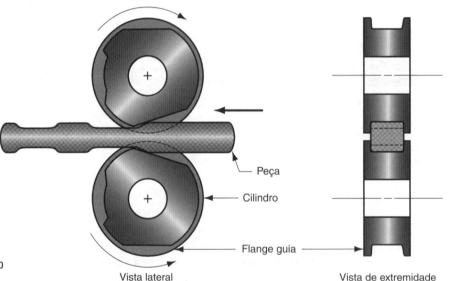

FIGURA 15.26 Forjamento entre cilindros.

tinuamente no forjamento entre cilindros, mas apenas uma parte da revolução que corresponde à conformação a ser realizada na peça. As peças produzidas por esse processo são geralmente mais resistentes e possuem estrutura de grãos favorável, em comparação com outros processos, como a usinagem, que pode ser empregada para produzir peças com esse tipo de geometria.

Forjamento Orbital Neste processo, a conformação ocorre por meio de uma matriz superior de formato cônico que simultaneamente gira e pressiona a peça de trabalho. Conforme está ilustrado na Figura 15.27, a peça é apoiada em uma matriz inferior, que possui uma cavidade na qual a peça é comprimida. Devido à inclinação do eixo do cone, somente uma pequena área da superfície de trabalho é comprimida a qualquer

Processos de Conformação Volumétrica de Metais

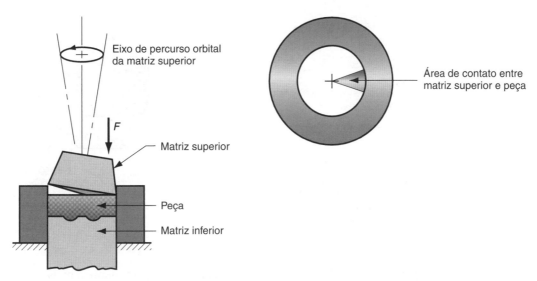

FIGURA 15.27 Forjamento orbital. No fim do ciclo de conformação, a matriz inferior levanta para ejetar a peça.

momento. À medida que a matriz superior gira, a área sob compressão também gira. Essas características operacionais do forjamento orbital resultam em uma redução substancial na carga de pressão necessária para a realização da conformação da peça.

Produção de Cavidades de Matrizes Este é um processo de conformação no qual um molde de aço temperado é prensado contra um bloco de aço macio (ou outro metal macio). O processo é com frequência usado para produzir cavidades para moldes de injeção de plásticos e matrizes de fundição, como sugerido pela Figura 15.28. O perfil de aço temperado, chamado de *macho*, é usinado na geometria da peça a ser moldada. Pressões elevadas são necessárias para forçar o macho no bloco de metal macio, e isto é comumente realizado por uma prensa hidráulica. A completa formação da cavidade da matriz no bloco usualmente requer vários estágios, e a produção de cavidades pode ser acompanhada por recozimento para recuperar o metal dos efeitos de encruamento. Quando quantidades significativas de material são deformadas no bloco, como mostrado na figura, o excesso de material deve ser removido por usinagem. A vantagem da

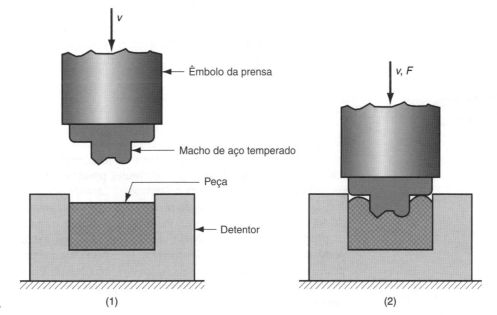

FIGURA 15.28 Produção de cavidades em matrizes: (1) antes da deformação, e (2) à medida que o processo é completado. Observe que o excesso de material formado pela penetração do macho deve ser removido por usinagem.

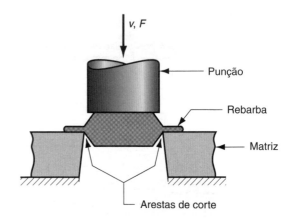

FIGURA 15.29 Operação de rebarbação (processo de corte) para remover a rebarba após o forjamento em matriz fechada.

produção de cavidades nesse tipo de aplicação é que geralmente é mais fácil de usinar a forma positiva do que a cavidade negativa. Esta vantagem é multiplicada em casos em que é produzida mais de uma cavidade no bloco da matriz.

Forjamento Isotérmico Este é o termo aplicado a uma operação de forjamento a quente, na qual a peça é mantida próxima ou na temperatura inicial de trabalho durante a deformação, usualmente pelo aquecimento das matrizes de forjamento a esta temperatura elevada. Evitando o resfriamento da peça devido ao contato com as superfícies frias da matriz, como no caso do forjamento convencional, o metal escoa mais rápido, e a força necessária para realizar o processo é reduzida. O forjamento isotérmico é mais dispendioso que o forjamento convencional e é frequentemente reservado para o forjamento de metais difíceis de forjar, tais como titânio e superligas, e em peças com formas complexas. O processo é, por vezes, conduzido no vácuo para evitar a rápida oxidação do material da matriz. Análogo ao forjamento isotérmico é o ***forjamento em matriz aquecida***, no qual as matrizes são aquecidas à temperatura um pouco abaixo da temperatura da peça.

Rebarbação É uma operação usada para remover rebarbas na peça no forjamento em matriz fechada. Na maior parte dos casos, a rebarbação é realizada por cisalhamento, como na Figura 15.29, em que um punção força o metal, através de uma matriz de corte, as arestas de corte para as quais se tem o perfil da peça desejada. A rebarbação é usualmente realizada enquanto o metal está ainda quente, o que significa que uma prensa de rebarbação separada é incluída para cada martelo ou prensa de forjamento. Nos casos em que o metal pode ser danificado pelo processo de corte, a rebarbação pode ser feita por métodos alternativos, tais como esmerilhamento ou serragem.

15.5 Extrusão

Extrusão é um processo de conformação por compressão no qual a peça de partida é forçada a escoar através da abertura de uma matriz para produzir a forma da seção transversal desejada. Um processo similar pode ser visto ao espremer a pasta de dente para fora do tubo. A origem da extrusão data de cerca de 1800 (Nota Histórica 15.3). Existem diversas vantagens no processo moderno: (1) é possível produzir uma variedade de formas, especialmente por meio da extrusão a quente; (2) a estrutura dos grãos e as propriedades de resistência são melhoradas nas extrusões a frio e a morno; (3) é possível alcançar tolerâncias apertadas, especialmente na extrusão a frio; (4) é gerada pouca ou nenhuma sucata em algumas operações de extrusão. Porém, existe uma limitação do processo: a seção transversal da peça extrudada deve ser uniforme ao longo de seu comprimento.

Nota Histórica 15.3 *Extrusão*

A extrusão foi inventada como processo industrial por volta de 1800, na Inglaterra, durante a Revolução Industrial, quando esse país liderava o mundo em inovações tecnológicas. A invenção consistia em uma primeira prensa hidráulica para a extrusão de tubos de chumbo. Um importante passo seguinte foi dado pela Alemanha, por volta de 1890, quando a primeira prensa horizontal para extrusão foi construída para conformar metais com temperaturas de fusão superiores à do chumbo. A característica que permitiu que isso ocorresse foi a utilização de um falso pistão que separava o êmbolo do tarugo de metal a ser extrudado.

15.5.1 TIPOS DE EXTRUSÃO

A extrusão é conduzida de várias maneiras. Uma importante distinção é entre a extrusão direta e a extrusão indireta (ou inversa). Outra classificação é pela temperatura de trabalho: extrusão a frio, a morno, ou extrusão a quente. E, por fim, a extrusão é realizada tanto como um processo contínuo quanto como um processo intermitente.

Extrusão Direta *versus* Extrusão Indireta A extrusão direta (também chamada de *extrusão avante*) está ilustrada na Figura 15.30. Um tarugo de metal é carregado em uma câmara ou contêiner, e um êmbolo (ou pistão) comprime o material forçando-o a escoar através de uma ou mais aberturas em uma matriz, no lado oposto da câmara. À medida que o êmbolo se aproxima da matriz, uma pequena porção do tarugo que permanece não pode ser forçada a atravessar a abertura da matriz. Essa porção extra, chamada de *fundo*, é separada do produto por seu corte logo após a saída da matriz.

Um dos problemas da extrusão direta é o elevado atrito que ocorre entre a superfície do metal e as paredes da câmara, à medida que o tarugo é forçado a deslizar em direção à abertura da matriz. Esse atrito provoca aumento substancial na força necessária à extrusão direta. Na extrusão a quente, o problema do atrito é agravado pela presença de uma camada de óxido na superfície do tarugo. Esta camada de óxido pode provocar defeitos no produto extrudado. Para resolver esses problemas, um falso pistão é normalmente usado entre o êmbolo e o tarugo de metal. O diâmetro do falso pistão é ligeiramente menor que o diâmetro do tarugo, de modo que um estreito anel do material (sobretudo de camada de óxido) é deixado na câmara, fornecendo o produto final livre de óxidos.

Seções vazadas (por exemplo, tubos) são possíveis na extrusão direta pelo arranjo do processo da Figura 15.31. O tarugo de partida é preparado com um furo paralelo ao seu eixo. Isto permite a passagem do mandril, que é fixado ao falso pistão. À medida que o tarugo é comprimido, o material é forçado a escoar através da folga entre o mandril e a abertura da matriz. A seção transversal resultante é tubular. Formas com seções transversais semivazadas são de comumente extrudadas da mesma maneira.

O tarugo de partida na extrusão direta é usualmente de seção transversal circular, mas a forma final é determinada pela forma da abertura da matriz. É óbvio que a maior dimensão de abertura da matriz deve ser menor que o diâmetro do tarugo.

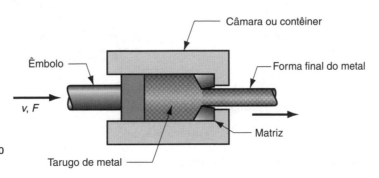

FIGURA 15.30 Extrusão direta.

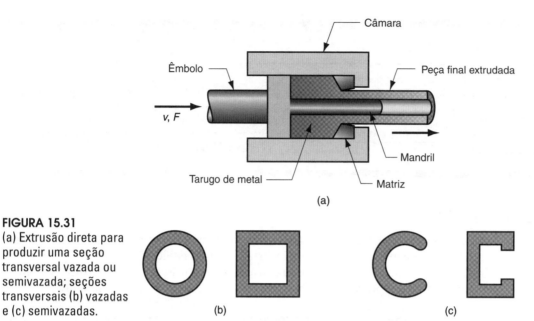

FIGURA 15.31
(a) Extrusão direta para produzir uma seção transversal vazada ou semivazada; seções transversais (b) vazadas e (c) semivazadas.

Na *extrusão indireta*, também chamada de *extrusão inversa e extrusão reversa*, Figura 15.32(a), a matriz é montada no êmbolo em vez do lado oposto da câmara. À medida que o êmbolo penetra na peça, o metal é forçado a escoar através da folga na direção contrária ao movimento do êmbolo. Como o tarugo não é forçado a mover-se em relação à câmara, não há atrito nas paredes da câmara, e a força do êmbolo é, portanto, menor que na extrusão direta. As limitações da extrusão indireta são impostas pela rigidez inferior do êmbolo vazado e pela dificuldade em suportar o produto extrudado à medida que este sai da matriz.

A extrusão indireta pode produzir seções transversais vazadas (tubulares), como apresentado na Figura 15.32(b). Neste método, o êmbolo é pressionado contra o tarugo, forçando o material a escoar em torno do êmbolo e a tomar uma forma de copo. Existem limitações práticas quanto ao comprimento da peça extrudada que podem ser feitas por esse método. A sustentação do êmbolo torna-se um problema à medida que o comprimento do metal aumenta.

Extrusão a Quente *versus* Extrusão a Frio A extrusão pode ser realizada tanto a quente como a frio, dependendo do metal de trabalho e da quantidade de deformação à qual este está sujeito durante a conformação. Os metais que são tipicamente extrudados a quente compreendem alumínio, cobre, magnésio, zinco, estanho, e suas ligas. Estes mesmos metais são, às vezes, extrudados a frio. As ligas de aço são usualmente

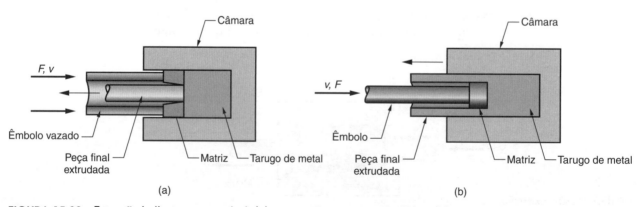

FIGURA 15.32 Extrusão indireta para produzir (a) uma seção transversal sólida e (b) uma seção transversal vazada.

extrudadas a quente, embora as ligas mais macias, alguns graus mais dúcteis, são, por vezes, extrudadas a frio (por exemplo, aços com baixo teor de carbono e aços inoxidáveis). O alumínio é provavelmente o metal mais indicado para extrusão (a quente e a frio), e muitos produtos comerciais de alumínio são produzidos por esse processo (perfis estruturais, caixilhos de portas e janelas etc.).

A ***extrusão a quente*** envolve preaquecimento do tarugo à temperatura acima de sua temperatura de recristalização. Isto reduz a resistência mecânica e aumenta a ductilidade do metal, permitindo reduções de seção mais severas e formas mais complexas a serem produzidas nesse processo. Vantagens adicionais incluem redução da força do êmbolo, aumento da velocidade do êmbolo e redução de características do escoamento dos grãos no produto final. O resfriamento do tarugo, quando em contato com as paredes da câmara, é um problema, e a ***extrusão isotérmica*** é, às vezes, adotada para suplantar esse problema. A lubrificação é crítica na extrusão a quente de alguns metais (por exemplo, aços), e lubrificantes especiais têm sido desenvolvidos para serem mais efetivos sob condições severas que podem ter lugar na extrusão a quente. O vidro é, às vezes, usado como lubrificante na extrusão a quente, o qual, além de reduzir o atrito, também fornece isolamento térmico eficaz entre o tarugo e a câmara de extrusão.

Extrusão a frio e extrusão a morno são geralmente usadas para produzir peças distintas, com frequência na forma acabada (ou semiacabada). O termo ***extrusão por impacto*** é usado para indicar extrusão a frio em alta velocidade, e este método é descrito em mais detalhes na Subseção 15.5.4. Algumas vantagens importantes da extrusão a frio incluem resistência mecânica aumentada devido ao encruamento, tolerâncias apertadas, melhor acabamento superficial, ausência de camadas de óxidos e altas taxas de produção. A extrusão a frio em temperatura ambiente também elimina a necessidade de aquecimento do tarugo de partida.

Processamento Contínuo *versus* Processamento Discreto Um processo contínuo de fato opera em modo estacionário por um período indefinido. Algumas operações de extrusão se aproximam deste ideal pela produção de seções muito longas em um único ciclo; porém, essas operações acabam por ser limitadas pelo tamanho inicial do tarugo, que pode ser carregado na câmara de extrusão. Esses processos são descritos de forma mais adequada como operações semicontínuas. Em quase todos os casos, a longa seção é cortada em comprimentos menores em uma operação de corte na serra ou por cisalhamento.

Em uma operação discreta de extrusão, uma única peça é produzida em cada ciclo de extrusão. A extrusão por impacto é um exemplo de caso de processamento discreto.

15.5.2 ANÁLISE DA EXTRUSÃO

Vamos adotar como referência a Figura 15.33 na discussão de alguns parâmetros de extrusão. O diagrama assume que ambos, o tarugo e a peça extrudada, tenham seções transversais circulares. Um parâmetro importante é a ***razão de extrusão***, também chamada de ***razão de redução***. Esta razão é definida por

$$r_e = \frac{A_o}{A_f} \tag{15.19}$$

em que r_e é a razão de extrusão; A_o é a área da seção transversal do tarugo de partida, mm^2; e A_f é a área final da seção transversal extrudada, mm^2. A razão se aplica para ambos os processos: de extrusão direta e extrusão indireta. O valor de r_e pode ser usado para determinar a deformação verdadeira na extrusão, considerando que uma deformação ideal ocorra sem atrito e sem nenhum trabalho redundante:

$$\epsilon = \ln r_e = \ln \frac{A_o}{A_f} \tag{15.20}$$

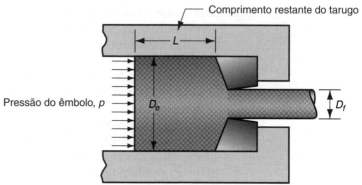

FIGURA 15.33 Pressão e outras variáveis na extrusão direta.

Sob a hipótese de deformação ideal (atrito zero e nenhum trabalho redundante), a pressão aplicada ao êmbolo para comprimir o tarugo por meio da abertura da matriz esquematizada na nossa figura pode ser computada como a seguir:

$$p = \overline{\sigma}_e \ln r_e \tag{15.21}$$

em que $\overline{\sigma}_e$ é a tensão média de escoamento durante a deformação, MPa. Por conveniência, relembramos a Equação (14.2) do capítulo anterior:

$$\overline{\sigma}_e = \frac{K\epsilon^n}{n+1}$$

De fato, a extrusão não é um processo sem atrito, e as equações anteriores subestimam grosseiramente a deformação e a pressão em uma operação de extrusão. O atrito existe entre a matriz e o metal, à medida que o tarugo é comprimido e passa através da abertura da matriz. Na extrusão direta, o atrito também existe entre a parede da câmara e a superfície do tarugo. O efeito do atrito é aumentar o nível de deformação ao qual o material está sujeito. Logo, a pressão real é maior que aquela fornecida pela Equação (15.21), a qual assume atrito zero.

Vários métodos foram sugeridos para calcular a deformação verdadeira do processo real associada à pressão do êmbolo na extrusão [1], [3], [6], [11], [12], e [19]. A seguinte equação empírica proposta por Johnson [11] para estimativa da deformação na extrusão ganhou considerável reconhecimento:

$$\epsilon_e = a + b \ln r_e \tag{15.22}$$

em que ϵ_e é a deformação de extrusão; e a e b são constantes empíricas para um dado ângulo de matriz. Valores típicos dessas constantes são: $a = 0,8$ e $b = 1,2$ até $1,5$. Os valores de a e b tendem a tornar-se maiores com o aumento do ângulo da matriz.

A pressão do êmbolo para realizar a ***extrusão indireta*** pode ser estimada com base na equação de Johnson para a deformação de extrusão, como

$$p = \overline{\sigma}_e \epsilon_e \tag{15.23a}$$

em que $\overline{\sigma}_e$ é calculada com base na deformação ideal a partir da Equação (15.20), em vez da deformação de extrusão dada pela Equação (15.22).

Na ***extrusão direta***, o efeito do atrito entre as paredes da câmara e o tarugo faz com que a pressão do êmbolo seja maior do que na extrusão indireta. Podemos escrever a seguinte expressão, a qual isola a força de atrito na câmara da extrusão direta:

$$\frac{p_f \pi D_o^2}{4} = \mu p_c \pi D_o L$$

em que p_f é a pressão adicional necessária para vencer o atrito, MPa; $\pi D_o^2/4$ é a área da seção transversal do tarugo, mm²; μ é o coeficiente de atrito na parede da câmara; p_c é a pressão do tarugo contra a parede da câmara, MPa; e $\pi D_o L$ é a área da interface de contato entre o tarugo e a parede da câmara mm². O lado direito desta equação indica a força de atrito tarugo-câmara, e o lado esquerdo fornece a força adicional ao êmbolo para vencer esse atrito. No pior dos casos, atrito de aderência ocorre na parede da câmara, de modo que a tensão de atrito se iguala ao limite de resistência de cisalhamento do material:

$$\mu p_c \pi D_o L = \tau_s \pi D_o L$$

em que σ_e é o limite de resistência de cisalhamento, MPa. No caso de ser considerado que $\tau_s = \overline{\sigma}_{e/2}$, então p_e se reduz a

$$p_f = \overline{\sigma}_e \frac{2L}{D_o}$$

Com base neste raciocínio, a seguinte equação pode ser usada para computar a pressão do êmbolo na extrusão direta:

$$p = \overline{\sigma}_e \left(\epsilon_e + \frac{2L}{D_o} \right) \quad (15.23b)$$

em que o termo $2L/D_o$ leva em consideração a pressão adicional, devido ao atrito na interface contêiner-tarugo. L é a porção remanescente do comprimento do tarugo a ser extrudada, e D_o é o diâmetro inicial do tarugo. Observe que o valor p é reduzido, à medida que o comprimento remanescente do tarugo diminui durante o processo. Os gráficos típicos da pressão do êmbolo em função do curso do êmbolo para as operações de extrusão direta e indireta estão apresentados na Figura 15.34. A Equação (15.23b) provavelmente superestima a pressão do êmbolo. Com boa lubrificação, a pressão do êmbolo seria menor que os valores calculados por essa equação.

A força do êmbolo na extrusão indireta ou direta é obtida pela pressão p calculada pelas Equações (15.23a) ou (15.23b), respectivamente, multiplicada pela área do tarugo A_o:

$$F = pA_o \quad (15.24)$$

em que F é a força do êmbolo na extrusão, N. A potência para conduzir a operação de extrusão é

$$P = Fv \quad (15.25)$$

em que P é a potência, J/s; F é a força do êmbolo, N; e v é a velocidade do êmbolo, m/s.

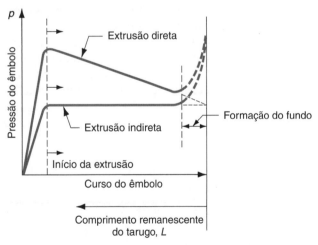

FIGURA 15.34 Gráficos típicos da pressão do êmbolo em função do curso do êmbolo (e comprimento remanescente do tarugo) para a extrusão direta e indireta. Os elevados valores na extrusão direta resultam do atrito na parede do contêiner. A forma do aumento da pressão inicial no começo do gráfico depende do ângulo da matriz (altos ângulos da matriz causam aumentos escalonados de pressão). O aumento de pressão no fim do curso está relacionado com a formação do fundo.

Exemplo 15.3 Pressões de extrusão

Um tarugo de 75 mm de comprimento e 25 mm de diâmetro deve ser extrudado por meio de extrusão direta com uma razão de extrusão $r_e = 4,0$. A peça extrudada tem uma seção transversal circular. O ângulo da matriz (meio ângulo) é igual a 90°. O metal tem um coeficiente de resistência igual a 415 MPa, e um expoente de encruamento igual a 0,18. Use a equação de Johnson com $a = 0,8$ e $b = 1,5$ para estimar a deformação de extrusão. Determine a pressão aplicada na extremidade do tarugo, à medida que o êmbolo se move avante.

Solução: Vamos examinar a pressão do êmbolo para os comprimentos do tarugo de $L = 75$ mm (valor inicial), $L = 50$ mm, $L = 25$ mm e $L = 0$. Computamos a deformação verdadeira de um processo ideal, a deformação de extrusão usando a equação de Johnson, e a tensão média de escoamento:

$$\epsilon = \ln r_e = \ln 4,0 = 1,3863$$
$$\epsilon_e = 0,8 + 1,5(1,3863) = 2,8795$$
$$\bar{\sigma}_e = \frac{415(1,3863)^{0,18}}{1,18} = 373\,\text{MPa}$$

$L = 75$ mm: Com ângulo de matriz de 90°, assumimos que o tarugo de metal seja forçado através da abertura da matriz quase imediatamente; portanto, nosso cálculo considera que a pressão máxima é alcançada para o comprimento do tarugo $L = 75$ mm. Para ângulos de matriz menores que 90°, a pressão se elevaria a um máximo, como mostrado na Figura 15.34, à medida que o tarugo de partida é comprimido na parte cônica da matriz de extrusão. Usando a Equação (15.23b),

$$p = 373\left(2,8795 + 2\frac{75}{25}\right) = \textbf{3.312 MPa}$$

$$L = 50 \text{ mm}: p = 373\left(2,8795 + 2\frac{50}{25}\right) = \textbf{2.566 MPa}$$

$$L = 20 \text{ mm}: p = 373\left(2,8795 + 2\frac{25}{25}\right) = \textbf{1.820 MPa}$$

$L = 0$ mm: Comprimento zero é um valor hipotético na extrusão direta. Na verdade, é impossível comprimir todo o metal através da abertura da matriz. Ao contrário, uma porção do tarugo (o "fundo") permanece não extrudada, e a pressão começa a aumentar rapidamente, à medida que L se aproxima de zero. Esse aumento na pressão, no fim do curso, é visto no gráfico da pressão do êmbolo, em função do curso, na Figura 15.34. A seguir, está calculado o valor mínimo hipotético da pressão do êmbolo que resultaria em $L = 0$.

$$p = 373\left(2,8795 + 2\frac{0}{25}\right) = \textbf{1.074 MPa}$$

Este é também o valor da pressão do êmbolo que estaria associado à extrusão indireta de todo o comprimento do tarugo.

15.5.3 MATRIZES DE EXTRUSÃO E PRENSAS

Fatores importantes em uma matriz de extrusão são o ângulo da matriz e a forma do orifício. O ângulo da matriz é mais especificamente usado através da metade do ângulo da matriz, como representado por α na Figura 15.35(a). Para pequenos ângulos, a área superficial da matriz é grande, o que conduz ao aumento do atrito na interface matriztarugo. Atrito elevado resulta em maiores forças de êmbolo. Por outro lado, um grande ângulo provoca maior turbulência no escoamento do metal durante a redução, aumentando a força requerida ao êmbolo. Portanto, o efeito do ângulo da matriz na força do êmbolo é uma função com forma em U, como mostrado na Figura 15.35(b). Um ângulo de matriz ótimo existe, como sugerido pelo nosso gráfico hipotético. O ângulo ótimo depende de vários fatores (por exemplo, material de trabalho, temperatura do tarugo e lubrificação) e é, portanto, difícil de determinar para uma dada operação de extrusão. Projetistas de matrizes se valem de critérios empíricos e julgamentos, por meio de tentativas e erros, para escolha do ângulo apropriado.

Nossas equações prévias para a pressão do êmbolo [Equações (15.23)] se aplicam para uma matriz com orifício circular. A forma do orifício da matriz afeta a pressão necessária ao êmbolo para realizar uma operação de extrusão. Uma seção transversal complexa, tal como a mostrada na Figura 15.36, requer maior pressão e força mais elevada que a forma circular. O efeito da forma do orifício da matriz pode ser avaliado pelo *fator de forma* da matriz, definido como a razão da pressão necessária para extrudar uma seção transversal de uma dada forma relativa à pressão de extrusão para uma seção transversal circular de mesma área. Podemos expressar o fator de forma como:

$$K_e = 0{,}98 + 0{,}02 \left(\frac{C_e}{C_c}\right)^{2{,}25} \quad (15.26)$$

em que K_e é o fator de forma da matriz na extrusão; C_e é o perímetro da seção transversal extrudada, mm; e C_c é o perímetro de um círculo de mesma área que a forma extru-

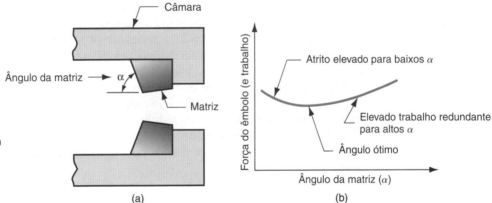

FIGURA 15.35
(a) Definição do ângulo da matriz na extrusão direta; (b) efeito do ângulo da matriz na força do êmbolo.

FIGURA 15.36 Uma seção transversal extrudada complexa para um dissipador de calor.
(A foto é uma cortesia da Aluminum Company of America.)

dada, mm. A Equação (15.26) é baseada nos dados empíricos de Altan *et al.* [1], em uma gama de valores de C_e/C_c de 1,0 a $\sim$ 6,0. A equação pode se tornar inválida muito além do limite superior desta gama.

Como indicado pela Equação (15.26), o fator de forma é uma função do perímetro da seção transversal extrudada, dividida pelo perímetro de uma seção transversal circular de mesma área. Uma forma circular na forma mais simples, com um valor de $K_e = 1,0$. Seções vazadas e de paredes finas têm maiores fatores de forma e são mais difíceis de extrudar. O aumento na pressão não está considerado em nossas equações prévias de pressão, Equações [15.23(a) e (b)], as quais se aplicam somente para seções transversais circulares. Para outras formas diferentes da circular, a expressão correspondente para a extrusão indireta é

$$p = K_e \overline{\sigma}_e \epsilon_e \tag{15.27a}$$

e para a extrusão direta,

$$p = K_e \overline{\sigma}_e \left(\epsilon_e + \frac{2L}{D_o} \right) \tag{15.27b}$$

em que p é a pressão de extrusão, MPa; K_e é o fator de forma; e os outros termos têm a mesma interpretação que antes. Os valores de pressão fornecidos por essas equações podem ser usados na Equação (15.24) para determinar a força do êmbolo.

Os materiais usados em matrizes para extrusão a quente incluem aços ferramentas e aços-ligas. Propriedades importantes desses materiais para matrizes incluem elevada resistência ao desgaste, elevada dureza a quente e elevada condutividade térmica para remover o calor do processo. Os materiais para matrizes empregadas na extrusão a frio incluem aços ferramentas e metais duros (carbonetos). Resistência ao desgaste e habilidade de reter a forma sob elevadas tensões são propriedades desejáveis. Os carbonetos são usados quando elevadas taxas de produção, longa vida de ferramenta e bom controle dimensional são exigidos.

As prensas de extrusão são tanto horizontais quanto verticais, dependendo da orientação do eixo de trabalho. Os tipos horizontais são mais comuns. As prensas de extrusão são usualmente movidas de forma hidráulica. Esse acionamento é em especial adequado para produção semicontínua de seções longas, como na extrusão direta. Acionamentos mecânicos são frequentemente usados para extrusão a frio de peças individuais, como na extrusão por impacto.

15.5.4 OUTROS PROCESSOS DE EXTRUSÃO

As extrusões direta e indireta são os principais métodos de extrusão. Vários nomes são dados às operações que compreendem casos especiais dos métodos direto e indireto descritos aqui. Outras operações de extrusão são únicas. Nesta subseção, examinamos algumas dessas formas especiais de extrusão e processos relacionados.

Extrusão por Impacto A extrusão por impacto é realizada em altas velocidades e cursos curtos, em comparação aos processos convencionais. É usada para produzir componentes individuais. Como sugere o nome, o punção impacta a peça em vez de simplesmente aplicar uma pressão sobre ela. O impacto pode ser conduzido como extrusão a ré ou extrusão avante, ou combinações destas. Alguns exemplos representativos estão mostrados na Figura 15.37.

A extrusão por impacto é usualmente feita a frio em uma variedade de metais. A extrusão por impacto a ré é a mais comum. Os produtos feitos por esse processo incluem tubos de pasta de dente e caixas de bateria. Como indicado por esses exemplos, paredes muito finas são possíveis em peças extrudadas obtidas por impacto. As características de alta velocidade de impacto permitem grandes reduções e elevadas taxas de produção, o que torna este um importante processo comercial.

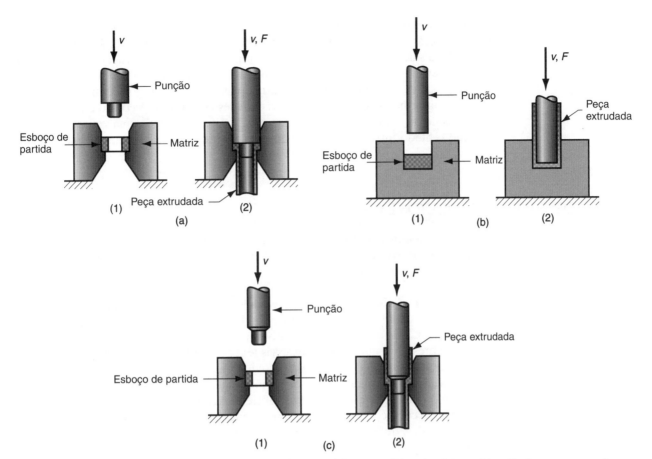

FIGURA 15.37 Diversos exemplos de extrusão por impacto: (a) avante, (b) a ré, e (c) combinação de avante e a ré.

Extrusão Hidrostática Um dos problemas na extrusão direta é o atrito ao longo da interface tarugo-câmara. Esse problema pode ser resolvido envolvendo o tarugo com um fluido no interior da câmara e pressurizando o fluido pelo movimento avante do êmbolo, como na Figura 15.38. Desse modo, não há atrito no interior da câmara, e o atrito na abertura da matriz é reduzido. Por conseguinte, a força do êmbolo é significativamente menor do que na extrusão direta. A pressão do fluido, atuante em todas as superfícies do tarugo, dá o nome a este processo, que pode ser conduzido à temperatura ambiente ou em elevadas temperaturas. Fluidos e procedimentos especiais devem ser usados em temperaturas elevadas. A extrusão hidrostática é uma adaptação da extrusão direta.

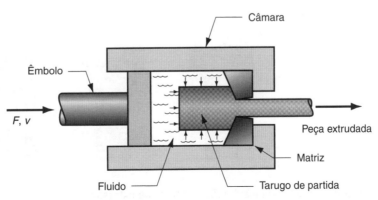

FIGURA 15.38 Extrusão hidrostática.

A pressão hidrostática na peça aumenta a ductilidade do material. Por conseguinte, este processo pode ser usado para metais que seriam muito frágeis em operações convencionais de extrusão. Metais dúcteis também podem ser extrudados hidrostaticamente, e elevadas razões de redução são possíveis nesses materiais. Uma das desvantagens do processo é a preparação necessária do material do tarugo de partida. O tarugo deve ser conformado com uma das extremidades com formato cônico para ajustar-se precisamente na cavidade de entrada da matriz. Isto estabelece uma vedação que previne que o fluido jorre por meio do furo da matriz quando a câmara é inicialmente pressurizada.

15.5.5 DEFEITOS EM PRODUTOS EXTRUDADOS

Devido à considerável deformação associada às operações de extrusão, um número de defeitos pode ocorrer em produtos extrudados. Os defeitos podem ser classificados nas seguintes categorias, ilustradas na Figura 15.39:

(a) *Trinca central.* Este defeito é caracterizado por uma trinca interna que se desenvolve como resultado de tensões trativas ao longo da linha de centro da peça durante a extrusão. Embora as tensões trativas possam parecer estranhas a um processo de compressão, como a extrusão, essas tensões tendem a ocorrer sob condições de grandes deformações em regiões do metal afastadas do eixo central. O importante movimento de material nessas regiões afastadas estira o material ao longo do centro do metal. Se as tensões são suficientemente elevadas, ocorre a formação de trincas. As condições que promovem as trincas centrais são altos ângulos da matriz, baixas razões de extrusão e impurezas no material de trabalho, que servem como pontos de nucleação dos defeitos na forma de fendas. O aspecto que dificulta a trinca central é sua detecção. É um defeito interno que não é usualmente perceptível pela observação visual. Outros nomes, às vezes usados para esse tipo de defeito, incluem *fratura de ponta de flecha*, *fissura central*, *fratura tipo chevron*.

(b) *Cachimbo.* É um defeito associado à extrusão direta. Como mostrado na Figura 13.39(b), o cachimbo é a formação de um rechupe (vazio) na ponta do tarugo. O uso de um falso pistão, cujo diâmetro é ligeiramente menor que o do tarugo, ajuda a evitar o cachimbo. Esse tipo de defeito é também conhecido como *rabo de peixe*.

(c) *Trinca de superfície.* Este defeito resulta das altas temperaturas da peça que causam o desenvolvimento de trincas na superfície, as quais sempre acontecem quando a velocidade de extrusão é muito alta, o que conduz a altas taxas de deformação associadas à geração de calor. Outros fatores que contribuem com as trincas superficiais são o elevado atrito e o resfriamento da superfície dos tarugos em altas temperaturas na extrusão a quente.

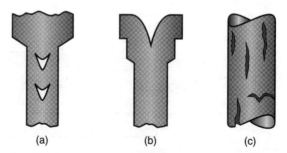

FIGURA 15.39 Alguns defeitos comuns na extrusão: (a) trinca central, (b) cachimbo e (c) trinca de superfície.

15.6 Trefilação

No contexto de deformação volumétrica, trefilação é uma operação na qual uma seção transversal de uma barra, vara ou arame é reduzida, puxando-a através da abertura de uma matriz, como na Figura 15.40. As características gerais do processo são similares àquelas da extrusão. A diferença é que, na trefilação, o metal é puxado através da matriz, enquanto é empurrado através da matriz na extrusão. Embora a presença de tensões trativas seja clara na trefilação, a compressão também exerce papel fundamental, visto que o metal é comprimido, à medida que passa pela abertura da matriz. Por essa razão, a deformação que ocorre na trefilação é, às vezes, denominada compressão indireta.

A diferença básica entre trefilação de barra e trefilação de arame está na dimensão do metal que é processado. *Trefilação de barra* é o termo usado para barras e vergalhões de metal de grandes diâmetros, enquanto *trefilação de arame* se aplica a menores diâmetros. Os tamanhos de arames até 0,03 mm são possíveis na trefilação de arames. Apesar de os mecanismos do processo serem os mesmos para os dois casos, os métodos, equipamentos, e mesmo terminologia, são um tanto diferentes.

A trefilação de barra é geralmente realizada como operação de *uma única redução* – o metal é puxado através da abertura de uma matriz. Uma vez que o metal de partida tem grande diâmetro, este é na forma de uma peça cilíndrica retilínea. Isto limita o comprimento do metal que pode ser trefilado, necessitando de uma operação tipo em batelada. Ao contrário, a trefilação de arames a partir de bobinas consiste em várias centenas (ou mesmo vários milhares) de metros de arame e é realizada por meio de uma série de matrizes de trefilação. O número de matrizes varia tipicamente entre 4 e 12. O termo *trefilação contínua* é usado para descrever esse tipo de operação devido aos longos ciclos de produção que são obtidos com as bobinas de arame, as quais podem ser unidas por solda de topo para fazer uma operação realmente contínua.

Em uma operação de trefilação, a mudança de tamanho do metal é usualmente dada pela redução de área, definida por

$$r = \frac{A_o - A_f}{A_o} \quad (15.28)$$

em que r é a redução de área na trefilação; A_o é a área inicial do metal, mm²; e A_f é a área final, mm². A redução de área é frequentemente expressa em valores percentuais.

Nos processos de trefilação de barras e vergalhões, e na trefilação de grandes diâmetros em arames para as operações de recalcamento e formação de cabeças, o termo esboço é usado para denotar a diferença entre o antes e o depois no tamanho do metal processado. O *esboço* é simplesmente a diferença entre os diâmetros inicial e final do metal:

$$d = D_o - D_f \quad (15.29)$$

em que d é o esboço, mm; D_o é o diâmetro inicial do metal, mm; e D_f é o diâmetro final, mm.

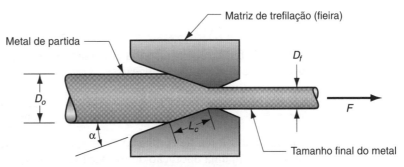

FIGURA 15.40 Trefilação de barra, vara ou arame.

15.6.1 ANÁLISE DA TREFILAÇÃO

Nesta subseção, consideramos a mecânica da trefilação de arames e barras. Como as tensões e forças são computadas no processo? Também consideramos quão grande uma redução é possível em uma operação de trefilação.

Mecânica da Trefilação   Se nenhum atrito ou trabalho redundante ocorrerem na trefilação, a deformação verdadeira poderá ser determinada como a seguir:

$$\epsilon = \ln \frac{A_o}{A_f} = \ln \frac{1}{1-r} \tag{15.30}$$

em que A_o e A_f são as áreas inicial e final da seção transversal do metal, como definido previamente; e r é a redução na trefilação definida pela Equação (15.28). A tensão que resulta desta deformação ideal é dada por

$$\sigma = \bar{\sigma}_e \epsilon = \bar{\sigma}_e \ln \frac{A_o}{A_f} \tag{15.31}$$

em que $\bar{\sigma}_e = \dfrac{K\epsilon^n}{1+n}$ é a tensão média de escoamento calculada com base no valor da deformação dada pela Equação (15.30).

Visto que o atrito está presente na trefilação, e o material experimenta deformação não homogênea, a tensão real é maior que a fornecida pela Equação (15.31). Além da razão A_o/A_f, outras variáveis que influenciam a tensão de trefilação são o ângulo da matriz e o coeficiente de atrito na interface metal-matriz. Um número de métodos foi proposto para predizer a tensão de trefilação com base nos valores desses parâmetros [1], [3] e [19]. Apresentamos a equação sugerida por Schey [19]:

$$\sigma_t = \bar{\sigma}_e \left(1 + \frac{\mu}{\tan \alpha}\right) \phi \ln \frac{A_o}{A_f} \tag{15.32}$$

em que σ_t é a tensão de trefilação, MPa; μ é o coeficiente de atrito na interface matriz-metal; α é o ângulo da matriz (metade do ângulo entre as laterais) como definido na Figura 15.40; e ϕ é um fator que leva em consideração a deformação não homogênea, a qual é determinada para uma seção transversal circular como

$$\phi = 0,88 + 0,12 \frac{D}{L_c} \tag{15.33}$$

em que D é o diâmetro médio do metal durante a trefilação, mm; e L_c é o comprimento de contato do metal com a matriz de trefilação na Figura 15.40, mm. Os valores de D e L_c podem ser determinados a partir de

$$D = \frac{D_o + D_f}{2} \tag{15.34a}$$

$$L_c = \frac{D_o - D_f}{2 \operatorname{sen} \alpha} \tag{15.34b}$$

A força de trefilação correspondente é então obtida pela área da seção transversal multiplicada pela tensão de trefilação:

$$F = A_f \sigma_t = A_f \bar{\sigma}_e \left(1 + \frac{\mu}{\tan\alpha}\right) \phi \ln \frac{A_o}{A_f} \tag{15.35}$$

em que F é a força de trefilação, N; e os outros termos já estão definidos. A potência requerida em uma operação de trefilação é igual à força de trefilação multiplicada pela velocidade de saída do metal.

Processos de Conformação Volumétrica de Metais **367**

Exemplo 15.4
Tensão e força na trefilação de arames

Um arame é trefilado em uma matriz de trefilação com ângulo de entrada igual a 15°. O diâmetro inicial é 2,5 mm, e o diâmetro final igual a 2,0 mm. O coeficiente de atrito na interface metal-matriz é igual a 0,07. O metal tem coeficiente de resistência $K = 205$ MPa, e expoente de encruamento $n = 0,20$. Determine a tensão de trefilação e a força de trefilação nesta operação.

Solução: Os valores de D e L_c na Equação (15.33) podem ser determinados usando as Equações (15.34). $D = 2,25$ mm e $L_c = 0,966$ mm. Portanto,

$$\phi = 0,88 + 0,12\frac{2,25}{0,966} = 1,16$$

As áreas da seção transversal circular antes e depois da trefilação são calculadas como $A_o = 4,91$ mm^2 e $A_f = 3,14$ mm^2. A deformação verdadeira resultante $\epsilon = \ln(4,91/3,14) = 0,446$, e a tensão média de escoamento na operação é obtida por

$$\overline{\sigma}_e = \frac{250(0,446)^{0,20}}{1,20} = 145,4\,\text{MPa}$$

A tensão de trefilação é dada pela Equação (15.32):

$$\sigma_t = (145,4)\left(1 + \frac{0,07}{\tan 15}\right)(1,16)(0,446) = \textbf{94,1 MPa}$$

Finalmente, a força de trefilação é esta tensão multiplicada pela área da seção transversal do arame de saída:

$$F = 94,1\,(3,14) = \textbf{295,5 N}$$

Máxima Redução por Passe Algumas questões que podem ocorrer ao leitor são: Por que é necessária mais de uma etapa para atingir a redução desejada na trefilação de arames? Por que não tomar toda a redução em um único passe por meio de uma única matriz, como na extrusão? As respostas podem ser explicadas da seguinte forma: A partir das equações precedentes, fica claro que, à medida que a redução aumenta, a tensão de trefilação aumenta. Se a redução é grande o bastante, a tensão de trefilação excederá o limite de resistência do metal de saída. Quando isto acontece, o arame trefilado simplesmente se alongará no lugar do material a ser comprimido através da abertura da matriz. Para obter êxito na trefilação de arames, a máxima tensão de trefilação deve ser menor que o limite de resistência do metal de saída.

É uma questão simples determinar esta máxima tensão de trefilação e a máxima redução possível resultante, que podem ser realizadas em um único passe, sob certas hipóteses. Vamos assumir um metal com plasticidade perfeita ($n = 0$), atrito zero e nenhum trabalho redundante. Neste caso ideal, a tensão máxima de trefilação possível é igual ao limite de resistência do material de trabalho. Expressando este usando a equação para a tensão de trefilação sob condições de deformação ideal [Equação (15.31)], e colocando $\overline{\sigma}_e = \sigma_e$ (visto que $n = 0$),

$$\sigma_t = \overline{\sigma}_e \ln\frac{A_o}{A_f} = \sigma_e \ln\frac{A_o}{A_f} = \sigma_e \ln\frac{1}{1-r} = \sigma$$

Isso significa que $\ln(A_o/A_f) = \ln(1/(1-r)) = 1$. Neste caso, temos: $(A_o/A_f) = 1/(1-r)$ deve se igualar à base e do logaritmo natural. Por conseguinte, a máxima razão de áreas possível é

$$\frac{A_o}{A_f} = e = 2,7183 \tag{15.36}$$

e a máxima redução possível é

$$r_{máx} = \frac{e-1}{e} = 0,632 \tag{15.37}$$

O valor fornecido pela Equação (15.37) é frequentemente usado como uma máxima redução teórica possível em um único passe de trefilação, mesmo se esta despreza (1) os efeitos de atrito e trabalho redundante, os quais reduziriam o valor máximo possível, e (2) o encruamento, o qual aumentaria a máxima redução possível, visto que o arame de saída seria mais resistente que o metal de partida. Na prática, reduções de trefilação por passe estão bem abaixo do limite teórico. Reduções de 0,50 para um passe simples de trefilação de barras e de 0,30 para múltiplos passes de trefilação de arames são consideradas como os limites superiores nas operações industriais.

15.6.2 PRÁTICA DE TREFILAÇÃO

A trefilação é normalmente realizada como uma operação de trabalho a frio. É usada com mais frequência para produzir seções transversais circulares, porém seções quadradas e outras formas são também trefiladas. A trefilação de arames é um processo industrial importante no fornecimento de produtos comerciais, tais como fios e cabos elétricos, arames para cercas, cabides de roupas, carrinhos de compras, e barras de metais para produzir pregos, parafusos, molas e outras ferragens. A trefilação de barras é usada para produzir barras de metais para usinagem, forjamento e outros processos.

As vantagens da trefilação nessas aplicações incluem: (1) controle dimensional de precisão, (2) bom acabamento da superfície, (3) melhorias de propriedades mecânicas, tais como resistência e dureza e (4) adaptabilidade para produções econômicas em batelada ou em massa. As velocidades de trefilação podem chegar a valores tão altos quanto 50 m/s para arames finos. No caso de trefilação de barras como matéria-prima fornecida ao processo de usinagem, a operação melhora a usinabilidade da barra (Seção 20.1).

Equipamento de Trefilação A trefilação de barras é realizada em uma máquina chamada de ***bancada de trefilação***, que consiste em uma mesa de entrada, uma cadeira de trefilação (a qual contém a matriz de trefilação ou fieira), um carro e uma prateleira de saída de material. O arranjo deste equipamento está mostrado na Figura 15.41. O carro é usado para puxar o metal através da matriz de trefilação. Esse carro é acionado por cilindros hidráulicos ou por correntes acionadas por motores. A cadeira de trefilação é frequentemente projetada para suportar mais de uma matriz, de modo que várias barras possam ser puxadas, ao mesmo tempo, através de suas respectivas fieiras.

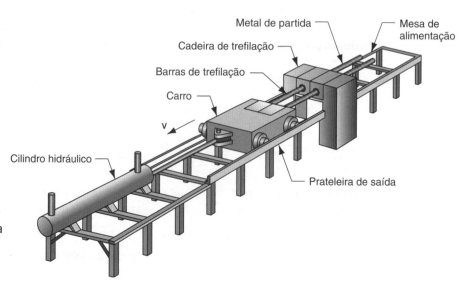

FIGURA 15.41 Bancada de trefilação operada hidraulicamente para trefilar barras de metais.

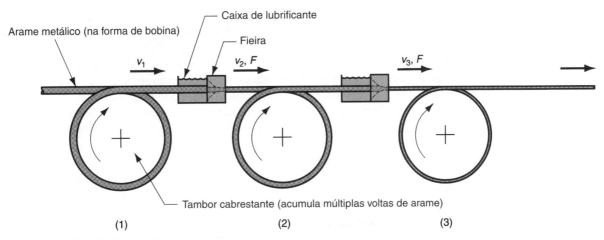

FIGURA 15.42 Trefilação contínua de arames.

A trefilação de arames é conduzida em máquinas de trefilação contínuas compostas de múltiplas matrizes, separadas por tambores acumuladores entre as fieiras, como na Figura 15.42. Cada tambor, chamado de *cabrestante*, é um motor de acionamento para fornecer a força adequada de puxada para trefilar o metal de arame através da fieira a montante. Este elemento também tem o objetivo de manter a tensão baixa no arame enquanto este avança para a próxima fieira em série. Cada fieira fornece certa quantidade de redução ao arame, de modo que a redução total seja obtida pelo conjunto de fieiras em série. Dependendo do metal a ser processado e da redução total, o recozimento do arame é, às vezes, necessário entre os grupos de fieiras em série.

Fieiras de Trefilação A Figura 15.43 identifica as características de uma fieira típica de trefilação. Quatro regiões da matriz podem ser distinguidas: (1) entrada, (2) ângulo de redução, (3) superfície cilíndrica (calibração) e (4) saída. A região de *entrada* é usualmente uma abertura na forma de boca de sino que não tem contato com o metal. Seu objetivo é afunilar o lubrificante na fieira e prevenir arranhões nas superfícies do metal e da matriz. A zona de *redução* ou *trabalho* é onde o processo de conformação na trefilação ocorre. Esta região tem a forma de um cone, cuja metade de seu ângulo varia normalmente de 6° a 20°. O ângulo adequado varia de acordo com o material de trabalho. A *superfície cilíndrica*, também chamada de *calibração*, determina o tamanho final do metal trefilado. Finalmente, a *zona de saída* é a região de saída. Esta é disposta com um ângulo de saída (metade do ângulo) de cerca de 30°. As fieiras de trefilação são fabricadas com aços ferramenta ou metal duro (carbonetos). As fieiras para operações em altas velocidades de trefilação de arames usam frequentemente insertos de diamante (ambos sintético e natural) para as superfícies de desgaste.

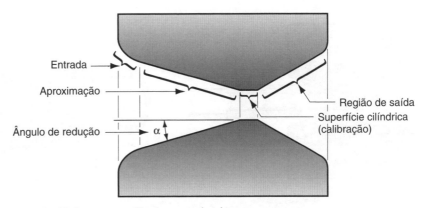

FIGURA 15.43 Fieira para trefilar barra redonda ou arame.

Preparação do Metal Antes da trefilação, o metal de partida deve ser preparado de forma adequada. Isso envolve três etapas: (1) recozimento, (2) limpeza, e (3) apontamento. O objetivo do recozimento é aumentar a ductilidade do metal para suportar a deformação durante a trefilação. Como mencionado previamente, o recozimento é, às vezes, necessário entre os estágios de uma trefilação contínua. A limpeza do metal é necessária para evitar danos às superfícies do metal e da fieira. Essa limpeza consiste na remoção de contaminantes superficiais (por exemplo, carepas e ferrugens) por meio de decapagem química ou jateamento de granalhas. Em alguns casos, a pré-lubrificação do metal é realizada após a limpeza.

O *apontamento* consiste na redução do diâmetro de entrada do metal de modo que possa ser inserido através da fieira para iniciar o processo de trefilação. Normalmente é realizado por forjamento rotatório, laminação ou torneamento. O lado apontado do metal é agarrado pelo mordente do carro puxador ou outro dispositivo para então iniciar o processo de trefilação.

15.6.3 TREFILAÇÃO DE TUBOS

A trefilação pode ser empregada para reduzir o diâmetro ou a espessura de parede de tubos e canos sem costura, após um tubo inicial ter sido produzido por outro processo, tal como a extrusão. A trefilação de tubos pode ser conduzida com ou sem um mandril. O método mais simples não usa mandril e é aplicado na redução de diâmetro, como mostra a Figura 15.44. O termo *redução de tubo* é algumas vezes aplicado a esta operação.

O problema na trefilação de tubos sem o uso de mandril, Figura 15.44, é que falta controle sobre o diâmetro interno e a espessura da parede do tubo. Em função disso, mandris de vários tipos são usados; dois deles estão ilustrados na Figura 15.45. O primeiro, Figura 15.45(a), usa um *mandril fixo* acoplado a uma longa barra suporte para definir diâmetro interno e espessura da parede durante a operação. Neste método, limi-

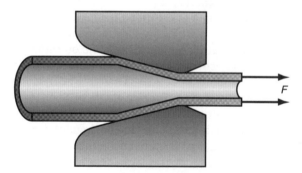

FIGURA 15.44 Trefilação de tubo sem mandril (redução de tubo).

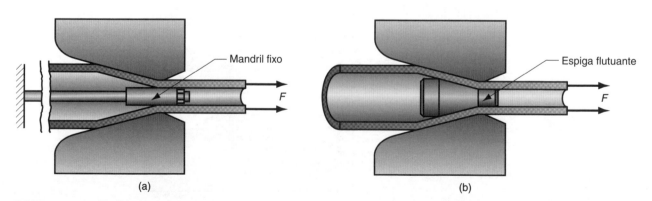

FIGURA 15.45 Trefilação de tubos com mandris: (a) mandril fixo e (b) espiga flutuante.

tações técnicas em relação ao comprimento da barra suporte (ou de apoio) restringem o comprimento do tubo a ser trefilado. O segundo tipo, mostrado em (b), usa uma *espiga flutuante* cujo formato é projetado para que ela encontre uma posição "natural" na zona de redução da matriz. Esse método elimina as limitações de comprimento de trabalho apresentadas na aplicação do mandril fixo.

Referências

[1] Altan, T., Oh, S-I, and Gegel, H. L. *Metal Forming: Fundamentals and Applications*. ASM International, Materials Park, Ohio, 1983.

[2] *ASM Handbook*, Vol. 14A: *Metalworking: Bulk Forming*. ASM International, Materials Park, Ohio, 2005.

[3] Avitzur, B. *Metal Forming: Processes and Analysis*. Robert E. Krieger Publishing Company, Huntington, New York, 1979.

[4] Black, J. T., and Kohser, R. A. *DeGarmo's Materials and Processes in Manufacturing*, 11th ed. John Wiley & Sons, Hoboken, New Jersey, 2012.

[5] Byrer, T. G., et al. (eds.). *Forging Handbook*. Forging Industry Association, Cleveland, Ohio; and American Society for Metals, Metals Park, Ohio, 1985.

[6] Cook, N. H. *Manufacturing Analysis*. Addison-Wesley Publishing Company, Inc., Reading, Massachusetts, 1966.

[7] Groover, M. P. "An Experimental Study of the Work Components and Extrusion Strain in the Cold Forward Extrusion of Steel." *Research Report*. Bethlehem Steel Corporation, Bethlehem, Pennsylvania, 1966.

[8] Harris, J. N. *Mechanical Working of Metals*. Pergamon Press, Oxford, UK, 1983.

[9] Hosford, W. F., and Caddell, R. M. *Metal Forming: Mechanics and Metallurgy*, 3rd ed. Cambridge University Press, Cambridge, U. K., 2007.

[10] Jensen, J. E. (ed.). *Forging Industry Handbook*. Forging Industry Association, Cleveland, Ohio, 1970.

[11] Johnson, W. "The Pressure for the Cold Extrusion of Lubricated Rod Through Square Dies of Moderate Reduction at Slow Speeds." *Journal of the Institute of Metals*. Vol. 85, 1956.

[12] Kalpakjian, S. *Mechanical Processing of Materials*. D. Van Nostrand Company, Inc., Princeton, New Jersey, 1967.

[13] Kalpakjian, S., and Schmid, S. R. *Manufacturing Processes for Engineering Materials*, 6th ed. Pearson Prentice Hall, Upper Saddle River, New Jersey, 2010.

[14] Lange, K. *Handbook of Metal Forming*. Society of Manufacturing Engineers, Dearborn, Michigan, 2006.

[15] Laue, K., and Stenger, H. *Extrusion: Processes, Machinery, and Tooling*. American Society for Metals, Metals Park, Ohio, 1981.

[16] Mielnik, E. M. *Metalworking Science and Engineering*. McGraw-Hill, New York, 1991.

[17] Roberts, W. L. *Hot Rolling of Steel*. Marcel Dekker, New York, 1983.

[18] Roberts, W. L. *Cold Rolling of Steel*. Marcel Dekker, New York, 1978.

[19] Schey, J. A. *Introduction to Manufacturing Processes*. 3rd ed. McGraw-Hill, New York, 2000.

[20] Wick, C., et al. (eds.). *Tool and Manufacturing Engineers Handbook*. 4th ed. Vol. II; *Forming*, Society of Manufacturing Engineers, Dearborn, Michigan, 1984.

Questões de Revisão

15.1 Quais são as razões que fazem com que os processos de conformação volumétrica sejam comercialmente e tecnologicamente importantes?

15.2 Cite os quatro principais processos de conformação volumétrica.

15.3 O que é laminação no contexto de processos de conformação volumétrica?

15.4 Na laminação de aço, quais são as diferenças entre um bloco, uma placa e um tarugo?

15.5 Liste alguns dos produtos fabricados em um laminador.

15.6 O que é desbaste na operação de laminação?

15.7 O que é agarramento na operação de laminação a quente?

15.8 Identifique algumas das maneiras segundo as quais a força de laminação de planos pode ser reduzida.

15.9 O que é um laminador duo?

15.10 O que é uma cadeira reversível na laminação?

15.11 Além da laminação de planos e da laminação de perfis, identifique alguns processos adicionais de conformação volumétrica que usam rolos (ou cilindros) para produzir deformação.

Capítulo 15

15.12 O que é forjamento?

15.13 Uma maneira de classificar as operações de forjamento é pela forma de escoamento do metal de trabalho que é contido pelas matrizes. A partir desta classificação, cite os três tipos básicos de forjamento.

15.14 Por que a rebarba é desejável no forjamento em matriz fechada?

15.15 O que é uma operação de rebarbação no contexto do forjamento em matriz fechada?

15.16 Quais são os dois tipos básicos de equipamentos de forjamento?

15.17 O que é forjamento isotérmico?

15.18 O que é extrusão?

15.19 Diferencie a extrusão direta da extrusão indireta.

15.20 Cite alguns produtos que são fabricados pela extrusão.

15.21 Por que o atrito é um fator determinante na força do êmbolo da extrusão direta e não na extrusão indireta?

15.22 O que a trinca central, um defeito em produtos extrudados, possui em comum com o processo de laminação de tubos sem costura com mandril?

15.23 O que são processos de trefilação de barras e trefilação de arames?

15.24 Embora a peça em uma operação de trefilação esteja obviamente sujeita a tensões trativas, como as tensões compressivas também exercem papel importante nesse processo?

15.25 Em uma operação de trefilação de arames, por que a tensão de trefilação não deve nunca exceder o limite de resistência do metal?

Problemas

As respostas dos Problemas com indicação (**A**) estão listadas no Apêndice, na parte final do livro.

Laminação

15.1(**A**) Uma chapa grossa de aço de baixo carbono com espessura igual a 30 mm deve ser reduzida para 25 mm em um passe em uma operação de laminação. À medida que a espessura é reduzida, a chapa grossa alarga 4 %. A tensão de escoamento do aço é 174 MPa e o limite de resistência é 290 MPa. A velocidade de entrada da chapa é 77 m/min. O raio do cilindro de trabalho é 300 mm, e a velocidade de rotação é 45 rpm. Determine (a) o mínimo coeficiente de atrito necessário para que esta operação de laminação seja realizada, (b) a velocidade de saída da chapa grossa, e (c) o deslizamento avante.

15.2 Uma série de operações de laminação a frio são empregadas para reduzir a espessura de uma chapa grossa de 50 mm para 20 mm em um laminador duo reversível. O diâmetro do cilindro de trabalho é igual a 600 mm, e o coeficiente de atrito entre cilindros e metal é igual a 0,15. A limitação é que o desbaste seja o mesmo em cada passe. Determine (a) o número mínimo de passes necessário, e (b) a redução de cada passe.

15.3 No problema anterior, assuma que a redução percentual foi especificada para ser a mesma em cada passe, em vez de adotar o desbaste. (a) Qual é o número mínimo de passes necessário? (b) Qual é o desbaste e qual a espessura final (de saída) em cada passe?

15.4 Um laminador a quente contínuo possui duas cadeiras. A espessura inicial da chapa grossa é 25 mm e a largura é 300 mm. A espessura final é 13 mm. O raio do cilindro de trabalho de cada cadeira é 250 mm. A velocidade de rotação na primeira cadeira é 20 rpm. São especificados desbastes iguais de 6 mm para cada cadeira de laminação. A chapa grossa possui relação largura-espessura suficiente para que não ocorra aumento na largura. Considerando que o deslizamento avante é o mesmo em cada cadeira de laminação, determine: (a) a velocidade do cilindro em cada cadeira e (b) o deslizamento avante. (c) Determine também as velocidades de saída em cada cadeira de laminação, caso a velocidade de entrada na primeira cadeira seja igual a 26 m/min.

15.5(**A**) Uma chapa grossa de aço com baixo teor de carbono tem 300 mm de largura e 25 mm de espessura e deve ser reduzida em um único passe em um laminador duo para uma espessura final de 20 mm. O cilindro de trabalho tem raio igual a 600 mm, e sua velocidade é 30 m/min. O material tem coeficiente de resistência igual a 500 MPa e expoente de encruamento igual a 0,25 (Tabela 3.4). Determine (a) a força de laminação, (b) o torque de laminação, e (c) a potência exigida para realizar esta operação.

15.6 Resolva o Problema 15.5 usando um raio do cilindro de trabalho igual a 300 mm.

15.7 Resolva o Problema 15.5 usando uma configuração de cadeira com cilindros agrupados cujos cilindros de trabalho possuem raios iguais a 60 mm cada. Compare os resultados com os dois problemas

Processos de Conformação Volumétrica de Metais **373**

anteriores, e observe a importância do efeito do raio do cilindro sobre a força, o torque e a potência.

15.8 Uma operação de laminação em um único passe reduz uma chapa grossa de 20 mm para 18 mm. A chapa grossa de partida tem 200 mm de largura. O raio do cilindro de trabalho é igual a 250 mm e sua velocidade de rotação é igual a 12 rpm. O material tem coeficiente de resistência igual a 600 MPa e expoente de encruamento igual a 0,22. Determine (a) a força de laminação, (b) o torque de laminação e (c) a potência exigida para realizar esta operação.

Forjamento

15.9 **(A)** Uma peça cilíndrica é forjada em uma operação de recalcamento em matriz aberta. O diâmetro inicial é 50 mm e a altura inicial é 40 mm. A altura, após o forjamento, é 30 mm. O coeficiente de atrito na interface metal-matriz é 0,20. A tensão de escoamento do aço com baixo teor de carbono é 105 MPa, e sua curva de escoamento é definida por coeficiente de resistência de 500 MPa e expoente de encruamento de 0,25 (Tabela 3.4). Determine a força na operação (a) quando o limite de escoamento é atingido (escoamento em uma deformação igual a 0,002), (b) a uma altura de 35 mm e (c) a uma altura de 30 mm. O uso de uma planilha de cálculo é recomendado.

15.10 Uma operação de conformação de cabeças a frio é realizada para produzir cabeças em pregos de aço. O coeficiente de resistência deste aço é igual a 500 MPa, e o expoente de encruamento é 0,22. O coeficiente de atrito na interface metal-matriz é 0,14. O arame de metal a partir do qual o prego é fabricado tem 4,00 mm de diâmetro. A cabeça deve ter um diâmetro de 10 mm e uma espessura de 1,5 mm. O comprimento final do prego é 60 mm. (a) Qual é o comprimento do metal que deve ser projetado para fora da matriz, de modo a fornecer volume de material suficiente para esta operação de recalcamento? (b) Calcule a força máxima que deve ser aplicada pelo punção para conformar a cabeça nesta operação em matriz aberta?

15.11 Um prego comum, grande (cabeça chata), é obtido pelo processo de forjamento por recalque. São medidos o diâmetro da cabeça e sua espessura, bem como o diâmetro do corpo do prego. (a) Qual é o comprimento do metal que deve ser projetado para fora da matriz, de modo a fornecer material suficiente para produzir o prego? (b) Usando valores apropriados para o coeficiente de resistência e expoente de encrua-

mento para o metal a partir do qual o prego é fabricado (Tabela 3.4), calcule a força máxima necessária na operação para conformar a cabeça do prego.

15.12**(A)** Uma operação de recalcamento a quente é realizada em uma matriz aberta. A peça de partida tem diâmetro igual a 30 mm e altura igual a 50 mm. A peça deve ser recalcada para diâmetro médio de 45 mm. O metal nesta temperatura elevada escoa a 90 MPa. O coeficiente de atrito na interface matriz-metal é igual a 0,40. Determine (a) a altura final da peça e (b) a força máxima na operação.

15.13 Uma prensa hidráulica de forjamento tem capacidade de carga de 1.000.000 N. Uma peça cilíndrica deve ser forjada a frio. A peça de partida tem diâmetro igual a 30 mm e altura de 30 mm. A curva de escoamento do metal é definida por $K = 400$ MPa e $n = 0,20$. Determine a máxima redução de altura para a qual a peça pode ser comprimida com esta prensa de forjamento, se o coeficiente de atrito for igual a 0,1. O uso de uma planilha de cálculo é recomendado.

15.14 Uma biela é projetada para ser forjada a quente em uma matriz fechada. A área projetada da peça é 4.530 mm². O projeto da matriz provocará a formação de rebarba durante o forjamento, de modo que a área, incluindo a rebarba, será de 6.120 mm². A geometria da peça é considerada complexa. Quando aquecido, o material de trabalho escoa a 70 MPa, e não apresenta tendência ao encruamento. Determine a força máxima exigida para realizar esta operação.

Extrusão

15.15 **(A)** Um tarugo cilíndrico, que possui 150 mm de comprimento e 75 mm de diâmetro, é reduzido por extrusão indireta (a ré) para 30 mm no diâmetro. O ângulo da matriz é de 90°. Na equação de Johnson, $a = 0,8$ e $b = 1,4$. Na curva de escoamento do material, o coeficiente de resistência é igual a 800 MPa, e o expoente de encruamento é igual a 0,15. Determine (a) a razão de extrusão, (b) a deformação verdadeira (deformação homogênea), (c) a deformação de extrusão, (d) a pressão do êmbolo e (e) a força do êmbolo.

15.16 Um tarugo de aço com baixo teor de carbono possui comprimento de 75 mm e diâmetro de 35 mm. Ele deve ser reduzido, por extrusão direta, para um diâmetro de 20 mm. A matriz de extrusão tem ângulo igual a 75°. Para o material da peça, $K = 500$ MPa e $n = 0,25$ (Tabela 3.4). Na equação de Johnson, $a = 0,8$ e $b = 1,4$. Determine (a) a razão de extrusão, (b) a deformação verdadeira (deformação homogênea),

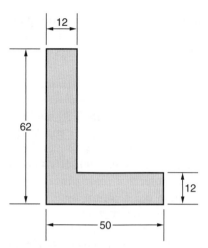

FIGURA P15.17 Peça do Problema 15.17 (as dimensões estão em mm).

(c) a deformação de extrusão, e (d) a pressão e força do êmbolo para $L = 70, 50, 30$ e 10 mm. O uso de uma planilha de cálculo é recomendado para o item (d).

15.17 **(A)** Um perfil estrutural com seção na forma de L deve ser obtido por processo de extrusão direta de um tarugo de alumínio com diâmetro igual a 100 mm e comprimento igual a 500 mm. As dimensões da seção transversal após a extrusão são dadas na Figura P15.17. O coeficiente de resistência do metal $K = 240$ MPa e o expoente de encruamento $n = 0,15$ (Tabela 3.4). O ângulo da matriz é igual a 90° e, na equação de Johnson, $a = 0,8$ e $b = 1,5$. Determine (a) a razão de extrusão, (b) o fator de forma e (c) o comprimento da seção extrudada, se o fundo deixado na câmara no fim do curso tem 25 mm de comprimento. (d) Calcule a força máxima necessária para acionar o êmbolo avante no início da extrusão.

15.18 Uma peça na forma de copo deve ser extrudada a ré a partir de um tarugo de alumínio de 50 mm de diâmetro. As dimensões finais do copo são: diâmetro externo = 50 mm, diâmetro interno = 40 mm, altura = 100 mm, e espessura do fundo = 5 mm. Determine (a) a razão de extrusão, (b) o fator de forma e (c) a altura do tarugo de partida para atingir as dimensões finais. (d) Se o metal tiver uma curva de escoamento com os parâmetros $K = 400$ MPa e $n = 0,25$, e as constantes na equação de deformação de extrusão de Johnson forem: $a = 0,8$ e $b = 1,5$, determine a força de extrusão.

15.19 Determine o fator de forma para cada uma das formas de orifício de matriz de extrusão da Figura P15.19.

15.20 Uma operação de extrusão direta produz uma seção transversal mostrada na Figura P15.19(a) a partir de um tarugo de latão cujo diâmetro é igual a 125 mm e cujo comprimento é igual 500 mm. Os parâmetros da curva de escoamento do latão são $K = 700$ MPa e $n = 0,35$ (Tabela 3.4). Na equação de deformação de Johnson, $a = 0,7$ e $b = 1,4$. Determine (a) a razão de extrusão, (b) o fator de forma, (c) a força necessária para acionar o êmbolo avante durante a extrusão no ponto do processo quando o comprimento remanescente do tarugo na câmara é igual a 300 mm e (d) o comprimento da seção extrudada no final da operação, se o volume do fundo deixado na câmara for igual a 250.000 mm³.

15.21 Em uma operação de extrusão direta, a seção transversal mostrada na Figura P15.19(b) é produzida a partir de um tarugo de cobre cujo diâmetro é igual a 100 mm e cujo comprimento é igual a 400 mm. Na curva de escoamento do cobre, o coeficiente de resistência é igual a 300 MPa, e o expoente de encruamento é igual a 0,50 (Tabela 3.4). Na equação de deformação de Johnson, $a = 0,8$ e $b = 1,5$. Determine (a) a razão de extrusão, (b) o fator de forma, (c) a força necessária para acionar o êmbolo avante durante a extrusão no ponto do processo quando o comprimento remanescente do tarugo na câmara é igual a 450 mm e (d) o comprimento da seção extrudada no final da operação, se o volume do fundo deixado na câmara for igual a 200.000 mm³.

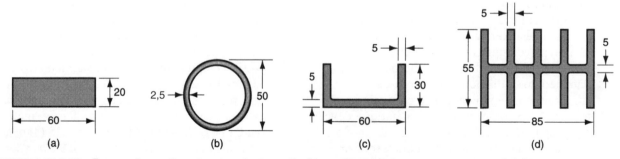

FIGURA P15.19 Formas de seções transversais para o Problema 15.19 (dimensões estão em mm): (a) barra retangular, (b) tubo, (c) perfil U, e (e) aletas de resfriamento.

15.22 Em uma operação de extrusão direta, a seção transversal mostrada na Figura P15.19(c) é produzida a partir de um tarugo de alumínio cujo diâmetro é igual a 150 mm e cujo comprimento é igual a 500 mm. Os parâmetros da curva de escoamento do alumínio são $K = 240$ MPa e $n = 0,15$ (Tabela 3.4). Na equação de deformação de Johnson, $a = 0,8$ e $b = 1,2$. Determine (a) a razão de extrusão, (b) o fator de forma, (c) a força necessária para acionar o êmbolo avante durante a extrusão no ponto do processo quando o comprimento remanescente do tarugo na câmara é igual a 400 mm e (d) o comprimento da seção extrudada no final da operação, se o volume do fundo deixado na câmara for igual a 450.000 mm³.

15.23 Em uma operação de extrusão direta, a seção transversal mostrada na Figura P15.19(d) é produzida a partir de um tarugo de alumínio cujo diâmetro é igual a 150 mm e cujo comprimento é igual a 900 mm. Os parâmetros da curva de escoamento do alumínio são $K = 240$ MPa e $n = 0,15$ (Tabela 3.4). Na equação de deformação de Johnson, $a = 0,8$ e $b = 1,5$. Determine (a) a razão de extrusão, (b) o fator de forma, (c) a força necessária para acionar o êmbolo avante durante a extrusão no ponto do processo quando o comprimento remanescente do tarugo na câmara é

igual a 800 mm e (d) o comprimento da seção extrudada no final da operação, se o volume do fundo deixado na câmara for igual a 500.000 mm³.

Trefilação

15.24 **(A)** Um arame de cobre em bobina tem diâmetro inicial de 2,5 mm. Ele é trefilado através de uma fieira com abertura de 2,1 mm. O ângulo de entrada da fieira é 18°. O coeficiente de atrito na interface metal-fieira é 0,08. O cobre puro tem o coeficiente de resistência igual a 300 MPa e o expoente de encruamento é igual a 0,50 (Tabela 3.4). A trefilação é realizada à temperatura ambiente. Determine (a) a redução de área, (b) a tensão de trefilação e (c) a força de trefilação exigida na operação.

15.25 Uma barra de metal de diâmetro inicial igual a 90 mm é trefilada com desbaste igual a 15 mm. A fieira tem ângulo de entrada igual a 18°, e o coeficiente de atrito na interface metal-fieira é igual a 0,08. O metal se comporta como um material perfeitamente plástico, com limite de escoamento igual a 105 MPa. Determine (a) a redução de área, (b) a tensão de trefilação, (c) a força de trefilação para a operação e (d) a potência para realizar a operação, se a velocidade de saída do metal for igual a 1,0 m/min.

16 Conformação de Chapas Metálicas

Sumário

16.1 Operações de Corte
16.1.1 Cisalhamento, Recorte e Puncionamento
16.1.2 Análise do Corte de Chapas Metálicas
16.1.3 Outras Operações de Corte de Chapas Metálicas

16.2 Operações de Dobramento
16.2.1 Dobramento em V e Dobramento de Flange
16.2.2 Análise do Dobramento
16.2.3 Outras Operações de Dobramento e Conformação de Chapas Metálicas

16.3 Estampagem
16.3.1 Mecânica da Estampagem
16.3.2 Análise da Estampagem
16.3.3 Outras Operações de Estampagem
16.3.4 Defeitos de Estampagem

16.4 Outras Operações de Conformação de Chapas Metálicas
16.4.1 Operações Realizadas com Ferramental Rígido
16.4.2 Operações Realizadas com Ferramental Elástico

16.5 Matrizes e Prensas para Processos de Conformação de Chapas
16.5.1 Matrizes
16.5.2 Prensas

16.6 Operações de Conformação de Chapas Metálicas Não Realizadas em Prensas
16.6.1 Conformação por Estiramento
16.6.2 Calandragem e Conformação por Rolos
16.6.3 Repuxamento
16.6.4 Conformação a Altas Taxas de Energia

16.7 Curvamento de Tubos

A conformação de chapas metálicas engloba as operações de corte e de conformação realizadas em chapas relativamente finas de metal. As espessuras típicas de chapas metálicas estão entre 0,4 mm e 6 mm. Quando a espessura excede cerca de 6 mm, esse produto metálico plano é em geral denominado chapa grossa. Esses metais, tanto em forma de chapas finas quanto de chapas grossas, usados na conformação de chapas, são produzidos por laminação de planos (Seção 15.1). A chapa metálica comumente mais usada é a de aço de baixo carbono (0,06 % a 0,15 % C). Seu baixo custo e a boa conformabilidade, ajustados com resistência suficiente para a maior parte das aplicações, fazem dele uma matéria-prima ideal para esse processo de fabricação.

A importância comercial da conformação de chapas metálicas é significante. Considere o número de produtos de consumo e industriais que utilizam peças de chapas metálicas finas ou grossas: carrocerias de carros e caminhões, aviões, vagões ferroviários, locomotivas, equipamentos agrícolas e de construção, utensílios, material de escritório, e muito mais. Embora esses exemplos sejam óbvios, porque têm exteriores em chapas metálicas, muitas de suas peças internas são também feitas de chapas finas ou grossas de metais. As peças de chapas metálicas são em geral caracterizadas pela elevada resistência mecânica, boa tolerância dimensional, bom acabamento superficial e custo relativamente baixo. Para componentes que devem ser feitos em grandes quantidades, operações econômicas que visam à produção em grande escala podem ser projetadas a fim de processar as peças. As latas de bebidas de alumínio são excelente exemplo.

O processamento de chapas metálicas é usualmente realizado à temperatura ambiente (trabalho a frio). As exceções são: quando o esboço é espesso, o metal é frágil, ou a deformação acumulada é muito elevada. Esses são, geralmente, casos em que se deve usar o trabalho a morno, no lugar da conformação a quente.

A maior parte das operações de chapas metálicas se realiza em máquinas-ferramentas chamadas *prensas*. O termo *prensa de estampar* é utilizado para distinguir prensas de forjamento e prensas de extrusão. O ferramental que realiza o trabalho de conformação de chapas é chamado *punção e matriz;* o termo *matriz de estampar* é também utilizado. Os produtos de chapas metálicas são chamados *estampados*. Para facilitar a produção em massa, a chapa metálica é frequentemente alimentada na prensa, na forma de longas tiras ou bobinas. Diversos tipos de ferramentais de punção e matriz e prensas de estampar são apresentados na Seção 16.5. As seções finais do capítulo apresentam várias operações que não utilizam o ferramental convencional punção e matriz, em que a maior parte delas não é realizada em prensas de estampar.

As três maiores categorias de processos de conformação de chapas são: (1) corte, (2) dobramento e (3) estampagem. O corte é usado para separar chapas grandes em peças menores, recortar perímetros das peças e puncionar furos nas peças. Dobramento e estampagem são usados para conformar peças de chapas metálicas em suas formas desejadas.

16.1 Operações de Corte

O corte de chapas metálicas é realizado pela ação de cisalhamento entre dois gumes afiados de corte. Essa ação está ilustrada em quatro passos esquematizados na Figura 16.1, em que o gume superior de corte (o punção) se move para baixo além de um gume inferior estacionário (a matriz). À medida que o punção começa a operar no metal, ocorre a *deformação plástica* nas superfícies da chapa. À medida que o punção se move para baixo, ocorre a *penetração*, na qual o punção comprime a chapa e corta o metal. Essa zona de penetração é geralmente cerca de um terço da espessura da chapa. À medida que o punção continua a andar no metal, inicia-se a *fratura* na peça de trabalho, nos dois gumes de corte. Se a folga entre o punção e a matriz estiver adequada, as duas linhas da fratura se encontram, resultando na completa separação do metal em duas partes.

As bordas cisalhadas da chapa têm aspectos característicos mostrados na Figura 16.2. No topo da superfície de corte, há uma região chamada *zona de deformação*. Ela corresponde à depressão feita pelo punção no metal antes do cisalhamento. É onde a de-

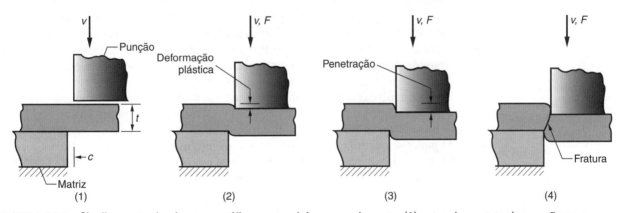

FIGURA 16.1 Cisalhamento de chapas metálicas entre dois gumes de corte: (1) antes do contato do punção com a peça de trabalho; (2) o punção começa a deformar plasticamente a superfície da peça; (3) o punção comprime e penetra na chapa provocando uma região com grande deformação por cisalhamento; e (4) a fratura é iniciada nos lados opostos dos gumes de corte, que irão separar a chapa. Os símbolos *v* e *F* indicam o movimento e a força aplicada, respectivamente, *t* é a espessura do esboço, *c* é a folga.

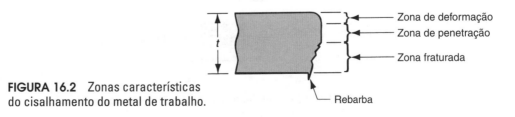

FIGURA 16.2 Zonas características do cisalhamento do metal de trabalho.

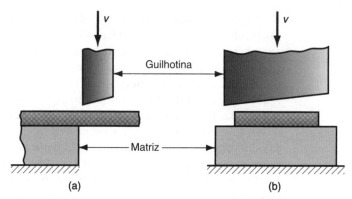

FIGURA 16.3 Operação de cisalhamento: (a) vista lateral da operação de cisalhamento; e (b) vista frontal da guilhotina equipada com navalha inclinada superior de corte. O símbolo *v* indica movimento.

formação plástica inicial ocorre no metal. Logo abaixo da zona de deformação, pode-se observar uma região relativamente plana chamada *zona de penetração*, que é resultante da penetração do punção no metal, provocando grande deformação por cisalhamento, antes de iniciar a fratura. Abaixo da zona de penetração, está a *zona fraturada*, uma superfície relativamente rugosa na borda de corte em que o movimento contínuo de descida do punção provocou a fratura do metal. Por fim, no fundo da borda da chapa, está a *rebarba*, um canto vivo na borda decorrente do alongamento do metal durante a separação final das duas partes.

16.1.1 CISALHAMENTO, RECORTE E PUNCIONAMENTO

As três operações mais importantes em conformação de chapas que cortam o metal pela ação de cisalhamento, já descrita, são: cisalhamento, recorte e puncionamento.

Cisalhamento é uma operação de corte de chapas metálicas ao longo de uma linha retilínea entre dois gumes de corte, como mostrado na Figura 16.3(a). O cisalhamento é, de modo comum, usado para cortar chapas grandes em seções menores para operações posteriores de conformação de chapas. É realizado em uma máquina chamada *guilhotina*, ou *tesoura de esquadriar*. A lâmina superior da guilhotina é normalmente inclinada, como mostrado na Figura 16.3(b), para reduzir a força necessária ao corte.

O *recorte* envolve o corte de uma chapa metálica ao longo de um contorno fechado em um único estágio para separar a peça do metal ao redor, como mostrado na Figura 16.4(a). A parte que é removida é o produto desejado na operação e é chamada de *esboço*. O *puncionamento* é similar ao recorte, exceto que este produz um furo, e a peça separada é apara, chamada *geratriz*. O pedaço de metal remanescente é a peça desejada. A distinção entre as duas operações está ilustrada na Figura 16.4(b).

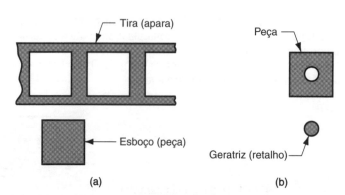

FIGURA 16.4 (a) Recorte e (b) puncionamento.

FIGURA 16.5 Efeito da folga: (a) folga muito pequena causa problema na fratura e forças excessivas; e (b) folga muito grande causa rebarba superdimensionada. Os símbolos *v* e *F* indicam movimento e força aplicada, respectivamente.

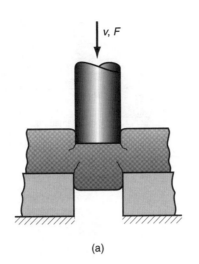
(a)

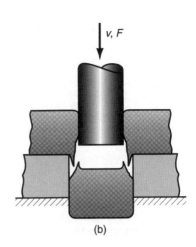
(b)

16.1.2 ANÁLISE DO CORTE DE CHAPAS METÁLICAS

Os parâmetros de processo no corte de chapas metálicas são: a folga entre o punção e a matriz, a espessura do esboço de partida, o tipo de metal e sua resistência mecânica, e o comprimento do corte. Vamos definir esses parâmetros e algumas das relações entre eles.

Folga A folga *c* em uma operação de corte é a distância entre o punção e a matriz, como mostrado na Figura 16.1(a). As folgas típicas em convencionais trabalhos de prensas variam entre 4 % e 8 % da espessura do metal *t*. O efeito de folgas impróprias está ilustrado na Figura 16.5. Se a folga for muito pequena, então as linhas de fratura tendem a passar umas às outras, causando dupla zona de penetração no metal e maiores forças de corte. Se a folga for muito grande, o metal torna-se constrito entre as arestas de corte resultando em rebarba excessiva. Em operações especiais que necessitam de arestas de corte muito retas, tais como aparamento e recorte fino (Subseção 16.1.3), a folga é apenas cerca de 1 % da espessura do metal.

A folga correta depende do tipo de metal da chapa e da espessura. A folga recomendada pode ser calculada pela seguinte equação:

$$c = a_c t \quad (16.1)$$

em que *c* é a folga, mm; a_c é a tolerância da folga; e *t* é a espessura do esboço, mm. A tolerância da folga é determinada de acordo com o tipo de metal. Por conveniência, os metais são classificados em três grupos, que estão listados na Tabela 16.1, com a correspondente tolerância para cada grupo.

Esses valores de folga calculados podem ser aplicados nas operações convencionais de recorte e puncionamento de furos para determinar os tamanhos apropriados do punção e da matriz. A abertura da matriz deve sempre ser maior que o tamanho do punção (obviamente). Adicionar o valor de folga ao diâmetro da matriz ou subtraí-lo do diâmetro do punção depende de se a peça a ser cortada é um esboço ou uma apara, como ilustrado na Figura 16.6 para uma peça circular. Por causa da geometria da aresta cisa-

TABELA • 16.1 Valores de tolerância da folga para três grupos de chapas metálicas.

Grupo de Metal	a_c
Ligas de alumínio 1100S e 5052S, todos revenidos.	0,045
Ligas de alumínio 2024ST e 6061ST; latões, todos revenidos; aços macios laminados a frio; aços macios inoxidáveis.	0,060
Aço laminado a frio, meio duro; aços inoxidáveis, meio duro e extraduro.	0,075

Compilados de [3].

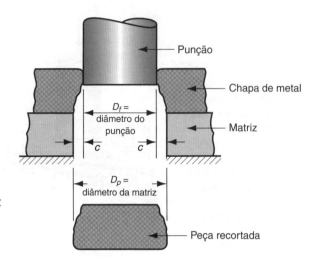

FIGURA 16.6 O diâmetro da matriz define o diâmetro do esboço (peça) D_p; o diâmetro do punção define o diâmetro do furo D_f; c é a folga.

lhada, a dimensão externa da peça cortada a partir da chapa será maior que o tamanho do furo. Logo, os diâmetros de punção e matriz para um esboço circular de diâmetro D_p são determinados por

$$\text{Diâmetro do punção de recorte} = D_p - 2c \quad (16.2a)$$
$$\text{Diâmetro da matriz de recorte} = D_p \quad (16.2b)$$

Os diâmetros de punção e matriz para um furo de diâmetro D_f são determinados por

$$\text{Diâmetro do punção} = D_f \quad (16.3a)$$
$$\text{Diâmetro da matriz} = D_f + 2c \quad (16.3b)$$

Para que a apara ou o esboço sejam extraídos da matriz, a abertura da matriz deve ter um ***afastamento angular*** (veja a Figura 16.7) de 0,25° a 1,5° em cada lado.

Forças de Corte As estimativas da força de corte são importantes porque essa força determina o tamanho ("tonelagem") da prensa requerida. A força de corte F no trabalho de conformação de chapas pode ser determinada por

$$F = T_{\text{máx}} tL \quad (16.4)$$

em que $T_{\text{máx}}$ é a resistência ao cisalhamento da chapa metálica, MPa; t é a espessura do metal de partida, mm; e L é o comprimento da aresta de corte, mm. Nas operações de recorte, puncionamento, abertura de ranhuras, e em outras operações similares, L é o comprimento do perímetro do esboço ou furo a ser cortado. O pequeno efeito da folga na determinação do valor de L pode ser desprezado. Se a resistência ao cisalhamento for desconhecida, um método alternativo para estimativa da força de corte será o emprego do limite de resistência à tração:

$$F = 0{,}7(LRT)tL \quad (16.5)$$

em que LRT é o limite de resistência à tração em MPa.

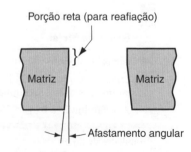

FIGURA 16.7 Afastamento angular.

Essas equações para estimativa da força de corte assumem que todo o corte ao longo do comprimento L da aresta cisalhada é realizado ao mesmo tempo. Nesse caso, a força de corte será um máximo. É possível reduzir a força máxima pelo uso de uma aresta inclinada de corte no punção ou na matriz, como na Figura 16.3(b). O ângulo (chamado de **ângulo de cisalhamento**) estende o corte no tempo e reduz a força necessária em qualquer instante. Entretanto, a energia total necessária na operação é a mesma, se ela for concentrada em um breve instante, ou distribuída em um longo período de tempo.

Exemplo 16.1 **Folga e força** **no recorte**	Um disco de 150 mm de diâmetro deve ser recortado a partir de uma tira de 3,2 mm, de aço laminado a frio, meio duro, cujo limite de cisalhamento é igual a 310 MPa. Determine (a) os diâmetros apropriados para o punção e a matriz, e (b) a força de corte.

Solução: (a) A partir da Tabela 16.1, a tolerância da folga para um aço laminado a frio, meio duro, é $A_c = 0,075$. Por conseguinte,

$$c = 0,075(3,2 \text{ mm}) = \textbf{0,24 mm}$$

O esboço deve ter um diâmetro igual a 150 mm, e o tamanho da matriz determina o tamanho do esboço. Portanto,

$$\text{Diâmetro de abertura de matriz} = \textbf{150,00 mm}$$

$$\text{Diâmetro do punção} = 150 - 2(0,24) = \textbf{149,52 mm}$$

(b) Para determinar a força de recorte, assumimos que todo o perímetro da peça é recortado ao mesmo tempo. O comprimento da aresta de corte é

$$L = \pi D_p = 150\pi = 471,2 \text{ mm}$$

e a força é

$$F = 310(471,2)(3,2) = \textbf{467.469 N} \ (\sim 53 \text{ t})$$

16.1.3 OUTRAS OPERAÇÕES DE CORTE DE CHAPAS METÁLICAS

Além das operações de cisalhamento, recorte e puncionamento, existem várias outras operações de corte de chapas. O mecanismo de corte em cada caso envolve a mesma ação de cisalhamento discutida anteriormente.

Corte de Tiras com e sem Aparas (*Cutoff* e *Parting*) O corte de tiras sem aparas (*cutoff*) é uma operação de cisalhamento na qual os esboços são separados a partir de uma tira metálica, por meio do corte em sequência dos lados opostos da peça, como mostrado na Figura 16.8(a). Uma nova peça é produzida a cada corte. As características que distinguem essa operação de corte de uma operação convencional de cisalhamento são (1) as arestas de corte não são necessariamente retas, e (2) os esboços podem estar encaixados na tira de modo a evitar formação da apara ou retalho de corte.

O **corte de tiras com apara (*parting*)** é constituído de corte de uma tira de chapa metálica por meio da ação de um punção com duas arestas de corte, que se ajustam aos lados opostos do esboço, como mostrado na Figura 16.8(b). Isso pode ser necessário, visto que o contorno da peça pode ter uma forma irregular que impeça o perfeito ajuste dos esboços na tira metálica. O corte de tiras com aparas é menos eficiente que o sem aparas, pois resulta em desperdício de material.

Ranhuramento, Perfuração e Entalhamento O **ranhuramento** é um termo às vezes usado para uma operação de puncionamento que remove uma parte alongada ou um furo retangular, como ilustrado na Figura 16.9(a). A **perfuração** envolve o puncio-

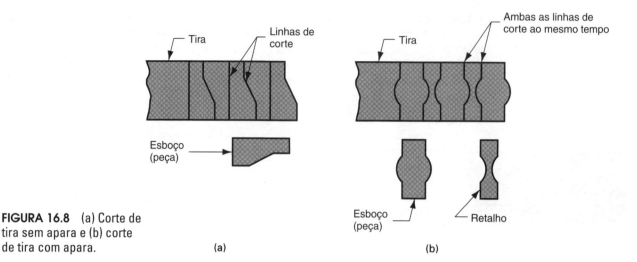

FIGURA 16.8 (a) Corte de tira sem apara e (b) corte de tira com apara.

namento simultâneo de um padrão de furos em uma chapa de metal, como na Figura 16.9(b). O padrão de furo é usualmente para fins decorativos, ou para permitir a passagem de luz ou fluidos.

Para obter o contorno desejado de um esboço, porções de uma chapa metálica são com frequência removidas por entalhamento ou semientalhamento. O ***entalhamento*** envolve o corte de uma peça de metal a partir da lateral da chapa ou da tira. O ***semientalhamento*** remove uma porção do metal do interior da chapa. Essas operações estão ilustradas na Figura 16.9(c). O semientalhamento pode parecer, aos olhos do leitor, como uma operação de puncionamento ou ranhuramento. A diferença é que o metal removido pelo semientalhamento cria uma parte do contorno do esboço, enquanto, no puncionamento ou ranhuramento, são criados buracos no esboço.

Rebarbação, Aparamento e Recorte Fino Rebarbação é uma operação de corte, realizada na peça conformada, para remover excesso de metal e estabelecer dimensionamento. O termo tem o mesmo significado básico aqui como no forjamento (Seção 15.4). Um exemplo típico em conformação de chapa metálica é a rebarbação da parte superior de um copo obtido por estampagem profunda para obter as dimensões desejadas no produto.

Aparamento O aparamento é uma operação de corte realizada com folga muito pequena para obter dimensões acuradas e arestas de corte lisas e retas, como ilustra a Figura 16.10(a). O aparamento é tipicamente realizado como uma operação secundária ou de acabamento para peças previamente cortadas.

Recorte fino é uma operação de corte usada para recortar peças de chapas metálicas com tolerâncias fechadas e lisas, arestas retas em uma etapa, como está ilustrado na Figura 16.10(b). No início do ciclo, uma "almofada" de pressão (sujeitador) com uma projeção em forma de V aplica uma força de aperto (ou de sujeição) F_h contra o metal adjacente, o que evita distorção no metal durante a compressão feita pelo punção. Nesse

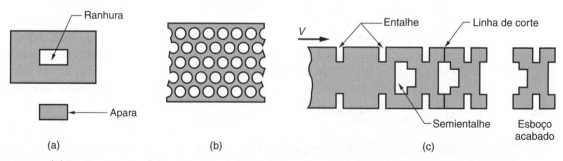

FIGURA 16.9 (a) Ranhuramento, (b) perfuração, (c) entalhamento e semientalhamento. O símbolo *v* indica o movimento da tira.

Conformação de Chapas Metálicas 383

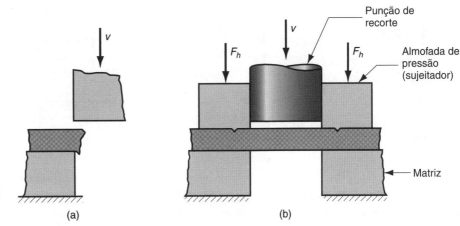

FIGURA 16.10
(a) Aparamento e
(b) recorte fino. Símbolos:
v = movimento do punção,
F_h = Força de aperto
(sujeição) no recorte.

caso, o punção desce com velocidade inferior ao normal e folgas menores para fornecer as dimensões e arestas de corte desejadas. O processo é geralmente destinado para chapas metálicas com espessuras relativamente pequenas.

16.2 Operações de Dobramento

Dobramento em conformação de chapas é uma operação definida pela deformação do metal em torno de um eixo reto, como mostrado na Figura 16.11. Durante a operação de dobramento, o metal na parte interna do plano neutro está comprimido, enquanto o metal na parte externa do plano neutro está tracionado. Essas condições de deformação podem ser vistas na Figura 16.11(b). O metal é deformado plasticamente de modo que a curvatura recebe deformação constante após a remoção das tensões que provocaram o dobramento. O dobramento produz pequena ou nenhuma variação de espessura da chapa de metal.

16.2.1 DOBRAMENTO EM V E DOBRAMENTO DE FLANGE

As operações de dobramento são realizadas usando ferramental composto de punção e matriz. Os dois métodos usuais de dobramento e ferramental correspondentes são o dobramento em V, realizado com uma matriz com formato em V, e o dobramento de flange ou flangeamento, realizado com uma matriz de deslizamento. Esses métodos estão ilustrados na Figura 16.12.

No *dobramento em V*, a chapa é curvada entre um punção e uma matriz em forma de V. Ângulos de dobramento que variam de ângulos muito obtusos até ângulos muito agudos podem ser feitos com matrizes em V. O dobramento em V é em geral usado em operações de baixa produção. É realizado, com frequência, em uma prensa viradeira mecânica (Subseção 16.5.2), e as correspondentes matrizes em V são relativamente simples e de baixo custo.

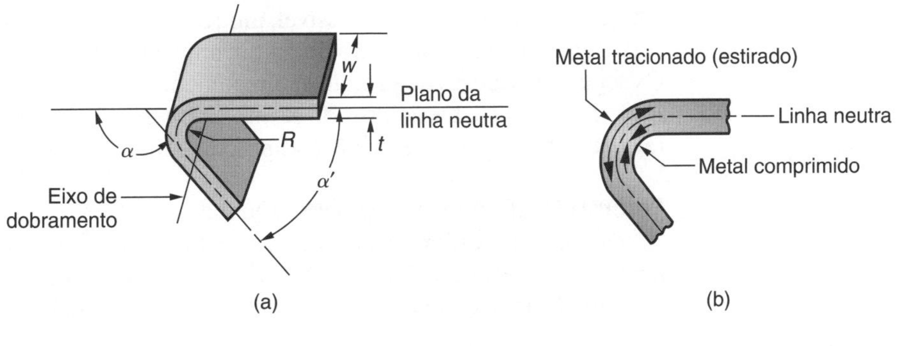

FIGURA 16.11
(a) Dobramento de chapa metálica; (b) ocorrem ambas as deformações do metal por compressão e tração no dobramento.

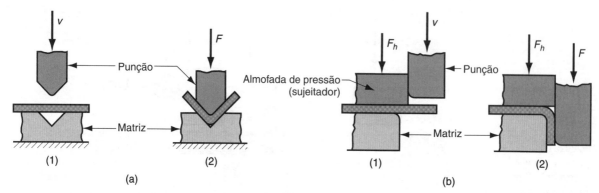

FIGURA 16.12 Dois métodos usuais de dobramento: (a) dobramento em V e (b) dobramento de flange; (1) antes e (2) depois do dobramento. Símbolos: v = movimento, F = força aplicada ao dobramento, F_h = força de aperto (sujeição).

O *dobramento de flange*, ou *flangeamento*, envolve um carregamento em balanço da chapa metálica. Uma almofada de pressão (sujeitador) é usada para aplicar uma força de aperto F_h para manter a peça contra a matriz, enquanto o punção força a peça a escoar e a dobrar-se em torno do raio de adoçamento da matriz. Na montagem mostrada na Figura 16.12(b), o dobramento de flange é limitado a curvaturas de 90° ou menores. Matrizes de deslizamento mais complexas podem ser projetadas para ângulos de dobramento maiores que 90°. Devido à almofada de pressão, as matrizes de deslizamento são mais complexas e custosas que as matrizes em V e são geralmente usadas para trabalhos de alta produção.

16.2.2 ANÁLISE DO DOBRAMENTO

Alguns dos importantes termos no dobramento de chapas estão identificados na Figura 16.11. O metal, de espessura t, é dobrado por meio de um ângulo chamado ângulo de dobramento α. Isso resulta em uma peça de chapa metálica com um ângulo incluso de α', em que $\alpha + \alpha' = 180°$. O raio de curvatura R é normalmente especificado no interior da peça, em vez de na linha neutra, e é determinado pelo raio do ferramental usado para realizar a operação. A curvatura é feita sobre a largura w da peça de trabalho.

Tolerância da Curvatura Se o raio de curvatura for pequeno em relação à espessura do esboço de partida, o metal tenderá a estirar-se durante o dobramento. É importante predizer a quantidade de estiramento que ocorre, caso haja algum, de modo que a peça final venha a corresponder com a dimensão final especificada. O problema é determinar o comprimento da linha neutra antes do dobramento, para considerar o estiramento da seção final curvada. Esse comprimento é chamado de *curvatura admissível*, e pode ser estimado por

$$C_a = 2\pi \frac{\alpha}{360}(R + K_e t) \qquad (16.6)$$

em que C_a é a curvatura admissível, mm; α é o ângulo de curvatura, graus; R é o raio de curvatura, mm; t é a espessura do metal, mm; e K_e é um fator para estimar o estiramento. Os seguintes valores de projeto são recomendados para K_e [3]: se $R < 2t$, $K_e = 0{,}33$; e se $R \geq 2t$, $K_e = 0{,}50$. Os valores de K_e predizem que o estiramento ocorrerá somente se o raio de curvatura for pequeno, comparado com a espessura da chapa.

Retorno Elástico (*Springback*) Quando a tensão de dobramento é removida ao final da operação de conformação, energia elástica fica armazenada na peça provocando nela uma parcial recuperação à sua forma inicial. Essa recuperação elástica é chamada de *retorno elástico*, definido como aumento no ângulo incluso da peça curvada, relativo ao ângulo incluso da ferramenta de conformação, uma vez que o ferramental é removido. Isso é ilustrado na Figura 16.13 e expresso pela razão de retorno elástico:

$$r_{re} = \frac{\alpha' - \alpha'_b}{\alpha'_b} \qquad (16.7)$$

em que r_{re} é a razão de retorno elástico; α' é o ângulo incluso da peça de chapa metálica, graus; e α'_b é o ângulo incluso da ferramenta de dobramento, graus. Embora não seja muito óbvio, também ocorre aumento no raio de curvatura em razão da recuperação elástica. A quantidade de retorno elástico aumenta com o módulo de elasticidade E e com o limite de escoamento LE do metal de trabalho.

A compensação para o retorno elástico pode ser obtida por vários métodos. Dois métodos usuais são o dobramento por excesso de curvatura e o dobramento de fundo. No ***dobramento por excesso de curvatura***, o ângulo do punção e o raio são fabricados ligeiramente menores que o ângulo especificado na peça final, de modo que a chapa retorne elasticamente ao valor desejado. O ***dobramento de fundo*** envolve compressão da peça no fim do curso, deformando-a plasticamente na região do raio de curvatura.

Força de Dobramento A força requerida para realizar o dobramento depende das geometrias do punção e da matriz, além da resistência, espessura e comprimento da chapa metálica. A força máxima de dobramento pode ser estimada por meio da seguinte equação:

$$F = \frac{K_d(LRT)wt^2}{D} \qquad (16.8)$$

em que F é a força de dobramento, N; LRT é o limite de resistência à tração do material da chapa, MPA; w é a largura da peça na direção do eixo de dobramento, mm; t é a espessura do metal, mm; e D é a dimensão de abertura da matriz conforme definido na Figura 16.14, mm. A Equação (16.8) foi estabelecida com base na mecânica do dobramento de vigas simples, e K_d é uma constante que leva em consideração as diferenças encontradas no processo real de dobramento. Seu valor depende do tipo de dobramento: para dobramento em V, $K_d = 1{,}33$; e para dobramento de flange, $K_d = 0{,}33$.

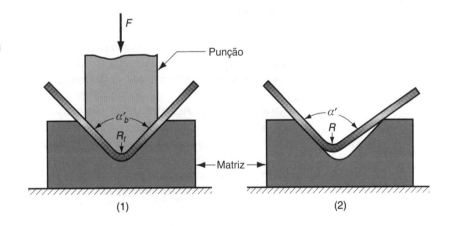

FIGURA 16.13 Retorno elástico no dobramento em que está ilustrado um decréscimo no ângulo de curvatura e um aumento no raio de curvatura: (1) durante a operação, a peça é forçada a tomar o raio R_t e o ângulo incluso α_b' = determinado pela ferramenta de dobramento (punção no dobramento em V); (2) após a remoção do punção, a peça retorna elasticamente ao raio R e ângulo incluso α_b'. Símbolo: F é a força aplicada de dobramento.

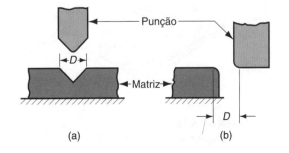

FIGURA 16.14 Dimensão de abertura da matriz D: (a) matriz em V e (b) matriz de deslizamento.

Exemplo 16.2 Dobramento de chapa

Um esboço de chapa metálica deve ser dobrado, conforme mostrado na Figura 16.15. O metal tem um módulo de elasticidade igual a 205 (10^3) GPa, limite de escoamento igual a 275 MPa e limite de resistência à tração igual a 450 MPa. Determine: (a) o tamanho inicial do esboço e (b) a força de dobramento, se uma matriz em V for usada com uma dimensão de abertura igual a 25 mm.

Solução: (a) O esboço de partida tem 44,5 mm de largura. Seu comprimento é igual a 38 + C_a + 25 (mm). Para o ângulo incluso $\alpha' = 120°$, o ângulo de curvatura $\alpha = 60°$. O valor de K_e na Equação (16.6) é igual a 0,33, visto que $R/t = 4{,}75/3{,}2 = 1{,}48$ (menor que 2,0).

$$C_a = 2\pi \frac{60}{360}(4{,}75 + 0{,}33 \times 3{,}2) = 6{,}08 \text{ mm}$$

O comprimento do esboço é, portanto, 38 + 6,08 + 25 = **69,08 mm**.

(b) A força é obtida a partir da Equação (16.8) usando $K_d = 1{,}33$.

$$F = \frac{1{,}33(450)(44{,}5)(3{,}2)^2}{25} = \textbf{10.909 N}$$

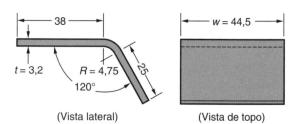

FIGURA 16.15 Peça de chapa do Exemplo 16.2 (dimensões em mm).
(Vista lateral)   (Vista de topo)

16.2.3 OUTRAS OPERAÇÕES DE DOBRAMENTO E CONFORMAÇÃO DE CHAPAS METÁLICAS

Algumas operações de conformação de chapas envolvem dobramento sobre um eixo curvado em vez de um eixo reto, ou elas têm outras características que as diferenciam das operações de dobramento já descritas.

Flangeamento, Agrafamento, Recravação e Enrolamento O *flangeamento* é uma operação de dobramento na qual a borda de uma peça de chapa metálica é curvada a 90° (usualmente) para formar uma aba ou um flange. É com frequência usado para aumentar a resistência ou enrijecer a peça de chapa metálica. O flange pode ser conformado sobre um eixo reto, como na Figura 16.16(a), ou pode envolver algum estiramento ou contração do metal, como nas Figuras 16.16(b) e 16.16(c).

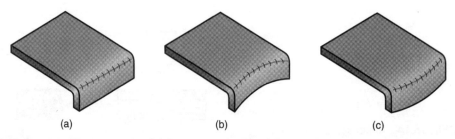

FIGURA 16.16 Flangeamento: (a) flangeamento reto, (b) flangeamento com estiramento, (c) flangeamento com retração.

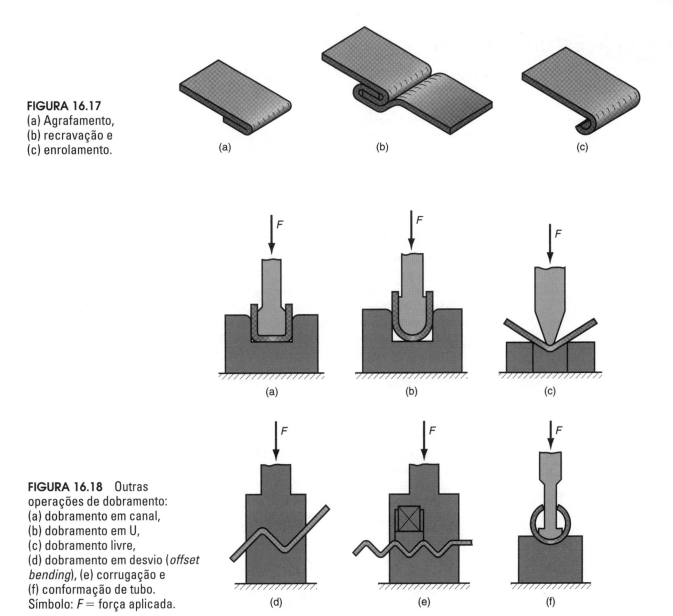

FIGURA 16.17
(a) Agrafamento,
(b) recravação e
(c) enrolamento.

FIGURA 16.18 Outras operações de dobramento:
(a) dobramento em canal,
(b) dobramento em U,
(c) dobramento livre,
(d) dobramento em desvio (*offset bending*), (e) corrugação e
(f) conformação de tubo.
Símbolo: $F =$ força aplicada.

O *agrafamento* envolve o dobramento da borda da chapa sobre ela mesma, em mais de uma etapa de dobramento. É frequentemente realizado para eliminar cantos vivos na peça, aumentar a rigidez e melhorar a aparência. A ***recravação*** é uma operação semelhante, na qual duas bordas de chapas metálicas são unidas. O agrafamento e a recravação estão ilustrados nas Figuras 16.17(a) e 16.17(b).

O ***enrolamento***, também chamado de ***reviramento***, tem por objetivo curvar as bordas de uma peça, como mostra a Figura 16.17(c). Como no agrafamento, é realizado para fins de segurança, resistência e estética. Exemplos de produtos nos quais o enrolamento é usado incluem dobradiças, recipientes e panelas, bem como caixas de relógios de bolso. Esses exemplos mostram que o reviramento pode ser realizado sobre eixos de dobramento retos ou curvos.

Outras Operações de Dobramento Diversas outras operações de dobramento são mostradas na Figura 16.18 para ilustrar a variedade de formas que podem ser obtidas por dobramento. A maioria dessas operações é realizada em matrizes relativamente simples, similares às matrizes em V.

16.3 Estampagem

Estampagem é uma operação de conformação de chapas, usada para produzir peças na forma de copos, caixas ou outras formas complexas curvadas e côncavas. É realizada pelo posicionamento de uma peça de chapa metálica sobre a cavidade de uma matriz e, então, empurrando-a em direção à abertura com um punção, como na Figura 16.19. O esboço metálico deve normalmente ser fixado para baixo, contra a matriz, por meio da ação de um prensa-chapas. As peças comumente fabricadas por estampagem incluem latas de bebidas, cápsulas de munição, pias, panelas de cozinha, e painéis externos de automóveis.

16.3.1 MECÂNICA DA ESTAMPAGEM

A conformação de uma peça na forma de um copo é a operação básica de estampagem, com dimensões e parâmetros ilustrados na Figura 16.19. Um esboço de diâmetro D_e é estampado na cavidade de uma matriz por meio da ação de um punção com diâmetro D_p. O punção e a matriz devem ter raios de adoçamento, definidos por R_p e R_m. Se o punção e a matriz tiverem cantos vivos (R_p e $R_m = 0$), uma operação de puncionamento de furo (e não seria uma operação muito boa) seria realizada no lugar de uma operação de estampagem. Os lados do punção e da matriz são separados por uma folga c. Essa folga na estampagem é cerca de 10 % maior que a espessura do esboço de partida:

$$c = 1{,}1\,t \tag{16.9}$$

O punção move-se para baixo e aplica uma força F para realizar a conformação do metal, e uma força de aperto F_h é aplicada pelo prensa-chapas, como mostrado no esquema.

À medida que o punção desce em direção à sua posição final, a peça de trabalho experimenta uma sequência complexa de tensões e deformações quando essa peça é gradualmente conformada na forma definida pelo punção e pela cavidade da matriz. Os estágios no processo de deformação estão ilustrados na Figura 16.20. À medida que o punção começa a empurrar a peça de trabalho, o esboço é submetido a uma operação

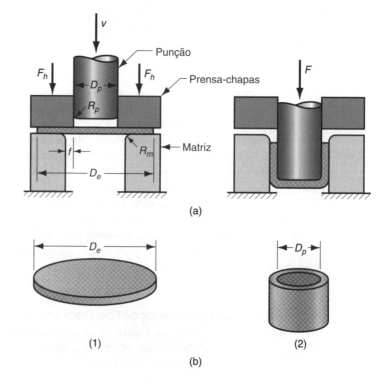

FIGURA 16.19 (a) Estampagem de uma peça na forma de um copo: (1) início da operação, antes que o punção entre em contato com a peça de trabalho, e (2) próximo ao fim de curso do punção; e (b) peças de trabalhos correspondentes: (1) esboço de partida e (2) peça estampada. Símbolos: f = folga, D_e = diâmetro do esboço, D_p = diâmetro do punção, R_m = raio de adoçamento da matriz, R_p = raio de adoçamento do punção, F = força de estampagem, F_h = força de aperto do prensa-chapas.

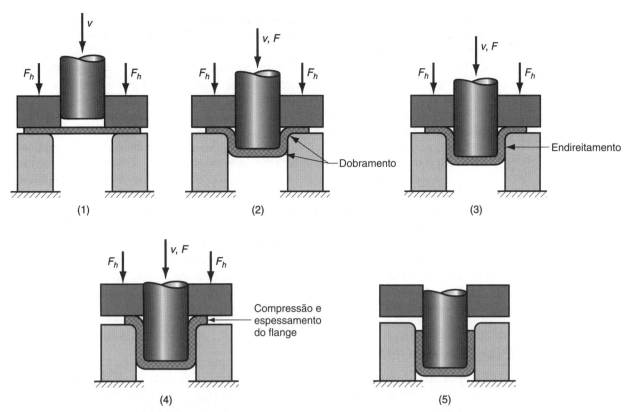

FIGURA 16.20 Estágios de deformação da peça de trabalho na estampagem profunda: (1) o punção pouco antes do contato com a peça de trabalho, (2) dobramento, (3) endireitamento, (4) atrito e compressão, e (5) copo final com indicação dos efeitos de afinamento nas paredes do produto. Símbolos: v = movimento do punção, F = força do punção, F_h = força de aperto do prensa-chapas.

de ***dobramento***. A chapa é somente curvada sobre os raios de adoçamento do punção e da matriz, como na Figura 16.20(2). O perímetro externo do esboço move-se em direção do centro neste primeiro estágio, porém muito pouco.

Logo que o punção continua a descer, uma ação de ***endireitamento*** ocorre no esboço que foi previamente curvado sobre o raio da matriz, como mostra a Figura 16.20(3). O metal no fundo do copo, assim como ao longo do raio do punção, foi movido para baixo com o punção. O metal que foi curvado sobre o raio da matriz, porém, deve, agora, ser endireitado a fim de ser puxado através da folga e formar a parede cilíndrica do copo. Ao mesmo tempo, mais metal deve ser adicionado para substituir aquele empregado na parede do copo. Esse novo metal vem da borda externa do esboço. O metal nas porções externas do esboço é ***puxado*** em direção à abertura da matriz para reabastecer o metal previamente curvado e endireitado, que, agora, dá forma à parede cilíndrica. Esse tipo de fluxo de metal através de um espaço restrito consiste em um processo de estampagem.

Durante esse estágio do processo, o atrito e a compressão exercem papéis importantes no flange do esboço. Para que o material no flange se mova em direção à abertura da matriz, é necessário vencer o ***atrito*** entre a chapa e as superfícies do prensa-chapas e da matriz. No início, predomina a condição de atrito estático, até que o metal começa a deslizar; então, uma vez iniciado o escoamento do metal, o processo fica controlado por uma condição de atrito dinâmico. A intensidade da força de aperto aplicada ao prensa-chapas e as condições de atrito nas duas interfaces de contato são fatores determinantes quanto ao êxito desses aspectos tribológicos na operação de estampagem. Lubrificantes ou misturas são geralmente usados para reduzir as forças de atrito. Além do atrito, a ***compressão*** na direção circunferencial também ocorre na extremidade da borda do flange do esboço. À medida que o metal nessa região do esboço é puxado em direção ao centro, o perímetro externo do flange torna-se menor. Visto que o volume do metal se mantém constante durante a deformação plástica, a espessura do esboço no flange é comprimida na direção circunferencial e torna-se mais espessa com a redução de seu perímetro externo. Isto sempre resulta em enrugamento na porção do esboço remanescente no flange, sobretudo quando se conformam chapas finas, ou quando a força do prensa-chapas é muito baixa. Essa é uma condição que não pode ser mais corrigida, uma vez que ocorreu enrugamento. Os efeitos de atrito e compressão estão ilustrados na Figura 16.20(4).

A força de aperto aplicada pelo prensa-chapas é agora vista como um fator crítico na estampagem profunda. Se ela for muito baixa, ocorrerá o enrugamento. Se for muito alta, impedirá que o metal escoe de forma adequada em direção à abertura da matriz, resultando em estiramento e possivelmente em rasgamento da chapa metálica. A determinação apropriada da força de aperto envolve cuidadoso balanço desses fatores conflitantes.

O movimento progressivo de descida do punção resulta em escoamento contínuo do metal causado pela estampagem e compressão do esboço. Ademais, ocorre *afinamento* da parede do copo, como mostrado na Figura 16.20(5). Na operação de estampagem, a força sendo aplicada pelo punção se opõe à deformação plástica do metal do esboço e ao atrito deste com as interfaces de contato. Uma parcela da deformação inclui o estiramento e o afinamento do metal, assim que ele é puxado através da abertura da matriz. Até 25 % de afinamento pode ocorrer na parede lateral da peça, em uma operação de estampagem realizada com êxito, a maior parte próxima ao fundo do copo.

16.3.2 ANÁLISE DA ESTAMPAGEM

É importante dispor do conhecimento das limitações da quantidade de deformação que pode ser realizada em uma operação de estampagem. Isso é sempre auxiliado por medidas básicas, que podem ser facilmente calculadas para uma dada operação. Ademais, as forças de estampagem e as forças do prensa-chapas são importantes variáveis de processo. Enfim, o tamanho de partida do esboço deve ser igualmente determinado.

Medidas de Estampagem Uma das medidas de severidade de uma operação de estampagem profunda é a *razão limite de estampagem* r_{le}. Ela é definida de forma mais fácil para uma forma cilíndrica como a razão entre o diâmetro do esboço D_e e o diâmetro do punção D_p. Na forma de equação,

$$r_{le} = \frac{D_e}{D_p}$$ (16.10)

A razão limite de estampagem fornece uma indicação, embora uma aproximação grosseira, da severidade de uma dada operação de estampagem. Quanto maior é essa razão, mais severa é a operação. Um valor aproximado para o limite superior da *razão limite de estampagem* r_{le} é igual 2,0. O valor limite real para uma dada operação depende dos raios de adoçamento do punção e da matriz (R_p e R_m), condições de atrito, profundidade da peça e características do metal do esboço (por exemplo, ductilidade, grau de direcionalidade de propriedades de resistência no metal).

Outro modo de caracterizar uma determinada operação de estampagem é pela *redução r*, em que

$$r = \frac{D_e - D_p}{D_e}$$ (16.11)

a qual se relaciona com a razão de estampagem. Em concordância com o valor limite da razão ($r_{le} = 2,0$), o valor da redução r deve ser menor que 0,50.

Uma terceira medida na estampagem profunda é a *razão espessura-diâmetro* t/D_e (espessura do esboço de partida t dividida pelo diâmetro do esboço D_e). Normalmente expressa em porcentagem, é desejável que a razão t/D_e seja maior que 1 %. Assim que t/D_e decresce, a tendência de ocorrer enrugamento (Subseção 16.3.4) aumenta.

Nos casos em que esses limites da razão de estampagem, redução e razão t/D_e são excedidos no projeto de uma peça estampada, o esboço deve ser conformado em dois ou mais estágios, às vezes com recozimento entre os estágios.

Conformação de Chapas Metálicas **391**

**Exemplo 16.3
Estampagem
de copo**

Uma operação de estampagem é usada para conformar um copo cilíndrico com diâmetro interno igual a 75 mm e altura igual a 50 mm. O esboço de partida tem diâmetro de 138 mm e espessura inicial de 2,4 mm. Com bases nesses dados, a operação pode ser realizada?

Solução: Para acessar a facilidade de execução, determinamos a razão de estampagem e a razão espessura-diâmetro.

$$r_{le} = \frac{138}{75} = 1,84$$

$$r = \frac{138 - 75}{138} = 0,4565 = 45,65 \text{ %}$$

$$\frac{t}{D_e} = \frac{2,4}{138} = 0,017 = 1,7 \text{ %}$$

De acordo com essas medidas, a operação pode ser realizada. A razão limite de estampagem é menor que 2,0, a redução é menor que 50 %, e a razão t/D_e é maior que 1 %. Essas recomendações gerais são frequentemente usadas para indicar a viabilidade técnica.

Forças A *força de estampagem* necessária para realizar uma determinada operação pode ser estimada pela seguinte equação:

$$F = \pi D_p t (LRT)\left(\frac{D_e}{D_p} - 0,7\right) \tag{16.12}$$

em que F é a força de estampagem, N; t é a espessura inicial do esboço, mm; LRT é o limite de resistência à tração, MPa; e D_e e D_p são os diâmetros de partida do esboço e do punção, respectivamente, mm. A constante 0,7 é um fator de correção para levar em conta os efeitos de atrito. A Equação 16.12 estima a força máxima na operação. A força de estampagem varia ao longo do movimento de descida do punção, usualmente atingindo valor máximo em cerca de 1/3 de seu curso.

A *força de aperto* é fator importante em uma operação de estampagem. Como uma aproximação grosseira, a pressão de aperto pode ser considerada igual a 0,015 do limite de escoamento do material de chapa [9]. Esse valor é então multiplicado pela porção de área do esboço de partida, que deve ser mantida pelo prensa-chapas. Na forma de equação,

$$F_h = 0,015 LE \pi\left\{D_e^2 - \left(D_p + 2,2t + 2R_m\right)^2\right\} \tag{16.13}$$

em que F_h é a força de aperto na estampagem, N; LE é o limite de escoamento do material da chapa, MPa; t é a espessura inicial do esboço, mm; R_m é o raio de adoçamento da matriz, mm; e os outros termos já foram definidos. A força de aperto é usualmente cerca de 1/3 da força de estampagem [10].

**Exemplo 16.4
Forças na
estampagem**

Para a operação do Exemplo 16.3, determine (a) a força de estampagem e (b) a força de aperto, conhecidos os valores do limite de resistência à tração = 300 MPa e o limite de escoamento = 175 MPa do material da chapa (aço de baixo carbono). O raio de adoçamento da matriz é igual a 6 mm.

Solução: (a) A força máxima de estampagem é dada pela Equação (16.12):

$$F = \pi(75)(2,4)(300)\left(\frac{138}{75} - 0,7\right) = \mathbf{193.396 \text{ N}}$$

(b) A força de aperto é estimada pela Equação (16.13):

$$F_h = 0,015(175)p\left\{138^2 - \left(75 + 2,2 \times 2,4 + 2 \times 6\right)^2\right\} = \mathbf{86.824 \text{ N}}$$

Determinação do Tamanho do Esboço Para obtenção das dimensões finais do produto de forma cilíndrica é necessário o diâmetro correto do esboço de partida. Ele deve ser grande o suficiente para fornecer material necessário às dimensões desejadas do copo. Ainda, se existe material em excesso, a operação resultará na criação de sucata desnecessária. Para outras formas de peças diferentes de copos cilíndricos, existe o mesmo problema de estimativa do tamanho do esboço de partida, porém somente a forma do esboço pode ser outra, que não a circular.

O seguinte método é aceitável para estimar o diâmetro do esboço de partida em uma operação de estampagem profunda que produz uma peça cilíndrica (por exemplo, um copo e formas mais complexas, desde que possuam simetria axial). Considerando que o volume do produto final é o mesmo que o volume do esboço metálico de partida, então o diâmetro do esboço pode ser calculado a partir da igualdade entre o volume do esboço de partida e o volume final do produto para obter como solução o diâmetro D_e. Para facilitar os cálculos, assume-se frequentemente que ocorre um afinamento desprezível de espessura na parede da peça.

16.3.3 OUTRAS OPERAÇÕES DE ESTAMPAGEM

Nossa discussão teve foco em uma operação convencional de estampagem de copo, que produz uma forma cilíndrica simples em um único estágio e usa o prensa-chapas para facilitar o processo. Nesta subseção, vamos considerar algumas variações dessa operação básica.

Reestampagem Se a mudança desejada de forma pelo projeto da peça for muito severa (razão de estampagem muito alta), a conformação completa da peça poderá ser realizada em mais de um estágio de estampagem. O segundo estágio de estampagem, e qualquer outro estágio de estampagem que for necessário, recebe a denominação de *reestampagem*, conforme mostra a Figura 16.21.

Quando o projeto da peça indica uma razão de estampagem muito grande para conformar a peça em um único estágio, apresentamos uma recomendação geral sobre a quantidade de redução que poderá ser obtida em cada operação de estampagem [10]: Para a primeira estampagem, a máxima redução do esboço de partida deverá ser de 40 % a 45 %; para a segunda estampagem (primeira reestampagem), a máxima redução deverá ser de 30 %; para a terceira estampagem (segunda reestampagem), a máxima redução deverá ser de 16 %.

Uma operação semelhante é a *estampagem reversa*, na qual uma peça estampada é posicionada com a face interna para baixo, para que a segunda operação de estampagem produza uma configuração como a mostrada na Figura 16.22. Embora possa parecer que a estampagem reversa produziria uma deformação mais severa que a reestampagem, na verdade é mais fácil para o metal. A razão é que o esboço metálico na estampagem

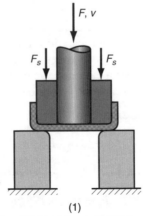
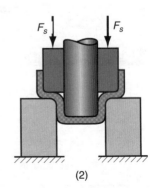

FIGURA 16.21
Reestampagem de um copo: (1) início da reestampagem, e (2) fim do curso. Símbolos: v = velocidade do punção, F = força aplicada ao punção, F_s = força aplicada ao prensa-chapas.

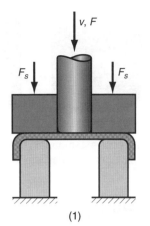
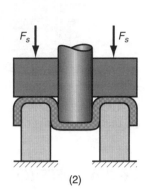

FIGURA 16.22 Estampagem reversa: (1) início e (2) finalização. Símbolos: v = velocidade do punção, F = força aplicada ao punção, F_s = força aplicada ao prensa-chapas.

(1)   (2)

reversa é curvado na mesma direção nas partes externa e interna dos raios de adoçamento da matriz; enquanto, na reestampagem, o metal é curvado nas direções opostas nos dois raios de adoçamento. Por causa dessa diferença, o esboço experimenta menor encruamento na estampagem reversa, e a força de estampagem é inferior.

Estampagem de Outras Formas Muitos produtos necessitam de formas diferentes de copos cilíndricos. A variedade de formas de peças inclui caixas quadradas e retangulares (como as pias), copos escalonados, cones, copos com fundos esféricos em vez de planos, e formas curvadas irregulares (como em painéis da carroceria de automóveis). Cada uma dessas formas apresenta problemas técnicos singulares de estampagem. Eary e Reed [2] fornecem uma discussão detalhada da estampagem desses tipos de formas.

Estampagem sem Prensa-Chapas Uma das primeiras funções do prensa-chapas (ou fixador de chapa) é evitar o enrugamento no flange durante a estampagem de copo. A tendência ao enrugamento é reduzida conforme a razão espessura-diâmetro do esboço (*blank*) aumenta. Se a razão t/D_e é grande o suficiente, a estampagem poderá ser realizada sem um prensa-chapas, como mostra a Figura 16.23. A condição limitante para esse tipo de estampagem pode ser estimada pelo seguinte [5]:

$$D_e - D_p < 5t \tag{16.14}$$

A matriz de estampagem deverá ter a forma de funil ou cone para permitir que o material seja devidamente estampado em sua cavidade. Quando a estampagem sem prensa-chapas é factível, ela apresenta vantagens, como custo de ferramenta inferior e prensa mais simples, pois dispensa a necessidade de controle de movimentos do prensa-chapas e punção separadamente.

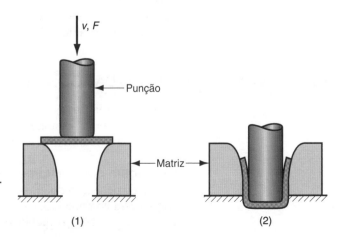

FIGURA 16.23 Estampagem sem prensa-chapas: (1) início de processo e (2) fim de curso. Os símbolos v e F indicam movimento e força aplicada, respectivamente.

(1)   (2)

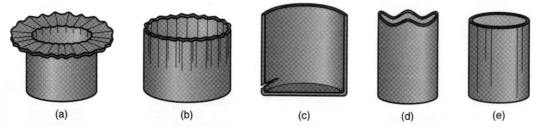

FIGURA 16.24 Defeitos comuns em peças estampadas: (a) enrugamento pode ocorrer no flange ou (b) na parede, (c) rasgamento, (d) orelhamento, e (e) riscos na superfície.

16.3.4 DEFEITOS DE ESTAMPAGEM

A estampagem de chapas metálicas é uma operação mais complexa que o corte ou o dobramento, e mais coisas podem dar errado. Diversos defeitos podem ocorrer em um produto estampado, e já fizemos alusão a alguns desses defeitos. Segundo uma lista de defeitos comuns, com os aspectos esquematizados na Figura 16.24:

(a) *Enrugamento no flange.* O enrugamento em uma peça estampada consiste em uma série de rugas, que se formam radialmente no flange não estampado da peça de trabalho devido a tensões compressivas que conduzem à instabilidade.

(b) *Enrugamento na parede.* Se e quando um flange enrugado for estampado em um copo, essas rugas aparecerão na parede vertical do copo.

(c) *Rasgamento.* O rasgamento é uma trinca aberta na parede vertical, usualmente próximo ao fundo do copo estampado, devido a elevadas tensões trativas que causam afinamento e fratura do metal nessa região. Esse tipo de falha poderá também ocorrer quando o metal for puxado sobre um canto vivo da matriz.

(d) *Orelhamento.* É a formação de irregularidades (chamadas de *orelhas*) na borda superior de um copo obtido por estampagem profunda, provocadas pela anisotropia plástica da chapa metálica. Se o material da chapa for perfeitamente isotrópico, não ocorrerá a formação de orelhas.

(e) *Riscos nas superfícies.* Riscos ou arranhões superficiais poderão ocorrer no estampo se o punção e a matriz não forem lisos, ou se a lubrificação for insuficiente.

16.4 Outras Operações de Conformação de Chapas Metálicas

Além do dobramento e da estampagem, muitas outras operações de conformação de chapas podem ser realizadas em prensas convencionais. Elas são classificadas como (1) operações realizadas com ferramental rígido e (2) operações realizadas com ferramental elástico.

16.4.1 OPERAÇÕES REALIZADAS COM FERRAMENTAL RÍGIDO

As operações realizadas com ferramental rígido incluem (1) estampagem com estiramento de parede, (2) cunhagem e estampagem em relevo, (3) corte e estampagem para fabricar ressaltos na chapa (*lancing*), e (4) torcimento.

Estampagem com Estiramento de Parede Na estampagem profunda, o flange é comprimido pela ação do movimento radial do esboço em direção à abertura da matriz. Devido a essa compressão, a região próxima à borda livre do esboço fica mais espessa, à medida que o esboço metálico é empurrado para baixo pela ação do punção. Se a

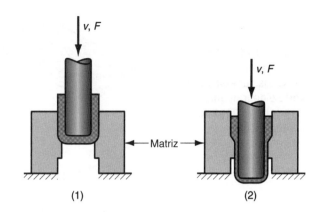

FIGURA 16.25 Processo de estampagem com estiramento de parede em um copo cilíndrico: (1) início do processo; e (2) durante a conformação. Observe o afinamento e o alongamento das paredes do copo. Os símbolos *v* e *F* denotam o movimento e a força aplicada, respectivamente.

espessura do esboço nessa região for maior que a folga entre o punção e a matriz, ela será comprimida ao tamanho dessa folga, processo conhecido como **estampagem com estiramento de parede**.

Às vezes, o estiramento de parede é conduzido em uma etapa posterior à estampagem. Este caso está ilustrado na Figura 16.25. O estiramento fornece um copo cilíndrico com espessura de parede mais uniforme. A peça conformada é, portanto, mais longa e eficiente com relação ao aproveitamento de material. Latas de bebidas e cartuchos de artilharia – dois itens de alta taxa de produção – empregam a estampagem com estiramento de parede entre suas etapas de processamento que visam ao uso econômico de material.

Cunhagem e Estampagem em Relevo A cunhagem é um processo de deformação volumétrica discutido no capítulo anterior. É frequentemente usado em trabalhos de chapas metálicas para conformar mossas e seções com ressaltos na peça. As mossas conduzem ao afinamento da chapa de metal, e os ressaltos levam ao espessamento do metal.

Estampagem em relevo é uma operação de conformação usada para criar mossas na chapa, tais como inscrições em relevo ou nervuras de enrijecimento, conforme ilustrado na Figura 16.26. O processo envolve estiramento e afinamento da chapa metálica. Pode-se assemelhar à cunhagem. Porém, as matrizes de estampagem em relevo possuem cavidades com contornos positivo e negativo, o punção contém o contorno positivo, e a matriz tem o contorno negativo, enquanto as matrizes de cunhagem podem ter cavidades muito diferentes nas duas partes, provocando assim uma deformação mais importante que a estampagem em relevo.

Corte e Estampagem para Fabricar Ressaltos (*Lancing*) É uma operação combinada de corte e dobramento ou corte e conformação, realizada em um único estágio, para separar parcialmente o metal da chapa. Alguns exemplos são mostrados na Figura 16.27. Entre outras aplicações, é usada para produzir persianas em chapas metálicas para sistemas de aquecimento e ar-condicionado em construções.

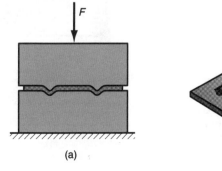

FIGURA 16.26 Gravação em relevo: (a) seção transversal da configuração do punção e matriz durante a prensagem; e (b) peça acabada com os frisos em relevo.

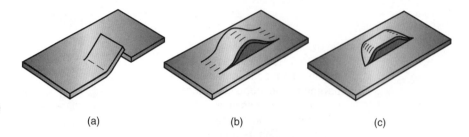

FIGURA 16.27 Corte e estampagem para fabricar ressaltos: (a) etapas de corte e dobramento, (b) e (c) dois tipos de corte e conformação.

Torcimento Trata-se de uma operação que submete a chapa metálica a um carregamento de torção no lugar de um dobramento, causando, portanto, uma torção na chapa em torno de seu comprimento. Esse tipo de operação tem aplicações muito restritas. O torcimento é usado para produzir peças, como pás de ventiladores e pás de hélices. Pode ser realizado em ferramentas convencionais compostas de punção e matriz, que são projetadas para deformar a peça na forma desejada.

16.4.2 OPERAÇÕES REALIZADAS COM FERRAMENTAL ELÁSTICO

As duas operações aqui discutidas são realizadas em prensas convencionais, porém o ferramental é incomum, uma vez que usa um elemento flexível (uma borracha ou um elastômero similar) para efetuar a operação de conformação. As operações são (1) o processo Guerin e (2) a hidroconformação.

Processo Guerin Esse processo usa uma almofada espessa de borracha (ou outro material flexível) para conformar a chapa sobre um bloco de forma positiva, como mostrado na Figura 16.28. A almofada de borracha é confinada em um contêiner de aço. Quando o pistão desce, a borracha envolve gradualmente a chapa, aplicando uma pressão para deformá-la na forma do bloco de modelagem (ou matriz). Esse processo é limitado a formas relativamente rasas, pois as pressões desenvolvidas pela borracha – até cerca de 10 MPa – não são suficientes para evitar o enrugamento em peças mais profundas.

A vantagem do processo Guerin é o custo relativamente baixo do ferramental. O bloco de modelagem pode ser feito de madeira, plástico, ou outros materiais fáceis de dar forma, e a almofada de borracha pode ser usada com diferentes moldes de conformação. Esses fatores tornam a conformação por elastômeros viável para a produção em pequena escala, tal como na indústria aeronáutica, em que o processo foi desenvolvido.

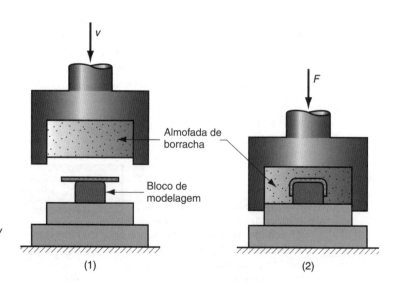

FIGURA 16.28 Processo Guerin: (1) antes e (2) depois. Os símbolos *v* e *F* indicam movimento (a velocidade) e a força aplicada, respectivamente.

Conformação de Chapas Metálicas **397**

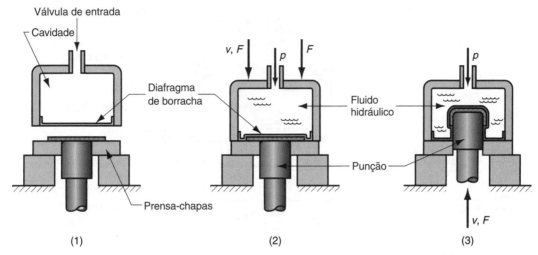

FIGURA 16.29 Processo de hidroconformação: (1) início, sem fluido na cavidade; (2) prensa fechada, e cavidade pressurizada com fluido hidráulico; e (3) punção pressionado contra o esboço de trabalho para conformar a peça. Símbolos v = velocidade, F = força aplicada, p = pressão hidráulica.

Hidroconformação É similar ao processo Guerin; a diferença é que emprega um diafragma de borracha pressionado com fluido hidráulico no lugar de uma almofada espessa de elastômero, como ilustrado na Figura 16.29. Isso permite que a pressão que conforma a peça seja aumentada – para cerca de 100 MPa –, prevenindo, portanto, o enrugamento em peças conformadas com maiores profundidades. Na verdade, peças mais profundas podem ser obtidas mediante o processo de hidroconformação em comparação à estampagem profunda convencional. Isso ocorre porque a pressão uniforme na hidroconformação força o esboço de trabalho a ter contato com o punção ao longo de todo o seu comprimento, aumentando assim o atrito e reduzindo as tensões de tração que causam rasgamento no fundo do copo estampado.

16.5 Matrizes e Prensas para Processos de Conformação de Chapas

Nesta seção, são examinados o ferramental de conformação de chapas, constituído de punção e matriz, e os equipamentos de produção usados nos processos convencionais de conformação de chapas.

16.5.1 MATRIZES

Quase todas as operações anteriores de trabalhos em prensas são realizadas com ferramental convencional de punção e matriz. O ferramental é denominado *matriz*. Ele é projetado sob medida para uma dada peça ser produzida. O termo *matriz de estampar* (ou *estampo*) é, às vezes, usado para matrizes de alta produção. Os materiais típicos para as matrizes de estampar são os aços ferramenta dos tipos D, A, O e S (Subseção 5.1.1).

Componentes de uma Matriz de Estampar Os componentes de uma matriz de estampar, para realizar uma operação simples de recorte de chapas, estão ilustrados na Figura 16.30. Os componentes de trabalho são o *punção* e a *matriz*, os quais realizam a operação de corte. Eles são fixados nas porções superior e inferior do *conjunto da matriz de estampar*, chamados respectivamente de *suporte do punção* (ou *porta-punção*) e *suporte da matriz* (ou *porta-matriz*). O conjunto inclui, ainda, os pinos guia e

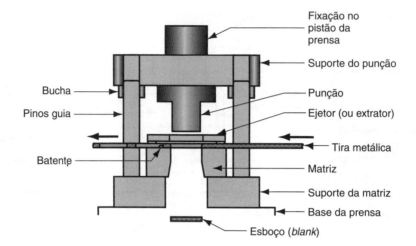

FIGURA 16.30
Componentes de um punção e uma matriz em operação de recorte de chapas.

buchas para assegurar o alinhamento adequado entre o punção e a matriz durante a operação de estampagem. O suporte da matriz é fixado na base da prensa, e o suporte do punção é fixado no pistão hidráulico da prensa. A atuação do pistão realiza a operação da prensa de trabalho.

Além desses componentes, uma matriz usada para recorte ou puncionamento de furos deve ter um meio de prevenção para evitar que a chapa metálica fique presa ao punção quando este for removido para cima, ao término da operação. O furo recém-criado no metal tem a mesma dimensão que o diâmetro do punção, o que tende a aderir ao punção durante seu afastamento. O dispositivo na matriz que desmonta a chapa metálica do punção é chamado de *ejetor* (ou *extrator*). Em geral, é uma placa simples fixada na matriz, como na Figura 16.30, com um furo ligeiramente maior que o diâmetro do punção.

Em matrizes que processam tiras e bobinas de chapas metálicas, é necessário um dispositivo para deter a chapa metálica, à medida que ela avança através da matriz entre os ciclos da prensa. Esse dispositivo é chamado de *batente*. Os batentes variam desde pinos sólidos situados na trajetória da tira para bloquear seu movimento a ré, até mecanismos sincronizados mais complexos para subir e retrair com a atuação da prensa. O batente mais simples é mostrado na Figura 16.30.

Existem outros componentes em matrizes de estampar, porém a descrição precedente fornece uma introdução à terminologia empregada em prensas de trabalho usadas para a conformação de chapas.

Tipos de Matrizes de Estampar Além das diferenças nas matrizes de estampar relacionadas às realizações de suas operações (por exemplo, corte, dobramento, estampagem), outras diferenças dizem respeito ao número de operações isoladas a serem conduzidas em cada atuação da prensa e como estas podem ser realizadas.

A matriz de estampar, considerada anteriormente nesta subseção, realiza uma única operação de recorte a cada percurso da prensa e é chamada de *matriz simples*. Outras matrizes que realizam uma única operação incluem matrizes em V (Subseção 16.2.1). Matrizes de estampar em prensas de trabalho mais complicadas incluem matrizes compostas, matrizes combinadas e matrizes progressivas. Uma *matriz composta* executa duas operações em uma única posição, como recorte e puncionamento, ou recorte e estampagem [2]. Bom exemplo é uma matriz composta para corte e puncionamento de uma arruela. Uma *matriz combinada* é pouco comum; ela realiza duas operações em duas posições distintas na matriz. Exemplos de aplicações incluem recorte em duas partes diferentes da peça (por exemplo, nos lados direito e esquerdo da peça), ou recorte e, então, dobramento da mesma peça [2].

Uma *matriz para conformação progressiva* realiza duas ou mais operações em uma bobina de chapa metálica, em duas ou mais posições a cada percurso da prensa. A peça é fabricada progressivamente. A bobina é alimentada de uma posição para a outra, e ope-

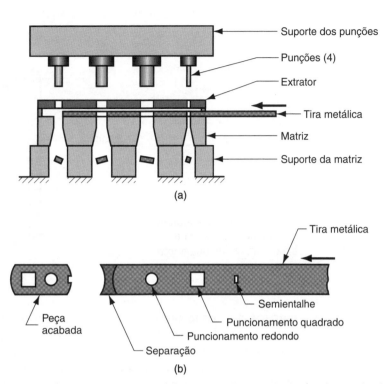

FIGURA 16.31 (a) Matriz progressiva e (b) desenvolvimento da tira (ou *layout* da chapa) correspondente.

rações diferentes (por exemplo, puncionamento, entalhamento, dobramento e recorte) são realizadas em cada estágio. Quando a peça sai do último estágio, ela é completada e separada (cortada) do restante da bobina. O projeto de uma matriz progressiva se inicia com o desenho da peça na tira ou na bobina e a determinação de quais operações serão realizadas em cada estágio. O resultado desse procedimento é chamado de **layout de chapa** ou **desenvolvimento da tira**. Uma matriz para conformação progressiva e um *layout* de chapa correspondente estão ilustrados na Figura 16.31. Matrizes progressivas podem ter mais de uma dezena de estágios. Elas são as matrizes de estampagem mais complicadas e de maior custo, justificadas economicamente apenas para peças complexas que exigem múltiplas operações em altas taxas de produção.

16.5.2 PRENSAS

A prensa usada para a transformação de chapas metálicas é uma máquina-ferramenta com uma **base** estacionária e um êmbolo **percutor** (ou **martelo**), que pode ser movido em direção à fundação para realizar diversas operações de corte e conformação. Uma prensa típica, com seus principais componentes, está esquematizada na Figura 16.32. As posições relativas da base e do êmbolo percutor são estabelecidas pela **estrutura**, e o êmbolo percutor é acionado por força mecânica ou hidráulica. Quando uma matriz é montada na prensa, o suporte do punção é fixado ao êmbolo percutor, e o suporte da matriz é preso à placa suporte na base da prensa.

As prensas estão disponíveis para uma variedade de capacidades, sistemas de forças e tipos de estrutura. A capacidade da prensa é sua habilidade em fornecer força e energia necessárias para completar a operação de estampagem. Isso é determinado pela dimensão física da prensa e seu sistema de força. O sistema de força faz referência à questão se a força mecânica ou hidráulica foi empregada e o tipo de acionamento usado para transmitir força ao êmbolo percutor. A taxa de produção é outro aspecto importante de capacidade. O tipo de estrutura se refere à construção física da prensa. Existem dois tipos de estruturas de uso corrente: em "colo de cisne", ou corpo em C, e montante direito.

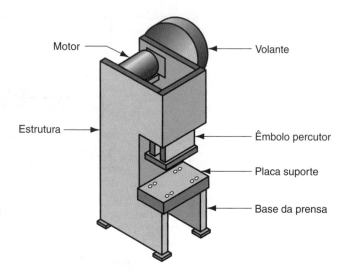

FIGURA 16.32 Componentes de uma prensa típica de estampagem (acionamento mecânico).

Prensas de Corpo em C   A *estrutura em "colo de cisne"* tem uma configuração na forma da letra C e é usualmente denominada *corpo* ou *estrutura em C*. Prensas de corpo em C fornecem bom acesso à matriz e são em geral abertas na parte de trás, permitindo a extração de peças estampadas ou de aparas. Os tipos de prensas em C são: (a) estrutura sólida em C, (b) inclinável com traseira aberta, (c) prensa viradeira, e (d) prensa de perfuração.

A *estrutura sólida em C* (às vezes chamada simplesmente de *prensa em C*) possui construção em uma única peça, como mostrado na Figura 16.32. As prensas com esse tipo de estrutura são rígidas, a forma em C permite ainda o acesso adequado pelas laterais para alimentação de tiras ou bobinas metálicas. Essas prensas estão disponíveis em uma gama de tamanhos, com capacidades que variam até 9000 kN. O modelo mostrado na Figura 16.33 possui capacidade de 1350 kN. A prensa *em C de base ajustável* é uma variação da prensa de corpo em C, em que uma fundação (base) ajustável é adicionada

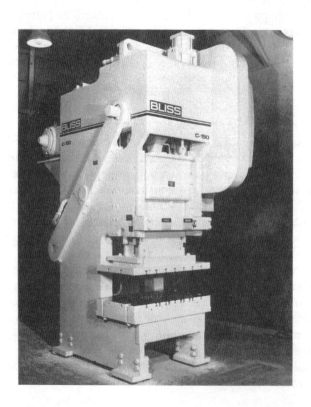

FIGURA 16.33 Prensa com corpo em C para conformação de chapas metálicas. (A foto é cortesia de BCN Technology Services.) Capacidade = 1350 kN.

para acomodar diversos tamanhos de matrizes. A prensa *inclinável com traseira aberta* tem uma estrutura em C montada em uma fundação (base), de modo que a estrutura pode ser inclinada para trás seguindo vários ângulos, para que as peças possam cair por gravidade através da abertura traseira. As capacidades dessas prensas variam entre 1 t até cerca de 2250 kN. Elas podem ser operadas em altas velocidades – até cerca de 1000 golpes por minuto.

A *prensa viradeira* é uma prensa de armação em C, com uma base muito larga, como mostrado na Figura 16.34. Isto permite que matrizes separadas (matrizes simples de dobramento em V são as mais comuns) sejam montadas na mesa, de modo que pequenas quantidades de peças possam ser feitas economicamente. Essas pequenas quantidades de peças, às vezes necessitando de múltiplas dobras de diferentes ângulos, requerem uma operação manual. Para a peça que exige uma série de dobras, o operador move o esboço de partida por meio da sequência desejada de matrizes de dobramento, atuando a prensa em cada matriz, para completar o trabalho demandado.

Enquanto as prensas viradeiras são bastante adaptadas às operações de dobramento, as *prensas de perfuração* são destinadas às situações nas quais deve ser realizada uma sequência de puncionamento, entalhamento e operações relacionadas ao corte em peças de chapas metálicas, como na Figura 16.35. As prensas de perfuração têm uma estrutura em C, embora essa construção não esteja tão evidente na Figura 16.36. O martelo convencional com o punção é substituído por uma torre porta-ferramentas contendo vários punções de diferentes formas e tamanhos. A torre trabalha pela divisão (rotação) até a posição de manutenção do punção para realizar a operação desejada. Abaixo da torre porta-punção, existe uma torre porta-matriz, que posiciona a abertura da matriz para cada punção. Entre o punção e a matriz está o esboço de chapa metálica, mantido por um sistema de posicionamento em *x-y* que opera por controle numérico computadorizado (Seção 34.3). O esboço é movido para a posição da coordenada requerida para cada operação.

FIGURA 16.34 Prensa viradeira. (A foto é cortesia da Strippit, Inc.)

FIGURA 16.35 Várias peças de chapas metálicas produzidas em uma prensa perfuratriz, exemplificando a variedade de formas de furos possíveis. (A foto é cortesia da Strippit, Inc.)

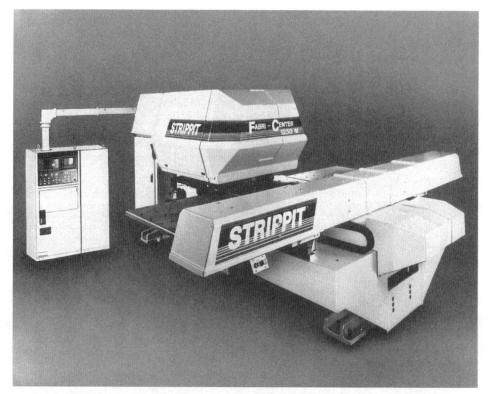

FIGURA 16.36 Prensa de perfuração com CNC (Controle Numérico Computadorizado). (A foto é cortesia da Strippit, Inc.)

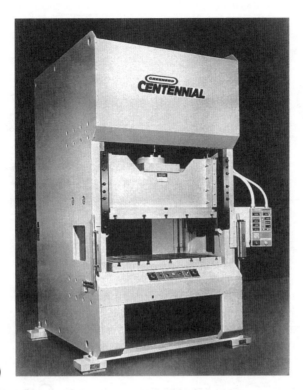

FIGURA 16.37 Prensa com estrutura em montantes retos. (A foto é cortesia da Greenerd Press & Machine Company, Inc.)

Prensas com Estrutura em Montantes Retos Para trabalhos que requerem capacidade de cargas elevadas são necessárias prensas com armações de grande rigidez estrutural. Prensas com estrutura em montantes retos têm lados cheios, o que confere a elas a aparência de uma caixa como na Figura 16.37. Essa construção aumenta a resistência e a rigidez da estrutura. Por conseguinte, prensas com estrutura em montantes retos têm capacidades disponíveis de até 35.000 kN para trabalhos de conformação de chapas metálicas. Prensas maiores desse tipo de estrutura também são usadas para o forjamento (Seção 15.3).

Em todas essas prensas, prensas em C e com montantes retos, as dimensões estão relacionadas diretamente com a capacidade de carga. Prensas grandes são construídas para suportar forças mais elevadas no trabalho de prensas. A dimensão da prensa é também relacionada com a velocidade segundo a qual ela pode operar. Prensas menores são geralmente capazes de maiores taxas de produção do que as prensas grandes.

Sistemas de Forças e Acionamento Os sistemas de forças nas prensas são tanto hidráulicos quanto mecânicos. As *prensas hidráulicas* usam um pistão grande e um cilindro para acionar o martelo. Esse sistema de forças normalmente fornece golpes do martelo mais longos que os acionamentos mecânicos, e podem desenvolver a capacidade completa de carga por meio de todo o golpe ou curso do martelo. Contudo, é mais lento. Sua aplicação em conformação de chapas está normalmente limitada à estampagem profunda e a outras operações de conformação em que essas características de carga-curso são mais vantajosas. Essas prensas estão disponíveis com um ou mais cursores de acionamento independentes, e são chamadas de simples efeito (cursor único), duplo efeito (dois cursores), e assim por diante. As prensas de duplo efeito são úteis em operações de estampagem profunda, em que se requer um controle independente das forças do punção e de aperto do prensa-chapas.

Vários tipos de mecanismos de acionamento são usados nas *prensas mecânicas*, incluindo excêntricos, eixos de manivelas e articulações de pinos, ilustrados na Figura 16.38. Eles convertem o movimento de rotação de um motor de acionamento em movimento linear do martelo. Um *volante* é usado para armazenar a energia do motor de acionamento a ser empregada na operação de estampagem. Prensas mecânicas que

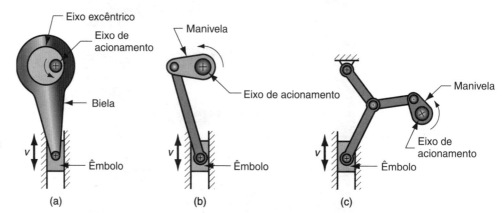

FIGURA 16.38 Tipos de acionamento em prensas de conformação de chapas: (a) excêntrico, (b) eixo de manivela, e (c) articulação de pinos.

usam esses acionamentos atingem forças muito altas no fim de seus golpes e são, portanto, bastante adequadas para operações de recorte e puncionamento. A articulação de pinos fornece uma força muito elevada quando essa prensa alcança o fim de curso e, portanto, é frequentemente usada em operações de cunhagem.

16.6 Operações de Conformação de Chapas Metálicas Não Realizadas em Prensas

Algumas operações em chapas metálicas não são realizadas com as prensas convencionais. Nesta seção, examinamos vários desses tipos de processos: (1) conformação por estiramento, (2) processos de conformação por rolos e de calandragem, (3) repuxamento, e (4) processos de conformação a altas taxas de energia.

16.6.1 CONFORMAÇÃO POR ESTIRAMENTO

A conformação por estiramento é um processo de deformação de chapas, no qual o esboço metálico é intencionalmente estirado e, ao mesmo tempo, curvado para obter a mudança de forma desejada. Esse processo está ilustrado na Figura 16.39 para uma curvatura gradual e relativamente simples. A peça de trabalho é apertada por um ou mais mordentes em cada extremidade e, então, é estirada e curvada sobre uma matriz positiva que contém a forma desejada. O metal é tensionado em tração em um nível acima de seu limite de escoamento. Quando o carregamento em tração é removido, o metal foi deformado plasticamente. A combinação de estiramento e dobramento resulta em um retorno elástico de modo relativamente pequeno na peça. Uma estimativa da força ne-

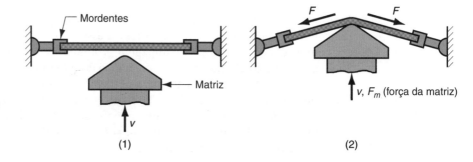

FIGURA 16.39 Conformação por estiramento: (1) início do processo; (2) a matriz de conformação é pressionada contra o esboço com a força F_m, provocando seu estiramento e dobramento sobre o molde. F = força de estiramento.

cessária na conformação por estiramento pode ser obtida multiplicando a área da seção transversal da chapa, na direção em que esta é puxada, pela tensão de escoamento do metal. Em forma de equação,

$$F = Lt\sigma_e \qquad (16.15)$$

em que F é a força de estiramento, N; L é o comprimento da chapa na direção perpendicular ao estiramento, mm; t é a espessura instantânea do metal, mm; e σ_e é a tensão de escoamento do metal de trabalho, MPa. A força da matriz F_m mostrada na figura pode ser determinada pelo equilíbrio das componentes de forças na direção vertical.

Contornos mais complexos que o mostrado na figura são possíveis a partir da conformação por estiramento, porém existem limitações em quão fechadas as curvas na chapa podem ser. A conformação por estiramento é largamente usada nas indústrias aeronáutica e aeroespacial para produzir, de forma mais econômica, grandes peças de chapas metálicas em pequenas quantidades características dessas indústrias.

16.6.2 CALANDRAGEM E CONFORMAÇÃO POR ROLOS

As operações descritas nesta subseção usam rolos para conformar a chapa metálica. A *calandragem* é uma operação na qual (usualmente) grandes peças de chapas finas e chapas grossas de metal são conformadas em seções curvas por meio da ação de rolos. Um arranjo comum de rolos está ilustrado na Figura 16.40. À medida que a chapa passa entre os rolos, eles são conduzidos uns em relação aos outros para uma configuração que forneça o raio de curvatura desejado na peça. Componentes para grandes tanques de armazenamento e vasos de pressão são fabricados por calandragem. A operação pode também ser usada para dobrar ou curvar perfis estruturais, trilhos de ferrovias e tubos.

Uma operação relacionada é o *desempeno por calandragem*, em que chapas empenadas (ou outras formas de seção transversal) são endireitadas ao serem passadas por uma série de rolos. Os rolos submetem o metal a uma sequência decrescente de pequenos dobramentos em direções opostas, provocando assim o endireitamento da chapa na saída.

A *conformação por rolos* (também chamada de *perfilamento*) é um processo de dobramento contínuo, no qual rolos opostos são usados para produzir seções longas na forma de perfis a partir de bobinas ou chapas de metal. Diversos pares de rolos são usualmente necessários para completar progressivamente o dobramento do esboço ao perfil desejado. O processo é ilustrado na Figura 16.41 para um perfil com seção U. Produtos feitos por conformação de rolos incluem canaletas, calhas, seções laterais de

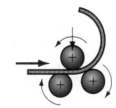

FIGURA 16.40 Calandragem.

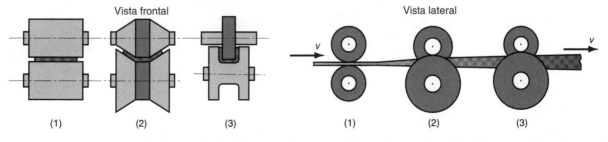

FIGURA 16.41 Perfilamento de um canal de seção contínua: (1) rolos retos, (2) conformação parcial e (3) conformação final.

metal (para casas), canos e tubos com costuras, e várias seções de perfis estruturais. Embora a conformação por rolos tenha o aspecto geral de uma operação de laminação (o ferramental é bastante similar), a diferença é que a conformação por rolos envolve dobramento em vez de compressão do metal.

16.6.3 REPUXAMENTO

Repuxamento é um processo de conformação de metais, no qual uma peça com simetria axial é gradualmente conformada sobre um mandril ou molde por meio de uma ferramenta arredondada ou um rolete. A ferramenta ou rolete aplica uma pressão localizada (quase um contato pontual) para deformar o metal por movimentos axiais e radiais sobre a superfície da peça. As geometrias fabricadas pelo repuxamento podem ser copos, cones, hemisférios e tubos. Existem três tipos de operações de repuxamento: (1) repuxamento convencional, (2) repuxamento com deformação por cisalhamento, e (3) repuxamento de tubos.

Repuxamento Convencional Trata-se da operação básica de repuxamento. Como ilustrado na Figura 16.42, um disco de chapa metálica (*blank*) é fixado contra a extremidade de um mandril rotativo, o qual possui a forma desejada para a peça final, enquanto a ferramenta ou o rolete deforma o metal contra o mandril. Em alguns casos, o esboço de partida tem forma diferente de um disco plano. O processo requer uma série de passos, como indicado na figura, para completar a mudança de forma exigida pela peça. A posição da ferramenta pode ser controlada tanto por um operador, por meio de um ponto de apoio para obter o braço de alavanca necessário, como por um método automático, tal como o controle numérico. Essas alternativas são conhecidas como ***repuxamento manual*** e ***repuxamento mecânico***. O repuxamento mecânico tem a capacidade de aplicar maiores forças à operação, resultando em tempos de ciclos mais rápidos e capacidade de maiores tamanhos de esboço de trabalho. Esse processo também fornece melhor controle que o repuxamento manual.

O repuxamento convencional dobra o metal em torno de um eixo com movimento rotativo para conformá-lo à superfície externa do mandril axissimétrico. A espessura do metal permanece, portanto, inalterada (levemente maior ou menor) em relação à espessura do disco de partida. O diâmetro do disco deve então ser um pouco maior que o diâmetro da peça a ser conformada. O diâmetro de partida necessário pode ser obtido assumindo o volume constante, antes e depois do repuxo.

As aplicações do repuxamento convencional são encontradas na fabricação em pequenas quantidades de formas cônicas e curvadas. As peças com diâmetros muito grandes – até 5 m ou mais – podem ser produzidas por repuxamento. Processos alternativos de conformação de chapas demandariam elevados custos para confecção de matrizes. O mandril de conformar pode ser feito de madeira ou outros materiais macios, que são

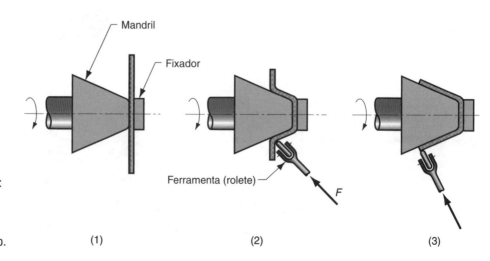

FIGURA 16.42
Repuxamento convencional:
(1) montagem no início do processo;
(2) durante o repuxamento;
e (3) finalização do processo.

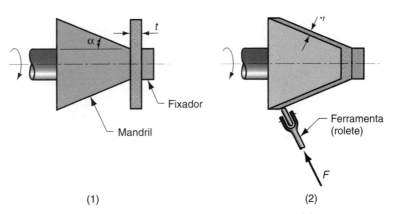

FIGURA 16.43 Repuxamento com deformação por cisalhamento: (1) montagem, e (2) finalização do processo.

fáceis de modelar. É, portanto, um ferramental de baixo custo, comparado ao punção e matriz necessários na estampagem profunda; logo, o repuxamento é um processo substituto para algumas peças.

Repuxamento com Deformação por Cisalhamento Neste caso, a peça é conformada sobre o mandril por processo com deformação por cisalhamento, no qual o diâmetro externo permanece inalterado, e a espessura da parede é reduzida, como mostrado na Figura 16.43. Essa deformação por cisalhamento (e consequente afinamento do metal) distingue esse processo da ação exclusiva de dobramento do repuxamento convencional. Vários nomes são usados para repuxamento com deformação por cisalhamento, incluindo os termos em inglês *flow turning*, *shear forming*, e *spin forging*. O processo de repuxamento com deformação por cisalhamento tem sido aplicado na indústria aeroespacial para a fabricação de grandes peças, tais como o nariz cônico de foguetes.

Para a forma cônica simples na Figura 16.43, a espessura resultante da parede do repuxado pode ser determinada pela relação da lei dos senos:

$$t_f = t \operatorname{sen} \alpha \qquad (16.16)$$

em que t_f é a espessura final da parede após o repuxamento, mm; t é a espessura inicial do disco, mm; e α é o ângulo do mandril (na verdade, a metade do ângulo). O afinamento é, às vezes, quantificado pela redução de repuxamento r:

$$r = \frac{t - t_f}{t} \qquad (16.17)$$

Há limites de quantidade de afinamento que o metal suportará na operação de repuxamento antes que ocorra a fratura. A máxima redução correlaciona-se bem com a redução de área em um ensaio de tração simples [9].

Repuxamento de Tubos É usado para reduzir a espessura da parede e aumentar o comprimento de um tubo por meio da ação de um rolete de conformação sobre um mandril cilíndrico, como na Figura 16.44. O repuxamento de tubos é similar ao repuxamento com deformação por cisalhamento, exceto pelo fato de o metal de partida ser um tubo em vez de um disco plano. A operação pode ser realizada pela ação de rolete na peça externamente (usando um mandril cilíndrico na parte interna do tubo) ou internamente (usando uma matriz para circundar o tubo). Além disso, também é possível gerar perfis nas paredes dos cilindros, como na Figura 16.44(c), por meio do controle da trajetória do rolete conforme ele se movimenta tangencialmente ao longo da parede do tubo.

A redução de repuxamento para uma operação de repuxamento tubular que produz uma espessura de parede uniforme pode ser determinada como no repuxamento com deformação por cisalhamento por meio da Equação (16.17).

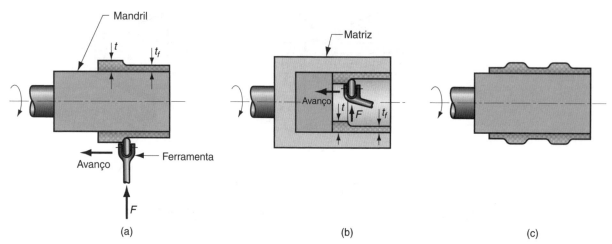

FIGURA 16.44 Repuxamento de tubos: (a) externo, (b) interno e (c) perfilagem.

16.6.4 CONFORMAÇÃO A ALTAS TAXAS DE ENERGIA

Vários processos têm sido desenvolvidos para conformar metais com o emprego de grandes quantidades de energia em intervalo de tempo muito pequeno. Graças a essa característica, as operações são chamadas de processos de ***conformação a altas taxas de energia*** (*high-energy-rate forming*, HERF em inglês). Entre eles podem-se citar conformação por explosivos, conformação eletro-hidráulica e conformação eletromagnética.

Conformação por Explosivos Esta faz uso de carga explosiva para dar forma à chapa fina (ou chapa grossa) em uma cavidade de uma matriz. Um método de implementação desse processo está ilustrado na Figura 16.45. A peça é fixada e vedada em torno da matriz, e, em seguida, um vácuo é criado na cavidade da matriz. O conjunto é então colocado em um recipiente grande contendo água, e uma carga de explosivo é posicionada a certa distância, acima do esboço metálico. A detonação da carga resulta em uma onda de choque, cuja energia é transmitida pela água para causar a rápida conformação da peça na cavidade da matriz. A quantidade de carga explosiva e a distância segundo a qual ela é posicionada acima da peça são requisitos de grande experiência e conhecimento. A conformação por explosivos é reservada para grandes peças, típicas da indústria aeroespacial.

Conformação Eletro-Hidráulica Trata-se de um processo a uma alta taxa de energia, no qual uma onda de choque, para deformar o esboço contra a cavidade da matriz, é gerada pela descarga de energia elétrica entre dois eletrodos submersos em um fluido de

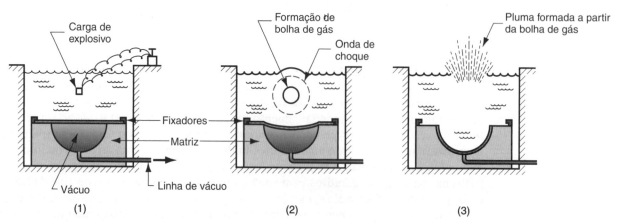

FIGURA 16.45 Conformação por explosivos: (1) montagem, (2) detonação do explosivo, e (3) onda de choque conforma a peça e a pluma através da superfície d'água.

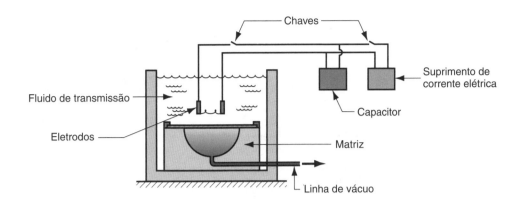

FIGURA 16.46 Montagem da conformação eletro-hidráulica.

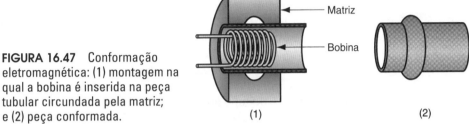

FIGURA 16.47 Conformação eletromagnética: (1) montagem na qual a bobina é inserida na peça tubular circundada pela matriz; e (2) peça conformada.

transmissão (água). Em razão desse princípio de operação, o processo é também conhecido por ***conformação por descarga elétrica***. Sua montagem está ilustrada na Figura 16.46. A energia elétrica é acumulada em grandes capacitores e então liberada para os eletrodos. A conformação eletro-hidráulica é similar à conformação por explosivos. A diferença está no método de geração de energia e nas pequenas quantidades de energia que são liberadas, o que limita a conformação eletro-hidráulica a peças de tamanhos muito menores.

Conformação Eletromagnética Também chamada de ***conformação por pulso magnético***, é um processo no qual uma chapa metálica é deformada pela força mecânica de um campo eletromagnético, induzido na peça por meio de uma bobina energizada. Esse campo gera correntes parasitas na peça, que produzem seus próprios campos magnéticos. O campo induzido se opõe ao campo primário, produzindo uma força mecânica que deforma a peça contra uma cavidade que a circunda. Desenvolvida na década de 1960, a conformação eletromagnética é o processo de conformação a altas taxas de energia mais comumente empregado [10]. Em geral, é usada para conformar peças tubulares, como ilustrado na Figura 16.47.

16.7 Curvamento de Tubos

Discutimos diversos métodos de produção de tubos no capítulo anterior, e o repuxamento de tubos na Subseção 16.6.3. Examinaremos nesta seção os métodos de curvamento de tubos. É mais difícil curvar tubos do que chapas, porque um tubo tende a colapsar e dobrar quando tentativas de curvá-lo são feitas. Mandris flexíveis especiais são usualmente inseridos no tubo antes do curvamento para apoiar as paredes durante a operação.

Alguns dos termos de curvamento de tubos são definidos na Figura 16.48. O raio de curvatura R é definido com respeito à linha de centro do tubo. Quando o tubo é dobrado, a parede interna do tubo é comprimida e a parede externa é tracionada. Essas condições de tensões causam afinamento e alongamento da parede externa e espessamento e encurtamento da parede interna. Como resultado disso, há uma tendência de as paredes interna e externa serem forçadas uma em direção a outra causando o achatamento da seção transversal do tubo. Por causa dessa tendência de achatamento, o mínimo raio de curvatura R em que o tubo pode ser dobrado é em torno de 1,5 vez o diâmetro D

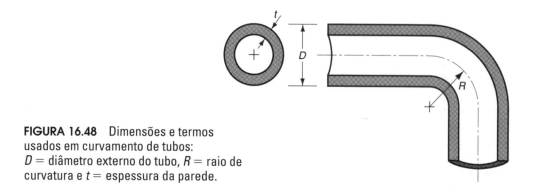

FIGURA 16.48 Dimensões e termos usados em curvamento de tubos: D = diâmetro externo do tubo, R = raio de curvatura e t = espessura da parede.

quando um mandril é usado, e 3 vezes D quando não se usa o mandril [10]. O valor exato depende do fator de parede FP, o qual é o diâmetro D dividido pela espessura da parede t. Valores altos de FP aumentam o raio de curvatura mínimo, isto é, o curvamento de tubos é mais difícil para paredes finas. A ductilidade do material de trabalho também é um fator importante no processo.

Vários métodos para curvar tubos (ou seções similares) são ilustrados na Figura 16.49. O *curvamento por estiramento* (*stretch bending*) é realizado por tracionamento e dobramento do tubo ao redor de um bloco moldador fixo, como na Figura 16.49(a). O *curvamento em matriz giratória* (*draw bending*) é realizado por fixação do tubo contra

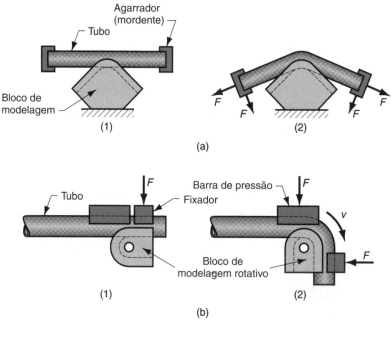

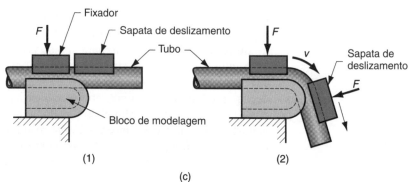

FIGURA 16.49 Métodos de curvamento de tubos: (a) curvamento por estiramento (*stretch bending*), (b) curvamento em matriz giratória (*draw bending*), e (c) curvamento por compressão (*compression bending*). Para cada método: (1) início do processo, e (2) durante o curvamento. Os símbolos *v* e *F* indicam movimento e força aplicada, respectivamente.

Conformação de Chapas Metálicas **411**

um bloco de modelagem (ou matriz), e em seguida o tubo é tracionado por meio de rotação do bloco, o que causa o curvamento do tubo, como mostrado em (b). Uma barra de pressão é empregada para apoiar o metal durante o curvamento. No *curvamento por compressão* (*compression bending*), uma sapata de deslizamento é usada para que o tubo envolva o contorno de um bloco de modelagem fixo, como em (c). *Calandragem* (Subseção 16.6.2), geralmente associada à conformação de chapas, também é usada para curvar tubos e outras seções transversais.

Referências

[1] *ASM Handbook*, Vol. 14B: *Metalworking: Sheet Forming*, ASM International, Materials Park, Ohio, 2006.

[2] Eary, D. F., and Reed, E. A. *Techniques of Pressworking Sheet Metal*, 2nd ed. Prentice-Hall, Inc., Englewood Cliffs, New Jersey, 1974.

[3] Hoffman, E. G. (ed.). *Fundamentals of Tool Design*, 2nd ed. Society of Manufacturing Engineers, Dearborn, Michigan, 1984.

[4] Hosford, W. F., and Caddell, R. M. *Metal Forming: Mechanics and Metallurgy*, 3rd ed. Cambridge University Press, Cambridge, UK, 2007.

[5] Kalpakjian, S., and Schmid, S. *Manufacturing Processes for Engineering Materials*, 5th ed. Prentice Hall/Pearson, Upper Saddle River, New Jersey, 2007.

[6] Lange, K. *Handbook of Metal Forming*. Society of Manufacturing Engineers, Dearborn, Michigan, 2006.

[7] Mielnik, E. M. *Metalworking Science and Engineering*. McGraw-Hill, New York, 1991.

[8] Nee, J. G. (ed.). *Fundamentals of Tool Design*, 6th ed. Society of Manufacturing Engineers, Dearborn, Michigan, 2010.

[9] Schey, J. A. *Introduction to Manufacturing Processes*, 3rd ed. McGraw-Hill, New York, 2000.

[10] Wick, C., et al. (eds.). *Tool and Manufacturing Engineers Handbook*, 4th ed. Vol. II, *Forming*. Society of Manufacturing Engineers, Dearborn, Michigan, 1984.

Questões de Revisão

16.1 Cite os três tipos básicos de operações de conformação de chapas.

16.2 Em operações convencionais de conformação de chapas, (a) quais são os nomes dados às ferramentas e (b) qual é o nome da máquina-ferramenta usada nas operações?

16.3 No recorte de uma peça circular de chapa metálica, a folga é aplicada ao diâmetro do punção ou ao diâmetro de abertura da matriz?

16.4 Qual é a diferença operacional entre corte de tiras com e sem aparas?

16.5 Qual é a diferença entre uma operação de entalhamento e uma operação de semientalhamento?

16.6 Descreva cada um dos dois tipos de operações de dobramento de chapas: dobramento em V e dobramento de flange.

16.7 A curvatura admissível é proposta para compensar qual efeito?

16.8 O que é retorno elástico no dobramento de chapas metálicas?

16.9 Defina a estampagem no contexto da conformação de metais.

16.10 Quais são as medidas simples de serem realizadas que servem para avaliar a facilidade de execução de uma operação de estampagem profunda de um copo?

16.11 Qual é a diferença entre os processos de reestampagem e estampagem reversa?

16.12 Quais são os defeitos mais comuns encontrados em peças estampadas?

16.13 O que é uma operação de estampagem em relevo?

16.14 O que é conformação por estiramento?

16.15 Identifique os principais componentes de uma matriz de estampar que realiza recorte.

16.16 Quais são os dois tipos de estruturas usadas em prensas de estampagem?

16.17 Quais são as vantagens e desvantagens das prensas mecânicas comparadas às prensas hidráulicas na conformação de chapas metálicas?

16.18 O que é o processo Guerin?

16.19 Identifique o principal problema técnico em curvamento de tubos.

16.20 Estabeleça a distinção entre calandragem e conformação por rolos.

Problemas

As respostas dos Problemas com indicação **(A)** estão listadas no Apêndice, na parte final do livro.

Operações de Corte

16.1 Um tesourão mecânico é usado para cortar um aço doce laminado a frio com espessura de 3,2 mm. Qual folga deve ser ajustada às tesouras para fornecer um corte ótimo?

16.2 Uma matriz composta será usada para recorte e puncionamento de uma arruela grande a partir de uma chapa de liga de alumínio 6061ST com 3,2 mm de espessura. O diâmetro externo da arruela é 25,0 mm, e o diâmetro interno é 12,0 mm. Determine (a) os tamanhos do punção e da matriz para a operação de recorte, e (b) os tamanhos do punção e da matriz para a operação de puncionamento.

16.3 Uma matriz de recorte deve ser projetada para recortar a peça mostrada na Figura P16.3. A chapa metálica de 4 mm de espessura é de aço inoxidável (com média dureza). Determine as dimensões do punção de recorte e da abertura da matriz.

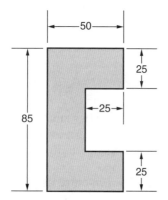

FIGURA P16.3 Peça recortada para o Problema 16.3 (dimensões em milímetros).

16.4 Determine a capacidade mínima de prensa para realizar as operações de recorte e puncionamento do Problema 16.3, considerando as seguintes condições: (a) que as operações de recorte e puncionamento sejam realizadas simultaneamente e (b) que os punções estejam defasados, de modo que o puncionamento ocorra primeiro e, em seguida, seja realizado o recorte. A chapa de alumínio tem o limite de resistência à tração igual a 350 MPa.

16.5 Determine a capacidade de prensa necessária para realizar a operação de recorte do Problema 16.4, considerando que o aço inoxidável tenha o limite de escoamento igual a 275 MPa,

a resistência ao cisalhamento igual a 450 Mpa, e o limite de resistência à tração igual a 650 MPa.

16.6 O responsável por uma seção de prensas de estampar apresenta a você um problema de produção de rebarbas excessivas em uma operação de recorte. (a) Quais são as possíveis razões para a ocorrência dessas rebarbas e (b) o que pode ser feito para corrigir essa condição?

Dobramento

16.7 **(A)** Uma operação de dobramento deve ser realizada em uma chapa de aço laminado a frio com espessura de 5,0 mm. A peça estampada é mostrada na Figura P16.7. Determine as dimensões necessárias do esboço de partida (*blank*).

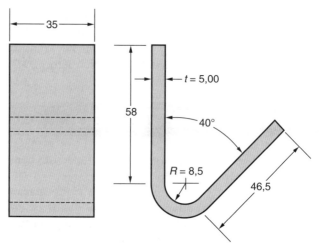

FIGURA P16.7 Peça em operação de dobramento para o Problema 16.7 (dimensões em milímetros).

16.8 Resolva o Problema 16.7, considerando, porém, o raio de curvatura $R = 10,5$ mm.

16.9 Uma operação de dobramento deve ser realizada em uma chapa de aço laminado a frio com espessura igual a 4,0 mm, largura igual a 25 mm e comprimento de 100 mm. A chapa é dobrada em torno da direção de sua largura e, portanto, o raio de curvatura é igual a 25 mm. A peça de chapa metálica resultante do processo tem ângulo agudo de 30° e raio de curvatura de 6 mm. Determine (a) a tolerância de curvatura e (b) o comprimento da linha neutra da peça após o dobramento.

16.10 **(A)** Determine a força de dobramento necessária ao Problema 16.7, se a curvatura deve ser realizada em matriz em V com uma abertura de 40 mm. O aço usado tem o limite de resistência à tração de 350 MPa e resistência ao cisalhamento de 250 MPa.

16.11 Resolva o Problema 16.10. Considere, porém, que a operação seja realizada usando uma matriz de deslizamento com uma abertura de matriz igual a 28 mm.

16.12 Uma peça de chapa metálica de 4 mm de espessura, 65 mm de comprimento e 20 mm de largura é dobrada em uma matriz em V para um ângulo incluso igual a 60° e um raio de curvatura de 7,5 mm. O dobramento é feito no meio do comprimento de 65 mm e, portanto, o raio de curvatura é igual a 20 mm. O metal tem o limite de escoamento igual a 220 MPa e o limite de resistência à tração de 340 MPa. Calcule a força necessária para dobrar a peça, dado que a abertura da matriz tem dimensão de 12 mm.

Operações de Estampagem

16.13 Derive uma expressão para a redução r na estampagem em função da razão limite de estampagem r_{le}.

16.14 (A) Um copo cilíndrico deve ser conformado por meio de uma operação de estampagem profunda. A altura do copo é igual a 75 mm, e seu diâmetro interno é igual a 100 mm. A espessura do esboço metálico de partida é igual a 2 mm. Se o diâmetro do esboço de partida for igual a 225 mm, determine (a) a razão limite de estampagem, (b) a redução e (c) a razão espessura-diâmetro. (d) A operação pode ser realizada?

16.15 Resolva o Problema 16.14. Considere, porém, o diâmetro do esboço de partida igual a 175 mm.

16.16 (A) Em uma operação de estampagem profunda, o diâmetro interno do copo cilíndrico é igual a 80 mm e sua altura é igual a 50 mm. A espessura inicial do esboço é igual a 3 mm, e o diâmetro do esboço de partida é igual a 150 mm. Os raios de adoçamento do punção e da matriz são iguais a 4 mm. A chapa metálica tem o limite de escoamento igual a 180 MPa, o limite de resistência à tração é igual a 400 MPa. Determine (a) a razão limite de estampagem, (b) a redução, (c) a força de estampagem, e (d) a força de aperto do prensa-chapas.

16.17 (A) Uma operação de estampagem é realizada em um metal de 3,2 mm de espessura. A peça é um copo cilíndrico com altura de 40 mm e diâmetro interno igual a 60 mm. Assuma que o raio de adoçamento do punção seja igual a zero. (a) Encontre o diâmetro inicial necessário ao esboço de partida D_e. (b) A operação de estampagem é viável?

16.18 Resolva o Problema 16.17, porém para uma altura de copo igual a 50 mm.

16.19 (Unidades do SI) Resolva o Problema 16.17, porém para um raio de adoçamento do punção igual a 10 mm.

16.20 O contramestre da seção de estampagem de uma fábrica traz consigo diversas amostras de peças que foram conformadas nessa fábrica. As amostras têm vários defeitos. Uma tem orelhas, outra apresenta rugas, e uma terceira tem rasgos em seu fundo. Quais são as causas de cada um desses defeitos e quais seriam as ações que você proporia para remediá-los?

Outras Operações

16.21 (A) Determine o diâmetro necessário do disco de partida (*blank*) para o repuxamento da peça mostrada na Figura P16.21, usando uma operação de repuxamento convencional. A espessura inicial é igual a 2,4 mm.

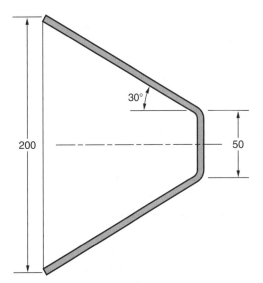

FIGURA P16.21 Seção transversal de peça de operação de repuxamento convencional para o Problema 16.21 (dimensões em milímetros).

16.22 Se a peça ilustrada na Figura P16.21 fosse fabricada por meio de repuxamento com deformação por cisalhamento, determine (a) a espessura da parede na porção em forma de cone e (b) a redução de repuxamento r.

16.23 Determine a deformação por cisalhamento ocorrida no metal no Problema 16.22.

16.24 Um tubo de diâmetro igual a 75 mm é curvado em uma forma muito complexa com uma série de operações simples de curvatura de tubos. A espessura da parede do tubo é igual a 4,75 mm. Esses tubos são usados para transporte de fluidos de uma indústria química. Em um dos curvamentos, cujo raio de curvatura é igual a 125 mm, as paredes do tubo estão seriamente achatadas. O que pode ser feito para corrigir essa condição?

APÊNDICE
Respostas para os Problemas Selecionados

Capítulo 1 INTRODUÇÃO E VISÃO GERAL DE MANUFATURA
1.1 (a) $C_{eq} = \$0,635/min$, (b) $C_{eq} = \$0,212/min$

1.4 (a) $T_c = 9,01$ min, (b) $R_p = 5,16$ peças/hora, (c) $C_{pc} = \$14,23/peça$

1.8 (a) $R_p = 42,85$ peças/min, (b) $C_{pc} = \$2,215/peça$

1.11 (a) $R_p = 8,40$ peças/hora, (b) $q = 6,15$ %, (c) $A = 92,9$ %

Capítulo 2 A NATUREZA DOS MATERIAIS
Não há problemas neste capítulo

Capítulo 3 PROPRIEDADES MECÂNICAS DOS MATERIAIS
3.1 (a) $LE = 480$ MPa, (b) $E = 184,5(10^3)$ MPa, (c) $LRT = 870$ MPa, (d) $AL = 34,6$ %, (e) $RA = 47$ %

3.3 $n = 0,223, K = 337,15$ MPa

3.15 (a) $F = 246.144$ N, (b) $F = 429.165$ N

3.16 $F = 11.250$ N

3.20 $\eta = 0,008$ Pa-s

Capítulo 4 PROPRIEDADES FÍSICAS DOS MATERIAIS
4.2 $T_2 = 91,1$ °C

Capítulo 5 MATERIAIS DE ENGENHARIA
Não há problemas neste capítulo

Capítulo 6 DIMENSÕES, SUPERFÍCIES E SUAS MEDIDAS
6.1 (a) Dimensão nominal do calibrador passa = 49,812 mm, (b) dimensão nominal do calibrador não passa = 50,188 mm

Capítulo 7 FUNDAMENTOS DA FUNDIÇÃO DE METAIS
7.1 Calor necessário $H = 19.082.756$ J

7.2 (a) $v = 1981$ mm/s, (b) $Q = 594.273$ mm³/s, (c) $T_{EM} = 2,02$ s

7.5 Alongamento por 300 mm = 8,008 mm

7.9 $T_{TS} = 127,9$ s

7.14 $D = 47,5$ mm

Capítulo 8 PROCESSOS DE FUNDIÇÃO DE METAIS
8.1 $F_f = 111,3$ N

8.3 $FG = 72,4$

8.6 (a) $FG = 68,54$, (b) sim, (c) $V = 0,01254$ m³

Capítulo 9 PROCESSAMENTO DOS VIDROS
Não há problemas neste capítulo

Capítulo 10 PROCESSOS DE CONFORMAÇÃO PARA PLÁSTICOS
10.1 $Q_x = 22,43(10^{-6})$ m³/s

10.5 (a) $Q_x = 86,2(10^{-6}) - 1,926(10^{-12})p$ (p em Pa), (b) $K_s = 0,9467(10^{-12})$ m⁵/Ns, (c) $p = 30$ MPa, $Q_x = 28,4(10^{-6})$ m³/s

10.6 $D_c = 153,06$ mm

10.9 (a) $t_m = 0,423$ mm, (b) diâmetro interno do *parison* = 20,7 mm

Capítulo 11 PROCESSAMENTO DE COMPÓSITOS DE MATRIZ POLIMÉRICA E BORRACHA
Não há problemas neste capítulo

Capítulo 12 METALURGIA DO PÓ
12.1 (a) $TP = 0,043$ mm, (b) proporção de espaço aberto = 30,27 %

12.4 (a) $K_s = 12,75$, (b) $K_s = 8,65$

12.5 Aumento percentual na área superficial total = 999.200 %

12.8 $F = 129.600$ N

Capítulo 13 PROCESSAMENTO DE MATERIAIS CERÂMICOS E CERMETOS
Não há problemas neste capítulo

Capítulo 14 FUNDAMENTOS DA CONFORMAÇÃO DOS METAIS
14.1 $\sigma_e = 165$ MPa, $\overline{\sigma}_e = 138$ MPa

14.6 $K = 287$ MPa, $n = 0,2664$

Capítulo 15 PROCESSOS DE CONFORMAÇÃO VOLUMÉTRICA DE METAIS
15.1 (a) $\mu = 0,129$, (b) $v_f = 88,85$ m/min, (c) $s = 0,0475$

15.5 (a) $F = 4.516.481$ N, (b) $T = 123.684$ N-m, (c) $P = 206$ kW

15.9 (a) $F = 228.745$ N, (b) $F = 760.989$ N, (c) $F = 1.106.315$ N

15.12 (a) $h_f = 22,2$ mm, (b) $F = 189.469$ N

15.15 (a) $r_e = 6,25$, (b) $\epsilon = 1,833$, (c) $\epsilon_e = 3,366$, (d) $p = 2564$ MPa, (e) $F = 11.327.752$ N

15.17 (a) $r_e = 6,545$, (b) $K_e = 1,057$, (c) $L = 3,109$ m, (d) $F = 15,34$ MN

15.24 (a) $r = 0,294$, (b) $\sigma_t = 67,3$ MPa, (c) $F = 233$ N

Capítulo 16 CONFORMAÇÃO DE CHAPAS METÁLICAS
16.7 Dimensões do *blank*: $w = 35$ mm, $L = 129,30$ mm

16.10 $F = 10.183$ N

16.14 (a) $r_{le} = 2,25$, (b) $r = 55,5$ %, (c) $t/D_e = 0,89$ %, (d) não pode ser realizada

16.16 (a) $r_{le} = 1,875$, (b) $r = 0,46$, (c) $F = 354.418$ N, (d) $F_h = 114.942$ N

16.17 (a) $D_e = 114,9$ mm, (b) a operação de estampagem não é viável porque o raio de adoçamento do punção $R_p = 0$

16.21 $D = 350$ mm

414

ÍNDICE

A

Abrasivos, 10, 15, 102-104
Acabamento
  cerâmicas, 10, 174, 175, 313
  de superfície. *Veja* Rugosidade
    superficial
  geral, 136, 137
  metalurgia do pó, 293
  usinagem, 346
  vidro, 203, 204
Aço(s)
  baixa liga, 91, 92
  -carbono comuns, 90, 91
  definição, 89-95
  ferramenta, 93-95
  inoxidável(is), 92, 93
    austenítico, 53, 81
    ferríticos, 93
  livre de intersticiais, 89
  maraging, 179
  para fundição, 95, 96
  rápido, 296, 297
  tratamentos térmicos, 94
Acrílicos, 111
Acrilonitrila-butadieno-estireno,
  111, 240
Aderência (atrito), 326, 327
Administração científica, 3
Agrafamento, 387
Alongamento (ductilidade), 52
Alumina, 10, 102-104, 119, 305
Alumínio, 96-98, 134, 175, 311
Análise de tempo de ciclo
  geral, 21, 22
  usinagem, 21
Angularidade, 123, 125
Ângulo
  de cisalhamento (usinagem), 381
  de repouso, 284
  de saída, 192, 349
    forjamento, 349
Anodização, 16
Aparamento, 382
Aplainamento, 12
Aramidas, 111
Argila, 10, 102, 103
Arredondamento, 125
Arruela, 398
Aspersão, 247, 258, 259, 272
  com centrifugação (vidro), 202
  revestimento, 223, 224
Atomização, 285, 286
  a gás, 285
  em água, 285
  por centrifugação, 286

Atrito
  conformação de metal, 326, 327
  estampagem de chapa metálica, 389
  extrusão de metal, 358
  laminação, 333
Austenita, 89
Autoclave, 175, 260, 273
Automação
  controle numérico. *Veja* Controle
    numérico direto
  linhas de produção, 3
  manufatura, 2, 3
Automatizada, 18, 228, 237
Avanço (corte)
  definição, 14
  fresamento, 15
  furação, 15
  rugosidade superficial, 136
  torneamento, 15

B

Bancada de trefilação, 368
Batting (cerâmica), 307
Bauxita, 97, 103
Bloco(s), 330, 331
  -padrão, 126
Borazon, 105
Borracha
  butílica, 115
  de butadieno, 115
  de cloropreno (neopreno), 115
  de estireno-butadieno, 115
  de etileno-propileno, 115
  natural, 12, 109, 114, 268, 269
  sintética, 269
Brasagem, 16
Bronze, 99, 191

C

Cabrestante, 369
Cachimbo, 364
Calandragem, 221, 271, 405, 406
Calibres e calibração, 126, 292, 336, 369
Calor
  de fusão, 45, 79, 80, 152
  específico
    definição, 80, 81
    fundição, 149
Capabilidade
  de fabricação, 7, 8
  do processo, 7, 8
  tecnológica de processamento, 7, 8
Capacidade
  de produção, 8
  fabril, 8

Carbeto(s) ou carboneto(s)
  cerâmicos, 104, 118
  de cromo, 92, 118, 313
  de silício, 10
  de titânio, 10
  de tungstênio, geral, 10, 118, 281, 313
  sinterizados, 313
Carbono
  diamante. *Veja* Diamante
  em aço, 91
  em ferro fundido, 9, 90
  fibras de, 120, 254, 265
Caulinita, 102, 103
Cavaco (usinagem de metais), 15
Célula unitária, 39
Cementação (carbonetação), 83, 292
Cementita, 90
Centrifugação
  fundição, 183, 267
  vidros, 198
Cerâmica(s)
  avançadas, 104, 105
  classificação de, 9, 10
  compósitos, 9, 119
  definição, 10, 102
  dureza, 67
  matérias-primas, 102, 103
  processamento de, 303-313
  produtos, 103, 104
  propriedades, 46, 47
  tradicionais, 102-104
  vidro. *Veja* Vidro
Cermetos
  definição, 105
  processamento de, 313-315
Chapa
  de plástico, 243
  metálica, definição, 319, 381, 382
Chapelins, 166
China (país), 28, 29
Chip, circuito integrado, 26
Cilindricidade, 125
Cinta abrasiva, 274, 275
Circularidade, 125
Cisalhamento, 377, 378
Classificação dos processos de
  fabricação, 11
Clivagem, 61
CNC. *Veja* Controle numérico direto
Cobre, 12, 35, 96, 98, 99
Coeficiente de resistência, 55, 56
Colagem
  de barbotina, 306
  drenada, 306
Cominuição, 303
Compasso reto, 127

Índice

Compósito(s)
borracha. *Veja* Elastômeros
cermetos. *Veja* Cermetos
classificação e componentes, 116-118
de matriz
  cerâmica, 117
  metálica, 118, 119
  polimérica
    compostos moldados, 255, 256
    definição, 252
    geral, 253-256
    matérias-primas, 254
    processos de conformação, 256-267
    reforçados com fibras. *Veja* Polímeros reforçados por fibras
definição, 8, 10, 11, 116
propriedades, 117, 118
Concentricidade, 125
Condições de corte (usinagem)
definição, 14
fresamento, 14
furação, 14
retificação, 14
seleção de, 14
torneamento, 14
Condutividade
elétrica, 37, 84, 88
térmica, 80, 81, 88, 155
Conformação
a altas taxas de energia, 408, 409
a frio, 322
a quente, 323
de cabeça por recalque axial, 350
de chapas
  corte, 320
  dobramento, 319
    de tubos, 409-411
  estampagem, 319
  matrizes, 319
  outras operações, 404-409
  prensas, 403
  visão geral, 319
dos metais
  conformação volumétrica. *Veja* Processo de conformação volumétrica
  geral, 317
eletro-hidráulica, 408, 409
eletromagnética, 409
isotérmica, 324
no torno, 307
plástica (cerâmicas), 306-308
por descarga elétrica, 408, 409
por estiramento, 404, 405
por explosivos, 408
por rolos, 405, 406
Consciência ambiental em manufatura, 30

Considerações
econômicas em manufatura, taxa de custo de equipamento, 23-26
sobre o projeto do produto
  cerâmicas, 315, 316
  fundição, 192, 193
  metalurgia do pó, 297-299
  montagem, 30
  plásticos, 247-249
  projeto para manufatura e montagem, 30
  vidros, 204
Contorno, 41, 224, 405
Contração
cerâmicas, 306
cermetos, 306, 309
fundição, 267
moldagem por injeção, 230, 231
Controle
de qualidade, 21
do chão de fábrica, 18, 27
numérico direto, 27
ou comando numérico computadorizado. *Veja* Controle numérico direto
Coríndon, 103
Corte
a arco plasma, 141
abrasivo, 102-104
de chapa metálica, 378, 380
de engrenagem, 187
de metal. *Veja* Usinagem
de roscas, 12
de tiras, 381
  com apara, 381
Costura, 339
Cromo, 40, 86, 91, 315
Cúbica
de corpo centrado (CCC), 39, 40, 42
de faces centradas (CFC), 39, 42
Cubilô, 184, 185
Cunhagem, 292, 347, 395
Cura, compósitos poliméricos, 233, 260
Curva de escoamento, 55, 58, 321, 322
Customização em massa, 27

D

Defeitos
circuitos integrados, 40
estampagem de chapas metálicas, 394
extrusão
  metal, 364
  plástico, 218, 219
    fundição, 167, 175, 188-190
  moldagem por injeção, 230, 231
Deformação
definição, 50
dobramento de chapas metálicas, 319
elástica, 42, 246
em cristais metálicos, 42-44

extrusão de metal, 356
forjamento, 341, 344, 354
laminação, 336
plástica, 42, 377
trefilação, 365
Densidade, 78
Densificação, 292
Deposição
física de vapor, 16
química, 16
  de vapor
    circuitos integrados, 16, 26
    definição, 16
Desbaste (usinagem), 332
Desempeno, 126
Desgaste de ferramenta (usinagem), 326
Desvitrificação, 106, 107
Diagrama de fases
cobre-níquel, 154
ferro-carbono, 89, 90, 92
Diamante
abrasivos de, 313
estrutura, 37, 38
ferramentas de corte, 266
Dielétrico, 84
Difusão de massa, 82, 83
Dimensões, 123, 124
Disponibilidade, 25
Dobramento
de chapa metálica, 383
de flange, 384
de tubos, 409-411
em matriz giratória, 410, 411
  de chapa metálica, 319
  profunda, 389, 390
em V, 383
por compressão, 410
por estiramento, 410
Doctor blade, 312
Ductilidade, 52, 317, 318
Dureza
a quente, 67, 68
Brinell, 63, 65
de materiais, 65-67
definição, 63
ensaios, 63-65
Knoop, 65
Rockwell, 63, 64
Vickers, 64
Durômetro, 65

E

ECM. *Veja* Usinagem eletroquímica
Edging, 343, 344
Elastômeros
definição, 10, 114
importantes, 114-116
processamento da borracha, 108, 109
produção da borracha, 108, 109
produtos, 114, 115

Índice 417

propriedades, 47
termoplásticos, 115, 116
vulcanização. *Veja* Vulcanização
Elementos, 35, 36
de fixação rosqueados, 16
Eletrólise, 85, 287
Eli Whitney, 3
Embarrilamento, 59, 60
Encalcamento, 343
Encapsulamento eletrônico
definição, 245
montagem de placas de circuito
impresso, 16
Encruamento, 44, 55
Endurecimento
por trabalho mecânico, 55
superficial, 258
Engenharia de manufatura
(fabricação), 21
Enrolamento
filamentar, 253, 263-265
reviramento, 387
Ensaio
de compressão, 58, 59
de flexão, 61
de torção, 61
de tração, 49
dureza, 63-65
Entalhamento, 382
Epóxis, 113
Equipamento(s). *Veja*
Máquinas-ferramenta
automáticos para colocação
de fitas, 259
de colocação de fitas, 259
Escala, aço, 127
Escleroscópio, 65
Escorregamento (deslizamento),
deformação, 42
Esmalte de porcelana, 16
Espuma, polímero, 113, 120, 246
Estampagem, 319, 388-395
com estiramento de parede, 394, 395
de copo, 319
em relevo, 395
profunda, 389
reversa, 392
Estanho, 191, 192
Estiramento, 344
Estruturas
amorfas, 34, 44-46, 105
cristalinas, 39-44
Expoente de encruamento, 56
Extrusão
a frio, 354, 356, 357
a quente, 354-357
avante, 355
borracha, 207
cerâmicas, 308
de vidro, 201
direta, 355, 356, 358
hidrostática, 363, 364

indireta, 355, 356
inversa, 356
isotérmica, 357
metais, 318
duros, 361, 362
metalurgia do pó, 295
plásticos, 212-216
por impacto, 357, 362, 363
sobre cilindros resfriados, 220

F
Fabricante contratado, 29
Fase
aço, 89, 90
compósitos, 10
Fator
de compressibilidade (pós), 284
de forma
extrusão
metal, 361
plástico, 214, 215
forjamento, 345
Feldspato, 103
Fenol-formaldeído, 113
Fenólicos, 113, 233
Ferramenta(s)
monocortante(s), 15
máquina. *Veja* Máquinas-ferramenta
Ferramental, geral, 17
Ferrita, 89
Ferro fundido, 9, 89, 90, 95, 96, 190
branco, 96
cinzento, 95, 96
maleável, 96
nodular, 95, 96
Fiação
com fusão, 222
filamentos plásticos, 222, 223
seca, 222, 223
úmida, 223
Fibra(s)
de vidro, 107, 256
definição, 117
em compósitos, 116, 119
plásticos, 119, 120
vidro, 107, 256
Filamento. *Veja* Fibra
Filme plástico, 170
Fixação de peças
furação, 15
mandrilamento, 145
torneamento, 14, 15
Flangeamento, 384, 386
Flocos (compósitos), 117
Fluidez, 68, 152
Fluido newtoniano, 69, 208
Fluxo
brasagem, 16
solda branda, 16
Folga
brasagem, 16

corte de chapas metálicas, 381-383
estampagem, 319
Força(s)
conformação por tração, trefilação
de arame, 365
de corte. *Veja* Força
de London, 38
de van der Waals, 38
dipolares, 38
dobramento de chapa metálica, 383
estampagem, 319
extrusão, 355
forjamento, 318
laminação, 318
metalurgia do pó, 279
retificação, 14
trefilação de barra, 365
usinagem, 14, 15
Forjamento(s)
de metal líquido, 181
de precisão, 346, 347
em matriz
aberta, 340
fechada, 340, 344-346
isotérmico, 354
metal(is), 318
líquido, 181
orbital, 352, 353
pós (metalurgia do pó), 295
radial, 351
rotativo, 351
sem rebarba, 340
Formagem por sopro, 241
Fornos elétricos
em fundição, 184-186
processamento de vidros, 203
sinterização, 291
tratamento térmico, 187, 197
Fratura do fundido, 218
Frederick Taylor, 3
Fresamento
definição, 15
fresas, 15
máquinas-ferramenta, 12
operações, 15
Fundição
aquecimento e vazamento, 149-152
baixa pressão, 177
centrífuga, 181-184
com espuma evaporável, 171
com metal semissólido, 181
de precisão, 172-174
definição, 12, 13, 144-146
em areia, 147-149
em casca, 245
em molde(s)
cerâmico, 175
de gesso, 174, 175
perecíveis, 147, 169-175
permanente sob vácuo, 177
semipermanente, 175, 176

Índice

fábrica, 145, 146
por derretimento (*slush*), 177
por mergulho, 272
semicentrífuga, 183, 184
sob pressão, 148, 178-180
Fundido polimérico, 208
Furação
brocas, 15
CNC, 264
definição, 12
operações relacionadas, 15
placas de circuito impresso, 16
Furo
cego (furação), 12, 14, 15
passante (furação), 15

G
Gabarito, 17
Galvanização, 16
Gastos gcrais, 22, 23
Geometria, peças de metalurgia do pó, 281-283, 297-299
Geradora de engrenagens, 338
Globalização, 28, 29
Grãos e contornos de grão, 44

H
Henry Ford, 3
Hexagonal compacta (HC), 39, 40
Hidroconformação, 397
História
borracha, 12
considerações sobre o projeto do produto, 192, 193
da manufatura, 2
materiais, 12
moldes, 145
plásticos, 12
processos, 12
de conformação, 207
produtos, 2, 3
projeto do produto, 30, 192, 193
qualidade, 145, 188-190
solidificação e resfriamento, 152-159
tecnologia, 12

I
Imperfeições em cristais, 40, 41
Implantação iônica, 16
Impregnação (metalurgia do pó), 292
Inchamento, 209, 237, 238
Inclinável com traseira aberta, 400, 401
Indústrias, 5
de fabricação, 5
Infiltração (metalurgia do pó), 293
Informatização da manufatura, 27
Insertos, ferramenta de corte, 104, 314
Inspeção
fundição, 187
superficial, 140
Instalações de produção, 18-20

Integridade de superfície, 137
Isolantes (elétrica), 84

J
Jateamento com areia, 16
Jaule, 307
Junta(s)
brasada, 16
rosqueada, 16
solda branda, 16
soldada, 16
união por adesivos, 12, 16

K
Kevlar, 111

L
Laminação
a frio, 331
a quente, 330, 333
a úmido, 257
anel, 338
conformação volumétrica, 318, 330-337
contínua, 267
de anéis, 338
de engrenagens, 338
de forja, 351, 352
de perfis, 336
de roscas, 337, 338
de tubos, 267
sem costura, 339
manual, 257
metalurgia do pó, 295
por contato, 256
rosca, 337
vidro, 200
Laminador(es), 336, 337
de tubos com mandril, 339
Latão, 99, 179, 186, 191
Layout de fábrica, 18, 19
Lehr, 203
Lei(s)
de continuidade, 151
de Faraday, 86
de Hooke, 50, 54, 57, 58
Liga eutética, 155
Ligação(ões)
atômica, 37, 38
colagem de *die*, 178
covalente, 37
cruzada, 110
iônica, 37
metálica, 38
primárias, 37, 38
secundárias, 38, 39
união por adesivos, 12
Limite
de escoamento, 51
de resistência à tração, 52, 96
Linha(s)
de fluxo de produção, 20

de montagem, 3, 20, 27
de produção, 20
automatizadas, 18
Líquido super-resfriado, 46
Liquidus, 79, 149, 154, 181
Lubrificantes e lubrificação
cerâmicas, 311
conformação de metal, 326, 327
metalurgia do pó, 288

M
Macho (fundição), 145, 148, 166, 175, 353
Maclação, 42
Magnésio, 97-99
Malhas, 282
Mandril, 218, 264, 370
Mandrilamento, 12, 145
Manufatura
celular, 20
definição, 4, 5
flexível, 27
história, 2, 3
sustentável, 30
verde, 30
Máquinas-ferramenta
aplainamento, 12
definição, 16
estampagem, 16
forjamento, 16, 348
fresamento, 12
fundição sob pressão, 178
furação, 12
moldagem por injeção de plástico, 225, 228-230
prensas. *Veja* Prensa
retificação, 14
serramento, 12
taxa de custo, 23-26
torneamento e mandrilamento, 12
trefilação, 369
Marcas de bambu, 219
Martelo de forjamento, 16, 340, 348, 349
Massa específica, 78
aparente, 284
Massalote (fundição), 148, 159
Materiais
de engenharia
cerâmicas, 10
compósitos, 10, 11
definição, 8
metais, 8, 9
polímeros, 10
propriedades. *Veja* Ligação, estruturas, propriedades
na fabricação, 6, 8-11
Matriz(es)
composta, 398
de estampar, 376, 377, 397, 398
estampagem, 17

extrusão (plástico), 209, 210
forjamento, 15, 17
fundição de *die*, 178
para conformação progressiva, 398, 399
rosqueamento (cossinete ou tarraxa), 210, 211
trefilação, 365
Medição
definição, 124
instrumentos convencionais, 124-133
Metal(is), 8, 9, 13, 39, 46, 65, 66, 84, 88-102
duro
definição, 10, 105
processamento de, 313-315
ferrosos, 9
não ferrosos, 9, 96-101
trabalhado mecanicamente, 89
Metaloides, 35
Metalurgia do pó, 279
Microeletrônica
circuitos integrados, 16
encapsulamento, 245
tendência, 26, 27
Microfabricação, 27, 28
Micrômetro, 128
Microscópios, 107
Microssensores, 27
Misturador *Banbury*, 270
Moagem por impacto, 304, 305
Modelagem manual (argila), 307
Modelo (fundição), 148
Módulo
de cisalhamento, 62
de elasticidade, 50, 51
de *Young*, 50
elástico. *Veja* Módulo de elasticidade
Moinho
de bolas, 304, 305
de rolo, 270, 304, 305
Moldagem(ns)
a vácuo, 170, 171
bi-injeção, 232
compósitos de matriz polimérica, 260-262
compressão, 233-235
de espumas
estruturais, 232, 247
expansíveis, 247
de filmes por extrusão e sopro, 220, 221, 247
de pós por injeção, 294
em casca, 169, 170
em reservatório elástico, 261
pneus, 234
por compressão, 234, 235
por contato, 256
por injeção, 12, 224-233
de espuma, 232

metálica, 294
reativa, 233
por multi-injeção, 232
por pré-forma, 261
por rotação, 240, 241
por sopro, 236-240
com estiramento, 239
com extrusão, 237, 238
com injeção, 238, 239
por transferência, 233-235
de resina, 261
rotacional, 235-241
sanduíche, 232
sopro, 220, 235-241
transferência, 233-235
Molde(s)
aberto, 147, 256-260
compósitos de matriz polimérica, 119, 120
fechado, 260
fundição em areia, 147-149
injeção de plásticos, 353
permanentes (fundição), 148
pneus, 234
termoformagem, 242
Molibdênio, 92
Montagem
de placas de circuito impresso, 11, 16
definição, 16
Muflas, 310

N
Náilons, 111
Nanotecnologia, 27, 28
Near net shape, 15, 146, 280, 290, 322
Negro de fumo, 114, 269
Neopreno, 115
Níquel, 92
Nitretos, 105
cúbico de boro, 105
de boro, 105, 119
de silício, 105
de titânio, 105
Notas históricas
extrusão (metal), 355
forjamento, 2, 339
fundição, 12
de precisão, 172
sob pressão, 178
laminação, 331
máquinas-ferramenta, 3
metalurgia do pó, 281
processos
de conformação para plásticos, 207
de fabricação, 12
produtos de ferro fundido, 190, 191
sistemas
de manufatura, 2
de medição, 125

soldagem, 12
união por adesivos, 12
vidro, 200

O
Ondulação (textura de superfície), 135
Operação(ões)
de processamento, 12-16
unitária, 11
Ortogonalidade, 125
Óxidos, 104, 187
de alumínio, 102, 134

P
Panelas (fundição), 187
Paquímetro
de Vernier, 127, 128
universal, 127
Parafuso(s), 16, 225, 229, 350
Paralelismo, 125
Parison, 199, 237
Peças intercambiáveis, 3
Pele de tubarão, 219
Perfilamento (retificação), 405
Perfuração, 381, 382
Perpendicularidade, 125
Pescoço, 51, 57
Pintura. *Veja* Revestimento orgânico
Placa(s), 165, 212, 219
de circuito impresso, 113
Planejamento
da produção, 21
e controle da produção, 21
Planeza (planicidade), 125
Plásticos. *Veja* Polímeros
Poli
(metilmetacrilato), 111
(tereftalato de etileno), 111
Poliamidas, 111
Polibutadieno, 115
Policarbonato, 111, 119
Policloreto de vinila, 112
Poliéster, 111, 113
Poliestireno, 112
Polietileno, 112
Poli-isopreno, 114
Polimento, 12, 203, 204
Polimerização, 111, 233
Polímero(s), 112, 114. *Veja* Ligação cruzada; Vulcanização
classificação, 10
compósitos. *Veja* Compósitos de matriz polimérica
definição, 10
reforçados por fibras, geral, 119
termoplásticos
compósitos. *Veja* Compósitos de matriz polimérica
definição, 10
elastômeros, 10, 108

Índice

importantes, 111, 112
processos de conformação, 254
propriedades, 47, 108
termorrígidos
compósitos. *Veja* Compósitos de
matriz polimérica
definição, 10
importantes, 112, 113
processos de conformação, 254
propriedades, 47, 108
Polipropileno, 112
Poliuretano, 113, 115
Ponto
de escoamento, 51
de fusão, 79
de solidificação, 79
Porca(s), 5, 16
Porcelana (cerâmica), 103
Porosidade (metalurgia do pó), 285, 292
Pós
caracterização de, 281-285
cerâmicas, 303
definição, 281
metálicos, 281, 285-287
Precisão, 126, 133, 172-174
definição, 126
Pré-impregnado, 267
Prensa(s)
de forjamento, 16, 340, 349
de perfuração, 402
estampagem, 16, 376
extrusão (metal), 355, 360-362
forjamento, 349
metalurgia do pó, 295, 297
viradeira, 383, 401
Prensagem
a quente, 295, 311, 314
cerâmicas, 307, 308
e sinterização, 287-293, 295, 296
e sopro, 198, 199
isostática, 293, 294
metais duros, 314
metalurgia do pó, 287-293
plástica (cerâmicas), 307
seca, 308
semisseca, 308
vidros, 198
Primeira lei de Fick, 82
Processamento
de espumas poliméricas, 245-247
de partículas
metalurgia do pó, 279
processamento de cerâmicas,
144, 313-315
visão geral, 13
dos vidros, 196-205
Processo(s)
Antioch, 175
Bayer, 311
com poliestireno expandido, 171, 172
com remoção de material, 14

Danner, 201
de cera perdida, 172
de conformação
chapa metálica, 318
com ferramental elástico,
396, 397
de chapas, 317
definição, 13
volumétrica
extrusão, 318
forjamento, 318
laminação, 318
trefilação, 318
visão geral, 318, 319
de deposição, 16
de flutuação (vidros), 200, 201
de melhoria de propriedades, 13
de mudança de forma
(geral), 13-15
de solidificação
definição, 13
fundição do metal.
Veja Fundição
plásticos. *Veja* Polímeros
processamento dos vidros.
Veja Vidros
espuma perdida, 171
Guerin, 396, 397
Mannesmann, 339
manufatura, 30, 317
modelo perdido, 171
molde cheio, 171
não convencionais, 85
Produção
baixa, 18, 19
de cavidades de matrizes,
353, 354
de pneu, 275
em lote, 19, 25
em massa, 20, 27
enxuta, 28
Produto(s)
interno bruto, 1, 6
manufaturados, 6
Projeto, mecânico, 48-50
Propriedades
de cisalhamento, 61-63
de compressão, 58-60
elétricas, 83-85
físicas, 77-86
mecânicas, 48-73
térmicas
calor
de fusão, 45
específico, 81
condutividade, 81
difusividade, 81
em manufatura, 81, 82
expansão, 45
Pseudoplasticidade, 208
Pulconformação, 266

Pultrusão, 253, 265, 266
Punção e matriz, 376, 377
Puncionamento, 378

Q
Qualidade
definição, 269
fundição, 188-190
Quartzo, 103
Queima, 12, 15, 103, 302, 303, 310

R
Ranhuramento, 381, 382
Razão
de inchamento (polímeros), 209
resistência-massa, 78
Rebarba, 15, 138, 179, 180, 231, 308,
340, 350
forjamento, 340
fundição sob pressão, 148
moldagem por injeção, 231
Rebarbação, 187, 354, 382
Rebite, 16
Recalcamento ou recalque, 340, 341
Recalque, 340, 341
Recorte, 378, 398, 399
Recozimento, 203, 369, 370
Recravação, 386, 387
Recristalização, 68, 138
Redução
de área (ductilidade), 52, 365
de *setup*, 19, 20
de tubo, 370
estampagem, 392
extrusão, 213, 357
laminação, 295, 332
repuxamento por cisalhamento, 407
trefilação, 365, 369
Reestampagem, 392, 393
Regra de Chvorinov, 155, 156
Régua de seno, 133
Relações tensão-deformação
cisalhamento, 61-63
compressão, 58-60
tipos de, 57, 58
tração, 49-58
Relógio comparador, 129, 130
Rendimento (circuitos integrados), 318
Reofundição, 181
Repetibilidade, 126, 129
Repuxamento
chapas metálicas, 406-408
de tubos, 407
por cisalhamento, 407
Resinas amínicas, 113
Resistência
à flexão, 61
à tração, 51, 191, 380
Resistividade, 83, 84
Ressaltos, 395, 396
Retificação, 14, 15

Índice **421**

Retitude, 125
Revestimento(s)
borracha, 223, 271
de contornos, 224
de fios e cabos, 207, 210, 216, 218
orgânico, pintura, 16
plásticos, 223
por imersão, 224
Reviramento ou rebordeamento, 387
Revolução Industrial, 3
Roda de oleiro, 307
Rotomoldagem, 240
Rugosidade superficial
definição, 136
fundição, 169
medição de, 138-140

S

Secagem, cerâmicas, 303, 309
Seis Sigma, 26, 28
Semicondutor, 85
Semientalhamento, 382
Semimetais, 35
Sensibilidade à taxa de deformação, 324-326
Sensores, 27
Serra de fita, 187
Serramento, 12
Shear forming, 407
Shot peening, 16
Sílica, 10, 102, 103, 106
Sinterização, 15, 279, 290-292, 295, 310, 312, 313
cerâmicas, 310, 312, 313
cermetos, 310, 312, 313
de fase líquida, 290, 296
esmalte de porcelana, 16
fase líquida, 296
metais duros, 314
metalurgia do pó, 279, 290-292
por centelhamento, 296
Sistema(s)
americano, 3, 124, 125
de apoio à manufatura, 18, 20, 21
de manufatura, 2, 18
de posicionamento, 401
de produção, 17-21
limite (dimensões), 124
Solda branda, 16
Soldabilidade, 92
Soldagem
a arco, 82
por fusão, 12, 82
Solidus, 79
Sopro do vidro, 198
Spin forging, 407
Springback, 384, 385
Squeeze casting, 181
Sulco (textura de superfície), 135
Superacabamento, 141
Superaquecimento, 150

Supercondutor, 85
Superfícies, 123
Superligas, 101, 102

T

Tabela periódica, 35
Tarugo, 4, 5, 330, 355
Taxa de refugo, 25
Tecnologia (definição), 1
Têmpera, 98
revenimento, 12, 203
vidro, 203
Temperabilidade, 91, 92
Temperatura
conformação de metais, 67, 68
de corte, 77
de transição vítrea, 46
efeito sobre as propriedades, 80
sensibilidade à taxa de deformação, 324-326
Tempo
de *setup*, 19, 20
de solidificação (fundição), 155, 156
total de solidificação, 153
Tensão
de cisalhamento
corte de chapa metálica, 69
definição, 62
usinagem de metal, 69
versus resistência à tração, 61
de escoamento, 51, 321
limite de escoamento, 51, 321
de ruptura, 51
-deformação verdadeira, 52-54
média de escoamento, 321, 322, 334
Teorema de Bernoulli, 150
Terceirização, 28, 29
Termoformagem, 241-244
a vácuo, 241
mecânica, 244
por pressão, 241-244
Textura de superfície, 134-137
Titânio, 100
Tixofundição, 181
Tixomoldagem, 181
Tolerância(s), 123, 124, 249
bilateral, 124
da curvatura, 384
definição, 123, 124
fundição, 173, 174
moldagem de plástico, 249
para usinagem (fundição), 193
processos de manufatura, 141
unilateral, 124
usinagem, 193
Torcimento, 396
Torneamento
definição, 12
ferramentas monocortantes, 15
máquinas-ferramenta, 307
operações relacionadas, 12, 14

Torno(s), 19
com fixação por mandril, 370
Trabalho
a frio, 322
a morno, 323
a quente, 323
de metais
chapas. *Veja* Conformação de chapas
conformação volumétrica. *Veja* Processos de conformação volumétrica
usinagem. *Veja* Usinagem
Transferidor, 132
Tratamento
de superfície, 16
térmico
fundição, 13
metais, 187, 188
metalurgia do pó, 293
processos, 12-16
vidro, 202, 203
Trefilação, 57, 318, 319, 365-370
de tubos, 370, 371
Trinca central (extrusão), 364
Tungstênio, 179, 280

U

União por adesivos, 12
Ureia-formaldeído, 113
Usinagem
eletroquímica, 86, 141
química, 141

V

Vacuum forming, 241
Vanádio, 92
Variedade do produto, 6, 7
Vibração, usinagem, 187
Vidro(s), 13, 34, 68, 102, 105-108, 144, 196, 204, 254
definição, 106
fibras, 107
química e propriedades, 106
Viscoelasticidade, 71
Viscosidade, 208
Vítreo, 102
Vitrificação, 310
Vitrocerâmicas, 102, 107, 108
Volume de produção, 6, 7
V-process, 170, 171
Vulcanização, 12, 114, 272, 273

W

Wafer, silício, 16
WC-Co, 118, 281, 313

Z

Zero defeito, 25
Zinco, 101
Zona termicamente afetada, 138

PREFIXOS PARA AS UNIDADES NO SI:

Prefixo	Símbolo	Multiplicador	Exemplo (e símbolos)
nano-	n	10^{-9}	nanômetro (nm)
micro-	μ	10^{-6}	micrômetro, mícron (μm)
mili-	m	10^{-3}	milímetro (mm)
centi-	c	10^{-2}	centímetro (cm)
deci-	d	10^{-1}	decímetro (dm)
quilo-	k	10^{3}	quilômetro (km)
mega-	M	10^{6}	megapascal (MPa)
giga-	G	10^{9}	gigapascal (GPa)

Pré-impressão, impressão e acabamento

grafica@editorasantuario.com.br
www.editorasantuario.com.br

Aparecida-SP